Telecommunications

Veröffentlichungen des / Publications of the

Münchner Kreis
Übernationale Vereinigung für Kommunikationsforschung,
Supranational Association for Communications Research

Band / Volume 11

Integrierte Telekommunikation

Integrated Telecommunications

Vorträge des vom 5. – 7. November 1984
in München abgehaltenen Kongresses

Proceedings of a Congress
Held in Munich, November 5–7, 1984

Herausgeber/Editor: W. Kaiser

In Zusammenarbeit mit der/In Cooperation with
NTG
Nachrichtentechnische Gesellschaft
im Verband Deutscher Elektrotechniker (VDE)

Springer-Verlag
Berlin Heidelberg New York Tokyo 1985

Münchner Kreis
Übernationale Vereinigung für Kommunikationsforschung
Supranational Association for Communications Research
Barerstraße 14, D-8000 München 2, Telefon (089)) 59 25 37

Nachrichtentechnische Gesellschaft im VDE (NTG)
Stresemannallee 15, D-6000 Frankfurt/Main 70

Wissenschaftliche Leitung des Kongresses:
Prof. Dr.-Ing. Wolfgang Kaiser
Institut für Nachrichtenübertragung, Universität Stuttgart
Breitscheidstraße 2, 7000 Stuttgart 1

Unter Mitwirkung von
Dr.-Ing. Hanns Thilo Hagmeyer
Institut für Nachrichtenübertragung
Universität Stuttgart

CIP-Kurztitelaufnahme der Deutschen Bibliothek:

Integrierte Telekommunikation:
Vorträge d. vom 5. – 7. November 1984 in München abgehaltenen Kongresses =
Integrated telecommunications/[Münchner Kreis;
Nachrichtentechn. Ges. im VDE (NTG)]. Hrsg.: W. Kaiser.
In Zusammenarbeit mit d. Nachrichtentechn. Ges. im VDE (NTG).
[Wiss. Leitung d. Kongresses: Wolfgang Kaiser]. –
Berlin; Heidelberg; New York; Tokyo: Springer, 1985.
(Telekommunikations; Bd. 11)

ISBN-13: 978-3-540-15073-2   e-ISBN-13: 978-3-642-95465-8
DOI: 10.1007/978-3-642-95465-8

Bindearbeiten: Lüderitz & Bauer, Berlin
2362/3020-543210

Inhalt/Contents

Der zweitgenannte Titel ist jeweils eine übersetzte Kurzfassung des Originalbeitrags.
The second title is a condensed translation of the original contribution.

Vorwort und Einführung

Wolfgang Kaiser

Die Technik der Telekommunikation befindet sich derzeit in mehrfacher
Hinsicht im Umbruch. Bestimmend für diesen schnellen Wandel sind die
in den letzten Jahren erzielten, großen technologischen Innovations-
schritte, allen voran die Fortschritte in der Mikroelektronik. Heute
ist die Miniaturisierung der Halbleiterbausteine schon so weit fortgeschritten, daß auf einem Siliziumchip mehrere hunderttausend Tran-
sistorfunktionen verwirklicht werden können, und mit Zuversicht kann
erwartet werden, daß in wenigen Jahren kostengünstige Chips mit 1
Million Funktionen zum Einsatz kommen werden.

In Fortsetzung der bisherigen Entwicklung wird sich auch in den
kommenden Jahren die Packungsdichte der digitalen Bausteine alle
2 - 3 Jahre verdoppeln, während sich gleichzeitig die Kosten pro digitaler Grundfunktion alle 2-3 Jahre halbieren. Daneben ist ein Trend zu
immer höheren Schaltgeschwindigkeiten erkennbar und die Leistungsfähigkeit heutiger Ein-Chip-Mikrorechner ist bereits vergleichbar mit
derjenigen von Mittel- und Großrechnern der 60er Jahre.

Damit eröffnen sich Möglichkeiten, die noch vor 1-2 Dekaden aus Auf-
wandsgründen als utopisch angesehen werden mußten. Beispielsweise ermöglichen mikroelektronische Bausteine neue digitale Telekommunika-
tionssysteme, stärker an den menschlichen Benutzer angepaßte Dienste
und Rechnerunterstützung für praktisch jedermann und an jedem Ort.

Aber auch von der Satellitentechnik und insbesondere von der optischen
Übertragung von Nachrichtensignalen auf Glasfaserkabeln gehen starke
innovatorische Impulse aus.

Die Fortschritte in der Mikroelektronik haben dazu geführt, daß das
Fernsprechnetz Zug um Zug auf digitale Vermittlungs- und Übertragungssysteme umgestellt wird, da dies die kostengünstigste und zugleich
leistungsfähigste Art der Übermittlung darstellt. Die Fernsprechteil-

nehmer sind zunächst noch in der bisher üblichen Analogtechnik an die
digitale Vermittlungsstelle angeschlossen, wobei die Wandlung von der
analogen in die digitale Signalform am teilnehmerseitigen Eingang der
Vermittlungsstelle erfolgt.

Durch den Einsatz geeigneter hochintegrierter Schaltkreise wird es in
Zukunft aber möglich sein, die Analog/Digital- und die Digital/Ana-
log-Wandlung mit wirtschaftlich vertretbarem Aufwand in die Teil-
nehmerstation zu verlegen und damit die Teilnehmeranschlußleitung
in Digitaltechnik zu betreiben. Da dann Sprachsignale in Form von
Daten übertragen werden, liegt der Schritt nahe, auch andere digitale
Signale, insbesondere für die Daten- und Textkommunikation, in eine
integrierte Gesamtlösung einzubeziehen. Durch eine derartige Erweiterung der Zugangsmöglichkeiten beim Teilnehmer und eine digitale
Verbindungsführung von Teilnehmer zu Teilnehmer kommt man zu einem
neuen universellen Nachrichtennetz, dem <u>Integrierten Sprach- und
Datennetz ISDN</u> (Integrated Services Digital Network).

Dieser beabsichtigte Übergang vom heutigen analogen Fernsprechnetz zum
digitalen Netz mit Integration aller schmalbandigen Dienste (ISDN) und
später dann zu einem Breitband-ISDN auf Glasfaserbasis wird eine der
tiefgreifendsten Innovationen auf dem Gebiet der Telekommunikation
darstellen. Derartige Netze bieten viele Möglichkeiten für neue oder
erweiterte Nutzungsformen und erlauben darüber hinaus eine kostengünstige Realisierung der Daten- und Textkommunikation. Diese Entwicklung ist sowohl für den MÜNCHNER KREIS als auch die Nachrichtentechnische Gesellschaft im VDE gleichermaßen von hoher Bedeutung. Daher haben die beiden Gremien zu diesem Themenkreis einen gemeinsamen
Kongreß veranstaltet mit dem Ziel, über die Möglichkeiten der technischen Gestaltung, insbesondere aber auch über die Nutzungsmöglichkeiten dieses Innovationsschubs zu informieren. Beide Gesellschaften
sind sich bewußt, daß das Wissen um die neuen Formen der Nutzung und
die Auswirkungen neuer Kommunikationssysteme deutlich hinter der
schnellen Entwicklung der technischen Möglichkeiten zurückgeblieben
ist.

Der vorliegende Band enthält alle auf dem vom MÜNCHNER KREIS und der
Nachrichtentechnischen Gesellschaft gemeinsam veranstalteten Kongreß
"Integrierte Telekommunikation" gehaltenen Vorträge. Da die Referate
in deutscher oder in englischer Sprache, jeweils mit Simultanüber-

setzung, vorgetragen wurden, ist auch dieser Band weitgehend zwei-
sprachig gestaltet. Jedem Vortrag in deutscher Originalfassung ist
eine gekürzte Darstellung in englischer   Sprache beigefügt, und
umgekehrt.

Nach dem von Staatssekretär Dr. Edmund Stoiber vorgetragenen Gruß-
wort der Bayerischen Staatsregierung hielt der Bundesminister für
das Post- und Fernmeldewesen, Dr. Christian Schwarz-Schilling, seinen
viel beachteten Festvortrag unter dem Titel: "ISDN - Die Antwort
der Deutschen Bundespost auf die Anforderungen der Telekommunikation
von morgen." Dies ist gleichzeitig der Titel einer Broschüre, die
anläßlich des Kongresses der Öffentlichkeit vorgestellt wurde. In dem
folgenden Vortrag wurde über das vom Bundesministerium für Forschung
und Technologie gemeinsam mit dem Bundesministerium für das Post- und
Fernmeldewesen ausgearbeitete Konzept der Bundesregierung zur Informationstechnik berichtet. Der letzte Vortrag der Eröffnungssitzung
war dann der Mikroelektronik als der für die evolutionäre Entwicklung der Telekommunikation entscheidenden Schlüsseltechnologie
gewidmet.

In den beiden Vortragsblöcken am Nachmittag des ersten Tages wurde
dann über die technischen Schritte zum ISDN und die in diesem Netz
möglichen Nutzungsformen berichtet.

Die am Vormittag des zweiten Tages gehaltenen Referate gingen auf die
internationale Situation ein und informierten über die jeweiligen
Entwicklungen in USA, Japan, Großbritannien und Kanada und in der
anschließenden Diskussionsrunde, an der sich weitere Kongreßteil-
nehmer aus dem Ausland beteiligten, wurden die Trends dieser Entwicklung im internationalen Rahmen beleuchtet.

Bundesminister Dr. Schwarz-Schilling hat im Juni 1984 zur telematica
in Stuttgart das Konzept der Bundespost zur weiteren Entwicklung der
Telekommunikation vorgelegt, in dem gezeigt wird, wie auf den Schritt
zum ISDN der nächste Schritt, nämlich die Erweiterung zu einem
Breitband-ISDN, folgen wird. Deshalb behandelten die Vorträge am
Nachmittag des zweiten Kongreßtages diese Entwicklung, die eine
optische Übertragung im Teilnehmeranschlußnetz auf Glasfaserkabeln
voraussetzt, stellten verschiedene Konzepte zur Lösung der sich
dabei ergebenden technischen Problemstellungen vor und befaßten sich

mit den möglichen Formen der Nutzung eines Breitband-ISDN.

Auch wenn das ISDN ein einheitliches Netz für alle schmalbandigen
Nutzungsformen sein wird, so steht es doch nicht isoliert im Raum.
Im teilnehmernahen Bereich ist ein Zusammenwirken mit den Neben-
stellenanlagen und den sich derzeit entwickelnden lokalen Netzen
erforderlich. Das ISDN und insbesondere das Breitband-ISDN müssen
aber auch im Kontext mit den derzeit installierten Verteilnetzen
für die Massenkommunikation gesehen werden. Daher behandelten die
Vortragsblöcke "ISDN und lokale Netze" sowie "Verteilnetze und
Breitband-ISDN" am Vormittag des dritten Tages diese beiden
Themenkreise.

Die weiteren Vorträge am dritten Tag waren dann den Wirkungen integrierter Telekommunikation gewidmet, über die verständlicherweise
noch wenig gesicherte Erkenntnisse vorliegen. Daher war es um so
mehr erfreulich, daß trotzdem vier prominente Redner, davon einer aus
USA, gewonnen werden konnten, die über verschiedene Aspekte des
Einsatzes der integrierten Telekommunikation berichteten. Um diese
Fragestellung zu vertiefen, behandelte die den Kongreß abrundende
Podiumsdiskussion unter der Leitung von Professor Witte schließlich
die Frage: "Welchen Einfluß haben die integrierten Netze auf die Bürokommunikation von morgen?"

Daß der Kongreß ein so interessantes Programm bieten konnte, lag
ausschließlich an der spontanen Bereitschaft so vieler bekannter
Persönlichkeiten, durch einen Vortrag, durch die Übernahme einer
Diskussionsleitung oder durch die Mitwirkung an der Podiumsdiskussion
einen Beitrag zu diesem Kongreß zu leisten. Ich möchte allen herzlich
danken, die in so vielfältiger Weise zum Gelingen dieses Kongresses
beigetragen haben.

Foreword and Introduction

Wolfgang Kaiser

Telecommunication techniques are currently changing in many respects.
This is mainly due to the large technological innovations which have
been achieved in the last few years, especially in the field of
microelectronics. The integration of semiconductor components has
up to now already progressed so far, that some hundred thousands
of transistor functions can be realized on a single silicon chip,
and it can be expected that within a few years chips with a million
functions will be implemented at low costs.

The package density of digital circuits will continue to double every
2 to 3 years, while simultaneously the costs per digital basic function
will be halved within the same interval. Also, a trend to increasing
clock frequencies can be recognized and the capability of present
one-chip microcomputers is already comparable to that of main frame
computers in the sixties.

This technological evolution offers new chances in the telecommunications field which had to be regarded as too expensive only 1 or 2
decades ago. By the use of microelectronic components new digital
telecommunication systems can be realized, services, that are better
adapted to the user, can be introduced and computer assistance can be
offered to almost everybody at every location.

In addition the satellite techniques and especially the optical
transmission on fibre cable have a strong innovatory impact, too.

The progress in microelectronics has led to the fact, that digital
techniques will be introduced step by step into the telephone network,
since, compared to the analog technique the digital technique represents
a less costly and more efficient method of switching and transmission.
On the telephone subscriber line, analog transmission will continue
to be used at first, with the analog-to-digital conversion carried
out at the local office.

However, in the future appropriate large scale integrated circuits
will allow to shift the analog-to-digital and digital-to-analog
conversion in an economic way into the subscriber station, so that
digital signals will be transmitted on the subscriber line.
But if the speech signals are transmitted as data, it is evident
to include also other digital signals, especially for data and text
communication, to form an integrated solution. Such an extension of
the access capabilities for the subscribers and the digital connection
between subscribers lead to a new, universal communication network,
the Integrated Services Digital Network ISDN.

The planned transition from the existing analog network to the digital
network with integration of all narrowband services and later on to
a broadband ISDN on the basis of fibre optic transmission will be one
of the most profound innovations in the field of telecommunication.
Such networks offer many possibilities for new or extended forms of
utilization and, furthermore, allow an inexpensive realization of data
and text communication. This evolution is of great importance to the
Münchner Kreis as well as to the Nachrichtentechnische Gesellschaft in
the VDE. Therefore the two institutions have organized a joint congress
on this subject area with the aim to inform about the possibilities
of technical design and application of this innovatory step. Both
associations are aware of the fact, that the knowledge about the new
forms of application and the effects of new telecommunication systems
significantly lag behind the rapid technological development.

This book contains all the papers presented at the joint congress
"Integrated Telecommunications" of the Münchner Kreis and the Nachrichtentechnische Gesellschaft. Since the talks have been given either
in German or English with simultaneous translation, this volume, too,
has been composed bilingually. Each full text paper in German is
accompanied by an abbreviated version in English and vice versa.

After the opening address of Staatssekretär Dr. Edmund Stoiber from
the State Government of Bavaria the Federal Minister of Posts and
Telecommunications, Dr. Christian Schwarz-Schilling, gave his very
remarkable speech entitled: "ISDN - The Deutsche Bundespost's
Response to the Telecommunications Requirements of Tomorrow". This
is also the title of an illustrated brochure, which was presented
to the public at this congress. The following paper dealt with the

concept of the German Government concerning the information technology and its pace-making role for telecommunication which has been
jointly worked out by the Federal Ministry of Research and Technology and the Federal Ministry of Posts and Telecommunications.
The last paper of the opening session was dedicated to microelectronics as the decisive key technology for the evolutionary
development of telecommunication.

The two afternoon sessions of the first day dealt with the technical
steps towards the ISDN and the forms of application which may be
provided in this network.

The papers presented in the morning of the second day illustrated
the international situation and informed about the evolution in the
USA, Japan, Great Britain and Canada. In the following discussion
with further participants from abroad the trends of this development
were considered from an international point of view.

At the Telematica congress in Stuttgart in June 1984 the Federal
Minister Dr. Schwarz-Schilling has presented the strategy of the
Deutsche Bundespost for the further development of the public telecommunications system showing that the innovatory step to ISDN is
followed by the extension to the broadband ISDN. Therefore the
papers in the afternoon of the second congress day analyzed this
development, which is based on the introduction of optical
communication in the subscriber network, presented different
concepts for the solution of the upcoming technological problems
and showed possible applications of a broadband ISDN.

Although ISDN will be a universal network suited for all narrowband
forms of telecommunication, it will not exist as an isolated system.
In the subscriber area it has to interwork with the private branch exchanges and the various local area networks. Also, the ISDN and
especially the broadband ISDN have to be regarded in context with the
broadband distribution networks currently being installed. Therefore
the two sessions "ISDN and Local Area Networks" and "CATV Networks
and Broadband ISDN" in the morning of the third congress day dealt
with these topics.

The afternoon session of this day was dedicated to the effects of integrated telecommunication, about which the scientific knowledge is still very small. Therefore we were very much pleased that four prominent speakers, one of them coming from USA, agreed to report on different aspects of the use of integrated telecommunication. To gather more opinions on this subject, the panel discussion, which was chaired by Professor Witte, treated the question: "In what way will the integrated networks influence the office communication of tomorrow?"

That the entire congress could offer such an interesting program has only been able because so many prominent persons were spontaneously ready to present a paper, act as a session chairman or participate in the panel discussion. I should like to thank all of them who have in so many ways contributed to the success of this congress.

Grußwort

Edmund Stoiber
Staatssekretär der Bayerischen Staatsregierung

Sehr geehrter Herr Professor Kaiser, Herr Bundespostminister, meine
sehr verehrten Damen und Herren,

über die Gelegenheit, zu Beginn dieser wichtigen Tagung zu Ihnen sprechen zu können, freue ich mich sehr. Zugleich möchte ich Ihnen auch die
herzlichen Grüße von Ministerpräsident Franz-Joseph Strauß überbringen,
der leider heute durch unaufschiebbare Verpflichtungen verhindert ist,
zu Ihnen selbst zu sprechen.

Der MÜNCHNER KREIS hat sich selbst die Aufgabe gestellt, Fachleute aus
Politik, Wirtschaft, Wissenschaft und Medien zusammenzuführen. Daß dies
in hervorragender Weise gelungen ist, zeigt ein Blick in dieses Audito-
rium und in die Teilnehmerliste. Von einer solchen Veranstaltung sind
deshalb Beiträge und Anstöße in medientechnischer und kommunikations-
wissenschaftlicher Richtung zu erwarten, die Innovationen vorantreiben,
die aber sicher auch medienpolitisch von großem Gewicht sein werden.

Gerade in unserer Zeit, die durch eine stürmische wissenschaftlich -
technische Entwicklung gekennzeichnet ist, kommt der Kommunikation zwischen kompetenten Vertretern der einzelnen Fachgebiete und den poli-
tisch Verantwortlichen, die zu entscheiden und zu handeln haben, eine
ganz besondere Bedeutung zu. Nur auf der Grundlage dieser Kommunikation können die wissenschaftlich-technischen Erkenntnisse zum Wohle der
Menschen in die politische Gestaltung unserer Wirklichkeit einbezogen
werden. Dies gilt heute vor allem auch für die Entwicklung im Bereich
der Medien.

Mitunter drängt sich mir allerdings der Eindruck auf, als hätten sich
manche politischen Kräfte zu ihrem eigenen Schaden aus dieser Kommunikation mit Fachleuten selbst ausgeblendet und versuchten, sich mit in
die Vergangenheit gerichtetem Blick den Herausforderungen von Gegen-
wart und Zukunft zu entziehen.

Wer zum Beispiel die politische Diskussion um die Entstehung der Mediengesetze verfolgt, der kann dies nur mit Bedauern feststellen. Diese Kräfte wollen offenbar immer noch nicht zur Kenntnis nehmen, daß es längst nicht mehr um theoretische Diskussionen geht. Es geht auch nicht mehr um die Frage, ob die Medien mit ihren neuen Möglichkeiten unsere gesamte Lebenssituation mitprägen und verändern, sondern nur noch darum, ob wir diese Entwicklung in einer Weise gestalten, die den Ansprüchen und Bedürfnissen der Menschen entspricht.

Und ich glaube, wenn sich in Deutschland wie auch in Europa hier nicht eine Tendenzwende dahingehend abzeichnet, daß wir nicht alle modernen technischen Entwicklungen sofort, bevor sie überhaupt entstehen, mit sozialkritischen Bemerkungen beleuchten und madig machen, werden wir, das gilt für Deutschland wie für alle anderen Industrienationen in Europa, nicht die Konkurrenz mit den anderen Industrienationen über dem Atlantik und Pazifik bestehen können. Die CDU/CSU ist fest entschlossen, dieser Verantwortung gerecht zu werden. Sie hat deshalb, auch gegen entschiedene Widerstände, bereits die notwendigen Weichenstellungen eingeleitet und vollzogen, die den Weg in eine vernünftige und menschliche Medienzukunft eröffnen.

Als Fundament unserer Politik ist aber das Wissen und der Sachverstand der Experten unverzichtbar, damit aus dem technisch Möglichen in sinnvoller Weise politische Wirklichkeit werden kann. In diesem Sinne verstehe ich auch die Diskussionen und Gespräche dieser Tagung, die Sie unter das Thema "Integrierte Telekommunikation" gestellt haben, um die tiefgreifenden Innovationen auf diesem Gebiet zu erörtern, die sich aus dem Übergang vom heutigen analogen Fernsprechnetz zu einem digitalen Netz ergeben. Es ist gut und richtig, daß in die Behandlung dieses Themas in Ihrem Programm von vornherein auch die Erfahrungen anderer Industrienationen einbezogen werden. Noch weniger als auf anderen Gebieten ist hier eine isolierte nationale Entwicklung möglich oder gar sinnvoll.

Daß diese Tagung heute hier stattfindet, ist in meinen Augen zugleich Ausdruck und Anerkennung der führenden Stellung Münchens und Bayerns in der zukunftsweisenden Medientechnik. Unternehmerische Initiative, der Geist in Forschung und Wissenschaft und eine verläßliche, vorausschauende Politik stehen hier in einem echten Bündnis. Es hat die Voraussetzungen dafür geschaffen, daß wir auch künftig im internationalen Wettbewerb bestehen und die Stellung Bayerns als Medienzentrum ausbauen und entwickeln.

Auch unter dieser Zielsetzung für unsere Medienzukunft hat die Staatsregierung dem Bayerischen Landtag ein Medienerprobungs- und -entwick-
lungsgesetz vorgelegt. Es wird voraussichtlich noch in diesem Jahr in
Kraft treten und eine ganze Reihe von konkreten Entscheidungen für den
lokalen und regionalen Bereich ebenso wie für die landes- und bundes-
weite Entwicklung erfordern und ermöglichen. Wir treten mit den Möglichkeiten, die uns Wirtschaft und Technik in die Hand geben, für ein
Höchstmaß an Meinungsfreiheit, Meinungsvielfalt, Öffentlichkeit und
Konkurrenz der Ideen ein!

Die Ministerpräsidenten der deutschen Bundesländer haben mit ihrem medienpolitischen Kompromiß im vergangenen Monat den entscheidenden
Schritt in die richtige Richtung getan. Er liegt auf der vermittelnden
Linie Bayerns: Für private Anbieter wird der Zugang zum Medienbereich
in gesicherter Weise eröffnet. Zugleich erhält das System der öffent-
lich-rechtlichen Anstalten eine Bestands- und Entwicklungsgarantie.

Dies ist eine ausgewogene Lösung, und ich kann nur dringend davor war-
nen, diesen Weg der Vernunft in ideologischer und parteiegoistischer
Verblendung zu gefährden oder zu verlassen! Wer dies tut, führt in die
Enge der Provinzialität, aber nicht in eine weltoffene medienpoliti-
sche Zukunft. Und ich darf auch hier an die Adresse der Ministerpräsidenten der Länder oder vor allen Dingen an den Ministerpräsidenten eines schwierig zu regierenden Landes sagen: Wer glaubt, man könne den
Kompromiß von Bremerhaven noch mal in Frage stellen, der muß damit
rechnen, daß natürlich dann die anderen Länder, daß sich Bayern von
irgend welchen Blockaden künftig nicht hemmen läßt. Dann werden wir
eben medientechnisch und medienpolitisch den Weg gehen, den wir für
richtig halten. Ich würde dies zwar bedauern, wenn wir hier dann keine
einheitliche Linie in Deutschland finden würden. Aber um den Preis der
einheitlichen Linie, die von den anderen mißbraucht wird, überhaupt
etwas entwickeln zu lassen, lassen wir uns selbstverständlich nicht
von der medienpolitischen Zukunft hier im Süden Deutschlands abkoppeln.
Hier ist jetzt unsere Aufmerksamkeit gefordert, damit wir Nachteile für
die weitere Entwicklung in Deutschland und Schaden von unserer Wirtschaft abwenden. Sie schafft schließlich unsere materiellen Grundlagen und muß sich gegen starke Konkurrenz, vor allem aus Amerika und
Japan, durchsetzen. Deshalb dürfen wir den Anschluß an die internationale Entwicklung auf keinen Fall verlieren!

Der wirtschaftliche Aspekt ist für die moderne Telekommunikation von un-
geheurer Bedeutung. Deshalb ist die Diskussion über die Grundordnung
der zukünftigen Medien stark geprägt durch eine wirtschaftliche Komponente. Es geht darum, welches Land, welcher Ort, welche Anbieter, welche Wirtschaftsunternehmen sich an diesem äußerst zukunftsträchtigen
Markt der Telekommunikation ihre Anteile sichern können. Was heute die
Autobahnen sind, werden morgen moderne Telekommunikationsnetze sein.
Die wirtschaftspolitische Bedeutung, auch im Hinblick auf die heute
noch benachteiligten Nicht-Ballungsräume, kann nicht hoch genug eingeschätzt werden. Die möglichst weitgehende Anbindung solcher Räume an
die Ballungsgebiete durch moderne Techniken ist daher ein entscheidendes politisches Ziel der Bayerischen Staatsregierung und der CSU.

Lassen Sie mich hier eine Bemerkung machen: Daß die Bundesrepublik im
Gegensatz zu vielen anderen westlichen Industrienationen eine relativ
gleichmäßige Entwicklung in ihrem gesamten Land zu verzeichnen hat,
obwohl die Hälfte der Menschen in Ballungsgebieten lebt und die Hälfte
der Menschen sozusagen auf dem flachen Lande, hängt natürlich auch damit zusammen, daß wir immer versucht haben, hier eine Chancengerechtig-
keit zwischen flachem Land und Ballungsräumen zu gewährleisten.

Die neuen Techniken bieten die Gefahr, daß sich die Chancengerechtig-
keit zwischen dem flachen Lande und den Ballungsräumen exorbitant ver-
schiebt. Es ist Aufgabe der Politik, hier diese Chancen, die sich für
die Entwicklung unserer Länder bieten, nicht in die Richtung laufen zu
lassen, daß die Ballungsgebiete sozusagen alleine in den Genuß der modernen Techniken kommen und damit das flache Land im Grunde genommen
hier wieder Nachteile hat. Wir haben hier im Laufe der Vergangenheit
Erfolge erzielt. Wir werden aber weiterhin, Herr Bundespostminister, in
bestem Einvernehmen miteinander darauf einwirken müssen, zu dauerhaf-
ten, zufriedenstellenden Ergebnissen für unsere Flächenstaaten in der
Bundesrepublik Deutschland insgesamt zu gelangen. Ich weiß mich hier
mit Ihnen im Ziel einig.

Die rechtlichen Rahmenbedingungen für die Entwicklung und Nutzung
neuer Techniken sind wichtig, deshalb haben wir ja auch den Gesetzentwurf vorgelegt.

Aber ebenso wichtig ist das sonstige Umfeld. Hier haben wir in Bayern
beste Voraussetzungen - Stabilität der politischen Verhältnisse und
Klarheit der bayerischen Medienpolitik, die für private Anbieter zu
Planungssicherheit führen. Das ist eine wesentliche Grundlage für

Investitionsbereitschaft in Programm und Technik. Wir haben große
bayerische Firmen, die auf dem Gebiet der Telekommunikation Hervorra-
gendes leisten. Wir würden die Exportchancen dieser Industrie verspie-
len, wenn wir die neuen Techniken nicht auch inländisch nutzten. Dabei
setzen wir auf die Kommunikation und auf die Kombination der verschiedenen modernen Medientechniken.

Wenn ich allerdings, und erlauben Sie mir hier ein kritisches politisches Wort, mir nur vor Augen halte, daß es in der Bundesrepublik
Deutschland eine politische Kraft gibt, die zunehmend an Stimmen gewinnt, die gestern ein Programm vorgelegt hat, in dem erörtert werden
soll, daß die Deutschen aus dem Konkurrenzkampf der Industrienationen
aussteigen sollten und nicht mehr für den Auslandsmarkt produzieren
dürften, und wenn dieses mit großer Begeisterung sozusagen abgesegnet
wird, dann kann man sich vorstellen, welche Auseinandersetzung im
politischen Bereich insgesamt hier auf unser Land in den nächsten Wochen und Monaten zukommen wird.

Es ist begrüßenswert, daß sich diese Tagung mit einem Thema auseinan-
dersetzt, das selbst für die Fachleute in allen seinen Auswirkungen
nur schwer durchschaubar ist. Die aufgrund der Digitalisierung des
schmalbandigen Fernmeldenetzes möglichen Dienste sind bisher einer
breiteren Öffentlichkeit weder bekannt noch bewußt. Ich räume auch
freimütig ein, daß die Bayerische Staatsregierung einige Probleme bei
der Abfassung des Medienerprobungs- und -entwicklungsgesetzes hatte,
den in diesen Zusammenhang gehörenden Abschnitt über "Andere Dienste"
mit Blick auf zukünftige Entwicklungen sachgerecht in ein rechtliches
Gefüge zu bringen.

Diese Entwicklung bewegt sich zwischen der im Mittelpunkt der gesell-
schaftspolitischen und medienpolitischen Auseinandersetzungen stehenden Massenkommunikation und den klassischen Formen der Individualkommunikation, wie wir sie schon vom Telefon her kennen. Ein erstes Beispiel hat uns bereits der Bildschirmtext gebracht. Aber der technische
Fortschritt bleibt bei diesem neuen Medium nicht stehen. In absehbarer Zeit läßt die Technik weitere Dienste zu. Sie werden etwa Textan-
gebote mit kurzen Filmen, mit Musik oder Sprechdarbietungen kombinieren. Als sogenannte Fernwirkdienste werden sie enorme Möglichkeiten
eröffnen: Technische Hilfssysteme werden z.B. die Verbindung zwischen
den Kranken und dem Arzt auf schnellstmögliche Weise herstellen und so
Risiken für den Patienten vermindern. Ferngesteuerte Einbruchsicherung,
die Fernmessung von Zählereinrichtungen und die Überwachung technischer

Anlagen und ähnliches mehr sind wichtige Einsatzmöglichkeiten dieser Techniken. Es bedarf keiner sehr großen Phantasie, um sich auszumalen, welche Nutzungsmöglichkeiten im Dienst des Menschen und welche wirtschaftspolitische Komponenten eine derartige Entwicklung mittel- und langfristig haben kann.

Übrigens will ich in diesem Zusammenhang deutlich betonen: Unser Gesetzentwurf legt besonderen Wert darauf, daß solche Techniken zum Vorteil des Bürgers und mit dem Blick auf den Schutz seiner Persönlichkeit eingesetzt werden. Hierzu gehört, daß dies nur auf freiwilliger Ebene und unter absoluter Sicherung der datenschutzrechtlichen Anforderungen geschieht.

Ich meine, diese Entwicklung muß allen Politikern und allen gesellschaftlich relevanten Gruppen und politischen Parteien Anlaß sein, medienbewußt zu denken und sich um die verantwortliche Gestaltung der neuen Medien nachhaltig zu bemühen. Nur so kann der vorgegebene rechtliche Rahmen medienpolitisch und ordnungspolitisch sinnvoll ausgefüllt werden.

Wir stellen uns den neuen technischen Möglichkeiten nicht aus unkritischer Fortschrittsgläubigkeit oder weil wir die Technik zum Götzen erheben. Die durch die Technik gebotenen neuen Möglichkeiten der Kommunikation können bei sinnvoller Nutzung der oft beklagten Undurchschaubarkeit einer modernen Industriegesellschaft entgegenwirken und vor allem auf lokaler und regionaler Ebene wieder zu mehr Transparenz beitragen. Sie können gesellschaftliche und politische Probleme in überschaubaren Bereichen wieder anschaulich machen. So kann die moderne Technik einen Beitrag leisten, daß wir in unseren jeweiligen Bereichen wieder mehr voneinander wissen, daß Interesse und Anteilnahme geweckt und Kommunikation gestärkt wird, um den Zusammenhalt der schwieriger gewordenen Gesellschaften insgesamt zu fördern. Dies ist ein Beitrag, damit wieder mehr Gemeinschaft entsteht. Deshalb erteilen wir auch denjenigen eine Absage, die uns mit Horrorgemälden einer technisierten Welt erschrecken wollen. Wir werden die politischen Voraussetzungen dafür schaffen, daß die Technik ihren Beitrag zu einer menschlicheren Welt leisten kann! In diesem Sinne wünsche ich Ihrer Tagung einen großen Erfolg und sehr viel interessante Ergebnisse. Ich danke Ihnen.

ISDN – Die Antwort der Deutschen Bundespost auf die Anforderungen der Telekommunikation von morgen

Christian Schwarz-Schilling
Bundesminister für das Post- und Fernmeldewesen

1 Einleitung

Herr Professor Kaiser, Herr Staatssekretär, meine sehr verehrten
Damen und Herren!

Zunächst möchte ich mich sehr herzlich für die Einladung bedanken,
die Sie mir für Ihren Kongreß zuteil werden ließen. Zumal ich mich
besonders freue, vor einem so fachkundigen Publikum, das sich aus der
NTG und dem Münchner Kreis zusammensetzt, über die uns alle außerordentlich bedrängenden und auch mit Elan ausfüllenden Fragen hier
sprechen zu dürfen. Ich begrüße es auch, daß ich heute über ein Gebiet vortragen kann, welches nicht nur im Mittelpunkt politischer
Diskussionen steht, sondern solide Fachkenntnis erfordert, um mit-
sprechen zu können. Wobei ich nicht sage, daß auf anderen Gebieten in
der Frage der Medienpolitik etwa weniger Kenntnisse benötigt werden.
Zu fragen ist, wie weit man derzeit bereit ist, von der rein politischen Argumentation zu den heute wirklich drängenden Fragen von Wissenschaft, Forschung und Industrie vorzudringen, um dann auch die politischen Fragen richtig beantworten zu können.

Ich bin sehr glücklich darüber, daß die Bayerische Landesregierung in
dem gesamten Bereich der Telekommunikation, sowohl was die Verteilkommunikation betrifft, als auch was die Individualkommunikation angeht, den richtigen Akzent setzt und sich über die große Bedeutung
der Dinge im klaren ist. Sie werden sehen, ob diejenigen, die heute
so sehr die Massenkommunikation bekämpfen, nachher die großen Beweger
in der Individualkommunikation sein werden. Ich habe leichte Zweifel,
wenn ich die verschiedenen Schattierungen der Diskussion heute sehe
sowie die Skepsis beobachte, die teilweise heute gegenüber dem ISDN
und der Digitalisierung zum Ausdruck gebracht wird. Ich möchte keine

Prognose abgeben; aber ich freue mich, daß es zumindest in bestimmten Bereichen klar erkannt wird, daß man hier fortschrittlich und progressiv in diese Dinge einsteigen muß, wenn die Volkswirtschaft insgesamt ihren hohen Stellenwert erhalten und auf verschiedenen Gebieten wieder erringen muß.

Es gibt wohl kaum einen Begriff, der so schillernd ist wie die "Neuen Medien". Diese Bezeichnung hat sich durchgesetzt, obwohl eine einheitliche Definition fehlt. Während ich meine, daß sie ein Oberbegriff ist für die neuen Informations- und Kommunikationstechniken insgesamt, verengt sich bei vielen Zeitgenossen, insbesondere bei solchen, die aus politischen und sonstigen Gründen der Politik der Deutschen Bundespost kritisch ablehnend gegenüberstehen, der Begriff "Neue Medien" auf Massenkommunikation, d. h. Verbreitung von Hörfunk und Fernsehen und hier insbesondere auf das Kabelfernsehen.

Natürlich lassen sich im Orwell-Jahr 1984 vortrefflich Verunsicherungen verbreiten und Ängste schüren, wenn von den angeblichen Gefahren der "Neuen Medien" die Rede ist. Um so mehr bedarf es der Aufklärung, um neben der Information auch Verständnis und Akzeptanz der Bevölkerung zu erreichen.

Wir stehen heute an der Schwelle des Kommunikationszeitalters, das unsere Gesellschaft ähnlich wie früher die Industrialisierung entscheidend prägen wird. In diesem Zeitalter lassen sich neue Techniken nicht unterdrücken, genauso wenig, wie dieses früher möglich war. Verpassen wir hier die richtige Weichenstellung, dann werden wir im Vergleich mit den Industrieländern um Jahre zurückfallen.

Wir müssen uns langsam darüber im klaren sein, daß wir unsere gesamte Entwicklung zu unterbrechen haben, wenn wir uns in einer irrationalen Gefühlswelle aus den Realitäten dieser Welt selber hinauswerfen. Es wird höchste Zeit, daß jeder weiß - an welchem Platz er auch steht - daß er in dieser Diskussion eine hohe Verantwortung trägt. Ich sage das auch ganz bewußt Kreisen der Wissenschaft und der Forschung, die in anschaulicher Weise die Konsequenzen einer solchen Weichenstellung darstellen müssen. Denn es gab oft in der Weltgeschichte Zeitpunkte, in denen die klugen und vernünftigen Menschen meinten, daß es so verrückt ja gar nicht kommen könne, und sich an der Diskussion nicht mehr beteiligten mit der Konsequenz, daß die Verrückten das Sagen bekamen. Aus diesem Grunde ist die Frage gar nicht ernst genug zu

nehmen, weil hier die Kombination von Irrationalität und emotionalen
Gefühlswegen eine ganz gefährliche Bewegung im politischen Bereich
hervorruft.

Eine Chance, die Anforderungen der Telekommunikation von morgen zu
bewältigen, bietet das ISDN, das universelle digitale Telekommunikationsnetz. Das ISDN ist geprägt vom Gedanken der offenen Kommunikation mit der Zielvorstellung, die Vielfalt der im privaten Wettbewerb
gefundenen Lösungsmöglichkeiten mit einem Höchstmaß an Kompatibilität
- d. h. gegenseitiger Verträglichkeit - der Endeinrichtungen verschiedener Hersteller in Einklang zu bringen, um den größtmöglichen Nutzen
für den Kunden zu erreichen. Dieser gewaltigen Herausforderung fühle
ich mich besonders verpflichtet. Ich werde deshalb alles veranlassen,
um gemeinsam mit der Fernmeldeindustrie und der Datenverarbeitungsin-
dustrie das ISDN mit Vorrang zu verwirklichen.

2 Fernmeldedienste, Fernmeldenetze und Fernmeldetechnik heute

Der Austausch von Informationen hat in der modernen Industriegesellschaft eine hohe Bedeutung erlangt und ist neben den beiden klassischen Produktionsfaktoren praktisch der dritte Faktor geworden. Lassen Sie mich zunächst den Zusammenhang zwischen den Fernmeldediensten, den Fernmeldenetzen und der Fernmeldetechnik veranschaulichen. Hiervon interessieren den Kunden und Anwender in erster Linie
natürlich die Dienste. Den Zugang zu der Vielfalt der Fernmeldedienste erhält der Kunde durch die entsprechenden Endeinrichtungen,
durch das Telefon, den Fernschreiber, das Telefaxgerät, die Nebenstellenanlage usw.

Hinter den Endeinrichtungen verbergen sich umfangreiche und weitver-
maschte öffentliche Fernmeldenetze, die der Kunde im einzelnen kaum
wahrnimmt. Die Gestaltung der technischen Einrichtungen wiederum ist
entscheidend geprägt von der wirtschaftlich einsetzbaren Technologie.

Eine gute fernmeldetechnische Infrastruktur ist für die Volkswirtschaft einer Industrienation ebenso wichtig wie zum Beispiel ein
leistungsfähiges Verkehrsnetz für den Transport von Gütern und Personen. Der einfache und problemlose Informationsaustausch trägt erheblich dazu bei, Abläufe im Geschäftsleben und im Privatbereich ra-
tionell und zweckmäßig zu gestalten. Hierbei ist der gewaltige Ent-
wicklungssprung, vor dem unser Kommunikationszeitalter steht, durch

die enormen Möglichkeiten der Mikroelektronik gegeben. Es können Informationen auf kleinstem Raum, in immer größerer Vielgestaltigkeit
und Individualität sowie mit immer höherer Geschwindigkeit aufbereitet und übermittelt werden, ohne den rationellen und kostengünstigen
Ablauf einer Kommunikation in Frage zu stellen. Diese Entwicklung hat
natürlich Auswirkungen auf die neuen Informations- und Kommunikationstechniken.

Die Deutsche Bundespost als modernes Dienstleistungsunternehmen auf
dem Gebiet der Kommunikation muß daher rechtzeitig die Weichen stellen, um den ihr übertragenen Aufgaben gerecht zu werden. Sie legt
daher großen Wert darauf, alle Fernmeldedienste schnell und flächendeckend anzubieten, d. h. jedem potentiellen Kunden die Teilnahme am
Fernmeldedienst zu ermöglichen. Dabei beschränken wir uns nicht
allein darauf, die Transportmittel bereitzustellen, sondern wir sehen
es als vorrangige Aufgabe an - im Sinne eines Dienstes am Kunden -,
möglichst weitgehend genormte Fernmeldedienste anzubieten.

Auf die vielfach gestellte Frage, ob die Zulassungsbedingungen auch
weiterhin so restriktiv gehandhabt werden, möchte ich hier ganz deutlich sagen, daß es nicht reicht, nur Verkehrswege zu bauen. Man muß
die künftigen Benutzer solcher Verkehrswege darüber aufklären, wie
die Verkehrsregeln sein werden, wie die Zeichen sein werden und
welchen Anforderungen sein Transportgerät genügen muß, um auf diesen
Verkehrswegen auch mit jedem zu kommunizieren, um an jeder Stelle
ein- und wieder aussteigen zu können, um sein Ziel zu erreichen.
Würden wir das nicht tun, dann würden sich nur eigene Reiche bilden,
wobei dann die Geschäftsfähigkeit der Kommunikation nur mit entsprechenden Endgeräten dieses Reiches möglich ist. Ich muß ganz klar und
deutlich sagen, das ist nicht der Weg der Deutschen Bundespost und
nicht der Weg der sozialen Marktwirtschaft, in dem jeder die Möglichkeit haben muß, bei entsprechendem Einhalten von Regeln an dem Verkehr teilzunehmen. Und das ist das Ziel, für das wir in entsprechender Weise auch die Regeln weiterentwickeln und entsprechende Zulassungsbedingungen für solche Geräte fördern müssen. Nur dann gibt es
den problemlosen Informationsaustausch zwischen beliebigen Teilnehmern verbunden mit steigenden Ansprüchen an die Kommunikation.

Was das bedeutet, kann bereits heute jeder ermessen, der mit Computern und Endgeräten verschiedener Hersteller zu tun hat und versucht,
Daten von einem System in ein anderes zu überspielen. Hier sind schon

manche verzweifelt. Der Ärger und der Aufwand, den manche dafür auf-
wenden müssen, um die Entwicklung wieder umzukehren, ist beträchtlich. Es wäre besser gewesen, wenn man von Anfang an solche Entwicklungen gar nicht erst in Gang gesetzt hätte. Vielleicht sollten Fernmeldeindustrie und Datenverarbeitung gemeinsam aus den Fehlern des
anderen lernen. Eigentlich müßte dies zu einem harmonischen Schnitt
führen, indem die Kreativität der Datenverarbeitung die Fernmeldeindustrie und auf der anderen Seite die langfristige Denkweise der Fernmeldeindustrie auch die Datenverarbeitung bei den öffentlichen Trans-
portwegen in der Telekommunikation befruchten. Gerade diese beiden
Dinge zusammengenommen werden sicherlich die Kreativität auf dem Ge-
samtsektor in der Bundesrepublik beflügeln und fördern.

3 Fernmeldenetze heute

Ausgangspunkt unserer Überlegungen sind die bereits bestehenden Fernmeldenetze, als da sind das öffentliche Fernsprechnetz, das öffentliche Integrierte Text- und Datennetz (IDN) und die Breitbandverteilnetze. Innerhalb der Fernmeldenetze wird der heutige fernmeldetechnische Verkehr abgewickelt.

Bei der Verkehrsabwicklung im Fernsprechnetz und im IDN handelt es
sich um unterschiedliche Formen der Individualkommunikation, d. h.
jeder Teilnehmer eines Fernmeldedienstes kann mit jedem anderen Teilnehmer dieses Dienstes individuell kommunizieren. Die Informationen
werden dabei in beiden Richtungen ausgetauscht. Im Gegensatz hierzu
werden bei den bestehenden Breitbandnetzen die Informationen nur in
eine Richtung und an eine Vielzahl von Teilnehmern gleichzeitig verteilt; deshalb spricht man dort von Verteil- oder Massenkommunikation.

Im Mittelpunkt meiner Ausführungen steht die Entwicklung der Fernmeldenetze für die Individualkommunikation. Das ist der Bereich, in
den wir rd. 90 % unserer jährlichen Investitionen stecken. Wenn ich
aber die öffentliche Diskussion betrachte, dann ist dieser Prozent-
satz etwa reziprok zu seinem Stellenwert in der öffentlichen Meinung,
denn die restlichen 10 %, die wir in andere Dienste stecken, beherrschen heute etwa 90 % der öffentlichen Meinung. Die Breitbandverkabe-
lung, also der Bereich, der bei unserem jährlichen Investitionsvolu-
men in dem vergangenen Jahr nur rd. 6 % ausgemacht hat, ist also
nicht das heutige Thema und sollte es auch nicht sein. Diejenigen,

die darüber enttäuscht sind, mögen getröstet sein mit dem Hinweis,
daß über das Kabelfernsehen und dessen Auswirkung bei anderer Gelegenheit und sicherlich bei Beginn der entsprechenden Satellitenprogramme
genügend diskutiert wird. Nur wird dann die gesamte Bevölkerung mit-
reden und nicht nur einige Exponenten, die bestimmte Ideologien vertreten.

3.1 Das heutige Fernsprechnetz

Das Telefonnetz ist der klassische Träger der Individualkommunikation. Es ist im wesentlichen durch folgende technische Bestandteile
gekennzeichnet: Vermittlungstechnik, Übertragungs- und Linientechnik
sowie Endeinrichtungen. Die Deutsche Bundespost versorgt mit ihrem
Fernsprechnetz z. Z. mehr als 24 Mio. Fernsprechhauptanschlüsse. Von
der Bundesrepublik Deutschland aus kann jedermann nahezu jedes Ziel
auf dem Erdball in Sekundenschnelle in automatischer Selbstwahl erreichen.

Wir haben rd. 600 Mio. Teilnehmer in der Welt und man kann sagen, daß
dieses Netz der größte Automat ist, der diesen Erdball umspannt. Das
weltweite Telefonnetz dokumentiert in eindrucksvoller Weise die Verwirklichung der offenen Kommunikation. Hier sind rechtzeitig internationale Normen geschaffen worden, die eben eine freie und einfache
Sprachkommunikation über alle Staatsgrenzen hinweg ermöglicht haben.

Das Fernsprechnetz ist für die Belange des Fernsprechdienstes optimiert worden, der auch auf absehbare Zeit der bedeutendste Fernmeldedienst bleiben wird. Im Rahmen des Fernsprechdienstes bietet die Bundespost noch folgende Dienstmerkmale an: Service 130 und dezentrale
Anrufweiterschaltung. Darüber hinaus wird das Fernsprechnetz aber
auch von anderen Diensten mitbenutzt, wie z.B. von der Datenübermittlung mittels Modem, von Telefax, also dem Fernkopieren, von Bildschirmtext und von TEMEX. Bei TEMEX handelt es sich um Fernwirkdienste, mit deren Hilfe z. B. automatisch Strom und Wasser abgelesen
sowie Warnsignale ausgelöst werden können.

3.2 Das integrierte Text- und Datennetz

Neben dem Fernsprechnetz gibt es das integrierte Text- und Datennetz
(IDN). Hierbei handelt es sich um ein Fernmeldenetz mit digitaler
Übertragungs- und Vermittlungstechnik. Das IDN wurde 1976 von der

Deutschen Bundespost aufgebaut und verfügt z. Z. über rd. 300 000
Teilnehmer. Im IDN bieten wir heute eine Reihe unterschiedlicher
Dienste an, z. B. Telex, das uns allen bekannte Fernschreibsystem,
und Teletex, das neue Bürofernschreiben mit Zugang zum weltumspannen-
den Telex-Netz. Außerdem gibt es die Datenübermittlungsdienste im
IDN. Hierbei ist grundsätzlich zwischen den leitungs- und paketvermittelten Diensten zu unterscheiden, die DATEX-L und DATEX-P genannt
werden. Beide Dienstearten lassen sich in eine Vielfalt unterschiedlicher Geschwindigkeitsklassen und Betriebsweisen gliedern. Ich
möchte aber heute nicht näher darauf eingehen. Ein weiterer Dienst im
IDN ist schließlich die Datenübertragung über Direktdatenverbindungen
(bis zu 48 kbit/s).

4 Das digitalisierte Fernsprechnetz - ein Meilenstein auf dem Weg
zum ISDN

4.1 Gründe für das Digitalisieren

Das herkömmliche elektromechanische Fernsprechnetz hat bisher hervorragende Dienste geleistet. Wir brauchen hier auch keinen weltweiten
Vergleich zu scheuen, wenngleich wir bei der Digitalisierung aufgrund
bestimmter Entwicklungen noch nicht so weit sind, wie manche, die
sich heute ein Netz neu aufbauen konnten oder früher damit begonnen
haben. Für die Zukunft reicht jedoch unser Fernsprechnetz, wie wir es
jetzt haben, nicht mehr aus. Digitalisierung heißt also die Herausforderung, vor der wir stehen und die wir annehmen müssen, wenn wir auch
in Zukunft als moderne Industrienation bestehen wollen. Weshalb ist
das so?

Digitale Systeme verarbeiten binär codierte Informationen, sogenannte
Bitfolgen, d. h. mit Mitteln der Elektronik verwirklichte Ja- und
Nein-Aussagen. Binär codierte Informationen lassen sich mit elektronischen Mitteln verhältnismäßig einfach übertragen, speichern, auslesen, verarbeiten, vermitteln usw.

Im Vergleich mit der Elektromechanik ergeben sich wirtschaftliche und
betriebliche Vorzüge im bestehenden Telefonnetz. Außerdem erleichtert
die Digitaltechnik das Verwirklichen neuer, aber auch das Verbessern
bestehender Dienste und Dienstmerkmale. Weiterhin begünstigt sie eine
Systemintegration; d. h. eine einheitliche Technologie kann sowohl
zum Übertragen, Vermitteln und zum Steuern von Informationen unter-

schiedlicher Art genutzt werden. Darüber hinaus wird die Integration
verschiedener Fernmeldedienste in einem Netz ermöglicht.

4.2 Das Digitalisieren des Fernsprechnetzes

Aufgrund umfangreicher Untersuchungen und Studien traf die Deutsche
Bundespost im Jahre 1979 die Grundsatzentscheidung, das Fernsprechnetz mit Ausnahme der Teilnehmeranschlußleitungen zu digitalisieren.
Ein solches digitalisiertes Fernsprechnetz setzt sich im wesentlichen
aus folgenden Netzbestandteilen zusammen: Digitale Übertragungstechnik, digitale Orts- und Fern-Vermittlungstechnik sowie Zentralkanalzeichengabe. Mit dem digitalisierten Fernsprechnetz kann die Deutsche
Bundespost eine fernmeldetechnische Infrastruktur bereitstellen, die
durch digitale Verbindungen von der Ursprungs- zur Zielvermittlungs-
stelle mit einer Standard-Übermittlungsgeschwindigkeit von 64 kbit/s
gekennzeichnet ist.

Welch großen Fortschritt die Übertragungsgeschwindigkeit von
64 kbit/s darstellt, sieht man am besten, wenn man die entsprechenden
Übertragungsgeschwindigkeiten in den bisherigen vermittelten Netzen
zum Vergleich heranzieht. Sie lassen - wenn man einmal von dem soeben
verordneten Probebetrieb DATEX-L 64 000 absieht - maximal 9,6 gegenüber 64 kbit/s zu.

Ein derartiges digitalisiertes Fernsprechnetz umfaßt noch nicht die
vollständige Digitalisierung des gesamten Netzes. Was fehlt, sind
- wie bereits erwähnt - die digitalen Teilnehmeranschlußleitungen,
also die digitalen Verbindungen zwischen der Ortsvermittlungsstelle
und dem Teilnehmer. Die Teilnehmeranschlußleitungen werden in der
Regel also noch analog betrieben. Eine analoge Anschlußleitung erlaubt es jedoch leider nicht, neue innovationsträchtige digitale Endgeräte unmittelbar an das Fernsprechnetz anzuschließen. Das wird erst
mit dem ISDN möglich sein.

4.3 Vorzüge des digitalisierten Fernsprechnetzes

Das digitalisierte Fernsprechnetz stellt einen großen Fortschritt
dar. Die Ergebnisse früher durchgeführter Untersuchungen, daß das
Digitalisieren des Fernsprechnetzes wirtschaftlich sinnvoll ist, sind
inzwischen von der Praxis bestätigt worden. Der Einsatz digitaler
Vermittlungstechnik ist bereits unter ungünstigsten Bedingungen - in

analoger Umgebung - wirtschaftlicher als die herkömmliche elektromechanische Vermittlungstechnik. Die Wirtschaftlichkeit wird jedoch
noch erheblich verbessert, wenn die digitale Vermittlungstechnik gemeinsam mit der digitalen Übertragungstechnik eingesetzt wird.

Das Digitalisieren des Fernsprechnetzes ist für sich allein gesehen
eine wirtschaftliche und zweckmäßige Maßnahme, die zunächst völlig
losgelöst von den Möglichkeiten der Diensteintegration im ISDN betrachtet werden muß. Verglichen mit dem herkömmlichen analogen Fernsprechnetz bietet das digitalisierte Fernsprechnetz neben den erheblichen wirtschaftlichen und betrieblichen Vorteilen eine Reihe weiterer Vorzüge für den Anwender, nämlich: Verbesserte Übertragungsgüte
und Verständlichkeit auch bei größten Entfernungen und kürzere Ver-
bindungsaufbauzeiten. Die letztere Verbesserung wird ermöglicht durch
ein hohes Maß an Intelligenz im Netz aufgrund rechnergesteuerter Vermittlungsstellen sowie durch eine leistungsfähige Zeichengabe. Gegenüber dem digitalisierten Fernsprechnetz bietet das ISDN allerdings
noch weitere Möglichkeiten.

5   ISDN - Telekommunikation von morgen

5.1   Was ist eigentlich ISDN?

Die Abkürzung ISDN steht für den weltweit eingeführten Begriff "Integrated Services Digital Network". Manche Firmen stellen eigene Verbindungen mit dem Namen ISDN her, wie ich in den letzten Publikationen von Zeitungen gesehen habe. Ich finde es großartig, wie sich die
Industrie mit dem ISDN in den letzten Monaten mehr und mehr öffent-
lichkeitswirksam identifiziert. Die Deutsche Bundespost und die Wirtschaft ziehen hier an einem Strang, damit der Kunde darüber aufgeklärt
wird, um was es sich beim ISDN eigentlich handelt. Jeder wird wissen,
daß hier noch erhebliche Wissenslücken zu schließen sind. Deswegen
begrüße ich, daß eine sehr gut lesbare Form von Publikationen aus
diesem Bereich in den letzten Monaten die deutsche Öffentlichkeit
erreicht hat. Und dem dient ja auch unsere Broschüre, die ich hier
erstmals vorstelle.

Die Neuerung gegenüber dem digitalisierten Fernsprechnetz besteht im
wesentlichen darin, daß beim ISDN auch noch die Teilnehmeranschlußleitung digitalisiert wird. Bemerkenswert ist hierbei, daß das bestehende Anschlußleitungsnetz beim Digitalisieren unverändert genutzt wird.

Die Deutsche Bundespost verfügt mit ihren nahezu 30 Mio. Teilnehmeranschlußleitungen in ihrem Fernsprechnetz über eine außerordentlich
dichte Infrastruktur, mit der bereits heute fast jeder potentielle
ISDN-Teilnehmer erreicht wird.

Es ist eine großartige Sache, wenn man bei der Weiterentwicklung zum
ISDN die bisherige 100-Mrd.-Investition für das Fernsprechnetz gleichzeitig mitnutzen kann und nicht vor der Situation steht, diese Milliarden sofort abschreiben zu müssen. Denn es ist ja nicht selbstverständlich, daß die bisherige Technik ein ganz wichtiger Baustein für
die nächste ist. Insofern können wir hier wirklich von einer ganz
großartigen, auch für uns glücklichen Innovation sprechen. Hierbei
ist außerdem noch zu beachten, daß das Fernsprech-Anschlußleitungs-
netz bereits einen sehr großen Anteil aller bisherigen Investitionen
im Fernmeldewesen darstellt.

Das ISDN ist wesentlich gekennzeichnet von durchgehend digitalen Verbindungen mit einer Bitrate von 64 kbit/s von Endeinrichtung zu Endeinrichtung sowie von einer neuartigen Zeichengabe, die auch künftigen Anforderungen gewachsen sein wird. Eine Erweiterung auf spätere
Breitbanddienste der Individualkommunikation ist vorgesehen. Daran
wird selbstverständlich bereits parallel gearbeitet und dieses muß
auch mit Hochdruck geschehen, um alle diejenigen, die heute sagen,
das einzig neue wäre die Glasfaser, auch in den nächsten Jahren zu
überzeugen.

Meine Damen und Herren, was haben Sie als Kunde der Deutschen Bundespost vom ISDN?

5.2 Vorteile des ISDN

Ein ISDN-Basisanschluß bietet dem Anwender viele Vorteile. Ich nenne
sie einmal schlagwortartig:

o Zunächst einmal eröffnet das ISDN dem Anwender im öffentlichen Netz
  nicht nur ein erheblich erweitertes Angebot bei den Dienstmerkmalen, sondern auch die Abwicklung einer Vielfalt von herkömmlichen
  und neuen Diensten über einen einzigen Teilnehmeranschluß - und
  zwar für alle Kommunikationsarten: Sprache, Text, Daten und Bild.
  Im ISDN können mit 64 kbit/s in wirtschaftlicher Weise viele der
  heute erkennbaren Dienste abgewickelt werden; eine Ausnahme stellt

mit der Videokonferenz und dem Bildtelefon lediglich das Bewegtbild dar.

o Die <u>Mehrfachnutzung der Anschlußleitung</u> führt aber auch zu einer höheren Wirtschaftlichkeit. Bisher war in der Regel für jeden Dienst ein eigener Teilnehmeranschluß mit einer individuellen Rufnummer und entsprechender Gebühr erforderlich - auch mit einer entsprechenden Grundgebühr. Im ISDN hingegen können bis zu acht Endgeräte mit einer einheitlichen Rufnummer von einem Basisanschluß versorgt werden, wobei der gleichzeitige Betrieb von zwei Geräten sowie Dienstewechsel möglich sind.

o Das ISDN führt auch zu <u>harmonisierten Gebühren</u>, die sich an den Tarifen des Fernsprechdienstes orientieren werden.

o Außerdem sieht die international genormte Teilnehmerschnittstelle einen Netzabschluß vor und bietet erstmalig das <u>Konzept der universellen Telekommunikationssteckdose</u>. D. h. im ISDN stehen dem Kunden einheitliche Steckdosen für die verschiedenen Telekommunikationsgeräte zur Verfügung. Dieser Vorteil kann gar nicht hoch genug eingeschätzt werden, wenngleich das vielleicht bei manchen erst noch erkannt werden muß, die uns heute bezüglich unserer Netzphilosophie und unserer Netzpolitik sehr in Frage stellen oder sogar bekämpfen. Gerade wer Wettbewerb in den Endgeräten für richtig hält, muß in der Frage des Netzmonopols der Deutschen Bundespost eine eindeutige Stellung einnehmen. Beides kann man nicht. Entweder das Netz läuft auf private Netze zu, dann werden Sie jedoch keinen Wettbewerb mehr bei den Endgeräten haben oder - und das ist unsere Philosophie - es bleibt eine öffentliche Verkehrsstruktur. Dann können Sie für alle Teilnehmer einen wirkungsvollen Wettbewerb bei den Endgeräten hervorrufen.

o Das ISDN erleichtert schließlich ein <u>schnelles und kostengünstiges Einführen neuer Dienste und Dienstmerkmale</u>.

5.3 Die künftigen Telekommunikationsdienstleistungen der Deutschen Bundespost im ISDN

Mit der Standard-Übermittlungsrate von 64 kbit/s wird im ISDN eine neue Generation von Fernmeldediensten geschaffen, die eine Vielfalt neuer Möglichkeiten bietet und die angebotene hohe Geschwindigkeit voll ausschöpft. Das bezieht sich auf ISDN-Fernsprechen, auf ISDN-Teletex, ISDN-Telefax, ISDN-Textfax, also die Verbindung von Telefax und Teletex, ISDN-Datenübermittlung, ISDN-Bildschirmtext, ISDN-Bildübermittlung und schließlich auch auf ISDN-Fernwirken. Ich möchte aber jetzt nicht weiter auf die neuen Dienste eingehen, da sie das Thema eines eigenen Vortrags sind.

6 Dienstintegration morgen und übermorgen

Natürlich werden die neuen Dienste, wie ich sie hier als Möglichkeit des ISDN dargestellt habe, nicht alle schlagartig von der Deutschen Bundespost angeboten werden können, sondern in einer wirtschaftlichen und zeitlichen Staffelung.

Im ISDN werden die Techniken, insbesondere die Übertragungs- und Vermittlungstechnik, immer mehr zusammenwachsen. Man kann deshalb auch von Übermittlungstechnik sprechen. Die bestehenden Fernmeldenetze werden mittel- bis langfristig in ISDN aufgehen, und damit kann eine umfangreiche Palette neuer und z. T. erheblich verbesserter Dienste und Dienstmerkmale den Kunden und Anwendern angeboten werden.

Wir beabsichtigen bei der Deutschen Bundespost, ab 1988 mit dem Übergang vom digitalisierten Fernsprechnetz zum ISDN zu beginnen. Aus wirtschaftlichen und betrieblichen Gründen wird es sich hierbei um einen kontinuierlichen Übergang handeln; d. h. es kann nicht erwartet werden, daß der Gesamtumfang des im ISDN möglichen Dienstleistungsangebots sofort bundesweit flächendeckend bereitgestellt wird. Wegen der benötigten Planungssicherheit für den Anwender weise ich besonders darauf hin, daß jene Dienste, die durch die neuen verbesserten Dienste im ISDN mittelfristig substituiert werden, auch noch für eine angemessene Übergangszeit angeboten werden. Damit kann die Abschreibungszeit vorhandener Endeinrichtungen voll ausgeschöpft werden.

Um das einwandfreie Funktionieren aller neuen ISDN-Netzbestandteile überprüfen zu können, wird zur Zeit ein ISDN-Pilotprojekt vorbereitet, das in den Ortsnetzen Mannheim und Stuttgart mit jeweils etwa 400 Teilnehmern durchgeführt werden wird. Der Aufbau der technischen Einrichtungen ist für die 2. Hälfte des Jahres 1986 vorgesehen. Der Probebetrieb wird dann ab 1987 aufgenommen.

7 Offene Kommunikation - eine Verpflichtung der Deutschen Bundespost

Entscheidend ist letzten Endes jenes Ziel, für das wir uns nachdrücklich einsetzen, nämlich die offene Kommunikation (juristisch, be-
nutzermäßig und technisch); d. h. jeder Benutzer und Anwender kann an
der Kommunikation teilnehmen. Die Bedienprozeduren sollten benutzer-
freundlich und die verschiedenen Endeinrichtungen über genormte
Schnittstellen mit dem Kommunikationssystem kompatibel, also verträglich, sein. Hierfür sind noch erhebliche Anstrengungen zum Ausarbei-
ten internationaler Normen erforderlich.

Eine offene Telekommunikation läßt sich nur durch ein gemeinsames
Vorgehen aller Beteiligten erreichen. Betroffen sind hier die Hersteller, die Anwender und natürlich auch die Fernmeldeverwaltungen.
Normen finden dadurch in Produkten Eingang, daß die Fernmeldeverwaltung sie einführt, der Hersteller sie seiner Entwicklung zugrunde
legt und der Anwender sie bei der Beschaffung verlangt.

Durch das stärkere Zusammenwachsen von Telekommunikation, Bürokommunikation und Datenverarbeitung wird eine offene Kommunikation für
alle Beteiligten immer wichtiger. Deshalb werden bestehende Fernmeldenetze mittel- und langfristig zwangsläufig in einem integrierenden
Netz aufgehen.

8 Liberalisierung und Innovation

Das ISDN mit dem Konzept des Netzabschlusses und der genormten Teilnehmerschnittstelle begünstigt die Liberalisierung im Endgerätebereich, die wiederum die technische Innovation fördern wird, auf die
wir als modernes Industrieland so dringend angewiesen sind. Neue verbesserte Endgeräte verstärken wiederum die Nachfrage nach neuen
Diensten und Dienstmerkmalen und stellen somit einen bedeutenden wirtschaftlichen Faktor dar. Dieser Trend wird sich mit dem Einbeziehen
breitbandiger vermittelter Dienste in das ISDN noch weiter verstärken.

9 Ausblick auf die Integration breitbandiger Dienste

Zu Beginn des nächsten Jahrzehnts, wenn Glasfaser und optische Nach-
richtenübermittlungssysteme wirtschaftlich konkurrenzfähig zur Verfügung stehen, kann das ISDN derart erweitert werden, daß eine Inte-

gration der schmal- und breitbandigen Nutzungsformen - also Fernsprechen, Daten-, Text- und Festbildkommunikation, Bildfernsprechen und Videokonferenz - im Breitband-ISDN möglich ist.

Das ISDN stellt somit auch eine wesentliche Basis dar für das Einführen vermittelter Breitbanddienste; denn wichtige Funktionen des ISDN sind auch für die künftigen Breitbandkommunikationssysteme geeignet. Somit empfiehlt sich das folgerichtige Weiterentwickeln des ISDN zum Breitband-ISDN, bei dem im wesentlichen die heutigen Kupferkabel von Glasfaserkabeln abgelöst und die Vermittlungsstellen um entsprechende breitbandige Koppelfelder ergänzt werden.

Aber hier muß noch eine ganz erhebliche Arbeit geleistet werden. Ich wäre sehr dankbar, wenn diejenigen, die meinten, man müßte heute schon überall Glasfasern einsetzen, sich auf die Mikroelektronik bei optoelektronischen Wandlungsprozessen konzentrierten. Denn dieses kostengünstig und für den privaten Haushalt anzubieten, ist bis heute noch nicht gelungen. Wir werden dieses Thema auch im Laufe des Novembers 1984 noch einmal in einem sehr weitgehenden Hearing mit allen betroffenen Industrieunternehmen, den Verbänden und mit den Anwendern der Bürokommunikation aufgreifen und zu einer weiteren Festlegung unserer Planungen bringen. Denn das, was ich bisher aus dem industriellen Bereich als Antwort auf die künftigen Anforderungen bekommen habe, umfaßt eine derart große Spannweite, daß darauf ein Planungsprozeß durch das öffentliche Unternehmen Deutsche Bundespost nicht möglich ist. Wir planen trotzdem, keine Sorge. Aber ich möchte den Kontakt und die Rückkopplung zum Markt, zu den möglichen Endgeräten und zu den Nachfragern so viel dichter gestalten, um hier beiden, der Industrie und der Deutschen Bundespost, eine größere Sicherheit nicht nur bei ihren Planungen, sondern auch in ihrer Forschung und Weiterentwicklung zu geben.

Als letzter Schritt können schließlich - etwa ab 1992 - in einem integrierten Breitband-Fernmeldenetz möglicherweise auch Fernseh- und Hörfunkprogramme verteilt werden, d. h. die bis dahin aus wirtschaftlichen Gründen getrennt von der Individualkommunikation verlaufende Weiterentwicklung der Breitbandverteilnetze könnte dann in ein gemeinsames universelles Fernmeldenetz, das integrierte Breitbandfernmeldenetz, einmünden.

Lassen Sie mich dazu noch etwas sagen: Der Unterschied zwischen den

bisherigen Konzeptionen, die vor 1982 vorgetragen worden sind, und
unserem Konzept liegt vielleicht darin, daß bei uns die Integration
folgerichtig am Schluß von Entwicklungen steht und nicht als Anfangs-
voraussetzung. Auch für die Breitbanddienste in Verteilfunktion. Und
genauso gehen wir auch auf dem Breitbandsektor vor. Schließlich dürfen wir nicht das Wichtigste versäumen, nämlich Endgeräte und Märkte
zu entwickeln.

Umgekehrt hätte es genau dazu geführt, daß Endgeräte und Märkte bei
uns erst ab Mitte der 90er Jahre, vielleicht frühestens,wenn alle die
optoelektronischen Probleme gelöst worden wären, Anfang der 90er
Jahre in Gang gekommen wären, währenddessen sämtliche anderen Länder,
höherstehende Industrienationen des Westens, bereits seit Mitte der
70er Jahre diese Medienmärkte geöffnet hatten, nämlich durch Kabel
und Satelliten. Wir hätten einen 20jährigen Rückstand gehabt, der
nicht aufholbar gewesen wäre - gerade im internationalen Konzert der
Medien. Deswegen müssen die Hersteller von Hardware wissen, daß ihre
ganze Hardware zu nichts taugt, wenn nicht rechtzeitig die Software
entwickelt und als Markt zur Verfügung steht. Dieses Zusammenspiel
von Märkten und Hardware ist eine der großen Herausforderungen für
bestimmte Bereiche unserer Industrie, die, so glaube ich, mehr und
mehr verstanden wird. Damit wird dann auch das Konzept der Deutschen
Bundespost für jeden einsehbar.

10 Schlußfolgerungen

Wir unternehmen zur Zeit alle Anstrengungen, das Digitalisieren des
Fernsprechnetzes so schnell wie möglich durchzuführen. Sie sollten
aber bedenken, daß es sich hierbei um ein Netz mit rd. 6 200 Orts-
und 500 Fernvermittlungsstellen handelt. Der Wiederbeschaffungswert
- allein der Vermittlungseinrichtungen - liegt bei rd. 40 Mrd. DM.

Mit meinen Ausführungen wollte ich Ihnen verdeutlichen, daß die Deutsche Bundespost eine klare Antwort auf die fernmeldetechnischen Herausforderungen von morgen hat - nämlich das ISDN. Wir - die Deutsche
Bundespost in enger Zusammenarbeit mit der einschlägigen Industrie -
stellen uns den beträchtlichen technologischen, technischen, plane-
rischen, betrieblichen und organisatorischen Herausforderungen des
ISDN, um einen wirkungsvollen Beitrag zum Sichern unserer Zukunft
leisten zu können.

Vor drei Wochen sind die ISDN-Empfehlungen von der CCITT-Vollversamm-
lung (CCITT = Comité Consultatif International Télégraphique et
Téléphonique) verabschiedet worden. Die von der Deutschen Bundespost
inzwischen erarbeiteten Richtlinien und Technischen Lieferbedingungen
für das ISDN stimmen mit den neuen CCITT-Empfehlungen völlig überein.
Und ich möchte auch hier einmal, verzeihen Sie, wenn ich das tue,
meinen eigenen Mitarbeitern für ihren großen Einsatz danken. Ich
freue mich darüber, daß die ISDN-Empfehlungen jetzt internationale
Normen sind. Der neue Direktor des CCITT wird alles zu tun haben, um
die Entwicklung auch in der Zukunft in entsprechender Weise zum
Nutzen der Industrie und der Anwender, vor allen Dingen zugunsten der
weltweiten Telekommunikationspartner, weiter voranzubringen. Ich bin
jedenfalls stolz darauf, daß dies bisher gelungen ist.

Wir legen großen Wert darauf, Weltmarktprodukte für die Deutsche Bundespost zu beschaffen, um damit auch die Exportaussichten der deutschen Fernmeldeindustrie zu verbessern. Ich möchte hier also klar und
deutlich sagen, daß die Deutsche Bundespost das Gegenprogramm dessen
durchführt, was die Grünen in Nordrhein-Westfalen verabschiedet haben.

Zur Zeit werden die ersten Aufträge für die ISDN-Pilotprojekte vergeben. Schneller geht es nicht und schneller wäre auch nicht sinnvoll. Ich weiß sehr genau, daß ich von manchen den Vorwurf bekomme,
es würde immer noch nicht schnell genug gehen. Nun, für ganz eilige
Kunden oder Hersteller, je nachdem, bieten wir in wenigen Monaten
eine Art von "ISDN-Vorläufernetz" mit 64-kbit/-Kanälen auf DATEX-
Basis an. Mit diesen Überbrückungslösungen und sonstigen ISDN-Aktivi-
täten schwimmen wir in der "Bugwelle" der internationalen ISDN-Arbei-
ten. Die kritischen Anwender und Hersteller werden dann in diesem
Vorläufernetz all das realisieren können, was sie ihrer Ansicht nach
bisher vermißt haben. Wir sind auf den Boom, der sich dann plötzlich
entwickeln wird, außerordentlich gespannt und werden ihn mit großer
Sorgfalt beobachten. Ich sage das hier bewußt einmal, weil zur Zeit
von einigen Kritikern gefordert wird, daß wir sozusagen über Nacht
ein solches ISDN aus dem Boden stampfen müßten.

Mit den bisher eingeleiteten ISDN-Maßnahmen haben wir in der Bundes-
republik Deutschland die Chance, eine Führungsrolle zu übernehmen.
Und man soll das in der Weise tun, wie wir es heute anbieten, mit dem
Vorläufernetz, mit den Pilotprojekten und den damit geschaffenen An-

schlußmöglichkeiten. Für jeden, der sich innovationsmäßig betätigen will, ist also ein weites Feld gegeben.

Ich bin sehr froh, daß Sie durch Ihre Tagung auf die Entwicklung des ISDN aufmerksam machen, und daß es mir möglich ist, die gemeinsame Tagung des Münchner Kreises und der Nachrichtentechnischen Gesellschaft noch durch eine Broschüre zu ergänzen, anhand derer Sie die Schritte zum ISDN im einzelnen nachvollziehen können. Ich bemühe mich seit einigen Monaten, die Entwicklung der Telekommunikation zu verdeutlichen und in der Öffentlichkeit auch durch möglichst anschauliche Beiträge verständlich zu machen. Ich stelle nämlich fest, daß sich in der Diskussion zwischen Fachleuten und dem Publikum eine Wissenslücke ausbreitet, die nicht geringer, sondern immer größer wird. Deswegen bin ich auch sehr froh, daß die Industrie und die Wirtschaft durch ihre Öffentlichkeitsarbeit einen ganz erheblichen Beitrag leisten zum Schließen dieser Schere. Verschiedene Firmen stellen auch ihre firmeneigenen Produkte im Zusammenhang mit dem ISDN der Öffentlichkeit vor und führen entsprechende publikumswirksame Veranstaltungen und Seminare durch.

Ich bedanke mich dafür, denn die Deutsche Bundespost kann diese Aufklärungsarbeit nicht alleine bewältigen. Die Post ist nicht ein Multiplikator, der alle Bereiche erreicht. Dazu müssen dann Wirtschaft, Industrie und Fachleute auf allen Ebenen vom Hersteller bis zum Kunden in entsprechender Weise mitziehen. Dieses ist in den letzten Monaten mehr und mehr gelungen. Wir gehen mit unserer Broschüre auf diesem Wege weiter. Sie dient zum Aufmerksammachen für die Anwender und Kunden und mag den möglichen Rahmen für Ihre eigenen Planungen liefern oder natürlich auch als Rückkopplung uns dort helfen, wo Sie der Meinung sind, daß ein Mangel herrscht. Auch das ist für uns wichtig zu wissen. Ich möchte mich schließlich nochmals dafür bedanken, daß ich vor dem fachkundigen Kreis der beiden Gesellschaften habe sprechen dürfen und daß ich die ISDN-Broschüre hier erstmalig der Öffentlichkeit vorstellen konnte.

ISDN – The Deutsche Bundespost's Response to the Telecommunications Requirements of Tomorrow

Christian Schwarz-Schilling
Federal Minister of Posts and Telecommunications

In compliance with its constitutional and social obligations the Deutsche Bundespost creates the prerequisites for future-oriented and efficient communications in our country. For the introduction of new services - especially the complex telecommunication services - the Deutsche Bundespost needs the support of the public. I therefore feel committed to providing the Deutsche Bundespost's customers and manufacturers alike with early and comprehensive information on developments in the telecommunications field.

This is an obligation I fulfil with pleasure. Thus I published "The concept of the Deutsche Bundespost for the further development of the telecommunications infrastructure" in June this year. In the "1984 Yearbook of the Deutsche Bundespost", which appeared recently, the digitalisation of the telephone network and its development towards ISDN are described in great detail. ISDN is the abbreviation of the internationally used term "Integrated Services Digital Network" which is the universal digital telecommunication network of tomorrow.

ISDN is based on the idea of open systems interconnection. It is to combine the diversity of solutions found in private competition and a maximum of compatibility of the terminal equipment produced by various manufacturers in order that the greatest possible benefit for the customer can be achieved.

The Deutsche Bundespost feels a particular obligation to meet this extraordinary challenge. As a modern service enterprise, it will therefore make every effort to implement ISDN with priority, in co-operation with the telecommunications industry. The Deutsche Bundespost thus fulfils the obligations laid down in the Federal Government's report on information technology.

Konzept Informationstechnik der Bundesregierung

Uwe Thomas

1. Vorbemerkung

Der Begriff Informationstechnik wird benutzt, um ein Feld
technischer Entwicklungen abzudecken, dessen Teilgebiete in
vielfältiger enger Wechselbeziehung stehen. Das Feld der Informationstechnik in der von der Bundesregierung verwendeten
Abgrenzung umfaßt die Teilgebiete:

- Datenverarbeitung, Hard- und Software
- Nachrichtentechnik und Büromaschinen
- Industrielle Automation (einschließlich Messen, Steuern,
  Regeln)
- Unterhaltungselektronik (Video-, Rundfunk- und Phonotechnik,
  elektronische Spiele)
- Elektronische Bauelemente

2. Exportstärke der deutschen Industrie

Die informationstechnische Industrie gilt als Schlüsselindust-
rie. Das Maß ihrer Anwendung als Maß wirtschaftlicher Stärke.
Ein amerikanischer Autor, der zur Zeit hohe Popularität ge-
nießt, schreibt in seinem mit Emotionen befrachteten Buch "The
World After Oil":

"Of all the major countries in the Western Alliance, no country will fall so far and so hard in the coming post-OPEC era
as Germany..." "The Germans may not know it yet, but the entire industrial base of their country is eroding."

Die industrielle Wettbewerbsfähigkeit eines Landes läßt sich
bei nüchterner Betrachtung unter anderem an seinen Exportüberschüssen ablesen. Bild 1 zeigt für die Jahre 1978 bis 1983 die
pro-Kopf erwirtschafteten Exportüberschüsse einiger wichtiger
Industrieländer.

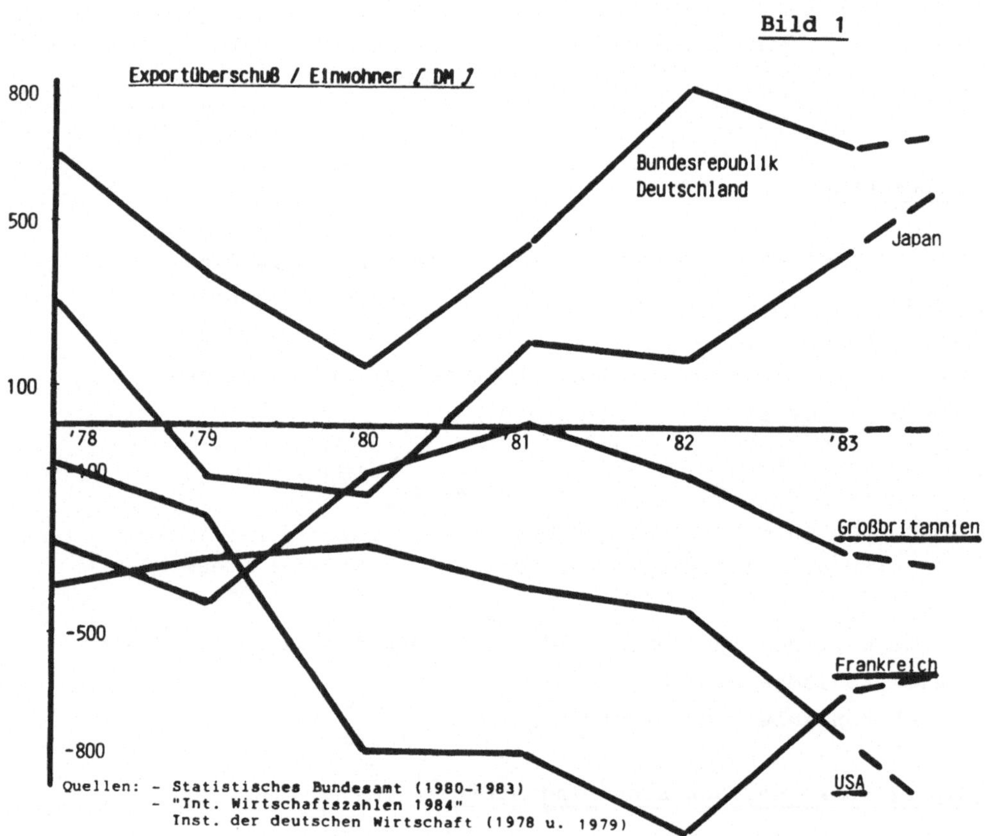

Danach hat Herr Nußbaum, so heißt der Autor des genannten Bu-
ches, wohl doch ein wenig übertrieben. Offenbar ist die deutsche Exportwirtschaft nicht nur mit der zweiten Ölkrise besser
fertiggeworden, als die japanische. Sie hat auch danach im
Welthandel den Kopf oben behalten.

Die durch spekulative Wechselkurse zusätzlich belastete amerikanische Exportwirtschaft weist spiegelbildlich zum wachsenden

Exportüberschuß Japans ein rasch ansteigendes Defizit aus.

Bei der Bewertung des Exportdefizits der Vereinigten Staaten ist zu berücksichtigen, daß dieses große Land über ergiebige eigene Ölvorräte, über Rohstoffe und günstig gelegene Kohlelagerstätten verfügt und dadurch seine Importe niedrig halten kann. Auch die Agrarexporte der USA stützen die Handelsbilanz. Immerhin wurden 1982 für mehr als 30 Mrd. DM Exportüberschüsse bei Nahrungsmitteln erwirtschaftet. Das ist fast dreimal so viel, wie die im gleichen Jahr erzielten Exportüberschüsse der Vereinigten Staaten auf dem Gebiet der Informationstechnik. Es ist gelegentlich wichtig, sich die Relationen vor Augen zu führen.

Die wirtschaftliche Stärke der Bundesrepublik wird in Bild 2 aufgeschlüsselt. Sie beruht zu wesentlichen Teilen auf unserer Exportkraft im Bereich der Straßenfahrzeuge, des Maschinenbaus, der Chemie und der Elektrotechnik - Datenverarbeitung und Büromaschinen nicht mitgezählt - und ich teile nicht die Meinung, daß diese vier großen Branchen durch Informationstechnik ersetzt werden könnten.

Die Menschen wollen beispielsweise mit dem Auto fahren. Eine Simulation des Autofahrens am Bildschirm wird ihnen nicht genügen. So weit geht die vielgenannte Informationsgesellschaft nicht.

Angesichts der im ganzen positiven Daten der deutschen Wirtschaft sollten wir gleichwohl die Risiken, die in der Zukunft, in den möglichen Zukünften, liegen, nicht unterschätzen. Ich möchte mich, angesichts einer überzogenen Schwarzmalerei, allerdings für Realismus in der Analyse einsetzen. Um so mehr als ich mich noch gut an die Diskussion in der OECD über die technologische Lücke der Sechziger Jahre erinnere, die in den Siebziger Jahren die deutsche Wirtschaft offenbar nicht gehindert hat, gegenüber der amerikanischen Wirtschaft Boden gutzumachen, trotz Ölkrise und Mikroprozessor. Zusammenfassend zur generellen wirtschaftlichen Lage der Bundesrepublik Deutschland: viel Licht und einige kräftige Schatten.

<u>Bild 2</u>

Exportbranchen der
Bundesrepublik Deutschland
(77 % des Exports)
1983

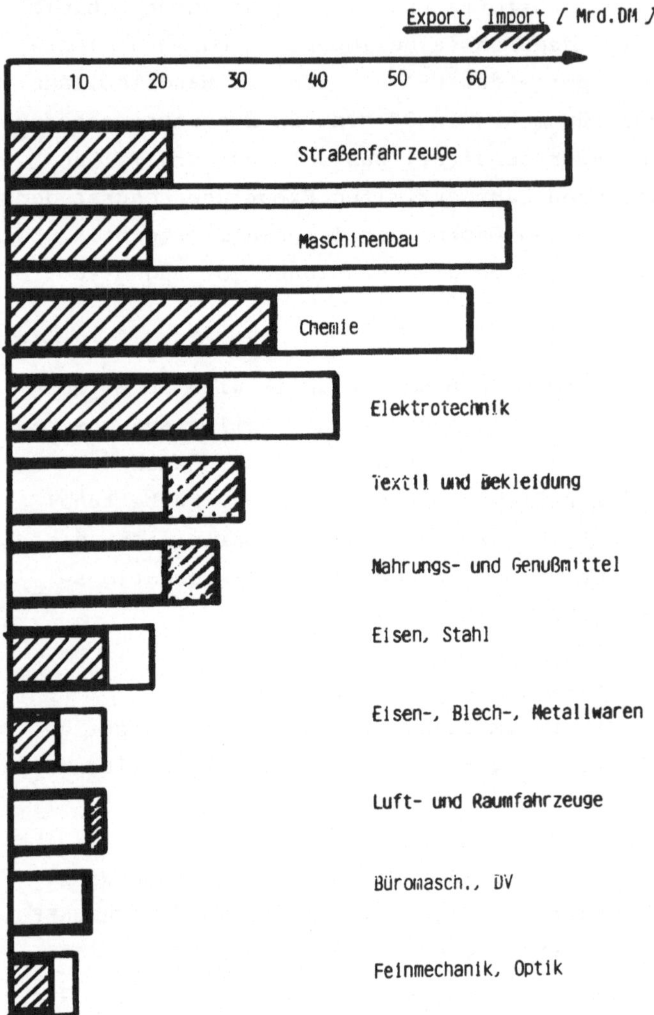

Quelle: Stat. Jahrbuch 1984, Produktionsstatistik

3. <u>Situation auf dem Gebiet der Informationstechnik</u>

Zu den kräftigen Schatten gehören, das kann man nicht leugnen,
Teilgebiete der Informationstechnik. Das muß ernst genommen
werden, nicht nur, weil es sich immerhin um 2,5 Prozent unse-

res Bruttosozialprodukts handelt und Mitte der Neunziger Jahre möglicherweise schon um 5 Prozent. Wir sprechen hier von einem Industriezweig, dessen Wachstumsraten seit Jahren über dem Durchschnitt liegen und für den Fachleute auch in den nächsten Jahren mittlere Wachstumsraten von 7 bis 8 Prozent erwarten. Sondern vor allem, weil die innovative Anwendung der Informationstechnik eine entscheidende Voraussetzung für die Erhaltung der Wettbewerbsfähigkeit in unseren wichtigsten Exportbranchen geworden ist.

Als Hersteller informationstechnischer Güter und Dienstleistungen, nicht so sehr als Anwender, zeigt die deutsche Industrie Schwächen. Bild 3 zeigt die Exportbilanz 1983 in den fünf Teilgebieten der Informationstechnik.

Bild 3

Exportbilanz Informationstechnik
1983

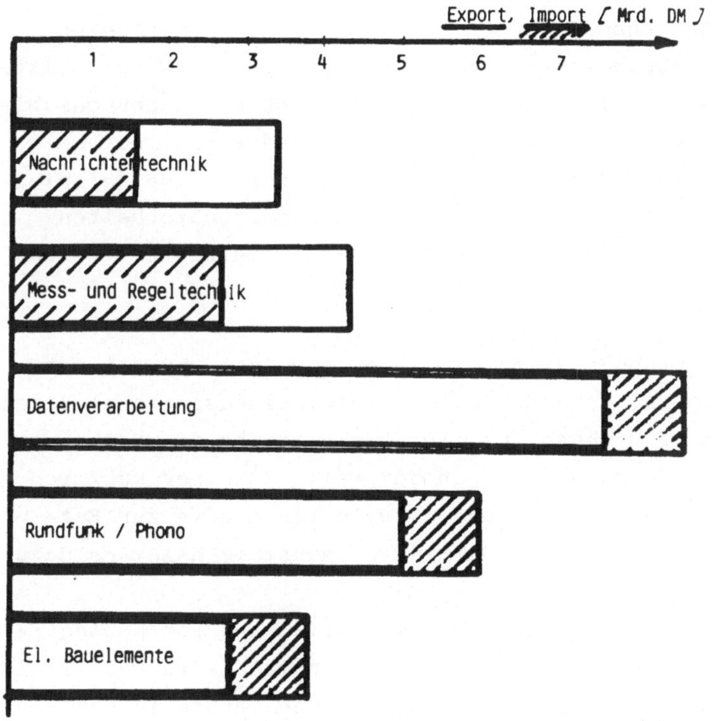

Quelle: ZVEI Außenhandel der Elektroindustrie 1983

Exportüberschüssen in der Nachrichtentechnik und in der Meß-
und Regeltechnik stehen Defizite in der Datenverarbeitung (ohne Büromaschinen), in der Unterhaltungselektronik und bei
Elektronischen Bauelementen gegenüber.

Trotz des im Ganzen günstigen Industrieportfolios der Bundesrepublik und der bereits erreichten bemerkenswert breiten Anwendung der Informationsverarbeitung in Fabriken und Büros wäre ein dauerhaftes Nachhinken in der Entwicklung und Produktion der Informationstechnik auf lange Sicht ein bedeutendes
Risiko für unsere Konkurrenzfähigkeit.

Es gibt eine Reihe von Gründen, oft genug diskutiert und of-
fenkundig, warum ausgerechnet bei der Entwicklung und Herstellung der Informationstechnik alle europäischen Industrieländer
ihre Schwierigkeiten haben.

Der wichtigste Grund scheint mir nicht in der höheren Leistungsfähigkeit des amerikanischen Managements, in günstigeren
steuerlichen Rahmenbedingungen oder gar in den niedrigeren
Personalkosten japanischer Unternehmen zu liegen. Warum sollte
die deutsche Industrie dann in anderen technisch anspruchsvol-
len Bereichen, etwa in der Druckmaschinenindustrie, bei Hal-
bleitermaterialien oder Kernreaktoren, um nur einige Beispiele
zu nennen, seit Jahren Führungspositionen aufrechterhalten
können. Wir sollten unser Management nicht schlechter machen,
als es ist. Das sage ich nicht nur in dieser Runde.

Der wichtigste Grund scheint mir immer noch die gigantische
Vorfinanzierung von Forschungs- und Entwicklungspersonal durch
das Department of Defense zu sein. Das gilt für die Sechziger
Jahre und es ist auch heute noch der Fall. In einer kürzlich
vom Stanford Research Institute vorgelegten Studie zur Entwicklung der amerikanischen Halbleiterindustrie heißt es dazu:

"Government support for technical education and for honing research skills in protected laboratory environments was vital
 to the careers of nearly all the major innovators in semiconductor development."

Dabei handelt es sich nicht allein um staatlich finanzierte Labors. Hinzu kommt die weltweite marktbeherrschende Position von IBM, die die Finanzierung eines beachtlichen Technologievorlaufs ermöglicht, sowie vor allem die enorme Forschungsfinanzierung der weltberühmten Bell Laboratories aus dem Telefongeschäft von AT&T. Hier könnte sich allerdings etwas ändern nach der Aufspaltung von AT&T.

Rechnet man den F&E-Aufwand für Informationstechnik aus staatlichen Mitteln und Monopolrenten in den USA zusammen, kommt man für das Jahr 1982 auf den stattlichen Betrag von fast 30 Mrd. DM, davon allein ca. 13 Mrd. DM aus dem Verteidigungshaushalt, die ihren Weg in die amerikanische Industrie fanden. Einen Vergleich dieser 13 Mrd. DM mit den 1982 in Frankreich und der Bundesrepublik aufgewendeten staatlichen Mitteln zeigt Bild 4.

13 Milliarden DM, das ist mehr, als die gesamte amerikanische Industrie, abzüglich der Giganten IBM und AT&T, aus eigenen Erträgen für F&E in der Informationstechnik aufgewendet hat. Zweifellos eine bemerkenswerte Wettbewerbsverzerrung, zumindest so lange der militärische und der zivile Markt der Informationstechnik sich technisch in die gleiche Richtung entwikkeln. Man sollte die direkte Wirkung dieser gewaltigen F&E-Aufwendungen nicht überschätzen. Aber was am Ende zählt sind die personellen Ressourcen, die Zahl gut ausgebildeter Fachleute und hervorragender Wissenschaftler, jedenfalls wenn es darum geht auf dem High Tech Gebiet industriell erfolgreich zu bleiben. Ohne diese Ressourcen nützen auch die besten Rahmenbedingungen nicht viel und ich habe die Hoffnung keineswegs aufgegeben, daß auch einige unserer mehr theoretisch veranlagten Nationalökonomen diesen Sachverhalt zunehmend in ihre Theorien aufnehmen werden.

Welche Kraftanstrengung die Länder der Europäischen Gemeinschaft machen müßten, um dieser Zukunftsfinanzierung von Fachleuten, denn darum handelt es sich, ein gleichwertiges Potential in Europa entgegenzusetzen, kann jeder selbst abschätzen.

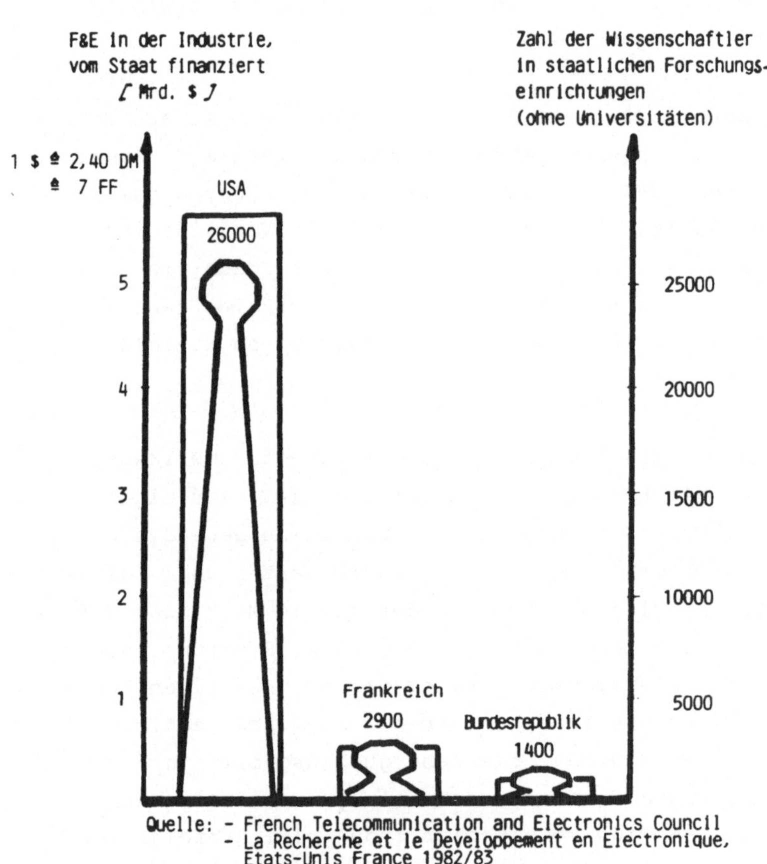

Auch Japan ist noch weit davon entfernt, der amerikanischen informationstechnischen Industrie in aller Breite entgegentreten zu können. Immerhin haben unsere japanischen Freunde den Schlüssel gefunden, mit dem es möglich ist, Türen zu diesem Markt zu öffnen. Der Schlüssel heißt:

- Vorlaufforschung bei Bündelung der Kräfte, schnelle Aufnahme verfügbarer Technologien, Weltmarktstrategien in wenigen ausgewählten Marktsegmenten und Abschottung des Inlandsmarkts so lange irgend möglich bei hartem Wettbewerb im Inland.

Aber auch Vorlaufforschung:

Allein die japanische Fernmeldebetriebsgesellschaft NTT beschäftigte 1982 dreimal so viele Wissenschaftler in ihren Labors, wie alle staatlichen Forschungseinrichtungen in der Bundesrepublik, einschließlich der Deutschen Bundespost, zusammengenommen und wendete dafür knapp 1 Mrd. DM auf. Das dies nicht in erster Linie ein Finanzierungsproblem ist, sondern eher ein Strukturproblem, mag daraus entnommen werden, daß die deutsche Fernmeldebetriebsgesellschaft im gleichen Jahr den dreifachen Betrag zur Subventionierung der Gelben Post aufgewendet hat.

Ich möchte mit dieser zugegebenermaßen holzschnittartigen Darstellung des Problems die Analyse abschließen und darüber sprechen, welche Schlußfolgerungen die Bundesregierung gezogen hat. Der japanische Schlüssel ist, insbesondere was die Abschottung des Inlandsmarkts angeht, für uns nicht anwendbar, aber über die anderen Gesichtspunkte lohnt es sich nachzudenken.

4. **Konzept der Bundesregierung**

In der Regierungserklärung vom Mai 1983 wurde von Bundeskanzler Kohl eine umfassende Konzeption für die Förderung der Entwicklung der Mikroelektronik, der Informations- und Kommunikationstechniken angekündigt.
Nach gründlicher Beratung mit Vertretern der deutschen Industrie und zahlreichen Wissenschaftlern wurde der ressortübergreifende Regierungsbericht Informationstechnik im März diees Jahres vom Kabinett beschlossen und in der Haushaltsaufstellung für das Jahr 1985, die zwei Monate später vom Kabinett beschlossen wurde, soweit erforderlich bereits berücksichtigt.

Das Konzept der Bundesregierung geht von folgenden Grundüberlegungen aus:

- Die Maßnahmen des Staates sind subsidiär anzulegen, im Vordergrund muß die unternehmerische Initiative stehen, Märkte
zu gewinnen und durch verstärkte Kooperation in Forschung
und Entwicklung und durch raschen Technologietransfer die
Innovationskraft in den Unternehmen zu stärken.

- Der Staat kann durch innovative Beschaffung, vor allem in
den großen Bereichen Verwaltung, Fernmeldewesen und Vertei-
digung und durch verbesserte Bildungs- und Weiterbildungs-
chancen günstige Wachstumsbedingungen schaffen.

- Fördermaßnahmen des Staates sollten, wo irgend möglich, an
vorhandene Stärken anknüpfen, insbesondere an die Fähigkeiten der deutschen Industrie in der innovativen Verknüpfung
von Mechanik und Elektronik und in der Beherrschung komplexer Systemlösungen.

- Der Dialog zwischen Wirtschaft, Wissenschaft und Gewerk-
schaften über die strategischen Fragen in der Anwendung und
Förderung der Informationstechnik muß gestärkt und mit sach-
gerechter Information unterstützt werden, um Wege in die Zukunft zu ebnen und Probleme frühzeitig zu erkennen.

Ausgehend von diesen Grundüberlegungen wurden insgesamt 32
Maßnahmen im Regierungsbericht besonders hervorgehoben, die
ich in der verbleibenden Zeit nicht alle aufzählen will. Sie
sind in fünf ressortübergreifende Aufgabenfelder zusammengefaßt, die ich kurz nennen möchte.

1) Verbesserung der marktwirtschaftlichen Rahmenbedingungen
und damit auch der Wettbewerbsfähigkeit der Bundesrepublik
und Europas mit besonderem Gewicht auf Risikokapital,
Marktöffnung und innovationsorientierter öffentlicher Beschaffung.

2) Motivierung der Menschen, sich der technischen Herausforderung zu stellen, durch Information über Zukunftsoptionen

und durch verstärkte Berücksichtigung der Informations- und Kommunikationstechniken im Bildungsbereich.

3) Belebung innovationsorientierter Märkte durch zukunfts- orientierten Ausbau der Kommunikationsinfrastruktur und In- novationen im Endgerätebereich.

4) Verbreiterung der Technologiebasis zur langfristigen Siche- rung der Verteidigungsfähigkeit der Bundesrepublik und Nut- zung der Informationstechnik zur Optimierung der auf Terri- torialverteidigung angelegten Bundeswehr.

5) Verstärkung und Konzentration der Forschungskapazität der Bundesrepublik auf dem Gebiet der Informationstechnik mit dem Ziel, im öffentlichen und privaten Bereich eine FuE-Ka- pazität zu entwickeln, die auf ausgewählten Schwerpunktge- bieten in Qualität und Quantität den Anforderungen des in- ternationalen Wettbewerbes gerecht wird.

Beispielhaft möchte ich zum Abschluß, um nicht zu abstrakt zu bleiben, aus diesen Aufgabenfeldern einige aktuelle Ausschnit- te herausgreifen in denen sich erste Erfolge abzeichnen.

5. <u>Junge Technologiefirmen</u>

Der Aufstieg der amerikanischen Halbleiterindustrie ist in den späten Sechziger und frühen Siebziger Jahren bekanntlich sehr bald von jungen Wachstumsfirmen bestimmt worden die sich wie- derum auf einen expandierenden Risikokapitalmarkt abstützen konnten. Nun gibt es zwar, entgegen einem verbreiteten Vorur- teil, auch in der Bundesrepublik eine große Zahl junger Tech- nologiefirmen, wenn auch mit etwas anderen Schwerpunkten als in den USA. Wir haben dies zu unserer eigenen Überraschung im Jahr 1982 sehr deutlich vorgeführt bekommen, denn im Sonder- programm Anwendung der Mikroelektronik waren von 1800 geför- derten Firmen rund die Hälfte (!) jünger als 10 Jahre.

In dem neuen Modellversuch des BMFT, der mit einem Aufwand von 100 Mio DM über 4 Jahre gestartet wurde, um neugegründeten Technologiefirmen in einigen ausgewählten Regionen und Techno-

logiefeldern über die ersten Hürden zu helfen, ergab sich eine
so dramatische Nachfrage, daß wir den dafür vorgesehenen Betrag vor kurzem mehr als verdreifacht haben, ohne die zeitliche Befristung des Modellversuchs aufzugeben. Interessanter-
weie basieren mehr als die Hälfte aller beantragten Projekte
auf der Informationstechnik.

Junge Technologiefirmen in der Bundesrepublik haben im Vergleich zu den Vereinigten Staaten zwei Nachteile zu überwinden. Sie müssen erstens in der Regel frühzeitig in den Export,
um wachsen zu können und zweitens ist der Kapitalmarkt in der
Bundesrepublik für ihre speziellen Bedürfnisse noch unterent-
wickelt. Der Modellversuch Technologieorientierte Unterneh-
mensgründungen (TOU) des BMFT soll vor allem die Entwicklung
eines funktionierenden Wachstumskapitalmarkts für junge Firmen
beschleunigen. Dem gleichen Zweck dient der kürzlich von der
Bundesregierung vorgelegte Gesetzentwurf für Unternehmensbe-
teiligungsgesellschaften. Man wird mit Fug und Recht sagen
können, daß auf diesem Gebiet seit ein bis zwei Jahren in der
Bundesrepublik eine neue Dynamik entstanden ist und man wird
hier auch einigen Länderregierungen, Banken und Industrieunternehmen ein Kompliment machen müssen.

6. <u>Deutsches Forschungsnetz und Lokale Netze</u>

Ein weiterer Ausschnitt aus dem Maßnahmenbündel der Bundesregierung betrifft die Forschungsinfrastruktur. In bemerkenswert
enger Zusammenarbeit zwischen Großforschungseinrichtungen,
Hochschulen und der Industrie wird derzeit ein Rechnernetz
entwickelt, das überregional den Austausch von Nachrichten,
Daten, Computersoftware etc. zwischen Computern unterschiedlicher Hersteller ermöglichen soll. Dafür sind insgesamt 100
Mio DM vorgesehen. In diesem Zusammenhang soll auch die Einbettung lokaler Netze erprobt werden. Auf Grund einer gemeinsamen Initiative von Bildungs- und Forschungsministerium ist
zusätzlich geplant, vernetzte Arbeitsplatzcomputer für Hochschulen zu beschaffen. Dafür sind noch einmal aus Mitteln des
Bundes und der Länder 250 Mio DM vorgesehen worden.

Damit wird in den nächsten Jahren gerade im für die Zukunft wichtigen Hochschulbereich ein großer Schritt nach vorn getan und einer großen Zahl von Studenten verschiedenster Fachrichtungen modernste Hardware und Software für Forschung und Lehre zur Verfügung gestellt werden können. Auch dieses Beispiel zeigt den Anstoß zur Zusammenarbeit, der von dem Regierungsbericht Informationstechnik ausgegangen ist und der nun ohne Zögern umgesetzt wird.

7. Digitaler Mobilfunk

Ähnliches gilt auch für Maßnahmen im Bereich der Deutschen Bundespost, die in enger Zusammenarbeit mit dem Forschungsministerium und der deutschen Industrie eine Reihe von zukunftsweisenden Beschaffungen plant. Ein aktuelles Beispiel ist der Mobilfunk, bei dem sich die Bundesregierung das Ziel gesetzt hat ein System, das für eine Größenordnung von 1 Million Teilnehmer geeignet ist, entwickeln zu lassen und zu beschaffen. Trotz mancherlei politischer Schwierigkeiten verfolgt die Bundesregierung konsequent das Ziel, bereits ab 1988 gemeinsam mit Frankreich einen europäischen Standard für digitalen Mobilfunk durch gemeinsame Beschaffung zu setzen und damit für die deutsche Industrie eine Führungsposition in diesem Wachstumsmarkt zu sichern.

8. CAD/CAM im Maschinenbau

Die Leistungs- und Wettbewerbsfähigkeit des verarbeitenden Gewerbes in der Bundesrepublik Deutschland mit ca. 38.000 Unternehmen und mehr als 7 Millionen Beschäftigten ist vor allem vom Angebot und der Anwendung moderner fertigungstechnischer Anlagen und Verfahren bestimmt. Ihre Lieferanten, die fertigungstechnischen Ausrüster, haben daher eine Schlüsselposition die sie nur ausfüllen können, wenn sie ihre Produkte flexibel und kostengünstig entwickeln und fertigen können. Rechnerunterstützte Konstruktionssysteme und Fertigungssteuerungssysteme werden zwar bisher nur von einem Teil dieser stark mittelständisch geprägten Branche der fertigungstechnischen Ausrüster genutzt. Um so bemerkenswerter ist die Nachfrage nach einem Programm des BMFT, mit dem die Einführung von CAD/CAM-Sy-

stemen befristet gefördert wird. Das Programm ist mit über
1600 Anträgen innerhalb von wenigen Monaten bereits ausgebucht
und das Ziel des Programms, in aller Breite einen Vorsprung
der deutschen fertigungstechnischen Ausrüster in der Anwendung
von CAD/CAM zu erzielen, dürfte wohl damit erreicht werden. Es
ist zu hoffen, daß der Market Pull auch deutsche Hard- und
Softwareanbieter erreichen wird, zumal sie technisch vorzüg-
lich im Rennen liegen, nicht nur bei der Software, sondern
auch bei preisgünstigen fortschrittlichen Rechnern.

9. Forschungspolitik für Europa

Der Beitrag des für den Regierungsbericht Informationstechnik
federführenden BMFT drückt sich auch in steigenden Haushalts-
mitteln für diesen Bereich aus, wie Bild 5 zeigt.

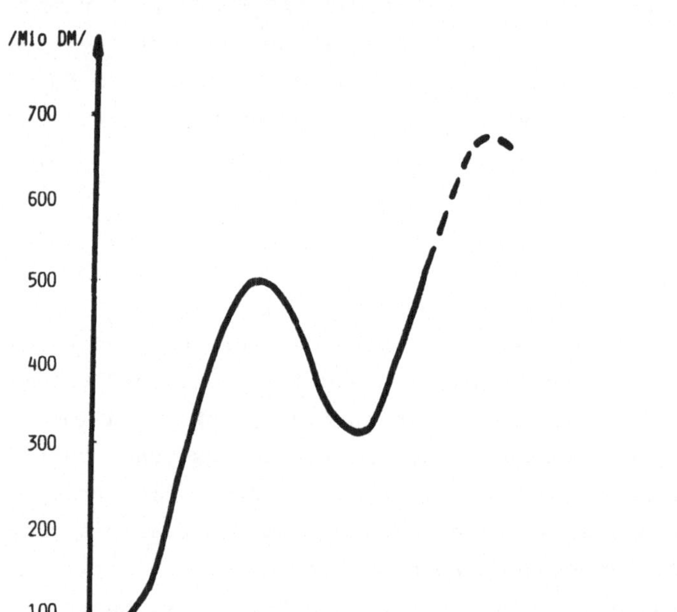

Bild 5

Deren Wirksamkeit, so hoffen wir, wird dadurch gesteigert, weil sie verzahnt worden sind mit Maßnahmen anderer Ressorts der Bundesregierung, weil sie in ihrem indirekt-spezifischen breitenwirksamen Teil auf eine innovationsbereite mittelständische Industrie treffen und weil in den langfristig angelegten Maßnahmen auf direkte Projektförderung einzelner Firmen ganz verzichtet und Verbundforschung an deren Stelle gesetzt wurde. Die Definition ehrgeiziger Verbundprojekte ist überraschend gut angelaufen. Die Knappheit an Fachleuten und Forschern in Wissenschaft und Industrie kann, so ist zu hoffen, durch diese Bündelung von Kräften teilweise ausgeglichen werden.

Wie sich die Forschungsmittel in Höhe von 2,9 Mrd. DM für die nächsten fünf Jahre auf die verschiedenen Aufgabenbereiche aufteilen zeigt Bild 6.

BMFT-Förderung der Informatonstechnik
1984 - 1988   <u>**Bild 6**</u>

Gebiet	Mio DM
- Integration Mechanik/Informationstechnik (Fertigungstechnik, Mikroperipherik)	850
- Datenverarbeitung (CAD, Architektur, Wissensverarbeitung, Netze)	620
- Technische Kommunikation (Optische Nachrichtentechnik, Integrierte Optik, HDTV, Systemlösungen)	410
- Mikroelektronikanwendung (CAD, Schlüsselkomponenten)	180
- Mikroelektronik (Submikron, Neue Bauelemente)	800
Summe	2.900

Die Bundesregierung ist allerdings der Auffassung, daß der Erfolg des von ihr vorgelegten Konzepts wesentlich davon beeinflußt wird, inwieweit es gelingt, in Europa enger zusammenzuarbeiten. Der Zuspruch, den das Programm ESPRIT der Europäischen Gemeinschaften gefunden hat läßt hoffen, daß dies gelingen wird.

Staatliche Förderung kann zur europäischen Zusammenarbeit beitragen, ob durch bilaterale Kooperation oder Maßnahmen der EG-Kommission. Noch wichtiger scheint mir jedoch zu sein, daß wir zu Marktgrößen in Europa kommen, die es gestatten, steigende F&E-Aufwendungen durch große Stückzahlen bereits in einem erweiterten Inlandsmarkt, und das ist der europäische Markt, wieder zurückzuverdienen, um an den Auslandsmärkten von einer Position der Stärke ausgehen zu können.

Das Thema, das sich der Münchner Kreis zusammen mit der Nachrichtentechnischen Gesellschaft vorgenommen hat, nämlich der Aufbau zukunftsorientierter weltweit standardisierter digitaler Fernmeldenetze, ist für mich auch Symbol einer Chance für Europa. Hier haben wir eine starke Industrie, eine erstklassige Technik und alle Möglichkeiten Weltmarktführer zu werden. Keine andere Region in der Welt hat beispielsweise so viele hervorragende ISDN-Vermittlungen entwickelt wie Europa. Das birgt aber natürlich auch die Gefahr einer Zersplitterung.

Ich hoffe, daß der Vorsitzende des Münchner Kreises in der abschließenden Podiumsdiskussion am Mittwoch die beruhigende Zusammenfassung geben wird können, daß nicht nur im Maschinenbau, der Automobilindustrie und der Chemie die Ausgangslage für die deutsche Wirtschaft günstig ist, sondern dank unserer weitsichtigen europäischen Fernmeldebetriebsgesellschaften mit Hilfe von ISDN und seiner Nutzung auch im Büro der Wille zur europäischen Selbstbehauptung unverkennbar ist. In diesem Sinne wünsche ich, auch im Namen von Bundesforschungsminister Riesenhuber, diesem Kongreß einen großen Erfolg.

Schrifttum:

1. Informationstechnik, Konzeption der Bundesregierung zur
   Förderung der Entwicklung der Mikroelektronik, der Infor-
   mations- und Kommunikationstechniken, herausgegeben vom
   Bundesminister für Forschung und Technologie - Öffentlichkeitsarbeit -, Bonn 1984

2. Bruce Nussbaum, The World After Oil; Verlag Simon and Schu-
   ster New York, 1983

3. R.C. Carlson, T.R. Lyman, U.S. Government Programs and
   their Influence on Silicon Valley, SRI International, May
   1984

4. La Recherche et le Developpement en Electronique Etats
   Unis-France, herausgegeben vom French Telecommunications
   and Electronics Council, März 1984

Information Technology Concept of the Federal Republic of Germany

Uwe Thomas

A ten-point summary

1. Prosperity in the Federal Republic of Germany relies upon on outstandingly stable and flexible export-oriented industry. Due to the distribution of exports over a variety of sectors with a priority given to capital goods it is hardly affected by changes in the terms of trade.

2. German industry in the information technology sector has not been able to adequately compensate for the much too small amount - as compared with the US - of public R&D funding over many years in the field of information technology at national research institutions and universities.

3. Despite the favourable industrial situation in the Federal Republic of Germany, lagging continuously behind in the development and production of information technology would, in the long run, jeopardize the competitive capacity of German industry and thereby impair prosperity in the Federal Republic of Germany.

4. The Federal Government has realized the problem and in five areas has drawn up a five-year programme covering various fields in order to compensate competitive disadvantages for German information technology producers and to promote the innovative application of information technology.

5. According to this programme priority has been given to stimulate domestic competition by free trade, standardization and disclosure of system interfaces and by innovative public procurement measures as well as to renovate information technology industry by venture capital and promotion of business formation.

6. The maintenance of social peace the motivation of working
   people, the willingness and opportunity to face new
   technologies in education and further education and to
   learn - these are the major preconditions for the management of technical progress in the field of information
   technology. Negligence has long-term but all the more
   serious effects. Therefore the Federal Government considers this a further priority within the framework of its
   measures taken in close cooperation with the Laender go-
   vernments and industry.

7. The Federal German Post Office in its capacity as a mo-
   nopolistic enterprise in a key area of information technology is required to take a major share in setting up a
   modern infrastructure and im preserving the efficiency of
   the German information technology industry. This includes
   the funding of research, the procurement of innovative
   systems with multiplier effect and the opening up of new
   markets by liberal liensing requirements and target-ori-
   ented standardization.

8. There is a connection between research policy in the
   field of information technology and the concept of an
   optimized German Bundeswehr with regard to territorial
   defence, a connection which is of major importance not
   only in the field of foreign poliy but also for industry.

9. Research promotion by the Federal Government in the field
   of information technology is to be based on the specific
   capacities of German industry. These include above all
   the innovative ability to combine mechanics and electronics
   of knowhow in the development of complex systems in plant
   construction and process technology and the competitive-
   ness of the communications industry.

10. The programme of the Federal Government does not solve
    the problem but only contibutes to the solution of a
    problem which, in the long run, can only be solved at the
    European level.

Der zunehmende Einfluß der Technologieevolution auf Kommunikationssysteme

Ingolf Ruge

I. TELEKOMMUNIKATION

Die digitale Bewegtbildübertragung erfordert gegenüber der Ton-
und Datenübertragung eine wesentlich höhere Bit-Rate, weil die
zu übertragende Informationsmenge ungleich größer ist.
"Informationsmenge", das bedeutet hier"Zahl der Bildpunkte", in
die die orts- und zeitkontinuierliche Originalvorlage aufgelöst
wird und die im Auge des Betrachters eines Displays wieder zu
einem orts- und zeitkontinuierlichem Bild verschmelzen.

Mit welchen enormen Datenmengen man es bei einer Bewegtbildübertragung zu tun hat, läßt sich durch folgende Betrachtung leicht
veranschaulichen:

Ein Fernsehbild unseres heutigen Standards hat 625 Zeilen. Der
Kell-Faktor, der die nutzbare Auflösung in vertikaler Richtung
beschreibt, die in erster Linie durch ungenügende Filterung bei
der Bildaufnahme und -wiedergabe und durch Zeilensprungeffekte
begrenzt wird, beträgt bei heutigen Empfängern etwa 0,64. Eine
vertikale Vor- und Nachfilterung und die Verwendung hochzeiliger
Endgeräte, wie beispielsweise unter der Leitung von Prof.Wend-
land an der Universität Dortmund untersucht wurde, könnte diesen
Kell-Faktor bei zukünftigen Fernsehsystemen jedoch in die Nähe
des Idealwertes von 1 rücken. Berücksichtigt man solche Verbesserungen , dann sollte ein Vollbild einschließlich der Austastlücken und mit einem Kell-Faktor von o,9,also
$0,9 \times (625)^2 \times 4/3 \times 0,94/0,82 = 540.000$ Bildpunkte enthalten.
Multipliziert man dies mit der Vollbildfrequenz von 25 Hz, so
ergibt dies die Zahl von 13,4 Millionen Luminaz-Bildpunkten/s,
die für ein Schwarz-weiß-Fernsehbild übertragen werden müssen.
Die Übertragung von Farbbildern bedingt zusätzlich noch die
Übermittlung zweier Chrominanzsignale,deren örtliche Auflösung
aus visuellen Gründen nur maximal je ein Viertel der Luminanz-
auflösung betragen muß. Dies resultiert in einer Gesamtzahl von
etwa 20,2 Millionen Bildpunkten/s für ein Farbfernsehbild.

Um weich verlaufende Helligkeits- und Farbübergänge für den Be-
trachter nicht stufig erscheinen zu lassen, müssen zur Digital-
übertragung des analogen Signalverlaufs genügend viele Quanti-
sierungsstufen zur Verfügung gestellt werden. Die Pulscode-Modu-
lation (PCM), die jeden Bildpunkt für sich quantisiert, benötigt
etwa 256 Pegelstufen, also 8 Bit pro Bildpunkt. Erst dann ist
die Stufigkeit so klein, daß sie das Auge nicht mehr wahrnimmt.
Bei 20,2 Millionen Bildpunkten/s und 8 Bit pro pel resultiert
dies in der enormen Datenrate von ca. 161 Mbit/s, die ausreichen
würde, um beispielsweise den Inhalt von über 10.000 Schreibma-
schinenseiten (also einen Stapel von über 1m Höhe) pro Sekunde (!)
zu übertragen (2600 Anschläge/Seite, 6 bit/Anschlag, 10 cm Höhe pro
1000 Seiten).

Der digitale Studiostandard nach der 1982 verabschiedeten CCIR-
Recommendation 601 führt mit seinen Abtastraten von 13,5 Millionen
Bildpunkten/s für die Luminanz und je 6,75 Millionen Bildpunkten/s
für die beiden Farbdifferenzsignale auf die noch wesentlich höhere
Datenrate von (13,5 + 2 x 6,75) MHz x 8 bit = 216 Mbit/s. Die
Abtastrate für die Luminanz liegt geringfügig oberhalb der für
den menschlichen Gesichtssinn erforderlichen Grenze, um für eine
mehrfache Signalverarbeitung im Studio ohne sichtbare Qualitätsverluste gewappnet zu sein. Auch machte der Wunsch nach einer
einheitlichen Empfehlung für die 525- und 625-Zeilen-Länder einen
Kompromiß erforderlich. In der Hauptsache aber entsteht diese
höhere Studio-Datenrate durch die visuell stark überdimensio-
nierte Chrominanzauflösung. Um Farbmisch- und -trickeffekte durchführen zu können, wurde die vertikale Farbauflösung genauso hoch
gewählt wie die Auflösung der Luminanzkomponente, so daß vom
visuellen Standpunkt aus für eine datenreduzierte Übertragung
zum Teilnehmer in erster Linie dort noch Reserven vorliegen.

Bei der Auslegung der Teilnehmer-Ebene eines optischen Breit-
band-Kommunikationsnetzes stellt sich die Frage, ob man das
Bewegtbildsignal in die ja eigentlich für 64 kbit/s-Fernsprech-
kanäle gedachten Zeitrahmen der PCM-Hierarchiestufen zwängen
soll oder nicht. Die Multi- bzw. Demultiplexung von Breitand-
und Schmalbanddiensten mit ihren um drei Zehnerpotenzen ausein-
anderliegenden Bitraten in einen solchen und Rahmen und ihre asynchrone
Übertragung stellt einen nicht zu unterschätzenden schaltungs-

technischen Aufwand dar, der bei jedem Teilnehmer getrieben werden müßte.

Das Heinrich-Hertz-Institut in Berlin schlägt einen vielleicht
einfacheren Weg vor: Einmal die getrennte Übertragung von Schmal-
band- und Breitbanddiensten im Wellenlängenmultiplex, sowie
weiter eine von den heutigen normierten PCM-Zeitrahmen völlig
losgelöste bitweise Zeitmultiplexung der verschiedenen Breitbandkanäle. Auf diese Weise ließe sich der schaltungstechnische
Aufwand beim Teilnehmer in engen Grenzen halten. So wurden in
einem Versuchsaufbau des HHI 16 Fernsehkanäle, mit je 70,0 Mbit/s
redundanzmindernd codiert, gleichzeitig übertragen, wobei die
Kanalselektoren, die aus dem resultierenden 1,12 Gbit/s-Daten-
strom das gewünschte Signal "herausfischten", mit heute erhält-
lichen ECL-Bausteinen in Dickschichttechnik auf einer 2,5 x 5 cm^2
großen Fläche Platz fanden.

Gibt man einer Bildcodierung ohne Redundanzminderung den Vorzug, so scheint - unabhängig davon, ob man zusammen mit den
Schmalbanddiensten eine asynchrone Übertragung innerhalb der
PCM-Hierarchiestufen erreichen will oder nicht - eine Bitrate
um 140 Mbit/s die geeignetste zu sein. Die hier erforderliche
Nachrichtenreduktion von 216 Mbit/s auf einen Wert von < 140 Mbit/s
könnte nach den folgenden drei zur Zeit diskutierten Methoden
erfolgen:

System	Abtastraten	bit/pel
4:2:2	13,5 : 6,75 : 6,75	6 DPCM
4:2	13,5 : 6,75	8 PCM
4:1:1	13,5 : 3,375 : 3,375	8 PCM

(4 $\hat{=}$ 13,5 MHz)

Alle drei Verfahren führen auf eine Gesamtdatenrate von 135 Mbit/s.
Das erste System mit Redundanzreduktion könnte für einen qualitativ hochwertigen Studio-Programmaustausch verwendet werden. Das
zweite System erhält die visuell erwünschte hohe horizontale
Farbauflösung. Durch die zeilensequentielle Farbartübertragung
dieses Systems scheint man zunächst die vertikale Farbauflösung
zu halbieren, dieser Nachteil kann durch den Einsatz vertikaler

Filter mit einigen Zeilenspeichern - dadurch werden Alias-
fehler vermieden - aber kompensiert werden. Das dritte System ist wegen seines unwiderruflichen Verzichts auf die Hälfte
der horizontalen Farbauflösung daher gegenüber dem zweiten im
Nachteil.

Für eine Bewegtbildcodierung   auf der Teilnehmerebene mit
ca. 140 Mbit/s ohne Redundanzreduktion sprechen mehrere Gründe:

1. Wie aus den obigen Ausführungen hervorgeht, kann in etwa die
gesamte, vom Auge überhaupt nutzbare Bildqualität des digitalen
Studiostandards mit 140 Mbit/s übertragen werden, ohne die
Codierart (PCM) zu ändern.

Die Bildqualität eines solchermaßen irrelevanzreduzierten Studiostandards überträfe die des heutigen PAL-Standards bei weitem.
Während beim PAL-Empfänger die effektive horizontale Luminanz-
auflösung etwa 4 MHz und die Chrominanzauflösung etwa 0,8 MHz
beträgt, was 512 Bildpunkten pro Zeile bzw. 102 Bildpunkten
pro Zeile entspricht, würde sie bei einer Codierung nach dem
"4 : 2-System" 864 bzw. 432 Bildpunkte/Zeile betragen. Durch
die komponentenweise Übertragung von Luminanz und Chrominanz
entfallen zudem die Übersprechstörungen, wie sie beim PAL-Signal
mit seiner in die Luminanz hinein verschachtelten Chrominanz
auftreten.

2. Eine Bewegtbildübertragung mit 140 Mbit/s erfordert gegenüber einer Codierung mit geringeren Bitraten den geringsten
Hardwareaufwand beim Teilnehmer. Beispielsweise bedingen die
Codierung und Decodierung nach dem "4 : 1 : 1-System" neben dem
PCM-Codecbaustein nur noch zwei, etwa 1400 bit große Pufferspeicher aufgrund der Eliminierung der horizontalen Austastlücke.
Eine teilnehmerseitige Abtastratenkonversion kann vermieden
werden, wenn die Kamerasignale des Bildfernsprech-Endgerätes
gleich mit den "richtigen" Abtastraten verarbeitet werden. Das
"4 : 2-System" benötigt noch einige Zeilenspeicher zur vertikalen Farbfilterung. Eine diese Bitrate noch wesentlich redu-
zierende Codierung auf z.B. 70 Mbit/s,nun nicht mehr mit PCM-
Codierung,sondern DPCM-Codierung,erfordert - ausgehend von
obigem "Minimalaufwand" - noch zusätzliche Baugruppen, mindestens noch DPCM-Codecs mit ihren ganz erheblichen Geschwindig-

keitsanforderungen an die Bauelemente innerhalb der Rückführ-
schleife. Bei der DPCM-Codierung auf 34 Mbit/s dürfte (neben
dem nicht unerheblichen wirtschaftlichen Aufwand für einen
Bildspeicher von etwa 2 Mbit in jedem Heimgerät, wie er bei
einer adaptiven Intra-/Interframe-Prädiktion wohl notwendig
werden dürfte, wenn man eine hochwertige Bildqualität ohne
sichtbare Quantisierungsfehler auch bei kritischen Bildse-
quenzen erreichen will) eine zusätzliche Abtastratenum-
setzung auch der Luminanz unumgänglich sein. Dies würde die
horizontale Auflösung verschlechtern und den Nutzen etwa von
zukünftigen hochauflösenden Großbilddisplays von vornherein
schmälern.

3. Durch die Beibehaltung der Codierart (PCM) auch für die
Bewegtbilddienste wird die oftmals geforderte Transparenz
für beliebige Breitbandkanäle sichergestellt. Dies ist wichtig,
weil schließlich beim Breitband-ISDN nicht nur Bilder übertragen
werden, sondern auch andere Dienste, wie Ton- und Breitband-
Datensignale. Eine redundanzreduzierende Codierung wie z.B.
die DPCM mit ihrer neuen Quantisierung und dem dabei auftre-
tenden Quantisierungsfehler, der für Bewegtbilddienste an die
Sichtbarkeitsschwelle des Auges angepaßt würde, wäre zumindest
für die Datensignale nicht brauchbar.

4. Die Übertragung der Bewegtbildkanäle mit 140 Mbit/s auf der
Teilnehmerendleitung ermöglicht die Erweiterung bzw. Verbesserung
des Diensteangebots auf HDTV, ohne daß deswegen neue Netze aufgebaut oder - außer dem Bewegtbildcodec - ganze Übertragungsmodule
(Multiplexer, Repeater, Sende- und Empfangseinrichtungen) ausgetauscht werden müßten. Die Übertragung eines HDTV-Signals mit
140 Mbit/s wäre jedoch nur mit einer sehr aufwendigen und mit
DPCM wegen der hohen Abtastraten wohl auch technologisch so bald
noch nicht beherrschbaren redundanzreduzierenden Codierung
möglich. Darauf wird gleich noch eingegangen werden. (Die oben
angesprochene Transparenz der Kanäle ginge natürlich dabei auch
verloren.)

140 Mbit/s und HDTV

Wie eingangs erwähnt, bietet die digitale Übertragung eines kon-

ventionellen 625-Zeilen-Fernsehsignals gegenüber dem bisherigen
PAL-Übertragungsverfahren den Vorteil einer übersprechfreien Wiedergabe mit stark erhöhter horizontaler Auflösung. Das vertikale
Auflösungsvermögen ist durch die Zeilenzahl und den Kellfaktor
bestimmt und bliebe daher gleich. Erst durch die Einführung einer hochzeiligen High Definition Television-Übertragungsnorm läßt
sich dieses wesentlich über 600 Zeilen hinausheben, wobei natürlich auch die horizontale Auflösung mit dieser Verbesserung
Schritt halten sollte. Eine solche hochauflösende Bewegtbildübertragung wäre - neben der "kinogleichen" TV-Großbildprojek-
tion oder mehr noch: der "Telepräsenz" à la HHI (großes Gesichts-
feld, kein Fenster mehr, man ist innerhalb der Szenerie) - vor
allem für die erweiterte Dokumentenübertragung über den Bildfernsprecher von Wichtigkeit. Wenn man bedenkt, daß das amerikanische
"Picturephone"-System mit seiner analogen Bandbreite von nur
1 MHz wegen seiner mangelnden Schärfe nicht vom breiten Publikum akzeptiert wurde, so erscheint es durchaus einleuchtend,
daß ein hochauflösendes Bildfernsprechsystem mit beispielsweise
1250 Zeilen und der "gestochen scharfen" Übertragung von Dokumenten der Größe DIN A-4 (die bei ganzseitiger Wiedergabe mit
dem heutigen 625-Zeilensystem nicht lesbar sind!), von Prospek-
ten und Katalogen, Urlaubsphotos und Wohnlandschaften, Stick-
mustern und Häkelanleitungen das Interesse an diesem Dienst
in hohem Maße belegen würde. Um einen Vergleich mit dem bereits
heute existierenden Btx-Dienst zu ziehen: Auch hier wäre die
Anwendungsmöglichkeit und damit auch das Interesse bereits der
Btx-Anbieter sehr viel geringer, hätte man sich für den engli-
schen Prestel anstelle für den höher auflösenden Cept-Standard
entschieden.

Auf die 30 cm Gesamthöhe einer DIN A-4-Seite entfallen beim
625-Zeilensystem 575 aktive Zeilen, so daß in einer groben Abschätzung die 3 mm hohen Großbuchstaben einer Standard-Schreib-
maschine mit 6 Zeilen aufgelöst und die 2 mm hohen Kleinbuch-
staben sogar mit nur 4 Zeilen aufgelöst werden. Die Veringerung
der Vertikalauflösung durch den Kellfaktor wurde dabei sogar
noch unberücksichtigt gelassen. Eine Verdoppelung der Zeilenzahl wie bei HDTV auf 1200 aktive Zeilen mit der entsprechenden horizontalen Auflösungserhöhung bewirkt dagegen mit ihrer
verbesserten Auflösung eine sehr viel leichtere Lesbarkeit
der Zeichen. Bezogen auf die 300 mm einer DIN A-4-Seite führt

sie auf eine Zeilendichte von 4 Zeilen pro mm, ein Wert, der
auch bei der heutigen Faksimile-Übertragung (Telefax) üblich
ist (s. Schönfelder, 1983).
Allein die Verdoppelung der vertikalen und horizontalen Auflösung resultiert natürlich in einer vervierfachten Informationsmenge, die gegenüber einem Standard-TV-Signal in einem
HDTV-Kanal übertragen werden muß. Die für eine flimmerfreie
HDTV-Großbildwiedergabe unbedingt notwendige Steigerung der
Bildfrequenz erhöht - wenn sie nicht dem Empfänger überlassen
wird - die zu übertragende Informationsmenge noch weiter.
Als HDTV-Produktionsnorm sind z.B. Vertikalfrequenzen von
60 Hz, 75 Hz und 80 Hz im Gespräch. Die in den nachfolgend
angegebenen Berechnungen resultierenden Zahlenwerte für die
Bruttobitrate, die aus Gründen der Vergleichbarkeit mit dem
heutigen europäischen Fernsehen von einem 50-Hz-HDTV ausgehen, sind also gegebenenfalls mit dem Faktor 60/50 bzw.
75/50 bzw. 80/50 zu korrigieren. Führen wir unsere einfache
Rechnung für ein HDTV-Signal mit 1250 Zeilen und einem Bildseitenverhältnis von 5 : 3 durch, so kommen wir mit dem Kell-
faktor von 0,64 auf 0,64 x $(1250)^2$ x 5/3 x 0,94/0,82 =
1.900.000 Luminanzbildpunkte pro Vollbild, bei einer Vertikal-
frequenz von weiterhin 50 Hz mithin auf ca. 47,8 Millionen
Luminanzbildpunkte/s. An Chrominanzinformation sind 2 x 0,64 x
$(1250/2)^2$ x 5/3 x 0,94/0,82 x 25 = 23,9 Millionen Bildpunkte/s
zu übertragen. Dies führt auf insgesamt ca. 72 Millionen Bild-
punkte/s bzw. mit einer 8 bit-PCM-Codierung auf eine Datenmen-
ge von ca. 573 Mbit/s für ein HDTV-Signal, das den visuellen
Maximalforderungen voll genügt.

Das CCIR möchte 1985 einen internationalen HDTV-Produktions-
Standard empfehlen, der die Zeilenzahl und Bildfolgefrequenz,
das Bildseitenverhältnis, die Luminanz- und Chrominanzbandbrei-
ten und andere Parameter festlegen würde. Dieses Studioformat
würde dann in den einzelnen Ländern in die jeweiligen Übertra-
gungsnormen konvertiert. Nach Lösungsansätzen dafür wird in
vielen Ländern gesucht. Die japanische NHK geht selbstverständlich von ihrem vorläufigen 1125-Zeilen-Standard aus und zwängt
ein ursprünglich 20 MHz breites, komponentenweise im Zeitmultiplex verschachteltes, sogenanntes "Time Compressed Integration"-
Signal (TCI) durch örtliche und zeitliche Unterabtastung in

einen einzigen, frequenzmodulierten Direktsatelliten-Kanal,
der für eine Videobandbreite von ca. 8 MHz ausgelegt ist. Der
Empfänger benötigt zum Zusammensetzen eines HDTV-Vollbildes
aus 4 übertragenen Halbbildern und zur Interpolation der nicht
übertragenen Bildpunkte einen 10 Mbit-Speicher. Dieses sogenannte "Multiple Sub Nyquist Sampling Encoding" (MUSE)-Über-
tagungsverfahren soll bis 1989 öffentlich eingeführt werden
und wäre dann auch zur unaufwendigen analogen HDTV-Videoauf-
zeichnung im Konsumbereich geeignet.

Andere Verfahren spalten das HDTV-Signal zur Übertragung in
zwei Standard-TV-Kanälen auf, wobei dann zumindest ein Kanal
kompatibel für konventionelle Empfänger ausgelegt wird. Ein
grundsätzliches Problem bei kompatiblen HDTV-Übertragungs-
systemen sind die unterschiedlichen Bildseitenverhältnisse.
Ein von CBS zunächst stark forciertes 1050-Zeilen-System er-
kaufte seine Kompatibilität mit einer verringerten Vertikalauflösung in den Randbereichen beim HDTV-Empfänger. Mittlerweile
wird daher an eine Erweiterung des als Ablösung für die heutigen Farbmodulationssysteme vorgesehenen C-MAC-Verfahrens zum
E-MAC (Extended MAC) gedacht, d.h. es soll fast die gesamte
vertikale Austastlücke und ein Teil der für die Daten und den
Ton reservierten Bereiche zur Übertragung eines 4,75 : 3-Bil-
des genutzt werden. Davon würde der konventionelle C-MAC-
Empfänger nur einen 4 : 3-Ausschnitt wiedergeben und der HDTV-
Empfänger könnte aus zwei solchen E-MAC-Satellitenkanälen ein
breites HDTV-Bild zusammensetzen. Gegenüber dem japanischen
MUSE hätte ein solches System zwar den Nachteil der doppelten
Übertragungsbandbreite (zwei Satellitenkanäle), andererseits
den Vorteil eines wesentlich geringeren Speicheraufwandes insbesondere beim Empfänger (abhängig vom verwendeten Filterungs-
verfahren zur Aufspaltung und Zusammensetzung des HDTV-Signals),
sowie den Vorteil der vollen Kompatibilität mit konventionellen
Empfängern, sofern sie mit C-MAC-Decodern ausgerüstet sind, und
schließlich eine sehr viel bessere Bildqualität, insbesondere
bei bewegten Szenen.

Doch wenden wir uns nun einer digitalen HDTV-Übertragung auf
den Teilnehmerleitungen eines optischen IBFN zu. Der von der
Projektgruppe COST 206 mittlerweile definierte "HDTV-Source-

Standard" geht mit Abtastraten von 5 x 13,5 = 67,5 Millionen
Luminanzbildpunkten/s und je 5 x 6,75 = 33,75 Millionen Chromi-
nanzbildpunkten/s für ein digitales 1250-Zeilen-HDTV-System mit
dem Bildseitenverhältnis 5 : 3 aus dem digitalen Studiostandard
hervor und ist mit seiner resultierenden Datenrate von (67,5 +
2 x 33,75) MHz x 8 bit = 1080 Mbit/s als Übertragungsnorm weder
gedacht noch geeignet, weil visuell überdimensioniert. Durch
Abtastratenkonversion auf 45 MHz bzw. 11,25 MHz, den visuell
zulässigen Übergang auf zeilensequentielle Farbartübertragung
und Nutzung aller Austastlücken könnte man mit einer 3,2-bit-
DPCM eine Übertragungsbitrate von (45 + 11,25) MHz x 1750/2160 x
1150/1250 x 3,2 = 134 Mbit/s erzielen. Was die Bildauflösung angeht, so erfüllt die Luminanzabtastrate die visuellen Anforderungen von rund 48 Millionen Bildpunkten/s in ausreichendem
Maße. Die vertikale Farbauflösung ließe sich durch vertikale
Vor- und Nachfilterung noch etwas verbessern, während die horizontale Farbauflösung doch ganz entschieden unter den für
höchste Ansprüche geforderten, vorhin abgeleiteten rund 24 Millionen Bildpunkten/s liegt. Eine DPCM mit 3,2 bit/Bildpunkt
bei diesen Abtastraten stellt allerdings allerhöchste Anforderungen an die Geschwindigkeit der Bauelemente und ist bei
Vorgabe einer hohen Bildqualität - d.h. für DPCM: bei Vorgabe eines unter der Sichtbarkeitsschwelle liegenden Quanti-
sierungsfehlers - in keinem Fall als unaufwendig zu bezeichnen.
Der für die Auslegung der Rückkoppelschleife bedeutsame Bild-
punktabstand beträgt bei der Abtastrate von 45 MHz und Nutzung
aller Austastlücken 1/ (45 MHz x 1750/2160 x 1150/1250) ≈ 30 ns.
Das notwendige Speichervolumen für eine Interfield-Prädiktion
beträgt mit zeilensequentieller Farbartsignal-Speicherung dann
(45 + 11,25) MHz x 1750/2160 x 1150/1250 x 1/50 x 8 bit = 6,7 Mbit.
Günstiger wäre vielleicht eine Abtastratenkonversion mit ört-
licher Offset-Unterabtastung, wie sie auch in dem japanischen
MUSE-Verfahren verwendet wird. Diese halbiert die zu übertragende Bildpunktzahl/s, läßt aber die vertikale und horizontale
Auflösung gleich und verringert nur die diagonale Auflösung,
für die das menschliche Auge sowieso weniger empfindlich ist.
Ein auf dieser Grundlage arbeitendes Chrominanzfilter wurde
in den SEL-Forschungslabors bereits im Rahmen eines 140 Mbit/s-
Codecs für Standard-TV entwickelt. Die planare Vor- und Nachfilterung der Signale zur Alias-Vermeidung erforderte insgesamt

nur 4 Zeilenspeicher. Mit den Abtastraten von 45 MHz und
11,25 MHz und Nutzung nur der horizontalen Austastlücken käme
man zu Erlangung einer Bitrate unter 140 Mbit/s mit einer
5-bit-DPCM aus - (45 + 2 x 11,25) MHz x 1/2 x 1750/2160 x 5 bit =
137 Mbit/s -und erhielte eine Bildqualität mit einer gegenüber
oben stark gesteigerten vertikalen Farbauflösung und nur geringen, kaum wahrnehmbaren Auflösungsverlusten in diagonaler
Richtung. Mit einer nur mehr zweidimensionalen DPCM und kleinen sonstigen Speichererfordernissen wäre der Aufwand wesentlich geringer, wenngleich die hohen Geschwindigkeitsanforde-
rungen in den DPCM-Schleifen blieben. Die weniger komplexen
Prädiktions- und Quantisierungsalogrithmen würden jedoch auch
hier eine spürbare Entlastung bringen.

II. MIKROELEKTRONIK

Die Leistungsfähigkeit der Mikroelektronik wird am besten dokumentiert durch den Entwicklungstrend von integrierten Schaltungen. Während man Anfang der 7oer Jahre erst 10.000 Transistor-
funktionen pro Chip hatte, sind es heute über 600.000 und schon
bald wird man 10 Millionen und mehr Funktionen integrieren. Dies
wurde ermöglicht durch Reduktion der minimalen Lithographie-
größe bis in den μ- und Sub-μ-Bereich, bei gleichzeitigem Erhöhen der maximalen Chipfläche.
Als Zugpferd der Mikroelektronik fungiert dabei der dynamische
Speicher. Er erreicht sowohl jeweils den höchsten Integrationsgrad, was in der einfachen Architektur begründet liegt, als
auch die höchsten Verkaufszahlen.Demgegenüber hinkt die Entwicklung der Mikroprozessoren nach. Zum einen sind aufgrund der
komplexeren Architektur die Entwicklungszeiten länger, zum
anderen ist der zeitliche Abstand technologisch begründet. Während nämlich die für einen neuen Speicher notwendige neue "Linie"
bereits während der Bausteinentwicklung eingefahren wird, muß
bei Beginn der Prozessorenentwicklung bereits eine eingefahre-
ne Linie vorhanden sein. Dies ist wohl auch der Grund, warum
japanische Firmen die amerikanischen (Intel, Motorola) von
ihrer führenden Marktposition in den nächsten Jahren verdrängen
werden. Die wachsende Leistungsfähigkeit der Prozessoren wird
erreicht durch breiteren Datenbus, höhere Taktfrequenz, gößeren
Adressraum und Ersetzen von random logic durch Mikroprogrammie-

rung. Dadurch kommt es zu einer Steigerung der Performance um
etwa einen Faktor 10 von Generation zu Generation. Die neuen
32-bit Prozessoren beispielsweise haben bereits die Performance
einer VAX 780 erreicht. Als Grenze für die Datenbusbreite kann
64 bit angesehen werden, da der mit 128 bit darstellbare Zahlen-
bereich ($\approx 10^{631000}$) nicht mehr sinnvoll ist. Wegen der zunehmenden Komplexität kann mit einem solchen Prozessor erst
Anfang der 90er Jahre gerechnet werden. Als weitere Entwicklungstrends auf diesem Gebiet können angegeben werden:
- Prozessoren mit reduziertem Befehlssatz (RISC-Maschinen)
- Array-Prozessoren für Multiprozessorsysteme
- Integration von bisher weitgehend diskret aufgebauten
  Maschinen (PDP 11,VAX 750, IBM 370 ...)

Die durch Dataquest ermittelte Entwicklung des weltweiten Be-
darfs an dynamischen Halbleiterspeichern prophezeit dem 4 Mbit-
Speicher im Jahre 1995 eine maximale Nachfrage von 10 Milliarden
Stück. Dies entspricht einer Speicherkapazität von 4 x 10^{16} bit.
Um einen Eindruck von der Mächtigkeit dieser Kapazität zu vermitteln, wird angenommen, daß für jeden Menschen (4 Milliarden)
nur eine DIN A-4-Seite gespeichert werden soll, hierzu ist
eine Kapazität von 64 x 10^{12} bit (64 Gigabit) erforderlich.
Trotz dieser immensen Kapazität wird der Bedarf auch weiterhin ansteigen und somit die Entwicklung von neuen Speicher-
konzepten vorantreiben. Dies hat ebenso eine stetige Zunahme
des Integrationsgrades zur Folge.

Diese rasante Entwicklung wird auch durch folgenden Größen-
vergleich verdeutlicht: Auf derselben Fläche, die 1961 eine
einzige Speicherzelle benötigte, können heute bereits 589.824
Zellen untergebracht werden.

Ein weiteres Beispiel für die Evolution der Mikroelektronik
ist die Zunahme der Schaltgeschwindigkeit bzw. die Abnahme der
Gatterlaufzeit. Die Abnahme der Gatterlaufzeit wurde bisher nur
durch die Strukturverkleinerung erzielt, war also ein "Ab-
fallprodukt" der Speicherentwicklung. Gatterlaufzeiten von
500 ps, wie für Telekommunikationsbausteine gefordert, werden
durch die fortschreitende Entwicklung der Speichertechnologie
aller Voraussicht nach im Zeitraum 1992 bis 1993 erreicht. Dies
ist jedoch für Breitband-ISDN mit 140 Mbit/s entschieden zu
spät. Um diese Bausteine zur Einführung dieses Kommunikations-

systems 1989 zur Verfügung zu haben, ist es somit unbedingt erforderlich, mit der Entwicklung einer speziellen Telecom-Technologie zu beginnen.

Wenn man als Beispiel für die Preisentwicklung von integrierten Schaltungen einen Halbleiterspeicher betrachtet, dann sieht man, daß der Preis eines Chips, auf dem 16.000 Informationen gespeichert werden können, innerhalb von nur vier Jahren um das 20-fache gesunken ist. Dies wird durch die Serienproduktion riesiger Stückzahlen möglich - von dem genannten 16 kbit-Speicher wurden rund 900 Millionen Stück produziert und verkauft. Interessanterweise zeigt die nächst höhere Generation von Halbleiterspeichern, der 64 kbit-Speicher, genau den gleichen Preisverfall, allerdings werden dazu Stückzahlen von mehreren Milliarden nötig sein. Man kann ganz allgemein feststellen, daß alle bisherigen Speichergenerationen, trotz eines relativ hohen Einführungspreises, nach einigen Jahren nur noch DM 2,50 gekostet haben.

Für einen Anwender ist aber nicht nur der Preis eines Chips entscheidend, sondern vielmehr das Preis-/Leistungs-Verhältnis, d.h. der Preis pro Funktion. Wenn ein IC mit höherem Integrationsgrad den gleichen Endpreis erreicht, dann kostet eine Einzelfunktion zwangsläufig weniger. Allgemein kann festgestellt werden, daß bei höherem Integrationsgrad die einzelne Funktion immer billiger wird.

Prinzipiell die gleichen Tendenzen gelten für alle anderen mikroelektronischen Bauelemente, z.B. für Mikroprozessoren, aber auch für ganze Geräte, beispielsweise Taschenrechner.

Die Integrationstechnik erlaubt also die Realisierung hochkomplexer Funktionen zu extrem niedrigen Preisen, wenn entsprechend hohe Stückzahlen benötigt werden und eine Höchstintegration angewendet werden kann.

Das Bildfernsprechen wird nur eine breite Akzeptanz finden, wenn es genausowenig kostet wie das Telefon heute. Daß dies keine reine Utopie ist, läßt sich an einem drastischen Beispiel zeigen:

Wollte man 1973 1 Mbit-Speicherplatz realisieren, so hätte man
1.000 IC's zu einem Gesamtpreis von DM 150.000.-- kaufen müssen,
während heute dazu 4 IC's zu einem Preis von DM 240.-- nötig
sind und 1989 die selbe Kapazität in einem einzigen Baustein
zum Preis von DM 60.-- zur Verfügung gestellt wird. Wenn die Kommunikationstechnik billig sein soll, benötigen wir integrierte
Schaltungen mit einem möglichst hohen Integrationsgrad.

Die bipolare ECL-Schaltungsfamilie, wie auch eine Schaltungsfami-
lie auf Gallium-Arsenid, die ja beide die Geschwindigkeitsanfor-
derungen der Kommunikationstechnik in hervorragender Weise erfüllen, haben leider nur einen relativ geringen Integrationsgrad.
In dieser Disziplin schneidet eine MOS-Schaltungstechnik um Größenordnungen besser ab.
- Der geringe Integrationsgrad von ECL ist letztendlich auf den
  hohen Leistungsbedarf zurückzuführen.
- Bei Gallium-Arsenid kann auch nicht von einer mit Silizium vergleichbaren Größtserienfertigung gesprochen werden.

Wenn also, wie gesagt, die Kommunikationstechnik billig sein soll,
so ist dies am besten zu erreichen durch eine Technologie, die
sich möglichst nahe an die Größtserienfertigung der MOS-Halbleiter-
speicher anlehnt.

Zusammenfassend kann die Evolution der IC-Technik folgendermaßen
prognostiziert werden:
- Der Speicher als Zugpferd der Mikroelektronik bringt eine weitere
  Steigerung des Integrationsgrades, eine Verringerung der Litho-
  graphiegröße bis weit in den Sub-µ-Bereich und eine Vergrößerung
  der maximalen Chipfläche.
- Die mit dieser Technologie entwickelte Logik bringt eine Steigerung der Geschwindigkeit, die jedoch für eine schnelle Einführung eines 140 Mbit-Systems (1989) nicht ausreichend ist.
- Trotz exponentiell ansteigender Equipment-Kosten bleibt der
  Hauptvorteil der Höchstintegration, der niedrige Preis, erhalten.

Wenn man die Kurven sieht: Chipfläche steigt, Lithographie ver-
kleinert sich, Komplexität wächst, könnte man den Eindruck gewinnen, daß diese Entwicklungen (wie ein Naturgesetz) von selber

weitergehen. Tatsächlich sind aber immer größere Anstrengungen
nötig, wenn man den Integrationsgrad weiter steigern will.

Der MOS-Transistor wird etwa bis 0,15 µ als solcher funktionieren.
Bei den Bauelement- und Prozeßsimulationsprogrammen ist man aber
noch lange nicht so weit. Beim Gatedielektrikum wird man neue
Materialien verwenden müssen. Bei der Lithographie muß von UV-
Licht auf Röntgenstrahlen umgestellt werden. Auch bei der Ätztech-
nik und der Metallisierung (Kontaktlöcher) ist die erforderliche
Genauigkeit und Zuverlässigkeit noch nicht erreicht, wenn man wei-
ter in den Sub-µ-Bereich vordringen will.

Wenn es immer schwieriger wird, die Bauelementdichte in lateraler
Ebene zu steigern, kann man anfangen, die aktiven Bauelemente über-
einander zu stapeln (3-D). Bei dieser Technik scheidet man über
der ersten Bauelementeebene noch einmal Silizium ab, rekristalli-
siert es (Laser, Stripheater, E-Strahl ...) und erzeugt die Dotie-
rungsprofile für die Bauelementfunktionen. Durch die erhöhte
Packungsdichte werden die Verbindungsleitungen insgesamt kürzer;
es wird aber auch möglich sein, durch den neu gewonnenen Freiheits-
grad einzelne Funktionseinheiten (z.B. Logikgatter) insgesamt ge-
schickter auszulegen und von allem Überflüssigen zu befreien. Durch
die vollständige Isolation der übereinanderliegenden Bauelemente
werden diverse parasitäre Kapazitäten verringert und latch-up bei
CMOS vermieden.

Allerdings müssen erst noch die Verfahren entwickelt werden, die
es großtechnisch ermöglichen, eine einkristalline Siliziumschicht
hoher Qualität über der ersten Bauelementebene herzustellen. Dazu
sind extrem niedrige Prozeßtemperaturen nötig, um nicht die bereits fertigen Bauelemente unterhalb wieder zu zerstören. Aber
auch dieser neuen Technik sind Grenzen gesetzt, spätestens dann,
wenn die abzuführende Verlustwärme zu groß wird.

III. Optische Komponenten

Die Lichtwellenleiter, sowie die Sende- und Empfangsdioden, die
für einen optischen Teilnehmeranschluß benötigt werden, sind heute
noch relativ teuer. Ein Meter Glasfaser kostet DM 2,50, die Preise
der Sendedioden reichen von DM 100.-- für eine Infrarot-Leucht-
diode bis zu DM 2.000.-- für eine Laserdiode. Allerdings werden

diese Komponenten bis jetzt nur in geringen Stückzahlen produziert
und der steigende Bedarf, der für die nächsten Jahre erwartet wird,
führt sicherlich auch zu einem Preisverfall bei Massenproduktion.

Die einfachsten Sendedioden (spontan emittierende LED) besitzen
eine realtiv große Lichtaustrittsöffnung und eine breite Spektrallinie. Deshalb sind die Einkoppelverluste in die Faser hoch und
die Dispersion führt zu starker Verschleifung der Impulse bei hohen
Bitraten. Diese Sendeelemente sind bei einer Bitrate von 140 Mbit/
sec und einer Leitungslänge von 3 km auf jeden Fall an der obersten
Grenze ihrer Leistungsfähigkeit gefordert.

Laserdioden, mit ihrer hohen Leistungsdichte an der Austrittsöff-
nung und ihrer scharfen Spektrallinie, erlauben die sichere Übertragung hoher Bitraten über große Entfernungen. Die Übertragung
einiger Gbit/sec über 100 km ist mit Monomode-Lasern möglich, die
bis jetzt nur als Labormuster existieren und rund DM 5.000.-- bis
DM 10.000.-- kosten.

Weitere Entwicklungsarbeiten und eine Serienproduktion werden jedoch auch hier zu einer Verbilligung führen.

The Increasing Influence of Technology Evolution on Communication Systems

Ingolf Ruge

The very rapid pace of development in the microelectronics field
during the last 20 years has led to a drastic increase in the cost
efficiency of various consumer goods. It has made it possible that
a video recorder nowadays has the same price as an audio tape recorder
in 1960. The direction of development is from the recording and transmission of voice and sound towards video technology, meaning the recording and transmission of moving pictures, both for entertainment
purposes and for optimal information transmission. In the 1990's,
this trend will greatly influence the field of information technology.

Initial surveys have indicated that from the long-term point of view,
the video telephone is only of interest to the individual consumer
under the condition that the fees are comparable to present-day telephone costs, and that written documents can be legibly transmitted
through a high-resolution moving-picture technique. Therefore, for the
medium to long term, not only the general question of individual
moving-picture communication (video telephone for everybody) from the
technical and cost viewpoints is to be the subject of examination,
but also the specific task of designing a video telephone in such a
way that, in addition to a sharp color picture, a DIN-A-4 typewritten
page can also be transmitted must be considered. This means a HDTV-
transmission, for example with a 1250-line system, all along the way
to the individual consumer. With the present-day technical possibilities and at the low cost level desired by the consumer, this is a
problem which cannot yet be solved. Moving-picture transmission with
present-day PAL-quality, or with the quality of the redundance-reduced
digital studio standard, is indeed technically possible at present;
however, this represents the outer limit which is technologically
realizable and therefore, due to the high costs, cannot be carried out
on a large-scale basis.

A wide-band telephone network capable of transmitting at an information rate of 140 Mbit/sec (corresponding to the 4th-PCM-hierarchy
level) from customer to customer would not only make possible the

transmission of an excellent moving picture of present-day television quality, but would also be expandable to convey a high-resolution picture with the above-mentioned document legibility. The technical requirements, not only from the optoelectronic viewpoint but also, and especially, from that of microelectronics, are enormous in this connection. As regards the microelectronic aspect, the extremely high requirements are due to the need for the highest possible speed on the one hand and for simultaneous low component power consumption on the other. For about two decades it has been well-known internationally that, for all categories of integrated circuits, the speed power product of a circuit element is constant. This constant is exclusively determined by the type of IC and by the technology which is used.

In transmitting a high-resolution moving picture, speed requirements are placed on the integrated circuit which, using present-day technology, can only be fulfilled by means of complex and expensive cooling. This, however, is not acceptable from the cost viewpoint of the individual customer. The consequence is that work must be started immediately on the development of a special technique for such telecommunication circuits, if it is to be accomplished that in ten years these components can be produced in large quantities and as economically as is required from the viewpoint of the consumer.

While it is indeed true that the evolution of microelectronics, on a worldwide basis, is advancing with a speed that would have been considered impossible only a few years ago, it must nonetheless be kept in mind that the three most important innovation products in the microelectronic field (storage components, miniature calculators, semiconducting circuits) do not automatically fulfill the here-given requirement of highest switching speed and simultaneous low power consumption. This means that one cannot make assumptions based on the price development in the case of storage components, for which it is expected that these will cost only some Dollars within a few years.

The only way to solve the problems at hand is to begin soon enough with the technological development of electronic devices designed especially for the purpose described above, while simultaneously carrying out detailed planning for a medium-term, large-scale introduction of the video telephone. In this way a future start can be made with the production of the microelectronic components in question. It should be kept in mind that large production quantities are necessary in the microelectronic field in order to make low prices possible: In comparison to the number of storage components produced around the world in a single year, even 25 million possible wide-band video-telephone customers (this corresponds to the number of telephones in the Federal Republic of Germany at present) does not seem to be an exaggerated expection. (cf. Nordhoff, VW, 1956: " ... and what will we do in the afternoon?")

Das ISDN im investitions-, industrie- und fernmeldepolitischen Kontext

Helmut Schön

Der Einsatz verschiedener Fernmeldenetze bedeutet Mehraufwand für
Entwicklung, Technik, Planung und Betrieb dieser Netze. Es ergeben sich hohe Anschlußkosten, wenn die Anzahl der Teilnehmer
eines eigenständigen Netzes sehr gering ist: Während nämlich die
durchschnittliche Anschlußleitungslänge im Fernsprechnetz mit
seinen 6 000 Vermittlungsstellen nur 2,3 km beträgt, beträgt sie
im Datennetz mit seinen nur 20 Vermittlungsstellen über 50 km!
Ähnlich sieht der Netzvergleich auch in anderen Ländern aus!
Spezialnetze sind in aller Regel Verlustquellen für die PTTn!
Deshalb ist es verständlich, daß man weltweit nach Möglichkeiten
sucht, möglichst viele Fernmeldedienste in einem einheitlichen
Netz anzubieten.

Auch wir haben uns deshalb die Frage gestellt: "Wie kann die Gesamtheit der Dienste bzw. Teilnetze in wirtschaftlicher Weise zu
einem dienstintegrierten universellen digitalen Fernmeldenetz,
zum ISDN, zusammengefaßt werden?" Die Deutsche Bundespost hat
sich deshalb im Jahre 1979 entschieden, das Fernsprechnetz mit
Vorrang zu digitalisieren. Damit folgt sie dem weltweiten Trend
zur Digitaltechnik.

Das digitale Fernsprechnetz wird im wesentlichen durch die Netz-
bestandteile digitale Vermittlungstechnik, digitale Übertragungstechnik und Zentralkanalzeichengabe geprägt. Die Anschlußleitungen sind dabei noch analog (Bild 1).

Nach der Grundsatzentscheidung zugunsten eines digitalen Fernsprechnetzes werden seit 1982 im regionalen Fernsprechnetz der
Deutschen Bundespost grundsätzlich nur noch digitale Übertragungssysteme beschafft. Ein Grundausbau der gesamten Fernebene wird
zunächst mit den Übertragungssystemen PCM 30 und PCM 480 bis zum
Jahre 1985 erreicht und soll anschließend ständig erweitert werden. Noch in diesem Jahr sollen auch im überregionalen Fernsprechnetz die Übertragungssysteme PCM 1920 und 7680 eingesetzt werden.
In diesem Jahr werden bereits für rd. 1 Mrd. DM PCM-Systeme
installiert. 1986 sollen es etwa 1,5 Mrd. DM werden (Bild 2).

Die digitale Vermittlungstechnik ist gekennzeichnet durch das
vierdrähtige Durchschalten von 64-kbit/s-Kanälen; d. h. dieselbe
Bitrate wie bei der digitalen Übertragungstechnik. Um hierfür
möglichst schnell zu einer soliden Systementscheidung unter Wett-
bewerbsbedingungen zu kommen, hat die Deutsche Bundespost ein ein-
jähriges "Präsentationsverfahren" für die Vermittlungstechnik
durchgeführt.

Dieses Präsentationsverfahren hat schließlich zu der Entscheidung
der Deutschen Bundespost zugunsten des Systems EWSD der Firma
Siemens und des Systems 12 der Firma Standard Elektrik geführt.
Das weitere Vorgehen der Deutschen Bundespost ist durch folgende
3 Ziele geprägt:

1. Beschaffungsbeginn für

   - digitale Fernvermittlungstechnik in der 2. Hälfte 1984,

   - digitale Ortsvermittlungstechnik in der 1. Hälfte 1985.

   Schon im 3. Beschaffungsjahr (1986) sind etwa 0,5 Mrd. DM für
   digitale Vermittlungstechnik eingeplant.

2. Beschaffungsübergang auf digitale Vermittlungstechnik innerhalb von 5 Jahren; d. h. ab 1990 soll nur noch digitale Vermittlungstechnik beschafft werden (Bild 3). Wenn man
   V- und Ü-Technik zusammenfaßt, werden also in wenigen Jahren
   die Digitalisierungsinvestitionen von derzeit etwa 1 Mrd. DM
   auf etwa 3,5 Mrd. DM hochgefahren.

3. Vollständiges Digitalisieren des Fernsprechnetzes bis spätestens zum Jahre 2020.

Die Einsatzorte digitaler Fernvermittlungstechnik in den ersten 3
Jahren sehen Sie im Bild 4. Bis 1990 werden es bereits mehr als
100 Vermittlungsstellen sein. Das ist etwa ein Viertel aller
Fernvermittlungsstellen. Digitale Ortsvermittlungstechnik wird
grundsätzlich an digitale Fernvermittlungstechnik angebunden. Ihr
Einsatz beginnt mit dem Auswechseln ganzer Vermittlungsstellen in
den großen Ortsnetzen und wird dann auf mittlere und kleine Orts-
netze ausgedehnt.

Mit dem digitalen Fernsprechnetz stellt die Deutsche Bundespost
eine Infrastruktur bereit, welche digitale Verbindungen von 64
kbit/s zwischen sämtlichen Ortsnetzen ermöglicht. Diese Bitrate
erlaubt das gleichzeitige Anbieten neuer und unterschiedlicher
Fernmeldedienste in einem einheitlichen Netz. Auf diese Weise
kann das digitale Fernsprechnetz in das ISDN überführt werden,
wenn als letztes Glied dieser Kette auch die Teilnehmeranschlußleitungen digitalisiert werden.

Seit Jahrzehnten entfällt der überwiegende Anteil der Investitionen für das Fernsprechnetz auf die Teilnehmeranschlußleitungen.
Sie stellen einen großen Anteil unseres Anlagevermögens dar. Es
liegt deshalb nahe, den Vorrat an Kupferdoppeladern besser auszunutzen, d. h. mit digitaler Technik zu betreiben. Wegen der dabei
möglichen Doppelnutzung der Teilnehmeranschlußleitung dürfte künftig der Bedarf an Kupfernetz-Investitionen drastisch zurückgehen.
Damit stellt das ISDN nicht nur die konsequente Weiterentwicklung
des digitalen Fernsprechnetzes dar, sondern wird auch zu einem
wirkungsvollen Rationalisierungsprojekt.

Den Schlüssel zum ISDN stellt der ISDN-Basisanschluß dar, bei dem
über die gewöhnliche Kupferdoppelader der Teilnehmeranschlußleitung in digitaler Form zwei Nutzkanäle mit einer Bitrate von
je 64 kbit/s sowie ein Steuerkanal mit einer Bitrate von 16
kbit/s übermittelt werden können. Kennzeichnendes Merkmal für den
ISDN-Basisanschluß ist die genormte Teilnehmerschnittstelle S_o,
die als Universalsteckdose für verschiedene ISDN-Endeinrichtungen

angesehen werden kann.

Das ISDN begünstigt und fördert die technische Innovation, insbesondere im Endgerätebereich, und führt zu einer verstärkten Nachfrage nach neuen Diensten und Dienstmerkmalen. Damit erhält das
ISDN nicht nur für die Deutsche Bundespost, sondern auch für die
deutsche Volkswirtschaft eine nicht zu unterschätzende Bedeutung.

Wegen der Bitrate von 64 kbit/s kann mit dem ISDN eine neue Generation von Diensten geschaffen werden, die optimiert ist für diese Übertragungsgeschwindigkeit. Dadurch, daß alle im ISDN eingesetzten Dienste dieselbe Zeichengabe auf der Teilnehmeranschlußleitung und eine einheitliche Bitrate für die Nutzinformation
verwenden, sollte sich insbesondere bei den Endgeräten aufgrund
der Vereinheitlichung und der damit möglichen Massenproduktion
ein Kostenverfall ergeben.

Die vielfältigen neuen Dienstmöglichkeiten kann ich aus Zeitgründen nicht behandeln. Ich möchte dieses Feld dem anschließenden
Vortrag des Kollegen Rosenbrock überlassen und statt dessen etwas
zu den investitions- und fernmeldepolitischen Aspekten des ISDN
sagen:

Ein Telekommunikationsdienst umfaßt die gesamte Verbindung zwischen Nachrichtenquelle und -senke. Daher muß die Kompatibilität
der Endeinrichtungen untereinander und insbesondere mit den
Netzen sichergestellt sein. Die Endeinrichtungen wirken technisch
mit dem Netz zusammen, sie steuern es, und sie müssen in ihren Anforderungen auf das gesamte Netz abgestimmt sein. Es ist nicht
möglich, die Endeinrichtungen aus technischen und betrieblichen
Überlegungen auszuklammern.

Daher legt die Deutsche Bundespost für jeden öffentlichen Telekommunikationsdienst die erforderlichen technischen und betrieblichen Funktionsbedingungen fest. Sie berücksichtigt dabei den erforderlichen Standardisierungsgrad des jeweiligen Dienstes und
die für den nationalen und internationalen Fernmeldeverkehr gel-
tenden Empfehlungen.

Aus der Verantwortung für die Dienstgüte der öffentlichen Telekommunikationsdienste leitet sich der Anspruch der Deutschen
Bundespost ab, daß _private_ Endeinrichungen nur mit Betriebserlaub-
nis der Deutschen Bundespost angeschlossen werden dürfen.

Den Fernmeldediensten ist gemeinsam, daß das Netz der DBP durch
besondere Einrichtungen abgeschlossen ist, nämlich durch den Netzabschluß.

Das ISDN geht von einem Netzabschlußgerät (NT) mit einer Teilnehmerschnittstelle S_0 aus, an die unterschiedliche Geräte für die
verschiedenen Dienste angeschlossen werden können (Bild 5). Über
den Netzabschluß wird (mit Hilfe der Dienstekennung) eine
Verbindung von der Vermittlungsstelle zum richtigen Endgerät
hergestellt.

Für die Prüfung der Anschlußleitung sind im Netzabschluß
Vorkehrungen getroffen, deren Funktion nicht durch Hantieren der
Netzbenutzer mit ihren Endgeräten beeinträchtigt werden darf
(Herausziehen aus der Steckdose). Der Netzabschluß muß deshalb
fest montiert und in der technisch-betrieblichen Verantwortung
des Netzbetreibers sein. Nur so kann die hohe Zuverlässigkeit der
heutigen Fernmeldenetze im ISDN-Zeitalter erhalten bleiben.

Hinter dem Netzabschluß, also an der "Kommunikations-Steckdose",
herrscht Freizügigkeit bezüglich der Dienste und Endgeräte des
Teilnehmers. Dort wird es in der Regel mehrere Endgeräte geben.
Deshalb ist es auch wirtschaftlich vernünftig, den Netzabschluß
nur _einmal_, fest installiert, aufzuwenden und nicht x-mal, je
Endgerät.

Der Netzabschluß als international genormte Schnittstelle ist
schließlich auch die Voraussetzung für die internationale
Kompatibilität der Endgeräte, d. h. für einen größeren Markt, von
dem Hersteller und Verbraucher profitieren können. Das Netzab-
schlußkonzept begünstigt also einerseits eine verbraucherfreund-
liche Liberalisierung des Endgerätemarktes und bietet andererseits für den Netzbetreiber die nötige Netzgestaltungsfreiheit
und die erforderliche Betriebs- und Planungssicherheit.

Aber das Netz, der Netzabschluß und die Endgeräte allein garantieren noch nicht den wirtschaftlichen Erfolg des ISDN für Post, Industrie und Anwender.

Zwar ist man sich weltweit einig, daß digitale Netze einerseits
kostengünstiger sind als analoge und daß andererseits das ISDN
bei begrenzten Mehrkosten 100 % Mehrleistung des heutigen Kupfer-
netzes bringt. Aber das würde nur den Beschaffungsübergang für
die laufenden Erweiterungsinvestitionen und für planmäßige Er-
satzinvestitionen rechtfertigen.

Eine forcierte Digitalisierung mit außerplanmäßigen Ersatzinvesti-
tionen macht nur dann einen Sinn, wenn für die neue digitale
ISDN-Netzgeneration auch entsprechende neue Dienste kreiert
werden. Über neue Dienste läßt sich neue Nachfrage wecken. Und
eine neue Nachfrage bringt neue zusätzliche Einnahmen. Das ist
die richtige, nämlich marktwirtschaftliche Kausalkette für einen
forcierten Analog-Digital-Umstieg.

Die bisherige ISDN-Standardisierung beschränkt sich auf reine
64-kbit-Transportdienste. Transportdienste garantieren jedoch
noch keine Kompatibilität der Endgeräte verschiedener Hersteller.
Für einen echten Kommunikationsdienst müssen die Telematik-Protokolle in die Standard-Software eingebracht werden, damit jeder
mit jedem kann. Nur wenn solche Übertragungsprozeduren und
Betriebssysteme rechtzeitig standardisiert werden, können kompatible Massendienste entstehen. Anderenfalls entstehen im Netz
Kommunikationsinseln verschiedener Herstellersysteme, zwischen
denen man nur mit teuren privaten Protokollumwandlern verkehren
kann. Denn eine zentrale Protokollumwandel-Maschine als
"Netzdienstleistung" ist nicht realisierbar, weil nicht aktuali-
sierbar und nicht bezahlbar.

Und hier bei der Dienste-Standardisierung beginnt meine Sorge.
Ein Erfolgsgeheimnis der deutschen Fernmeldetechnik am Weltmarkt
war unsere Spitzenreiterrolle in der Standardisierungsarbeit.

Auch der Teletex-Dienst ging als vollstandardisierter Dienst von Deutschland aus, was uns zur Zeit einen gewissen internationalen Vorsprung beschert. Aber Teletex war praktisch die letzte große Standardisierungsleistung eines kompletten Dienstes mit allen Telematik-Protokollen. Das war nur möglich, weil wir auf die volle Betriebserfahrung mit den Telexmaschinen aufbauen konnten, die wir alle in Wartung haben. Dienste kann man eben nur standardisieren, wenn man Netz- und Endgeräteerfahrungen hat, weil sich deren Protokolle und Betriebssysteme aufeinander beziehen.

Um moderne ISDN-Massendienste standardisieren und international vorantreiben zu können, muß der Netzbetreiber auch eigene Terminalerfahrungen mit neuen Teletex-, Bildschirmtext- und Bildübertragungs-Geräten sammeln können. Dafür genügt bereits ein kleiner Marktanteil von 10 - 15 %, wie es beim Telefax (11 %) bzw. bei NStAnl (16 %) der Fall ist. Selbst wenn wir unmittelbar am Endgerätegeschäft nichts verdienen, weil uns in der Regel die schlechteren Risiken zufallen (nämlich Kleinkunden und Teilnehmer in strukturschwachen Gebieten), so liegt unser Gewinn als Netzbetreiber mittelbar in der größeren Potenz bei der Dienstestandardisierung, - und der kommt letztlich wieder dem Netz zugute.

Die Netzbetreiber (PTTn) haben also zunächst ein verständliches Eigeninteresse an der Dienstestandardisierung. Denn nur über vollkompatibel durchstandardisierte Dienste werden die Netze mit Massenverkehr gefüllt. Diejenigen PTTn, die in der Standardisierung eines Dienstes die internationale Leitfunktion übernehmen, verschaffen auch ihrer Kommunikationsindustrie große Startvorteile bei einem neuen Dienst. Gerade die deutsche Kommunikationsindustrie mit ihrem kleinen Binnenmarkt ist darauf angewiesen, daß durch internationale Standardisierung größere Märkte geschaffen werden. Dabei hat die DBP bisher eine hervorragende Rolle gespielt (Telex, Teletex, Telefax, Bildschirmtext). Nicht zuletzt auch deshalb ist die Bundesrepublik Deutschland heute mit einer Exportquote von 30 Prozent der weltweit größte Exporteur von kommunikationstechnischen Erzeugnissen.

Selbst die Regierung Thatcher in Großbritannien hat trotz aller
Telekommunikations-Liberalisierung klugerweise darauf Rücksicht
genommen und der British Telecom jede Endgeräte-Marktbeteiligung
eröffnet, - wohl wissend, daß davon auch der Erfolg ihrer nationalen Telekommunikations-Industrie abhängt. Nur bei uns - als ein-
zigem Land der Welt - erwägt man, den Netzbetreiber vom Endgeräte-
markt auszuschließen.

Nun gehen die fernmeldepolitischen Diskussionen aber nicht nur um
die Endgerätefrage, sondern auch um die sog. "Value Added Network
Services (VAN)", d. h. um die zusätzlichen neuen Netzdienstleistungen der künftigen modernen Kommunikationsnetze. Der Begriff
"Value Added Services" hat aus USA hier Eingang gefunden. Er
zielt auf Dienste, die in der Bundesrepublik Deutschland und
vielen anderen europäischen Ländern von den öffentlichen Netzen
abgedeckt werden, wie Datex, Bildschirmtext, Rundsenden von
Texten, Konferenzgespräche, Mailboxdienste usw. In den Vereinigten Staaten mit ihren heterogenen Netzträgerschaften konnten und
mußten sich hierfür private Initiativen bilden, wenn solche
Kommunikationsdienste in "Marktnischen" erschlossen werden
sollten, da es der AT + T verboten war, diese Dienste anzubieten.
In Ländern mit einem umfassenden öffentlichen Netz sind solche
Dienste dagegen preiswertes Nebenprodukt der öffentlichen Netze.

Eine Unterscheidung nach Basisdiensten und Zusatzdiensten ist vor
allem für die Zukunft falsch, weil die künftige Integration
nahezu aller Fernmeldedienste im ISDN eine derartige Unterscheidung letztlich nicht sinnvoll erscheinen läßt. Den Ansatz, auf
dem sich äußerst schnell entwickelnden Gebiet der Telekommunikation einen einmal erreichten Stand als "Basis" und die weitere
Entwicklung als "darauf aufgesetzt" bezeichnen zu wollen, halte
ich weder für realisierbar noch sehe ich ihn im Einklang mit den
gesetzlichen Vorgaben für die Deutsche Bundespost, ihre Anlagen
technisch und betrieblich den Anforderungen des Verkehrs
entsprechend weiterzuentwickeln und zu vervollkommnen.

Die DBP wird von Industrie und Wirtschaft gedrängt, die Digitalisierung des Fernsprechnetzes und die ISDN-Einführung möglichst
zu forcieren. Wenn schnell ein flächendeckendes ISDN-Angebot entstehen soll, bedeutet dies - wie ich Ihnen vorhin erläutert habe
- nicht nur laufende Erweiterungs- und planmäßige Ersatzinvesti-
tionen in digitaler Technik, sondern auch außerplanmäßige Ersatz-
investitionen. Ein Blick auf die "jugendliche" Altersstruktur der
deutschen Vermittlungsstellen (Bilder 6 und 7) zeigt, daß angesichts der hohen Lebensdauer unserer bewährten EMD-Technik (25-35
Jahre) schon vor Ablauf der möglichen wirtschaftlichen Nutzungs-
dauer ausgewechselt werden muß, wenn jeder ISDN-Nachfrage uneingeschränkt und unverzüglich gefolgt werden soll.

Die DBP will diesen Weg bewußt in den nächsten Jahren gehen. Sie
wird jährlich mehrere Milliarden DM für die Digitalisierung
ausgeben: Allerdings muß sie diese Investitionen auch vermarkten
können, d. h. es darf ihr später nicht verwehrt werden, neue
ISDN-Netzdienstleistungen anzubieten. Denn nur neue
ISDN-Netzdienstleistungen bringen neue zusätzliche Einnahmen zur
Amortisation der Netzinvestitionen. Wenn diese Modernisierung der
öffentlichen Netze und ihre wirtschaftliche Nutzung durch neue
Netzdienstleistungen für die DBP in Frage gestellt wird, müßte
die DBP ihre ISDN-Investitionspolitik drosseln. Die zeitliche
Streckung der ISDN-Einführung über Jahre und Jahrzehnte wäre die
Folge.

Das Beispiel Bildschirmtext, für das bis 1985/86 ca. 500 Mio. DM
Investitionsvorleistungen für Btx-Zentralen und weitere 200 Mio.
DM für die Netzzugänge erbracht werden müssen, ohne daß dem auf
absehbare Zeit nennenswerte Einnahmen gegenüber stehen, zeigt
deutlich, daß Netzdienstleistungen nur vom Netzträger
volkswirtschaftlich sinnvoll und schnell geboten werden können.
Ohne die DBP gäbe es heute in der Bundesrepublik wohl kaum einen
Bildschirmtextdienst!

Bei der Beurteilung der Liberalisierung der Telekommunikations-
märkte muß man sorgfältig zwischen "Endgerätebereich" und
"Netzbereich" unterscheiden. Im Endgerätebereich besteht in
Deutschland seit Einführung der Nebenstellenanlagen vor 80 Jahren
ein harter Wettbewerb, der in Teilbereichen bis an die

Überlebensfähigkeit vor allem der mittelständischen Unternehmen
geht. Nur das Telefon am einfachen Hauptanschluß ist wegen seines
integrierten Netzabschlusses im Monopol der DBP verblieben. Die
DBP betreibt damit seit Jahrzehnten eine liberale
Endgerätepolitik, zu der man sich in USA oder England erst in
jüngster Zeit durchringen konnte.

Im Netzbereich ist ein Fernmeldemonopol (Netzträgerschaft) der
DBP unverzichtbar, wenn auch künftig der Netzträger das Innova-
tionsrisiko bei den hohen Netzvorleistungen für neue Fernmeldedienste (ISDN) tragen, die Dienstentwicklung (Standardisierung)
steuern und die Gesamtverantwortung für die Dienstgüte übernehmen
soll. Weiterhin läßt es sich nur im Rahmen eines Netzmonopols
ermöglichen, daß alle Teilnehmer an allen Orten Deutschlands zu
gleichen Bedingungen und Gebühren kommunizieren. Solange diese
gleichmäßige Versorgung des Bundesgebietes mit Fernmelde-
leistungen bei gleichen Anschluß- und Teilnahmebedingungen für
jedermann von Politik und Wirtschaft erwartet wird, kann es im
Grunde keinen Wettbewerb im Netzbereich geben. Denn im Wettbewerb
bieten die Anbieter entsprechend der Struktur bzw. der räumlichen
Verteilung der Nachfrage an und differenzieren ihre Konditionen
entsprechend.

Besonders wichtig ist die gleichmäßige Versorgung des Bundesgebietes auch für die Wirtschaft angesichts der Bedeutung des Fern-
meldewesens für die täglichen Wirtschaftsabläufe und für die
Chancengleichheit von konkurrierenden Wirtschaftsräumen.
Chancengleichheit im Fernmeldewesen ist eine der Existenzbedin-
gungen für die Wirtschaft in strukturschwächeren Regionen. Besonders wichtig ist sie für kleinere Unternehmen und
mittelständische Betriebe in strukturschwachen Gebieten. Für sie
wäre es nachteilig, wenn private Netzträger ihren Konkurrenten in
den Ballungsgebieten günstigere Tarife bieten dürften. Denn es
ist selbstverständlich, daß eine private Fernmeldegesellschaft
sich nur auf die Gebiete oder Kundengruppen konzentriert, für die
sie günstigere Tarife bieten kann als ein Unternehmen Deutsche
Bundespost, das den Unternehmer im Zonenrandgebiet genauso bedient wie den in den Großstädten.

Das gleiche würde auch für private "Value Added Network Services"
gelten. Ihre Strukturierung orientierte sich primär an den
Anforderungen der kommunikationsintensiven Großunternehmen. Auch
hierbei wären die mittelständischen Betriebe die Verlierer, wenn
diese Netzdienstleistungen nicht für jedermann in den
öffentlichen Netzen geboten werden.

Die Kritik am Fernmeldemonopol wird letztlich von Anbieterin-
teressen bestimmter Wirtschaftskreise gesteuert. Diese Interessenten sehen das Fernmeldewesen primär als Markt für ihre eigene geschäftliche Betätigung an. Die große Mehrheit der Wirtschaft,
nämlich die Anwender und alle anderen Benutzer brauchen das Fernmeldewesen schlicht als Kommunikationsmedium und technisches
System, das zuverlässig, überall und jederzeit funktionieren muß
und das stets den neuesten Stand der Technologie und Innovation
bieten soll. Ein gut funktionierendes Fernmeldewesen aber lebt
von der Kompatibilität, d. h. daß jeder mit jedem kommunizieren
kann. Andernfalls entstehen Kommunikationsinseln verschiedener
Herstellersysteme.

Kompatibilität ist allerdings als solche kein Ziel des Wettbe-
werbs: Im Gegenteil, Inkompatibilität ist ein beliebtes Mittel
für die Anbieter, sich eigene Teilmärkte aufzubauen, die dem Wettbewerb schon wieder weitgehend entzogen sind (Beispiel:
EDV-Markt). Kompatibilität und Standardisierung bedarf also der
ordnenden Kraft eines Netzträgers.

Im politischen und industriellen Bereich werden Wege gesucht, die
nationalen Märkte in Europa zu öffnen, um zu größeren Märkten und
dadurch zu einer verbesserten Wettbewerbsfähigkeit der
europäischen Industrie zu kommen. Eine Zersplitterung der
Fernmeldenetze in Deutschland würde zum Gegenteil führen, nämlich
zu einer Zerteilung des kleinen deutschen Marktes. Statt eines
Netzbetreibers Deutsche Bundespost gäbe es dann mehrere, die alle
eigenständig Systeme betrieben. Eine solche "Liberalisierung" der
Fernmeldenetze, die im riesigen US-Markt noch angehen mag, wäre
im kleinen Deutschland ein Anachronismus.

Wie geht nun die Deutsche Bundespost bei der Realisierung des
ISDN vor? Mit einer sogenannten ISDN-Absichtserklärung hat die
Deutsche Bundespost der deutschen Fernmeldeindustrie am 26. März
1982 ihre Einstellung zum ISDN deutlich gemacht. Darin wurde zum
Ausdruck gebracht, daß die Deutsche Bundespost beschleunigt das
digitale Fernsprechnetz in Richtung auf ein ISDN erweitern
möchte. Die ISDN-Absichtserklärung hat bereits eine deutliche
Signalwirkung bei der deutschen Fernmeldeindustrie gezeigt und
alle verfügbaren Kräfte für das Erreichen dieses Zieles mobili-
siert.

Um die neuen Bestandteile des ISDN unter Betriebsbedingungen er-
proben zu können, ist ein ISDN-Pilotprojekt vorgesehen, welches
Mitte 1986 beginnen soll. Es ist beabsichtigt, das Pilotprojekt
als erstes ISDN-Inselnetz im Industrieraum Stuttgart-Mannheim-Lud-
wigshafen zu realisieren.

Hierbei wurde Wert darauf gelegt, daß die Spezifikationen den
einschlägigen CCITT-Arbeitsergebnissen entsprechen. Lediglich
dort, wo noch keine CCITT-Vorstellungen erkennbar sind, sind
eigene nationale Spezifikationen in enger Abstimmung mit der
Fernmeldeindustrie erstellt worden. Diese nationalen Standards
bedeuten aber auch das bewußte Eingehen eines beachtlichen Unter-
nehmerrisikos durch Post und Industrie. Wenn wir mit diesem "Vor-
griff auf die CCITT-Arbeit" die künftige internationale Standardisierung gut treffen, entstehen wenig Umentwicklungs-Kosten.
Treffen wir schlecht und die nächste CCITT-Studienperiode bringt
deutlich abweichende Standardisierungsergebnisse, ist dieser Aufwand verloren. Aber das internationale Wettrennen um das ISDN,
bei dem wir z. Z. in Deutschland "die Nase vorne haben", kostet
eben seinen Preis an Wagnisbereitschaft und Unternehmerrisiko.

Es ist beabsichtigt, ab 1988 die ersten ISDN-fähigen digitalen
Ortsvermittlungsstellen in Serientechnik in Betrieb zu nehmen.
Darüber hinaus sollen alle digitalen Ortsvermittlungsstellen, die
im Jahre 1989 und später in Betrieb gehen, in der Lage sein,
ISDN-Teilnehmer anzuschließen. Die bis dahin zwischen 1985 und
1988 installierten digitalen Ortsvermittlungsstellen werden auf
ISDN nachgerüstet werden.

Im Jahre 1990 werden etwa 100 digitale Vermittlungsstellen installiert sein. Da einerseits in den 100 größten Ortsnetzen etwa 50 %
aller Fernsprechanschlüsse enthalten sind und andererseits die
Geschäftsanschlüsse als potentielle ISDN-Nachfrager primär auf
die Städte konzentriert sind, läßt sich mit diesen 100 Ortsnetzen
bereits die Mehrzahl der künftigen ISDN-Teilnehmer erreichen,
ohne die Ortsnetzgrenzen überschreiten zu müssen. "Hinterland"-
ISDN-Teilnehmer können in der Anfangsphase als Fernteilnehmer an
das nächste ISDN-Ortsnetz herangeführt werden. Es ist davon
auszugehen, daß spätestens 5 Jahre nach Beginn des ISDN-Betriebs
eine allgemeine ISDN-Flächendeckung erreicht wird.

Da ISDN-Anschlüsse nur eine Sonderkategorie der allgemeinen
DIV-Anschlüsse sind, kann in den jährlichen Erweiterungs-Bauvor-
haben der Ortsvermittlungsstellen jeweils der aktuellen ISDN-Nachfrage gefolgt werden. Es bedarf also keines "Overlaynetzes" zur
Realisierung von ISDN.

Gegen Ende dieses Jahrzehnts, wenn Glasfaserkabel und optische
Systeme wirtschaftlich konkurrenzfähig werden, kann das ISDN
durch Breitbandeinrichtungen derart erweitert werden, daß eine
Integration aller schmal- und breitbandigen Nutzungsformen
möglich ist (Bild 8).

Das Informationszeitalter hat begonnen. Die Deutsche Budespost
entwickelt Strategien und Konzepte, um die Chancen der neuen
Technologien konsequent zu nutzen.

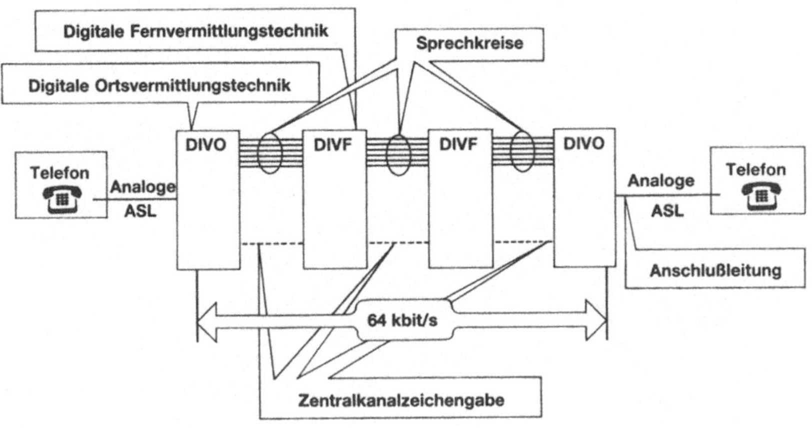

Bild 1: Das digitale Fernsprechnetz

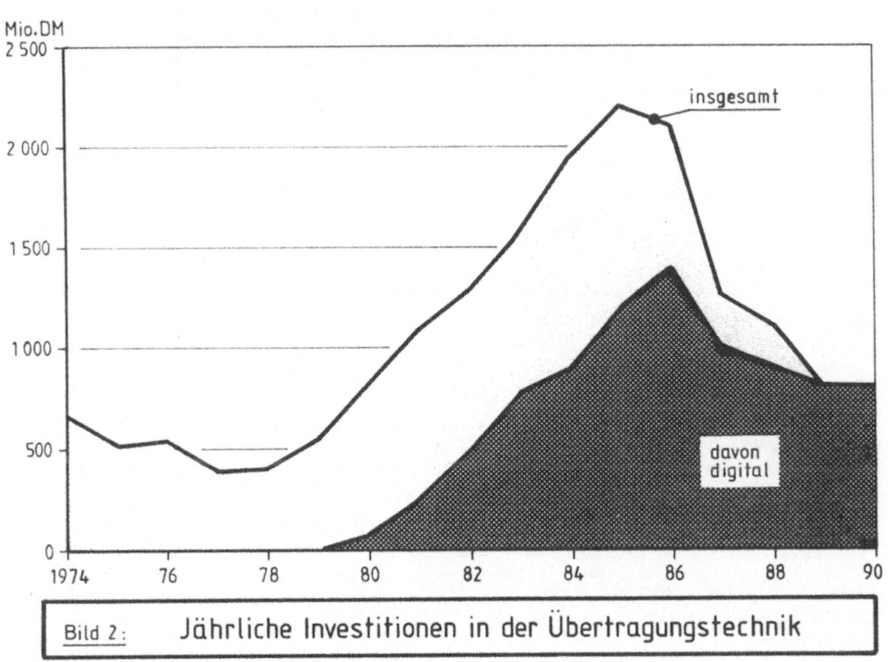

Bild 2: Jährliche Investitionen in der Übertragungstechnik

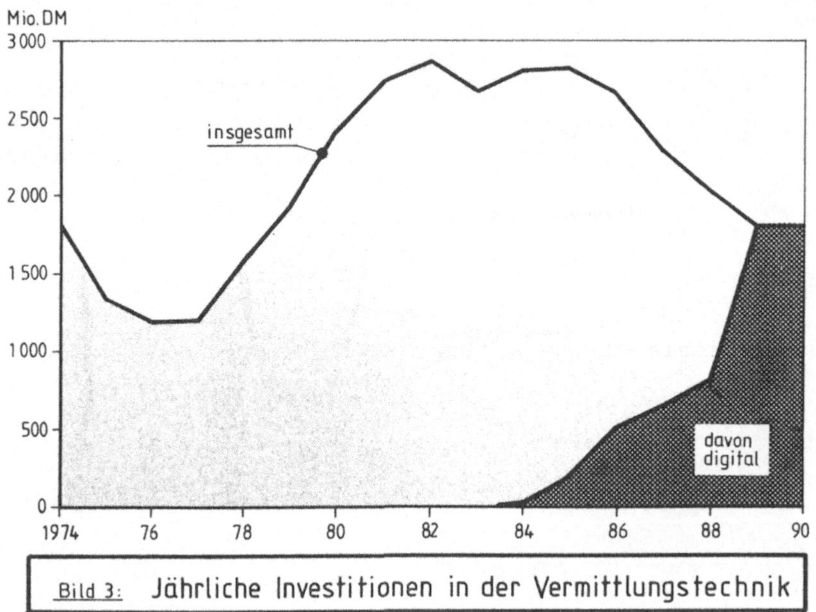

Bild 3: Jährliche Investitionen in der Vermittlungstechnik

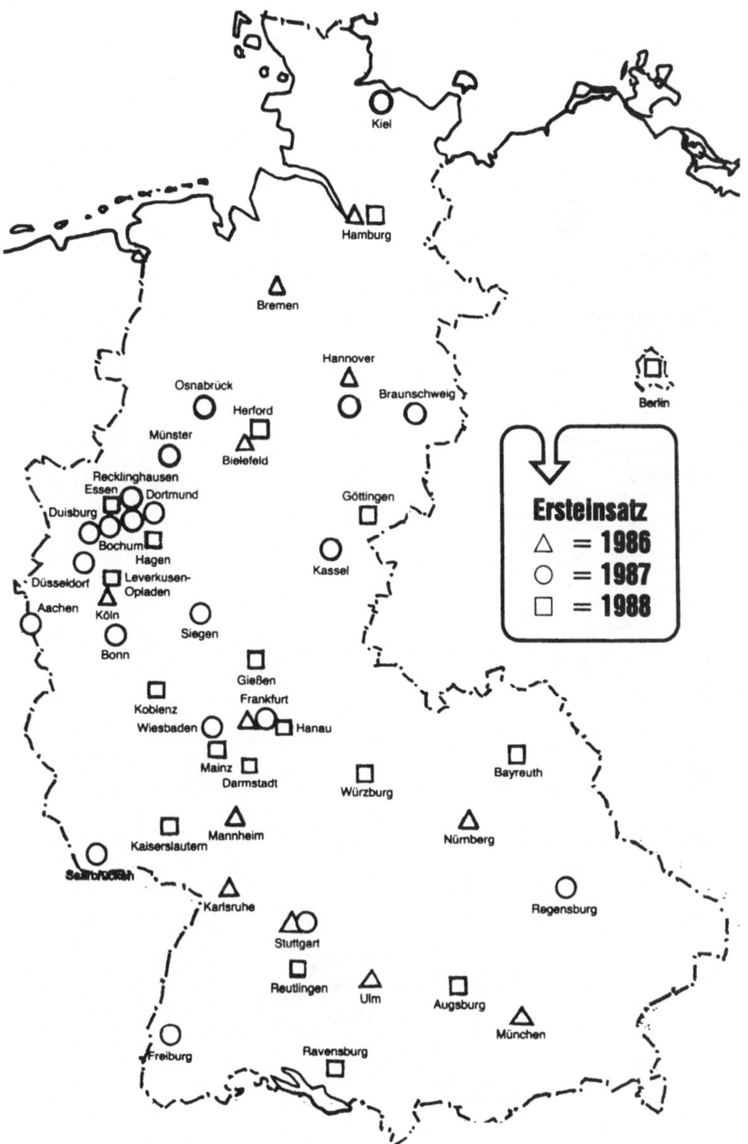

Bild 4: Die Einsatzorte digitaler Fernvermittlungstechnik in den ersten drei Jahren

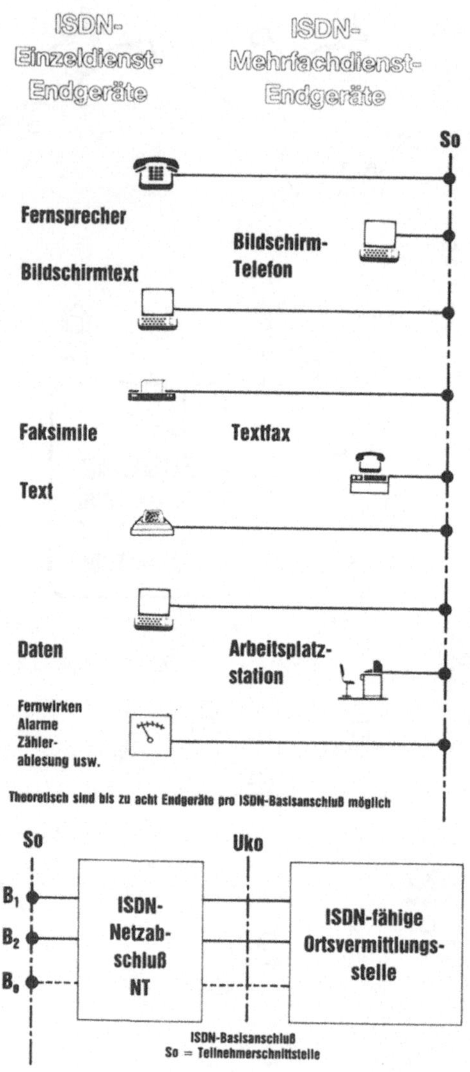

Bild 5: Mögliche Endgeräte für den ISDN-Basisanschluß

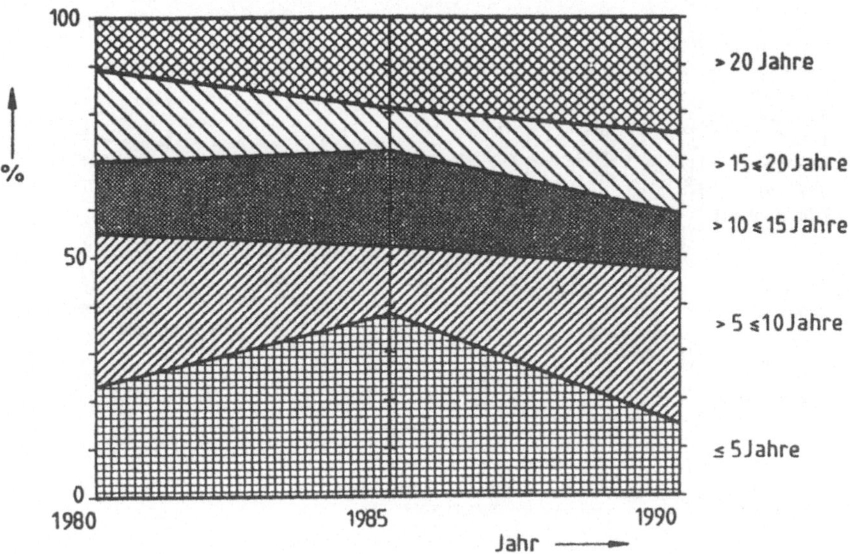

Bild 6: **Altersstruktur der analogen Einrichtungen der Fernvermittlungstechnik**

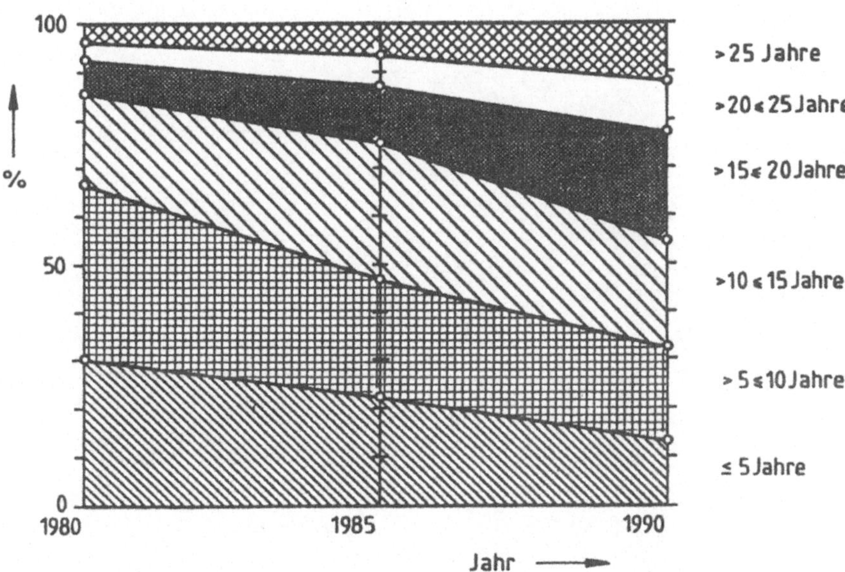

Bild 7: **Altersstruktur der Einrichtungen in Ortsvermittlungsstellen**

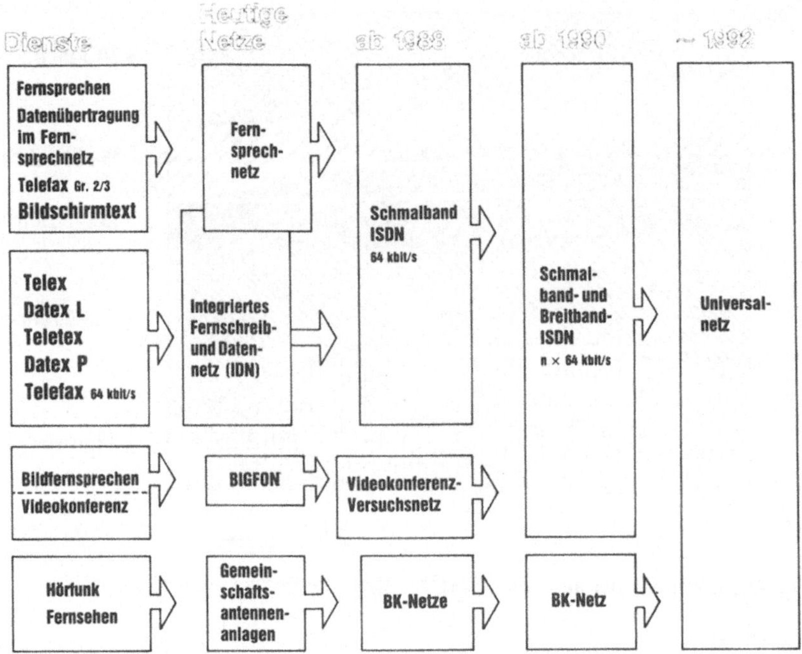

Bild 8: Künftige Netz-Integrationsstufen

ISDN and its Aspects of Investment, Industry and Telecommunications Policy

Helmut Schön

In 1979 the Deutsche Bundespost decided to digitize its telephone
network with priority. The invitation to tender for the digital
switching technique meanwhile led to a decision on the system in
favour of the EWSD system (the digital electronic dialling system)
and in favour of SYSTEM 12. Digital transmission technique is more
and more introduced into the network of the Deutsche Bundespost. We
are just now in the middle of a comprehensive modernization. The
next most important step in this development is an ISDN pilot project
which will be set up in the second half of 1986. ISDN serial operation is planned for the Federal Republic of Germany as from 1988.
Nationwide ISDN coverage shall be reached five years later.

With the help of ISDN the Deutsche Bundespost can avoid the present
additional expenditure for development, technique, planning and operation of different telecommunication networks. At the same time a
variety of new and improved services can be offered within ISDN. ISDN
is thus the logical continuation of the digitalized telephone network, where "only" the subscriber line still has to be digitized.
The basic ISDN station always includes a network termination and an
internationally standardized user network inface S_o. This allows for
the concept of a universal communication plug which again leads to
liberalization and innovation in the field of terminal equipment.
An increase in demand for new services and new service features is
expected from this.

The Deutsche Bundespost expressly supports further standardization
of the telecommunication services and   the principle of open
communication. Thus the work of standardization within the CCITT

...

will maintain its high value. In order to standardize and internationally promote modern telecommunication services, however, the Deutsche Bundespost as a network operator has to compete in the technical equipment market to be able to gather the necessary relevant experiences.

With ISDN the Deutsche Bundespost can offer a range of new service features because the new network has more intelligence than the old one: computer controlled switching centres and efficient signalling systems. As the Deutsche Bundespost will invest about a thousand million annually in the digitalization of the telephone network and thus in ISDN - including exceptional investments - it should later on not be kept from selling new services in order to allow for an adequate amortization of these enormous investments.

For about 80 years there has been strong competition in the field of terminal equipment in the Federal Republic of Germany (introduction of PBXs). The only exception is the simple telephone set. Within the call area, however, it is absolutely necessary that the Deutsche Bundespost keeps the responsibility for the network (telecommunications monopoly) because it is the Deutsche Bundespost that bears the enormous risk of innovations with regard to considerable advance provisions for the network; it is the Deutsche Bundespost that will control the standardization of the services' development and it is the Deutsche Bundespost which bears the entire responsibility for the grade of service. Apart from that the Deutsche Bundespost guarantees that the same conditions and charges apply to all users wherever they communicate in the Federal Republic of Germany.

Due to the considerable advance provisions for the technical realization of the digitalized telephone network the Deutsche Bundespost will be able to meet the demand for ISDN stations with relatively low additional expenditure. Finally the ISDN concept also allows for a continuous development towards broadband application, i.e. the possible integration of all types of narrowband and broadband communication.

Die Entwicklung der Dienste im ISDN

Karl Heinz Rosenbrock

1 Einleitung

Die Deutsche Bundespost bereitet zur Zeit ein ISDN-Pilotprojekt vor. In
den beiden Ortsnetzen Stuttgart und Mannheim sollen hierbei ab 1986/87
die für das ISDN erforderlichen Bausteine unter realen
Betriebsbedingungen erprobt werden. Die Aufträge für die erste Stufe
des Pilotprojekts sind bereits erteilt worden. Ein ISDN-Serienbetrieb
wird für die Zeit ab 1988 vorgesehen. Nach dem Erwähnen dieser beiden
Maßnahmen zum Modernisieren der Telekommunikation soll im folgenden
zunächst grob umrissen werden, was sich hinter der Abkürzung "ISDN"
verbirgt und welche Vorzüge ein ISDN besitzt. Der Schwerpunkt der
Ausführungen wird anschließend auf der Entwicklung der Dienste im ISDN
liegen und damit das künftige Dienstleistungsangebot der Deutschen
Bundespost im ISDN darstellen.

1.1 Was ist das ISDN?

Die Abkürzung ISDN steht für den weltweit eingeführten Begriff
"Integrated Services Digital Network", der wie folgt übersetzt werden
kann:

o Ein dienst(e)integriertes digitales (Fernmelde-)Netz,

o ein dienst(e)integrierendes digitales (Fernmelde-)Netz oder

o ein digitales (Fernmelde-)Netz mit integrierten Diensten.

Aufgrund unterschiedlicher Voraussetzungen wird die Entwicklung zum
ISDN bei den vielen Fernmeldeverwaltungen und Betriebsgesellschaften
zwar unterschiedlich verlaufen, dennoch ist man sich international
darüber einig, daß das ISDN durch folgende wesentliche Merkmale
gekennzeichnet ist:

o Es entwickelt sich aus dem digitalen Fernsprechnetz.

o Es wird durch möglichst wenige Schnittstellen beschrieben, die aber international genormt sind.

o Es erlaubt den Anschluß vielfältiger Endgeräte über eine genormte Schnittstelle (Prinzip der einheitlichen Kommunikationssteckdose).

o Es bietet neben dem Fernsprechen eine Reihe neuer sowie bestehender Dienste und Dienstmerkmale an.

o Etwas abstrakt kann das ISDN auch als ein universelles digitales (Fernmelde-)Netz angesehen werden, welches 64-kbit/s-Verbindungen (für die verschiedenen Dienste) zwischen beliebigen Endpunkten bereitstellt.

o Das ISDN ist medienunabhängig, d. h. als Übertragungsmittel kommen im Grundsatz alle heute und künftig eingesetzten Übertragungsmedien in Frage.

o Die Erweiterung auf Breitband-Dienste ist vorgesehen.

o Der vollständige Übergang zum ISDN wird Jahrzehnte dauern.

Den Schlüssel zum ISDN stellt der sogenannte ISDN-Basisanschluß dar. Über die gewöhnliche Kupferdoppelader der Teilnehmeranschlußleitung können in digitaler Form zwei Nutzkreise, sogenannte Basiskreis B_1 und B_2 mit einer Bitrate von je 64 kbit/s sowie ein zusätzlicher Steuerkreis D_o mit einer Bitrate von 16 kbit/s angeboten werden. Der Steuerkreis D_o ist für ein außerordentlich leistungsfähiges Zeichengabeverfahren auf der ISDN-Anschlußleitung vorgesehen, für das sogenannte D-Kanal-Protokoll. Kennzeichnendes Merkmal für den ISDN-Basisanschluß ist darüber hinaus die genormte Teilnehmerschnittstelle S_o, die als "Universalsteckdose" für verschiedene ISDN-Endeinrichtungen angesehen werden kann.

An einen ISDN-Basisanschluß können bis zu acht Endgeräte angeschlossen werden, dabei sind neben Einzeldienstendgeräten auch Mehrdiensteendgeräte vorstellbar.

Neben dem ISDN-Basisanschluß gibt es auch noch Primärmultiplexanschlüsse (Digitalsignalverbindungen mit 2 Mbit/s) mit 30 Basiskreisen für den Anschluß mittlerer und großer Nebenstellenanlagen. Hierauf soll jedoch nicht näher eingegangen werden.

1.2 Warum ein ISDN?

Der gleichzeitige Einsatz mehrerer verschiedener Fernmeldenetze
bedeutet in der Regel einen zum Teil beachtlichen Mehraufwand, z. B.
für die Entwicklung, die Technik, die Planung und den Betrieb der
verschiedenen Netze und ihrer Bestandteile, insbesondere bei der
Vermittlungstechnik und bei der Teilnehmeranschlußleitung
einschließlich der Zeichengabe. Es ergeben sich verhältnismäßig hohe
Kosten für die Hauptanschlüsse, insbesondere wenn die Anzahl der
Teilnehmer eines eigenständiges Netzes sehr gering ist. Deshalb ist es
verständlich, daß die Fernmeldeverwaltungen überall nach
wirtschaftlichen Wegen und Möglichkeiten suchen, möglichst viele
Fernmeldedienste in einem einheitlichen Netz anzubieten; d. h.
Diensteintegration.

Nach der Grundsatzentscheidung der Deutschen Bundespost im Jahre 1979,
das Fernsprechnetz aus wirtschaftlichen Gründen zu digitalisieren,
ergibt sich folgerichtig der Schluß, auch die vorhandenen
Teilnehmeranschlußleitungen des digitalisierten Fernsprechnetzes zu
digitalisieren und damit den entscheidenden Schritt zum ISDN zu gehen.
Da die Kupferdoppeladern der Teilnehmeranschlußleitung den mit Abstand
größten Anteil der bisher erbrachten Investitionen des Fernmeldenetzes
darstellen, bietet es sich an, die Kupferdoppeladern mehrfach
auszunutzen.

Ausgehend von den - hier nicht dargestellten - erheblichen Vorteilen,
die sich bereits durch das Digitalisieren des Fernsprechnetzes
ergeben, wird nun erläutert, welche allgemeinen Gründe außerdem noch
für die Integration von Fernmeldediensten im ISDN sprechen:

o Vermeiden eigener Netze für verschiedene Dienste.

o Wirtschaftliches Ausnutzen der Einrichtungen des digitalisierten
  Fernsprechnetzes, insbesondere der Kupferdoppeladern beim
  Teilnehmeranschluß.

o Das ISDN bietet neue Dienste und Dienstmerkmale verhältnismäßig
  schnell und zu geringen zusätzlichen Kosten an.

o Abwickeln mehrerer Dienste auf einem einzelnen Anschluß.

o Wahlweises Benutzen zweier Basiskreise.

o Gleichzeitige Kommunikation zweier Endgeräte.

o Erweiterte und verbesserte Dienstmerkmale.

2 Mögliche Dienste im ISDN

Das ISDN wird wesentlich gekennzeichnet durch eine transparente übermittelte Bitrate von 64 kbit/s. Es kann damit als Träger für alle jene Fernmeldedienste herangezogen werden, deren Informationen in digitaler Form übertragbar sind und bei denen die 64 kbit/s als Bitrate hierfür ausreichen.

Es wird in diesem Beitrag bewußt darauf verzichtet, den Begriff "Dienst" besonders zu bestimmen. Der interessierte Leser wird auf die neuen CCITT-Empfehlungen I.200 ff. verwiesen, die sich mit den Diensten im ISDN und ihren Definitionen befassen. Hier soll aus Gründen der Vereinfachung kein Gruppieren der Dienste wie im CCITT - anhand des ISO-Schichtenmodells - vorgenommen werden, sondern es wird lediglich zwischen folgenden Gruppen unterschieden werden:

o Neue 64-kbit/s-Dienste, die für die S_o-Schnittstelle optimiert sind.

o Dienste, die sich z. B. durch das Anschalten bestehender Endeinrichtungen an das ISDN ergeben, bei denen sich jedoch die Dienstmerkmale von denen des bisherigen Dienstes unterscheiden und

o Bisherige Dienste.

Es wird in jedem Fall notwendig sein, die einzelnen Dienste genau zu kennzeichnen und eindeutig zu definieren.

2.1 Neue 64-kbit/s-Dienste im ISDN

Bei den neuen Diensten kann es sich wiederum um zwei verschiedene Kategorien handeln:

o Weiterentwicklung bestehender Dienste, die insbesondere von der erhöhten Übermittlungsgeschwindigkeit profitieren.

o Völlig neue Dienste.

Den 64-kbit/s-Diensten kann im ISDN eine Fülle von Dienstmerkmalen angeboten werden (s. Abschnitt 3).

o ISDN-Fernsprechen

Vergleicht man den Fernsprechdienst im ISDN mit dem des analogen oder dem des gemischten analogen/digitalen Fernsprechnetzes, so profitiert der Fernsprechdienst im ISDN insbesondere von der weitspannenden (Ende-zu-Ende) digitalen Übermittlung, die ihre Vorzüge in folgenden Merkmalen hat:

- Die höhere Sprachqualität führt zu einer besseren Verständlichkeit.

- Ein verbessertes Signal-Geräusch-Verhältnis sorgt für ein störungsfreies Gespräch.

- Da die Dämpfung nahezu entfernungsunabhängig ist, kann ein Beeinträchtigen der Verbindung durch mangelhafte Lautstärke vermieden werden.

Den bisherigen Betrachtungen liegt eine unveränderte Fernsprechbandbreite von 300 bis 3 400 Hz zugrunde. Mit Hilfe anderer oder erweiterter Codierungsverfahren wird es künftig - auch bei einer Bitrate von 64 kbit/s - möglich sein, eine höhere Sprachbandbreite, z. B. 7 kHz, zu übertragen.

o ISDN-Datenübermittlung

Die Bitrate von 64 kbit/s eröffnet für das Übertragen von Daten eine Vielfalt neuer Möglichkeiten im geschäftlichen wie im privaten Bereich. Mit 64 kbit/s steht ein außerordentlich leistungsfähiger Übertragungsweg zur Verfügung, der ein Vielfaches dessen übertragen kann, was heute üblich ist. Es darf angenommen und gehofft werden, daß eine ISDN-Standard-Datenübermittlung mit 64 kbit/s dazu beiträgt, die zur Zeit vorhandene Vielzahl unterschiedlicher Übertragungsgeschwindigkeiten mittelfristig entscheidend zu verringern und damit zu einer spürbaren Dienste- und Produktbereinigung (mit den wirtschaftlichen Vorteilen insbesondere im Endgerätebereich) beizutragen.

Im geschäftlichen Sektor wird die 64-kbit/s-Datenübermittlung die Bürokommunikation mitgestalten. In den privaten Haushalten eröffnen sich außerordentlich vielseitige neue Anwendungsmöglichkeiten, z. B. durch den Anschluß von Heimcomputern für Fortbildungsprogramme, Haushaltsführung, Steuererklärungen usw. sowie durch den Zugang zu elektronischen Bibliotheken und privaten Datenbanken und schließlich durch die stark im Vormarsch befindlichen Telespiele.

o <u>ISDN-Teletex</u>

Zur Zeit findet die schnellste Textübertragung im Teletex-Dienst des integrierten Text- und Datennetzes statt. Mit einer Bitrate von 2,4 kbit/s werden dort etwa 10 Sekunden für das Übermitteln einer DIN-A4-Seite benötigt. Bei 64 kbit/s wird hierfür die Größenordnung "kleiner als 1 Sekunde" erreicht. Auch ein 64-kbit/s-Teletexdienst wird sich besonders für die künftige Bürokommunikation eignen, bei der es entscheidend darauf ankommt, eingehende Informationen in der jeweils zweckmäßigsten Art darzustellen, zu speichern, zu verändern, zu ergänzen, weiterzusenden usw.

o <u>ISDN-Telefax</u>

Die heutigen Kopier- oder Telefaxdienste leiden darunter, daß - abhängig von der verfügbaren Geräteklasse - für das Übermitteln einer DIN-A4-Seite noch 1 bis 3 Minute(n) benötigt werden. Im ISDN sieht es dagegen wesentlich günstiger aus. Mit der ISDN-Bitrate werden etwa nur noch 10 bis 1 Sekunde(n) für das Fernkopieren einer DIN-A4-Seite gebraucht. Mit dieser Fernkopiergeschwindigkeit, die schon fast die Größenordnung heutiger ortsgebundener Kopiergeräte erreicht, eröffnen sich weitere Anwendungsmöglichkeiten, insbesondere im Bereich der Bürokommunikation.

o <u>ISDN-Textfax</u>

Mit dem Textfax-Dienst werden sowohl Texte als auch Bildpunkte übermittelt. Er stellt damit eine Kombination aus Teletex und Telefax dar und eignet sich besonders zum Übermitteln von Dokumenten, z. B. mit Briefkopf, Texten, Skizzen, Bildern und Unterschriften.

o <u>ISDN-Bildschirmtext</u>

Der Bildschirmtext-Dienst wird erheblich von der höheren Übertragungsgeschwindigkeit profitieren können, z. B. durch schnelleren Bildwechsel und bessere bildliche Darstellung als bisher.

o <u>ISDN-Bilddienste</u>

Die Ausführungen zum Telefax- und zum Bildschirmtextdienst sind zum Teil auch hier anwendbar. Es ist eine Reihe unterschiedlicher

Anwendungen vorstellbar:

- Festbildübermittlung,

- langsames Bewegtbild (Bildwechsel z. B. alle 5 Sekunden)

- Fernzeichnen und

- Fernskizzieren.

o ISDN-Fernwirken

Hinter dem Begriff "Fernwirken" verbirgt sich eine Reihe interessanter Anwendungsgebiete. Die Deutsche Bundespost untersucht zur Zeit intensiv geeignete Einsatzmöglichkeiten im herkömmlichen Fernsprechnetz (TEMEX) und wird Fernwirkdienste später auch im ISDN anbieten.

o Zusammenfassung

Es ist durchaus vorstellbar, einige der hier beschriebenen Dienstarten zu kombinieren. Als Endeinrichtungen werden dann Mehrdiensteendgeräte oder auch Multifunktionsterminals benötigt. Hierbei bieten sich z. B. die Kombinationen Fernsprechen und Bildschirmtext zum Bildfernsprecher sowie Teletex und Telefax zum Textfaxendgerät an.

Die Deutsche Bundespost wird sich bemühen, die neuen 64-kbit/s-Dienste mit Vorrang einzuführen, weil bei ihnen sämtliche ISDN-spezifischen Vorteile genutzt werden können. Dabei bietet sich ein schrittweises Vorgehen an; d. h. die hier aufgeführten möglichen Dienste werden nicht schlagartig, sondern nacheinander eingeführt, um die damit verbundenen Schwierigkeiten beherrschen zu können.

Der ISDN-Basisanschluß stellt dem Fernmeldekunden zwei Basiskreise B_1 und B_2 zur Verfügung. Damit ist es möglich, auf beiden Nutzkreisen zwei wechselseitige Kommunikationen (d. h. in Vor- und Rückwärtsrichtung) mit einer Bitrate von jeweils 64 kbit/s gleichzeitig und unabhängig voneinander - auch zu verschiedenen Zielen - auf der vorhandenen Kupferdoppelader durchzuführen. Bei beiden Kommunikationsformen kann es sich um einen einheitlichen Dienst oder um zwei verschiedene Dienste handeln. Auch hier ist es möglich, daß sich die Dienstart von Verbindung zu Verbindung oder gar während einer Verbindung ändert.

Mit der gleichzeitigen Kommunikation unterschiedlicher Dienste auf dem ISDN-Basisanschluß wird es z. B. möglich, daß ein Ferngespräch durch das gleichzeitige Übertragen einer Zeichnung oder Grafik auf dem zweiten Basiskreis ergänzt oder unterstützt wird. Ebenfalls ist vorstellbar, daß auf nur einem 64-bit/s-Kreis die Dienstart kurzzeitig gewechselt wird, um eine andersartige Information zwischenzeitlich zu übermitteln. An einem ISDN-Basisanschluß können mehrere - auch verschiedene - ISDN-Endgeräte über einheitliche Steckdosen ohne besondere Anpassungseinrichtungen angeschlossen werden (theoretisch bis zu acht).

2.2 Der mögliche Einsatz herkömmlicher Endgeräte

Beim Umwandeln einer analogen Anschlußleitung in einen digitalen Anschluß im ISDN wird es sich in der Regel empfehlen, entsprechende ISDN-Endgeräte, z. B. digitale Fernsprechapparate, einzusetzen.

Verfügt jedoch der Kunde über verhältnismäßig teure herkömmliche Endgeräte, z. B. Fernkopierer, dann kann ihr Ersetzen durch geeignete neue ISDN-Endgeräte zu Investitionen führen, die mancher Teilnehmer scheuen wird. Deshalb ist es naheliegend, sich Gedanken darüber zu machen, ob es im ISDN auch möglich ist, herkömmliche Endgeräte einzusetzen.

Herkömmliche Endgeräte können mit Hilfe einer Endgeräteanpassung TA an die Teilnehmerschnittstelle S_0 des ISDN angeschlossen werden. Die Deutsche Bundespost hat zwei verschiedene Endgeräteanpassungen vorgesehen, die TA (a/b) und TA X.21.

o Die __Endgeräteanpassung TA (a/b)__ ermöglicht das Anpassen herkömmlicher Endeinrichtungen, die für den Anschluß an das analoge Fernsprechnetz vorgesehen sind, an die S_0-Schnittstelle des ISDN-Basisanschlusses. Über die TA (a/b) können folgende herkömmliche Endgeräte eingesetzt werden:

- Faxgeräte der Gruppen 2 und 3

- Serien-/Parallel-Modems zum Anschalten von Datenendeinrichtungen

- Anschlußboxen für Bildschirmtext-Endgeräte.

o Die __Endgeräteanpassung TA X.21__ ermöglicht das Anpassen herkömmlicher Endeinrichtungen, die mit einer Schnittstelle gemäß der

CCITT-Empfehlung X.21 versehen sind, an die S_o-Schnittstelle des ISDN-Basisanschlusses. Bei den Endgeräten handelt es sich um Datenendeinrichtungen mit einer Datenübertragungsgeschwindigkeit von 2,4 und 64 kbit/s (Benutzerklassen 4 und 12 gemäß CCITT-Empfehlung X.1).

2.3 Bisherige Dienste

Grundsätzlich kommen alle bestehenden Fernmeldedienste auch für das ISDN in Betracht, solange sie mit der Bitrate von 64 kbit/s übertragbar sind. Es bietet sich an, daß insbesondere jene Dienste, die bisher schon im analogen Fernsprechnetz geführt werden, auch auf das ISDN übernommen werden. Hierzu gehören: Fernsprechen, Datenübermittlung, Fernkopieren sowie der Zugang zu Bildschirmtext.

Zur Zeit wird untersucht, inwieweit Nichtfernsprechdienste, z. B. Datendienste gemäß Benutzerklasse X.21, Telex, Teletex, DATEX-P, aus dem bestehenden integrierten Daten- und Fernschreibnetz der Deutschen Bundespost wirtschaftlich in das ISDN überführt werden können. Hierbei zeichnet sich ab, daß der Telexdienst nicht in das ISDN übernommen werden wird. Paketvermittlung ist noch nicht im ISDN vorgesehen.

Es ist jedoch aus Gründen der Planungssicherheit für den Anwender davon auszugehen, daß alle bestehenden Dienste - unabhängig davon, in welchem Netz sie heute realisiert sind - auch noch während einer angemessenen Übergangszeit in unveränderter Weise dem Kunden angeboten werden. Die Übergangszeit wird dabei etwa dieselbe Größenordnung haben wie die Abschreibungszeiten für die Endgeräte.

3 Dienstmerkmale im ISDN

Jeder Dienst kann durch eine Reihe von Dienstmerkmalen gekennzeichnet und ergänzt werden. Dienstmerkmale sind als Unter- oder Teilmengen eines Dienstes zu verstehen. Dienstmerkmale können in folgende Gruppen aufgeteilt werden:

o Anschlußdienstmerkmale,

o Verbindungsdienstmerkmale und

o Informationsdienstmerkmale.

Im folgenden sollen sie etwas veranschaulicht werden. Hierbei ist anzumerken, daß eine Menge der vorgestellten Dienstmerkmale bereits mit herkömmlicher Technik realisiert werden kann.

3.1 Anschlußdienstmerkmale

Mit den Anschlußdienstmerkmalen wird der Anschluß für einen bestimmten Dienst näher gekennzeichnet. Neben den dienstespezifischen Endgeräten werden z. B. Aussagen über die Anschlußart gemacht:

o Verbindungsart: Wähl- oder Festverbindung

o Vermittlungsart: leitungs- oder paketvermittelt.

3.2 Mögliche Verbindungsdienstmerkmale

Hierunter wird eine Reihe im ISDN möglicher Dienstmerkmalegruppen verstanden, welche die Verbindung betreffen:

o Schneller und bequemer Verbindungsaufbau, z. B.

   - Kurzwahl

   - Direktruf

   - Wahlwiederholung

   - Durchwahl

o Möglichkeiten der besonderen Verbindungsvollendung, z. B.

   - Warten auf Freiwerden des B-Teilnehmers mit Hinweis
    (Anklopfen)

   - Umlenken im Besetztfall

   - Umleiten von Anrufen zu einem anderen Anschluß

   - Anrufweiterschaltung

o Möglichkeiten der Nachrichtenübermittlung mit Zwischenspeicherung, z. B.

   - Voice-mail

   - Telebox

   - Registrieren ankommender Verbindungswünsche

o Möglichkeiten zum Einschränken bestimmter Verbindungen, z. B.

   - Ruhe vor dem Telefon

o Mögliche Sonderverbindungen, z. B.

   - Individuelle Gebührenübernahme durch den B-Teilnehmer

   - Erinnerungen oder automatischer Terminkalender

   - Automatisches Wecken

   - Konferenzverbindung

   - Geschlossene Benutzergruppen oder Teilnehmerbetriebsklassen

o Dienst- und Netzübergänge

Damit der Teilnehmer im ISDN möglichst viele Kommunikationspartner erreichen kann, bietet es sich im wirtschaftlich vertretbaren Rahmen an, Netzübergänge vorzusehen, z. B. zu und vom:

- analogen Fernsprechnetz

- DATEX-L-Netz (leitungsvermittelt).

3.3 Mögliche Informationsdienstmerkmale

Auch hier wird eine Reihe möglicher Dienstmerkmalegruppen unterschieden, welche Informationen übermitteln und die zum Teil bereits im herkömmlichen Netz realisiert sind.

o Mögliche Gebühreninformationen, z. B.

   - automatisches Unterrichten über die aufgelaufenen Gebühreneinheiten oder DM-Beträge für den A-Teilnehmer während oder nach der Verbindung

o Netzinformation, z. B.

   - Ansage geänderter Rufnummer

o Auskünfte, z. B.

   - Fernsprechansagen

o Identifizieren, z. B.

  - Identifizieren der Rufnummer des A-Teilnehmers zur Anzeige beim
    B-Teilnehmer vor, während oder nach der Verbindung

  - Dienstekennung.

4 Zusammenfassung und Ausblick

Obwohl die Untersuchungen der Deutschen Bundespost noch nicht
abgeschlossen sind, kann zur Zeit davon ausgegangen werden, daß

o im ISDN künftig

  - folgende neuen Dienste angeboten werden (etwa in der zeitlichen
    Reihenfolge ihrer Einführung):

    . ISDN-Fernsprechen (3,1 kHz)

    . ISDN-Datenübermittlung (leitungsvermittelt)

    . ISDN-Teletex, -Telefax und -Textfax

    . ISDN-Bilddienste

    . ISDN-Bildschirmtext

    . ISDN-Datenübermittlung (paketvermittelt)

    . ISDN-Fernwirken

    . ISDN-Fernsprechen (7 kHz).

  - folgende modifizierten Dienste angeboten werden, die sich durch
    den Einsatz herkömmlicher Endgeräte ergeben:

    . Über die Endgeräteanpassung TA (a/b): Datenübermittlung,
      Telefax und Bildschirmtext

    . Über die Endgeräteanpassung TA X.21: Datenübermittlung
      mit 2,4 und 64 kbit/s.

  - alle bisherigen Dienste des herkömmlichen Fernsprechnetzes
    angeboten werden (über den analogen Teilnehmeranschluß):

    . Fernsprechen

    . Datenübermittlung mit Modem

    . Telefax (Gruppen 2 und 3)

    . Bildschirmtext

    . TEMEX.

o im integrierten Text- und Datennetz (IDN) weiterhin folgende
  Dienste

  - mittel- bis langfristig angeboten werden:

        . Telex

        . DATEX-P

  - kurz- bis mittelfristig angeboten werden:

        . DATEX-L

        . Teletex

        . Hauptanschluß für Direktruf.

Es wird also auch bei jenen Diensten, die durch die neuen Dienste im
ISDN substituiert werden, eine ausreichende Planungssicherheit
gewährleistet. Der Übergang wird nicht abrupt, sondern kontinuierlich
vollzogen werden.

Zu Beginn des nächsten Jahrzehnts, wenn Glasfaserkabel und optische
Systeme in verstärktem Maße und wirtschaftlich konkurrenzfähig zur
Verfügung stehen, kann das 64-kbit/s-ISDN durch Breitbandeinrichtungen
derart erweitert werden, daß eine Integration aller schmal- und
breitbandigen Nutzungsformen (Fernsprechen, Daten-, Text- und
Festbildkommunikation, Bildfernsprechen und Videokonferenz) möglich
ist.

Das ISDN stellt eine wesentliche Voraussetzung dar für das Einführen
vermittelter Breitbanddienste; denn wichtige Bestandteile des ISDN
sind auch für den Einsatz künftiger Breitbandkommunikation geeignet.
Außerdem benötigen Breitbanddienste die gleiche Struktur wie das ISDN.
Somit empfiehlt sich das folgerichtige Weiterentwickeln des ISDN zu
einem Breitband-ISDN, bei dem im wesentlichen die heutigen Kupferkabel
allmählich von den Glasfaserkabeln abgelöst und die
Vermittlungsstellen um entsprechende breitbandige Koppelfelder ergänzt
werden.

in einem integrierten Breitband-Fernmeldenetz können schließlich auch
Fernseh- und Hörfunkprogramme (verteilvermittelt) übertragen werden,
d. h. die bis dahin aus wirtschaftlichen Gründen getrennt von der
Individualkommunikation verlaufende Weiterentwicklung der
Massenkommunikation und der Breitbandverteilnetze könnte dann in ein
gemeinsames universelles Fernmeldenetz, das IBFN, einmünden.

The Development of the ISDN Services

Karl Heinz Rosenbrock

<u>1 What is an ISDN?</u>

ISDN stands for the international term "integrated services
digital network" which can be translated as follows:

o an integrated services digital (telecommunication) network.

ISDN is also characterized by the following features:

o it has developed from the digital telephone network,

o it is characterized by as few interfaces as possible and these
  are internationally standardized,

o it allows for the connection of different terminal equipment via
  a standardized interface (principle of the uniform communication plug),

o apart from voice traffic it also provides for a range of
  additional new and additional existing services and service
  features,

o from an abstract print of view ISDN may be regarded as a universal digital (telecommunication) network, which provides
  64-kbit/s-links (for different services) between any given
  terminating point.

o ISDN is independent of media, i.e. basically all future and
  existing transmission media may be used for transmission
  purposes.

<u>2 Why ISDN?</u>

Some general reasons in favour of ISDN are listed below:

o Different networks for different services can be avoided,

o economical utilization of the digital telephone network's equipment, especially of the two-wise coppercables at the user station.

o ISDN offers new services and service features quickly and at
  low extra costs.

o Handling of several services via one single station,

o alternative utilization of two time-base circuits,

o simultaneous communication of two terminal utits,

o extended and improved service features.

3 Possible services within ISDN

Due to the bit rate of 64 kbit/s a variety of different telecommunication services can be offered to the customer, these
can be divided into 3 groups

o New 64-kbit/s -Services,

o existing services and

o services which stem from the further application of existing
  terminal units within ISDN , i.e. modified services.

3.1 New 64-kbit/s-Services

o Convenient telephoning with an improved grade of service for
  voice transmission,

o Data transmission,

o Text transmission (teletex),

o Facsimile transmission (telefax),

o Textfax (combination of text transmission and facsimile
  transmission),

o Interactive Videotex (Bildschirmtext),

o Freeze frame transmission,

o Telecontrol.

Services can of course also be combined. Multi-service terminals can then be used as terminal equipment. The services
which may possibly be provided within ISDN will not be
introduced abruptlv but step-by-step in order to cope with
the operational difficulties involved. Every new 64-kbit/s-
service within ISDN is characterized and supplemented by a
variety of service features.

3.2 Existing services

Due to the continuity of planning for the user it has to be
assumed that all existing services - no matter in which network
they are realized today - will also be offered to the customer
without any changes during an adequate transitional period.

3.3 Possible utilization of existing terminal equipment

Existing terminal units can be connected to the S_o-interface
of the ISDN with the help of a terminal adapter TA.

The Deutsche Bundespost provided for two different
terminal adapters, TA (a/b) and TA x.21.

ISDN – Erste Realisierung im Pilotprojekt

Theodor Irmer

1. Aufgabenstellung

Ab 1985 wird die Deutsche Bundespost (DBP) ihr analoges Fernsprechnetz durch den
kombinierten Einsatz von digitalen Vermittlungs- und digitalen
Übertragungssystemen in ein digitales Fernsprechnetz überführen. Neben
technischen, betrieblichen und vor allem auch wirtschaftlichen Vorteilen bietet
ein digitales Fernsprechnetz die Voraussetzungen, ein dienstintegriertes
Fernmeldenetz (ISDN) zu schaffen.

In Übereinstimmung mit der internationalen Standardisierung wird heute angenommen,
daß ein solches ISDN sich in Phasen entwickeln wird. In einer ersten Phase
entsteht aus dem digitalen Fernsprechnetz ein ISDN, das die Integration aller
Fernmeldedienste bis zu 64 Kbit/s gestattet ("Schmalband-ISDN"). In einer zweiten
Phase kann dann dieses ISDN für Fernmeldedienste mit Bitraten 64 Kbit/s erweitert
werden ("Breitband-ISDN"). In diesem Auftrag soll ausschließlich die erste Phase
betrachtet werden.

Es ist klar, daß der Erfolg einer solchen Evolution der Fernmeldenetze letztlich
von wirtschaftlichen Voraussetzungen abhängt. Nur wenn es gelingt, den dafür
notwendigen technischen Aufwand in Grenzen zu halten, wird man die in einem ISDN
möglichen Fernmeldedienste den Teilnehmern zu attraktiven Gebühren anbieten
können. Grundgedanke der Evolution muß daher sein, durch gezielte Erweiterungen
des jeweils vorhandenen Netzes die weitergehende Nutzung kostengünstig zu
ermöglichen.

Der Schwerpunkt für die Integration der Fernmeldedienste und damit das Entstehen
eines ISDN liegt im Teilnehmeranschlußbereich, d.h. in der Netzebene, in der die
Fernmeldedienste von Teilnehmer genutzt werden. Die erforderlichen gezielten
Erweiterungen werden daher vorwiegend in dieser Netzebene vorzunehmen sein.

Die DBP hat diese hier nur skizzierten Überlegungen ihrer Einführungsstrategie für
das ISDN in vollem Umfang berücksichtigt. Im Teilnehmeranschlußbereich des
digitalen Fernsprechnetzes werden für die erste Phase der Integration ein

"Basisanschluß" und ein "Primärmultiplexanschluß" vorgesehen. Zu ihrer technischen
Realisierung sind eine Reihe neuer Geräte sowie Erweiterungen an vorhandenen
Einrichtungen erforderlich. Soweit irgend möglich, wurden bei den technischen
Spezifikationen hierfür die neuesten CCITT-Empfehlungen zugrunde gelegt.

Die DBP hat angekündigt, ab 1988 mit der Serieneinführung des ISDN zu beginnen. Um
sicherzustellen, daß die dafür notwendigen Geräte und Erweiterungen auch im
praktischen Betrieb die spezifizierten Eigenschaften in vollem Umfang erfüllen,
ist in einem ISDN-Pilotprojekt ab 1986 deren Erprobung vorgesehen. Bedenkt man,
daß die DBP ab 1985 mit dem planmäßigen Übergang zum digitalen Fernsprechnetz und
damit zum ISDN beginnt, so erkennt man, daß hier umfangreiche Aufgaben in kurzer
Aufeinanderfolge bewältigt werden müssen (Bild 1).

1985 = Beginn des planmäßigen Übergangs zum
digitalen Fernsprechnetz und zum ISDN

● Serieneinsatz DIV-F und DIV-0 nach erfolgreich abge-
geschlossener Präsentation und Systementscheidung

● Serieneinsatz der vollständig verfügbaren digitalen
Übertragungssysteme (2, 34, 140, 565 Mbit/s)

1986 ISDN-Pilotprojekt

● Zur Erprobung der ISDN-Komponenten

1988 Bereitstellung ISDN-Serientechnik

● Nutzung inzwischen entstandener dig. Infrastruktur

MEILENSTEINE AUF DEM WEG ZUM ISDN | FTZ

Bild 1

2. Zielsetzungen

Das Prinzip der Evolution, nach dem das ISDN sich aus dem digitalen Fernsprechnetz
und dieses wiederum aus dem analogen Fernsprechnetz entwickelt, ist heute weltweit
unbestritten. Die bekannte ISDN-Definition des CCITT, auf die an anderer Stelle
dieses Kongresses eingegangen wird, stellt das Evolutionsprinzip prägnant dar.
Hier soll versucht werden, aufbauend auf den Kernaussagen dieser Definition, die
Zielsetzungen herzuleiten, wie sie sich bei der Einführung des ISDN und natürlich
auch bei den Pilotprojekten als dessen erste Realisierungsstufe ergeben. Bild 2
nennt diese Zielsetzungen im einzelnen, die nachfolgend stichwortartig erläutert
werden sollen.

Grundlage bildet auch hier die Aussage, daß sich das ISDN aus dem digitalen

Fernsprechnetz entwickelt. Diese Entwicklung wird durch gezielte Erweiterungen an bestimmten Stellen des Netzes und nur soweit unbedingt notwendig vorgenommen. Das Motiv für dieses Vorgehen ist klar: durch Minimisierung der Kosten für die Vorleistungen des ISDN soll dessen Wirtschaftlichkeit so attraktiv wie möglich gemacht werden. Es muß immer wieder hervorgehoben werden, daß der Erfolg oder Mißerfolg des ISDN fast ausschließlich von dessen wirtschaftlichen Eigenschaften abhängen wird - dies interessiert den Kunden, für noch so interessante technische Lösungen wird er sich nur insoweit begeistern können, als ihm diese zu attraktiven Preisen geboten werden.

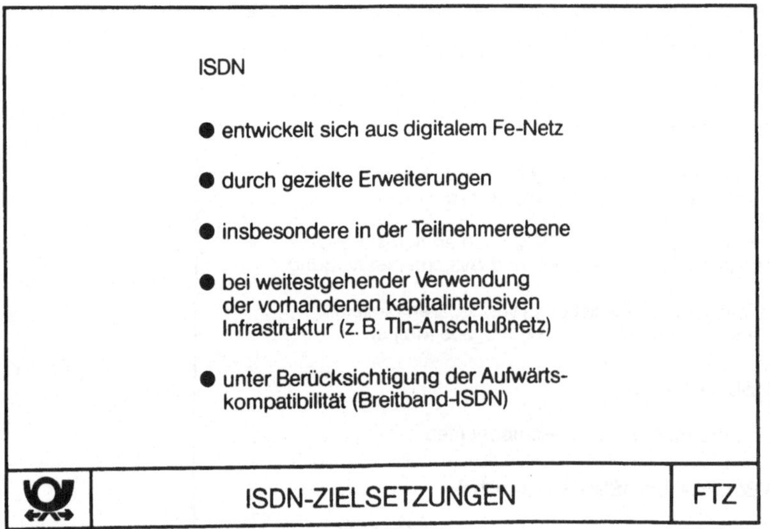

Bild 2

Die gezielten Erweiterungen liegen beim ISDN (es sei nochmals daran erinnert, daß in diesem Vortrag damit immer das 64 Kbit/s-ISDN gemeint ist) fast ausschließlich in der Teilnehmerebene, d.h. im Bereich zwischen ISDN-Endgerät und ISDN-Vermittlungsstelle. Dieser Bereich entscheidet über die Nutzung des ISDN, denn hier wird sich zeigen, mit welchen technischen Mitteln die potentiellen Möglichkeiten des ISDN in die Praxis umgesetzt und damit dem Kunden angeboten werden können. Aus dieser Erkenntnis heraus hat man auch im CCITT die Standardisierung des ISDN zunächst in dieser Netzebene begonnen.

Beim Einsatz technischer Mittel in dieser Netzebene für die Einführung des ISDN wird man sich weitestgehend der vorhandenen Infrastruktur und hier insbesondere des Teilnehmer-Anschlußnetzes bedienen. Der Grund hierfür ist - ähnlich wie bei der gezielten Erweiterung - die Senkung der Kosten im Interesse der Wirtschaftlichkeit des ISDN. Gerade die Nutzung der vorhandenen Infrastruktur ist

es, die das ISDN wirtschaftlich so attraktiv erscheinen läßt. Man muß bedenken,
daß ein Großteil der Investitionen des vorhandenen Fernsprechnetzes gerade im
Teilnehmer-Anschlußnetz liegt und es ist daher außerordentlich günstig, die
vorhandenen Ressourcen ohne Mehrkosten auch für das ISDN nutzen zu können.

Wenn auch das kommende ISDN viele Dienstleistungen anbieten wird, die in heutigen
Netzen noch nicht darstellbar sind, so besteht doch kein Zweifel, daß das ISDN
nach heutigen Vorstellungen sich zum "Breitband-ISDN" erweitern wird, das als
wesentliches Merkmal die Übermittlung von Tonprogramm- und Bewegtbildsignalen
zusätzlich zu den "Schmalband-ISDN-Diensten" bietet. In Erfüllung des Prinzips der
Evolution, die auch für den Übergang zum Breitband-ISDN gilt, wird man bei allen
Maßnahmen, die für das unmittelbar bevorstehende ISDN getroffen werden müssen, zu
prüfen haben, inwieweit die Erweiterung bzw. die Kompatibilität mit dem künftigen
Breitband-ISDN sichergestellt ist. Kurzsichtigkeit bei heute festzulegenden
Parametern des ISDN könnte sich schon in wenigen Jahren verhängnisvoll auswirken.

Wie lassen sich nun diese Zielsetzungen für die Realisierung des ISDN am besten
erfüllen, oder, mit anderen Worten, welche technischen Maßnahmen (Hard- und
Software) im Teilnehmerbereich sind zu treffen? Die hierfür infrage kommenden
Einrichtungen sollen im Rahmen dieses Aufsatzes zusammenfassend als
"ISDN-Komponenten " bezeichnet werden; eine Zusammenstellung dieser Komponenten
zeigt Bild 3. Eine technische Beschreibung und die technologische Realisierung
wird an anderer Stelle dieses Kongresses gegeben, sodaß hier eine Zusammenstellung
ausreichen sollte. Auf drei wichtige Punkte ist aber besonders hinzuweisen:

- Für die ISDN-Komponenten sind Technische Lieferbedingungen bzw. Richtlinien in
  Zusammenarbeit mit den einschlägigen Firmen der Fernmeldeindustrie erarbeitet
  worden. Auf diese Weise ist eine umfangreiche nationale ISDN-Standardisierung
  (ca. 2000 Seiten) entstanden, die bisher in keinem anderen Lande in ähnlicher
  Detaillierung existiert.

- Diese nationalen ISDN-Standards stützen sich auf die ISDN-Empfehlungen des CCITT
  (I-Serie), wie sie von der VIII.Vollversammlung des CCITT im Oktober 1984
  angenommen wurden. Diese enge Verzahnung konnte nur durch erheblichen
  Arbeitsaufwand bei den paralell laufenden nationalen und internationalen
  Standardisierungsgesprächen erreicht werden. Nach unserer Kenntnis ist die DBP
  bisher die einzige Fernmeldeverwaltung, deren ISDN-Standards bereits in vollem
  Umfang die neuen CCITT-Empfehlunen berücksichtigen.

- Die nach den nationalen ISDN-Standards zu entwickelnden Komponenten sind grundsätzlich für den Serieneinsatz vorgesehen. Die Pilotprojekte dienen der Erprobung vor Beginn der Lieferungen für den Serieneinsatz. Sie stellen somit keine Feldversuche oder Experimente dar; ihre Aufgabe ist es, sicherzustellen, daß vor Aufnahme der Serienlieferungen das einwandfreie Zusammenspiel aller Komponenten nachgeprüft und nachgewiesen werden kann.

- ISDN Komponenten für Serieneinsatz, Erprobung zunächst im Pilotprojekt
- Übereinstimmung mit ISDN-Empfehlungen des CCITT
- Technische Lieferbedingungen (TL + RL)
  - modifizierte DIV O (DIV-ISDN)
  - D-Kanal-Protokoll
  - Teilnehmer – (S_O) und Leitungs- (U_{KO}) Schnittstelle
  - Netzabschluß (NT) und Endgeräteanpassung für »a/b« und X. 21 Endgeräte
  - Übertragungssystem für B + B + D mit Basisanschluß Multiplexer und Konzentrator
  - ZZK (CCITT. Nr. 7) mit ISUP

ISDN-KOMPONENTEN IM PILOTPROJEKT | FTZ

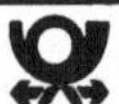

Bild 3

3. ISDN-Anschlußkonfigurationen

Mit den ISDN-Komponenten lassen sich eine Reihe von ISDN-Anschlußkonfigurationen realisieren, an die die künftigen ISDN-Endgeräte angeschlossen werden können. Diese Konfigurationen (Bild 4) lassen sich in zwei Gruppen aufteilen, nämlich:

- den Basisanschluß und den

- Primärmultiplexanschluß

Der Basisanschluß stellt die kleinste Anschlußgröße dar (Anschluß bis zu 2 gleichzeitig betriebenen ISDN-Endgeräten). Er läßt sich physikalisch darstellen als Direktanschluß (als Einzelanschluß, in Stern- oder Buskonfiguration) bzw. bei längeren Anschlußleitungen/größeren Anschlußzahlen über Basismultiplexer oder Konzentrator.

Der Primärmultiplexanschluß ist dagegen für größere Endgeräteinstallationen oder für Anschluß von ISDN-Nebenstellenanlagen gedacht. Seine Übertragungsbitrate entspricht dem PCM-Grundsystem PCM 30 und er weist auch grundsätzlich die gleiche Rahmenstruktur auf.

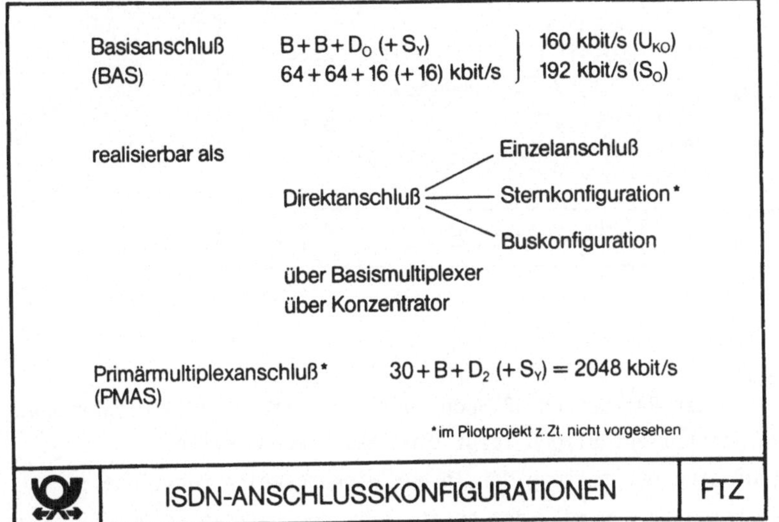

Bild 4

Besonders in der Anfangsphase des ISDN werden die ISDN-Direktanschlüsse von besonderer Bedeutung sein, denn sie decken einen wesentlichen Marktsektor des erwarteten Bedarfes ab. Dies leuchtet ein, da z.B. bei den Nebenstellenanlagen das Schwergewicht gerade bei den Kleinstanlagen liegt, die kostengünstig und mit attraktiven Leistungsmerkmalen durch ISDN-Direktanschlüsse ersetzt werden könnten. Wegen ihrer Bedeutung sind die verschiedenen Konfigurationen der Direktanschlüsse in Bild 5 wiedergegeben. Wie man aus diesem Bild leicht erkennt, ist die Sternkonfiguration als Untermenge der Buskonfiguration anzusehen. Daher und im Interesse der Aufwandsbeschränkung bei Entwicklung und Fertigung ist auf die Sternkonfiguration zunächst verzichtet worden. Schwergewicht bei den ISDN-Direktanschlüssen stellt die Buskonfiguration ("Passiver Bus") dar, die den Anschluß von bis zu acht ISDN-Endgeräten gestattet, von denen jeweils zwei aktiv sein können. Da die Schnittstelle stets die gleiche ist, kommt die Buskonfiguration dem Ideal der einheitlichen "Informationssteckdose" schon recht nahe.

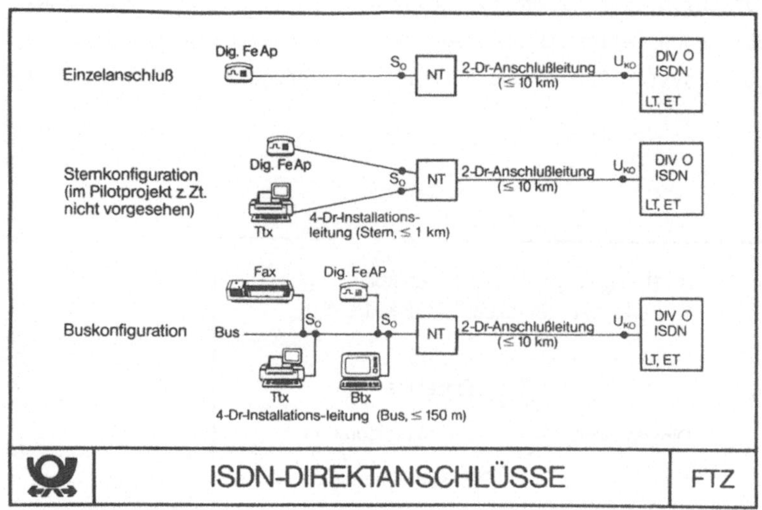

Wie erwähnt, läßt sich der Basisanschluß auch über Basisanschlußmulitplexer bzw. über Konzentratoren darstellen. Bild 6 zeigt die Realisierung mittels Basismulitplexer (auf eine Darstellung der in der Wirkungsweise funktionell gleichen Konzentratorschaltung wurde verzichtet). Mit dem Basisanschlußmulitplexer können bis zu 12 Basisanschlüsse dargestellt werden. Diese (wie auch die Konzentratorlösung) bietet sich immer dann an, wenn Basisanschlüsse in größerer Entfernung von der ISDN-Vermittlungsstelle bereitgestellt werden sollen; Basisanschlußmultiplexer und Konzentrator können daher als ISDN-Vorfeldeinrichtungen bezeichnet werden. Bild 6 zeigt auch das Schaltbild eines Primärmultiplexanschlusses. Während die Leitungseinrichtungen (LE 2) die gleichen wie beim Basisanschlußmultiplexer sind, unterscheiden sich selbstverständlich die Netzabschlüsse (NT) und Schnittstellen (So bzw. S2M) wegen unterschiedlicher Anforderungen . Da der Primärmultiplexanschluß aufgrund seiner Struktur (Verwendung weitgehend vorhandener Einrichtungen) kaum größere technische Schwierigkeiten erwarten läßt, ist seine Erprobung im Pilotprojekt nicht vorgesehen, wohl aber sein Serieneinsatz.

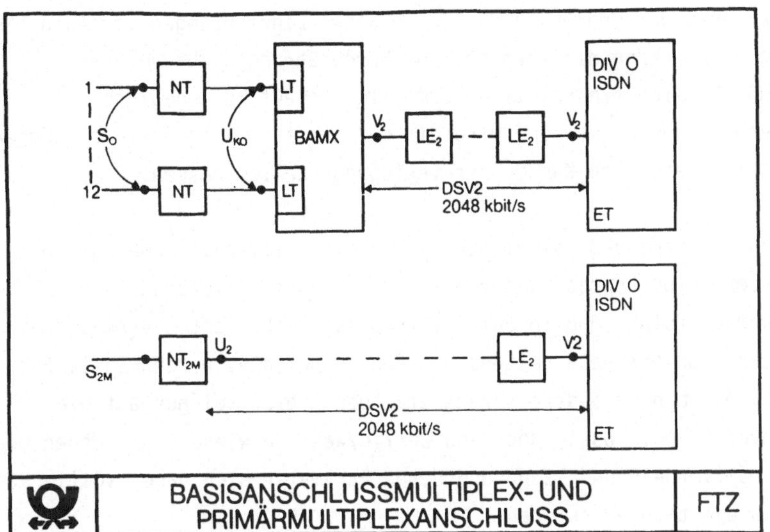

Bild 6

4. Ziele des ISDN-Pilotprojektes

Es ist geplant, im Rahmen des Pilotprojektes ab 1986 in Stuttgart und Mannheim
jeweils bis zu 400 ISDN-Endgeräten anzuschließen. Weshalb beide Städte für das
Pilotprojekt ausgewählt wurden, hat nichts mit einer besonderen Bevorzugung
Süddeutschlands zu tun. Ausschlaggebend war vielmehr die hohe Dichte an
Geschäftsanschlüssen, die in beiden Städten vorhanden und eine Grundvoraussetzung
für das Gelingen des Pilotprojektes darstellt, denn zumindest in der Anfangsphase
wird das ISDN der geschäftlichen Kommunikation dienen. In beiden Städten wurde
aber auch erstmals die Präsentation digitaler Vermittlungseinrichtungen durch die
DBP durchgeführt, und auf die dabei gewonnenen Erfahrungen wird man bei dem
Pilotprojekt vorteilhaft zurückgreifen können. Beide Argumente - geschäftliches
Umfeld und Erfahrungen bzw. Personal aus der Präsentation - waren neben mehreren
anderen sekundären Erwägungen ausschlaggebend für die Wahl von Stuttgart und
Mannheim als Pilotprojekt-Standorte.

Da die technischen Einrichtungen für das Pilotprojekt noch keine Seriengeräte sind
und daher nur in geringen Stückzahlen verfügbar sein werden, wird die DBP alle
technischen Einrichtungen bereitstellen. Sicher wäre es auch vermessen anzunehmen,
daß sich Kunden auf eigene Kosten bereits in diesem frühen Zeitpunkt eigene
ISDN-Endgeräte anschaffen, unter der Voraussetzung, daß sie überhaupt verfügbar

sind. Da das Pilotprojekt der Erprobung der technischen Einrichtungen vor Aufnahme
der Serienfertigung dient, kann die erfolgreiche Durchführung nicht von der
Bereitschaft der Kunden, sich finanziell an dem Pilotprojekt zu engagieren,
abhängig gemacht werden - auch deswegen wird die DBP die technischen Einrichtungen
den am Pilotprojekt teilnehmenden Kunden zur Verfügung stellen müssen.

Es ist bereits betont worden, daß das Pilotprojekt kein Feldversuch oder gar ein
Experiment ist, sondern eine Erprobung vor Aufnahme der Serienlieferung von
ISDN-Komponenten. Daraus folgt, daß in dem Pilotprojekt auch nicht die Akzeptanz
der ISDN-Dienste oder ISDN-Merkmale seitens des Kunden getestet werden soll. Für
einen Akzeptanztest gelten ganz andere Voraussetzungen - hier sei nur auf die
Bildschirmtext-Feldversuche in Düsseldorf und Berlin/West verwiesen, bei denen die
Akzeptanzermittlung im Vordergrund stand und deren Parameter sich daher völlig von
denjenigen im Pilotprojekt unterschieden.

Aus den Ausführungen bei den ISDN-Anschlußkonfigurationen ist bereits ersichtlich,
daß dem Basisanschluß in seinen verschiedenen Realisationsformen besondere
Bedeutung zukommt. Er wird auch im Pilotprojekt Schwerpunkt sein und entsprechend
häufig in unterschiedlicher Konfiguration eingesetzt werden. Da bei den
ISDN-Komponenten eine größere Anzahl von Herstellerfirmen zu erwarten sind, wird
das Pilotprojekt gestaffelt in mehreren Phasen durchgeführt werden. Trotz aller
Sorgfalt kann keine Spezifikation so eindeutig und bis ins Letzte definiert sein,
daß Geräte unterschiedlicher Hersteller einfach "zusammengesteckt" werden und
sofort reibungslos funktionieren. Dies wird man erst durch allmähliches Zuschalten
von ISDN-Komponenten zu bereits geprüften und funktionierenden Einrichtungen
Schritt für Schritt ermöglichen können und dies ist auch der Grund für die
Staffelung des Pilotprojektes in aufeinanderfolgende Phasen.

Durch eine sorgfältige und umfangreiche Projektbegleitung wird sichergestellt, daß
alle in den verschiedenen Phasen des Pilotprojektes gewonnenen Erkenntnisse sofort
ausgewertet und ggf. in den nationalen ISDN-Standards berücksichtigt werden. Ziel
der DBP ist und bleibt es, ab 1988 die ISDN-Serientechnik flächendeckend
einzuführen. Damit wird sichergestellt, daß

- allen Kunden der DBP eine Vielfalt von Fernmeldediensten zu günstigen Tarifen
  und hoher Qualität und Komfort angeboten werden kann;
- die deutsche Fernmeldeindustrie mit modernen Geräten und Systemen sich im härter
  werdenden Weltmarkt auf dem internationalen Markt behaupten kann;
- die DBP ihren gesetzlichen Auftrag, ihr Fernmeldenetz im Interesse der gesamten
  Volkswirtschaft dem modernsten technischen Stand entsprechend zu halten und
  wirtschaftlich zu betreiben, erfüllen kann.

ISDN – First Realization in the Field Trial

Theodor Irmer

Starting in 1985 the Deutsche Bundespost (DBP) will convert its analog telephone
network into a digital network by combined implementation of both digital switching
and digital transmission equipment. Apart from technical, operational and, in
particular, economic advantages such an digital telephone network provides the
prerequisite for establishing an ISDN.

In conformity with the international standardisation it has been agreed that the
ISDN will develop in several phases. In the first phase an ISDN will evolve from
the digital telephone network allowing the integration of telecommunication
services up to 64 Kbit/s ("narrowband-ISDN"). In a second phase this ISDN might be
enhanced for other services requiring higher bitrates than 64 Kbit/s
("broadband-ISDN"). This paper will refer to the first phase only.

It goes without saying that a successful evolution of the ISDN will depend
exclusively on the economics. Or, more bluntly: the customer will use the
telecommunications services supported by an ISDN if they are offered at attractive
tariffs - at least not higher than in existing networks of to-day.

It follows that by controlled enhancements only (i.e. both in terms of complexity
and costs) the economical provisions for each phase of the evolution can be
safeguarded.

The integration of services and thus the evolution of the ISDN will focus mainly on
the network level where the services are being used by the customer - and this
network level is the subscriber network. The controlled enhancements necessary for
the evolution of the ISDN will have to be made therefor in the subscriber network.

When setting up its implementation strategy the DBP has taken into account the
principles mentioned above. For the first phase of the ISDN the DBP will provide
the "basic access" and the "primary multiplex access" in the subscriber network.
For their technical realization some new equipment as well as enhancements of
existing equipment are necessary. When drawing up the relevant technical
specifications the latest ISDN draft recommendations of the CCITT have been
incorporated.

The DBP has announced the operation of ISDN services in its network from 1988
onwards. In order to ensure that the new and enhanced equipment needed is fully
complying with the technical specifications it is planned to test all this
equipment in field trials (so-called "pilot project") starting in 1986. The paper
deals with the layout of this pilot project which is in fact the first realization
of an ISDN in the DBP network. An outlook to the future evolution of the ISDN and
the next steps to be taken by the DBP will terminate the paper.

Technische Gestaltung der ISDN-Komponenten

Dietrich Becker

1. Übersicht

Das diensteintegrierende digitale Fernmeldenetz - ISDN - wird gegenwärtig realisiert; es wird noch in diesem Jahrzehnt in beträchtlichem Umfang serienmäßig installiert sein. Als einen wichtigen Schritt zu diesem Ziel führt die Deutsche Bundespost zwei Pilotprojekte durch, die im Jahre 1986 in Betrieb gehen werden. Dazu werden in Stuttgart und Mannheim digitale Ortsvermittlungsstellen (DIVO ISDN) mit verschiedenen digitalen Endgeräten installiert. Sie ermöglichen den Teilnehmern die Nutzung einer Vielfalt von Kommunikationsdiensten und Dienstmerkmalen /1,2/.

Die Endgeräte werden an der Schnittstelle So angeschlossen. Sie erlaubt die Nutzung von zwei 64-kbit/s-Basiskreisen für Sprache, Text und Daten sowie eines 16-kbit/s-Steuerkreises im Rahmen der (B+B+D)-Struktur des ISDN.

Wie Bild 1 zeigt, wird die vierdrähtige So-Schnittstelle von der Netzabschlußeinrichtung NT gebildet, die über die bereits vorhandene zweidrähtige Teilnehmeranschlußleitung (Uko-Schnittstelle) mit dem Leitungsabschluß in der Vermittlungsstelle verbunden ist. Grundsätzlich kann der Teilnehmer seine Geräte entweder mittels einer sternförmigen oder einer busförmigen Konfiguration anschließen, wobei in beiden Fällen gleichartige Endgeräte verwendet werden. Im Pilotdienst wird nur die Buskonfiguration erprobt.

Der Hoheitsbereich der Bundespost umfaßt das Netz bis hin zur So-Teilnehmerschnittstelle, während der Teilnehmer für die Bereitstellung und den Betrieb der Endgeräte verantwortlich ist.

Im **Bild 2** sind die ISDN-Funktionseinheiten dargestellt, so wie sie vom CCITT definiert worden sind. Zur gegenseitigen Abgrenzung dieser Funktionseinheiten dienen Bezugspunkte, von denen einige gleichzeitig auch als Schnittstellen standardisiert worden sind. Insbesondere hat der CCITT die So-Schnittstelle mit sämtlichen Funktionen der Schichten 1 bis 3 des OSI-Schichtenmodells spezifiziert /3/, während die Deutsche Bundespost außerdem die Eigenschaften der Uko-Schnittstelle standardisiert hat. Der Bezugspunkt R entspricht der Gesamtheit herkömmlicher Teilnehmerschnittstellen wie beispielsweise der X.21- oder der analogen a/b-Schnittstelle. Die Bezugspunkte T und V hingegen lassen sich lediglich herstellerspezifischen Baugruppen- oder Bausteinschnittstellen zuordnen.

Die übertragungstechnischen Funktionen der Uko-Schnittstelle sind durch die Funktionseinheiten Leitungsabschluß (LT) in der Vermittlungsstelle und Netzabschluß 1 (NT1) in der Netzabschlußeinrichtung erfaßt. Im Pilotdienst sowie zu Beginn des Serienbetriebes werden Netzabschlußeinrichtungen verwendet, die die OSI-Schichten 2 und 3 nicht bearbeiten und somit für diese transparent sind. Diese transparenten Netzabschlußeinrichtungen realisieren keine NT2-Funktionen (Zeichengabe und Endgeräteverwaltung). Die Bearbeitung der höheren Schichten erfolgt im Vermittlungsabschluß (ET) und den ISDN-Endgeräten (T1) sowie in den Endgeräteanpassungseinrichtungen (TA). Letztere dienen zur Anpassung von Endgeräten mit herkömmlichen Endgeräteschnittstellen (T2) an die So-Schnittstelle.

Bild 3 gibt einen Überblick über die Systemkomponenten, deren Realisierung im weiteren beschrieben wird. Neben den bereits genannten Komponenten sind hier der Zwischenregenerator (ZWR) und der Basisanschlußmultiplexer (BAMX) dargestellt.

Der Zwischenregenerator dient zum Anschluß weit entfernter ISDN-Teilnehmer, die sich außerhalb der Reichweite eines Uko-Abschnittes befinden. Er wird, zusammen mit der Teilnehmeranschlußleitung, unterirdisch installiert und von der Vermittlung aus ferngespeist. Da er im Pilotdienst noch nicht zum Einsatz kommt, wird er im folgenden nicht weiter besprochen.

Mit Hilfe des Basisanschlußmultiplexers werden bis zu 12 ISDN-Teilnehmer in einem fremden Anschlußbereich, d. h. außerhalb dem der
DIVO (ISDN), zusammengefaßt und über ein PCM-System an die DIVO
(ISDN) herangeführt. Der BAMX befindet sich in einem Amtsgebäude
der Bundespost, beispielsweise in einem Hauptverteilerraum. Es
können die mit PCM-Systemen üblichen beliebig großen Entfernungen
überbrückt werden.

2. ISDN Chip Set

Wesentlicher Bestandteil der ISDN-Komponenten ist der ISDN Chip
Set, der drei VSLI-Bausteine umfaßt. Bild 4 zeigt in stark verein-
fachter Form anhand eines Beispiels, wie die VLSI-Bausteine verwendet werden:

o Der UIC (U-Interface-Circuit) erfüllt die übertragungstechnischen Funktionen (OSI-Schicht 1) der Uko-Schnittstelle und wird
   sowohl im Leitungsabschluß als auch in der Netzabschlußeinrichtung eingesetzt.

o Der SIC (S-Interface Circuit) erfüllt die übertragungstechnischen Funktionen (OSI-Schicht 1) der So-Schnittstelle und wird
   sowohl in der Netzabschlußeinrichtung als auch in den ISDN-Endgeräten und Endgeräteanpassungseinrichtungen eingesetzt.

o Der ILC (ISDN Link Controller) dient als HDLC-Baustein dazu,
   die Mikrorechner im Vermittlungsabschluß sowie in den ISDN-Endgeräten und Endgeräteanpassungseinrichtungen bei der Bearbeitung der LAP-D-Funktionen (OSI-Schicht 2) zu entlasten.

Der im Vermittlungsabschluß verwendete Schnittstellenbaustein ist
nicht als ISDN-Schaltkreis im engeren Sinne zu betrachten, da er
auch in anderen Vermittlungs-Moduln eingesetzt wird.

Die in den Netzabschlußeinrichtungen sowie in den über die So-
Schnittstelle gespeisten digitalen Fernsprechapparaten benötigten
DC/DC-Wandler werden zunächst noch nicht als integrierte Schaltungen realisiert, da erst noch Betriebserfahrungen mit dem ISDN-Spei-
sekonzept gesammelt werden sollen.

In **Bild 5** sind die Komplexität und die Funktionen der ISDN-Schalt-
kreise tabellarisch zusammengestellt. Hier fällt insbesondere der
UIC auf, der wegen seiner großen Komplexität zunächst noch nicht
als einzelner VLSI-Baustein realisiert werden kann. Für den Pilotdienst wird deshalb ein UIC-Satz von fünf Einzelbausteinen entwickelt, der bis zum Beginn des Serienbetriebes durch einen Ein-
Chip-UIC ersetzt werden kann.

Die innere Struktur des UIC ist in **Bild 6** dargestellt, wobei eine
Aufteilung in einen Sende- und einen Empfangszweig zu erkennen ist,
die die sog. Modulschnittstelle (links im Bild) und die Uko-Lei-
tungsschnittstelle (rechts im Bild) miteinander verbinden. In der
Schnittstellenschaltung an der Modulschnittstelle wird das dort
verwendete serielle Datensignal gebildet bzw. zerlegt, welches im
folgenden Abschnitt beschrieben wird. Außerdem werden hier die Aktivierungsprozedur sowie die Prüfschleifenbildung gesteuert. Im
Sendezweig befinden sich Scrambler, Coder und die Schaltung zur
Einfügung des ternären Synchronwortes für den Sendesignal-Pulsrah-
men. Zwar bedingt der verwendete 4B3T-Blockcode gegenüber einfacheren Blockcodes einen erhöhten Aufwand bei der Codierung, doch kann
die Taktableitung im Empfangszweig wegen des geringen Empfangsjit-
ters einfacher gehalten werden. Nach einer Digital-Analog-Wandlung
wird das ternäre Sendesignal durch ein Sendefilter geformt und über
einen Sendeverstärker und einen Übertrager auf die Anschlußleitung
gegeben. Im Empfangszweig befindet sich neben einer Weckerkennung
zum Starten der Aktivierungsprozedur ein Pulsdichtemodulator (PDM),
der zusammen mit dem PDM-Tiefpaßfilter die Digital-Analog-Wandlung
vornimmt. Ferner dient ein Hochpaß zur Verkürzung der Impulse, was
einer Kompromiß-Entzerrung gleichkommt. Von dem so für die digitale
Verarbeitung aufbereiteten Empfangssignal wird das Ausgangssignal
des nichtrekursiven Echokompensators subtrahiert, um die stören-
den Anteile des eigenen, von der Leitung her reflektierten Serdesig-
nal zu beseitigen.

Die Richtungstrennung mittels Echokompensation und dem gewählten
Code hat den Vorteil, daß wegen der gegenüber anderen Verfahren
niedrigeren Schwerpunktfrequenz und geringeren Bandbreite des
Sendesignals eine größere Reichweite erzielt werden kann.

Als Einstellkriterium für den Echokompensator wird die Korrelation zwischen dem Sendesignal und dem im Entzerrer gewonnenen, mit einem Restfehler behafteten Empfangssignal verwendet. Eine Fehlerumschaltung sorgt für ein beschleunigtes Einlaufverhalten des Echokompensators, wobei in der Anfangsphase ein größerer Restfehler zugelassen wird. Durch eine Verstärkungsregelung (Automatic Gain Control, AGC) wird eine konstante Höhe der ternären Impulse am Entzerrereingang gewährleistet. Der Entzerrer besteht aus zwei Transversalfiltern, die in eine rekursive Struktur eingebettet sind. Über einen Entscheider wird das Empfangssignal einem Decoder und einem Descrambler zugeführt. Neben den beschriebenen Schaltungsteilen sind die Steuerungs- und die Taktversorgungsfunktionen der einzelnen Chips schematisch in zwei Blöcke zusammengefaßt.

Die bereits genannte Modulschnittstelle stellt eine Systemschnittstelle dar, über die Nutzsignale, Zeichengabe- und Steuerinformationen ausgetauscht werden. Um die Anzahl der Anschlußstifte gering zu halten und damit die Verwendung kleiner Gehäuse zu ermöglichen, wurde eine serielle Schnittstelle gewählt. Wie <u>Bild 7</u> zeigt, handelt es sich um eine einheitliche Modulschnittstelle für den gesamten Chip Set, über die sämtliche Informationen mit Hilfe von vier Oktetten innerhalb von 125 us übertragen werden. Die Übertragungsgeschwindigkeit kann wahlweise 256 kbit/s oder 2,048 Mbit/s betragen, wobei im letzteren Fall bis zu acht Basisanschlüsse über eine gemeinsame Schnittstelle bedient werden können.

3. ISDN-Vermittlungsstelle

Bei der ISDN-Vermittlungsstelle handelt es sich um eine digitale Fernsprechvermittlung, die um ISDN-Anschlußmodule erweitert ist (siehe <u>Bild 8</u>).

Teilnehmerseitig sind neben dem Anschlußmodul für analoge Fernsprechteilnehmer (a/b-Schnittstelle) Anschlußmodule für ISDN-Teilnehmer an das digitale Koppelnetz geschaltet. Hierbei ist zwischen direkt angeschlossenen ISDN-Teilnehmern (Uko-Schnittstelle) und über ein Basisanschluß-Multiplexsystem herangeführten Teilnehmern zu unterscheiden. Der Anschlußmodul für ISDN-Teilnehmer wird weiter unten beschrieben, während das an die Vermittlungsstelle angeschlossene Multiplexsystem im Kapitel 5 gesondert behandelt wird.

Netzseitig befindet sich ein Anschlußmodul für Digital-Verbindungs-
leitungen, die die Vermittlungsstellen eines Netzes miteinander
verbinden. Im Anschlußmodul für die Zentralkanalzeichengabe, die
der Zwischenamtssignalisierung dient, wird im Zeichengabesystem
No. 7 (CCITT) der sog. ISDN User Part (ISUP) realisiert, der für
die netzseitige Unterstützung der neuen ISDN-Dienstmerkmale benötigt wird. Außerdem werden dem Teilnehmer mit Hilfe eines Moduls
für Zusatzdienste weitere Nutzungsmöglichkeiten des ISDN geboten.

Wie **Bild 9** zeigt, ist der Anschlußmodul für ISDN-Teilnehmer aus
Leitungs- und Vermittlungsabschluß sowie Zugangseinheit zum Koppelnetz samt Steuerung aufgebaut. Neben den bereits bekannten
VLSI-Bausteinen befindet sich im Leitungsabschlußteil eine Speiseschaltung zur Fernspeisung von Netzabschlußeinrichtung und digitalem Fernsprechapparat. Die Steuerung der Schicht-1- und Schicht-2-
Funktionen nach dem OSI-Modell übernimmt der Mikroprozessor des
Vermittlungsabschlußteils, während in der Mikroprozessorsteuerung
der Zugangseinheit die Zeichengabeprozedur der Schicht 3 bearbeitet wird.

Ähnlich wie der Anschlußmodul für ISDN-Teilnehmer ist auch der
Anschlußmodul für Dienstmerkmale und Zusatzdienste strukturiert.
Wie **Bild 10** zeigt, ist ein Datenkommunikationsrechner über eine
mikroprozessorgesteuerte Zugangseinheit mit dem digitalen Koppelnetz verbunden. Beim Datenkommunikationsrechner handelt es sich um
ein schrittweise ausbaubares System, das mit Hilfe von Buskoppler-
Moduln um selbständig arbeitende Rechnermodule erweitert werden
kann. Für größere Datenmengen sind gemeinsame Massenspeicher vorhanden. Das Rechnersystem kann für die Realisierung von Funktionen
höherer Schichten, z. B. als Protokoll- und Dienstumsetzer, als
Message-Handling-Einrichtung oder zur Behandlung von Teilnehmer-
selbsteingaben eingesetzt werden.

4. ISDN-Geräte im Teilnehmerbereich

Im Teilnehmerbereich werden neben der transparenten Netzabschlußeinrichtung (NT) die Endgeräte und Endgeräteanpassungseinrichtungen installiert. In **Bild 11** ist der Aufbau des NT gezeigt, dessen
übertragungstechnische Funktionen durch die direkt zusammengeschal-

teten Bausteine UIC und SIC erfüllt werden. Es werden also lediglich Funktionen der Schicht 1 bearbeitet, während die höheren Schichten unberührt bleiben. Die Bausteine UIC und SIC werden mit Hilfe eines DC/DC-Wandlers über die Uko-Schnittstelle gespeist, während maximal 4 Fernsprechapparate aus einem Netzteil im NT über die So-Schnittstelle versorgt werden. Fällt die Versorgung durch das Netzteil aus, so wird die benötigte 40-V-Gleichspannung zur Speisung eines einzelnen, bevorrechtigten Fernsprechapparates ebenfalls über den DC/DC-Wandler gewonnen, wobei zur Kennzeichnung dieses besonderen Betriebsfalles die Gleichspannung invertiert wird.

Stellvertretend für die Vielfalt der möglichen ISDN-Endgeräte und Endgeräteanpassungseinrichtungen wird in <u>Bild 12</u> der Aufbau des digitalen Fernsprechapparates beschrieben. Für den Einsatz in allen diesen Geräten wurde ein sog. So-Basisteil entwickelt, der im wesentlichen die Bausteine Mikrorechner, ILC und SIC umfaßt. Für den reinen Telefoniebetrieb kommen noch Codec und Sprechschaltung sowie Tonrufschaltung, Anzeige und Tastenfeld hinzu. Über eine Schnittstellenschaltung kann ein Komfortteil angeschlossen werden, welcher die Entwicklung eines lokal gespeisten Fernsprechapparates mit zusätzlichen Leistungsmerkmalen ermöglicht. Ein zweites Mikrorechnersystem bietet hier eine erweiterte Anzeige, eine alphanumerische Tastatur sowie die Anschlußmöglichkeit für einen Drucker.

5. Basisanschluß-Multiplexsystem

Der eingangs bereits erwähnte Basisanschlußmultiplexer (BAMX) ist in <u>Bild 13</u> beschrieben. Die im linken Teil des Systems dargestellten Komponenten (Übertrager, UIC und Speiseschaltung) erfüllen dieselben Aufgaben wie der Leitungsabschluß der Vermittlungsstelle. Die im rechten Teil gezeigten Schaltungsblöcke zur Multiplex-/Demultiplexbildung, Sende-/Empfangssignalbearbeitung, Synchronisation und HDB3-Codierung entsprechen im wesentlichen der herkömmlichen PCM-Multiplexertechnik, wobei allerdings eine besondere Struktur des PCM-Pulsrahmens an der V2-Schnittstelle (2,048 Mbit/s) zu berücksichtigen ist. Insbesondere die sog. Dienstkanalsignale zur Steuerung der Basisanschluß-Aktivierung, Testschleifenbildung etc. müssen gesondert aufbereitet werden.

Den Aufbau des Pulsrahmens zeigt <u>Bild 14</u>. Das PCM-System besteht aus insgesamt 32 Zeitkanälen, wobei der Zeitkanal 0 wie üblich für Synchronisierungs- und Meldezwecke belegt ist, während Kanal 16 nicht genutzt wird und für künftige Anwendungen frei ist. Die verbleibenden 30 Kanäle werden in Gruppen von je 5 Kanälen jeweils zwei Basisanschlüssen zugeordnet. Von diesen werden vier für die ISDN-Basiskreise genutzt, in dem fünften werden mit Hilfe einer Überrahmenstruktur die beiden 16-kbit/s-Signale der Steuerkreise sowie die beiden Dienstkanalsignale übertragen.

Eine derartige Rahmenstruktur erlaubt das Einfügen der BAMX-Systeme in die bereits bestehende PCM-Hierarchie und ermöglicht es, Gruppen von PCM-Kanälen (jeweils 2 ISDN-Basisanschlüsse als kleinste Einheit) zwischen den PCM-Systemen zu rangieren.

6. Zusammenfassung

Es wurde die Gestaltung der ISDN-Komponenten für den Pilotdienst der Deutschen Bundespost beschrieben, wobei die Darstellung der inneren Struktur der betreffenden Geräte, Bausteine und Module in den Vordergrund gestellt wurde. Planung und Entwicklung der Komponenten wurden nach einheitlichen Gesichtspunkten gestaltet. Dies gilt insbesondere für den ISDN Chip Set, der in sämtlichen Komponenten Verwendung findet und somit das "Rückgrat" der ISDN-Realisierung darstellt. Während des Pilotdienstes werden dadurch nur wenige, universell einsetzbare VLSI-Bausteine verwendet, die noch nicht auf die jeweiligen, unterschiedlichen Anwendungsfälle hin optimiert sind, sondern vor allem zur Erprobung der bis jetzt festgelegten ISDN-Standards dienen. Für die weitere Entwicklung ist mit einer zunehmenden Diversifikation dieses Chip Sets zu rechnen, der bei weiteren Fortschritten der LSI-Technologie sehr kostengünstige Lösungen erwarten läßt.

/1/   Irmer, Th.: ISDN - Erste Realisierung in den
        Pilotprojekten.
        Münchner Kreis, 05.-07.11.1984

/2/   Rosenbrock, K. H.: Die Entwicklung der Dienste im ISDN.
        Münchner Kreis, 05.-07.11.1984

/3/   CCITT-Empfehlungen I.430, I.440/441, I.450/451

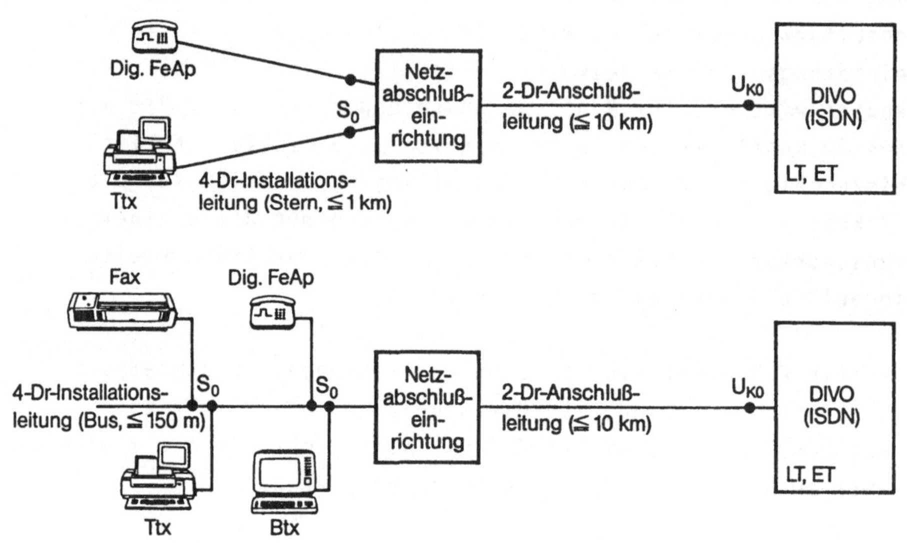

<u>Bild 1:</u>   ISDN-Basisanschluß (Stern- und Buskonfiguration)

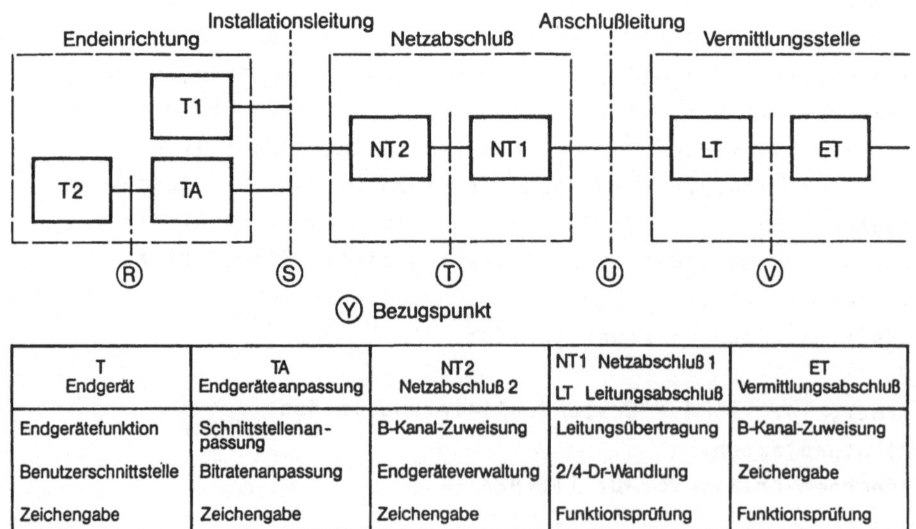

T Endgerät	TA Endgeräteanpassung	NT2 Netzabschluß 2	NT1 Netzabschluß 1 LT Leitungsabschluß	ET Vermittlungsabschluß
Endgerätefunktion	Schnittstellenan- passung	B-Kanal-Zuweisung	Leitungsübertragung	B-Kanal-Zuweisung
Benutzerschnittstelle	Bitratenanpassung	Endgeräteverwaltung	2/4-Dr-Wandlung	Zeichengabe
Zeichengabe	Zeichengabe	Zeichengabe	Funktionsprüfung	Funktionsprüfung

<u>Bild 2:</u>   ISDN-Funktionseinheiten und Bezugspunkte

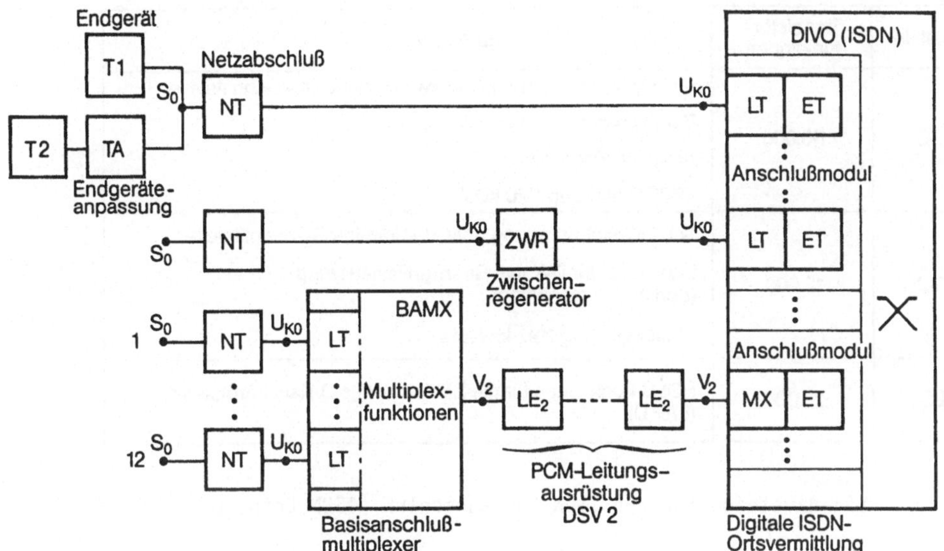

Bild 3:   ISDN-Systemkomponenten

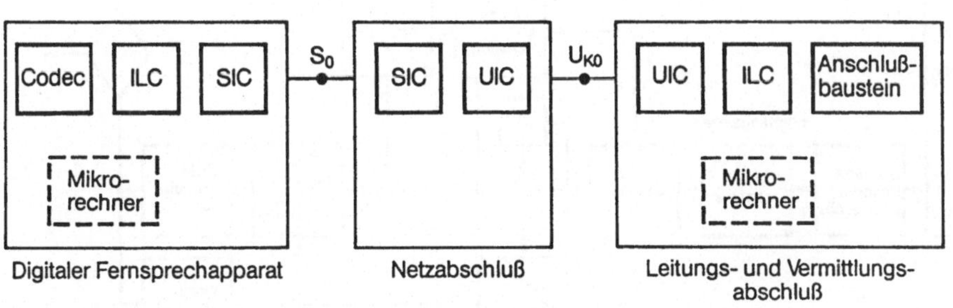

UIC: U-Interface Circuit; Bausteine für die U_{K0}-Schnittstelle

SIC: S-Interface Circuit; Baustein für die S_0-Schnittstelle

ILC: ISDN Link Controller; HDLC-Baustein

Bild 4:   VLSI-Bausteine für den ISDN-Basisanschluß

Baustein	Transistor-funktionen	Funktionen
UIC	110.000	Vollduplexübertragung über zweidrähtige U_{K0}-Schnittstelle Echokompensation zur Richtungstrennung Adaptive Entzerrung 4B3T-Codierung (120 kBd)
SIC	12.000	Vollduplexübertragung über vierdrähtige S_0-Schnittstelle Echokanal für D-Kanal-Buszugriffssteuerung (contention resolution) AMI-Codierung (192 kbit/s)
ILC	20.000	HDLC-Funktionen für die Schicht 2 des D-Kanal-Protokolls (LAP D)

Bild 5:   VLSI-Bausteine für den ISDN-Basisanschluß (ISDN Chip Set)

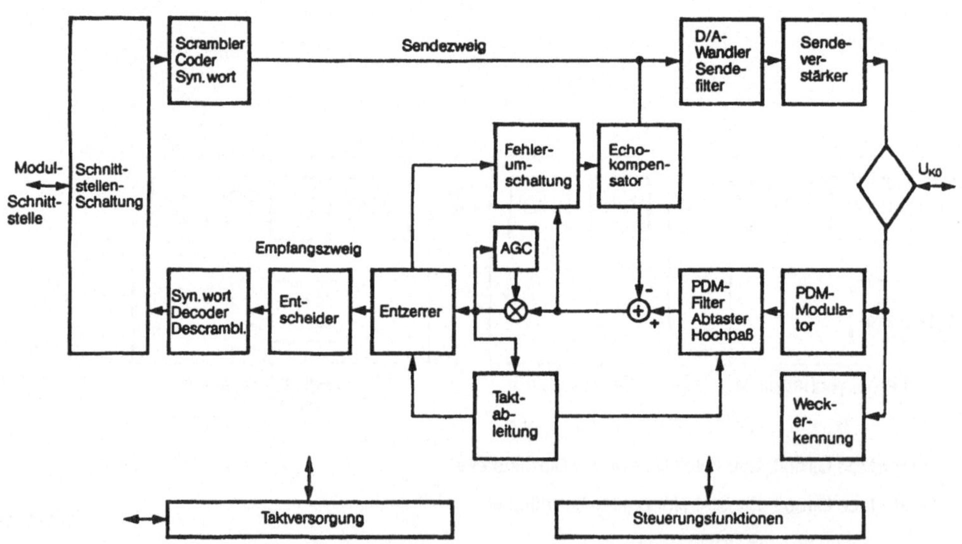

Bild 6:   U-Interface Circuit (UIC)

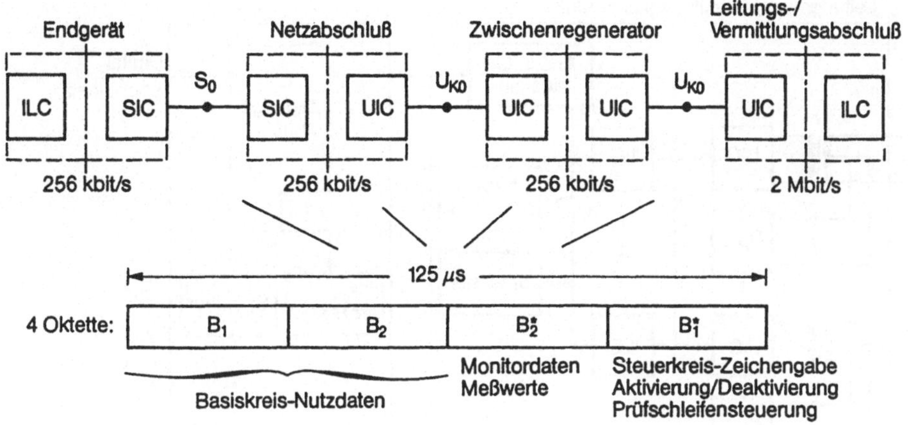

Bild 7:   Einheitliche Modulschnittstelle des ISDN Chip Set

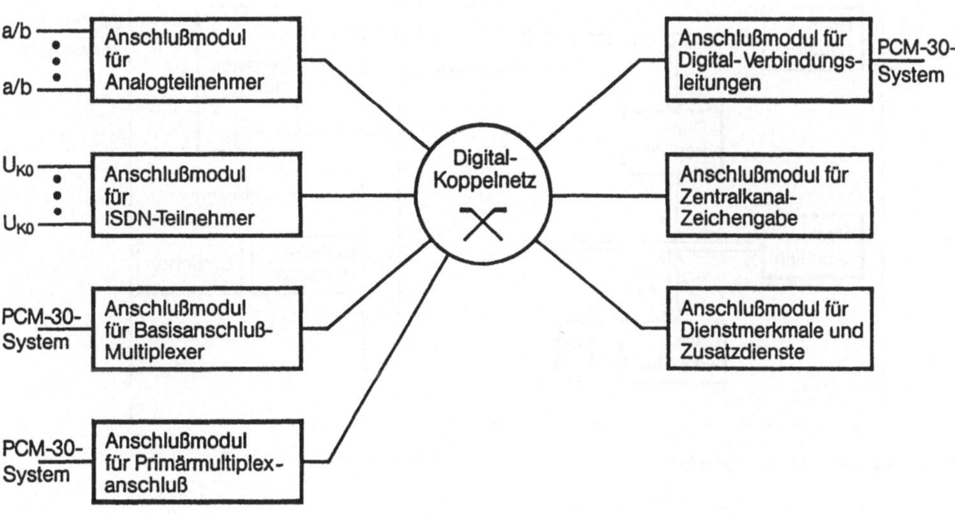

Bild 8:   Digitale Ortsvermittlungsstelle für ISDN, DIVO(ISDN)

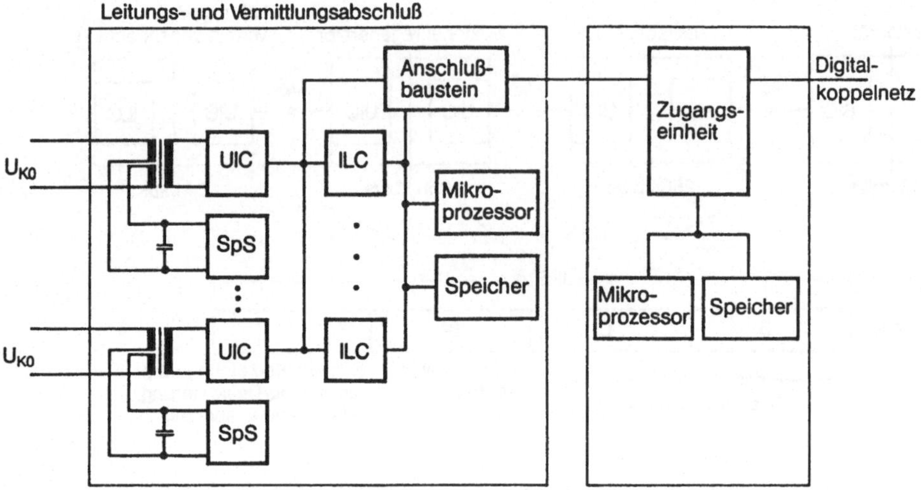

Bild 9:   Anschlußmodul für ISDN-Teilnehmer in der DIVO(ISDN)

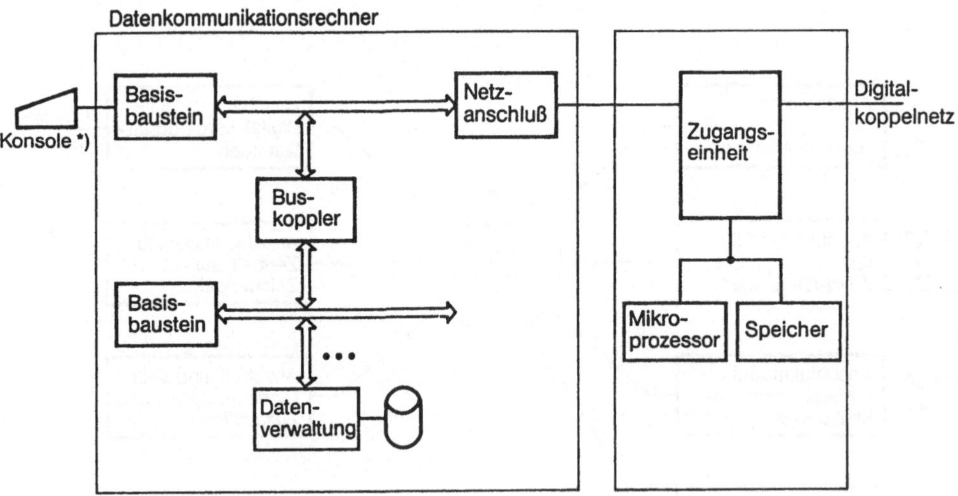

*) Konsole je nach Anwendungsfall

Bild 10:   Anschlußmodul für Dienstmerkmale und Zusatzdienste

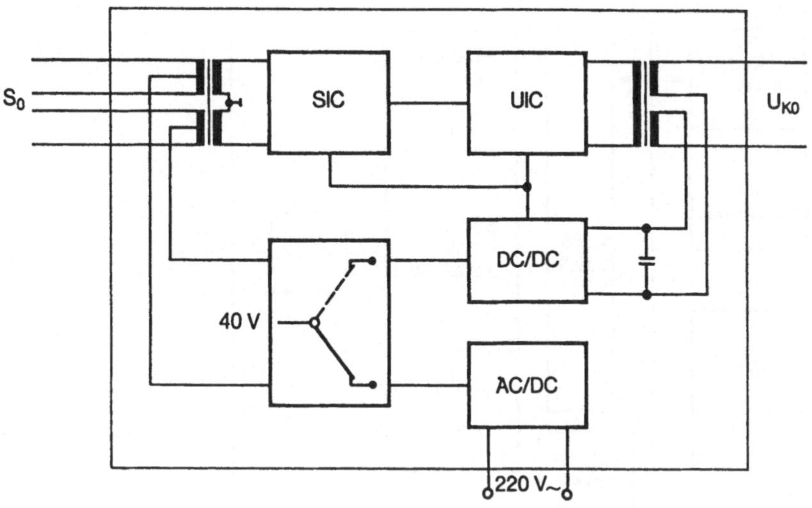

Bild 11:   Netzabschlußeinrichtung

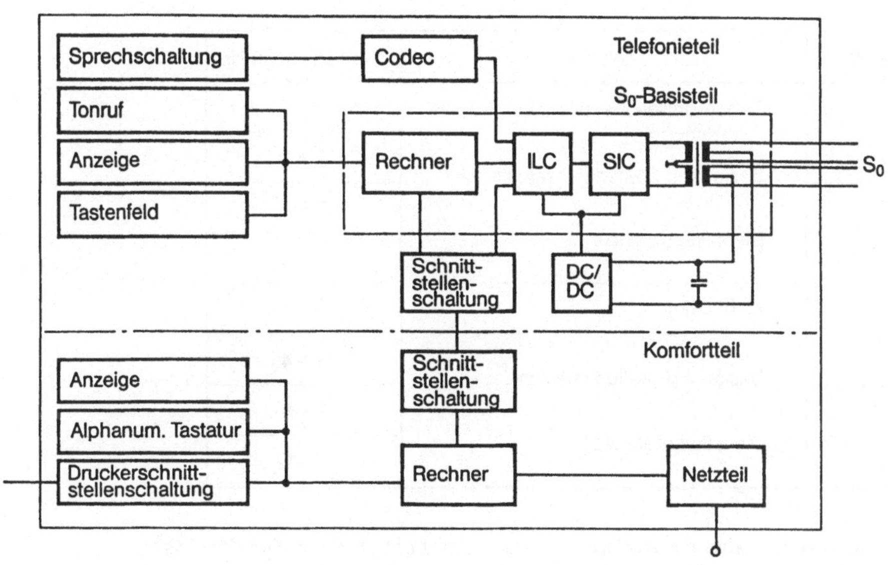

Bild 12:   Digitaler Fernsprechapparat

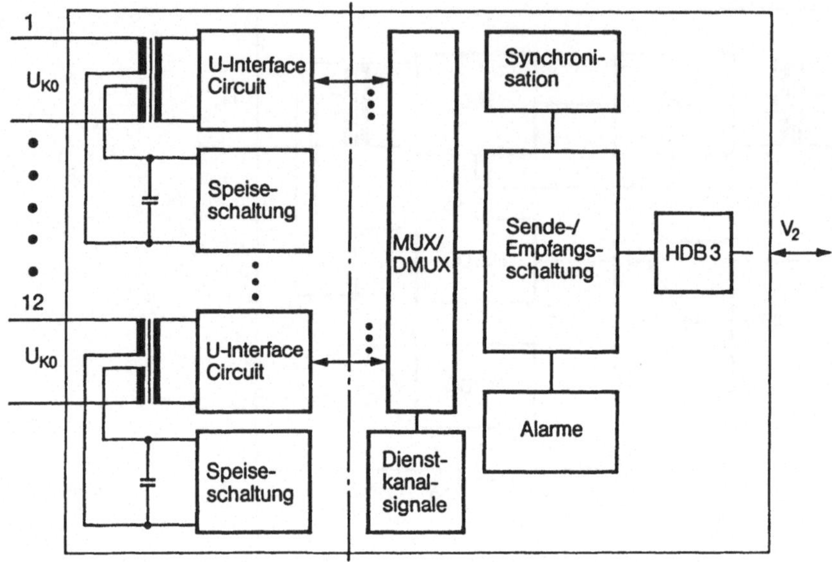

Bild 13: ISDN-Basisanschlußmultiplexer (BAMX)

Zeitkanal-Nr.	Inhalt	Basisanschluß-Nr.
0	Synchronisations- und Meldesignale	
1 – 5	Basis- und Steuerkreissignale	1 + 2
6 –10	Dienstkanalsignale	5 + 6
11 – 15		9 +10
16	nicht belegt	
17 – 21	Basis- und Steuerkreissignale	3 + 4
22 – 26	Dienstkanalsignale	7 + 8
27 – 31		11 +12

Bild 14: BAMX-Pulsrahmenstruktur der V_2-Schnittstelle (2,048 Mbit/s)

Technical Design of the ISDN Components

Dietrich Becker

The paper deals with the network components for the ISDN, as specified for the application in the public network of the Deutsche Bundespost and now being realized by the German telecom manufactures.

The specifications for these ISDN-components completely comply with the I-Series' recommendations of CCITT, comprising channel structure, signalling protocols, reference points, and functional units etc. On this basis, the Deutsche Bundespost and the manufacturers habe jointly specified functions, interfaces, protocols and technical parameters of the ISDN-components.

One important element of the system components is a set of VLSI chips, which will be presented in its functions and complexity; especially a chip for the transmission functions on the subscriber loop according to the U_{KO}-interface standard of the Deutsche Bundespost. This chip set can be used in all ISDN-components due to its unique and carefully designed module interface between the chips.

The application possibilities of the chip set members will be demonstrated, esp. within the ISDN subscriber module of the exchange, the network termination, the basic access multiplexer, and the digital telephone.

As a further ISDN-component, the exchange module for higher layer services and service features will be presented.

Diensteintegration im ISDN und ihre Anwendungen

Peter Bocker

1. Die neue Kommunikationstechnik

Schon seit jeher sind es die Anwender, die die Techniker herausgefordert haben, Lösungen für ihre Probleme zu finden. Am Beginn der modernen Kommunikationstechnik steht z.B. das Bedürfnis des preussischen Königs Friedrich Wilhelm IV., in Berlin über die Beschlüsse der deutschen Nationalversammlung, die 1848/49 in Frankfurt/Main in der Paulskirche tagte, so schnell wie möglich unterrichtet zu werden. Die erste größere Telegrafenlinie Europas konnte 1849 zwischen Frankfurt und Berlin in Betrieb genommen werden, Friedrich Wilhelm IV. erfuhr von der in Frankfurt erfolgten Kaiserwahl noch in derselben Stunde und konnte sich in Ruhe die Argumente für die Ablehnung der Kaiserwürde zurechtlegen.

Freilich mußten sich schon damals die Anwender nach den technologischen Möglichkeiten richten: Die Übertragungsrate war äußerst beschränkt: Mit dem Telegrafenapparat konnten nur wenige Buchstaben pro Minute übertragen werden, weit weniger, als es der schreibende und lesende Anwender wünschen würde. Trotz dieses offensichtlichen Mangels wurde jedoch die hohe Bedeutung der elektrischen Telegrafie für das praktische Leben erkannt, und vor allem die Eisenbahnverwaltungen begannen, - und jetzt kommen einige ganz moderne Vokabeln - die Leistungsfähigkeit ihrer Bahnen und die Sicherheit ihres Betriebes durch Anlage von Telegrafenlinien für den Nachrichten- und Signaldienst zu erhöhen |1|. So hat schon damals die Anwendung die Kommunikationstechniker stimuliert; die Technik wurde trotz noch offengebliebener Wünsche angenommen und erfüllte eine nützliche Aufgabe.

Vor gut 100 Jahren wurde dann zum ersten Mal eine Kommunikationsaufgabe wirklich "anwendergerecht" gelöst: Das Telefon erfüllt die Aufgabe der Sprachkommunikation so gut, daß es im Prinzip bis heute nicht geändert wurde. Angesichts der Selbstverständlichkeit, mit der wir heute um den ganzen Erdball telefonieren, vergessen wir allerdings häufig die großen technischen Leistungen insbesondere auf dem Gebiet der Vermittlungs- und Übertragungstechnik, die die Voraussetzung für den weltweiten Verkehr sind, ebenso wie die internationalen Absprachen, die erst ermöglichen, daß auf der ganzen Erde die Menschen über 550 Millionen Fernsprechapparate miteinander sprechen können.

In neuerer Zeit kam zur Sprach- und Textkommunikation noch die Datenübertragung dazu, die Verbindung von Terminals und Rechnern. Ohne die Platzbuchungssysteme der Fluggesellschaften hätte der Flugverkehr kaum einen solchen Aufschwung nehmen können.

Bild 1   Sprachkommunikation

Beim Telefon ist also das anwendergerechte System gleich recht gut gelungen (Bild 1); bei der Textkommunikation, einem infolge der Vielfalt
der Sprachen und Schriften wesentlich komplexeren Problem, wurde eine
Fülle verschiedener, miteinander nicht kompatibler Systeme geschaffen
und auch international standardisiert: Telex, Teletex, Faksimile seien
als Beispiele genannt (Bild 2). Aber auch diese Einrichtungen sind
mittlerweile recht gut den menschlichen Fähigkeiten, etwa seiner
Schreib- und Lesegeschwindigkeit, sowie den jeweiligen organisatorischen Bedürfnissen angepaßt.

Bild 2   Textkommunikation

Genau hierin liegt nun aber auch das Problem und die Aufgabe, die die
Anwender uns Kommunikationstechnikern heute stellen. Der Mensch ist
mittlerweile umgeben von einer Fülle von Endgeräten, die ihm Zugang zu
den verschiedensten Systemen für Sprach-, Text-, Datenkommunikation
und -verarbeitung verschaffen. Für die Übermittlung der Information
sorgen die verschiedenen Netze mit unterschiedlichen Techniken. Jeder
Sektor für sich und eine ganze Reihe von Diensten sind so gut wie möglich optimiert für die Sprachkommunikation, für verschiedene Formen
der Textkommunikation, für die Datenkommunikation (Bild 3).

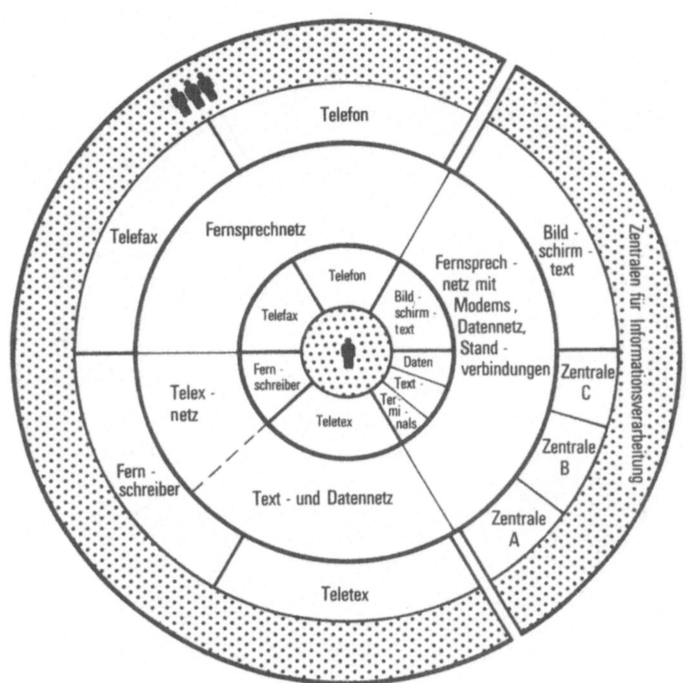

Bild 3   Kommunikationssysteme

Die Aktivitäten des Menschen, z.B. auch des Mitarbeiters im Büro, sind
nun aber durchaus nicht auf einen Sektor beschränkt. Untersuchungen an
einer großen Zahl vielfältiger Arbeitsplatzsituationen zeigen, daß an
jedem Arbeitsplatz im Büro Sprach- und Textkommunikation erforderlich
ist. Häufig ist Text- mit Datenkommunikation und beides mit der ent-
sprechenden Informationsspeicherung verknüpft |2|. Die Anwender erwar-
ten also dringend eine umfassende, benutzerfreundliche, übersichtliche
Lösung für die Gesamtheit ihrer Kommunikationsaufgaben.

Das ISDN ermöglicht nun die gesamte Sprach-, Text-, Datenübermittlung
in einem einheitlichen Netz; d.h. die Grenzen zwischen den unterschiedlichen Spezialnetzen, den unterschiedlichen Netzzugangsprotokollen,
den unterschiedlichen Steckdosen für die fernmeldetechnischen Geräte,

verschwinden |3|. Lediglich das Telexnetz bildet solange eine Ausnah-
me, wie es über den Telex-Fernschreiber erreicht wird (Bild 4).

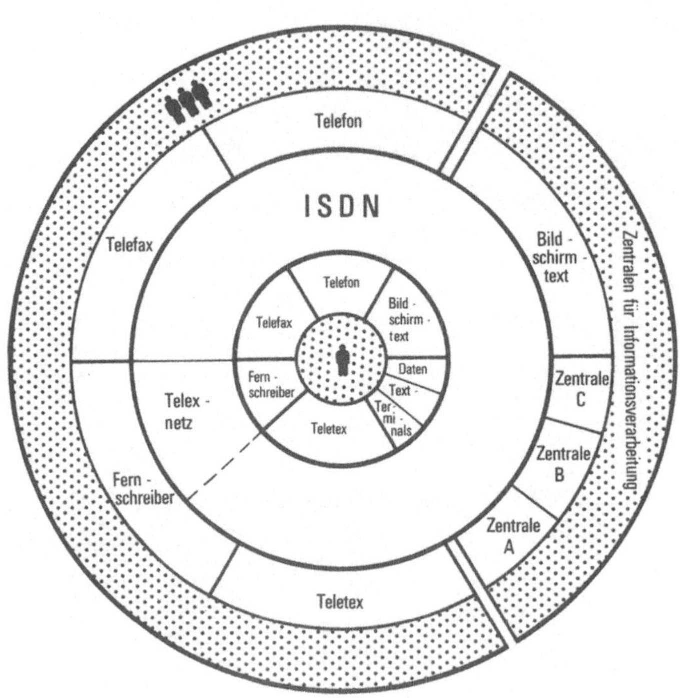

Bild 4   Kommunikationssysteme mit ISDN

Wenn nun auch die Grenzen zwischen den verschiedenen Endgeräten verschwinden, d.h. wenn der Mensch schließlich nicht nur ein Netz, sondern auch nur noch ein Gerät, das multifunktionale Endgerät, braucht,
um Zugang zu den verschiedenen Diensten zu erhalten, kommen die Vorteile der Diensteintegration für den Anwender noch deutlicher zur Gel-
tung |4|.

Aber auch und gerade wenn wir das multifunktionale Endgerät haben und
das Ineinanderwachsen aller Kommunikationsarten sehen, müssen wir an-
streben, daß nun auch alle Sprach-, Text-und Datensysteme gleichmäßig
zugänglich sind. In Einzelfällen, wie Telefon, Telefax, Fernschreib-
dienst, Teletex, Bildschirmtext ist dies bereits der Fall: über End-
beliebiger Hersteller ist Kommunikation möglich. Jedoch auf dem Gebiet

der Datenverarbeitung sind noch herstellerspezifische Protokolle allgemein verbreitet, die die Freizügigkeit der Kommunikation erschweren.

Es muß unser gemeinsames Ziel sein, die Voraussetzungen dafür zu schaffen, daß über die multifunktionalen Endgeräte, über das ISDN die einzelnen öffentlichen Dienste und auch die Kapazität privater Informationszentralen problemlos in Anspruch genommen werden können. Hierzu werden die weitere Standardisierung von Protokollen, Protokollanpassungen im Endgerät oder im Netz und die Schaffung von Dienstübergängen zusammenwirken müssen.

2. Leistungsmerkmale des ISDN und ihre Bedeutung

Die geschilderten sehr allgemeinen Zielsetzungen der Kommumikationstechnik und des ISDN sollen jetzt für einige Teilgebiete etwas vertieft werden, um deutlich zu machen, welche Anwendungen das ISDN finden kann.

2.1 Allgemeine Merkmale

Die Nachrichtentechnische Gesellschaft im VDE (NTG) hat die Diskussion mit den Anwendern aus verschiedenen Branchen bereits begonnen. Dabei zeigte sich, daß sich die allgemeinen Anforderungen an ein Nachrichtennetz auf folgende Punkte konzentrieren:

1. Geringe Kosten, übersichtliche Gebühren
2. einfache und für die verschiedenen Kommunikationsarten einheitliche Abläufe des Verbindungsauf- und -abbaus
3. eine einheitliche, universelle Netzschnittstelle zu den unterschiedlichen Endgeräten
4. Kompatibilität von unterschiedlichen Endgeräten und Kommunikationssystemen
5. verbesserte Möglichkeit, den gewünschten Partner – auch in bereits bestehenden Netzen – zu erreichen
6. Flexibilität bei sich ändernden Benutzerwünschen
7. Transparenz in Bezug auf die verwendeten Quellencodes
8. Sicherheit und Zuverlässigkeit der Kommunikation.

Viele dieser Anforderungen sind nicht neu und werden schon durch die vorhandenen Nachrichtennetze befriedigt. Es ist selbstverständlich, daß auch das ISDN allen diesen Ansprüchen genügt. Einiges sei jedoch besonders hervorgehoben:

- Die Kosten für einen Hauptanschluß am ISDN mit seinen beiden
  64-kbit/s-Kanälen sind beträchtlich niedriger als die für zwei ge-
  trennte Anschlüsse z.B. an das Telefon- und an ein Datennetz |5|.
  Dies gilt natürlich ebenso für Nebenstellennetze.

  Zu den sich verringernden Kosten tragen aber auch die Zeiteinspa-
  rungen bei, die sich beim Benutzer ergeben. Einerseits unterstützen
  ihn zahlreiche zusätzliche Dienstleistungsmerkmale; er kann z.B.
  den gewünschten Partner einfacher erreichen. Vor allem aber verringert die Misch- und Mehrfachkommunikation, d.h. der mögliche Wech-
  sel der Kommunikationsart während einer Verbindung, die aufzuwen-
  dende Zeit; denn die Integration der unterschiedlichen Arbeitsvorgänge vermindert die Vorbereitungs- und Wartezeiten. Wir haben untersucht, wie häufig eine Kombination von Sprache, Text und Daten
  auftritt. Bei 22 % der Telefonate wird von wenigstens einer Seite
  begleitend auf Unterlagen Bezug genommen, und bei 9 % der Gespräche
  werden anschließend Notizen gemacht. Damit wird die Bedeutung
  dieses Punktes deutlich, wobei, wohlgemerkt, von einer Büroratio-
  nalisierung im Sinne einer Neuorganisation der Büroarbeit noch
  nicht die Rede ist.

- Einfache und einheitliche Abläufe des Verbindungsauf- und -abbaus
  gehören zu den Grundmerkmalen und -vorzügen des ISDN. Aber auch der
  wichtigen Forderung, den gewünschten Partner möglichst umgehend und
  möglichst einfach erreichen zu können, wird im ISDN in mehrfacher
  Weise Rechnung getragen: Der zweite 64-kbit/s-Kanal gibt Gelegenheit, den Partner noch zu erreichen, selbst wenn ein Endgerät bereits "belegt" ist. Im übrigen ist über den digitalen Signalisierungskanal und eine Anzeigeeinrichtung im Endgerät "Anklopfen mit
  Anzeige des wartenden Teilnehmers" möglich sowie - etwa nach Abwe-
  senheit - Anzeige der auf Rückruf wartenden Teilnehmer (Bild 5).
  Auch auf die Möglichkeit der Sprach- und Textspeicherung im "Postfach" eines abwesenden Teilnehmers sei hier bereits kurz verwiesen.
  In diesem Zusammenhang sei auch angemerkt, daß auch die Partner in
  den herkömmlichen Netzen über das ISDN erreichbar sein müssen.

Bild 5   Digitaltelefon mit LCD-Anzeige

- Die im ISDN möglichen neuen multifunktionalen Terminals erlauben -
  auch in Verbindung mit zentralen Prozessor- und Speicherfunktionen
  - die Anpassung an die jeweilige Kommunikationsaufgabe.

- Die weitgefächerte Verbreitung des Universalnetzes ISDN führt zu
  einer Erweiterung der Möglichkeiten, mehrere Kommunikationsarten in
  Anspruch zu nehmen im Büro, im Heim oder als mobiler Teilnehmer.

2.2 Sprachkommunikation im ISDN

Untersuchungen haben gezeigt, daß trotz der vielen schon vorhandenen
technischen Möglichkeiten der Sprachkommunikation der Fernsprecher
heute nur etwa für die Hälfte der anliegenden Aufgaben der Sprachkommunikation im Büro eingesetzt wird. Dies ist zum einen eine Folge der
mangelhaften Erreichbarkeit der Teilnehmer, die sich im ISDN durch die
beschriebenen allgemeinen Leistungsmerkmale - z.B. also durch eine Anzeigeeinrichtung im Telefon (Bild 5) - deutlich verbessern läßt. Aus-
serdem lassen die in beiden Richtungen völlig voneinander getrennten
64-kbit/s-Kanäle für die Sprachkommunikation auch in akustischer Hinsicht Verbesserungen zu.

2.3 Textkommunikation im ISDN

Im Unterschied zu den relativ einheitlichen Systemen für die Sprachkommunikation gibt es bei der Textkommunikation eine Vielfalt recht
unterschiedlicher öffentlicher und privater Systeme, die auch im ISDN
erscheinen werden:

1. Textsysteme für die Punkt-zu-Punkt-Kommunikation
2. Textverteilsysteme
3. Textübermittlung mit -speicherung (Text-Mail)
4. Bildschirmtext
5. Zettelkommunikation
6. Rechnerkonferenz

Die Text-Punkt-zu-Punkt-Kommunikation wird durch ISDN vor allem schneller. Eine DIN-A4-Seite wird im ISDN in etwa 1 s übertragen. Für die
breite Anwendung solcher Systeme ist hier die Kompatibilität außerordentlich wichtig, nicht nur mit anderen Systemen am gleichen Netz, sondern auch mit Systemen in anderen Netzen. Hierzu gehört z.B. der Übergang zu Teletex im IDN oder auch zu Telefax im Fernsprechnetz.

Bildschirmtext wird aus einer ganzen Reihe von Gründen im ISDN ein vor-
teilhaftes Kommunikationsnetz finden: Kürzere Bildaufbauzeiten erlauben rascheres Auffinden der Information; die Bildqualität läßt sich
auf die Qualität eines Video-Bildes erhöhen (Bild 6); der Nachrichten-
eingang im elektronischen Briefkasten kann angezeigt werden. Schließlich erlaubt der zweite 64-kbit/s-Kanal des ISDN, daß während der Ver-

Bild 6   Bildschirmtext-Bild   Video-Bild

bindung mit der Bildschirmtextzentrale die sonstige Kommunikation des
Teilnehmers ungestört weitergeführt werden kann; so läßt sich z.B.
während eines Ferngespräches am gleichen ISDN-Anschluß Informationsab-
ruf durchführen.

2.4 Festbildkommunikation im ISDN

Die Übermittlung von Information aus Bildvorlagen mit hoher Auflösung
ist über die heutigen Netze bei uns und in Europa noch nicht sehr verbreitet. Dies hat seine Ursache in der immer noch verhältnismäßig grossen Übermittlungsdauer für den Inhalt einer DIN-A4-Seite in der Größenordnung von Minuten. Diese wird sich im ISDN entscheidend senken lassen auf Werte bis zu 10 s. Damit wird Festbildkommunikation zu einem
Mittel, welches sich in die Dialogkommunikation zwanglos einfügen läßt.
Insbesondere auch das Fernzeichnen kann die Sprachkommunikation wirk-
sam ergänzen. Zur Zeit stehen der komfortableren, schnelleren Festbildkommunikation jedoch noch relativ hohe Kosten für die druckenden Endgeräte im Wege. Allerdings ist auch die Ausgabe über die Bildschirme
von Endgeräten mit Videoqualität denkbar; hiermit ließen sich sogar
über das ISDN farbige Festbilder in langsamer Folge übermitteln.

2.5 Datenkommunikation im ISDN

Die Datenkommunikation erfordert
- raschen, zuverlässigen, kostengünstigen Transport der Daten
- wenig Vorgänge der Verbindungssteuerung an den zentralen Rechnern
- rasche Datenein- und -ausgabe an den zentralen Rechnern, auch bei
  Stationen mit jeweils wenig Verkehr.

Der Übergang von den heute gebräuchlichen Datenkanälen der Kapazität
2,4, 4,8 oder 9,6 kbit/s zu den 64 kbit/s eines ISDN-Kanals wird der
Datenkommunikation wesentliche Impulse bringen. Allerdings muß das
ISDN, welches ja zunächst - auf der Basis des Fernsprechnetzes - ein
Durchschaltenetz ist, auch einem Datenverkehr mit unregelmäßiger und
unsymmetrischer Struktur durch geeignete Erweiterungen mit Paketver-
mittlungsmodulen Rechnung tragen können.

2.6 Verbundkommunikation im ISDN

Die Aufspaltung der Kommunikation in die verschiedenen Kommunikationsarten geschah im vergangenen Jahrhundert technisch bedingt. Daher haben wir uns daran gewöhnt, "blind" miteinander zu telefonieren, uns
Texte am Telefon vorzulesen, anstelle sie dem Partner zu zeigen, den
Hörer aus der Hand zu legen, um eine benötigte Unterlage einzusehen
usw. Das ISDN bringt die Kommunikationsarten wieder zusammen. Entweder
werden sie gleichzeitig oder nacheinander auf einer bestehenden Verbindung verwendet. Das multifunktionale Endgerät erlaubt die vereinfachte
gleichzeitige Benutzung mehrerer Kommunikationsarten. Beispiele für
Formen der Verbundkommunikation wurden teilweise schon am Rande
erwähnt. Vor allem sind hier die Verbindungen von Sprach- und Text-
oder Festbildkommunikation bedeutsam, z.B. Sprache + Bildschirmtext
(Bild 7), Sprache + Faksimile.

Bild 7   Bildschirmtelefon

Aber auch die Verbindung von Text-und Datenkommunikation wird erleichtert. Schon heute wird der Personal-Computer verbreitet für die Verarbeitung von Text, Daten und Grafik eingesetzt. Das ISDN bietet für solche Anwendungen besonders gute Voraussetzungen. Allerdings ist, wie bereits eingangs erwähnt, eine wichtige Grundbedingung für verbreiteten Einsatz der Mehrfunktionsterminals die Vereinbarung möglichst universell anwendbarer Protokolle.

Der richtige Weg, um zu solchen Protokollen zu gelangen, besteht in der internationalen Absprache, der Standardisierung. Die Bildschirmtextprotokolle sind ein Beispiel, wie es gelungen ist, durch Vereinbarungen den Verkehr zwischen Terminals und öffentlichen Bildschirmtext-Zentralen und über diese mit externen Rechnern verschiedener Herkunft zu ermöglichen und so das Bildschirmtextsystem zu einem "offenen" System zu machen (Bild 8).

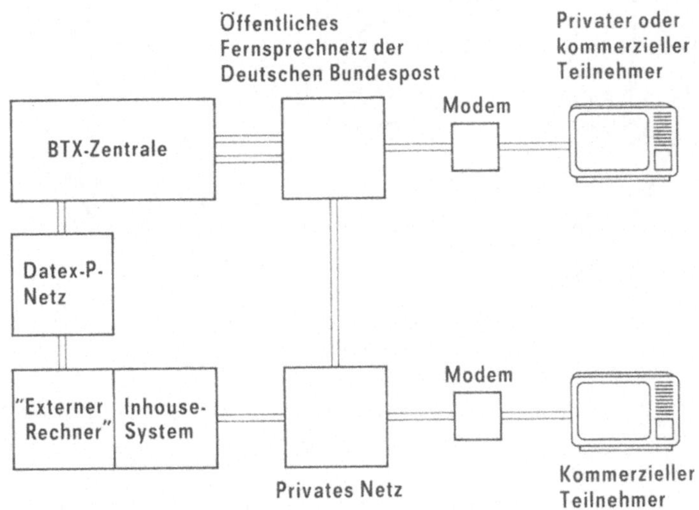

Bild 8   Bildschirmtextsystem

Die Möglichkeiten von ISDN, besonders in Verbindung mit den multifunktionalen Endgeräten, können erst dann voll genutzt werden, wenn - etwa auf der Basis des OSI-Referenzmodells |6| und der bestehenden Telematikprotokolle - weitere Dienste definiert werden, die auch Verarbeitungs - und Speicherfunktionen im Netz mit einschliessen. Ein Beispiel hierfür sind die bei CCITT verabschiedeten Standards für "Message Handling Systems" |7|. Erst wenn so auch die Kompatibilitätshürden, die vielfach noch zwischen verschiedenen Text- und Datensystemen

und -diensten bestehen, überwunden werden, kann die endlich technisch
mögliche Kommunikation von jedem zu jedem Anwender nun auch in jeder
gewünschten Kommunikationsart wirklich breit genutzt werden |8|
(Bild 9).

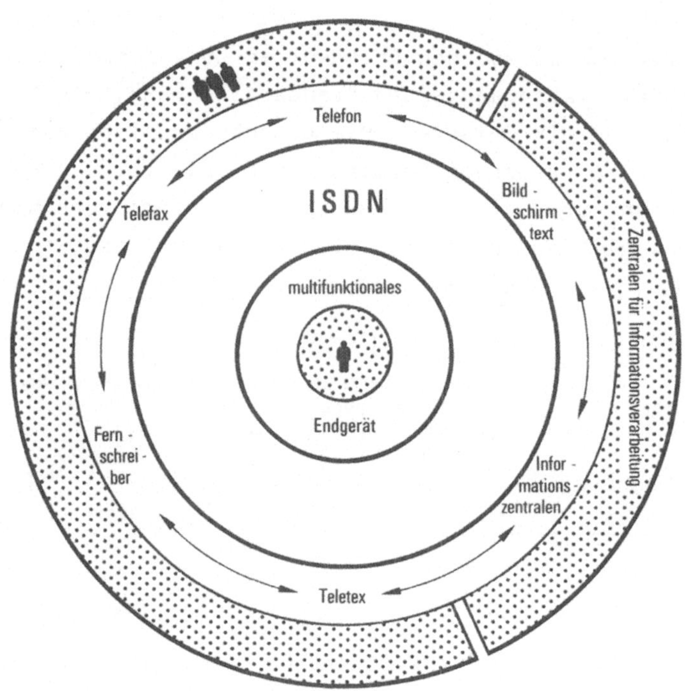

Bild 9   Verbundkommunikation am ISDN

3. Die Chance von ISDN

Die Kommunikationstechnik wird sich in den nächsten Jahren und Jahrzehnten rasant entwickeln, und dabei wird immer mehr die Verbindung
von Datenverarbeitungstechnik und Kommunikationstechnik zum Schlüssel
des Erfolges für Anwender, Betreiber und Hersteller. Zu dieser Entwicklung tragen die zunehmende Komplexität und die Vielfalt der Benutzer-
bedürfnisse ebenso bei wie die technologischen Innovationen.

Das ISDN-Konzept bietet den erforderlichen Rahmen, in dem sich moderne
Kommunikation in ihrer ganzen Vielfalt, aber mit einheitlichen Schnittstellen und auf wirtschaftliche Weise entfalten kann. Dies geschieht
zuerst innerbetrieblich, später allgemein im Büro, dann im Heim - in
dem in Zukunft der Personal-Computer immer mehr vom Spielzeug zum Ge-
brauchsgegenstand werden wird und in dem damit auch die Text- und Datenkommunikation einzieht - und schließlich - bei engeren technologischen Grenzen - bei dem mobilen Teilnehmer. Das ISDN besitzt die erforderlichen technischen Grundeigenschaften sowie die notwendige Flexibilität. Auch eine Ergänzung durch Kanäle für Bewegtbildübertragung
bedingt keine Änderung in seinem Grundkonzept.

Zu den Voraussetzungen für eine verbreitete Anwendung des ISDN gehört
jedoch die Definition von weiteren umfassenden, bedarfsgerechten, an-
wendungsneutralen Protokollen und Diensten, bei denen die Grenzen
zwischen den Einzelsystemen etwa der Text- oder Datentechnik immer
mehr verschwinden und bei denen auch zentrale Nachrichtenspeicherung
und -verarbeitung im Netz einbezogen werden. Dabei ist durchaus möglich, daß eine solche Dienstedefinition zunächst nur national oder
vielleicht nur im europäischen Rahmen zustandekommt und nicht notwen-
digerweise gleich - wie bei den technischen Festlegungen weitestgehend geschehen - weltweit.

Außerdem muß das Gespräch zwischen Anwendern und Kommunikationsfachleu-
ten über die Diensteintegration und ihre Anwendungsmöglichkeiten inten-
siviert werden. Auch die Nachrichtentechnische Gesellschaft fühlt sich
dazu aufgerufen. Nicht nur den Großanwendern, wie den Banken, Versiche-
rungsgesellschaften, Industrieunternehmen, Verlagen, sondern auch den
Kleinanwendern, d.h. den kleinen Werkstätten, Geschäftsinhabern, Ärz-
ten, Steuerberatern, müssen die wesentlichen Merkmale der zukünftigen
Kommunikationstechnik frühzeitig zur Kenntnis gebracht werden. Sie
können schon jetzt die Anwendbarkeit für ihre Kommunikationsprobleme,
vielleicht auch etwaige organisatorische Auswirkungen, prüfen mit dem
Ziel, ihre Leistungsfähigkeit auf der Basis der neuen Technologien zu
erhöhen, also exakt mit der gleichen Zielsetzung, mit der sich die Ei-
senbahnen vor über 100 Jahren die Telegrafie zu Nutze machten.

Im Zusammenwirken von Herstellern, Netzbetreibern und Anwendern werden
dann die durch das ISDN gebotenen Möglichkeiten dazu führen, daß die
technischen Hindernisse und Schwierigkeiten, die heute noch vielfach
unserer Information und unserer gegenseitigen Verständigung im Wege

stehen, mehr und mehr abgebaut werden. Damit wird nicht nur der Wirkungsgrad unserer Arbeit steigen, sondern wird auch mehr Freizügigkeit
und Annehmlichkeit im täglichen Leben von uns allen möglich.

Schrifttum:

|1| v. Siemens, W.: Lebenserinnerungen. S. 117. Leipzig:
      Reclam (1943).

|2| Schwetz, R.: Wie verändern kommunikationsfähige Techniken
      das Büro von heute? Telematica '84, Kongreßband Teil 3,
      S. 127-140. Berlin; Offenbach: VDE-Verlag, 1984.

|3| Rosenbrock, K.H.: ISDN - eine folgerichtige Weiterent-
      wicklung des digitalen Fernsprechnetzes. J.b. Post- und
      Fernmeldewesen 1984.

|4| Kleinke, G.: Terminals für das ISDN. Kongreß Integrierte
      Telekommunikation, München 1984, Kongreßband.

|5| Schön, H.: Die Deutsche Bundespost auf ihrem Weg zum
      integrierten digitalen Netz (ISDN). Telematica '84,
      Kongreßband Teil 3: Telematik, S. 56-83. Berlin; Offen-
      bach: VDE-Verlag, 1984.

|6| CCITT: Recommendation X.200: Reference Model of Open
      Systems Interconnection for CCITT Applications. Red Book,
      Vol. VIII, Fascicle VIII, 5, Genf: ITV 1985.

|7| Tietz, W.: Stand der internationalen Normung im Bereich
      "Message Handling". Nachr.techn.Z. 37 (1984 S. 20-26.

|8| v. Sanden, D.: Kommunikation und Computer, Kompatibilität
      und Konkurrenz - Bilanz und Perspektiven. Referat
      25. VDPI-Tagung in Hannover, 1984.

Integration of Services in the ISDN and its Applications

Peter Bocker

1. The new communications systems

We are surrounded by a host of terminals permitting access to a wide
range of systems for voice, text and data communication and processing.
Information transfer in the various networks is implemented using a
variety of dissimilar systems. A large number of services exist which
have been optimized for the particular communication type or application involved.

Human activity, e.g. that of an office worker, is by no means restricted to a single type of communication, though. Thus voice and text
communication go hand in hand at every office workplace, and both entail their kind of information storage. The users therefore urgently
require a comprehensive, user-oriented, straightforward approach covering all their communications tasks.

The ISDN will allow all voice, text and data traffic to be transferred
in a uniform network. In other words the boundaries between the various
special networks and the differing network access protocols and sockets
for the communications devices will disappear.

When the boundaries between the various types of terminal disappear -
i.e. with the advent of the mulitfunctional terminal - the benefits
service integration offers the user will stand out even more clearly.
But in view of the fact that all communication types are to merge, all
voice, text and data systems should remain as accessible as is already
the case for individual systems such as the telephone system, telefax,
telex, teletex and videotex. However, manufacturer-specific protocols
are still widespread, especially in the data processing sector, and
these hamper flexibility in communications.

Our common goal must be to lay the foundations which will enable the various public services and also the capacity of private information centers to be utilized without difficulty by way of multifunctional terminals and the ISDN. To this end, we will have to coordinate work on further standardization of protocols, on protocol adaptations in the terminal or network and on the implementation of service interworking.

2. User requirements for a communications network

The general user requirements for a communications network revolve around the following points:

1. Low costs, straightforward billing
2. Simple procedures for connection setup and cleardown which are uniform for each of the communications types
3. A uniform universal network interface to the various terminals
4. Compatibility of different types of terminal and communications system
5. Greater probability of reaching the desired partner - in existing networks, too
6. Flexibility in the face of changing user wishes
7. Transparency as regards the source codes employed
8. Security and reliability

Many of these demands are not new and are already satisfied by the existing communications networks. Naturally the ISDN will meet them all. Thus the costs for an ISDN basic access with its two 64-kbit/s channels will be considerably lower than for two separate access lines in, say, the telephone and data networks. On top of this, the increased convenience of the facilities in the network and the options of mixed and multiple communication will prove to be time-savers for the user. The ISDN will also offer fundamental advantages such as simple, uniform procedures for connection setup and cleardown, plus enhanced availability of the called party thanks to the convenient digital signaling channel. In addition, the new, multifunctional terminals (in conjunction with central processor and storage functions, if required) which can be operated in the ISDN will allow the user to adapt to the communications task in hand. And, last but not least, the wide-area coverage of the universal ISDN will increase the options for utilizing several types of communication - in the office, at home or as a mobile subscriber.

3. Openings for the ISDN

The ISDN concept provides the framework needed for modern communications to develop in all its diversity, but with uniform interfaces and on an economical basis. Initially it will penetrate the in-house sector, later spread universally to the office, then the home (where text and data communication is gaining an ever firmer foothold through the personal computer) and finally, within narrower technical limits, to the mobile application as well. The ISDN offers the fundamental technical characteristics and flexibility required for this. It can also be complemented by the addition of channels for video communication without altering the basic concept.

One prerequisite for widespread application of the ISDN, however, is the definition of further comprehensive, made-to-measure protocols and services covering all applications. These will increasingly eradicate the boundaries between the individual systems, e.g. text or data systems, and also incorporate central storage and processing of messages in the network.

Terminals für das ISDN

Gerhard Kleinke

Information ist einer der wichtigten "neuen Rohstoffe" in einer
Industriegesellschaft. Wie jedes andere Material muß Information
erzeugt, beschafft, gelagert (gespeichert), verarbeitet und trans-
portiert werden. In der Bundesrepublik Deutschland z. B. ist der
Anteil der Arbeitsplätze, an denen vorwiegend dieser "Rohstoff
Information" bearbeitet wird, bereits auf über 50 % gestiegen.

Die Aufteilung der Arbeitszeit auf Vorgänge wie Erstellen, Ver-
walten, Verarbeiten und Transportieren (Kommunizieren) von Information hängt stark vom Typ des Arbeitsplatzes ab. Die Kommunikation beansprucht insbesondere bei den Fach- und Führungskräften einen hohen Zeitanteil. Ihre Arbeitsplätze zeichnen sich
auch dadurch aus, daß die Arbeitsvorgänge wegen des Inhalts und
der persönlichen Prägung ihrer Abwicklung nur schwer formalisier-
bar sind. Die maschinelle Unterstützung von Bürotätigkeiten hat
sich deshalb zunächst auf den Bereich der Datenverarbeitung und
Texterstellung konzentriert. Rationalisierung von Büroarbeit im
weiteren Sinn kann aber erst stattfinden, wenn die Bürokommunikation, und insbesondere die Arbeitsplätze von Führungs- und
Fachkräften, in diesen Prozeß einbezogen werden. Hier wird das
ISDN einen wesentlichen Beitrag liefern.

1. Die Ausgangssituation

Die Telekommunikation hat sich in getrennten Netzen entwickelt,
die für spezielle Anwendungen optimiert wurden. Beispiele sind das
Fernsprech- und das Fernschreibnetz; beide wurden im Laufe ihrer
Entwicklung weltweite offene Netze. Daneben sind Netze für
Datenkommunikation entstanden; diese sind in der Regel reine
Transportnetze für geschlossene Benutzergruppen und haben häufig
nur regionale Verbreitung.

Die Entwicklung hat so zu Fernmeldediensten geführt, deren

Funktionen und Schnittstellen (Protokolle) nicht miteinander
verträglich sind. Die Endgeräte sind in der Regel nur für einen
Dienst, in jedem Fall aber für den Anschluß an nur ein Netz
ausgelegt. Geräte mit Anschlüssen zu zwei oder mehreren
Fernmeldenetzen sind in vielen Ländern nicht zugelassen.
Möglichkeiten zur Verbesserung dieses historisch gewachsenen
Zustands werden bei einem Blick in ein Büro deutlich (Bild 1).

Bild 1   Bürokommunikations-Endgeräte im Büro

. Für jede Kommunikationsart sind eigene Geräte installiert (mit
  eigenen Teilnehmerleitungen zu unterschiedlichen Netzen).

. Jedes Gerät hat offensichtlich eigene Bedienelemente für
  Kommunikationsfunktionen.

. Je nach Kommunikationsart und -netz sind unterschiedliche Ruf-
  nummern für den gleichen Partner zu verwenden. Die Bedienung
  der Kommunikationsfunktionen ist unterschiedlich. Bestimmte
  Gerätekomponenten wiederholen sich in jedem Kommunikationsend-

gerät.

. An einem Arbeitsplatz ist die Nutzung mehrerer Kommunikationsarten oft schon deshalb nicht möglich, weil nicht alle Geräte
auf dem Schreibtisch Platz finden.

Diese Situation ist nur für stark spezialisierte Büroarbeitsplätze
akzeptabel, die in der Regel mit einer speziellen technischen Ausstattung für die jeweilige Aufgabe unterstützt werden. In einem
Büro mit vielfältiger Kommunikation zwischen den Arbeitsplätzen
ist dieser Lösungsansatz unbefriedigend. Insbesondere Fach- und
Führungskräfte werden nur unvollkommen unterstützt und in den
Büro-Arbeitsprozeß eingebunden.

2. Neue Möglichkeiten durch ISDN

2.1 Vorteile für den Benutzer

Auf die technische Gestaltung des ISDN und seines Netzzuganges
(Basic Access) wird bei dieser Tagung in anderen Referaten
ausführlich eingegangen. Die wichtigsten Vorteile dieses neuen
Netzes für den Benutzer zeigt die Tabelle 1.

○ **64 kbit/s – Nutzkanal**
  - **Bessere Sprachübertragung**
  - **Kurze Übertragungszeiten für Texte, Daten und Festbilder**
  - **Einheitliche Protokolle für Non-Voice-Dienste**
  - **Zwei Verbindungen gleichzeitig möglich (Mischkommunikation)**

○ **16 kbit/s – Signalisierungskanal**
  - **Unabhängig vom B-Kanal, hohe Leistungsfähigkeit**
  - **Ein Signalisierungsprotokoll für alle Dienste**
  - **Eine Rufnummer für alle Dienste**
  - **Mehr Leistungsmerkmale möglich**

○ **Konfiguration des Teilnehmeranschlusses**
  - **Kommunikationssteckdose durch Buskonzept**
  - **Freie Beschaltbarkeit eines Anschlusses mit bis zu acht Terminals**

○ **Gebühren**
  - **Günstige Gebühren für Non-Voice-Dienste**

Tabelle 1   Vorteile des ISDN für den Benutzer

Tabelle 1 zeigt auch Möglichkeiten für die Entwicklung von
ISDN-Endgeräten, die das neue Leistungsangebot des Netzes dem
Benutzer zugänglich zu machen.

2.2 Chance zur Realisierung mehrfunktionaler Endgeräte

ISDN bietet wesentlich bessere Voraussetzungen zur Realisierung mehrfunktionaler Kommunikations-Endgeräte durch den Standard-Netzzugang über den alle Dienste mit einheitlichen Protokollen angeboten werden. Bild 2 zeigt eine Endgerätekonfiguration in

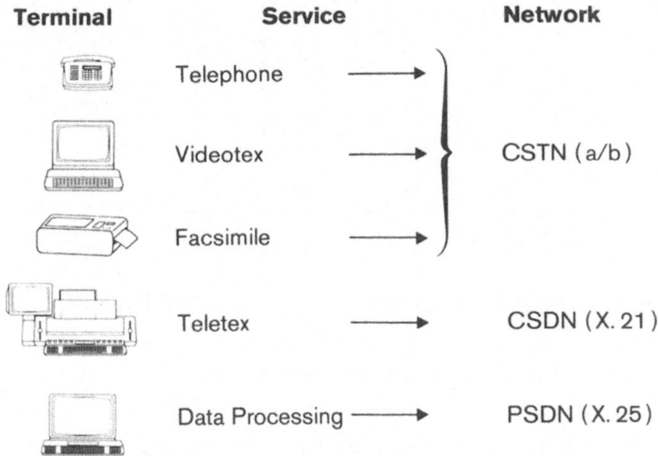

Bild 2   Endgeräte an vorhandenen Netzen

vorhandenen Netzen. Bereits hier sind die Dienste Fernsprechen, Bildschirmtext, Datenübertragung über Modems und Telefax über einen Netzzugang (Fernsprechnetz) erreichbar. Die ersten mehr-funktionalen Terminals für diese Dienste sind als Produkte vor-handen oder angekündigt (Bitel). Beim Übergang zum ISDN (Bild 3)

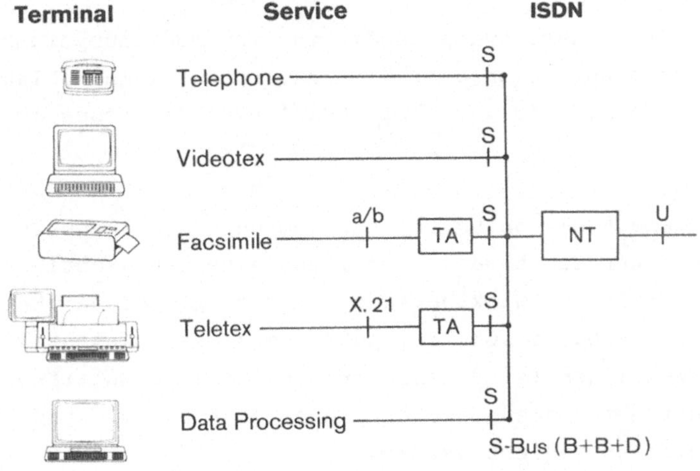

Bild 3   Endgeräte am ISDN

sind auch die digitalen Dienste der Text- und Datenkommunikation
über den gleichen Anschluß erreichbar. Damit ist vom Netz her
die Voraussetzung geschaffen, die Einzeldienst-Geräte durch
mehrfunktionale Kommunikations-Endgeräte abzulösen (Bild 4).

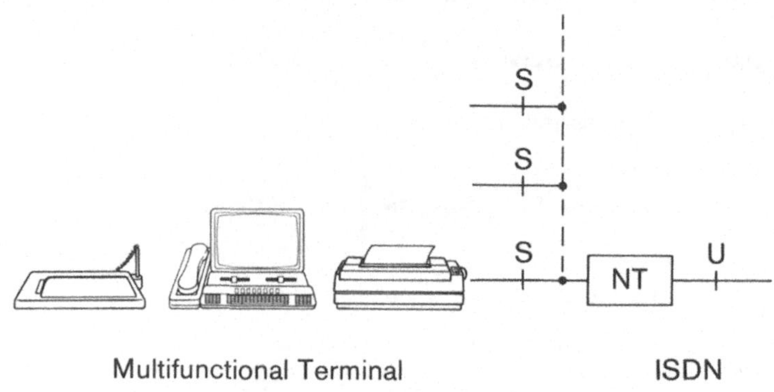

Bild 4   Multifunktionales Endgerät am ISDN

Wie bereits erwähnt, ist diese Entwicklung zu mehrfunktionalen
Geräten allein aus den Platzverhältnissen auf unseren Schreib-
tischen notwendig, wenn wir die Vorteile des ISDN in unseren
Büro-Arbeitsprozessen nutzen wollen. Aber auch für Anwendungen
im Heim müssen die Aufstell- und Platzverhältnisse kritisch betrachtet werden.

2.3 Herausforderung Bedienoberfläche

Mehrfunktionalität führt zwangsläufig zu mehr Bedienungsfunktio-
nen, bei Mischkommunikation oder Kombination mit lokal ablaufenden Funktionen auch zu parallel ablaufenden Prozessen im
Terminal.

Dieser gestiegene Funktionsumfang muß vom ungeübten Benutzer
spontan bedient werden können. Hier liegt eine der wichtigsten
Aufgaben der Terminalentwicklung und -erprobung. Bei der Entwicklung der Bedienoberfläche ist außerdem zu berücksichtigen,
daß gleiche Funktionen (z. B. das Fernsprechen) in multifunktionalen und monofunktionalen Geräten gleich oder zumindest nach
gleichen Prinzipien bedient werden.

Die Mittel für die Gestaltung guter Bedienoberflächen (Softtasten,
Menütechnik, Mehrfenstertechnik, "Maus" usw.) sind heute bekannt.

Gleichwohl wird es noch viel Entwicklungs- und Erprobungsarbeit
aber auch Standardisierung erfordern, eine Bedienungstechnik für
mehrfunktionale Kommunikationsgeräte zu schaffen und zu verbreiten, die dem ungeübten Nutzer weiterhin den gleichen problemfreien
Zugang zu Kommunikationsdiensten bietet, wie er ihn heute vom
Fernsprechen gewöhnt ist.

2.4 Herausforderung Kosten

ISDN-Terminals wirtschaftlich zu realisieren erfordert zunächst
einmal intensive technologische Vorarbeiten. Die wichtigsten
Funktionen des ISDN-Anschlusses und des digitalen Fernsprechers
müssen hochintegriert werden. Die Arbeiten dazu laufen weltweit
und auch in der Bundesrepublik. Ein zweiter Kosteneinfluß entsteht
aus der Funktionsverteilung zwischen Endgerät und Netz. Eine
Entlastung für die Endgeräte ergibt sich einmal durch die rasche
Durchsetzung einheitlicher Protokolle in den Transportschichten
des B-Kanals. Bei den Diensten bestünde weiterhin die Möglichkeit,
Funktionen in Hosts zu zu realisieren (z. B. Emulationen). Wichtig
ist auch, möglichst wenige Funktionen für das Interworking mit
bestehenden Netzen (MODEMS, Protokolle) im Terminal zu realisieren. Nicht zuletzt könnten Ladeserver im Netz Telesoftware
anbieten, wodurch externe Speicher an den Terminals eingespart
werden. Die kostengünstige Realisierung der Terminals hängt aber
auch von den absoluten Stückzahlen und dem Stückzahlverlauf im
Anlauf der neuen Technik zusammen. Die Terminal-Stückzahlen
können nur proportional zum Beschaltungspotential an den Netzen
wachsen. In diesem Zusammenhang ist die klare Aussage der DBP,
ISDN ab 87/88 einzuführen, eine wesentliche Stimulanz für Ter-
minalentwicklungen. Ein entscheidender Stückzahl-Beitrag wird
aber auch durch schnelle Realisierung von ISDN-Nebenstellenanlagen
kommen, in deren Bereich die wirtschaftlichen Vorteile des ISDN
über die Rationalisierung im Büro-Arbeitsprozess am frühesten
sichtbar werden.

3. Terminals für ISDN

3.1. Übersicht

Die Entwicklung des ISDN, seiner Nutzungen und seiner Terminals
ist in vollem Gange. Der Endzustand dieser Entwicklung ist heute

schwer vorauszusagen. Die nachfolgenden Aussagen können deshalb
nur für Entwicklungstrends und für Terminals der ISDN-Startphase
gelten.

Es wird davon ausgegangen, daß auch im ISDN Fernsprechen die
häufigste Kommunikationsform sein wird. Demnach wird das Telefon
auch am ISDN ein weit verbreitetes Endgerät sein. Zu erwarten sind
mindestens zwei Ausführungen. Das Komforttelefon als zentrales
Familientelefon im Heim und eine Standardausführung als Zweit-
telefon. Das Komforttelefon wird auch im Büro sowohl für Einzel-
plätze als auch in Chef-, Sekretär- und Key-Anlagen eingesetzt.
Mit dem Telefon werden insbesondere die beiden B-Kanäle (mehrere
Telefone am S-Bus), der Signalisierungskanal (Display) und die
Portabilität am Bus genutzt.

Eine zweite wichtige Gruppe von Einzelgeräten sind schnelle
Faksimilegeräte, auch in der Ausprägung des Textfax-Gerätes. Diese
Geräteklasse nutzt die Übertragungs-Geschwindigkeit im B-Kanal
(64 kbit/s) voll aus, bietet Übertragungs-Geschwindigkeiten von
einer bis zehn Sekunden für eine A4-Seite und verbessert damit den
Telefax-Dienst erheblich.

Die dritte und innovativste Gruppe der ISDN-Terminals sind die
multifunktionalen Geräte. Bild 5 versucht, eine grobe Orientierung
in deren vielfältigen Gestaltungsmöglichkeiten zu geben. Es unterscheidet ISDN-Kommunikationsstationen und ISDN-Arbeitsplatzstationen.

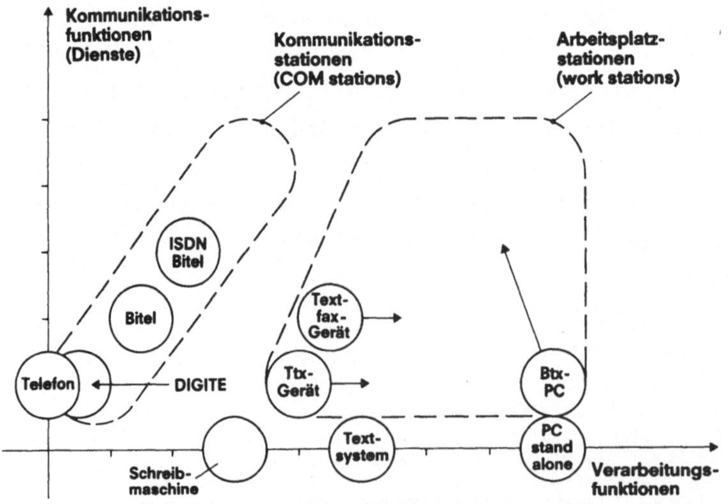

Bild 5   Mehrfunktionale Endgeräte

Kommunikationsstationen wachsen aus den Digitalfernsprechern und übernehmen wie diese den Zugang zu weit verbreiteten Kommunikationsdiensten. Als Lokalfunktionen sind nur Kommunikations-Management-Systeme, Terminkalender und Editoren zu erwarten. Der untere Leistungsbereich dieser Geräte bietet z. B. die Dienste Fernsprechen und Bildschirmtext an; er wird sowohl im Heim wie auch im Büro bei mittleren Anforderungen an Kommunikation und Informationsbeschaffung eingesetzt. Der obere Leistungsbereich versorgt den Kommunikationsprofi im Büro, der aus rechnergestützten Arbeitsprozessen häufig Informationen abruft. In diesen Geräten sind die Dienste Fernsprechen, Textkommunikation, Bildschirmtext und Datenabruf aus Rechnern zusammengefaßt.

An Arbeitsplatzstationen stehen lokale Verarbeitungsprozesse im Vordergrund. Man kann Geräte für spezialisierte Sachbearbeitung (z. B. Teletex-Gerät, intelligentes Datensichtgerät) von solchen für stark wechselnde Tätigkeiten unterscheiden. Letztere werden auf der Basis von Personal-Computern entstehen, die durch den ISDN-Netzanschluß und Telefon-Module ergänzt werden. Es ist zu erwarten, daß sehr unterschiedliche Ausprägungen von Workstations auf der Basis kommunikationsfähiger PC's entstehen werden und diese Entwicklung auch das ISDN stark fördern wird.

3.2 Das digitale Telefon

Die digitale Sprachübertragung vermeidet weitgehend Geräusche und ist dämpfungsfrei. Der Signalisierungskanal ermöglicht u.a. schnellen Verbindungsaufbau, Anzeige von Meldungen der Vermittlungseinrichtung auf dem Display (z. B. Name des Anrufers), "optisches Anklopfen" bei besetzten Teilnehmern und das Hinterlassen von kurzen Nachrichten bei nicht anwesenden Teilnehmern.

Über diesen Kanal können außerdem Informationen von Identitätskarten (z. B. Berechtigungen, persönliche Rufnummer, Abrechnungskonto) übertragen werden. Digitale Sprachsignale lassen sich weiterhin für Zwecke wie "voice mail" oder "voice annotation" leicht speichern.

Die wirtschaftliche Realisierung des digitalen Telefons (Bild 6) erfordert die Entwicklung hochintegrierter C-MOS-Bausteine für das

Bild 6   Digitaltelefon mit LCD-Anzeige

Interface zum S-Bus und die Behandlung des D-Kanals. Die leistungs-
arme Technologie ist erforderlich, um die Fernspeisung der Grund-
funkionen des Fernsprechens sicherzustellen.

3.3 Geräte für die Dokumentübertragung

Bilder, Zeichnungen und Handschriften erfordern zu ihrer
Darstellung in ausreichender Qualität eine Auflösung von 8
Punkten/mm. Übliche Bürokopierer haben mit 16 Punkten/mm eine
deutlich bessere Qualität. Mit der heutigen Technik des Fern-
kopierens ist diese Qualität mit vertretbarer Übertragungszeit
nicht erreichbar. Eine volle A4-Seite enthält bei 16 Punkten/mm
etwa 16 Mbit Information. Auch bei zweidimensionaler Redundanzreduktion müssen noch 300 kbit übertragen werden. Der
64-kbit/s-Kanal des ISDN überträgt diese Information in fünf
Sekunden. Zukünftige Fernkopierdienste (Gruppe 4) hängen sehr von
hohen Übertragungsgeschwindigkeiten ab und werden deshalb wichtige
Anwendungen im ISDN sein.

Bei vielen Anwendungsfällen sind in einem Dokument Text- und
Grafik-Bereiche gemischt. Wenn bei der Erstellung derartiger
Dokumente Texte (codiert) und Bilder (bit mapped) getrennt werden,
lassen sie sich in "mixed Mode" mit zwei wesentlichen Vorteilen
übertragen:

. Textübertragung in codierter Form benötigt etwa eine
  Größenordnung weniger Übertragungszeit als im Fernkopier-Modus
  und

. codiert übertragene Information, kann im Empfängerterminal
weiterbearbeitet werden.

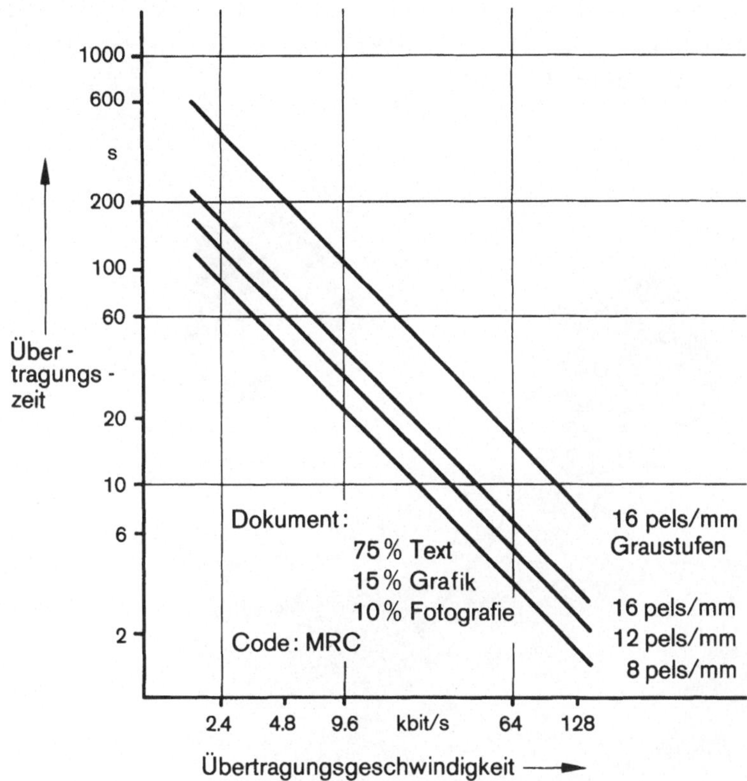

Bild 7   Übertragungszeiten für digitales Fernkopieren

Bild 7 zeigt die Übertragungszeiten für ein Textfax-Beispiel im
Fernkopier-Modus bei verschiedenen Auflösungen. Selbst mit
64 kbit/s liegt die Übertragungszeit bei der Auflösung
16 Punkte/mm nahe zehn Sekunden bzw. noch höher, wenn Graustufen
übertragen werden. Im Mixedmode (Textfax) werden nur etwa 30 %
dieser Zeit benötigt. In CCITT werden derzeit die Empfehlungen für
den Mixedmode-Betrieb auf der Basis der Telematik-Protokolle
vorbereitet.

6. Das Bildschirmtelefon als Beispiel einer Kommunikationsstation

Im Fernmeldenetz der Bundesrepublik Deutschland sind Fernsprechen
und Bildschirmtext die Fernmeldedienste mit der stärksten Verbreitung. Sowohl für ISDN als auch für das analoge Netz werden
daher mehrfunktionale Bildschirmtelefone als Kommunikationsstationen der unteren Leistungsstufe realisiert. Sie sind die

Kombination von digitalem Telefon und Bildschirmtext-Abrufgerät.
Der Zugriff zu öffentlichen Bildsschirmtextzentralen oder privaten
Datenbanksystemen geschieht gemäß CEPT-Standard. Verwendet wird
ein 18 cm-Bildschirm. Die lokalen Funktionen benutzen den gleichen
Darstellungsmodus. (Bild 8)

Bild 8   Bildschirmtelefon

Fernsprechen und Bildschirmtext können über die beiden ISDN-Kanäle
gleichzeitig abgewickelt werden. Vielfältige Wählhilfen erleichtern das Telefonieren, z. B. Wahl bei aufliegendem Handapparat,
Wahlwiederholung zu mehren Zielen aus einer Anrufliste, Wahl aus
einem alphabetisch geordneten persönlichen Telefonregister. In
gleicher Weise wird der Bildschirmtext-Informationsabruf unterstützt. Verbindungsaufbau sowie Teilnehmeridentifikation und
Schlüsselwörter können aus einem Speicher oder von einer
Identifikationskarte auf Tastendruck automatisch gesendet werden.
Persönliche Schlagwortregister ermöglichen anschließend den
direkten Zugriff auf die gewünschte Zielinformation.

7. <u>Beispiele für Arbeitsplatzstationen</u>
Spezialisierte Arbeitsplätze, an denen schwerpunktmäßig eine
Tätigkeit ausgeübt wird, werden auch am ISDN mit spezialisierten

Endgeräten unterstützt, die zunächst über Terminaladapter, später über die S-Schnittstelle und mit Telematik-Protokollen angeschlossen werden. Solche Geräte können z. B. Teletex-Endgeräte (Bild 9) für Sekretariate oder Datensichtgeräte sein. Spezialisierte Arbeitsplätze dieser Art werden voraussichtlich nicht mit der Fernsprechfunktion kombiniert.

Bild 9   Textstation

Arbeitsplätze mit wechselnden Tätigkeiten werden in steigendem Umfang durch Personal Computer (Bild 10) unterstützt.

Bild 10   Personal Computer

Heute sind dies noch in den meisten Fällen Stand-alone-Ausführungen. Die Entwicklung der PC's zum Kommunikationsanschluß ist aber bereits heute Realität (Btx, Datenübertragung). Der ISDN-

Anschluß wird diese Entwicklung weiter fördern. In die PC's
müssen dabei die Kommunikatonsfunktionen integriert, d.h. neben
dem ISDN-Netzanschluß auch die Telematik-Protokolle der ISDN-
Dienste realisiert werden. Ja nach Anwendung muß ein Telefon-Modul
zugefügt werden können. Der ISDN-PC wird damit zum heute erkennbaren high-end-Terminal am ISDN.

8. Schlußbemerkung

Das Referat hat versucht, eine Übersicht über erkennbare
Entwicklungen im Bereich der ISDN-Endgeräte zu geben. Nachdem wir
am Anfang dieser vitalen Entwicklung stehen, konnte zwangsläufig
keine eingeschwungene und am Markt und bei den Benutzern
gefestigte Terminal-Landschaft dargestellt werden.

ISDN bietet die lange gewünschte Kommunikations-Steckdose und neue
kompatible Kommunikationsdienste. Zusammen mit Terminals auf
Mikroprozessor-Basis bringt ISDN die notwendige Technik für die
Büroautomatisierung. Insbesondere die multifunktionalen Endgeräte
werden kommunikations- und verarbeitungsorientierte Arbeitsplätze
wirkungsvoll unterstützen. Auch im privaten Bereich wird ISDN
Non-voice-Dienste zu tragbaren Kosten bringen; z. B.
Bildschirmtext, Home-banking oder auch den Austausch von Software
für Personal-Computer.

Terminals for the ISDN

Gerhard Kleinke

Automated support of office activities so far has concentrated on the data processing and text composition areas. Rationalization of office work in a broader sense is possible only after the communication systems and especially the workstations of managers and professionals have been integrated into this process. ISDN will contribute substantially to this development.

With its two 64 kbit/s B-channels, ISDN offers the user short transmission times for text, data and fixed images and enables two connections, e.g. for voice and data communication (mixed communication), to be set up at the same time. Tariff rates for non-voice services are expected to be favorable, similar to those for voice communication.

For the manufacturer of terminals, ISDN, through its integration of services, paves the way for developing multifunctional communication terminals and workstations. This development is promoted in particular by the definition of uniform protocols in the B- and D- channels.

Some of the preconditions for spreading the ISDN will be cost-saving terminals with suitable operating surfaces for the unskilled user. We are standing at the beginning of a development process for which we have the technological means as well as means for designing appropriate operating surfaces. Nevertheless, it will yet take a good deal of development and testing before the untrained user can be offered the same unproblematic access to the new services as he is accustomed to when using the telephone.

In the ISDN too, telephony will be the most frequently used type of communication.

Consequently, the telephone will be a widely used terminal in ISDN as well. At least two versions may be expected: the high-convenience telephone which serves as a central family telephone in the home and a standard version which is used as a second telephone set. The high-convenience telephone will also be used in the office for individual workstations as well as for executive/secretary and key systems.

A second important single-device group is constituted by high-speed facsimile units also in the form of textfax units. This equipment class makes full use of the transmission speed in the B-channel (64 kbit/s), offers transmission rates from 1 to 10 seconds for an A4-standard page and hence greatly enhances the telefax service.

The third and most innovative group of ISDN terminals is composed of multifunctional devices. They are differentiated into ISDN communication stations and ISDN workstations.

Communication stations will develop from the digital telephones and like the latter give access to widespread communications services. The only local functions envisaged are communication management systems, diaries and editors. The lower performance range of these units will offer such services as telephony and interactive videotex; it will be used in the home as well as in the office to meet average requirements of communication and information procurement. The upper performance range will be used by the communications professional in the office who frequently retrieves information from computer-supported work processes. These devices will combine such services as telephony, text communication, interactive videotex and data retrieval from computers.

Workstations emphasize local processing functions. A distinc-
tion may be made between devices assigned to special tasks
(e.g. teletex terminal, intelligent video data terminal) and
those used for frequently changing activities. The latter
will be developed on the basis of personal computers which are
complemented by the ISDN basic access and telephone modules.
It is to be expected that widely differing types of work-
station will develop from communicating PCs and will, through
their development, greatly contribute to the promotion of
ISDN.

Integrierte Bürosysteme und ISDN

Tonis Rüsche, Manfred Tasto

1. Das Umfeld der Bürokommunikation

Wie so oft bei jungen Begriffen existiert eine Vielzahl von
Definitionen für die Bürokommunikation, werden Inhalte von
Anwendern wie Herstellern oft so gebraucht, wie es den
eigenen Vorstellungen und Wünschen am besten gerecht wird.

Wir verstehen unter **Bürokommunikation** die Summe aller Systeme und Dienste für die Verarbeitung von

- Text
- Daten
- Bild und
- Sprache

und die

- Kommunikation

der am Informationsprozeß beteiligten Stellen im Bürobereich
von Wirtschaft und Verwaltung

Was sind die Elemente der Bürokommunikation?

a) Wir unterscheiden die **Basisfunktionen** der Ein- und Ausgabe, der Be- und Verarbeitung, der Speicherung sowie der Kommunikation.

b) Die Informationen liegen in den unterschiedlichsten **Formen,** oft sogar in Mischformen vor. Wir unterscheiden nach Sprache, Daten, Text und Bildinformation.

c) Als wesentliche Einflußfaktoren für die Bürokommunikationsfunktionen sehen wir die **Benutzer von Büroarbeitsplatzsystemen.**
Aufgrund der typischen Aufgaben und Arbeitsplatzfunktionen unterscheiden wir zwischen Sekretärinnen, Sachbearbeitern, Spezialisten und Führungskräften.

Weshalb ist heute die Bürokommunikation das **Schlagwort,** ja manchmal auch **Reizwort** für Verwaltungschefs, Organisatoren, Mitarbeiter in Wirtschaft und Verwaltung und nicht zuletzt auch für die großen Interessenvertretungen unserer Gesellschaft?

Fragen der Bürokommunikation berühren heute in der Bundesrepublik **30 % der Erwerbstätigen,** das sind ca. **8 Millionen** Menschen in den verschiedenen Verwaltungsberufen.

Jährlich werden ca. **240 Mrd.** DM für diese Mitarbeiter sowie deren Hilfsmittel und Systeme ausgegeben. Auch volkswirtschaftlich also einer der wichtigen Wirtschaftsfaktoren.

Die Frage ist: Werden diese Mittel sinnvoll verwendet?

Organisatoren und Unternehmensberater sprechen von der **Schwachstelle Verwaltung.** Warum?

Im **industriellen Bereich** haben wir ganz allgemein einen **hohen Automationsgrad** erreicht. Im Vergleich hierzu muß man fast von **handwerklicher Einzelfertigung** in der **Informationsverarbeitung** sprechen.

Untersucht man einmal die **Kostenanteile** im Verwaltungsbereich, ergeben sich im Durchschnitt die **folgenden Blöcke:**

* 25 % Informations<u>verarbeitung</u>
* 20 % Information<u>serzeugung</u>
* 18 % Informations<u>verwaltung</u>
* 15 % Kommunikation
* 10 % Reisen und Konferenzen
* 7 % Informations<u>umsetzung</u>
* 5 % Sonstiges

Das heißt, die **4 größten Blöcke** verursachen **fast 80 %** der **Verwaltungskosten.**

Die **wesentlichen Gründe** für die hohen Verwaltungskosten sind:

* Arbeitsteilige Spezialisierung
* Entkoppelung von Bearbeitungsvorgängen
* Zusätzliche Umsetzvorgänge
* sich überschneidende Zuständigkeiten
* Hoher Koordinationsaufwand
* Informationsüberflutung

Nur durch **verstärkten Technologie-Einsatz** werden die Probleme nicht in den Griff gebracht.

Durch den Einsatz von **mehr Einfunktionsgeräten** wie

* Schreibmaschinen.
* Telefonapparate,
* DV-Terminals,
* Aktenordner,
* Kopierer,

erreichen wir **keine spürbare Senkung der Verwaltungskosten.** Vielleicht sogar das Gegenteil.

**Anwender und Anbieter haben deshalb gleichermaßen folgende
Ziele für die moderne Bürokommunikation:**

Es geht um die **Beschleunigung** und **Transparenz** der Informa-
tionsprozesse.

Durch moderne Computersysteme wird wieder die für den Menschen und dessen Motivation **ganzheitliche Informationsverarbeitung** möglich, d.h., es kommt mehr und mehr zu einer Ab-
kehr tayloristischer Arbeitsprinzipien im Verwaltungsbereich.

Es gilt, den Trend zur **Bildung überschaubarer, funktions-
tüchtiger Organisationseinheiten** in der Nähe derer, für die
man letztlich Dienste und Leistungen erbringt, zu unterstützen. Moderne Bürokommunikation in Verbindung mit einen leistungsfähigen Telekommunikation, sprich Infrastruktur, macht
große und inflexible Verwaltungszentralen überflüssig.

Durch leistungsfähige Systeme werden einerseits **integrierte
Organisationslösungen** und auf der anderen Seite sehr **benut-
zerorientierte Hilfsmittel** realisierbar. Nur wer dezentral
bequem und mit Erfolg zugreifen und kommunizieren kann,
wird die neuen Hilfen annehmen und dadurch

* Durchlaufzeiten verkürzen,
* vor- und nachgelagerte Stufen der Informationsverarbeitung
  voll ausschöpfen (Aktualität, Transparenz),
* Reaktionszeiten verkürzen,
* eine hohe Arbeitsqualität erreichen.

Durch die Integration der Text- und Datenverarbeitung mit
gemeinsamer Informationsbasis wird die **Mehrfachnutzung** einmal gespeicherter **Informationen** möglich. Die Bearbeitung
wird durch Sprachein- und -ausgabe erleichtert und beschleunigt. Die Darstellung von Informationen in festen und/oder
bewegten Bildern soll die Verständlichkeit erhöhen und die
Flut an Informationen auf jeweils überschaubare Einheiten
komprimieren.

Besonders Anwender wünschen den Ausbau von Bürokommunika-
tionssystemen unter Beibehaltungder einmal vorhandenen Hard-
ware- und Softwarebasis.

2. Der Weg von Einzelfunktions-Endgeräten zu Multifunktions-geräten

In der Vergangenheit wurden viele Geräte der Bürokommunikation vorwiegend zentral aufgestellt oder doch von mehreren
Angestellten gemeinsam benutzt. Im letzten Jahrzehnt erhielt
jeder Benutzer zunehmend das von ihm häufig benutzte Gerät
zur alleinigen Nutzung auf dem eigenen Arbeitsplatz. Heute
führt die zunehmende Vielfalt der Bürogeräte und Kommunikationsdienste dazu, daß bereits viele Angestellte mehrere
Endgeräte am oder auf dem Arbeitsplatz stehen haben. Dieser
Trend kann nicht beliebig weitergehen.

Ein leicht durchzuführendes Experiment, die Aufstellung
aller Einzelfunktions-Endgeräte für heute verfügbare Kommunikationsdienste sowie von Bürogeräten mit lokalen Funktionen auf einem Arbeitsplatz, zeigt unlösbare Platzprobleme
auf. Weitere Nachteile dieser Lösung werden im Bild dargestellt:

Einzelfunktions-Endgeräte

- Platzprobleme

- Unschöner Anblick

- Verkabelungsprobleme

- Vielfältige Bedienungsregeln

- Keine Kompatibilität der Daten

- Keine „Quer"-Verbindungen (Daten, Funtionen)

- Vielfache Präsenz gleicher Funktionsgruppen

Besonders gravierend ist das Problem der unökonomischen Verwendung immer gleicher Funktionsgruppen in vielen Geräten. Verdeutlicht wird dies im Bild:

Funktionselemente / Gerätefunktion	AB-Tast.	Bild-Schirm	Tast.	Druck	Mikro-phon	Laut-sprech.	Arch. Speich.	Mass. Speich.	Arbeits-Speich.	Netz Zug.
Telefon			x		x	x				x
Diktiergerät					x	x	x			
Rufanlage			x		x	x				x
Anrufbeantworter			x		x	x		x		x
Vorzimmeranlage			x		x	x				x
Kopierer	x			x						
Fernkopierer	x			x						x
Fernschreiber				x	x		x		x	x
Teletex		x	x	x			x	x	x	x
Textverarbeitung/ Schreibmaschine		x	x	x			x	x	x	
Bildschirmtext		x	x	x			x		x	x
Terminal Zentrale DV		x	x	(x)						x
„Personal"-Computer		x	x	x			x	x	x	

Bei vierzehn Gerätefunktionen, wie sie in heutigen Büros üblich sind, kehren 10 Funktionselemente in gewissen Variationen immer wieder.

Diese Nachteile lassen sich durch die Integration von Text- und Datenverarbeitung, Graphik, Bildern und Sprache in einem Multifunktionsterminal mit gemeinsamer Datenbasis vermeiden, die eine für den Menschen wünschenswerte und motivierende integrale Informationsverarbeitung erlaubt. Zusätzlich gewinnt man durch die Kombination von Funktionen neuartige Anwendungsmöglichkeiten, die Einzelfunktionsgeräte nicht bieten. Eine Systematik von Kombinationen ist schematisch im Bild dargestellt:

	Sprache	Bewegt-Bild	Fest-Bild	Grafik	Text	Daten
Sprache	Telefon Voice-Messaging	BIF Teleconf.			Voice Annotation	Wählhilfe Zugangs-Kontrolle
Bewegt-Bild	Laser-Vision	TV			Video-Text	
Fest-Bild			Fax		Mixed Mode, MEGADOC	
Grafik				PC, Btx		
Text	Sprach-Ausgabe				Telex Teletex	
Daten	Voice Data Entry					DÜ DV

Einige besonders attraktive Kombinationen seien herausge-
griffen:

Innovative Anwendungen durch Multifunktionsterminals

Teletex + Fernkopieren	→	„Gemischte" Text-Grafik Dokumentation
FSPR. + Btx	→	Elektronisches Telefonverz. und automatische Wählhilfe
FSPR. + Btx	→	Sprachsteuerung des Btx-Dialogs
Btx + Personal Comp.	→	Weiterverarb. von Btx-Daten
FSPR. + Dig. Mass. Speich.	→	„Speech-Store and Forward"

3. Anforderungen an integrierte multifunktionale Bürosysteme

Wer sind nun die Anwender und Zielgruppen für Bürokommunikationssysteme und welche Anforderungen stellen sie?

Es sind **Unternehmen und Verwaltungen, unabhängig von** ihrer **Größe** und **Organisationsform.** U.E. ist der Hinweis wichtig, daß es nicht nur oder in erster Linie große Verwaltungen oder Großunternehmen sind, die heute Bürokommunikationslösungen fordern. Jedoch sind die spezifischen Anforderungen an moderne Systeme von der Größe, dem Organisationsgrad und den Anwendungsfeldern abhängig. **Es gibt deshalb nicht das universelle System für alle Anwendungen und alle Anwender.**

Unsere Untersuchungen und Analysen bei 19 europäischen Großunternehmen und Verwaltungen haben die folgenden **Hauptanforderungen** der Benutzer ergeben:

**Liste der Büroautomations-
und -kommunikationsfunktionen**

1. Textverarbeitung
2. Electronic mail
3. Daten-/Textintegration
4. Personal Computing
5. öffentl. Netze /- Dienste
6. IBM - Verbindungen
7. ISR
8. Inhaus - Netzwerke (LAN)
9. Andere Großrechner - Verbindungen
10. Büro - Service
11. Datenerfassung
12. Datenverarbeitung mit QUERY - Sprache
13. DDP

(Basis: Anforderungen von 19 europäischen Großunternehmen)

Aus der Liste der insgesamt 13 zu unterstützenden **Bürofunktionen** möchte ich nur einige besonders herausgreifen.

Es ist einmal die **Textverarbeitung einschließlich "electronic mail"**, also das einfache und effiziente Verteilen vorhandener oder erarbeiteter Informationen innerhalb einer
Organisation.

Es sind **Personal Computer Funktionen** am Arbeitsplatz und
die Integration **öffentlicher Netze und Dienste**, wie z.B.
Teletex und Bildschirmtext.

Den Bedingungen unseres Marktes entsprechend benötigen
viele Anwender leistungsfähige und sichere **Verbindungen zu
bereits installierten Großcomputern.**

Die zu erwartende Vielzahl von Arbeitsplatzsystemen und
Terminals sollen über **Inhaus-Netzwerke,** sog. Lokal Area
Networks (LAN) oder aber entsprechende **Nebenstellenanlagen,**
miteinander verbunden werden.

Gefordert werden **offene Kommunikationssysteme** und **-netze** ,
die eine **freizügige und einfache Zusammenarbeit** erlauben
(möglichst herstellerunabhängig).

Für die Effizienz im Verwaltungsbereich sollen spezifische
Büro-Service-Funktionen zur Verfügung gestellt werden, wobei
hier besonders leistungsfähige **Archiv und Dokumentationsver-
fahren** gebraucht werden.

4. Unterstützung durch das ISDN

Basierend auf den bekannten Eigenschaften des geplanten ISDN
und den zu erwartenden Einführungszeiten, unterstützt es die
Nutzung und Verbreitung von Multifunktions-Endgeräten auf
vielfältige Weise:

- Kostengünstige schnelle Datenübertragungsmöglichkeiten und
  dadurch Förderung der Nutzung der Datenübertragung über
  das öffentliche Netz.

- Verbessertes "Telephon-Management", d.h., die von modernen
  Nebenstellenanlagen bekannten Leistungsmerkmale wie "Ruf-
  umleitung", "automatischer Rückruf",... werden auch im
  öffentlichen Netz verbreitet.

- Simultane Übertragung von Sprache mit Text/Daten/Graphik
  Standbildern. In dieser Anwendung wird erstmals das "Zu-
  sammenrücken" von räumlich entfernten Arbeitsplätzen möglich.

- "Blättern" am Bildschirm durch Dokumente.

- Übertragung umfangreicher Dokumentationen in kurzer Zeit.

- Schneller Bildschirmtext mit der Möglichkeit, wahlweise
  die Auflösung und damit die Bildqualität zu verbessern
  oder die Reaktionszeit des Systems zu beschleunigen.

Die oben genannten und noch weitere Anwendungen lassen sich
mit der einfachen, im Bild darstellten Anordnung realisieren.

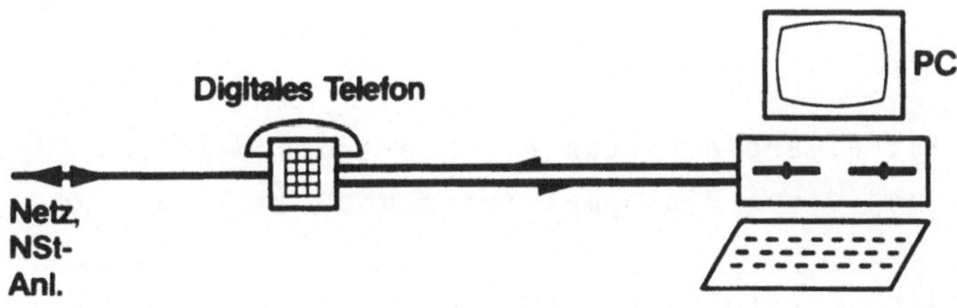

⇌ DÜ		Datenübertragung
← Telefon-Nr.		Automatisiertes Wählen
⇌ Digitale Sprachsignale		„Voice Annotation" + Diktieren
⇌ Digitale Sprachsignale + Telefon-Nr.		„Voice Mail" + Anrufbeantworter

- Schnelle Übertragung und/oder verbesserte Bildqualität für
Fasimile Dokumente. Ein Vergleich der Übertragungszeiten
in bisherigen Netzen mit denen im ISDN wird im Bild wiedergegeben.

Übertragungszeiten

Annahme: Telefax — Gruppe 3 — Norm
1728 Punkte je Zeile
7,7 Zeilen/mm

Übertragungszeit je DIN-A4-Seite	Geschwindigkeit	Betrieb
ca. 2 Min.	4,8 Kbit/s	Telefax Gruppe 3, („Fine" Option)
ca. 4 Min.	2,4 Kbit/s	Fax-Erweiterung des Ttx-Dienstes
ca. 8 Sek.	64 Kbit/s	*FAX* im ISDN

2,4 Kbit/s; 15-Seiten-Dokumentation:

● 1 Stunde „Besetzt"

● > 1 Stunde Wartezeit auf „Reaktion"

● Max. 120 Seiten je 8-Std.-Arbeitstag übertragbar

Zu bemerken ist allerdings, daß die Übertragungszeiten für
die Durchführung eines Dialogbetriebes noch zu lang sind.

- Reduzierung der Netzvielfalt, damit einhergehend Vereinfachung des Verbindungsaufbaus und Reduktion der Kabel-
vielfalt.

5. Herausforderung

Die Konzeption, Entwicklung aber auch Einführung und Benutzung integrierter Informations- und Kommunikationssysteme stellen **große Herausforderungen für Anwender und Hersteller** dar. Sie umfassen betriebswirtschaftliche Fragen, Organisationsmodelle, Fragen einer bedarfsgerechten Systemgestaltung, enorme Anstrengungen im Bereich der Aus- und Weiterbildung.

Sie sind auch **hervorragende Chancen, neue Wege zu finden und unser volkswirtschaftliches Umfeld zu verbessern.**

Die Bedeutung der Information und damit auch der Infrastrukturen, wie z.B. ISDN, die für den Informationsaustausch erforderlich sind, kann wie folgt unterstrichen werden: **"Aktuelle und vollständige Information ist Geld und Macht".**

Es sind gewaltige Aufgaben vor denen wir stehen.

Es geht um die **Neugestaltung von Arbeitsabläufen und -inhalten,** Informationsbeziehung, Dokumentations- und Archivierungsmethoden.
Dabei kann neben enormen Effizienzsteigerungen auch eine wesentlich höhere Motivation der Mitarbeiter erreicht werden.

Dies wiederum führt zu **kürzeren Reaktionszeiten** auf Marktveränderungen zu einem **höheren Wirkungsgrad einer Organisation** und letzlich auch zu einer **Sicherung der Position unserer Volkswirtschaft** in internationalen Märkten.

Integrated Office Systems and ISDN

Tonis Rüsche, Manfred Tasto

1. <u>The Environment of Office Communication</u>

   For the term "office communication", as often with young
   terms, a plurality of definitions exists; in many cases
   meanings are applied by users and manufacturers such that
   they meet their own ideas and requirements in the best way.

   Under the term "office communication" we understand the sum
   of all systems and services for the processing of text, data,
   picture, and speech as well as the communication of all
   positions in the office field of economy and administration
   which participate in the information process.

   What are the elements of office communication?

   a) We distinguish the basic functions of input and output,
      of treating and processing, of storage as well as of
      communication.
   b) The information is present in different forms, often even
      in mixed forms. We distinguish with regard to speech,
      data, text, and image information.
   c) We consider the users of office-communication systems
      as essential influence factors for the office
      communication functions.
      Regarding the typical tasks and job functions, we
      distinguish between secretaries, employees, specialists,
      and executives.

2. <u>The Way from One-function Units to Service-integrated</u>
   <u>Multi-function Systems</u>

   By the use of more one-function units, as, e.g.:

   o typewriters
   o telephone sets
   o data processing terminals
   o new filing systems
   o copying machines

   we achieve no significant reduction of the administration
   costs. Disadvantages are, e.g.:

   o space problems
   o unpleasant aspect of the equipment variety
   o cabling problems
   o a variety of operating instructions
   o no compatibility
   o multiple presence of equal function groups.

These disadvantages are eliminated by the integration of
text- and data processing, graphics, picture, and speech in
one multi-function system with common information base
enabling an integral information processing which is
desirable for man and its motivation. More and more, a
turning away from tayloristic working principles in the
administration area takes place.

3. Requirements for Integrated Multi-function Office Systems

An analysis of 19 european large-scale enterprises resulted
in the following basic requirements:

o high-performance text processing with document handling and
  "electronic mail"
o integration of text, data, graphics (picture), and speech
  in one document
o personal computing functions
o public networks/services (e.g. Teletex, Viewdata, Videotex)
o interconnections with large computers
o office service functions, e.g.: calendar, time
  scheduling, resubmission, telephone management
o filing functions (e.g., MEGADOC, MEGATEXT)

4. Support by ISDN

Based on the known characteristics and planned period of time
for introduction of ISDN, the following possibilities result:

o reasonably priced fast transmission of information
o improved telephone management
o simultaneous transmission of speech and text/data/
  graphics/non-moving pictures
o "leafing" through documents
o transmission of extensive documents within short time
o fast Viewdata (Videotex)
o fast transmission and improved image quality with
  facsimile documents, but not yet dialogue ability
o reduction of the network variety and thus
  simplification of the call establishment and release
  (user level) and reduction of the cable variety.

5. Challenge

The design, development, but also introduction and use of
integrated information- and communication systems represents
a great challenge to user and manufacturer. It comprises
economical questions, organization models, question of a
system design meeting the requirements, enormeous efforts in
the area of training and further training. It is also an
excellent opportunity to find new ways and to improve our
national economic surrounding.

Evolution to ISDN in the USA

T. E. Browne
Livingston N. J., USA

1.0 Introduction

It has been said that evolution to ISDN in the USA began over 20 years ago
when digital techniques were first applied in transmission systems used to
interconnect switching centers. Indeed, over that time period, digital
technology has been extensively applied in the US not only in transmission
systems, but in every part of the telecommunications network. However, the
concept of ISDN has only reached a state of maturity and commonly understood
definition during the last 4 to 8 years. During these same periods of time,
there has been a substantial evolution of public policy governing the telecommunications industry in the US, and along with that, a reorganization of
one of the world's largest companies and the telecommunications network built
by that company.

Accordingly, a proper view of ISDN evolution in the US must be set in a
framework that includes understanding these organization and policy
developments and their effect on the motivations for evolution to ISDN and on
the architecture principles that will apply in the USA.

2.0 US Telecommunications Environment

The development of US policy for the telecommunications industry in the last
several years has featured a growing reliance on the principles and dynamics
of a competitive market in place of rules and regulations established and
administered by government agencies. This has lead to a growth of competition
in the provision of equipment and services, encouraged by two major events in
the regulatory and legal arenas. To form a sound technical basis for this
competitive activity, there has been a new emphasis on the establishment of
standards for interfaces and network functions to assure the continued
provision of quality communications services to the public.

The two major events that have encouraged the growth of competitive activity in recent years are listed in Figure 1. In 1980, in its ruling in Computer Inquiry II, the Federal Communications Commission distinguished "basic" telecommunications services from "enhanced" services, the latter being characterized as involving the storage and processing of customer information, and the conversion of customer codes and protocols. In this ruling, it appears that the Commission was attempting to assure the continued provision of the services which then were common, and which did not extensively utilize computation technology, while at the same time encouraging the application of this technology by other than just the traditional service providers. It was felt that this could be accomplished by restricting the manner in which the traditional providers could provide enhanced services so they would not have a preemptive advantage over their prospective competitors.

In that same ruling, the Commission ordered that end-users should be permitted to own their terminal equipment, and it furthermore required that the regulated services providers, if they furnish terminals, do so independently of their tariffed services, and through separate organization structures. This again, was intended to encourage competition in the terminal market.

The other major event of the last several years was the agreement reached between AT&T and the US Department of Justice in January 1982, known as the Modification of Final Judgement (MFJ). This agreement, when approved by the court, led to the creation of the seven regional Bell companies to provide exchange service and exchange access services through the 20 Bell Operating Companies, formerly owned by AT&T. These seven companies are constrained to provide only local service, within defined geographical areas known as Local Access Transport Areas (LATAs), while AT&T and the other long distance network providers compete for the business of interconnecting the LATAs. The seven new Bell Companies may also provide, but may not manufacture terminal equipment, but must do so independently of their tariffed service offerings.

These two events, while legal and regulatory in nature, have had a very important influence on the development of ISDN architecture principles in the US, as discussed below.

3.0 ISDN Architecture Principles

Within the US, there is widespread acceptance of the general technical and network architecture principles for ISDN as expressed in the CCITT I - Series

Recommendations. However, some refinement of these principles is appropriate to accommodate US industry structure and policy. Among these are:

. Recognition of the concept of many ISDNs coexisting and effectively interworking to provide service to users.

. The possible definition of interfaces between ISDNs.

. The definition of additional user interfaces allowing for the provision of some functions by the user rather than the network.

. Nomenclature that clearly distinguishes the essential characteristics and capabilities of networks from the services provided to end users.

The creation of the seven Bell Companies, the definition of LATAs, and the existence of several long distance networks, together with the encouragement of competition by the MFJ and Computer Inquiry II, necessitates the acknowledgement in ISDN concepts of separate, independent networks, cooperating and competing in providing services to the end user. If ISDN is to be a valid international framework for future telecommunications planning, then it must also embrace this concept. This furthermore increases the urgency of study on interfaces between ISDNs within CCITT and the national organizations.

The provision of terminal equipment by the user rather than the network operator as required by Computer Inquiry II creates the need for a new standardized user interface that is functionally compatible with those already recommended by CCITT. The feasibility of this interface is undermined somewhat by the fact that it is sensitive to the transmission technology employed in the user access facilities. None-the-less, we are hopeful that within the US a small set of standards can be established for the most common applications, based on the principles embodied in the present recommendations.

The definition of basic and enhanced services by the FCC in Computer Inquiry II represents perhaps the most subtle challenge to US - ISDN planners. It forces us to carefully distinguish between the capabilities and technology applied in the network from the services seen by the end user, and to ensure that standardized network interfaces are defined so that systems which implement functions that are uniquely associated with enhanced services may be efficiently and economically connected to the remainder of the network.

4.0 US Standards for ISDN

One of the most important aspects of the evolutionary developments in the US telecommunications industry in the last year has been the establishment of the Exchange Carriers Standards Association. This organization has membership representing all aspects of the industry and has established a new process for creating technical standards for the US network. The activities of this association are also focused on the development of US contributions to the various international standards bodies, including CCITT. Of course, individual US organizations are expected to continue their active membership in CCITT.

Figure 2 summarizes the important characteristics of this organization and Figure 3 depicts the project flow within the T1 Committee. It is important to note that although this organization has existed for only a few months, it has begun its work on ISDN, in particular, with an impressive sense of urgency. Contributions originating in the T1 Committee were introduced at the recent inter-regnum meeting of Study Group XI Working Party 2 on CCITT Signaling System No. 7. Also contributions are being prepared for the inter-regnum meetings of Study Group XVIII and Study Group XI Working Party 6 on ISDN user access protocols.

Perhaps the most important aspect of this increased activity in the development of national and international standards for ISDN is that it holds the promise for truly international services and international markets for both terminal and network equipment. From the perspective of an organization supporting operating telephone companies that can have no interest in the manufacture of equipment, it is essential that we have comprehensive standards that have been developed with an eye to the future, and which allow our owners the largest possible set of suppliers to choose from. It is also essential to the continuance of quality telecommunications in the United States.

5.0 ISDN Evolution

The motivations for evolution from today's telephony network to ISDN in the US stem from the fact that the ISDN concept and the technology it encompasses is responsive to changing user needs and it supports the US pro-competitive policies. Figure 4 and 5 enumerate several aspects of these points, but it can be stated rather simply that ISDN in its flexibility, functionality, and standardization offers benefits to all the participants in the industry - users, network providers, and equipment providers.

Moreover, the economic factors at the present are favorable to the development of the concept. The value of telecommunications to our personal and business well-being is continually increasing as the orientation of society changes from a focus on industry to a focus on information.

The factors that motivate the evolution to ISDN are also the factors that will shape that evolutionary process as outlined in Figure 6.

Within the United States, the evolution to ISDN will be managed differently by the various network providers according to their corporate strategies. However, in all cases, it is likely that ISDN functionality will first be introduced in those parts of the network serving large business customers.

It is also likely that the needs of small businesses may be aggregated on a local basis, driving ISDN functionality into some parts of the network not otherwise perceived as serving large businesses (for example, shopping malls and small office campus environments). As experience is gained, and as large quantities of integrated services terminal equipment come to market, this functionality will spread to the residential segment. As experience is gained, and as large quantities of integrated services terminal equipment come to market, this functionality will spread to the residential segment.

Moreover, ISDN functionality may be used by long distance carriers to achieve product differentiation. The threat of these carriers by-passing the local network will add to the motivation for the placement of ISDN functionality in the local networks. Indeed, the initiatives of the local carriers will probably influence the planning of the long distance carriers also. Finally, although some private networks may already embody some ISDN principles, as the carrier networks evolve to take advantage of ISDN capabilities in the carrier networks and to assure economic and effective interworking.

Within the Bell Operating Companies, we expect to see the evolution begin with the placement of ISDN functionality at one or two locations within a LATA network where there is a concentration of demand for ISDN-based services. Users from within the entire LATA may all be connected to that one central office, using transmission and remote switching systems according to the

economics of the alternative serving arrangements. This is depicted in Figure
7. As demand grows, the ISDN functionality will be introduced in the Access
Tandem or Transit Switch, which along with the use of CCITT No. 7 signaling
will make it possible to extend the services throughout the LATA, and also to
the connecting inter-exchange networks as shown in Figure 8.

6.0 Conclusion

The evolution of present US telecommunications networks to include ISDN
architecture principles and technology is expected to get under way soon.
Agreements reached in the international standards arena represent, in a sense,
a set of top-down design principles which will assure the interworking of
national ISDNs and which will provide encouragement for equipment vendors to
adopt ISDN principles in their product plans. These are opportunities for
vendors; their initiatives, together with the response of carriers to the
growing needs of users, will shape the evolution.

Three important aspects of the US perspective on ISDN are summarized in
Figure 9. Despite, or perhaps because of the evolving competitive character
of the environment, the ISDN concept itself, its architecture, and the
technology it will spawn appear to be ideally suited for US application.
Indeed, the Bell Companies have reached concensus that ISDN is the target for
the network evolution, including wide-band capabilities. It presses upon us
all now to address the remaining issues in CCITT on narrow-band ISDN and
initiate the work on wide-band.

RECENT EVENTS ENCOURAGING COMPETITION

- FCC COMPUTER INQUIRY II (1980)
    - DEFINED "ENHANCED" SERVICE
    - DE-REGULATED TERMINAL BUSINESS

- MODIFICATION OF FINAL JUDGEMENT
    - CREATED 7 REGIONAL BELL COMPANIES
    - MANDATED INTEREXCHANGE COMPETITION
    - MANDATED LATA's
    - DEFINED EXCHANGE SERVICES & EXCHANGE
      ACCESS SERVICES

FIG. 1

EXCHANGE CARRIERS
STANDARDS ASSOCIATION

- A TRADE ASSOCIATION OF WIRELINE
  EXCHANGE CARRIERS
    - 133 MEMBERS
    - REPRESENTING MORE THAN 95 PERCENT
      OF ALL TELEPHONE SUBSCRIBERS.
- PROVIDES A FORUM FOR AND REPRESENTATION OF
  EXCHANGE CARRIER INTERESTS IN ALL STANDARDS
  AND RELATED TECHNICAL FIELDS.
- SPONSORS "T1", AN INDEPENDENT INTERCONNECTION
  STANDARDS COMMITTEE, OPEN IN MEMBERSHIP TO ALL
  INTERESTED PARTIES. SEEKING ANSI ACCREDITATION.

FIG. 2

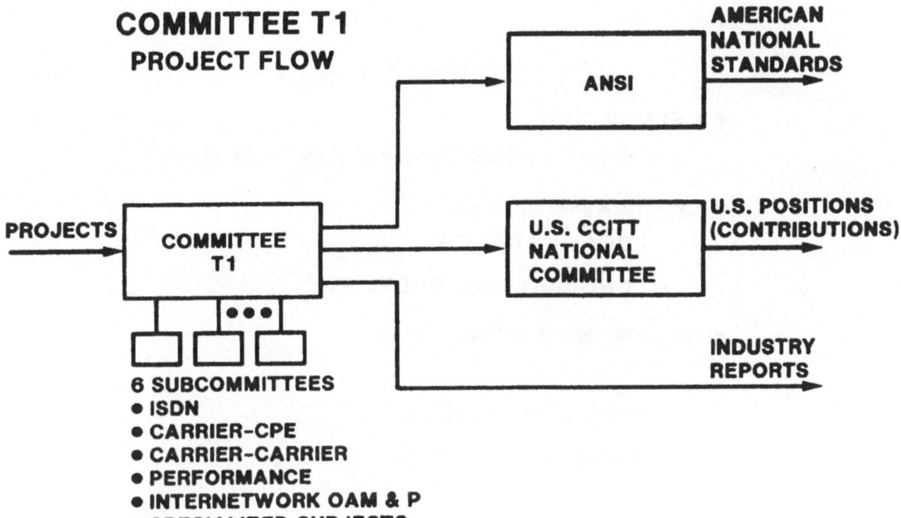

FIG. 3

USER NEEDS

- DIGITAL INTERFACE TO DIGITAL TERMINALS

- GROWTH OF NON-VOICE COMMUNICATIONS

- DIGITAL TRANSPORT

- MODERN USER SIGNALING

- CUSTOMER CONTROLLABILITY

FIG. 4

PRO-COMPETITIVE ASPECTS:

- STANDARDIZED USER INTERFACES
  - MULTIPLE TERMINAL SUPPLIERS
  - UNIFORM PROCEDURES TO ACCESS MULTIPLE SERVICES
- STANDARDIZED NETWORK INTERFACES
- STANDARDIZED NETWORK FUNCTIONS & PERFORMANCE

FIG. 5

EVOLUTION TO ISDN

- **USER NEEDS**
  - **INITIAL FOCUS ON BUSINESS CUSTOMERS**

- **CARRIER INITIATIVES**
  - **LOCAL CARRIERS**
  - **LONG DISTANCE PROVIDERS**

- **ADVANCING TECHNOLOGY**
  - **NEW SYSTEMS**
  - **IMBEDDED SYSTEMS**
  - **OVERLAY NETWORKS**

FIG. 6

DIGITAL OVERLAY NETWORK
DIGITAL CENTRAL OFFICE ISDN NODE
(INITIAL CONFIGURATION)

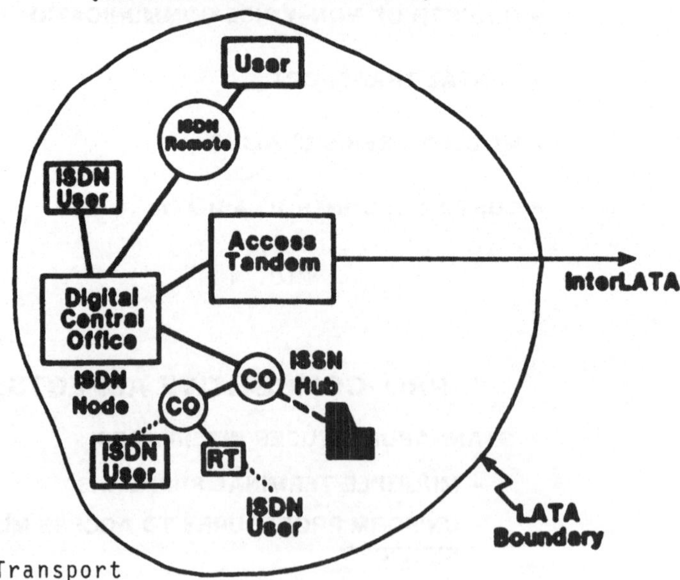

—— ISSN Transport

··· Basic Access

--- Primary Rate Multiplexed Access

FIG. 7

DIGITAL OVERLAY NETWORK
DIGITAL CENTRAL OFFICE ISDN NODE (EVOLUTION STEP 2)

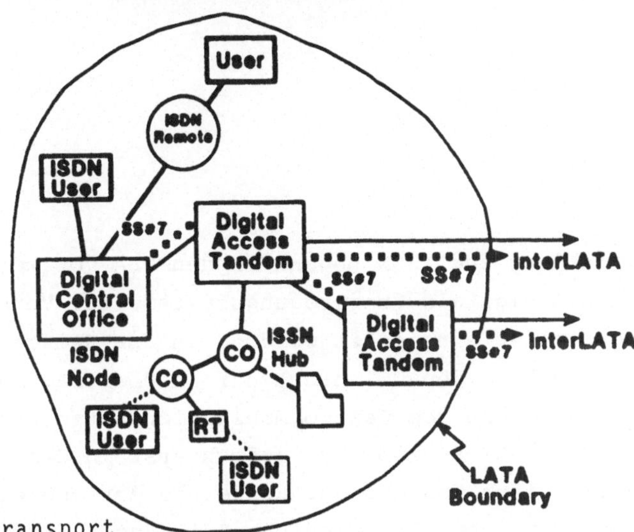

—— ISSN Transport
··· Basic Access
--- Primary Rate Multiplexed Access
▪▪▪ SS*7 - Signaling System Number 7

FIG. 8

ISDN EVOLUTION IN THE USA
CONCLUSION

- **ISDN ARCHITECTURE & TECHNOLOGY WELL SUITED TO US ENVIRONMENT**
  - RESPONSIVE TO USERS
  - SUPPORTS COMPETITION
  - EMPHASIS ON STANDARDS
- **TARGET ARCHITECTURE FOR THE BELL COMPANIES NETWORK EVOLUTION**
  - NARROW BAND
  - WIDE-BAND FOR DATA APPLICATIONS
  - WIDE-BAND FOR VIDEO
- **REFINEMENT OF CC ITT RECOMMENDATIONS**
  - SUPPORT COMPETITIVE PRINCIPLES
  - COMPLETE SERVICES DEFINITIONS
  - PROVIDE SUPPORT FOR WIDE-BAND

FIG. 9

Die Entwicklung zum ISDN in den USA

T. E. Browne
Livingston N. J., USA

Die Entwicklung zum ISDN begann in den USA vor mehr als 20 Jahren,
als erstmals digitale Übertragungssysteme zur Verbindung von Vermittlungsstellen eingesetzt wurden. In der Zwischenzeit wurde die
Digitaltechnik in den USA nicht nur in Übertragungssystemen, sondern
in allen Bereichen des Telekommunikationsnetzes in großem Umfang eingesetzt. Das ISDN-Konzept hat jedoch erst in den letzten vier bis
acht Jahren einen Zustand der Reife und der Übereinstimmung in der
Definition erreicht. In denselben Zeiträumen fand eine grundsätzliche
Entwicklung der öffentlichen Politik bezüglich der Telekommunikations-
industrie in den Vereinigten Staaten statt und damit einhergehend
eine Neuorganisation eines der größten Unternehmen der Welt und
des von diesem Unternehmen errichteten Telekommunikationsnetzes.

Daher muß die ISDN-Entwicklung in den Vereinigten Staaten in einer
Gesamtsicht gesehen werden, die auch das Verständnis dieser organisatorischen und politischen Entwicklung und nicht nur die technologische Entwicklung der letzten 20 Jahre einbezieht.

1. Prinzipien der ISDN-Architektur

In den USA gibt es eine weitverbreitete Übereinstimmung mit den in
den CCITT-Empfehlungen der I-Serie festgelegten allgemeinen technischen Prinzipien und der grundsätzlichen Netzarchitektur von ISDN.
Allerdings sind einige Verfeinerungen dieser Prinzipien angebracht,
um der Industriestruktur und -politik der Vereinigten Staaten zu
entsprechen. Dazu gehören:

1. Die Anerkennung des Konzepts vieler ISDN-Netze, die nebeneinander
   bestehen und zusammenarbeiten, um den Benutzer mit Diensten zu
   versorgen.
2. Die mögliche Definition von Schnittstellen zwischen ISDN-Netzen.

3. Die Definition zusätzlicher Benutzerschnittstellen, die die Bereitstellung einiger Funktionen durch den Benutzer anstatt durch
   das Netz erlauben.
4. Eine Bezeichnungsweise, die klar unterscheidet zwischen den
   wesentlichen Eigenschaften und Leistungsmerkmalen des Netzes und
   den Diensten, die den Benutzern angeboten werden.

Diese Verfeinerungen sind nicht bloß eine Frage der Wortinterpre-
tation, da sie die grundsätzlichen Prinzipien der Netzarchitektur
beeinflussen. Auf der anderen Seite stellen sie keine unüberwind-
baren Probleme dar, und wenn sie geradewegs angegangen werden, werden
sie auf der technischen Ebene rasch gelöst sein und zum Nutzen aller
zu einer vollständigeren Definition des ISDN-Konzepts führen.

2. US-Normen für ISDN

Einer der wichtigsten Aspekte der evolutionären Entwicklungen in
der Telekommunikationsindustrie der Vereinigten Staaten in den letzten
Jahren war die Einrichtung der "Exchange Carriers Standards
Association". Diese Organisation hat einen Mitgliederkreis, der alle
Aspekte der Industrie repräsentiert, und hat einen neuen Prozeß
zur Schaffung technischer Normen für die Netze der Vereinigten Staaten
eingerichtet. Die Aktivitäten dieser Vereinigung richten sich auch
auf die Erstellung von US-Beiträgen für die verschiedenen internationalen Standardisierungsgremien, einschließlich des CCITT.
Natürlich wird von den einzelnen US-Organisationen erwartet, daß sie
ihre aktive Mitgliedschaft im CCITT fortsetzen.

3. Weiterentwicklung von ISDN

Die Weiterentwicklung zum ISDN wird in den Vereinigten Staaten von
den verschiedenen Netzbetreibern in Übereinstimmung mit den gemeinsamen Strategien unterschiedlich vorangetrieben. Jedoch ist es in
allen Fällen wahrscheinlich, daß die ISDN-Leistungsmerkmale zuerst
in denjenigen Netzbereichen eingeführt werden, die die geschäftlichen
Großkunden bedienen.

Es ist ebenso wahrscheinlich, daß der Kommunikationsbedarf der Klein-
betriebe örtlich gehäuft auftritt und dazu führt, daß ISDN-Leistungsmerkmale in einigen Teilen des Netzes eingeführt werden, die zunächst
nicht als Netzbereiche betrachtet werden, die Großbetriebe bedienen

(z.B. Einkaufsstraßen und Büroviertel). Sobald Erfahrungen gewonnen wurden und eine große Anzahl dienstintegrierter Endeinrichtungen auf den Markt kommt, werden diese Leistungsmerkmale auf
den Wohnbereich ausgedehnt.

Ferner werden die Betreiber von Weitverkehrsnetzen ISDN-Leistungsmerkmale dazu benutzen, Angebotsdifferenzierungen zu erreichen. Die
Gefahr, daß diese Netzträger das örtliche Netz umgehen, wird die
Motivation für die Einrichtung von ISDN-Leistungsmerkmalen in den
örtlichen Netzen vergrößern. Aber auch die Initiativen der örtlichen
Netzträger werden wahrscheinlich die Planungen der Weitverkehrsträger
beeinflussen. Abgesehen davon, daß einige private Netze bereits
ISDN-Merkmale aufweisen mögen, werden schließlich, wenn sich die
öffentlichen Netze zum ISDN entwickeln, diese privaten Netze sich
ebenfalls weiterentwickeln, um die Möglichkeiten von ISDN in den
öffentlichen Netzen zu nutzen und eine wirtschaftliche und effiziente
Zusammenarbeit sicherzustellen.

4. Schlußfolgerung

Es wird erwartet, daß die Weiterentwicklung der gegenwärtigen Telekommunikationsnetze in den Vereinigten Staaten mit dem Ziel, die
Prinzipien und die Technik der ISDN-Architektur einzubeziehen, bald
in Gang kommt. Die in den internationalen Standardisierungsgremien
erreichten Vereinbarungen stellen in gewissem Sinn einen Satz von
Top-Down-Entwurfsprinzipien dar, die das Zusammenarbeiten nationaler
ISDN-Netze sicherstellen und die Hersteller von Telekommunikationseinrichtungen ermutigen, die Prinzipien von ISDN in ihre Erzeugnispläne aufzunehmen. Dies sind Chancen für die Hersteller; ihre
Initiativen, zusammen mit der Antwort der Netzbetreiber auf die
wachsenden Bedürfnisse der Benutzer, werden die Weiterentwicklung
prägen.

Information Network System (INS)

Susumu Harashima
Tokyo, Japan

1. Introduction

A terrific fever for information and communications is
recognized nowadays in Japan. New media and information are the
words in fashion we can see through mass media such as newspapers and
TVs, as well as in bookstores. Perhaps, similar situations might be
observed in foreign countries as well.

Why are people so fascinated by information' This is because, I
believe, people, recognizing the value of information;, expect their
more affluent and happy lives and their more prosperous companies and
enterprises through proper and efficient utilization of
ever-increasing information, while, at the same time, they feel
insecure about possible control of information by specific groups.

To meet such expectations and at the same time to drive away
such uneasiness of people, the following two aspects can be pointed
out as the essential conditions to be imposed on the
telecommunications network toward the advanced information society.
They are , (1) more convenient and diverse services should be
provided freely and equally anytime and anywhere, and (2) information
should be provided at inexpensive and less-differential rates
irrespective of location of living or distance.   These are the
basic matters in considering the future telecommunications services,
and we call the system to realize this concept the Information
Network System (INS).

2. The Features of INS

The features of INS can be summarized in the following five points:

First, networks are to be digitized. Through the digitization of networks, it will be made possible to pursue the maximum merits of digital technology, such as excellence in economics and high quality.

The second feature of INS is to promote the integration of networks through digitization. Since every service signal can be handled as the same signal called "pulse", economization can be further promoted by shared use of a network, while, at the same time, the so-called hybrid communications can be made possible, in which a user who subscribes to one network can utilize services including non-telephone services simultaneously or alternatively.

The third feature is the sophistication of networks. The digitization makes possible providing networks with the so-called communications processing function, such as connection between terminals of different speed, size and transmission procedure, and the media conversion, such as the one between data and facsimile or between voice and data, in addition to the traditional information transmission function.

The fourth feature is unification of tariff structures. Every information handled by networks can be quantified in a unit called "bit", and the transmittable capacity through network can be expressed by the transmission speed in terms of bits per second (b/s).

The concept to make the unit "bit" the worldwide guideline for computation of rates, which was advocated by Dr. Kitahara, NTT senior executive vice president, for the first time in 1978, or the charging system based upon information volume, was proposed based upon such consideration. In more concrete terms, the present tariff structure without any theoretical unification in which the rates for services are decided for each service such as telegraph, telephone and telex, will be unified with "bit" as a guideline. By doing so, each individual network constructed for each service will be integrated on a unfied basis, making possible the ralization of a telecommunications system efficiently and economically. This charging theory based upon information volume was adopted by the seventh general assembly of CCITT in 1980 as a theme of study by the Study Group III (SG III).

The fifth feature is convergence of telecommunications and information processing. In order to more systematically integrate computers with telecommunications, it is important not only to digitize networks, but also to establish a network architecture. By doing so, a variety of services including center-to-end type services such as data base service will be realized.

3. Outlook of INS Formation

3.1 INS Model System

The experimental service by the INS model system was inaugurated on September 28, 1984 in the outskirts of Tokyo. Monitors who participate in the trial service of this model system are scheduled to be approximately 2,000. A wide range of the participants include not only individual users, but also enterprises of various kinds and administrative organs. Furthermore, the number of information providers who provide various data reach approximately 360.

In the model system, 450 digital telephone sets, 740 64Kb/s non-telephone customer terminal equipments, and 300 broadband customer terminal equipments are installed on the premises of the monitors. For two and a half years till March 1987, research and study will be continued on the social impacts of new services as well as various kinds of technical confirmatory tests.

In this model system, the following services and systems are provided as 64Kb/s series services which will become basic INS services for the time being:

(1) Telephone service capable of calling number indication, visual indiction of rates, and the third party calling,

(2) Facsimile service capable of transmitting ISO A4 sized manuscripts in about 4 seconds, and also enabling multi-address delivery, confidential delivery and size conversion,

(3) Digital Sketch-Phone making possible telephone conversation and tele-writing simultaneously,

(4) Digital-Type Videotex (CAPTAIN), and

(5) Japanese language teletex.

Moreover, the following services are provided as broadband series services:

(1) Video conference service permitting two-way connection of video and voice data via switching equipment,

(2) Video telephone service,

(3) Videotex by moving pictures called Video Response System (VRS), and

(4) Color facsimile service capable of transmitting ISO A4 sized color manuscripts in about 40 seconds.

The reasons why we constructed this model system for practical use by users are to conduct various technical confirmations and to

study and find out what sorts of services will be developed by
originality and ingenuity of users, as well as to examine negative
aspects which might be brought forth depending upon how the system is
used. We strongly felt the necessity for avoiding such negative
aspects. Our efforts to ascertain such negative aspects of the
system will not be temporary during the experimental period only, but
will continue even after completion of the experiments.

3.2 Tsukuba EXPO '85

In March 1985, an internationl science and technology exposition
(EXPO '85) will be held in the northern part of Tokyo. At the
exposition, new technologies supporting the INS and new services
using such technologies will be displayed. The focus of the
exposition will be placed on providing an opportunity for younger
people in particular to look ahead into the 21st century, by having
them apprciate "pleasure", "emotional accord" and "excitement" that
will issue from using the model INS at the exposition.

3.3 INS Formation

As to the existing telephone network, fully depreciated
telephone network facilities will be replaced with new digital
facilities, and 64Kb/s series digital services will be provided in
such major cities as Tokyo, Nagoya and Osaka, as well as in Tsukuba
Science City, in fiscal 1985, and in approximately 60 prefectural-
capital-class cities in fiscal 1987. Moreover, a method to
effectively serve remote subscribers will be developed during the
same fiscal year, thereby making digital telephone network services
available everywhere in Japan to meet users' demand.

In parallel with this digitization of the telephone network, we are also planning to expand individual digital network, such as Digital Data Exchange networks and Facsimile Communications network nationwide. The present Telex network will be integrated into the Digital Data Exchange network (Circuit Switched) by fiscal 1986, while Telegram Relay network will be integrated into the Digital Data Exchange network (Packet Switched) by fiscal 1987. In this way, the same facilities will jointly by used.

In fiscal 1990, such non-telephone networks as the Digital Data Exchange networks and Facsimile Communications network will be integrated into a single network. By around fiscal 1995, this non-telephone services network will, in turn, be integrated with the digitized telephone network so as to meet the diversified needs of users in a flexible manner.

Moreover, we are planning to include in the INS highspeed and broadband services by around the onset of the 21st century, taking into account the trend of international standardization hereafter.

Furthermore, in promoting integration and unification of networks, it will become extremely important to examine, under a new concept, unification of the tariff structures which are not unified at present.

4. New Technologies Making Possible Realization of INS Concept

In order to realize the INS, it will become necessary to introduce various technologies.

4.1 Large Scale Integration Technology

The memory of the world highest integration at present, is the so-called one mega-bit Dynamic Random Access Memory (DRAM) which packs 2.5 million electronic components on a small chip of 6mm X 6mm in size. NTT announced this device in February, 1984, and is now promoting the research and development to produce a larger-capacity memory device. In case of this one megabit memory, a pattern is drawn by using the traditional ultraviolet light exposing technology. However, the line width of 0.8 micron is the limitations of this technology, and it is conceived that the next four megabit memory will be the final goal to be attained by this technology.

In developing a memory of more than 16 megabits, ultra-microscopic processing technology using X-ray, electronic beam or ion beam will be needed. At present, major laboratories in the world are conducting reserch and development of the technology. Much expectations are now put, among others, on the development of Synchrotron Orbital Radiation (SOR) that radiates intense parallel beams. Using SOR, we have succeeded in transcription of a 0.2 micron pattern.

NTT is making various effrots to develop a 100 megabit-class Ultra LSI (ULSI) memory by around 1995, using these technologies.

Furthermore, superhigh-speed computation will become necessary to realize an INS computer which will become the brain of the future INS network. Since the present LSI made of silicon has its own limitations, now in progress is the development of new materials, such as galliumarsenide, High Electron Mobility Transistor (HEMT), and Josephson device. Recently, NTT succeeded in making on an experimental basis a superhigh-speed memory of the world highest

speed of 0.85 nanosecond even with silicon as the basic material.
This summer, we suceeded to develop to produce 16 kilobit galliumarsenide memory for the first time in the world.

4.2 Digital Switching Technology

Developments of various systems applying digital switching
technology are now in progress to meet the scales and classes of
telephone offices nationwide. The D60 digital switching system,
which handles long distance calls, has already been put into
operation since December 1982, while the D70 digital switching
system, a local call switcher, was put into service in October 1983.
Moreover, we are planning early introduction, through technical
confirmations by the INS model system, of a switching system having
the function of serving digital subscribers, which is essential to
the realization of the INS, as well as the gateway function for
communications processing.

4.3 Optical Fiber Transmission Technology

The optical fiber transmission system developed recently
contributes to the reduction in the cost of information transmission
because of its low optical fiber loss which allows repeater spacing ,
normally more than 25 kilometers, compared with the traditional
coaxial cable system. Furthermore, the optical fiber cable has such
advantages as broadband, non-induction, and non-cross talk.

At present, there exists a 400 Mb/s system having the capacity
of 5,760 voice circuits per system, which is the same as that of the
existing coaxial cable system, and capable of transmission with the
maximum repeater spacing of 40 kilometers. By around 1987, a 1.6 Gb/s

system having the capacity of approximately 23,000 voice circuits per system will be developed. Furthermore, a new system with the repeater spacing of more than 100 kilometers at the transmission speed of several gigabits per second applying coherent optical fiber transmission technology will be developed in the 1990's.

Moreover, a submarine optical fiber cable will replace the existing submarine coaxial cable someday. By using new materials such as a fluoride optical fiber, it can be expected to remarkably improve the optical fiber transparency performance, and the dream of 10,000 kilometer non-repeater transmission will come true some time in the future.

Thus, the cost of the long-haul optical fiber transmission system will be decreasing. On the other hand, it is an important task imposed on us to decrease the cost of the subscriber optical fiber cable to provide inexpensive high-speed and broadband services such as video service. We expect to be able to reduce its cost to less than that of the existing copper wire in 1995.

Although there are several methods to produce the basic materials of optical fiber, the Vapor-phase Axial Deposition (VAD) method developed by NTT as the central figure, contributes to the cost reduction with such features as mass production because its capability of manufactureing large-sized basic materials in succession, and production of high-quality materials.

4.4 Large-Capacity Satellite Communications Technology

In Japan, the "CS-2a" and "CS-2b" satellites were successfully launched in Feburary and August 1983 respectively as our geostationary communications satellites for commercial use. Although these satellites succeeded in putting the semi-millimeter wave to practical use, their capacity is still small as indicated in its weight of 350 kilograms and its capacity of approximately 4,000 voice circuits.

Since it costs a great deal to launch a communications satellite, a small-capacity satellite is believed uneconomical. Therefore, to make a satallite fully competitive in the circuit cost with the terrestrial system such as optical fiber, it is considered necessary for us to develop a satellite weighing 2 to 4 tons and capable of transmitting 100,000 to 200,000 voice circuits.

Moreover, in a country like Japan whose land is comparatively small, the most efficient use of the frequencies allocated to satellites will be required. To meet such requirement, positive research is now being conducted on the multi-beam system which is effective in increasing the transmission capacity and in miniaturizing earth stations.

4.5 INS Computer

Since a computer made its debut, there has been no basic change in its design concept, and one processing unit has been conducting serial processing of data under a system called the Neumann type computer system. With the increase in computer use, sophisticated and bulk processing has been required. However, sice the Neumann type computers are operated on a serial processing basis, their processing time becomes longer in proportion to the volume of data to be processed. For this reason, the Neumann type computers are considered unsuitable for the so-called intelligent processing in which the volume of data to be processed is extremely large, such as graphic processing, voice recognition and translation. Furthermore, the volume of softwares is increasing more and more, and their importance is ever-increasing as well. According to the survey conducted by Stanford Research Institute in 1982 , the crisis caused by softwares was pointed out as follows: if the situation remains as it is, the demand for softwares will become unable to be met in the year 2025 even by making the world population programmers. In order to overcome such crisis, we have to look for an appearance of the fifth generation computer, the INS computer in our own words, which is capable of parallel processing and reasoning, as well as natural language processing.

Taking account of the anticipated wider spread of computer use in future, the INS computer will become the one operatable by human language, that is, the one permitting dialogue between man and machine, or the one similar to the brain of a human being.

Since this computer will be incorporated in the network, besides its intelligent processing, the emphasis will be placed on instantaneousness in processing, and will be given the functions of switching processing and communication processing as well.

Development of such INS computer has already been carried out by the Electrical Communications Laboratories of NTT, and it is now expected that a computer capable of partial intelligent processing will be introduced in or around 1990. It is further expected that a computer capable of more highly sophisticated intelligent processing will be available in or around 1995.

5. Conclusion

We are now on the threshold of a new era called the advanced information society in which information and knowledge form its basis. In this new era, one of the extremely important infrastructure will be the INS, a new communications system supported by the electronics revolution. Through the INS, realized will be a new society where necessary information can be obtained at any time and from any place. On the other hand, the society in this era will be more complicated than the present society, and we will encounter with many problems, such as privacy invasion, information control, and information flood, as well as fragility of the information society and the problem of alienation.

Therefore, it is believed necessary to promote not only an approach from the technical aspect which has been over-emphasized till today, but also the thorough discussions by and among natural scientists, social scientists, and cultural scientists as a whole, in order to create perfect harmony between science and technology and human society so as not to bring about unhappiness to mankind.

Such concept looking for further advance of science and technology as well as happiness of mankind is believed to be the philosophy to support the advanced information society.

Information Network System (INS)

Susumu Harashima
Tokyo, Japan

Das leichte Zugreifen zu Informationen ist ein wesentlicher Bestandteil der modernen Gesellschaft. Wir sind ständig beschäftigt mit dem
aktiven Erwerb und Austausch von Informationen und Wissen.
Die Technik der Übertragung, Speicherung, Verarbeitung usw. entwickelt
sich laufend weiter in Verbindung mit sozialem Wandel. Die technologische Entwicklung steht gegenwärtig am Anfang einer Kombination
von Telekommunikations- und Rechnersystemen. Ich bin zuversichtlich,
daß sich dieser informationsorientierte Trend mit der Annäherung an
das 21. Jahrhundert weiterentwickelt und dabei durch gesellschaftliche
Bedürfnisse und technische Innovationen unterstützt wird.

Das Information Network System (INS), das zur Zeit entwickelt wird,
bietet kostengünstige, einfach zu nutzende und vielseitige Telekommunikationsdienste. Diese Dienste werden allen Teilnehmern zu
gleichen Gebühren zur Verfügung stehen, unabhängig von Ort, Zeit und
Entfernung. Durch Anwendung der Digitaltechnik und die Einführung
integrierter Tarifstrukturen, bei denen die Anzahl der Bits als
genereller Maßstab für die Festlegung der Tarife verwendet wird,
können die gegenwärtigen Einzelnetze integriert werden. Die gegenwärtigen Strukturen wurden voneinander unabhängig aufgestellt für
Telegrafie, Fernsprechen, Telex, das digitale Datennetz, Faksimile
usw. Deshalb muß jetzt eine neue Technologie entwickelt und eingeführt werden.

VLSI (Very Large Scale Integration)- und ULSI (Ultra Large Scale
Integration)-Schaltungen stellen das erste Hauptgebiet der technologischen Entwicklung dar. Diese Schaltkreise sollen in starkem Maße
zur Kostenreduzierung beitragen. Das zweite Gebiet sind Lichtwellenleiterkabel. Wir richten unsere Forschung auf neue Fluoridmaterialien
mit dem Ziel einer Verstärkerfeldlänge von 10 000 km. Wir müssen auch
die Kosten für optische Teilnehmeranschlußleitungen senken. Das
dritte Hauptgebiet unserer Anstrengungen stellt die Entwicklung eines

neuen Rechners mit der Bezeichnung INS-Rechner dar. Dieser Rechner
wird das Netz mit geeigneten intelligenten Funktionen versorgen.
Das erste INS-Modellsystem in Japan arbeitet seit 28. September 1984
im Gebiet von Musashino-Mitaka in der Umgebung von Tokio. Ein
weiteres INS-Projekt wird zur Internationalen Ausstellung
(TSUKUBA EXPO '85), die ab März 1985 in der Stadt Tsukuba stattfindet, in Betrieb genommen. Diese beiden Modellversuche sollen Erfahrungswerte über Technologie, Kultur und gesellschaftliche Faktoren
für das INS liefern.

Wir planen ferner, das vorhandene Fernsprechnetz zu digitalisieren,
indem vollständig abgeschriebene Fernsprecheinrichtungen durch neue
digitale Einrichtungen ersetzt werden. Durch ein digitales Overlay-
Netz zum bestehenden analogen Netz sollen bis Ende des Rechnungs-
jahres 1987 digitale Dienste je nach Benutzernachfrage in ganz
Japan verfügbar sein.
Es wird notwendig sein, die technologische Entwicklungsrichtung fest-
zulegen. Wir müssen die technologische Weiterentwicklung für den
gemeinsamen Fortschritt und zum Wohle der Menschheit einsetzen.

Introduction Strategy for ISDN in Great Britain

C. D. E. Price
London, Great Britain

1 INTRODUCTION

British Telecom (BT) has been active in the field of ISDN from the start. It was
recognised that the advent of ISDN would have a profound effect on
telecommunications and for that reason BT sought to obtain practical experience on
ISDN as early as possible.

The path towards the integration of services differs from country to country. At
present we find the term "ISDN" used by different administrations to
describe different practical network configurations. The ISDN, as defined by CCITT
recommendations, will inevitably be approached from a number of different
directions. The objective of this paper is to describe the BT approach by
describing what has been achieved to date and the plans for the future. These plans
relate to the extension of the ISDN to serve more customers and to provide a greater
geographical coverage. They relate also to the evolution of the network standards
towards those agreed internationally.

2 BACKGROUND

British Telecom, in common with all major telecommunication administrations
throughout the world, is implementing a multi-purpose Integrated Digital Network
(IDN). The Integrated Services Digital Network (ISDN) is created by extending this
IDN to the customer in such a way as to permit him to use the capabilities of the
digital network to satisfy his full diverse range of data and voice
telecommunication requirements, both switched and non switched, at up to 64 kbit/s.

The means by which the IDN is extended to the customer is referred to by BT as Integrated Digital Access (IDA), Figure 1. The current BT implementation plans relate to the provision of basic and primary rate access; these being referred to as single-line IDA and multi-line IDA respectively.

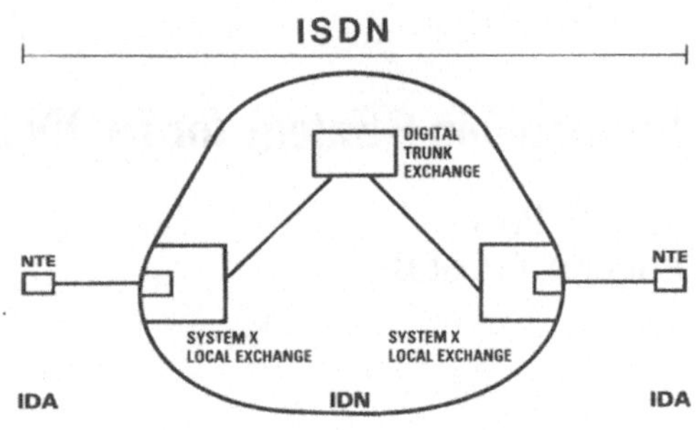

FIGURE 1

Relationship of ISDN, IDA and IDN

The IDN necessarily will take some years to implement. For a number of years at least it will be necessary for the ISDN to interwork with other established BT networks (eg the digital private circuit network and the packet switched network) in order to provide the customer with some of the facilities he requires. Indeed such separation of networks may remain a feature of the BT telecommunications service. However, to the customer on ISDN, such separation of networks is not visible. The ISDN customer has, in IDA, a single means of accessing all network facilities however they are provided, Figure 2. IDA therefore represents the customers view of the ISDN and it is for that reason that BT bases its marketing activities on IDA. IDA also involves the major part of the development specific to the ISDN and represents all of that additional and alternative hardware which must be provided to implement the ISDN.

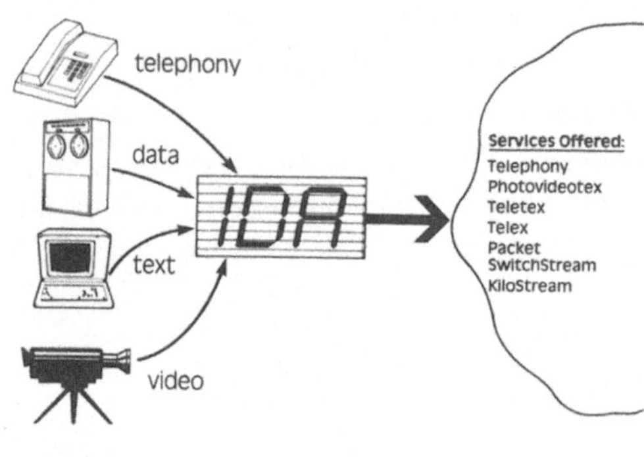

FIGURE 2

Integrated Digital Access

The initial phase of ISDN implementation within the BT network takes the form of a Pilot service. A second phase, based on the same standards and taking advantage of the very rapid build up of System X local exchanges in the BT network, is expected to begin during 1986. A further phase is currently being defined and, as far as possible, will provide for the implementation of internationally agreed standards. The target date for this third phase is 1987/88.

3 INITIAL IMPLEMENTATION

The principal objectives of the Pilot ISDN were set as:

    i. the acquisition by BT, and the BT equipment suppliers, of experience on the technological, development and operational aspects of providing a National ISDN;
and
    ii. the stimulation of interest in ISDN among customers and terminal equipment suppliers.

The specification and developments in support of the Pilot were initiated some time before any significant progress had been achieved in international discussions and at a time when realisation was constrained by technology to a greater degree than is now the case. For these reasons the standards applicable to the initial BT implementation differ in some respect from those now emerging from CCITT.

3.1 Access Options

The Pilot will provide three practical methods of access to customers: single-line IDA, multi-line IDA and single-line IDA via a multiplexer.

The access structure for single-line IDA is shown in Figure 3. Single-line IDA utilises a single pair of the existing local cable network to carry the two directions of transmission for two traffic channels: one of 64 kbit/s, suitable for both voice or data at rates up to 64 kbit/s, and a second of 8 kbit/s, suitable for data only. In addition an 8 kbit/s signalling channel is provided to serve both traffic chennels. Thus the total information rate for single-line IDA is 80 kbit/s in each direction of transmission.

CHANNEL	APPLICATION	SPEED
PRIMARY	TELEPHONY or DATA	64 kbit/s
SECONDARY	DATA	8 kbit/s
SERVICE	DASS SIGNALLING	8 kbit/s
TOTAL INFORMATION RATE 80 kbit/s		

FIGURE 3

Access Structure of Single-Line IDA

Multi-line IDA provides up to thirty 64 kbit/s traffic channels in Time Slots 1-15 and 17-31 of a 2 Mbit/s digital path. The 64 kbit/s channels provided by Time Slots 0 and 16 are allocated for alarms/frame alignments and for signalling respectively in the normal way.

Single-line IDA can be provided to customers in exchange areas still served by analogue exchange equipment by means of an IDA multiplexer. Each multiplexer extends up to 15 single-line IDAs to the nearest most appropriate ISDN local exchange over a 2 Mbit/s digital path. The two traffic chennels for each customer are allocated specific time slots in the 2 Mbit/s link to the exchange and the signalling for all 15 customers is statistically multiplexed in Time Slot 16.

The three methods of IDA connexion are illustrated in Figure 4.

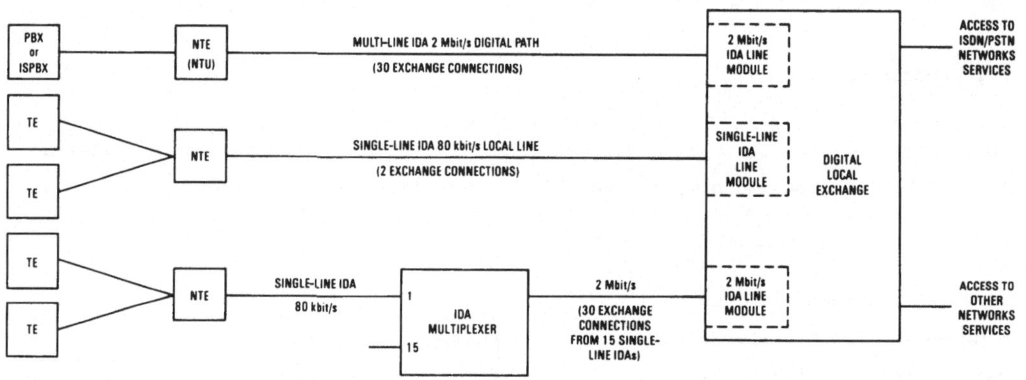

FIGURE 4   Three Methods of Providing IDA

3.2 Signalling

The introduction of ISDN is dependent on the provision of a new signalling system between the customer and the ISDN local exchange for use on both single-line IDA and multi-line IDA. This new signalling system is necessary to provide the speed and repertoire appropriate to the full range of services and facilitates which will be provided by ISDN. At the time when BT was preparing its specification for the Pilot network no CCITT Recommendations on ISDN access signalling sytems were available and so BT defined its own Digital Access Signalling System (DASS). DASS is a message based signalling system which follows the principles of the OSI seven layer

model. It potentially provides for a much wider range of customer facilities and
for more information on the progress of calls to be provided by the network to the
customer's terminal. However, in order to minimise the exchange software
developments required for the first introduction of ISDN, the network initially
supports only a limited number of these supplementary services.

3.3 Network Termination

In the customers premises a single-line IDA Network Terminating Equipment (NTE)
provides standard "X" and "V" series CCITT interfaces to terminal equipment. It
interworks the signalling over the terminal interface with that used in the 8 kbit/s
signalling channel, provides rate adaption as required and multiplexes the two
traffic channels and the 8 kbit/s signalling channel into a single 80 kbit/s data
stream for transmission over the local pair to the exchange.

The network termination for a multi-line IDA is provided by a Network Terminating
Unit (NTU) very similar to equipment used on conventional 2 Mbit/s digital path. In
this case the other functions of the single-line IDA NTE must be provided by the
terminal equipment. Thus on multi-line IDA the DASS signalling must be a feature of
the terminal equipment whereas for single-line IDA it is not.

3.4 Transmission

Initially BT will be using two techniques for providing 80 kbit/s transmission in
the local network. The majority of customers will use a simple burst mode technique
operating at an instantaneous bit rate of 256 kbit/s but a more complex echo
cancelling technique, operating at 88 kbit/s, is to be used on a smaller experimental
scale. The planning limit to which service has been provided to the majority of
telephony customers in the UK is 10 dB loss at 1600 Hz and this equates to a
maximum loss for digital systems operating around 88 kHz and 256 kHz, such as those
to be used initially for single-line IDA, of 40 dB and 60 dB respectively. The
current burst-mode system with a maximum permissible loss, for practical application,
of 34 dB at 256 kHz is capable of operating successfully with a range of approximately 2.5 km over 0.4 mm copper pairs and this performance will enable some 78% of
customers to be connected directly to their local exchange. Whilst the experimental
echo/cancelling system with a permissible loss of 30 dB at 88 kHz will provide a

slightly longer reach of approximately 3 km and would enable 89% of customers to be connected directly. These performances are depicted in Figure 5. Although action can be taken (for example by the selection of cable pairs) to provide access to customers outside the normal range of these transmission systems, the performance currently achieved obviously would be inadequate for the longer term implementation of ISDN.

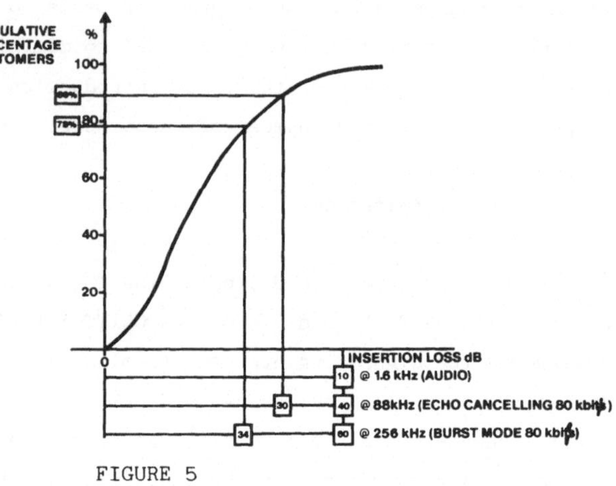

FIGURE 5

Performance of Pilot Transmission Systems and Proportion of Customers Reached.

3.5   Exchange

Figure 6 represents the major functional blocks of the concentrator of a System X digital local exchange. An ISDN design of customers line termination module for single-line IDA extracts the 8 kbit/s signalling channel and provides for the

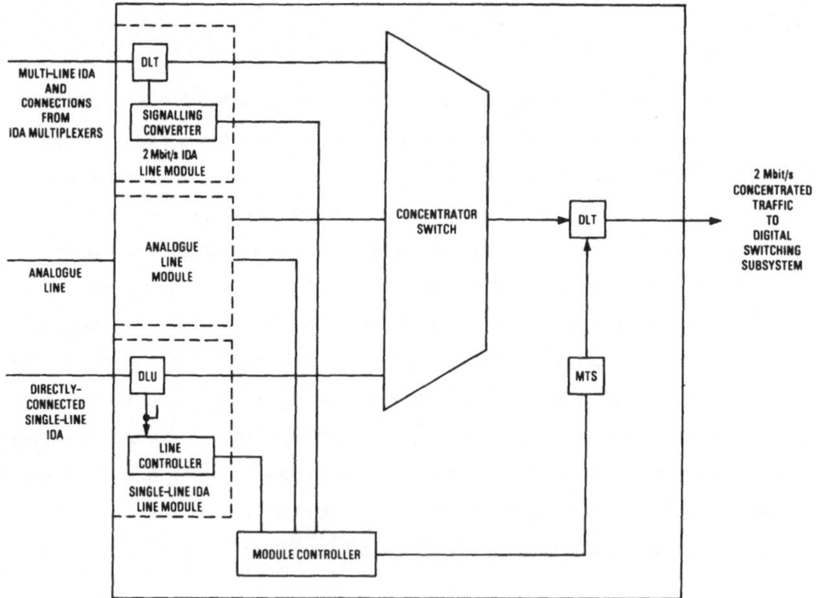

FIGURE 6   System X Concentrator Sub-System

separate connexion of each traffic channel to the concentration switch; the 8 kbit/s traffic channel being rate adapted, by reiteration, to 64 kbit/s for transmission throughout the IDN. Similarly for multi-line IDA a further design of ISDN termination module connects the signalling and the 30 traffic channels to the concentration switch. The same hardware terminates also a 2 Mbit/s digital path from a multiplexer.

The control and transmission interfaces of these line modules on the concentrator are identical to those of the analogue line modules on the exchange. Thus the provisioning for IDA lines necessitates specialist ISDN equipment only in the form of shelves of IDA line modules. A single concentrator my be equipped with any combination of shelves of analogue, single-line IDA or 2 Mbit/s IDA line modules. The implementation of ISDN in the exchange necessitates no action other than the specification of those alternative line module shelves and the dimensioning of the concentrator according to the traffic loads, and call holding times, expected on the particular mixture of analogue and IDA traffic.

3.6 Pilot Network

The Pilot is to be based on four System X local exchanges: two in London and one each in Birmingham and Manchester. The first of these exchanges will open for ISDN service in the City of London early in 1985. The remaining exchanges will open over the following seven months.

Each of the four exchanges, in addition to providing service to several thousand analogue customers, will have the capability to provide digital service to about 250 single-line IDAs and 10 multi-line IDAs. Thus the Pilot will comprise a total capacity of some 1000 single-line IDAs and 40 multi-line IDAs. Of these only a small number of single-line IDA customers will be in the exchange areas served directly by the four ISDN exchanges; the majority of such customers being served by ISDN multiplexers. In this way the Pilot service, whilst based on only four ISDN exchanges, will involve customers spread geographically over much of London, Birmingham and Manchester as well as a number of other major centres of population and business activity in England. The geographical coverage planned for the Pilot is illustrated in Fig 7. Multi-line IDA will be available, as required, by the provision of 2 Mbit/s digital paths between the customer and the most appropriate ISDN local exchange.

3.7 ISDN Demonstration

A small Demonstration ISDN has been created in London and has been operational since December 1983. It is being used to provide potential customers with an early indication of the impact which ISDN will have on the future of telecommunications as a prelude to their participation in the Pilot service. The demonstration is used also to stimulate interest in ISDN among terminal manufacturers and telecommunication consultants. The network is based on a single System X concentrator serving ISDN traffic only. Normally some 20 single-line IDA lines are in use serving various modern terminals such as fast facsimile and photovideotex at 64 kbit/s and teletex

FIGURE 7

Geographical Coverage Of The Pilot ISDN

at 8 kbit/s. The majority of the IDAs are within the same building as the exchange equipment. However, a few make use of pairs in the ordinary local cable network in London to connect facilities approximately 2 km away, and others make use of digital private circuits to extend single-line IDA to other facilities at the BT Research Centre at Martlesham Heath some 100 km distant.

In addition to its use as a marketing demonstration, the same equipment has from time to time been augmented with further single-line IDAs, some directly connected and some connected via multiplexers, to provide exhibition displays in a number of cities in England. Advantage has also been taken of the availability of a working ISDN to carry out tests, in particular to verify the transmission planning standards for the provision of service over local cable networks.

During the first nine months of operation over one thousand representatives of major customers visited the Demonstration, as well as a number of senior members of administrations from all over the world.

4 SECOND PHASE OF IMPLEMENTATION

The Pilot ISDN is not a field trial. From the beginning it was intended as a
nucleus on which a nationwide ISDN would grow. The interest created by the
demonstration network, the momentum generated by the other marketing activities
aimed at the Pilot and the market surveys undertaken to assess the potential
market demand for ISDN all indicate the need to progress towards a National ISDN.

Current BT plans entail a very rapid build up of digital local exchange capacity
over the next decade. Although this equipment initially will be used in many
instances to fully replace outdated exchanges, a major element of the BT deployment
strategy for the introduction of digital local exchange capacity is the overlay
principle; installing the new equipment alongside older types of exchange equipment
so as to provide modern facilities as widely as possible as early as possible. It
is the business customers who are the primary marketing target for the enhanced
facilities provided by the IDN and it is to them that the deployment of new exchange
equipment is aimed. It is these customers also who will be the principal initial
users of ISDN and thus the deployment strategy for digital exchanges being installed
as part of the current modernisation programme will result in an early widespread
availability of ISDN which matches closely the deployment strategy necessary to meet
the market for ISDN. Where a significant requirement for ISDN arises in an exchange
area not served by new exchange equipment, single-line IDA service may still be
provided by the use of a multiplexer.

A decision to make the ordering of IDA customer and exchange equipment a standard
feature of the planning, dimensioning and ordering procedures will come only
after real experience has been obtained from the Pilot. Nevertheless all the
System X local exchanges currently being purchased by BT have the inherent
capability to terminate both single-line IDA and multi-line IDA in addition to
analogue lines. All the digital local and trunk exchanges have also the inherent
capability to provide those additional network features which are necessary to
realise the full benefits of an ISDN. During the second phase of implementation of
ISDN special action is being taken to procure a pool of IDA equipment, sufficient
to meet the forecast demand from early 1986, to be installed and brought into
service as and where the demand arises.

The standards, and equipment designs, to which ISDN will be provided during this
second phase of implementation are based on those of the Pilot but with important
changes in signalling and NTE design.

4.1 Signalling

The definition of DASS, the development of digital PABXs and the use of digital leased circuits to form digital private networks, highlighted a need for a digital inter-PABX signalling system. BT and a number of UK PABX manufacturers collaborated on the definition of such a signalling system; based upon DASS but enhanced to meet the inter/PABX signalling requirement. This further signalling system is called Digital Private Network Signalling System (DPNSS).

During the definition of DPNSS it became apparent that it was desirable to align more closely certain of the messages of DASS with those of DPNSS. An enhanced version of DASS was therefore defined, called DASS2 (the original being referred to as DASS1), which would enable PABXs to have a common type of signalling system for both inter-PABX links on private circuits and PABX links to the IDN. In the Pilot ISDN, DASS1 is to be used on single-line IDA whilst a subset of DASS2 will be used on multi-line IDA ISPBXs.

Further exchange developments are in hand to fully support DASS2. When the enhanced signal processing software is introduced ISPBXs will have the full range of facilities of DASS2 and the common features of DPNSS and DASS2 will enable them to be interleaved on a common signalling channel such as timeslot 16 in the 2 Mbit/s multiplex structure. This will allow some of the 30 traffic channels from the ISPBX to be used for private circuits providing direct PBX-PBX connexions, whilst others are used for switched public network connexions. BT is now fully committed to DASS2 as the signalling interface to its local exchanges for ISPBX connexions until a fully agreed international standard is available and can be implemented retrospectively into working exchanges.

4.2 Network Termination

The network terminating equipments developed for the Pilot were always seen as experimental designs intended to test the market. As a result of the experience gained from development, and from marketing, it has been possible to define a new NTE more specifically directed towards the needs of the market and at a price considerably below that of the Pilot NTEs. The development of this new NTE also has had to reflect the major changes which have taken place in the regulatory situation within the UK. At the time when the development was begun BT had a monopoly on most customer equipment. It seemed quite reasonable, therefore, for one of the Pilot NTEs to have an integral telephone, and all the facilities to be expected of modern telephones, in addition to those facilities applicable to

interworking to data terminal equipment.
The situation has now changed. BT is
now required to work to well defined
network boundaries subject to statutory
approval; with equipment outside that
boundary open to general competition.
For this reason the new NTE has been
developed with X 21 interfaces for both
the 64 kbit/s and 8 kbit/s date ports as
depicted in Figure 8. These ports
represent the boundary of the BT
network. Terminal adaptors are being
developed also, to provide other
interface such as X21 BIS, but these are
not considered to be a part of the BT
network for regulatory purposes.

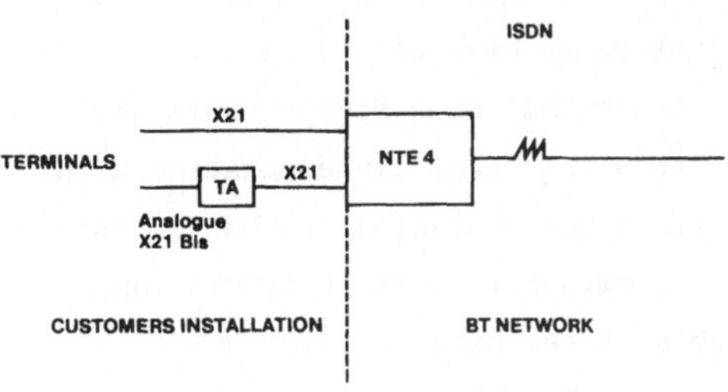

FIGURE 8

Interfaces of New NTE

A particular feature of this phase of
ISDN is that BT is using the opportunity
presented by the development of the new
NTE to introduce the rate adaption
technique embodied in the X30 CCITT
recommendation.

5 FURTHER PHASE

Two major issues dominate the further phase of ISDN implementation in the BT network.
The first is the evolution towards internationally agreed standards. The second is
the changed commercial environment in which BT finds itself.

5.1 Standards

Considerable progress has been achieved on the recommendations for ISDN during the
1980-1984 plenary of CCITT. It is probably fair to say that the extent of the
progress over the last twelve months or so has surprised even those who have been
directly involved. BT see the next phase of ISDN as leading to the introduction of
services based, as far as practicable, on those agreed CCITT recommendations.

For some time we have been evaluating a number of technologically advanced local network transmission systems currently under development and designed to implement the CCITT recommendation on the basic access. As a result of that evaluation we have considerable confidence that such developments will lead to a practical implementation with a performance equivalent to better than 50 dB permissible loss at 100 kHz and capable of reaching at least 98% of BT customers, Figure 9. Although fully developed systems will be available in 1986/7, it will be some time before a single transmission system will emerge to become a widely accepted industry standard even if such a single standard ever emerges.

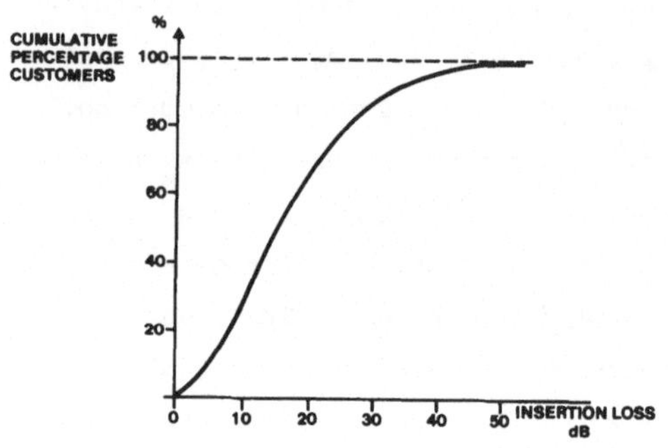

FIGURE 9

Distribution of Local Line Loss at 100 kHz.

The CCITT recommendation for the customer interface on basic access is still insufficient to allow independent implementation of compatible systems. However there appears to be a sense of urgency on the need to make rapid progress towards achieving a full specification of the customer interface and international initiatives have been taken in Europe to this end. It would appear that there is, in these endeavours, the will to succeed and we are hopeful of major advances during the coming months. The current deadline for agreement is March 1985. If that target is met then agreed specifications should be available in time for the next round of ISDN implementation in the BT network. if not then BT will implement its own 144 kbit/s single-line IDA based on DASS2. Should the European standard be forthcoming we would anticipate making an interface to the "T" reference point available to the customer. If we have to implement a BT interim standard then we would propose to continue to protect the customer from the interim standard by the provision of an existing CCITT terminal interface as the network boundary.

5.2 Commercial Environment

The development of initial ISDN equipment was undertaken within the framework of the
System X collaboration between BT and its major suppliers of exchange equipment.
As a consequence interfaces within the 80 kbit/s single-line IDA have been
relatively easy to control as a part of that development. Such a situation may be
acceptable where all the single-line IDA equipment, that in the exchange and that in
the customer's primises, is to be supplied by one manufacturer or a group of
manufacturers collaborating on the further development of the equipment to be
supplied. It is not acceptable when the supply of NTEs, for example, is opened up
to the more competitive development and supply environment which is now a feature of
BT operations.

The current situation is acceptable also in that the 80 kbit/s single-line IDA
standards have a restricted life and will not be subject to further evolution. The
same will not be true of the 144 kbit/s single-line IDA. Ongoing development of
transmission systems to improve performance, and the introduction of functional
changes between the Network Termination (NT) and the exchange to reflect any
evolution in operational and administrative requirements, will ensure that for some
years to come at least, interfaces between the NT and the exchange will be subject
to change.

Added emphasis has been given to such considerations by the current activity within
BT to look at a possible additional digital local exchange system to augment the
supply of System X in BT's bid to meet its targets for the rapid modernisation of
its network. It is the possible introduction of such a system which lends a sense
or urgency to the availability of 144 kbit/s single-line IDA. it is not thought
realistic to commission the work necessary to implement the current 80 kbit/s
single-line IDA standards for what inevitably would be a short period prior to the
implementation of the CCITT recommendations. However there would be problems if BT
were to seek a common exchange interface for the implementation of the 144 kbit/s
single-line IDA on both System X and another local exchange system.

5.3 Proposed Way Ahead

The objectives which we are seeking in the specification of future single-line IDA
are:

    i. a separation of the exchange and customer equipment supply;

    ii. freedom for BT to procure equipment on the basis of competitive tender
to functional and interface specifications;

    iii. the avoidance of any constraint on BT to a continuing commitment to
one supplier for equipment on one side or the other of the boundary between
exchange and customer equipment.

    iv. freedom for the 144 kbit/s transmission system to evolve.

Our conclusion is that these objectives will be most nearly realised by the
implementation of the 144 kbit/s single-line IDA based on the use of a new design
of multiplexer for all connexions, Figure 10; the main attraction of such an
approach being that the multiplexer 2 Mbit/s interface to the exchange would be to
available standards and that the procurable unit to that interface would be limited
to that equipment necessary to serve no more than 15 single-line IDAs.

Work has begun on the preparation of the multiplexer specification. This is
planned to a timescale which will allow the implementation of any agreed standards
emerging from the current European initiative.

BT is already committed to the
implementation of the DASS2 standard for
use on multi-line IDA to ISPBXs and
DASS2, for that purpose, is a feature of
current exchange procurement
specifications. The strategy for the
implementation of an agreed customer
access signalling system for multi-
line IDA will be established once such
agreements are reached. A decision
has to be taken also on whether the
multiplexer interface to the exchange
will initially be based on DASS2, for
compatibility with the multi-line IDA
interface, or based on the international
standard (if agreement is reached in
time for that to be incorporated into the
multiplexer) to avoid the need for
protocol conversion in the multiplexer.

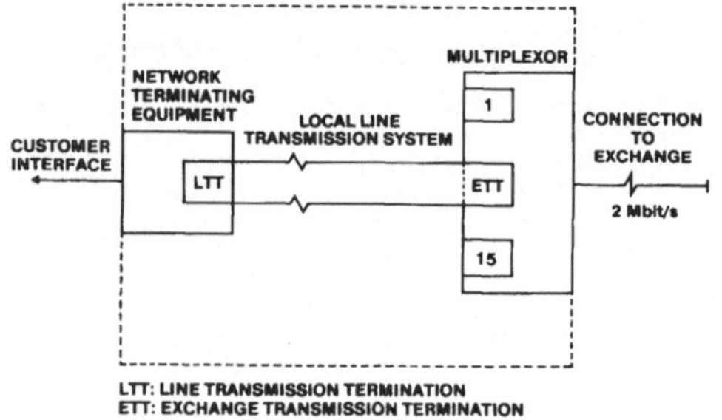

FIGURE 10

Proposed Multiplexer Development

BT has carried out economic studies on the use of the multiplexer as proposed above.
Those studies show that, because of the particular set of circumstances which
prevail at the present time, this approach will not incur any significant economic
penalty in the first years of implementation. However, continued use of such a
multiplexer in the longer term may not remain economical; it is too early to predict
with any confidence at what time, or in what way, the multiplexer approach will
be superceded.

6 CONCLUSION

Progress on the implementation of ISDN in the BT network over the coming years will
be influenced by three factors:

i.   the absence of complete internationally agreed standards;
ii. the continuing evolution to be expected in the interfaces between the
NT and the exchange on the single-line IDA;
iii the new commercial and regulatory environment in which BT has now to
operate.

This paper has outlined the current thinking on the strategy by which BT
implementation of ISDN will progress in such an environment.

BT has demonstrated its belief in the future of ISDN. All the experience which
we have as a result of the development and implementation of the Pilot, confirms
us in that belief. Our plans for the extension of the Pilot to a nationwide
service are well advanced and we are actively pursuing a third phase based as
far as possible on international standards.

There is no doubt that, in ISDN, we are witnessing the beginning of a major
revolution in the public telecommunications network capabilities. BT is
determined to remain in the vanguard of the technology which makes it possible.

Einführungsstrategie für das ISDN in Großbritannien

C. D. E. Price
London, Great Britain

Die gegenwärtige Implementierung von ISDN im Netz der British Telecom beschränkt sich auf die Bereitstellung von Basis- und Primärmultiplexanschlüssen für Sprach- und Datendienste mit 64-kbit/s-Verbindungen. Bereits in einem frühen Entwicklungsstadium wurde erkannt, daß das ISDN eine tiefgreifende Auswirkung auf die Zukunft der Telekommunikation haben würde, und aus diesem Grund wurde entschieden, daß British Telecom zum frühestmöglichen Zeitpunkt durch die Einrichtung eines Pilotnetzes praktische Erfahrungen mit ISDN sammeln soll. Die Spezifikationen und Entwicklungen für dieses Netz wurden zu einer Zeit eingeleitet, als noch keine bedeutsamen Fortschritte in den internationalen Diskussionen erreicht worden waren, und zu einer Zeit, als die technische Realisierung der notwendigen Einrichtungen noch schwieriger war als es heute der Fall ist. Die englische Fassung des Vortragsmanuskripts enthält eine umrißartige Beschreibung des ISDN-Pilotnetzes einschließlich der Vorgaben, nach denen es konzipiert wurde. Es wird ferner ein kleines privates ISDN-Demonstrationsnetz beschrieben, das seit Ende 1983 in Betrieb ist und von British Telecom dazu verwendet wird, die Planungen und das Marketing von ISDN zu unterstützen.

Seit einiger Zeit laufen bei British Telecom Planungen für eine zweite Stufe der ISDN-Implementierung. Diese wird voraussichtlich Anfang 1986 beginnen und die Erweiterung des Pilotnetzes zur ersten Phase eines nationalen ISDN-Netzes beinhalten, wobei von diesem Zeitpunkt an alle digitalen Ortsvermittlungsstellen integrierte Dienste bereitstellen werden. Die Ortsvermittlungseinrichtungen, die gegenwärtig für das Netz der British Telecom beschafft werden, ermöglichen sowohl Basis- als auch Primärmultiplexanschlüsse. Die Orts- und Fernvermittlungsstellen sind ebenfalls in der Lage, jene zusätzlichen Merkmale bereitzustellen, die erforderlich sind, um alle Vorteile des ISDN zu nutzen. Zur Zeit entsprechen die Normen, nach denen diese Vermittlungseinrichtungen ausgelegt wurden, und somit auch die Normen der Erweiterung des Pilotprojekts zur ersten Phase des nationalen ISDN-Netzes denen, die im Pilotversuch selbst verwendet werden. Das

englische Vortragsmanuskript beschreibt diese Pläne für eine erste
Phase des nationalen ISDN-Netzes ausführlicher.

British Telecom betrachtet die Übernahme und Implementierung der
international vereinbarten ISDN-Standards als ein Hauptziel, das zum
frühestmöglichen Zeitpunkt erreicht werden soll. Das Erreichen einer
solchen Standardisierung fördert in starkem Maße die Verfügbarkeit
von Endeinrichtungen, die in der Lage sind, den größtmöglichen
Nutzen aus dem ISDN zu ziehen, und damit auch das Wachstum der Nachfrage nach ISDN-Diensten. Obwohl die jetzt vom CCITT verabschiedeten
Empfehlungen der I-Serie ein Maß an Fortschritt darstellen, das vor
zwölf Monaten nur wenige erwartet hatten, sind sie noch nicht ausreichend, um die unabhängige Implementierung kompatibler Systeme zu
erlauben.

British Telecom hat bereits die Entscheidung getroffen, die Ge-
schwindigkeitsanpassung nach der Empfehlung X.30 für synchrone
Datendienste nachträglich einzuführen. Diese Änderung wird im Herbst
1985 durchgeführt. Zur gleichen Zeit will British Telecom die Vor-
schläge der ECMA (European Computer Manufacturers Association) für
einen vergleichbaren Standard bei asynchronem Arbeiten implementieren.
Darüber hinaus kommen die Pläne von British Telecom zum Abschluß,
die Empfehlung I.412, die den 144-kbit/s-Basisanschluß betrifft,
und, was vielleicht von größerer Bedeutung ist, die Empfehlung I.420
bezüglich der Basis-Benutzerschnittstelle zu übernehmen. In dieser
Hinsicht drängt British Telecom darauf, daß bei den wichtigsten
internationalen Initiativen in Europa größtmögliche Anstrengungen
unternommen werden, in den nächsten Monaten eine detaillierte Beschreibung der Basis-Benutzerschnittstelle zu erreichen. Falls diese
Initiativen erfolgreich sind, geht British Telecom davon aus, daß
Einrichtungen, die auf den Empfehlungen I.420 und I.412 basieren und
nach dieser europäischen Festlegung konzipiert sind, im Jahr 1987
zum Einsatz kommen können.

Trotz der optimistischen Stimmung und dem unzweifelhaften Vorteil gemeinsamer internationaler Normen, hat British Telecom nicht die Absicht, das Angebot der fortschrittlichen Leistungsmerkmale von ISDN
an die Kunden zu verzögern. Falls es innerhalb der Zeiträume, die
British Telecom für die Verwirklichung seiner Pläne für erforderlich
hält, zu keiner Einigung kommt, werden diese Pläne auf zwischenzeit-
lichen Standards aufbauen müssen, wobei internationale Standards dann

bei nächster Gelgenheit eingeführt werden. Die englische Vortrags-
fassung bietet weitere Einzelheiten über die von British Telecom
verfolgte Strategie zur Weiterentwicklung in Richtung auf international vereinbarte Standards. Sie erläutert auch, wie diese
Strategie durch die Notwendigkeit beeinflußt wurde, arbeitsfähige
Schnittstellen für die Beschaffung von Einrichtungen in einem sich
ändernden fernmelderechtlichen und kommerziellen Umfeld bereitzustellen.

Integrated Broadband Fibre Optic Networks

Elmer H. Hara
Ottawa, Canada

1. INTRODUCTION

Field trials to introduce fibre optic transmission lines into the subscriber
loop are taking place at several locations in the Federal Republic of Germany, at
Biarritz in France, Milton Keynes in England, as well as at Mitaka in Japan. In
Canada, we have successfully concluded a fibre optic integrated services field
trial for rural subscribers. These trials which might be termed "fibred city"
field trials, offer telephone, data and TV services to the subscriber over fibre
optic transmission lines. Most of these field trials also include radio service
while some provide videophone service as well. The network configuration is that
of a centrally switched star, analogus to the telephone subscriber network.

In contrast to the work in fibre optic subscriber loops, there has not been a
great deal of activity in the area of fibre optic LAN (local area network) designs
that include the transmission of broadband signals such as TV. The MINI-HUB system
manufactured by Times Fiber Communication Inc. of U.S.A. is a fibre optic star
network which delivers cable TV service on a centrally switched basis [1]. Initial
development was directed at residential high-rise buildings, and as such, the
system could be classed as a broadband LAN. Subscribers send digital signals to
the switching centre to select a TV program by controlling a frequency division
converter switch which is identical to the digitally controlled VCO (voltage
controlled oscillator) tuner used in many consumer TV sets. Unfortunately, the
MINI-HUB system has not developed into a network that offers the full spectrum of
integrated services, partly because of the difficulty in penetrating established
markets based on coaxial cables and copper wires.

At present, many LAN's are being developed for office communication systems
with the objective of facilitating the flow of information in the office of the
future. Telephone traffic should, of course, be included in this information
flow. However, maintenance of voice quality while providing a fully-switched
service demanded by telephone traffic appears to be difficult for many of the
existing LAN designs because of the memory buffers that must be used. Provision of
service on a non-blocking basis is also difficult because of the limitation in the

maximum volume of traffic that can be handled. Furthermore, setting up multiparty conference calls appears to be a difficult problem to solve, and we are forced to conclude that telephone traffic is best handled by a PBX (private branch exchange). It would then be logical to use a digital PBX to offer telephone and data services over the same star network. The reasoning can be extended one step further to consider the use of a fibre optic network to provide broadband services such as TV and high speed digital signal (e.g. 1.544 Mb/s) interconnections as well. A broadband fibre optic LAN design for the office of the future is discussed first in the following sections and the concept is then extended to the case of the subscriber loop. The design is based on a star configuration using a digital PBX and a broadband space (circuit) switching system.

2. INTEGRATED BROADBAND FIBRE OPTIC LAN

Figure 1 shows a block diagram of the broadband fibre optic LAN. The configuration is a star network which includes the basic telephone network. All switching circuits are located at the switching centre, and an office suite is connected to the switching centre through a pair of fibre optic lines which carry all the communication signals. A block diagram of the wall-box unit which terminates the fibre optic line at the office is shown in Fig. 2. A high speed sampler is used as a commutator to time division multiplex the narrowband signals. By using a high sampling rate of more than 10 Mb/s, ten or more 64 kb/s channels can be transmitted from the office to the switching centre on a TDM (time division multiplex) basis. Broadband signals such as those from CCTV cameras can be carried on a FDM (frequency division multiplex) basis together with the TDM signals.

Table 1 lists some types of signals that might be carried to and from the office on a pair of fibre optic lines. A video signal can be carried on a RF subcarrier and the same channel might also be used to carry high speed digital signals such as 1.544 Mb/s. The option to submultiplex a single 64 kb/s channel exists. Since the digital transmission is already in the form of a full duplex 64 kb/s signal, the electronic circuitry for interconnection with computer terminals and other electronic office equipment can be much simpler compared to the standard interconnection modems designed for copper wire telephone lines.

Figure 3 shows the interface at the switching centre between the fibre optic line and the switching system. Multiplexers and demultiplexers are identical to those used in the office wall-box units. Dedicated communication channels such as high speed links between computer mainframes can be made at this interface section without going through the switching system. In fact, it is possible to overlay an independent LAN by making the appropriate interconnections at this section.

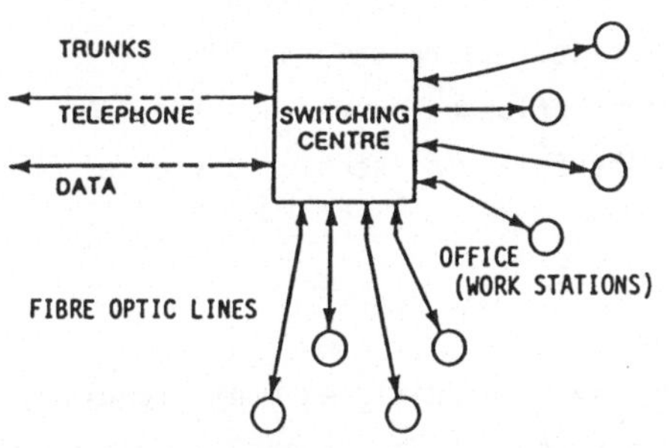

Fig. 1 Broadband Fibre Optic LAN

All signals are routed through the switching centre where a digital PBX, computer and broadband switching system are located. Office work stations are connected to the switching centre through fibre optic lines which carry all the signals, including telephone, data, fire & security alarms and video. Public networks are accessed through trunk lines.

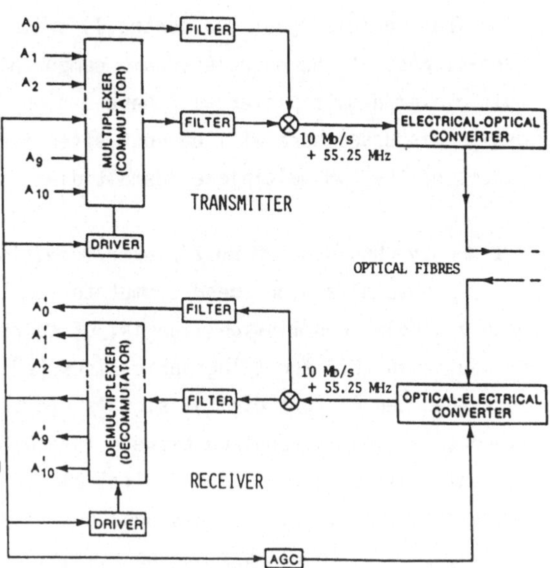

Fig. 2 Office Wall-Box Unit

Separate transmit and receive lines are used. The telephone set must be a four-wire type electronic phone that operates digitally.

TRANSMITTER

CHANNEL	SERVICE	FREQUENCY
A_0	CCTV (NTSC)	55.25 MHz
A_1	TELEPHONE	64 kb/s
A_2	DATA	64 kb/s
A_3	SYNCHRONIZATION, AGC	64 kb/s
A_4	THERMOSTAT TEMPERATURE SENSOR SMOKE DETECTOR	64 kb/s
A_5	TV CHANNEL SELECTION	64 kb/s

RECEIVER

CHANNEL	SERVICE	FREQUENCY
A_0'	CCTV (NTSC)	55.25 MHz
A_1'	TELEPHONE	64 kb/s
A_2'	DATA	64 kB/s
A_3'	SYNCHRONIZATION, AGC	64 kb/s
A_4'	AIR CONDITIONER HEATER LIGHTING	64 kb/s
A_5'		64 kb/s

Table 1 Transmission Format

Only five digital channels are listed but more than ten channels can be accommodated. Broadband signals can be carried on a FDM basis together with TDM digital signals.

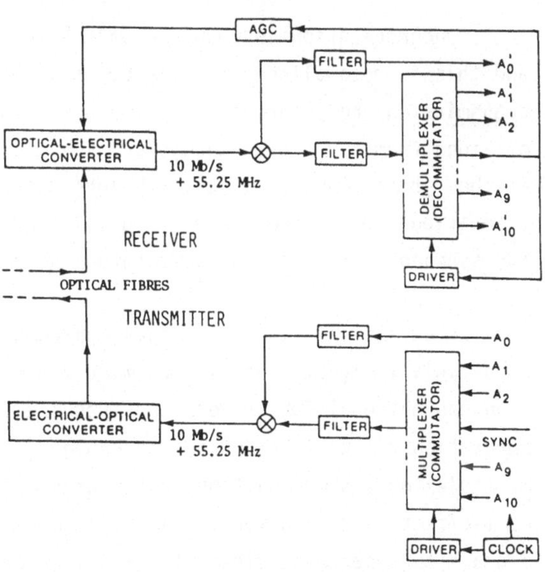

Fig. 3 Line Interface Section

For simplicity, only a single fibre optic line pair is shown. The interface section is located at the switching centre and the signals can either be routed through the appropriate switching system or connected directly to channels from other fibre optic line interfaces.

The flexibility of the centrally switched star network is obvious, but the overall cost of the optoelectronic components, optical fibre and the TDM multiplexer/demultiplexer will have a significant influence on whether the LAN design discussed here will be cost-effective. The following section discusses the impact of the TDM multiplexer/demultiplexer design.

2.1 Non-Synchronous TDM Multiplexer/Demultiplexer

The use of a high speed commutator to time division multiplex many signals onto a single transmission line is, of course, not new. Such a system was invented by Baudot in 1872 for telegraphic lines [2]. By using a 10 Mb/s sampling rate, more than ten 64 kb/s digital signals can be transmitted on a TDM basis. No synchronization is required between the 10 Mb/s sampling rate and the 64 kb/s digital signals because each digital bit is sampled more than ten times. This also means that the digital signals need not be synchronized with each other and signals ranging from DC to 64 kb/s can be multiplexed together even if each signal is derived from an independent clock frequency. Furthermore, a higher bit rate signal such as 128 kb/s can be transmitted as well by paralleling two input channels so that the signal is sampled twice at equal time spacings within the single sampling sequence.

Synchronization is required only between a commutator and decommutator pair and this is accomplished readily by using one of the data channels at the transmission-end to provide a pulse amplitude significantly higher than that obtained from other data channels. The higher pulse amplitude can then be selected at the   reception-end by pulse height discrimination and the data channels identified. Of course, an all-digital scheme can be used as an alternate approach for synchronization of the commutator and decommutator.

It can be said that the non-synchronous multiplexing scheme is transparent to each digital signal that is transmitted and the electronic circuitry is simpler than conventional TDM systems that require synchronization. We expect that, with maturation of the fibre optics technology, the combination of a non-synchronous multiplexing system and fibre optic transmission system will become a cost-effective method for transmitting many 64 kb/s and higher bit rate digital signals together with video signals in broadband fibre optic LAN's.

Aside from the TDM multiplexing/demultiplexing units, another component that will have a significant influence on the design of fibre optic transmission systems is the WDM (wavelength division multiplex) device. The following section comments on a possible development.

2.2 WDM Multiplexer/Demultiplexer

A design of a WDM multiplexer/demultiplexer is shown in Fig. 4 [3]. Graded index lenses are used to expand the light emerging from the optical fibres to parallel beams of light. Wavelength selection is achieved by multilayer dielectric filters and the selected beams are focussed back again into fibres by graded index lenses. As might be surmised from the Figure, alignment of the optical axes is extremely critical if losses are to be kept to a minimum. The manual labour expended in assembly of a WDM device of this or other similar designs is excessive and the optical components are not low in cost either.

By using precision injection molded plastic lenses and prisms, the problems mentioned above can be solved and it is possible to design a WDM device that is largely self aligning with final adjustment of the lenses reduced to an X-Y motion. We foresee that in the near future, low cost WDM devices will force reassessment of the transmission modes used even in short distance fibre optic links where at present, it is often lower in cost to use an extra fibre line rather than to use the FDM or WDM approach.

One advantage of using WDM is the lowering of the maximum frequency response required of the light source, detector and optical fibre, all of which usually contribute significantly to the cost of a system. For example, in the fibre optic LAN described above, the video signal can be carried independently as a baseband signal on a separate wavelength over the same fibre by using WDM devices. This means that the required frequency response of the transmission system is reduced to 10 MHz or less for the video signal and the TDM signal of ten 64 kb/s channels. Therefore, light sources having higher optical output powers and costing much less than light sources for frequencies above 50 MHz can be used. Also, fibres with larger core diameters which usually have lower frequency responses can be used, resulting in higher coupling efficiency between the light source and the fibre. This dual gain in optical power can overcome the insertion loss of the WDM device itself. The larger core diameter fibre also reduces the precision to which the fibre core must be aligned to maintain the loss in fibre connectors at an acceptable level. Low cost fibre connectors can therefore be used.

The WDM device can also be used to provide bidirectional transmission over a single fibre, thereby reducing the overall system cost when the fibre cost is significant. Of course, more than two wavelengths can be used to also gain some of the advantages arising from the lower frequency response requirement mentioned above. Since video signals can be at baseband frequencies in a WDM transmission system, there is no need to use modulators and demodulators as in the FDM case and in addition, the switching system for the video signals at the switching centre is simplified significantly because VHF signals need not be handled.

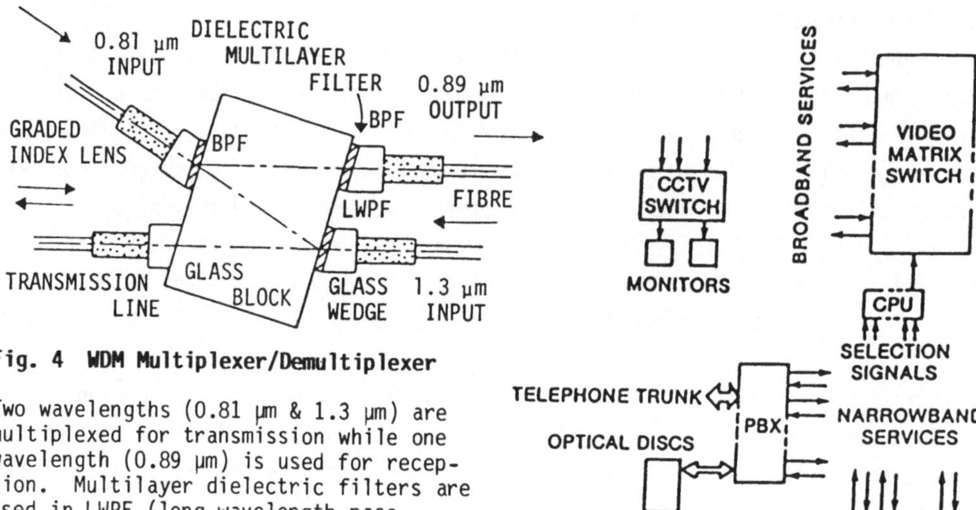

Fig. 4 WDM Multiplexer/Demultiplexer

Two wavelengths (0.81 μm & 1.3 μm) are multiplexed for transmission while one wavelength (0.89 μm) is used for reception. Multilayer dielectric filters are used in LWPF (long wavelength pass filter) form and BPF (bandpass filter) form.

Fig. 5 Switching Centre

Two switching systems, a digital PBX and a video matrix switch are used. An electronic document filing system using optical disc storage can be operated through the PBX, and when combined with an electronic mailbox service, a significant reduction should be achieved in the volume of photocopying in the office.

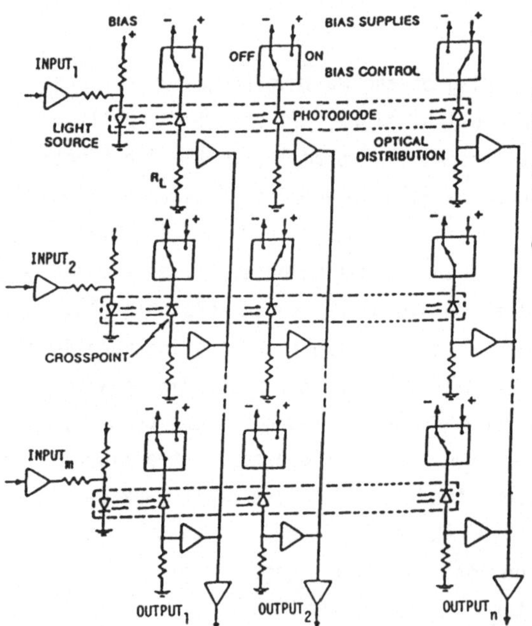

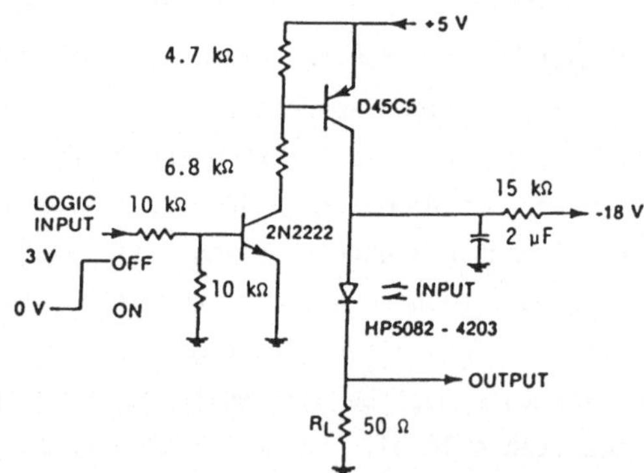

Fig. 6 Optoelectronic Matrix Switch

The electronic signal to be switched is delivered to a photodiode as a modulation on an optical carrier. Under reverse biassing the signal is recovered and provided as an output. To place the crosspoint switch in the off-state a forward bias is applied to the photodiode.

Fig. 7 Optoelectronic Switching Circuit

The photodiode is reverse biassed when the switching transistor (D45C5) is biassed off by the logic input. The input optical signal is then detected and an output obtained. When the logic input is low, the photodiode is forward biassed and its internal impedance is reduced to near zero. As a result, the load resistor R_L is short circuited.

2.3 Switching Centre

Figure 5 outlines one possible arrangement of the switching centre where the heart of the switching centre is a digital PBX which routes the telephone and data signals on a non-blocking basis. The video or high speed data signals are space (circuit) switched by a video matrix switch under the control of a CPU (central processor unit) which receives the routing signals through the digital channels. The video matrix switch can use frequency division switching which is most suited for cable TV signals that are already in a FDM format. However, when broadband analogue baseband signals such as those for videophones must be switched, the large number of modulators and demodulators that are needed becomes cumbersome and crosstalk problems can arise. Also, switching of high speed digital signals such as those for standard TV is impossible with the frequency division switch.

Semiconductor electronic circuits can provide efficient low cost switching for most digital signals. However, when many circuits carrying high bit rate signals must be switched as in the case of a large scale matrix switch, even if the switching elements themselves can provide sufficient isolation (on/off power ratio), crosstalk between channels can present a problem. Crosstalk also arises from ground loop currents as well. For analogue signals such as TV signals which sometimes require isolation and crosstalk losses as high as 80 dB, the design of an electronic switching circuit becomes very difficult because of the relative ease in which RF coupling and ground loop currents can establish themselves [4]. One approach to broadband switching that might be used to meet these requirements of high isolation and high crosstalk losses is the matrix switch which is based on the optoelectronic switch [5]. The following section describes this approach.

3. OPTOELECTRONIC MATRIX SWITCH

The conceptual design of an optoelectronic matrix switch is shown in Fig. 6. The optical output of a light source is modulated by the electronic input signal and delivered to photodetectors at the matrix crosspoints. Under the control of the CPU they act as switching elements. Delivery of the optical signal can be achieved by using suitable optical power splitters [6] and optical fibre waveguides. The optoelectronic switch is switched by changing the bias of the photodetector. For example, if the photodetector is a PIN photodiode, under reverse biassing, the output signal across the load resistor R_L is that carried by the optical signal. Under forward biassing, no output signal is observed because the photodiode acts as a low impedance element and short circuits R_L to ground through the bias power supply. An example of the biassing circuit is shown

in Fig. 7 and performance of the circuit is shown in Fig. 8. We can see that a
frequency response in excess of 200 MHz and isolation better than 80 dB can be
obtained from a PIN photodiode optoelectronic switch.

The advantages of the optoelectronic matrix switch are its high isolation and
low crosstalk levels. The latter arises from the use of optical means to
distribute the signal to the crosspoints. Separation of the input and output line
ground-planes becomes possible and crosstalk levels are reduced significantly.
Also, there is no crosstalk among the optical lines themselves, nor is there
crosstalk between the optical lines and electronic output lines. In addition,
there are no switching transients that might disturb other output lines because the
electrical state of the photodiode does not affect its optical state
significantly. Therefore, no transient optical reflections are generated.
Furthermore, it is possible to connect an input line to all output lines at the
same time. A prototype version of a 6 input X 7 output matrix switch with
isolation and crosstalk losses of 80 dB, capable of switching baseband signals of
100 MHz, is now being offered commercially [7].

The work on optoelectronic switching has been extended further in recent years
and at present, the most promising optoelectronic switch for large scale matrix
switching is the GaAs photoconductive optoelectronic switch [8]. With direct
modulation of the drive current of a LD (laser diode), frequencies from DC to 6 GHz
can be placed on an optical carrier [9]. This means that an optoelectronic matrix
switch capable of switching gigabit rate digital signals, can be fabricated.

Although broadband LAN's and integrated broadband subscriber services normally
do not require high speed switching of broadband or high bit rate signals, a
switching time of less than 1 ns has been observed [10] and 250 ps has been
inferred from mixing experiments [11] for the GaAs optoelectronic switch.
Application of this high speed switching capability is discussed elsewhere [12,
13].

The maximum possible number of input and output lines of an optoelectronic
matrix switch is determined by several factors such as the required frequency
response and SNR (signal to noise ratio), available optical output power from the
light source and its linearity of response when modulated by a signal. In the case
of a Si PIN optoelectronic matrix switch, for a TV signal in the low VHF band (54
MHz to 88 MHz), even if a SNR of 55 dB is to be maintained, more than 60 crosspoints can be served by a laser diode which has an optical output of 10 mW [14].

Since the number of input lines to the matrix is not limited as long as appropriate electronic circuitry is used in the output lines to maintain the desired frequency response and SNR, fabrication of a matrix size of 60 input X 60 output is not out of the question. It should be noted that discussing the size of a matrix switch is somewhat arbitrary because large matrix switch arrays can be formed by suitably arranging the electronic interconnection of matrices of a basic size. In general, because of the lower demand on the SNR, matrices for digital signals can be much larger than those for analogue signals when the same light sources and photodetectors are used.

As the fibre optics technology matures, we can expect significant reduction in the cost of components. With further developments in GaAs integrated circuits as well as in optoelectronic integrated circuits, we can expect that a low cost large scale (e.g. 100 input X 100 output) GaAs optoelectronic switch capable of switching highspeed digital signals or broadband analogue signals, will become available in the 1990's if not earlier. Such a switching system should find many areas of application, one of which will certainly be the broadband integrated fibre optic subscriber network.

4. INTEGRATED BROADBAND FIBRE OPTIC SUBSCRIBER NETWORK

The integrated broadband fibre optic LAN design can of course be extended to subscriber loops. The major differences are in the transmission line lengths and the types of services that might be offered. Because of the longer transmission lines in the subscriber loop, WDM transmission will most likely be the preferred method and a single fibre will be used bidirectionally for many different signals. The flexibility of WDM transmission and centralized switching will therefore permit the network to offer in addition to telephone and data services, standard analogue TV, digitized standard TV, analogue HDTV (high definition television) and many other broadband services at the same time. The problem of compatibility between new and old TV standards for consumer TV sets need not be faced because each subscriber can be connected to the TV signal source of his choice at the central switching office. This means that we need not sacrifice picture quality and also need not accept higher equipment costs because compatibility between standards has been forced to be built into consumer TV sets.

The capability of making a connection to any TV signal source at the central switching office provides an opportunity to establish subscriber services that are not normally available. One such service is the demand access video service which is discussed in the following section.

4.1 Demand Access Video Service

The planar structure of the optical videodisc player allows rapid random access to any portion of the recorded information. By placing a number of playback heads on the disc, sequential playback in time becomes possible. For example, a 30 minute program can have starting times every 7.5 minutes if four playback heads are used. Figure 9 shows a schematic diagram of a demand access video system placed at the switching centre of a broadband LAN or the central switching office of an integrated broadband fibre optic subscriber network. Each signal from a playback head is modulated onto a suitable RF carrier and then supplied to a matrix switch which allows subscribers to choose any of the starting times T_1, T_2, T_3 or T_4 from any of the videodisc programs P_1, P_2, P_3, ..., P_i, ..., P_m. An RF subcarrier is chosen here to permit narrowband TDM digital signals to occupy baseband frequencies. If, however, the WDM approach is used, the signals from the videodiscs can remain at baseband frequencies. Since the matrix switch allows simultaneous connection of other subscribers, any program is available to all subscribers on an equal basis, 24 hours a day.

The emergence of consumer TV sets with internal digital processing also reinforces the attractiveness of the demand access video service because these digital TV sets can be fitted readily with sufficient digital memory capacity to store a complete TV frame. This means that the large storage capacity of a single 30 cm videodisc can be used to provide still-picture information on demand. A 30 cm videodisc can provide 54,000 TV frames and each of these frames can be accessed and transferred readily in a matter of seconds. Thus, traffic congestion problems that may occur in information services using conventional telephone and data networks will not occur in the information service discussed here. Of course, the still-picture can consist of printed text or graphics.

It is obvious that, with the videodisc demand access system, a wide range of program material might be offered to households. Table 2 lists some of the types of services that can be offered. By using an erasable videodisc recorder/player system, delayed "broadcasting" of special TV programs can be offered on a demand basis. News programs can also be offered on a 24-hour basis and frequent updating will enhance its appeal. Furthermore, popular TV program series may be provided in their entirety in response to popular demand. Performing arts events occurring at important centres can first be recorded on a videodisc and then distributed nation-wide to make these centres national establishments. The still-picture service can also bring institutions such as a national art gallery into homes by offering still-picture services of its collection. The standard TV system when performing at its best can supply an impressive picture. However, a TV system providing higher resolution might be desirable for the display of art forms.

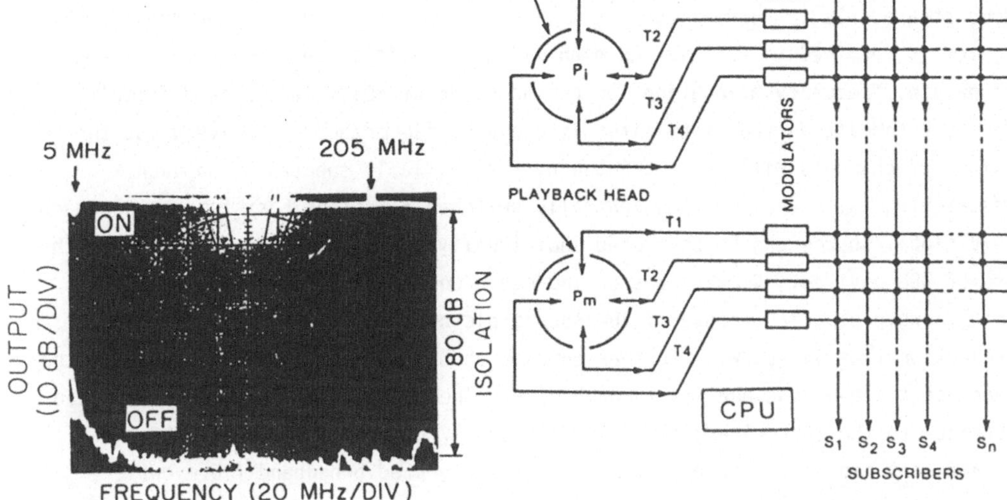

Fig. 8 Optoelectronic Switch Performance

An isolation (on/off power ratio) of 80 dB is obtained over most of the frequency range. The incident optical power was 91 µW and the modulation factor 0.83.

Fig. 9 Demand Access Video System

Each videodisc has multiple playback heads. Crosspoints of the matrix switch are controlled by the CPU. Multiple playback heads allow many starting times for a given program and a subscriber can access the program on demand.

TV SERVICE			
SUBSCRIPTION OPTIONS	PER "CHANNEL"		PER PROGRAM	
	ADVERTISEMENT	NO ADVERTISEMENT	ADVERTISEMENT	NO ADVERTISEMENT
SUBSCRIPTION COST	LOW	MEDIUM	MEDIUM	HIGH
PROGRAMS	DELAYED "BROADCAST", CINEMA, SPORTS, PERFORMING ARTS, SPECIAL EVENTS, HDTV			
STILL-PICTURE SERVICE			
SUBSCRIPTION OPTIONS	PER "CHANNEL"		PER PAGE	
	ADVERTISEMENT	NO ADVERTISEMENT	ADVERTISEMENT	NO ADVERTISEMENT
SUBSCRIPTION COST	LOW	MEDIUM	MEDIUM	HIGH
MATERIAL	COMPUTER-AIDED INSTRUCTION, TELIDON, LIBRARY, FINE ARTS, ARCHIVES			

Table 2 Demand Access Video Service

The term "channel" refers to a class of video sources since a computer program can readily specify whether a source is to be connected to a subscriber on a per "channel" basis or per program basis. Television programs including HDTV programs can be offered on a delayed broadcast basis.

A HDTV (high definition television) system that can provide image quality approximately equivalent to that of a 35 mm slide projection has already been demonstrated [15]. Approximately six times as much bandwidth as the present TV system is required to achieve the high picture quality. Because of this large bandwidth, frequency allocation for broadcasting of HDTV signals is difficult. Direct broadcasting from satellites is one possible method of delivery but the number of channels will be restricted by the available spectrum. No such restrictions will apply to the centrally switched fibre optic system because each HDTV signal source can be connected individually to a subscriber line through the use of WDM devices. Viewing a sporting event on a real time or a delayed basis should prove popular because of the superb picture quality of HDTV. A large projection-type TV set will further enhance the picture quality by increasing the sense of three-dimensionality through size. The delivery of demand access video services to the subscriber, be it in standard TV or HDTV format, will have a significant impact on the operation of the integrated broadband fibre optic subscriber network.

5. DISCUSSION

Since the provision of the demand access video service is under the control of a computer at the central switching office, various subscription charges can be managed readily by a suitable computer program. Insertion of an advertisement is also easily manipulated by the computer software and the subscriber can have the option to avoid advertisements by paying a slightly higher premium. Accurate statistics can be kept on subscriber preferences and the information used to expand a popular market as well as set charges that will maximize return on an investment. For example, foreign movies for minority ethnic groups might prove so popular that close to 100% penetration might be achieved and provide a high return. Special fees can be charged for HDTV services too. In fact, what we know today as broadcasting service may take second place to the "narrowcasting" service offered by the demand access video service.

The types of entertainment that might be offered profitably is limited only by the imagination of the entrepreneur and his diligence in uncovering or creating a demand among the subscribers. It can be said that the demand access video service might very well generate sufficient return on the investment required to replace existing copper-based communication networks. Furthermore, since the delivery system is broadband and centrally switched, new services such as electronic mail and facsimile newspaper can be provided readily and the incremental cost should be small. Addition of such new services will provide a broader economic base on which to support the network. Since all communication signals are routed under computer control in the centrally switched system, accounting of usage is a straight forward computer programming problem and appropriate tariffs can be established for use of the transmission facility to a subscriber. If needed, generation of program production funds can be achieved by differential taxing on the usage according to message content.

The delayed videodisc offering of TV broadcasting programs and videodisc versions of the performing arts will open a revenue base heretofore unavailable to the program production industry because the CPU controlled centrally switched delivery system permits collection of copyright fees from each individual viewing thereby ensuring the income of the program producer as well as that of the performer. The same can be said for cinema films. We can look forward to exciting developments once the "fibred city" network is in place.

REFERENCES

1. J. Marks, "Fiber System for High-Rises: An Urban Problem-Solver", **TVC** August 1, 1981, pp. 42-46.

2. "Telegraph", **The New Encyclopedia Britannica** 15th Edition, Vol. 18, pp. 71-72.

3. K. Sano, Y. Fujii and J. Minowa, "Optical Multiplexer/Demultiplexer for Subscriber Loop System", (in Japanese), **Electrical Communication Laboratories Technical Journal** Vol. 33, No. 3, 1984, p. 488.

4. E. Fong, "A High Isolation RF Switch", **r.f. design** Vol. 3, No. 8, Sept/Oct 1980, pp. 64-73.

5. E.H. Hara and R.I. MacDonald, "Optoelectric Cross-Point Switch", **U.S. Patent** No. 4,286,171, August 25, 1981.

6. See for example, **Product Brochure** No. 4484-0, AMP Inc., Harrisburg, Pennsylvania, U.S.A.

7. J. H. Chinnick, "The Development of an Opto-Electronic Wideband Switching Array", **Proceedings of FOC'81 East** (Information Gatekeepers), Boston, Massachusetts, March 1981, pp.79-82.

8. R.I. MacDonald, D.K.W. Lam, R.H. Hum and J.P. Noad, "Monolithic Array of Optoelectronic Broadband Switches", **IEEE Journal of Solid-State Circuits** Vol. SC-19, No. 2, April 1984, pp. 219-224.

9. K.Y. Lau, N. Bar-Chaim and I. Ury "Laser Diodes: Ready for High Speed", **Photonics** Vol. 18, No. 10, Oct. 1984, pp. 49-56.

10. D.K.W. Lam and R.I. MacDonald "Fast Optoelectronic Crosspoint Electrical Switching of GaAs Photoconductors", **IEEE Electron Device Letters** Vol. EDL-5, No. 1, Jan. 1984, pp. 1-3.

11. R.I. MacDonald, "High Gain Optical Detection with GaAs Field Effect Transistors", **Applied Optics** Vol. 20, 1981, pp. 591-594.

12. R.I. MacDonald and E.H. Hara, "The Optoelectronic Switch Matrix for On-Board SS/TDMA Applications", **ICC-81** Denver, Colorado, U.S.A., 1981.

13. D.K.W. Lam and R.I. MacDonald, "A Reflex Optoelectronic Switching Matrix", **Journal of Lightwave Technology** Vol. LT-2, No. 2, April 1984, pp. 88-90.

14. E. H. Hara and R. I. MacDonald, "An Optoelectronic Crosspoint Switch for Centrally Switched Distribution of TV Signals", **Official Technical Records, Canadian Cable Television Association 22nd Annual Convention** Toronto, Canada, April 1979, pp. II-42 to II-48.

15. T. Fujio, "High Definition Television Systems: Desirable Standards, Signal Forms, and Transmission Systems", **IEEE Transactions on Communications** Vol. COM-29, No. 12, 1981, pp. 1882-1891.

Breitbandige integrierte Glasfasernetze

Elmer H. Hara
Ottawa, Canada

Weltweit werden viele Feldversuche durchgeführt, um optische Glas-
faserübertragungsstrecken im Teilnehmeranschlußbereich einzuführen.
Diese Versuche, die man "Stadtverkabelungs"-Feldversuche nennen
könnte, bieten dem Teilnehmer Fernsprech-, Daten-, Fernseh- und
andere Breitbanddienste. Die Netzkonfiguration dieser Feldversuche
ist sternförmig, wobei die Vermittlung in der zentralen Vermittlungsstelle durchgeführt wird. Daselbe Konzept kann auch für lokale
Netze (LAN) in Hochhäusern, Universitätsanlagen und Fabriken verwendet werden. Die digitale Nebenstellenanlage kann in solchen An-
wendungsbereichen eine Schlüsselrolle spielen, indem sie Fernsprech-
und Datendienste auf blockierungsfreier Basis bereitstellt. Für
Fernsehsignale und schnelle Datensignale kann ein separates Breitband-
Koppelfeld eingesetzt werden.

Ein preisgünstiges lokales Glasfasernetz für die zukünftige Bürokommunikation kann in der Weise konzipiert werden, daß auf einer
Glasfaserstrecke neben zehn oder mehr digitalen 64-kbit/s-Signalen,
die im asynchronen Zeitmultiplexverfahren übertragen werden, durch
Anwendung der Wellenlängenmultiplextechnik auch noch ein Videosignal
übermittelt wird. Dabei scheinen optoelektronische Koppelfelder
für die Leitungsdurchschaltung breitbandiger Signale wie VHF-Fern-
sehsignale und schnelle digitale Datensignale geeignet zu sein.
Isolationsdämpfungen (Leistungsverhältnis zwischen Ein- und Aus-
Zustand) und Nebensprechdämpfungen von 80 dB und mehr über einen
Frequenzbereich von mehr als 200 MHz sind erreicht worden.

Die Entwicklung kostengünstiger Wellenlängenmultiplexbausteine, die
Plastiklinsen und -prismen verwenden, werden einen Einfluß auf die
Wahl zwischen Frequenz- oder Wellenlängenmultiplex bei optischen
Übertragungsstrecken haben. Bei Wellenlängenmultiplex werden die
Anforderungen an die Frequenzgänge der Lichtquellen, Glasfaserstrecken
und Photodioden viel geringer sein als bei einem Frequenzmultiplex-
konzept und folglich kann man erwarten, daß damit auch die Gesamt-

kosten geringer sind.

Die Eigenschaft der Videoplatten, einen beliebigen Zugriff zu gestatten, kann durch die Verwendung mehrerer Wiedergabeköpfe dazu ge-
nutzt werden, einen individuellen Abruf von Fernsehprogrammen und
Filmen zu ermöglichen. Der Vermittlungsvorgang wird durch ein hoch-
integriertes optoelektronisches Koppelfeld bewerkstelligt. Diesen
Dienst könnte man "narrowcasting" nennen, im Gegensatz zu dem, was
wir heute unter "broadcasting" verstehen. Wir erwarten, daß dieser
Bewegtbildabrufdienst den größten wirtschaftlichen Beitrag zur
Amortisation der hohen Investitionen liefern wird, die bei der
Realisierung der "verkabelten Stadt" entstehen.

Die Erweiterung des ISDN zum Breitband-ISDN
Einführung

Peter Kahl

In der letzten Zeit hat die Deutsche Bundespost in verschiedenen
Veröffentlichungen ihre Pläne für die Fortentwicklung des Fernmeldenetzes dargestellt. Danach entsteht aus dem digitalisierten Fernsprechnetz das ISDN (Integrated Services Digital Network), das Breitband-ISDN und schließlich das IBFN (Integriertes Breitband-
Fernmeldenetz).

Diese Entwicklungsstufen unterscheiden sich primär durch die Dienste,
die in der jeweiligen Phase dem Kunden angeboten werden können. Dies
sind beim Fernsprechnetz alle Dienste, die über den 3,1 KHz breiten
analogen Kanal übermittelt werden, allen voran der Fernsprechdienst.

Beim ISDN steht der 64-kbit/s-Kanal dem Anwender zur Verfügung und
kann durch eine Vielzahl von Diensten genutzt werden, wie Fernsprechen, Daten, Teletex, Telefax, Btx usw.

Das Breitband-ISDN bietet zusätzlich die Abwicklung von Diensten
mit einer Bitkapazität größer von 64 kbit/s. Individualkommuni-
kationsbedürfnisse Teilnehmer zu Teilnehmer stehen im Vordergrund.

Im IBFN schließlich werden zu den bisher genannten Diensten auch die
Rundfunkverteildienste einbezogen. Damit ist eine klare Abgrenzung
hinsichtlich des Dienstangebots in den verschiedenen Netzentwick-

lungsphasen geschaffen, die sich aber auch durch die angewendete Technik und Technologie ausdrückt. In diesem Zusammenhang sei darauf hingewiesen, daß alle die genannten Entwicklungsstufen, die bei der DBP mit unterschiedlichen Begriffen beschrieben werden, in den Empfehlungen des CCITT dagegen unter dem Oberbegriff ISDN diskutiert werden (siehe Bild 1).

BILD 1   BEGRIFFE

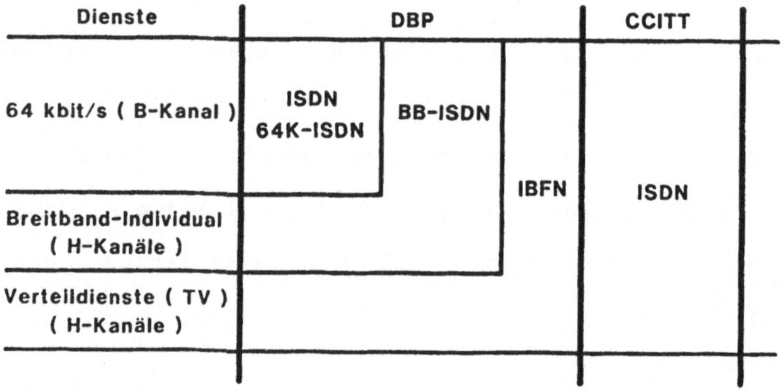

Dienste	DBP		CCITT
64 kbit/s (B-Kanal)	ISDN 64K-ISDN	BB-ISDN	
Breitband-Individual (H-Kanäle)			IBFN ISDN
Verteildienste (TV) (H-Kanäle)			

Diese Evolution der Fernmeldenetze, die nach dem Prinzip der Aufwärtskompatibilität konzipiert ist, hat die Eigenschaft, daß die Grundgedanken und Vorteile eines diensteintegrierenden Fernmeldenetzes in allen Phasen beachtet werden können. Natürlich gibt es keinen Zwang, die Entwicklung des Fernmeldenetzes nach dieser Konzeption voranzutreiben. Es gibt jedoch eine Vielzahl von technischen und wirtschaftlichen Überlegungen, die dieses Vorgehen für folgerichtig erweisen:

1. Mit zunehmender Entwicklung des ISDN und auch des Breitband-ISDN werden Endgeräte auf dem Markt angeboten werden, die nicht nur die Inanspruchnahme eines einzigen Dienstes gestatten, sondern mehrere Dienste aus einem Endgerät heraus zu betreiben erlauben. Diese sogenannten Mehrdiensteendgeräte erfordern in der Regel die Kommu-

nikation sowohl von 64-kbit/s-Diensten als auch von Breitband-Diensten. Der Heimfernseher mit Btx-Dekoder ist ein Beispiel. Zum einen wird der Bildschirm als Standard-Heimfernsehen verwendet, wofür ein breitbandiges Informationssignal erforderlich ist. Für die Btx-Nutzung jedoch genügt ein "Schmalbandsignal".

2. Breitband-Dienste werden in vielen Fällen neben der Breitband-Komponente selbst auch eine 64-kbit/s-Komponente enthalten. Für diesen 64-kbit/s-Anteil muß sichergestellt sein, daß eine eigenständige Kommunikation möglich ist, ohne daß die Kostenauswirkungen der Breitband-Komponente auf die Nutzung der Schmalband-Komponente einwirken. Ein typisches Beispiel dafür ist der Dienst Bildfernsprechen, der nach allen heutigen Erkenntnissen die Chance bietet, als einziger Breitband-Individualdienst eine Massenverbreitung zu erfahren. Bildfernsprechen besteht aus zwei Komponenten, einer 64-kbit/s-Komponente zur Übermittlung des Ton-/Fernsprechsignals sowie der Breitband-(d.h. Bild-)Komponente, die additiv dem Sprachsignal hinzugefügt werden kann. Selbstverständlich muß man erwarten können, daß aus einem solchen Bildfernsprechendgerät heraus auch eine "Nur-Fernsprechverbindung" aufbaubar ist und damit vom Netz nur die 64-kbit/s-Komponente zu den Konditionen des 64-kbit/s-Netzes in Anspruch genommen werden muß. Diese Konzeption führt dazu, daß ein Breitband-ISDN von der Netzgestaltung her _sowohl_ 64-kbit/s-Elemente _als auch_ die Breitband-Elemente enthalten muß.

3. Spezialnetze, die nur Einzeldienste für sehr wenige Anwender bieten, und die deshalb eine Infrastruktur mit sehr langen Teilnehmer-anschlußleitungen erforderlich machen, sind von den Kosten her sehr aufwendig und erschweren damit eine Verbreitung der angebotenen Dienstleistung für sehr viele Teilnehmer. Netze dagegen, die eine

Vielzahl von Diensten offerieren und dabei Dienste bieten, die als Massenprodukt weiteste Verbreitung erfahren, wie z.B. das Fernsprechen, führen zu Netzkonzeptionen, die wirtschaftlich optimal gestaltet werden können. Nur wenn diese Massendienstkomponente von Anfang an sichergestellt werden kann, ist die infrastrukturelle Voraussetzung gegeben, daß weitere Dienste sich zu diesem tragenden Massendienst hinzugesellen können, die dann auf der vorgegebenen Infrastruktur aufbauen und von dieser profitieren können. Damit kann die Voraussetzung geschaffen werden, daß diese zusätzlichen Dienste ebenfalls eine weite Verbreitung erfahren können. Ein Beispiel aus dem Bereich des 64-kbit/s-ISDN soll dies erläutern. Solange die Datenübermittlung in Spezialnetzen verwirklicht wurde, ist ihr ein Durchbruch weitestgehend versagt geblieben, was die relativ geringen Teilnehmerzahlen im Datex-P- und Datex-L-Netz bestätigen. Die Datenübermittlung im ISDN dagegen hat erstmals die Chance bekommen, einen Schritt zu einer weiten Anwendung zu tun, weil sie von den Vorleistungen des Fernsprechdienstes profitieren kann, ohne gleichzeitig den Fernsprechdienst zu belasten.

Dieses Prinzip muß auch für das Breitband-ISDN gelten, wenn der weiten Verbreitung des Anbietens von Breitband-Diensten ein Erfolg in der Zukunft gesichert werden soll. Als Konsequenz muß auch beim Breitband-ISDN der Fernsprechdienst als tragende Massenkomponente vorhanden und als Voraussetzung für die erfolgreiche Einführung der Breitband-Dienste, z.B. des Bildfernsprechens, genutzt werden können.

Die oben angesprochenen drei Gründe stellen einen Ausschnitt aus dem gesamten Bereich der Argumentation zur Entstehung von Breitbandnetzen dar. Sie genügen jedoch um deutlich zu machen, daß die Evolution der

Fernmeldenetze im Sinne der bereits angesprochenen Aufwärtskompatibilität von 64-kbit/s-ISDN zum Breitband-ISDN und schließlich
zum IBFN sinnvoll und notwendig ist. Aus dieser Konzeption ergibt
sich dann auch folgerichtig, daß die Gestaltungsprinzipien für ein
Breitband-ISDN denjenigen des 64-kbit/s-ISDN folgen werden.

Nachdem diese Gestaltungsregeln für das ISDN (64-kbit/s-ISDN)
national und international festgelegt sind. ist damit auch für das
Breitband-ISDN eine Grundkonzeption erkennbar:

1. <u>Primärziel aller Normierungsarbeiten muß die Festlegung
   einer Teilnehmer-Endgeräteschnittstelle sein.</u> Damit wird das
   vom 64-kbit/s-ISDN her bekannte Wolkenbild (siehe Bild 2) wieder
   gültig, bei dem die Netzelemente, bestehend aus der Vermittlungs-,
   Übertragungs-, Linien- und Leitungstechnik, durch national und
   international standardisierte Teilnehmerschnittstellen von den
   Endeinrichtungen abgegrenzt werden können. Dieses Bild ist in
   bezug auf die Arten der Endeinrichtungen so erweitert worden, daß,
   neben den 64-kbit/s-typischen Endeinrichtungen, Endeinrichtungen
   der breitbandigen Kommunikation vorgesehen werden können.

BILD 2   KONZEPT BB - ISDN

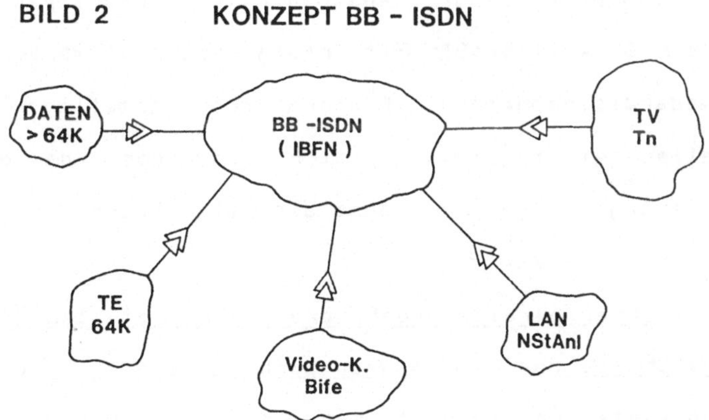

2. <u>Die Endgeräteschnittstelle muß, wenn möglich, für alle Breitband-Dienste verwendbar sein.</u> Dieser Grundsatz, der auch für die Gestaltung des 64-kbit/s-ISDN höchste Bedeutung hatte, muß auch für den Bereich des Breitband-ISDN, und hier insbesondere für den Bereich der Breitband-Dienste, Gültigkeit haben. Nur wenn es gelingt, sehr wenige – als Zielvorstellung sollte gelten: eine einzige – genormte Teilnehmerschnittstellen zu entwickeln, die für eine sehr große Zahl von Anwendungen – am besten für alle Anwendungen – geeignet sind, besteht die Chance, daß über die Möglichkeiten der großen Stückzahlen, d.h. durch Hochintegration, die Schnittstellenrealisierung so kostengünstig wird, daß im Endeffekt Gebühren erreichbar sind, die für eine Massendienstanwendung notwendig sind.

3. <u>Die Endgeräteschnittstelle muß dienstneutral und damit digital sein.</u> Nur wenn die Teilnehmerschnittstelle dienstneutral formuliert werden kann, schafft sie die Voraussetzung, daß sie für sehr viele Dienste ohne Modifikationen anwendbar ist. Jede dienstspezifische Schnittstellengestaltung dagegen erzwingt automatisch, daß für jeden Dienst eine eigene Lösung vorgesehen und damit eine Vielzahl von unterschiedlichen Schnittstellen konzipiert werden muß. Das Prinzip der dienstneutralen Endgeräteschnittstellen ist auch beim 64-kbit/s-ISDN mit Erfolg angewandt worden. Daß die zu standardisierenden Endgeräteschnittstellen digitale Schnittstellen sein müssen, ist leicht einsehbar, da die gesamte Netzrealisierung auf der Anwendung digitaler Techniken basiert.

4. <u>Die dem Teilnehmer bereits angebotenen Schnittstellen des 64-kbit/s-ISDN (So und S2M) müssen auch weiterhin für die 64-kbit/s-Dienste unverändert zur Verfügung stehen.</u> Diese Forderung ergibt sich als eine Art Selbstverständlichkeit aus

folgenden Überlegungen: Der Hersteller von Endeinrichtungen für 64-kbit/s-Dienste, aber besonders der Anwender, der sich Einrichtungen mit den Standards So bzw. S2M beschafft hat, verlangt aus Gründen der Planungssicherheit die Gültigkeit dieser Standards über einen langen Zeitraum. Ein Breitbandanschluß des BreitbandISDN muß daher auch die 64-kbit/s-Schnittstellenstandards bieten.

Nicht jeder zukünftige ISDN-Teilnehmer wird einen Breitbandanschluß wünschen. In vielen Fällen wird die Anwendung von Diensten mit 64 kbit/s ausreichen. Damit wird eine Angebotspalette von Breitband- und Schmalbandanschlüssen die Standardsituation werden.

5. <u>Die Endgeräteschnittstelle des Breitband-ISDN (SBB) muß Schmalband- und Breitband-Informationskanäle beinhalten.</u> Die Begründung für diese Forderung wurde bereits in den vorangegangenen Abschnitten angesprochen: Mehrdienste-Endgeräte werden sowohl Schmalbandkommunikationen als auch Breitbandkommunikationen ermöglichen; Breitband-Dienste bestehen aus Schmalbandkompoßenten und Breitbandkomponenten, wobei insbesondere die Schmalbandkomponenten auch für eigenständige Kommunikation benutzt werden können. Alle diese Kommunikationen aus einer Breitband-Endeinrichtung heraus sollten über eine einzige Endgeräteschnittstelle möglich werden. Selbstverständlich wären auch getrennte Schnittstellen für getrennte Kommunikationsbedürfnisse denkbar. Dies würde jedoch dem Grundsatz der Minimierung der Zahl der unterschiedlichen Teilnehmerschnittstellen widersprechen, denn dann würden im Extremfall für jeden Informationskanal eigenständige Ausführungsformen der Teilnehmerschnittstellen notwendig werden.

6. <u>Die erforderlichen Informationskanäle auf der
   Breitbandendgeräteschnittstelle bestimmen sich aus den
   Erfordernissen der Dienste und den Bedingungen des Netzes.</u>
   Aufgrund der existierenden CCITT-Empfehlungen sind bereits eine
   Vielzahl von Informationskanälen definiert. Dazu gehören der
   B-Kanal (64 kbit/s), der Ho-Kanal (384 kbit/s) und der H1-Kanal mit
   1920 kbit/s. Als Steuerkanäle für die Kennzeichengabe zur
   Ortsvermittlungsstelle sind der D(16)-Kanal mit einer Kapazität von
   16 kbit/s, sowie der D(64)-Kanal mit 64 kbit/s und den
   entsprechenden Protokollen festgelegt. Damit ist bereits ein
   gewisses Spektrum der notwendigen Kanäle international definiert.
   Dieses Spektrum wird jedoch den Bedürfnissen der Breitband-Dienste
   noch nicht voll gerecht. Gerade für die hochqualitativen
   Bildübermittlungsdienste werden Bitraten für Informationskanäle
   erforderlich, die oberhalb des 2-Mbit/s-Bereiches liegen.

Die erforderlichen Festlegungen der Informationskanäle (dies galt
auch für das 64-kbit/s-ISDN) werden von zwei Einflußfaktoren
bestimmt: Zunächst wird die für den Dienst erforderliche Bitrate an
der gewünschten Qualität und der sich daraus berechenbaren
gesamtwirtschaftlichen Kostenstruktur für diesen Dienst beurteilt.
Die Definition der Informationskanäle und ihrer Bitraten, die ja
nicht nur für einen einzigen Dienst allein zugeschnitten sein soll,
sinnvollerweise aber aus den Erfordernissen eines erkennbaren
Massendienstes, z.B. Bildfernsprechen, heraus abzuleiten ist, ist
eine äußerst komplexe und vielschichtige, teilweise auch von
Glaubensvorstellungen her geprägte Prozedur. Ein zweiter
Einflußbereich für die Dimensionierung der Informationskanäle auf
der Endgeräteschnittstelle entsteht aus den Bedingungen des Netzes.
Parameter, wie die Hierarchie der digitalen Systeme, die
Erfordernisse, die aus dem Betriebsbereich abgeleitet werden können

und die Notwendigkeiten, die zur Einführung eines Netzes und zur Gestaltung des Netzes (z.B. Zeichgabenetz) notwendig sind, prägen die verfügbare Kapazität von Informationskanälen. Nach diesem Prinzip stehen neben den bereits genannten, international festgelegten, Informationskanälen drei weitere Möglichkeiten im Vordergrund der Betrachtungen: ein H2-Kanal mit einer Maximalkapazität von 8448 kbit/s, ein H3-Kanal mit einer Maximalkapazität von 34368 kbit/s und ein H4-Kanal mit einer Maximalkapazität von 139264 kbit/s. Ob alle diese drei genannten Kanäle erforderlich werden, ob eine simultane oder alternative Nutzungsmöglichkeit an der Endgeräteschnittstelle vorzusehen ist, sowie die Festlegung der genauen Bitrate, sind Fragen, die erst aus dem iterativen Wechselspiel zwischen den Dienstanforderungen und den Netzbedingungen ermittelt werden können. Anzumerken ist, daß bei den bisher dargelegten Überlegungen eine eindeutige Präferenz für Informationskanalraten, die den Hierarchiestufen des digitalen Fernmeldenetzes angepaßt sind, zum Ausdruck kommt. Dieses Vorgehen erlaubt optimale Kostenstrukturen, weil innerhalb des Netzes die bereits heute im Aufbau begriffene bzw. vorhandene Infrastruktur der digitalen Übertragungstechnik ohne Modifikationen genutzt werden kann. Selbstverständlich wären auch Kanalraten denkbar, die von der Hierarchierate abweichen. Als Beispiel dafür wird immer wieder die Bitrate von 70 Mbit/s ins Spiel gebracht. Man sollte jedoch nicht unberücksichtigt lassen, daß für die Wahl einer solchen Rate wesentliche, kostenwirksame Maßnahmen innerhalb des Netzes notwendig werden, die nur dann vertretbar sind, wenn Dienste bei dieser Rate als Massendienste in Frage kommen können.

7. <u>Technologieentwicklungen und Diensteentwicklungen</u>
<u>müssen ohne wesentliche Netzänderungen aufgefangen werden</u>
<u>können.</u> Intelligente Steuerungsmechanismen im Netz müssen
deshalb vorgesehen werden. Durch die klare Abgrenzung zwischen dem
Netz und den Endeinrichtungen wird die Voraussetzung geschaffen,
daß der Anwenderbereich, d.h. die Endeinrichtungen sowie das Netz,
sich unabhängig voneinander weiterentwickeln können. So ist es
denkbar, daß Dienste, die in einer Frühzeit aus Kostengründen mit
einer relativ hohen Bitrate betrieben werden, zu einem späteren
Zeitpunkt unter Beibehaltung der Qualität zu kostengünstigeren
Konditionen mit geringerer Bitrate angeboten werden können. Diese
Entwicklung muß das Netz von vornherein ermöglichen, dafür
benötigt es Steuerungsmechanismen, die mit dem vom 64-kbit/s-ISDN
her bekannten D-Kanal und dem Zeichengabesystem Nr. 7 vom
Grundsatz her gegeben sind.

8. <u>Die erforderlichen Netzkomponenten (z.B. Vermittlungs-</u>
<u>systeme, Übertragungstechnik, Glasfasertechnik) bestimmen</u>
<u>sich aus den Diensteanforderungen und damit unmittelbar</u>
<u>aus der Konzeption der Teilnehmer/Endgeräteschnittstelle.</u> Auch
diese Aussage ist in Analogie zu den Bedingungen des 64-kbit/s-
ISDN zu sehen. Natürlich heißt diese Aussage nicht, daß alle
Möglichkeiten, die über eine Teilnehmerschnittstelle gegeben sind,
zum gleichen Anfangszeitpunkt der Bereitstellung des Breitband-
ISDN vom Netz auch ermöglicht werden müssen. Selbstverständlich
sind bedarfsorientierte und durch die Kostenentwicklung geprägte
Phasen denkbar, wie sie im übrigen beim 64-kbit/s-ISDN ebenfalls
praktiziert werden. Als Beispiel soll hier die Schnittstelle des
Basisanschlusses mit 2 x 64-kbit/s-Informationskanalkapazität
genannt werden, die von ihrer Grundkonzeption her auch für einen
128-kbit/s-Kanal genutzt werden kann, was jedoch nur dann sinnvoll

ist, wenn das Netz (Vermittlungstechnik und Übertragungstechnik) die ordnungsgemäße Behandlung eines 128-kbit/s-Kanals sicherstellen kann.

Die in diesem Artikel angesprochenen Grundgedanken zu einem Breitband-ISDN stellen keine konkrete Antwort auf die Frage dar, wie das Breitband-ISDN als Ganzes gestaltungsmäßig aussehen wird. Eine Berücksichtigung der hier genannten Prinzipien kann jedoch sicherstellen, daß eine wirtschaftliche Breitband-ISDN-Gestaltung, aufbauend auf dem 64-kbit/s-ISDN, möglich wird und damit ein Breitband-ISDN entsteht, das die Vorbedingungen für die Einführung von kostengünstigen Breitband-Diensten sicherstellt.

The Extension of ISDN to Broadband ISDN
Introduction

Peter Kahl

In recent months the Deutsche Bundespost has in various publications
presented its plans for its telecommunication network. These plans
foresee the development of the digitized telephone network into an
Integrated Services Digital Network (ISDN), into a broadband ISDN and
finally into an Integrated Broadband Telecommunication Network
(German acronym: IBFN). These phases are distinguished from each
other primarily by the services offered to customers during each
phase. In the telephone network, these will be all the services which
are transmitted via the 3.1 kHz analogue channel, with telephony in
the forefront. In the ISDN, the 64-kbit/s channel will be available
to users for a number of services (e.g. telephony, data, teletex,
facsimile, interactive videotex, etc.). The broadband ISDN will
additionally offer services with bit capacities of more than 64
kbit/s. Individual communication requirements between subscribers are
given primary consideration. Finally, the IBFN will support
broadcasting services in addition to those services already
mentioned. The phases are therefore clearly demarcated which is of
course also mirrored by the technology used. In this connection it
should be noted that the above phases for which the Deutsche
Bundespost has established different terms are all covered in the
recommendations of the CCITT by the generic term "ISDN".

This evolution in telecommunication networks, which is based on the
principle of upward compatibility, permits the basic concepts and
advantages of an Integrated Services Digital Network to be
incorporated in each phase.

With the national and international specification of the
configuration of an ISDN (64-kbit/s ISDN), the basic outlines of a
broadband ISDN are discernible, which may be identified by the
following principles:

1. The prime objective of all work on standardization must be the
   definition of a user/network interface.

2. The user/network interface must, if possible, be able to support
   all broadband services.

3. The user/network interface must be service-independent and
   therefore digital (digital because the network will be digitally
   operated).

4. The ISDN (64-kbit/s ISDN) interfaces already supplied to users
   must continue to be available in unmodified form for the 64-kbit/s
   services.

5. The user/network interface for broadband ISDN must comprise
   narrowband (i.e. 64 kbit/s) and broadband information channels.

6. The information channels are determined by the requirements of the
   services and by network conditions.

7. It must be possible to incorporate technological and service
   developments without major network modifications. Intelligent
   control mechanisms must therefore be provided in the network.

8. The network components required (e.g. switching systems,
   transmission systems, optical fibre technology) are determined by
   the requirements imposed by the services and hence by the design
   of the user/network interface.

The above list does not constitute an answer to the question on the
possible concept for a broadband ISDN. It does, however, provide a
means for tackling the large scope of standardization work and
handling it in an organized manner. The Deutsche Bundespost has given
the starting signal.

Überlegungen zu einem zukünftigen Breitband-ISDN-Teilnehmeranschluß

Klaus Dieter Schenkel, Manfred Welzenbach

Ein in sich schlüssiges Konzept breitbandiger Teilnehmeranschlüsse im Ortsnetz wird durch eine Vielzahl von Parametern beeinflußt. Ihr Zusammenwirken bestimmt die Ausgestaltung des Teilnehmeranschlußnetzes, seine technische Realisierung und damit auch seine Wirtschaftlichkeit. Es sind dies

- die Art und Anzahl der Breitbanddienste.
  Hier ist wesentlich, ob dem Teilnehmer nur breitbandige Individualkommunikation oder ob gleichzeitig auch Breitbandverteildienste (Rundfunk und Fernsehen) angeboten werden sollen.

- Die Bandbreite der Breitbanddienste.
  Sie bestimmt die Auslegung des Übertragungssystems auf der Teilnehmeranschlußleitung und hat hinsichtlich der breitbandigen Individualkommunikation Rückwirkungen auf die Auslegung der Gesamtkapazität des Fernnetzes. Die Gesamtbandbreite der Übertragung auf der Teilnehmerleitung bestimmt schließlich, ob die Verwendung einer Glasfaser-Multimodelösung mit LED oder einer Monomodelösung mit Laser wirtschaftlicher ist.

- Die Einführungsstrategie.
  Der Ausbau des Anschlußleitungsnetzes wird durch die Einführungsstrategie insofern bestimmt, als bei einer ausschließlich nachfrageorientierten Einführung nur punktuelle Anschlüsse benötigt werden, während bei einer zunächst nachfrageorientierten, dann jedoch nachfragestimulierenden Strategie die zunächst punktuellen Anschlüsse in eine flächige Verkabelung überzuführen sind. Eine nachfragestimulierende Strategie läßt sich nicht unerheblich durch eine entsprechende Gebührenpolitik stützen.

  In beiden Fällen ist schließlich auch ein Stufenplan mit modularem Ausbau der Dienste, d.h. zeitlich gestaffeltem Erweitern des Diensteangebotes von Bedeutung.

- Die Wirtschaftlichkeit des breitbandigen Teilnehmeranschlusses.
  Dies ist der dominierende Gesichtspunkt für die Einführung der
  Breitbandtechnik. Während es im geschäftlichen Bereich noch
  verhältnismäßig einfach sein mag, eine Wirtschaftlichkeits-
  rechnung auf der Grundlage ersparter Reisezeiten und Reisekosten durchzuführen, ist es schon wesentlich schwieriger, die
  durch die in der Regel leichtere Koordinierung einer Bildfern-
  sprech- oder Bildkonferenzverbindung erreichbare Beschleunigung
  von Entscheidungsprozessen wirtschaftlich zu erfassen. Nahezu
  unmöglich wird eine Wirtschaftlichkeitsbegründung im privaten
  Bereich. Hier zählt allein die Höhe der dem einzelnen Teilnehmer entstehenden Kostenbelastung für den neuen Dienst.

Für die Einführung der Glasfaser im Ortsnetz ist die Breitbandindividualkommunikation ein entscheidender Stimulus.

Es gibt keinen Zweifel darüber, daß hier die Übertragung nur digital
erfolgen kann. Die gewählte Bandbreite für die Übertragung eines
Videosignals, sei sie 140 Mbit/s, 70 Mbit/s oder 34 Mbit/s (bei Anwendung einer redundanzreduzierenden Codierung) hat in jedem Fall
Auswirkungen auf das Fernnetz (Bild 1):
Bei einer angenommenen Anschlußdichte der Breitbandanschlußleitungen
von 10 % bezogen auf Fernsprechanschlußleitungen, führt eine Bildübertragung mit 140 Mbit/s im Fernnetz unter der Annahme gleicher
Verkehrsbeziehungen wie beim Fernsprechen auf einen Kapazitätsbedarf
des Fernnetzes, der dem Hundertfachen des jetzigen Fernsprechnetzes
entspricht. Selbst bei einer nahezu vernachlässigbaren Anschlußdichte und starker Redundanzreduktion muß die Kapazität des Fernnetzes noch verdoppelt werden. Eine redundanzreduzierende Codierung,
die zu einem geringeren Kapazitätsbedarf des Fernnetzes führt, führt
jedoch am Endgerät auch bei Anwendung höchstintegrierter Schaltungen
zu einer nicht unerheblichen Erhöhung der Kosten des Teilnehmeranschlusses. Wird dagegen eine Bildübertragung im Ortsnetz mit
140 Mbit/s realisiert und die Redundanzreduktion erst beim Übergang
ins Fernnetz durchgeführt, d.h. also nach der ersten Vermittlungs-
stufe, ergeben sich hierbei keine voll transparenten Übertragungskanäle von Teilnehmer zu Teilnehmer. Eine Datenübertragung mit der
Geschwindigkeit des Basisanschlußkanals durch das Fernnetz erfordert
dann besondere Vorkehrungen im Breitbandvermittlungssystem.

Wird der Breitbandindividualkommunikation auf der Teilnehmeranschlußleitung ein Breitbandverteildienst zugeordnet, so ist die
Gesamtsignalbandbreite auf der Teilnehmeranschlußleitung entscheidend für die Art des Übertragungssystems:
Gehen wir davon aus, daß die Bereitstellung von drei Übertragungs-
kanälen für Fernsehen (bei wahlfreier Zuordnung der Programmkanäle
auf diese drei Übertragungskanäle) in aller Regel völlig ausreichend
ist (Bild 2), und daß jeder dieser Videokanäle eine Übertragungsbandbreite von 140 Mbit/s habe, dann entspricht dies zusammen mit
der Breitbandindividualkommunikation einer Gesamtbandbreite von
560 Mbit/s auf der Teilnehmeranschlußleitung. Diese Bandbreite ist
nach heutigem Stand der Technik bei Berücksichtigung der Grenzlängen
der Teilnehmeranschlußleitung nur mit einer Monomodefaser realisierbar, die ihrerseits einen Lasersender erfordert. Reduziert man die
Anzahl der Breitbandkanäle oder die Bandbreite eines Videokanals so,
daß die Gesamtbandbreite $\leq$ 280 Mbit/s ist, dann läßt sich solch ein
Teilnehmeranschluß noch über eine Gradientenfaser und in der Mehrzahl aller Fälle mit einem einfachen LED-Sender realisieren.

Für die Ausbaustrategie und das Konzept des Teilnehmeranschlusses
ist also die Frage wichtig, ob dieser Breitbandanschluß

-    primär für Breitbandindividualkommunikation und nur in wenigen
     Fällen für zusätzliche Breitbanddienste ausgelegt werden soll

     oder ob

-    alle Teilnehmer a priori mit Breitbandverteildiensten neben der
     Breitbandindividualkommunikation bedient werden sollen.

Systementwurf

Für die folgende Betrachtung wird die im Bild 3 dargestellte Konfiguration einer Teilnehmeranschlußleitung zugrunde gelegt: Pro Teilnehmer wird eine Glasfaser vorgesehen, auf der beide Übertragungsrichtungen (vom Teilnehmer zum Amt und umgekehrt) auf unterschiedlichen Wellenlängen abgewickelt werden. Die Trennung beider Übertragungsrichtungen im Amt und beim Teilnehmer erfolgt durch einen
Wellenlängen-Duplexer (Wellenlängen-Multiplexer). Mit diesem Ansatz
und einer sehr progressiven, in ihren Kostenansätzen und Stückzahlen

weit in die Zukunft reichenden Überlegung findet man, daß die Kosten für die optischen Sende-/Empfangseinrichtungen beim Teilnehmer und im Amt (ohne Berücksichtigung der Kabelanlage) folgende Relationen ergibt:
Setzt man ein Zweiweg-Kommunikationssystem auf LED-Basis mit den relativen Kosten 1 an, dann hat dasselbe Zweiweg-System, jedoch auf Laserbasis, die relativen Kosten 1,7. Eine Erweiterung des Lasersystems durch ein zusätzliches optisches Einweg-System für Breitbandverteildienste ist mit den relativen Kosten 0,6 anzusetzen.
Daraus folgert, daß ein modularer Aufbau der Übertragung auf der Teilnehmeranschlußleitung auf der Basis mehrerer optischer Wellenlängen (für jeden Dienst oder Kanal eine eigene Wellenlänge) erheblich kostenaufwendiger als eine Erweiterung auf der Basis eines elektrischen Multiplexers ist. Gleichzeitig zeigt sich aber auch der Kostenvorteil für ein optisches Übertragungssystem auf der Basis eines LED-Senders.

Aufgrund dieser Überlegungen schlagen wir vor, auf der Teilnehmeranschlußleitung zunächst einen Breitband-Grundkanal bereitzustellen. Dieser Grundkanal besteht aus einem digitalisierten Bildkanal (135 Mbit/s), einem ISDN-H1-Kanal (2 Mbit/s) und zwei Stereokanälen (mit wahlfreiem Zugriff zu einer Vielzahl von Programmkanälen). Die Bandbreite für diesen Breitband-Grundkanal beträgt 140 Mbit/s. Der breitbandige Bildkanal ist dabei sowohl für Breitbandindividualkommunikation als auch für Fernsehempfang mit wahlfreiem Zugriff auf eine Vielzahl von angebotenen Programmkanälen gedacht.

Steigt der Bedarf eines Teilnehmers an Breitbandkanälen, dann kann durch modulares Zusammenfügen zweier solcher Breitbandbasiskanäle über einen elektrischen Multiplexer und geringfügige Modifikation des optischen Übertragungssystems eine Bandbreite von 280 Mbit/s (2x 140 Mbit/s vom Amt zum Teilnehmer und 140 Mbit/s vom Teilnehmer zum Amt) bereitgestellt werden (Bild 4). Der Aufbau jedes Basiskanals ist identisch - der Teilnehmer hat damit Zugriff auf zwei videofähige Übertragungskanäle, zwei H1-Kanäle und vier Stereokanäle. Einer dieser Breitband-Videokanäle ist (endgerätebedingt) für Breitbandindividualkommunikation und Fernsehen nutzbar, der zweite Videokanal dient nur zur Übertragung eines zusätzlichen (wahlfreien) Fernsehkanals.
In einer dritten Ausbaustufe kann der Teilnehmer auch mit 3 Video-

kanälen versorgt werden: einem Breitbandkanal mit 140 Mbit/s und
zwei Breitbandkanälen mit je 70 Mbit/s (auf den 70 Mbit/s-Kanälen
erfolgt ausschließlich Fernsehübertragung mittels Redundanzreduktion). Ohne Überschreitung der Gesamtkapazität von 280 Mbit/s ist es
damit möglich, einen Breitbandanschluß mit maximal 3 gleichzeitigen
Fernsehkanälen anzubieten (davon einer wahlweise in zukünftiger
HDTV-Qualität). In diesem Falle wird die Redundanzreduktion im Teil-
nehmeranschlußgerät rückgängig gemacht, so daß den Fernsehgeräten
jeweils die gleiche Bitrate von 140 Mbit/s zugeführt wird. Mit
diesem Multiplexschema steht offensichtlich dem Breitbandteilnehmer
mindestens ein transparenter 140 Mbit/s-Kanal durch das gesamte Netz
hindurch zur Verfügung.

Besteht bei einem Teilnehmer der Bedarf nach einer Bandbreite größer
als 280 Mbit/s, dann könnte dem nahezu kostengleich durch einen zweiten optischen Kanal mittels Wellenlängenmultiplex oder einer Breit-
bandübertragung mit Laser entsprochen werden. Aufgrund der Reichwei-
tenproblematik, wie später gezeigt werden wird, empfiehlt sich hier
jedoch, die Lösung einer zeitmultiplexen Zusammenfügung der Signale
und Übertragung mit einem Laser.

Übertragungstechnik

Die wichtigsten Kenngrößen für die Dimensionierung eines optischen
Übertragungssystems sind

-    die Dämpfung pro Kilometer und

-    die Dispersion der Faser und damit die Bandbreite.

Für vier besonders geeignete Lichtwellenlängenbereiche sind diese
charakteristischen Werte in Bild 5 für zwei verschiedene Qualitäts-
klassen einer Gradientenfaser dargestellt. Man erkennt deutlich, daß
die Lichtwellenlängenbereiche 1100 nm, 1300 nm und 1500 nm besonders
günstige Dämpfungswerte aufweisen. Auch hinsichtlich der Bandbreite
sind diese drei Wellenlängenbereiche gut geeignet. Der Bereich
1300 nm zeigt hier den besten Wert. Bedauerlicherweise stehen für
den Wellenlängenbereich 1500 nm derzeit noch keine genügend zuverlässigen optischen Bauelemente zur Verfügung. Die Forschungsergebnisse
lassen jedoch hoffen, daß bis zum Ende dieses Jahrzehnts auch dieser
Wellenlängenbereich technologisch beherrscht werden wird.

In Bild 3 wurde gezeigt, daß die beiden verschiedenen Übertragungsrichtungen auf einer Faser durch verschiedene Wellenlängen dargestellt werden können, die über einen Wellenlängen-Multiplexer auf der Faser zusammengefügt werden. Leider weist jedoch der Wellenlängenmultiplexer physikalisch bedingte Unzulänglichkeiten auf, die bewirken, daß auf der Sendeseite das gesendete Signal teilweise auf den Empfänger übergekoppelt wird und damit zu einer Beeinträchtigung der Reichweite führt. In Bild 6 ist für eine Übertragungsgeschwindigkeit von 140 Mbit/s bei der Gradientenfaser der Güteklasse II der Einfluß der verschiedenen Verluste (Dispersionverlust und Übersprechen im Wellenlängen-Multiplexer) auf die erreichbare Übertragungsreichweite dargestellt. Diese Beeinträchtigung beträgt bis zu 2 km effektiver Reichweite.

Neben der Dämpfung pro Kilometer und der Dispersion der Faser beeinflußt aber auch noch eine systembedingte Grunddämpfung die maximale Reichweite. Diese Grunddämpfung setzt sich, wellenlängenunabhängig, aus den Verlusten der Stecker, der Wellenlängen-Multiplexer und der Spleiße der Faser beim Teilnehmer und im Amt sowie der Systemreserve (für Alterung und Bauelementetoleranzen) zusammen. Diese Grunddämpfung beträgt bei einem Teilnehmeranschlußsystem etwa 11 dB (Bild 7).

Berücksichtigt man die Grunddämpfung, die Faserdämpfung und Bandbreite, die Übersprechverluste im Wellenlängen-Multiplexer und schließlich die Bandbreite des zu übertragenden Signals, dann ergeben sich folgende maximalen Reichweiten (Bild 8):

Bei 140 Mbit/s beträgt die größte Reichweite 11 km bei Verwendung eines Lasers mit 1500 nm Wellenlänge, während mit LED-Sendern eine maximale Reichweite von 4,75 km bei 1300 nm erreicht wird. Bei 280 Mbit/s erreicht man immerhin noch eine Reichweite von 8,5 km bei Verwendung eines Lasers und 2,8 km mit einer LED.

Es zeigt sich, daß hier für die Übertragung der Nachrichtensignale vom Amt zum Teilnehmer die Wellenlänge 1300 nm am günstigsten ist. In der Gegenrichtung, die in jedem Fall nur einen Breitbandkanal bereitstellen muß, bietet sich die Wellenlänge 1100 nm an.

Im Grundausbau, d.h. wenn nur ein Breitbandkanal benötigt wird, ist mit Bild 8 die maximale Teilnehmeranschlußleitungslänge bei Verwen-

dung von LED-Sendern 3,5 km und bei Verwendung von Lasersendern
9,2 km. Berücksichtigt man die Häufigkeitsverteilung der Anschlußleitungslängen, wie sie heute im Ortsnetz vorliegen (Bild 9), dann
lassen sich mit LED-Systemen knapp 90 % und mit Lasersystemen über
99,5 % aller Teilnehmer ohne Zwischenverstärker erreichen.

Bei einer Übertragung mit 280 Mbit/s verkürzt sich die Reichweite
mit LED-Systemen geringfügig auf 2,8 km und mit Lasersystemen auf
8,5 km. Immerhin lassen sich auch hier noch bei LED-Systemen mehr
als 80 % und bei Lasersystemen mehr als 99,5 % aller Teilnehmeranschlußleitungen ohne Zwischenverstärker realisieren. Diese Angaben
gelten für eine Gradientenfaser der Güteklasse II und einem Übersprechen am Wellenlängen-Multiplexer von 40 dB. Durch zusätzliche
Maßnahmen, z.B. einer Gradientenfaser der Güteklasse I und einem
zusätzlichen Filter zwischen Sender und Empfänger zur Erhöhung der
Übersprechdämpfung, kann hier in Grenzfällen die Reichweite noch
vergrößert werden.

Benötigt der Teilnehmer eine Anschlußbandbreite von mehr als
280 Mbit/s, dann wird aus den bisherigen Überlegungen deutlich,
daß die Dispersion auf der Faser in verstärktem Maße die Reichweite
begrenzt. Man wird in diesem Fall vorteilhaft auf ein System mit
Monomodefasern und Lasersender übergehen: Aufgrund der grundsätzlich geringeren Dämpfung pro Kilometer bei Monomodefasern gegenüber
Gradientenfasern und der nicht vorhandenen Modendispersion erhöht
sich die Reichweite beträchtlich (die Materialdispersion muß im
Bereich der Teilnehmeranschlußleitungslängen nicht berücksichtigt
werden). Da mit steigender Übertragungsbandbreite die Eingangsemp-
findlichkeit des optischen Empfängers geringer wird, sinkt damit
auch der Einfluß des Übersprechens im Wellenlängen-Multiplexer.

Selbst bei nicht hochgezüchteten Sender- und Empfängerschaltungen
und einer Monomodefaser mit vergleichsweise mäßiger Dämpfung sind
bei Übertragungsgeschwindigkeiten von 565 Mbit/s Teilnehmeranschlußleitungslängen von deutlich mehr als 10 km möglich.

Ein Systemkonzept, das im Hinblick auf die Einführung neuer Breitbanddienste eine modularflexible Erweiterung des Diensteangebots
für den Teilnehmer ermöglicht, ist in Bild 10 dargestellt:

An die digitale Schmalbandvermittlung für Sprache und Daten (ISDN-VST) ist eine Breitbandvermittlungseinrichtung angeschlossen. Die Kennzeichengabe zur Steuerung der Breitbandvermittlungseinrichtung erfolgt über den Kennzeichenkanal (D-Kanal) des Schmalband-ISDN-Anschlusses und ist von der ISDN-VST bereitzustellen. Schmalband- und Breitbandsignale werden in einem Multiplexer für den Breitbandbasisanschluß zusammengefaßt (BB-MUX), der im Falle mehrerer Breitbandkanäle pro Teilnehmer mehrfach vorhanden ist. Das Summen-Multiplexsignal wird der optischen Sendeeinrichtung (E/O) zugeführt und über das Anschlußleitungsnetz zum Teilnehmer übertragen. Dort befinden sich, bis auf die vermittlungstechnischen Einrichtungen, im Prinzip die gleichen Funktionsbaugruppen. Aus dem Breitbandbasisanschluß wird der ISDN-Basisanschluß bzw. ISDN-H1-Anschluß herausgezogen und über den Schmalbandnetzabschluß auf den ISDN-S-Bus an die Endgeräte herangeführt. Der oder die Breitbandbasisanschlüsse werden gegebenenfalls nach einer Umcodierung zur Anpassung der redundanzreduzierten Codierung an die Endgeräteschnittstelle auf jeweils getrennten Anschlußleitungen direkt an die Endgeräte (Fernsehgerät) herangeführt.

Schlußbetrachtung

Bis zu einer Übertragungsgeschwindigkeit von 280 Mbit/s auf der Teilnehmeranschlußleitung läßt sich ein Glasfasernetz für den Teilnehmeranschlußbereich mit einer einfachen Gradientenfaser (Faserklasse II) pro Teilnehmer bei Ausnutzung unterschiedlicher Wellenlängen für die beiden Übertragungsrichtungen realisieren. Unter Zugrundelegung der Verteilung der Leitungsanschlußlängen des bestehenden Ortsnetzes läßt sich dabei die weitaus überwiegende Zahl der Teilnehmer mit einer einfachen LED-PIN-FET-Kombination anschließen.

Ein darüber hinausgehender Dienste- bzw. Bandbreitenbedarf ließe sich zwar durch einen modularen Ausbau mittels zusätzlicher Übertragungskanäle unterschiedlicher Wellenlängen befriedigen, die langfristig wirtschaftlichere Lösung ist jedoch die zeitmultiplexe Zusammenfassung der Breitbandkanäle und Verwendung von Monomodefasern als Anschlußleitungen und einer Laser-PIN-FET-Kombination beim Teilnehmer und im Amt. Aber auch diese Lösung ist mit nicht unerheblichen Zusatzaufwendungen verbunden und es muß daher abgeklärt werden, ob die Bereitstellung zusätzlicher Breitbandverteildienste diesen Aufwand rechtfertigen.

Schrifttum:

K.D. Schenkel, M. Welzenbach:

Systemüberlegungen für zukünftige Glasfaser-Ortsnetze

ANT Nachrichtentechnische Berichte Heft 1, Mai 1984, S. 103 - 111

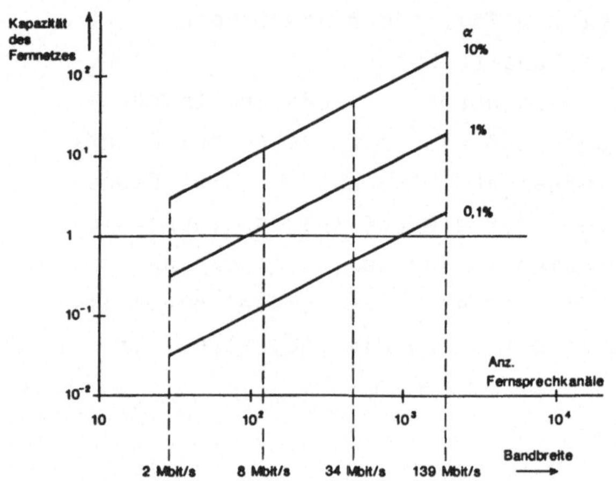

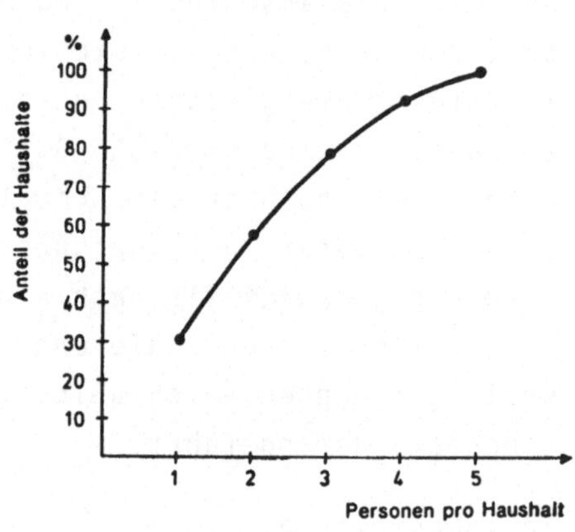

Bild 1:
Relative Kapazität des Fernnetzes bei Breit-
bandkommunikation in Abhängigkeit von der
Bandbreite des BB-Kanals
(Anschlussdichte α bezogen auf Fernsprechen)

Bild 2:
Verteilung der Personenzahl
pro Haushalt in der BRD

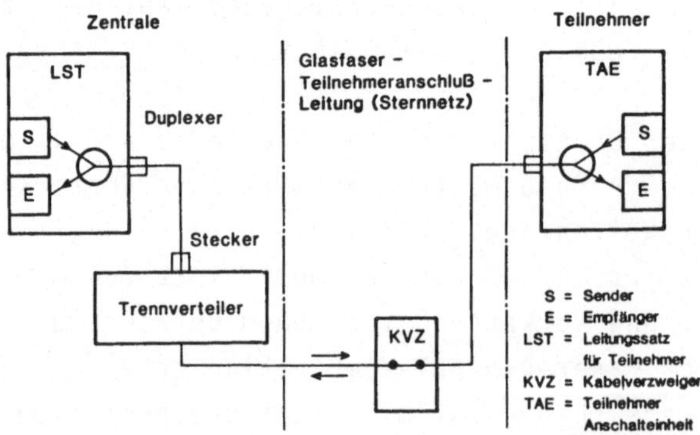

Bild 3:
Prinzipielle Anordnung einer BB-Teilnehmeranschlussleitung

	Belegung	Übertragung [Mbit/s] OVST ⇄ Tln
Schmalband I	ISDN – Basis Access (B+B+D)	⇄ 0,16
II	12 · ISDN – B. A oder PCM 30	⇄ 2
Breitband – Individualkomm.	Bild + Schmalband	⇄ 140
Erweiterte Breitband – Komm.	2 x Bild+HiFi+SB	→ 280 (2x140) ← 140
	3 x Bild+HiFi+SB	→ 280 (140 + 2x70) ← 140

Bild 4:
Bandbreite des Teilnehmeranschlusses
in Abhängigkeit vom Diensteangebot

Wellenlänge [nm]	850		1100		1300		1500		
	I	II	I	II	I	II	I	II	
Faserdämpfung	2,5	2,7	0,9	1,2	0,7	1,0	0,5	0,8	dB/km
Spleissdämpfung (3 Spleisse)	0,9		0,9		0,9		0,9		dB/km
Reparaturreserve (2 Spleisse)	0,6		0,6		0,6		0,6		dB/km
Planungswert	4,0	4,2	2,4	2,7	2,2	2,5	2,0	2,3	dB/km
Bandbreite	300	250	550	300	800	500	550	350	MHz · km

Bild 5:
Eigenschaften der Glasfaser für den Teilnehmeranschlussbereich
(Gradientenfaser, Klasse I und II)

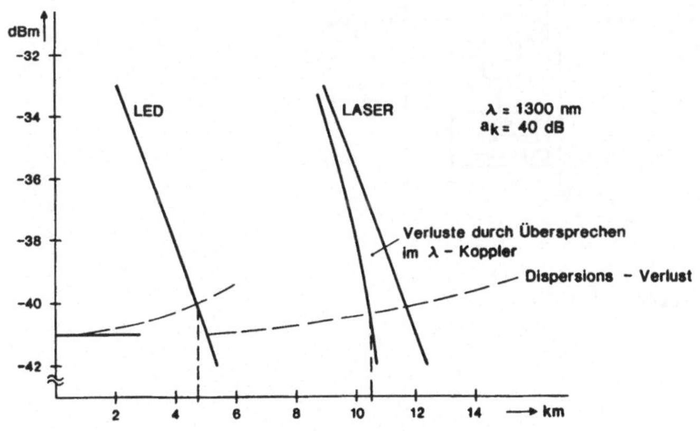

Bild 6:
Einfluss der Verluste auf der
Teilnehmeranschlussleitung
(Bandbreite: 140Mbit/s, Faserklasse II,
Übersprechdämpfung des λ-Kopplers: 40dB)

	Anzahl	Dämpfg. [dB]
Stecker am LE	2	3,0
Stecker am Trennvt.	1	1,5
λ – Koppler	2	2,0
Spleiss im KVZ	2	0,6
Systemreserve		4,0
		11,1

Bild 7:
Grunddämpfung eines
Teilnehmeranschluss-Systems

$V_{\ddot{U}}$ [Mbit/s]	λ [nm]	Maximale Feldlängen [km]	
		LED	LASER
34	1100	6,7	10,2
	1300	7,3	11,6
	1500	7,6	12,3
140	1100	3,5	9,2
	1300	4,75	10,5
	1500	3,5	11,0
280	1300	2,8	8,5

Bild 8
Maximale Reichweiten auf der
Teilnehmeranschlussleitung
(Faserklasse II, Übersprech-
dämpfung λ-Koppler: 40dB

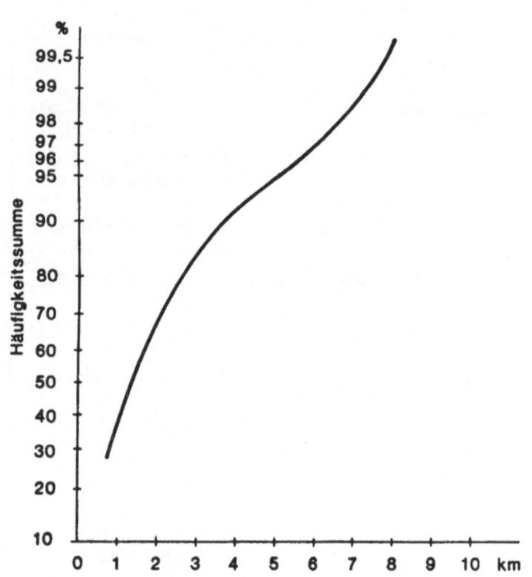

Bild 9:
Längenverteilung der Teilnehmeran-
schlussleitungen im Ortsnetz der DBP

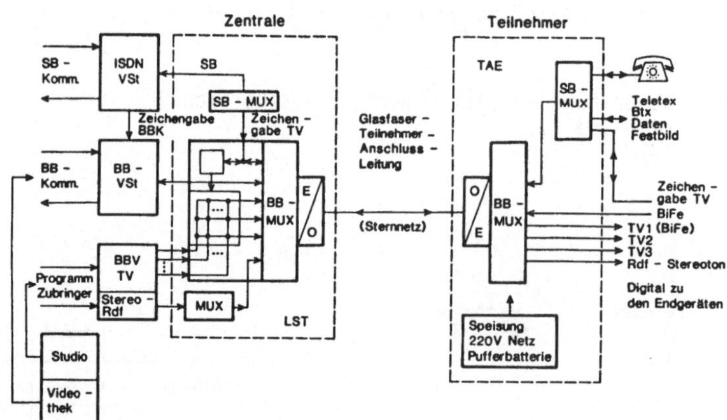

Bild 10:
Integrierte Breitbandkommunikation -
Teilnehmeranschluss

A Proposal for a Broadband ISDN Loop

Klaus Dieter Schenkel, Manfred Welzenbach

The future provisions for broadband telecommunication services especially video services (e.g. video telephone, video conference or tv transmission) require a completely new subscriber line concept. Considering the recent advances in fibre optic technology there is no doubt that future individual broadband communication will utilize fibre optic systems. However this will result in a complete restructuring of the existing local network.

The design of this new network will depend on many parameters many of which can interact with each other:

The most important overall consideration is whether in addition to individual broadband communication a requirement exists for other broadband services such as tv or hifi stereo and if so how many extra transmission channels have to be made available. The transmission rate of the broadband signals does not only influence the design of the local network but also affects the trunk network to some extent.

An important question is the adequate strategy of establishing such a network. It has to be distinguished between a demand oriented or a demand stimulating network development policy. The economics of a local broadband network will be streamlined by these requirements and it cannot be expected that all phases and variations in the development of the network can be equally optimized.
If the design of the local broadband network is primarily based on the individual broadband communication it can be shown that about 90% of all subscribers' lines can be served with a low quality graded index fibre and a simple transmiter-receiver unit using light emitting diodes (LED). Only 10% of all subscribers' lines require a laser-transmitter.

The design is based on a topological structure of the
local network which is very similar to that of the existing
telephone network. The transmission rate on the subscribers'
lines is mainly given by an economic coding of the video signal
and will thus be 140 Mbit/s. Of course this concept must allow in
certain cases an optional extension to transmitting tv and hifi
stereo signals. This can be achieved by increasing the transmission rate to 280 Mbit/s and a redundancy reducing coding of
the video signals if necessary. In the first case at about 10% of
all subscribers' lines the LED transmitters have to be replaced
by laser transmitters, thus considerably increasing the complexity and cost of the transmission equipment. In the latter case
additional transcoders have to be installed with the subscriber
to adapt the video terminals to the bit rate of the video
channels.
An important factor is the flexibility and expandibility of the
network. It should be possible to extend the network to which the
subscriber is connected in modular form without influencing the
subscribers' terminals.

Realisierung des Breitband-ISDN

Bernhard Schaffer

Das Konzept der Deutschen Bundespost zur Weiterentwicklung der
Fernmeldeinfrastruktur / 1 / sieht die Integration von Schmalband-
und Breitbanddiensten in einem Breitband-ISDN vor. Dieses Netz ist
eine Erweiterung des ISDN (Integrated Services Digital Network),
dessen Serieneinführung 1988 vorgesehen ist. Im folgenden wird
dieses zukünftige Universalnetz für die Telekommunikation beschrieben.

1.   Einführung

1.1 Evolution des ISDN

Das heute in seinen wichtigsten Merkmalen standardisierte ISDN
basiert auf dem digitalisierten Telefonnetz mit seinen 64-kbit/s-
Kanälen. Damit lassen sich Sprach-, Text, Daten- und Festbildkommunikation in einem Netz vorteilhaft integrieren, wobei das
bestehende Teilnehmer-Anschlußnetz aus Kupfer-Doppeladern weiter-
verwendet werden kann / 2 /. Bewegtbildkommunikation erfordert jedoch erhebliche höhere Bitraten, die - je nach Qualitätsanforde-
rung - von ca. 1,5 Mbit/s bis ca. 140 Mbit/s reichen. Eine Integration solcher Breitbanddienste ins ISDN erfordert den Ausbau
des Netzes mit breitbandigen Übertragungs- und Vermittlungseinrichtungen im Fern-, Orts- und Teilnehmeranschlußbereich (Bild 1).
Als Übertragungsmedium eignen sich Glasfasern am besten, mit denen
auch die höchsten geforderten Nutzbitraten bis zum Teilnehmer
übertragen werden können.

Das sich aus dem 64-kbit/s-ISDN entwickelnde Breitbandnetz, das
zunächst für die Individualkommunikation, später aber auch für die
Verteilkommunikation eingerichtet ist, wird hier als Breitband-
ISDN (BB-ISDN) bezeichnet.

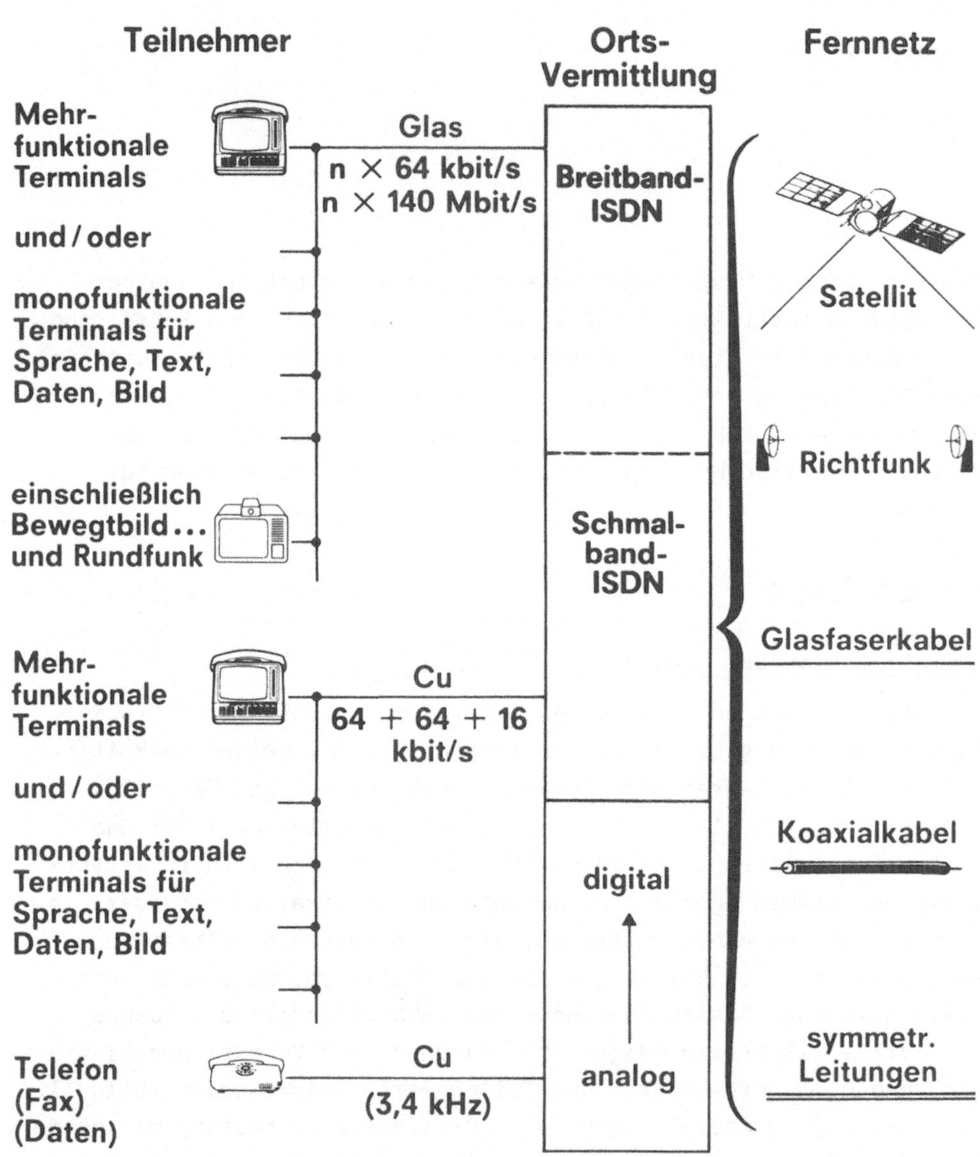

Bild 1   Vom Analognetz zum Breitband-ISDN

1.2 Grundmerkmale des Breitband-ISDN

Das BB-ISDN (wie es im weiteren verstanden wird) ist im wesentlichen durch folgende Merkmale gekennzeichnet:

- Breitband-Nutzkanäle mit bis zu ca. 136 Mbit/s, die Bildkommunikation mit Fernsehqualität und in Zukunft auch mit gegenüber dem Fernsehen verbesserter Qualität (HDTV) erlauben.

- Zugang zu allen Diensten über **einen** Teilnehmeranschluß mit standardisierten Schmalband- und Breitband-Nutzkanälen.

- Durchgehend digitale Verbindungen für alle Schmalband- und Breitband-Dienste.

- Standardisierte, digitale Netzabschlußschnittstelle zum Anschluß von Breitband- und Schmalbandendgeräten.

- Simultane und unabhängige Nutzung der Schmalband- und Breitband-Kanäle für unterschiedliche Dienste und Verbindungen.

- Ein gemeinsamer Signalisierungskanal für alle Dienste

- Eine Rufnummer für alle Dienste

Für viele Merkmale des BB-ISDN sind Standards noch nicht oder nur teilweise vorhanden. Die Erweiterung des ISDN um breitbandige Dienste wird jedoch bereits beim CCITT behandelt, so daß bis 1988 mit einer Reihe von Empfehlungen gerechnet werden kann.

2. Architektur des Breitband-ISDN

Das BB-ISDN ist ein Netz, das wie das 64-kbit/s-ISDN für die Individualkommunikation optimiert ist und daher im Teilnehmeranschlußbereich Sternstruktur aufweist, d.h. jeder Teilnehmer ist über eine eigene Anschlußleitung an eine Vermittlung oder Vorfeldeinrichtung (Multiplexer, Konzentrator) angeschlossen. In ein solches Netz können auch Dienste der Verteilkommunikation (Fernsehen, Hörfunk) günstig integriert werden / 3 /, jedoch kommt das BB-ISDN in naher Zukunft für ein **reines** Verteilnetz kaum in Frage. Hierfür bieten die Spezialnetze für Massenkommunikation, die Koaxial-Kabelnetze in Baumstruktur, eine kostengünstigere Lösung (Bild 2).

Das BB-ISDN sollte daher offen für die Integration der Verteilkommunikation sein, im ersten Schritt wird es aber für die Individualkommunikation, vorwiegend im geschäftlichen Bereich, Anwendung finden.

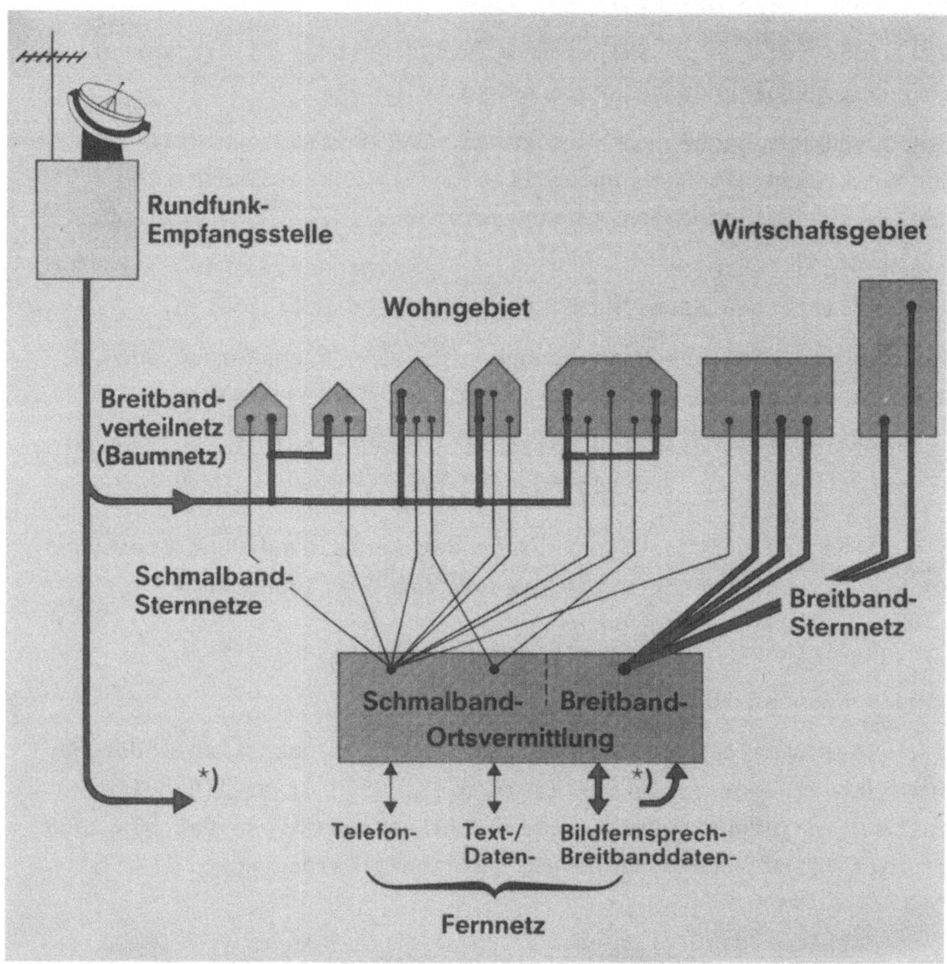

Bild 2   Netze für Dialog- und Verteilkommunikation

Da das BB-ISDN eine Weiterentwicklung des ISDN ist, wird es sich
auch in seiner Architektur an das 64-kbit/s-ISDN anlehnen (Bild 3):

- Beibehalten der durch das Fernsprechen geprägten Netzstruktur

- Zeichengabe im Netz mit dem Zentralen Zeichengabekanal (ZZK) Nr.7
  und über das für das digitale Fernsprechnetz und das ISDN einge-
  führte ZZK-Netz.

- Vorfeldeinrichtungen (Multiplexer, Konzentratoren) zum Heranführen
  entfernter Teilnehmer an eine breitbandfähige Vermittlung

- Die für das 64-kbit/s-ISDN entwickelten digitalen Endgeräte mit
  S_0-Schnittstelle müssen auch an das BB-ISDN anschließbar sein.
- Das Netz wird synchron betrieben, die S-Schnittstelle liefert
  den Netztakt.

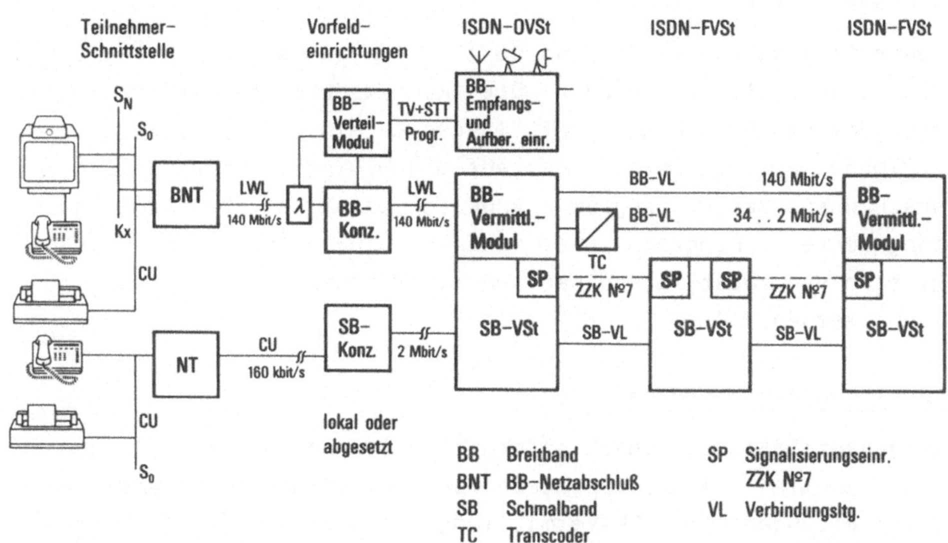

Bild 3   Struktur des BB-ISDN

2.1 Teilnehmeranschluß

Besondere Aufmerksamkeit muß dem Teilnehmeranschluß mit der
S-Schnittstelle und der Kanalstruktur auf der Teilnehmeranschluß-
leitung gewidmet werden. Es ist naheliegend, die symmetrische
S_0-Schnittstelle zum Anschluß der Schmalband-Endgeräte um Schnitt-
stellen für die Breitband-Nutzkanäle zu ergänzen. Folgende
Kanalstruktur wird dabei vorgeschlagen:

- S_0-Schnittstelle mit dem D-Kanal (16 kbit/s) zum Steuern aller
  Schmalband- und Breitbandverbindungen und zwei B-Kanälen mit
  je 64 kbit/s (entspricht dem Basic-Access)

- S_1-Schnittstelle für einen H_{12}-Kanal mit 1,92 Mbit/s

- S_4-Schnittstelle für einen H_4-Kanal mit 136 Mbit/s

Diese Bitraten werden über eine Glasfaser mit zusammen
ca. 140 Mbit/s zwischen Teilnehmer und OVSt übertragen, die Nutzkanäle werden über pro Kanaltyp unterschiedliche Koppelnetze
vermittelt. Natürlich sind auch komplexere Strukturen denkbar, wie
z.B. das Unterteilen des H_{12}-Kanals in H_0-Kanäle oder ein D-Kanal
mit 64 kbit/s für die Steuerung der H-Kanäle, dies erhöht jedoch
den Aufwand beträchtlich.

Wie bereits erwähnt, sollte das BB-ISDN für das spätere Integrieren
von Verteildiensten offen sein. Dies kann dadurch realisiert
werden, daß die Breitband-Vermittlungen um einen Breitband-
Verteilmodul ergänzt werden, der auf die H_4-Kanäle eines Teilnehmeranschlusses Verteilprogramme schalten kann. Der gleichzeitige
Empfang mehrerer Programme über eine Anschlußleitung kann durch das
Nachrüsten von zusätzlichen Kanälen mit Wellenlängen-Multiplexern
erreicht werden.

2.2 Breitbandvermittlungen

Breitbandvermittlungstechnik erfordert keine neuen Vermittlungssysteme. Ähnlich wie das Erweitern von Vermittlungen mit analogen
Anschlußleitungen zur ISDN-Vermittlung mit digitalen Teilnehmeranschlüssen erfolgt, ist es möglich, eine ISDN-Vermittlung zur
Breitband-ISDN-Vermittlung mit Glasfaseranschlüssen auszubauen
(Bild 1). Auf diese Weise ist eine Evolution vom analogen Fernsprechnetz zum BB-ISDN möglich.

Die ISDN-Vermittlungsanlagen EWSD von Siemens lassen sich wegen
ihres modularen Aufbaus um Breitband-Moduln zur BB-ISDN-Vermitt-
lung erweitern. Ein Breitbandmodul enthält die Systemeinheiten für
den Anschluß optischer Teilnehmerleitungen (BLG), die Systemeinheiten für den Anschluß von Verbindungsleitungen (BTG) sowie ein
zentrales Breitbandkoppelnetz (BCSN) (Bild 4).

Der Breitbandmodul ist über zwei Arten von Schnittstellen an das
Basis-System angeschlossen:

- Über interne Multiplexleitungen, die konzentrierten Verkehr führen, werden die Schmalbandkanäle der Breitband-Teilnehmeran-
  schlüsse an das Schmalband-Koppelnetz angebunden.

- Über die Schnittstelle zum Meldungsverteiler (MB) werden be-
  triebs-, sicherungs- und vermittlungstechnische Meldungen
  zwischen dem Breitbandmodul und dem Basissystem ausgetauscht.

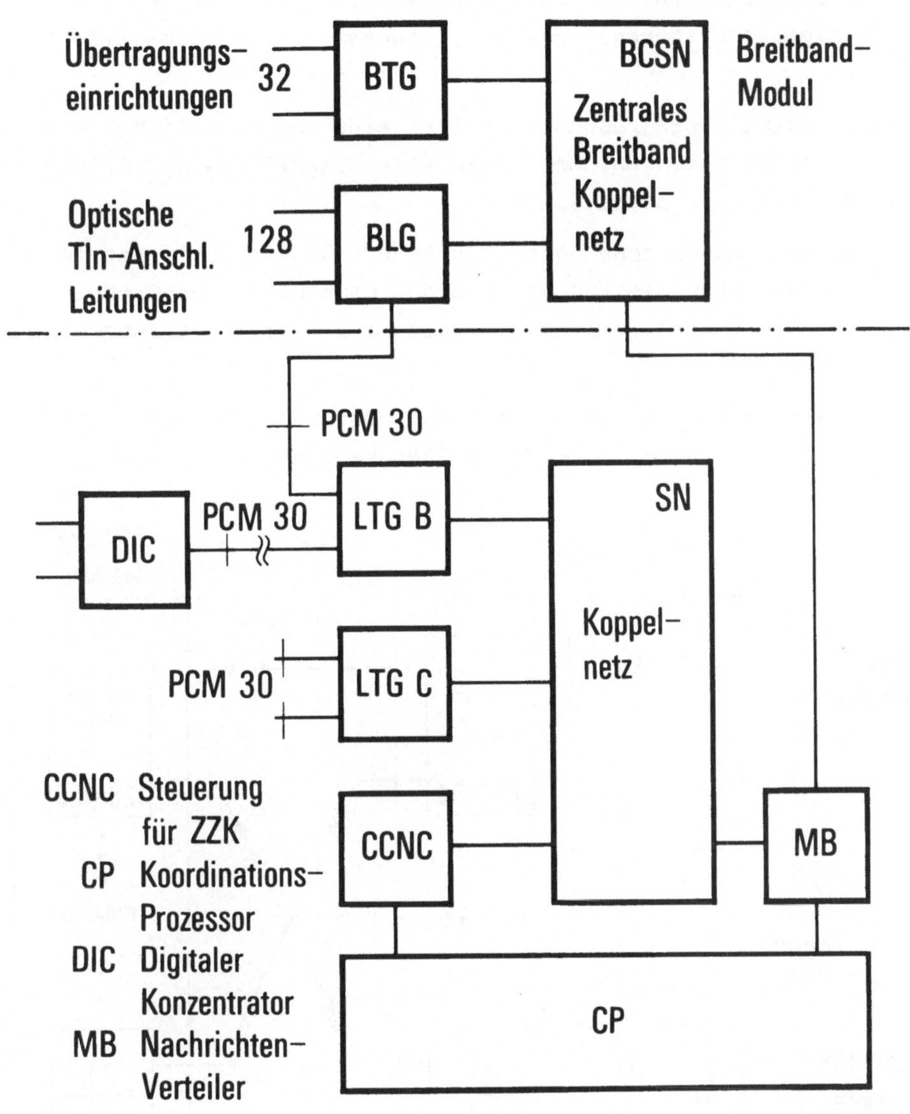

Bild 4   Breitband-Modul für EWSD

Für die im BB-ISDN zu vermittelnden Kanaltypen müssen in den
BB-ISDN-Vermittlungen Koppelnetze bereitgestellt werden. Für
das Durchschalten von Signalen hoher Bitraten sind neue
Breitbandkoppelnetze erforderlich:

Die Struktur eines solchen Koppelnetzes für max. 4096 Teilnehmeranschlußleitungen oder max. 1024 Verbindungsleitungen (Trunks)
oder geeignete Mischungen beider Leitungstypen geht aus Bild 5
hervor.

- Breitband-Leitungsgruppen enthalten eine Konzentrationsstufe für
  128 Anschlußleitungen. Bei einem Verkehrswert von 0,2 Erlang ist
  der Verlust noch unter 0,1 %.

- Breitband-Trunkgruppen enthalten eine Dekonzentrationsstufe
  für 32 Verbindungsleitungen, mit der eine Clos'sche Gruppie-
  rung erreicht wird, die eine verlustfreie Durchschaltung ermöglicht.

- Das zentrale Koppelnetz enthält Koppelgruppen für 128 x 128
  Link-Leitungen, die blockierungsfrei verbunden werden können.

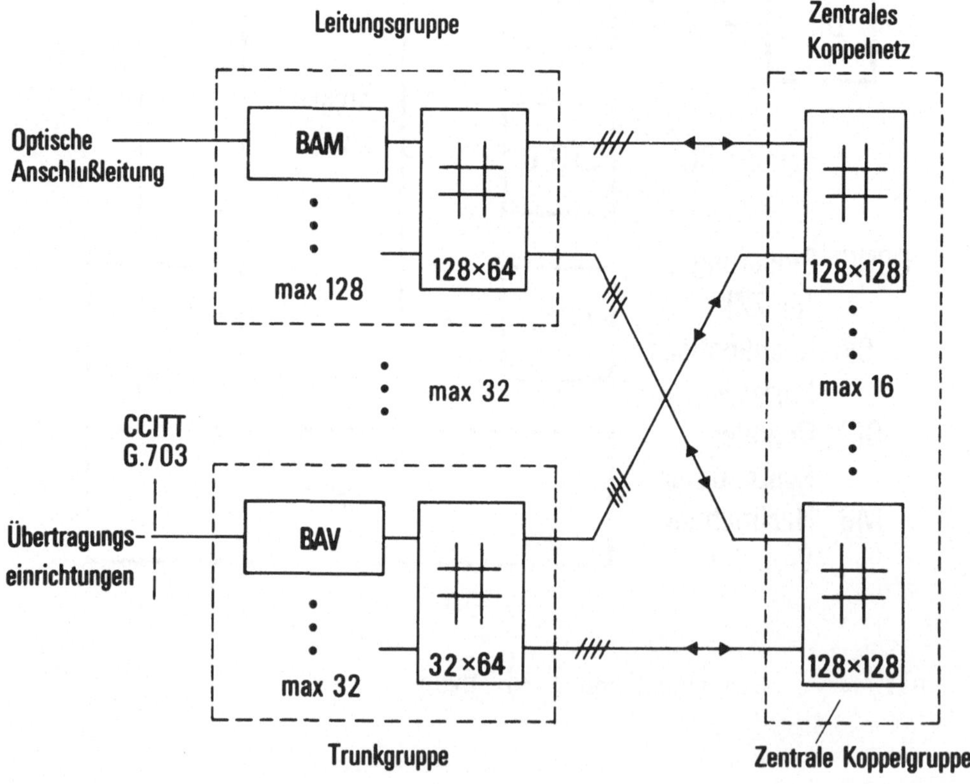

BAM Breitband-Anschlussmodul für Teilnehmer
BAV Breitband-Anschlussmodul für Verbindungsleitungen

Bild 5   Breitband-Koppelnetz: Konfiguration

2.3 Fernnetz im BB-ISDN

Die Nutzung von 140-Mbit/s-Kanälen im Fernnetz ist zunächst noch mit hohen Kosten verbunden. Da für die meisten Breitband-Dialog-dienste (z.B. Bildfernsprechen) auch kleinere Bitraten ohne merk-bare Qualitätseinbußen ausreichen, können Transcodecs am Übergang zum Fernnetz die Bitrate auf 32 oder 2 Mbit/s herabsetzen. Weil die Transcodecs an Netzpunkten mit konzentriertem Verkehr lokalisiert sind, ist der Aufwand gegenüber einer teilnehmerindividuellen Bitratenreduktion erheblich geringer.

Ähnlich wie die BB-ISDN-Ortsvermittlungsstellen können im Fernnetz die ISDN-Fernvermittlungsstellen zu BB-ISDN-Fernvermittlungsstel-len ausgebaut werden. Im Fernnetz lassen sich Hierarchiestufen überspringen, so daß zunächst nur die Zentralvermittlungsstellen-Ebene breitbandfähig sein muß.

3. Technologie

Alle Überlegungen zum Thema BB-ISDN müssen unter dem Aspekt der wirtschaftlichen Realisierbarkeit angestellt werden. Langfristig muß es gelingen, so niedrige Kosten zu erreichen, daß Gebühren möglich werden, die das zwei- bis dreifache der heutigen Fern-sprechgebühren nicht übersteigen. Dann ist auch der Durchbruch des BB-ISDN nicht nur im geschäftlichen sondern auch im privaten Bereich erwartbar.

Der Schlüssel für das Erreichen dieses Kostenziels ist der Ein-satz besonders fortschrittlicher und kostengünstiger Techno-logien in den Netzkomponenten, die besonderen Einfluß auf die Kosten haben:

- der Teilnehmeranschlußtechnik mit ihren Komponenten in der Ver-mittlung und beim Netzabschluß (NT),

- den Koppelnetzen für die Breitband-Kanäle,

- der Übertragungstechnik im Fernnetz incl. Transcodecs zur Bit-ratenreduktion.

Bei Siemens wird die Entwicklung dieser Schlüsselkomponenten intensiv vorangetrieben.

3.1 Anschlußtechnik

Die Anschlußtechnik ist für das BB-ISDN der entscheidende Kosten-faktor. Dabei sind folgende technische Probleme zu lösen (Bild 6):

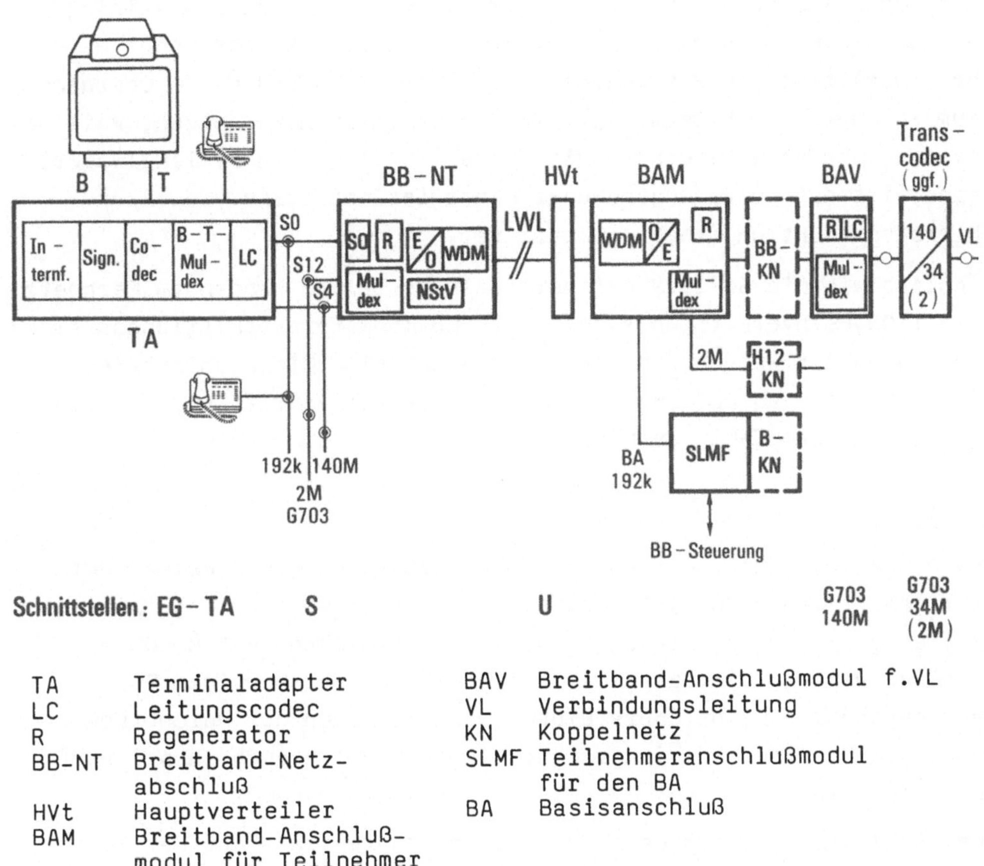

TA	Terminaladapter	BAV	Breitband-Anschlußmodul f.VL
LC	Leitungscodec	VL	Verbindungsleitung
R	Regenerator	KN	Koppelnetz
BB-NT	Breitband-Netz- abschluß	SLMF	Teilnehmeranschlußmodul für den BA
HVt	Hauptverteiler	BA	Basisanschluß
BAM	Breitband-Anschluß- modul für Teilnehmer		

Bild 6   BB-ISDN, Funktionseinheiten auf dem Übertragungsweg

- Schnittstelle zu den Endgeräten (S-Schnittstelle)
  Hierbei ist eine "Breitband-Kommunikationssteckdose" als
  Erweiterung der S_0-Schnittstelle zu entwickeln, die auf eine
  kostengünstige Hausverkabelung und die Entwicklung digitaler,
  multifunktionaler Breitband-Endgeräte Rücksicht nimmt.

- Optische Übertragung
  Die optimale Anschlußleitung, die höchste Reichweiten und
  Bitraten ermöglicht, ist die Monomodefaser. Auch die Kosten
  für diese Faser werden langfristig die der weniger leistungs-
  fähigen Gradientenfaser unterschreiten, daher sollte die
  Monomodefaser im BB-ISDN generelle Anwendung finden.

Die Schwierigkeit beim Einsatz der Monomodefaser liegt vor allem
darin, daß gegenwärtig als optische Sender keine kostengünstigen
LED sondern Laser, die noch sehr teuer sind, verwendet werden
müssen. Die größten Anstrengungen müssen daher der Entwicklung
billiger Lasermoduln gelten. Ein besonderes Problem dabei ist,
eine genügend genaue und stabile Ankopplung der Faser an das
Laserchip mit niedrigen Herstellkosten zu erreichen. Fortschritte
auf dem Gebiet der integrierten Optik werden dann zur weiteren
Verbilligung der optischen Übertragung führen.

- Multiplexer und Regeneratoren
  Es erscheint am kostengünstigsten, die Dialog-Kanäle eines Anschlusses elektrisch zu multiplexen und die WDM-Technik für bidirektionale Übertragung auf einer Faser und das Nachrüsten von
  Verteilkanälen einzusetzen. Für Multiplexer und Regeneratoren muß
  aus Geschwindigkeitsgründen gegenwärtig noch ECL-Technik mit
  hohem Leistungsverbrauch und relativ niedrigem Integrationsgrad
  eingesetzt werden, in naher Zukunft wird hier jedoch die CMOS-
  Technik die erforderlichen Taktfrequenzen beherrschen und Fortschritte bringen.

- Terminaladapter für Videoendgeräte
  Um herkömmliche Videoendgeräte mit analogen Schnittstellen an das
  BB-ISDN anschließen zu können, sind Terminaladapter erforderlich.
  Diese Terminaladapter können dann erübrigt werden, wenn Breit-
  band-Endgeräte mit der digitalen Netzschnittstelle (S-Schnitt-
  stelle) verfügbar sind.

3.2 Koppelnetztechnik

An Breitbandkoppelnetze für Bitraten um 140 Mbit/s werden sehr hohe
Anforderungen bezüglich Technologie und konstruktivem Aufbau
gestellt / 4 /.

Das bei Schmalband-Koppelnetzen zum Vermitteln angewandte Zeitmultiplexverfahren läßt sich bei Breitbandsignalen obiger Bitrate
in absehbarer Zukunft nicht mit Vorteil anwenden, da der Aufwand
für Rahmen- und Taktphasensynchronisierung sowie für superschnelle
Speicher durch die Einsparungen bei einem möglichen Zeitmultiplex-
faktor von 4 bis 8 nicht kompensiert wird. Breitband-Koppelnetze
werden also zunächst in Raumvielfachanordnung aufgebaut.

Die Technologie solcher Breitband-Koppelnetze muß hohen Ansprüchen
genügen:

- Eignung für leitungscodierte 140-Mbit/s-Nutzsignale
  (Bruttobitrate 170 bis 280 Mbit/s)

- geringe Verlustleistung

- hoher Integrationsgrad der Bausteine

- gute Übertragungseigenschaften über Linkleitungen bis 50 m ohne
  aufwendige Sender und Empfänger

Baustein	Matrix I	Matrix II	Matrix III
Technologie	ECL (SH 100)	ECL (SH 100 C3)	CMOS (1 µm)
Matrixgröße	16 × 8	32 × 16	32 × 32
Anzahl der Anschlüsse (Pins)	64	144	144
Anzahl der logischen Verknüpfungen	ca. 750	ca. 2000	ca. 10000
Verlustleistung	ca. 2,5 W	ca. 6 W	ca. 1,5 W

Tabelle 1   Koppelnetz-Bausteine für Breitband-Vermittlungen

Allein die ECL-Schaltkreistechnik erfüllt derzeit einen Teil dieser
Anforderungen. Bei Siemens wurden zwei ECL-Koppelbausteine als
Gate Arrays entwickelt. Bei BIGFON wird ein Koppelbaustein 16 x 8
eingesetzt, eine Weiterentwicklung davon besteht aus einer Matrix
32 x 16 (Bild 7). Tabelle 1 zeigt die wichtigsten Daten der
Bausteine.

In naher Zukunft wird die CMOS-Schaltkreistechnik in die für das
BB-ISDN diskutierten Geschwindigkeitsbereiche vorstoßen. Ein Koppelbaustein in dieser Technologie mit noch höherem Integrationsgrad
(32 x 32), bei erheblich geringerer Verlustleistung (1,5 W) ist in
Entwicklung.

Bild 7   Breitband-Koppelnetzbaustein 32 x 16

3.3 Übertragungstechnik

Auch bei Bitratenreduktion auf 32 Mbit/s und Einsatz von zukünftigen Multiplexsystemen mit ca. 2,4 Gbit/s wird die Kapazität eines
Übertragungssystems bei nur 64 Bildfernsprechkanälen liegen, was
im Vergleich zum heutigen Fernsprechnetz mit 10.000 Kanälen pro
System sehr bescheiden ist. Einen Fortschritt könnten hier auf
lange Sicht Wellenlängen-Multiplextechnik mit Überlagerungsempfang
sowie optische Verstärkung bringen, womit die immense Übertragungskapazität der Monomodefaser noch erheblich besser genutzt werden
kann.

4. Schlußbemerkung

Die Einführung des BB-ISDN erfolgt zeitversetzt zum Schmalband-
ISDN. So erscheint ab 1987 ein BB-ISDN-Pilotversuch mit nationalen
Standards, die jedoch weitgehend dem Diskussionsstand bei CCITT
angepaßt sind, möglich. Anschließend kann dann mit der Serieneinführung des BB-ISDN gerechnet werden.

Die Technologien für die Einführung des BB-ISDN sind heute bereits
vorhanden; wirtschaftliche Voraussetzung für seine breitere Einführung ist jedoch, daß die in größeren Stückzahlen benötigten
Systemkomponenten noch technisch optimiert, d.h. in hochintegrierter Form entwickelt werden. Am Anfang wird das BB-ISDN vorwiegend
für die geschäftliche Kommunikation in Frage kommen, da sich hier
auch bei höheren Kosten bereits wirtschaftliche Vorteile ergeben. Langfristig sind Technologiefortschritte (Sub-μ-CMOS, billige
Laser, integrierte Optik) erwartbar, welche die breite Anwendung
des BB-ISDN auch im privaten Bereich ermöglichen.

BB-ISDN wird in Zukunft das Universalnetz sein, in dem alle Formen
von Individual- und Verteilkommunikation integriert sind. Ein zeitlicher Ablauf wird in Bild 8 aufgezeigt.

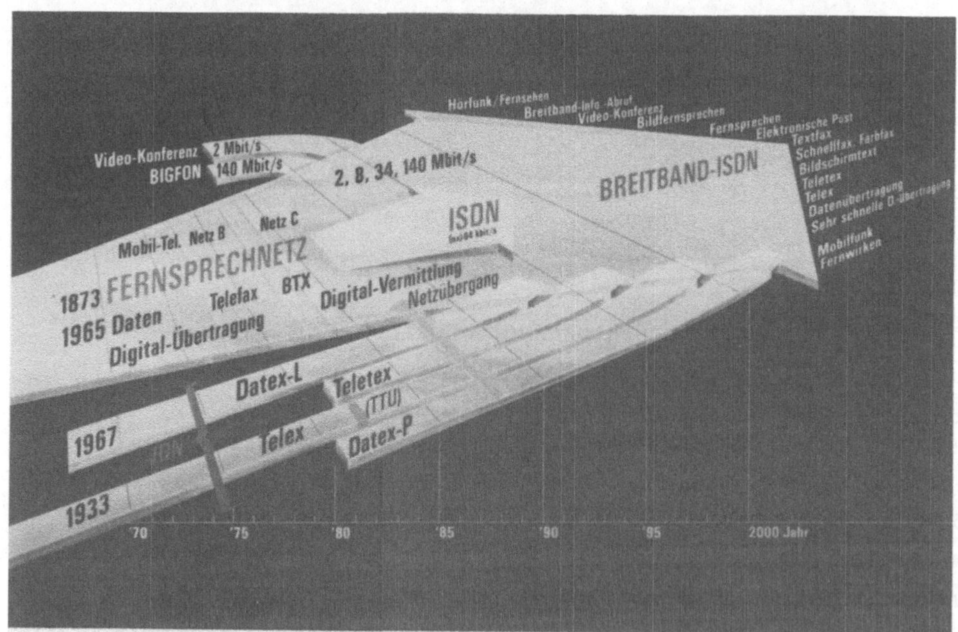

Bild 8   Vom analogen Fernsprechnetz zum digitalen
            Breitband-ISDN

Schrifttum

/ 1 /   Der Bundesminister für das Post- und Fernmeldewesen,
         Stab 202: Konzept der DBP zur Weiterentwicklung der
         Fernmeldeinfrastruktur
         Bonn 1984

/ 2 /   Bocker, P.: Diensteintegration im ISDN und ihre
         Anwendungen
         Kongreß des Münchner Kreises und der NTG:
         "Integrierte Telekommunikation"
         München, Nov. 1984

/ 3 /   Armbrüster, H.: Verteil-, Abruf- und Dialogdienste
         über Kabelrundfunkanlagen und Breitband-ISDN
         Kongreß des Münchner Kreises und der NTG:
         "Integrierte Telekommunikation"
         München, Nov. 1984

/ 4 /   Bauch, H., Euler, K., Schaffer,B.:
         Architektural and Technology aspects of broadband
         switching
         Florenz, ISS'84, Mai 1984

Realization of the Broadband ISDN

Bernhard Schaffer

<u>Introduction</u>

The ISDN, which has already been standardized in its principal
characteristics, is based on the digitized telephone network
with 64-kbit/s channels. This allows voice, text, fixed images
and data communication to be integrated beneficially in a single
network where the subscriber access network of two-wire copper
cables can still be used. Moving images communication, however,
calls for considerably higher bit rates ranging from around
1.5 Mbit/s to around 140 Mbit/s depending on quality requirements.
Here the most suitable type of subscriber access lines are fiber
optic cables, which are capable of transmitting the highest useful
bit rates needed. The broadband network evolving from the
64-kbit/s ISDN will initially be equipped to handle individual
communication and later distributed communication, for example
TV, too. In the following it is referred to as the Broadband
ISDN (BB ISDN).

<u>Architecture of the BB ISDN</u>

As the BB ISDN is a evolutionary development of the ISDN, it
will also incorporate the ISDN's principal architectural
features. It is thus fair to assume that the BB ISDN will take
the shape depicted in Fig. 1:

- The subscriber terminals will access all services by way of
  a fiber optic cable with a network termination and a standardized interface. The single mode fiber is the most future
  safe solution also in this field.
- The subscriber access network and the local switching center
  will be equipped for digital transmission at speeds of around
  140 Mbit/s, thus enabling the narrow-band services to be supplemented by video communication in TV quality.
- In the long-distance network, transcodecs can be used to save
  on bandwidth by reducing the bit rates to 34 or 2 Mbit/s.
- Distribution services can be offered on the access lines at
  a later date with the aid of wavelength division multiplexers.

Implementing network components

All architectural concepts for the broadband ISDN must be looked
at in the light of their economic feasibility. The long term
aim must be to keep costs so low that charges are no more than
two or three times as high as in today's telephone service.
This is essential if the BB ISDN is to achieve a breakthrough
not only in the business sector but also in the private sphere.
The implementation of network components which will have a significant influence on costs will be dealt with in detail:
- Subscriber line terminating equipment with its components
  in the exchange and at the network termination.
- Switching networks for broadband signals in the exchanges.
- Transcodecs and transmission in the long-distance network.
The basis on which Siemens will realize the broadband ISDN
is provided by switching system EWSD, which will be complemented
by the addition of a broadband module.

Introduction of the BB ISDN

The technologies required for a powerful BB ISDN are already
available today. A prerequisite for its broad intoduction however
is, that cost determing system components wich are needed in
large quantities be optimized and developed in the form of LSI
circuits. Initially the BB-ISDN will be used predominantly for
bussines communications, because here it will be possible to
achieve economic benefits in spite of the higher starting costs.
In the long term, technological advances can be expected
(sub-μ CMOS, cheap lasers, integrated optics) which will permit
extensive use of the BB ISDN in the private sector, too.

Parallel to the development of broadband technology, work must
press ahead on defining international standards in order to
ensure worldwide service compatibility, and to make this
technology exportable. The development of communications networks
is leading towards a universal network in which all forms of
individual and distributive communication will be integrated. The
time scale for this development is illustrated in Fig. 2.

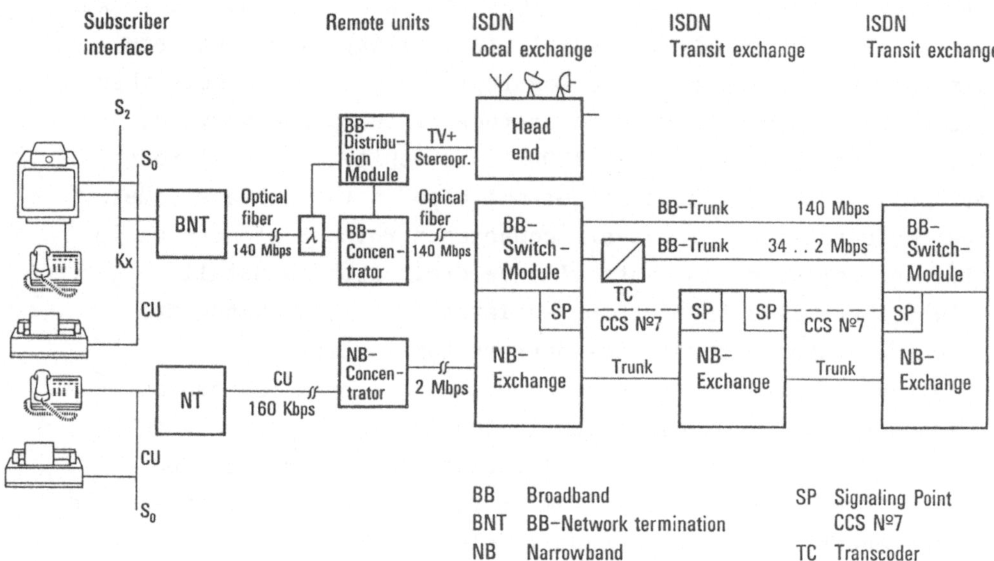

Fig 1: Structure of the BB-ISDN

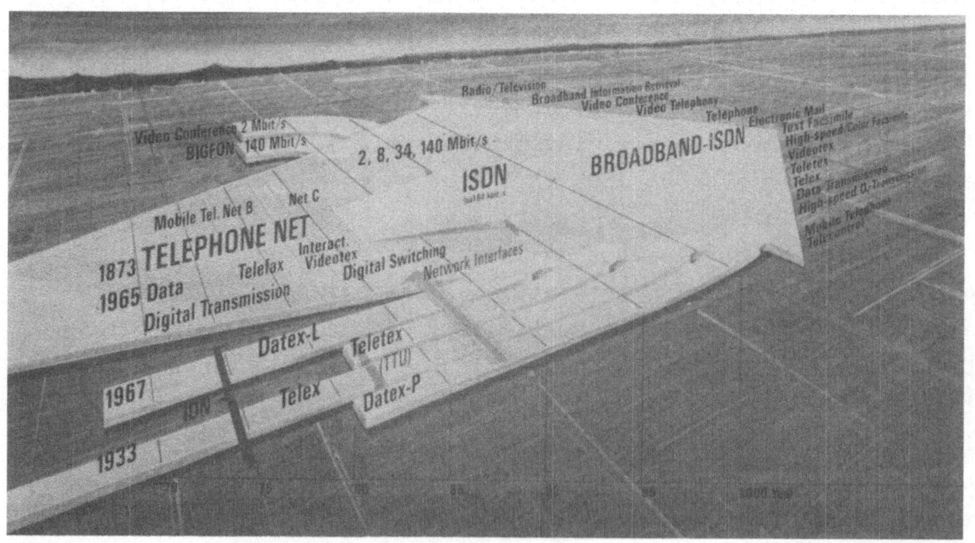

Fig 2: From analog telephone net to broadband ISDN

Eine kostengünstige Lösung für ein modular erweiterbares Breitband-ISDN

Horst Ohnsorge

1. Einleitung

Die breite Einführung neuer Telekommunikationsdienste setzt ein vitales Interesse der angesprochenen Benutzergruppen voraus. Welche diesbezüglichen Wünsche in unserer Gesellschaft vorliegen, wurde durch Umfragen, Delphi-Tests und andere Voraussage-Instrumentarien abzuschätzen versucht. Eine vertiefende Betrachtung zu dieser Frage bietet z.B. der Vortrag [1]. Ergänzend dazu werden als Einführung zur vorliegenden Arbeit einige weitere Aspekte dargestellt, die der Beurteilung dienen, unter welchen Bedingungen für neue Breitbanddienste und -systeme eine breite Nutzung erwartet werden kann.

Setzt man das "vitale Interesse" an neuen Tele-Diensten voraus, dann wird die breite Nutzung dieser Dienste zumindest begünstigt - wenn nicht überhaupt erst eingeleitet -, wenn die Nutzungskriterien nach Bild 1 erfüllt sind.

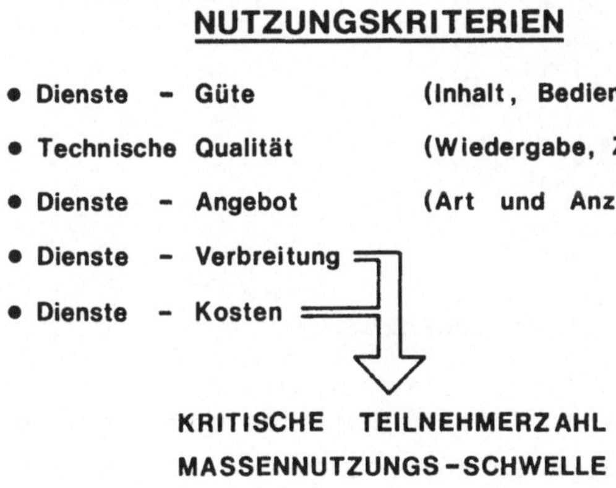

Bild 1

Der wesentlichste Punkt in dieser Auflistung dürften die Kosten sein:
Massennutzung findet erst dann statt, wenn die Kosten im Rahmen der
finanziellen Möglichkeiten angesprochener Benutzergruppen liegen, d.h.
wenn die "Massennutzungs-Schwelle" bezüglich der Kosten unterschritten
wird. Daher befasst sich diese Arbeit besonders mit der Frage einer
"kostengünstigen Lösung" für B-ISDN.

Wo liegt aber diese "Massennutzungs-Schwelle"? Im kommerziellen Bereich sind dafür Effizienzsteigerung, Kosteneinsparung, Kommunika-
tions-, Informations- und Organisations-Verbesserungen sowie viele
weitere Aspekte ausschlaggebend, die zu Produktivitäts- und Gewinn-
steigerung führen. Im Privatbereich spielen "Lustgewinn", Prestige
und Befriedigung weiterer "vitaler Interessen" (Freundschaft, familiäre Bindungen ...) eine grosse Rolle. Trotzdem werden interaktives Kabelfernsehen, breitbandige Informationsdienste und Bildfernsprechen
bestimmt erst dann zum "Jedermann-Tele-Dienst", wenn die "Kostenschwelle für Massennutzung" unterschritten wird. Daraus ergibt sich
die speziellere Frage: Wo liegt die "Kostenschwelle für Massennutzung"? Um dafür einen Anhaltspunkt zu gewinnen, ist in Bild 2 die
heutige Nutzung der Technik durch den Bürger veranschaulicht

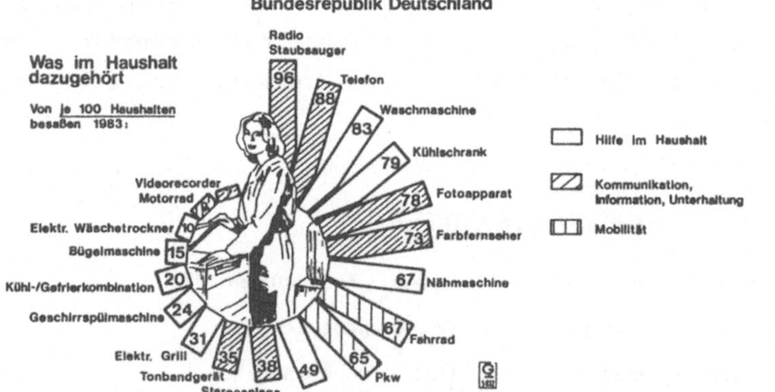

Bild 2

und in Bild 3 durch Preisangaben ergänzt.

Die Bilder 2 und 3 legen nahe, dass im Privatbereich Geräte für neue
Tele-Dienste im Anschaffungspreis unter 2 000 DM liegen müssen und
monatliche Gebühren klein gegen 80 DM sein sollten.

BUNDESREPUBLIK:STATISTIKEN 1983

			Anzahl	
Bevölkerung :	Einwohner	:	61,5 Mio	
	Haushalte	:	25,3 Mio	
	Familien	:2 Pers.: 7,3 Mio ,3 u. mehr Pers.:10,1 Mio		
	Berufstätige	:	26,8 Mio	
Technologie :	Kühlschränke	: 79 %	∅ Preis	: 500 DM
im	Spülmaschinen	: 24 %	"	: 1 100 DM
Privatbereich	Waschmaschinen	: 83 %	"	: 1 300 DM
	Radios	: 95 %	"	: 250 DM
	Plattenspieler ⎫ Stereo-A	:⎱ 38 %	"	: 400 DM
	Tonbandgeräte ⎭	:⎰		: 350 DM
	Farb-Fernsehgeräte	: 73 % 86%	Farb+s/w "	1 800 DM
	Fernsprechgeräte(priv.)	: 88 %	∅ Gebühren :	50 DM pro Monat
	Personenkraftwagen	: 65 %	∅ Preis :	15 000 DM
Neue Ange-:	Videoplatte	: ≈0 %	"	: 1 900 DM
bote für den	Videorecorder	: 7 %	"	: 1 600 DM
Privatbereich	Verteilkabelfernsehen	: 7 %	"	: 400 DM / Tln
	● Bildfernsprechen	: ≈0 %	"	: ? DM / Tln
	● Interaktives Kabel-TV	: ≈0 %	"	: ? DM / Tln
	(Ton, Text, Grafik, Fest- und Bewegtbild)			⚡SEL

Bild 3

Diese Werte sind sicherlich eine gute Orientierung zur Abschätzung
der "Kostenschwelle für Massennutzung" und bilden als Zielwerte eine
starke Herausforderung an die Forschung und Entwicklung; denn B-ISDN
muss diese Schwelle hinsichtlich Hauskommunikationsanlagen und Terminals sowie hinsichtlich der Gebühren - und damit hinsichtlich der Sy-
stemkosten - unterschreiten. Zum Vergleich ist in Bild 4 noch angegeben, was der Bundesbürger für seine "Mobilität" bereit - und in der
Lage - ist auszugeben.

FAZIT aus der STATISTIK

Für   Kommunikation
       Information
       Unterhaltung

leistet sich der Bundesrepublikaner
    ca 300 bis 2 000 DM Anschaffungspreis pro Gerät
    ca 80 DM / Monat Gebühren (Fsp+TV+Radio) ∅
    ⬆

Richtwerte für Neue Angebote

Finanzkraft des «Bundesrepublikaners»

für technische Errungenschaften

Hilfe im Haushalt   : ca 2 000 bis 10 000 DM Anschaff.preis
Mobilität (Pferd-Ersatz): ca 4 000 DM / Jahr

KOSTEN ENTSCHEIDEN ÜBER NUTZUNG   Bild 4

Die Kosten für einen Teledienst hängen in starkem Masse von der Nutzung anderer Dienste durch die betreffenden Teilnehmer ab: ein Bild-
fernsprech-Teilnehmer mit einem breitbandigen Glasfaser-Anschluss
könnte z.B. interaktives Kabelfernsehen nahezu zum Nulltarif bezüglich der Übermittlung erhalten, während dieser Dienst - als einzige

Nutzung des Glasfaser-Teilnehmer-Anschlusses - zum Preis des Koaxver-
teilfernsehens nur sehr schwer erreichbar ist. Eine ganz wichtige
Forderung für B-ISDN-Lösungen ist trotzdem die Modularität, d.h. die
Systeme müssen zunächst die Realisierung aller Breitband-Dienste - unabhängig von anderen - technisch gestatten und die Vorinvestition zur
späteren Erweiterung des Dienstespektrums muss minimal gehalten werden. Daher rangiert die Modularität bei den objektiven Bewertungskri-
terien für eine B-ISDN-Systemlösung an erster Stelle, wie dies in
Bild 5 angedeutet ist,

OBJEKTIVE BEWERTUNGSKRITERIEN
TECHNISCHER SYSTEME

- **Modularität**
  Erweiterbarkeit hinsichtlich Teilnehmerzahl
  Diensteangebot
  Signalqualität

- **Kosten**
- **Raumbedarf**   } **pro Teilnehmer**
- **Leistungsverbrauch**

- **Meßbare Qualität der** { **Codierung**
  Übermittlung
  Wiedergabe   Bild 5

denn technologische Fortschritte werden - wie in der Vergangenheit -
auch weiterhin kostensenkend im Systembereich wirken.

2. Modularität des Systemkonzeptes

2.1 Vermittlung

Die Evolution der digitalen Vermittlungsstellen über ISDN zum B-ISDN
ist vorgezeichnet. Hierbei geht die SEL-Konzeption von System 12 aus,
das durch Hinzufügen weitere Moduln beliebig für die in Bild 6 genannten Dienste erweitert werden kann.

Das schmalbandige Koppelnetz für ISDN-Dienste wird ergänzt durch
Breitband-Koppelnetze für Bildfernsprechen (Bife)/Telekonferenz sowie
für die Verteilung von TV- und Ton-Programmen mit interaktivem Zugriff auch auf andere Breitband-Informationsquellen.

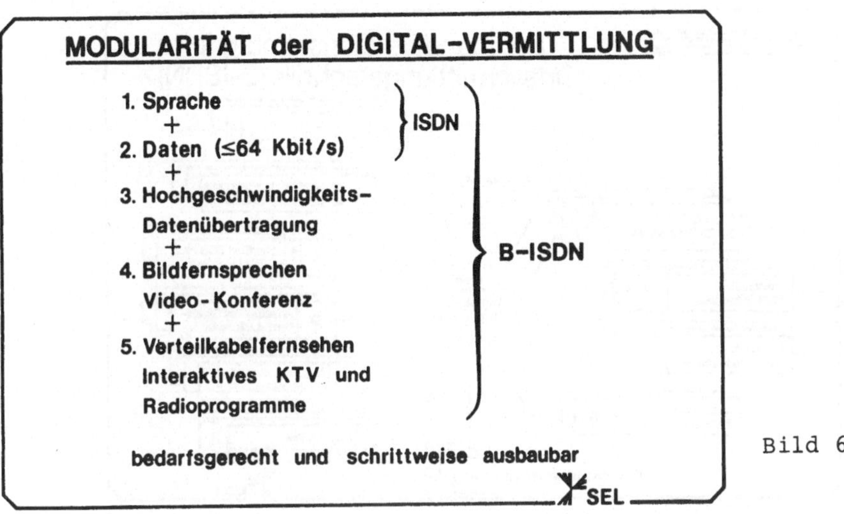

Bild 6

Das Bife-Koppelnetz kann ebenfalls zur Vermittlung von Datenströmen
bis zu 140 Mbit/s - z.B. zwischen Rechenzentren, Datenbanken und Gra-
phik-Arbeitsplätzen (CAD, ...) eingesetzt werden.

Die Aufteilung der Funktionen einer B-ISDN-Vermittlung ist Bild 7 zu
entnehmen.

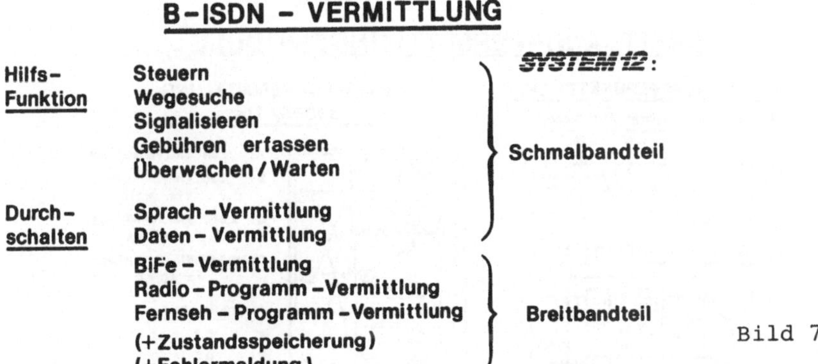

Bild 7

Signalisierung, Steuerung, Wartung, Gebührenerfassung ... für Breitband-Dienste übernehmen Moduln, die der Grundausstattung von System
12 nach Bedarf hinzugefügt werden können, wobei ISDN-Standards für
die Signalisierung im D-Kanal als Grundlage dienen. Die B-ISDN-Vermittlung auf der Basis von System 12 erhält damit eine prinzipielle
Struktur entsprechend Bild 8.

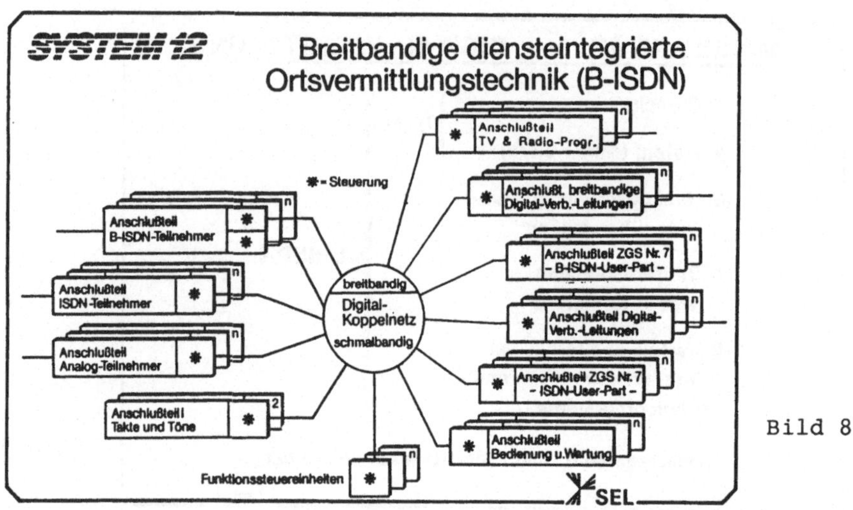

Bild 8

Alle Breitband-Koppelnetze werden mit einem Grundbaustein, dem "VLSI-
Koppelpunkt-Chip", entsprechend Bild 9/a aufgebaut. 12 derartige
Chips werden zu einem "Gruppenkoppler" zusammengefasst (Bild 9/b),
der mit einer Zusatzsteuerung bereits ein Breitband-Koppelfeld für 64
Teilnehmer darstellt. Aus diesen Gruppen-Kopplern lassen sich nun modular Breitband-Koppelfelder bis zu ca. 10 000 Teilnehmeranschlüssen
für Breitband-Individualdienste (Bife/Telekonferenz/Breitband-Daten)
aufbauen - entsprechnd der schematischen Darstellung in Bild 9/c.

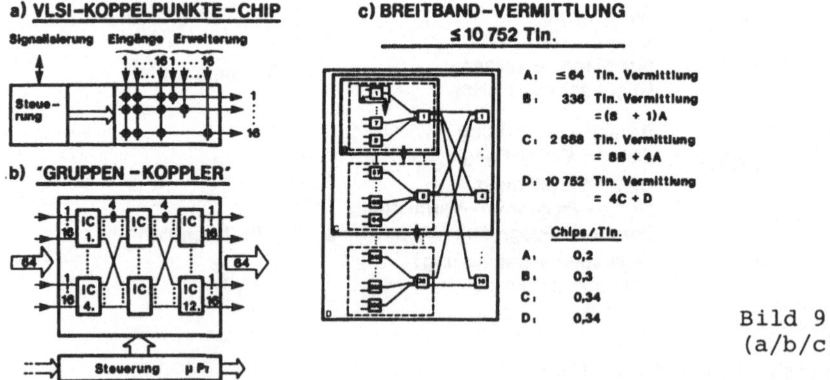

Bild 9
(a/b/c)

Für Breitband-Verteildienste und Zugriff auf Breitband-Informationsquellen werden die Koppelfelder mit dem Grundbaustein entsprechend
Bild 10 aufgebaut. Vom Prinzip her ist ein derartiges Koppelfeld bezüglich Teilnehmer und Breitband-Quellen (z.B. TV oder Radio) belie-

big erweiterbar. Praktisch ist eine Erweiterung auf ca. 10 000 Teil-

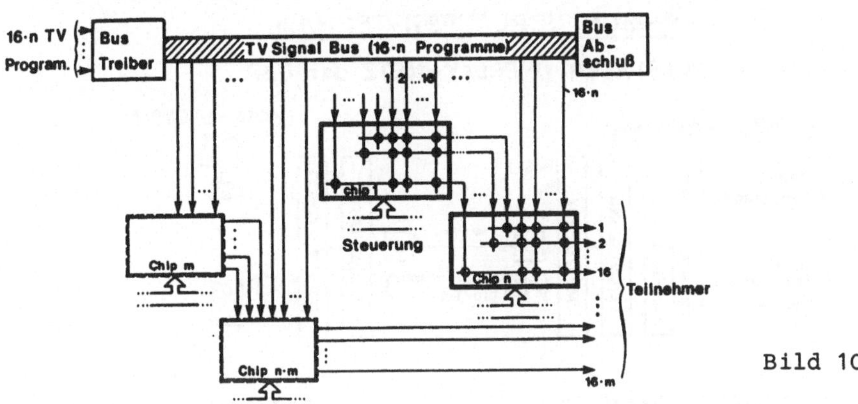

Bild 10

nehmer begrenzt, die je auf bis zu (n x 16), d.h. etwa 128 Breitband-
programme Zugriff erhalten durch Kaskadierung der Grundbausteine.

2.2 Übertragung

In gleicher Weise wie das Breitband-Vermittlungssystem ist auch das
optische Teilnehmer-Anschlußsystem modular erweiterbar hinsichtlich
Dienste- und Teilnehmerzahl und wird sich voraussichtlich evolutionell
entwickeln:

- von der Nutzung für Telekonferenzen durch kommerzielle Teilnehmer hin zur Nutzung für ISDN + Bife + Verteildienste für jeder-
  dermann,

- von der Gradientenfaser hin zur Monomodefaser und

- von dem Einzelteilnehmer-Anschluss bis hin zum Vielfachteilneh-
  mer-Anschluss pro Faser.

BIGFON - der Prototyp eines integrierten Breitbandsystems entsprechend Bild 11 - arbeitet mit ein bis zwei Gradientenfasern pro Teilnehmer.

Die Deutsche Bundespost wird eine ähnliche Systemarchitektur für Telekonferenzen mit einer Gradientenfaser pro Teilnehmer und einer Art
Handvermittlung ohne ISDN-Fähigkeit als Vorläufertechnik von B-ISDN

einführen. Ersetzt man die Vermittlungsstellen in Vorläufertechnik
durch B-ISDN-Vermittlungen, wie in Bild 11 angedeutet, und rüstet man

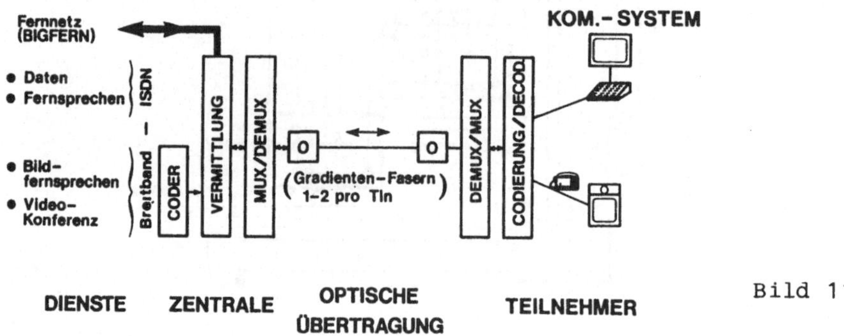

Bild 11

auch die Teilnehmerseite mit B-ISDN-Schnittstellen aus, dann können
die optischen Teilnehmeranschlußsysteme des Overlay-Netzes in das
B-ISDN für 140 Mbit/s pro Teilnehmer überführt werden. Für relativ
kurze Anschlusslängen kann die Gradientenfaser auch mit höheren Bitraten arbeiten. Notfalls ist Wellenlängenmultiplex der Weg, um dem
Teilnehmer mit Gradientenfaser-Anschluss auch bis zu 4 x 140 Mbit/s
anbieten zu können; diese Lösung ist aber sehr teuer, da man dann pro
Teilnehmer bis zu 5 optische Sender und Empfänger benötigt (4 von der
Zentrale zum Teilnehmer; 1 vom Teilnehmer zur Zentrale).

Der Übergang von der Gradientenfaser zur Monomodefaser - nach entsprechender Erprobung - bietet dann einen ausserordenlich hohen Grad
an Flexibilität hinsichtlich

- Kapazität des Breitbandkanals   (Dienste-Qualität),

- Anzahl der Breitband-Kanäle pro Faser   (Erweiterbarkeit) und

- Teilnehmeranschlusslängen.

Für das Overlay-Netz ist als Breitband-Kanal (BBK) 140 Mbit/s Nutzbitrate definiert; durch Anwendung von Kompressionsverfahren ist für
den BBK 70 Mbit/s durchaus auch vertretbar, solange man heutige TV-
Standards verwendet. Für HDTV (hochauflösende, flimmerfreie Videosig-
nale) muss man dann allerdings 2 Kanäle mit 70 Mbit/s zusammenfassen.

Nach heutigem Stand der Technik ist 2,24 Gbit/s bzw. 16 x 140 Mbit/s

eine realisierbare Bitrate pro Übertragungssystem. Die Kapazität der
Monomodefaser kann aber durch Wellenlängenmultiplex nochmals n-fach
vergrössert werden (siehe Bild 12).

MODULARITÄT der ÜBERTRAGUNG

Breitband Kanal : **Video** ⎞
(Teilnehmer individuell) **Stereo** ⎟ Signale im Zeitmultiplex
  Sprache ⎟ je nach Bedarf
  Daten ⎠ integriert übertragen

Optischer Kanal : **Monomode – Faser**
  Bidirektionale Übertragung

  140 Mbit/s (Grund – BBK)
  4 × 140 Mbit/s (Maximum / Tln, z.B. 1 BiFe + 3 TV)
  16 × 140 Mbit/s (Maximum / Wellenlänge)
  n × 16 × 140 Mbit/s (Wellenlängen-Multiplex)

Option für BBK : 70 Mbit/s als Grund – BBK
  = Verdoppelung der Kanalzahl
  pro optischem Kanal

Bild 12

Damit wird die Faser zum Vielkanal-Übertragungssystem für Breitband-
Kanäle. Ein Breitband-Kanal integriert durch Multiplexer (Mux) die
Signale für Bife/TV, Tonprogramme, ISDN und ein transparentes
2 Mbit/s-Signal (PCM 30-System) entsprechend Bild 13.

TEILNEHMER – INDIVIDUELLER
BREITBAND – KANAL

140 Mbit/s pro BBK
1 bis 4 BBK pro Teilnehmer

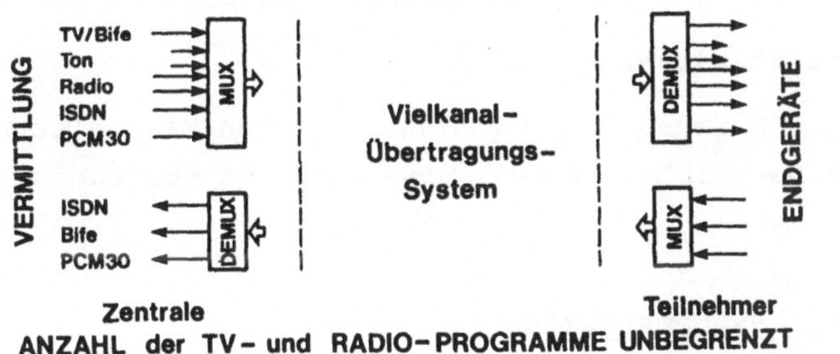

ANZAHL der TV- und RADIO-PROGRAMME UNBEGRENZT

Bild 13

Die technische Struktur des Vielkanal-Übertragungssystems zeigt
Bild 14.

Für 140 und 565 Mbit/s sind Anschlusslängen von mehr als 20 km erreichbar. Bei 2,24 Gbit/s lassen sich noch ca. 20 km verstärkerfrei
realisieren; für mehr als eine Wellenlänge je Übertragungsrichtung

muss für die Beibehaltung des 20 km-Versorgungsradius Integrierte Optik und ggf. auch kohärenter Empfang eingesetzt werden - beides sind neue Technologien, die sich im Forschungsstadium befinden. Damit ist das Monomodefaser-Konzept auch hinsichtlich der Anwendung absehbarer Weiterentwicklungen der optischen Nachrichtenübertragung äusserst zukunftssicher.

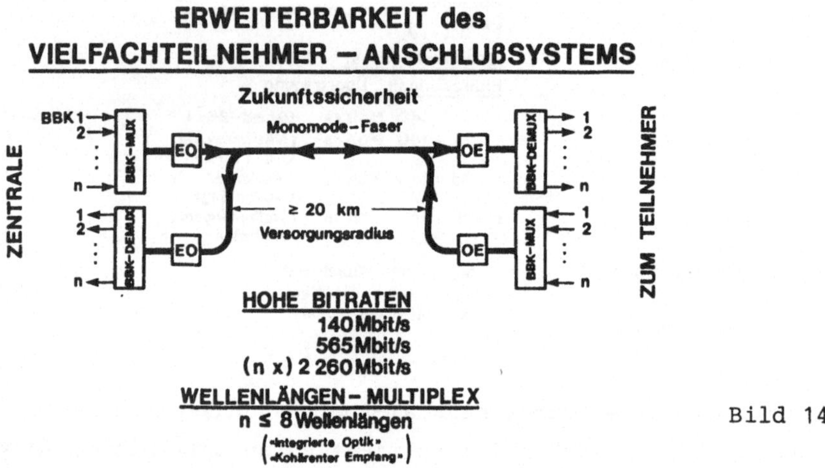

Bild 14

Auf der geschilderten Basis für die Übertragungstechnik lässt sich eine Systemkonzeption angeben, die

- den kontinuierlichen Übergang von der Gradienten- zur Monomode-Faser ermöglicht,

- für die unterschiedlichen Einsatzfälle sehr anpassungsfähig ist,

- eine hohe Zukunftssicherheit bietet und

- durch extensive Nutzung der Möglichkeiten von Mikroelektronik und optischer Nachrichtenübertragung äusserst kostengünstig wird.

3. Kostengünstige Systemstruktur

Die Architektur des Systems zeigt Bild 15: Einzelteilnehmer mit kurzer Anschlusslänge werden z.B. über die für das Overlay-Netz verlegten Gradientenfasern (Multimode-Faser) an die Vermittlungsstelle angeschlossen, die im Prinzip Bild 11 entspricht. Durch geeignete Multiplexer können Gruppen von Teilnehmern über eine gemeinsame Monomodefaser mit sehr grossen Versorgungsradien angeschlossen werden.

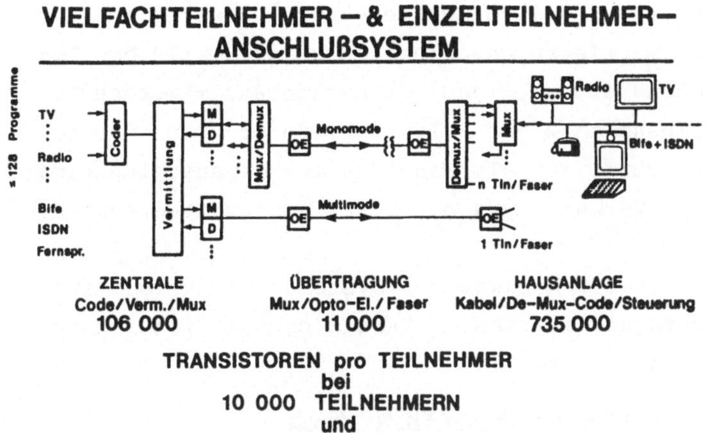

Bild 15

In Bild 15 ist auch die Anzahl der Transistoren angegeben, die pro
Teilnehmer in etwa benötigt werden, um ihn mit dem vollen Dienste-
spektrum des integrierten Breitbandnetzes zu versorgen. Daraus erkennt man, dass höchste Integrationsdichten der Mikroelektronik-Chips
notwendig sind, um die Anzahl der Bausteine pro Teilnehmer zu mini-
mieren. Orientiert man sich allein an den genannten Modularitätsanforderungen, dann werden Technologien und Integrationsdichten der mo-
nolithischen Bausteine entsprechend Bild 16 benötigt.

EINSATZ der MIKROELEKTRONIK

(VLSI)

CMOS	(1 - 2 µm)	140 000	Transistoren / Chip
BIPOLAR	(6 GHz)	8 000	Transistoren / Chip
GaAs	(12 GHz)	1 500	Transistoren / Chip

Systembaustein (Chip) allein durch
Modularitätsanforderungen bestimmt

Bild 16

Diese Forderungen sind bereits heute im Laborstadium erfüllbar und
werden daher unserem Systemkonzept zugrundegelegt. Damit erreicht man
praktisch das Kostenminimum bezüglich der Elektronik in der Zentrale
und beim Teilnehmer.

Die Kostenminimierung beim Teilnehmer-Anschlußsystem ist aus Bild 17
zu erkennen: Bei mittleren Anschlusslängen der Teilnehmer von ca.
2 km - entsprechend dem heutigen Fernsprechnetz - werden Vielfach-
teilnehmeranschlüsse ab 2 bis 3 Teilnehmern pro Monomodefaser und La-
sereinsatz kostengünstiger als Einzelteilnehmeranschlüsse mit Gradientenfasern und Verwendung von LED's (lichtemittierende Dioden).

Der Gewinn durch Vielfachteilnehmer-Systeme beträgt bis zu 50 % der
Kosten des Übertragungssystems im Vergleich zum Einzelanschluss unter
Annahmen entsprechend Bild 17.

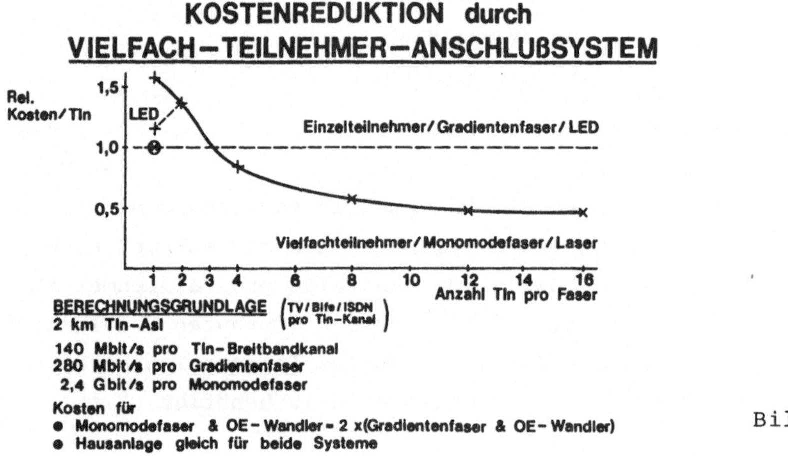

Bild 17

Der Gewinn steigt mit zunehmender Teilnehmer-Anschlusslänge und wird
"100 %", wenn diese Länge einen Grenzwert übersteigt, der durch die
Qualität der Gradientenfaser gegeben ist, da von diesem Grenzwert an
die Übertragung mit Gradientenfasertechnik nicht mehr realisierbar
ist.

Weitere Einzelheiten zum Systemkonzept und zu den Kosten sind in [2]
zu finden.

4. Evolution des Telecom-Netzes

Seit 1983/84 arbeiten die BIGFON-Inseln. Das Overlay-Netz mit Gradientenfasern für Telekonferenzen soll etwa 1986 den Betrieb beginnen.
1988 werden voraussichtlich Prototypsysteme für B-ISDN in Betrieb genommen.

B-ISDN-Vermittlungsstellen und -Teilnehmer werden zunächst nur eine geringe Flächendichte aufweisen. Hier kann die Monomodefaser helfen, frühzeitig eine flächendeckende Versorgung zu erreichen, da Gebiete bis zu 40 km Durchmesser von einer Zentrale aus mit Breitband-Diensten versorgt werden können. Die Teilnehmer-Anschlussfasern wird man aber zweckmässigerweise durch alle Fernsprechvermittlungsstellen führen, die am Wege vom Teilnehmer zur Zentrale liegen, denn diese Vermittlungsstellen werden später einmal mit B-ISDN-Vermittlungen ausgerüstet. Dann geschieht dort die Vermittlung der Breitband-Dienste und die Fasern zwischen den OVSt'n werden als Ortsamtsverbindungsleitungen benutzt entsprechend Bild 18.

NETZAUSBAU — MÖGLICHKEITEN

- Große Ausbaubaufähigkeit
- Geringe Vorinvestitionen
- Z.B. eine Zentrale für Stuttgart + Satellitenstädte

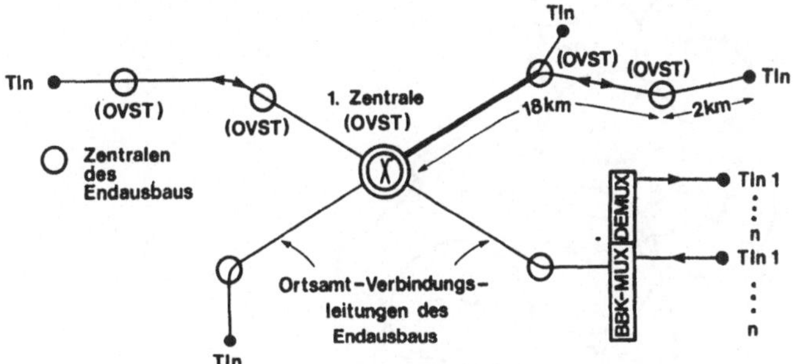

Bild 18

Die erreichbaren Versorgungsradien sind in Bild 19 wiedergegeben. Für

REICHWEITEN der ÜBERTRAGUNG
VERSTÄRKERFREI mit MONOMODEFASER

144 Kbit/s	=	1	ISDN-BA-Kanal	83 km*
2 Mbit/s	=	30		69 km*
8 Mbit/s	=	120	ISDN-Sprach-Kan.	61 km*
34 Mbit/s	=	480		53 km*
140 Mbit/s	=	1		43 km*
565 Mbit/s	=	4	B-ISDN-Kanäle	31 km*
2 260 Mbit/s	=	16		17 km*

$\lambda = 1{,}3\ \mu m$

ohne Spleißreserven

6 dB Systemreserve

Bild 19

*Verstärkerabstand bei $\lambda = 1{,}55\ \mu m$ Faktor 1,3 größer

die ISDN-Übertragungsrate lassen sich 80-100 km überbrücken (Licht-
wellenlänge λ = 1300 oder 1500 nm). Dies bedeutet theoretisch, dass
man in der Anfangsphase mit 10 ISDN-Vermittlungsstellen ganz Deutschland mit ISDN-Diensten versorgen könnte. Sicherlich sind aber eine
höhere Dichte an ISDN-Vermittlungsstellen und kürzere Anschlusslei-
tungen wirtschaftlicher als dieses hypothetische Modell.

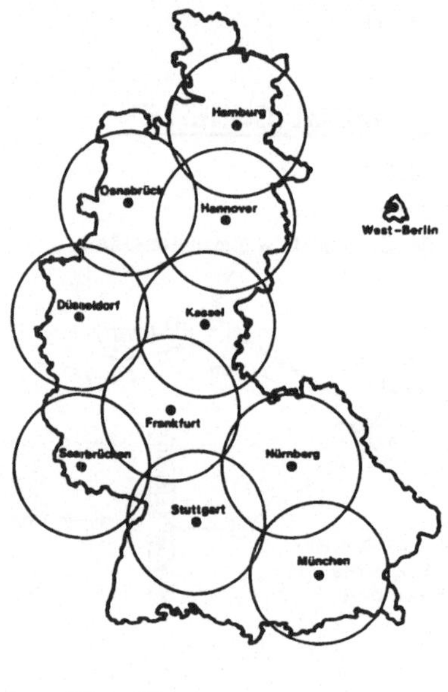

Bild 20

Der Fortschritt der optischen Übertragungstechnik ist sehr schön aus
Bild 20 ablesbar: Übertragungsrate x Repeaterabstand (entspricht Ver-
sorgungsradius) ist ein wichtiges Mass für die Leistungsfähigkeit der
digitalen Übertragungssysteme. Die Kurve in Bild 21 zeigt die erreichten Spitzenwerte und die zugehörigen "Rekordhalter" über der
Zeitachse. Das neueste Ergebnis sprengt den Rahmen dieser Graphik:

Bell erzielte 1984

260 Gbit/s   x   km.

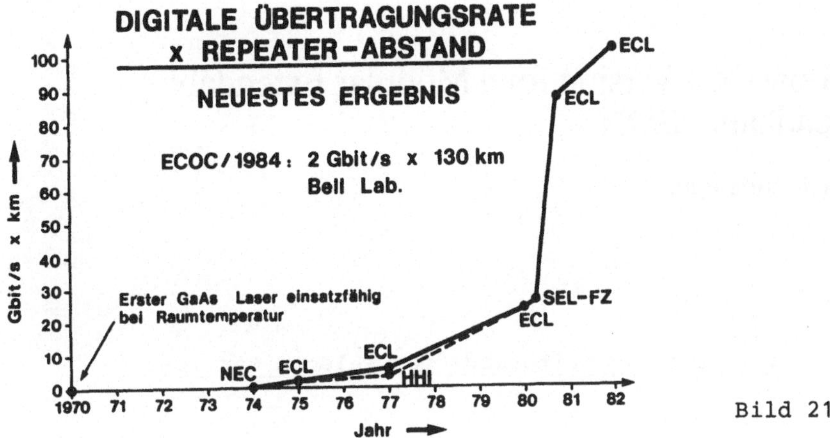

Bild 21

Dem steht die Leistungsfähigkeit der besten Koaxkabelsysteme mit

0,565	Gbit/s	x	1,55 km =
ca. 0,9	Gbit/s	x	km

gegenüber.

<u>Schrifttum</u>

[1]   W. Peters: Dienste und Nutzen des Breitband-ISDN. Kongress-
      band "Integrierte Telekommunikation", Münchner Kreis/NTG,
      München, 05.-07. Nov. 1984.

[2]   H. Ohnsorge: BIGFON und seine Nutzungsmöglichkeiten. "tele-
      matica", Stuttgart, 1984. Konferenzband, Bd. 2, 18.-20.
      Juni, S. 61-78.

A Low Cost Version for a Modular Extendable Broadband ISDN

Horst Ohnsorge

1. Statistics and Criterions for Telecom Services

Technologies are introduced in German households in many applications with high penetration as shown in Figure 2.

The population as well as the percentages of penetration and prices of some major technology results (articles) are compared in Figure 3.

One can recognize from these statistics, that we are able to spend a lot of money on

- telecommunication
- household aids
- and mobility.

However, prices for new home equipment should be lower than 2 000 DM with acceptable charges for new services (Figure 4).

The acceptance criterions like in Figure 1 are very important for introduction of new telecommunication services.

It is also necessary to pay strong attention to some objective valuation criterions of telecommunication systems, which are listed in Figure 5.

2. Modularity of the System Concept

2.1 Exchange

Voice, data, videophone services and interactive cable-TV/Radio can be provided by the B-ISDN switching concept in a modular form and independent from each other (Fig. 6).

The digital switching system from SEL (System 12) will be extended
to include support functions (controlling, signalling, routing
maintenance ...) and the broadband switching modules (Figure 7).
The result is a modular extendable exchange as shown in Figure 8
(see [1]).

A switching matrix chip with broadband crosspoints (see Figure 9a)
can be combined to a group switch module, as shown in Figure 9b,
which performs the building blocks for a videophone exchange for up
to 10 000 subscriber lines (see [2]) (Figure 9c).

The switching matrix chip can be used for TV and radio programs
switching (distribution on demand = interactive services) serving
up to 10 000 subscribers with up to 128 programs, as shown in Figure 10.

2.2 Transmission

BIGFON - the prototype of an integrated broadband system - is working with one or two graded index fibres per subscriber. The Deutsche Bundespost will introduce a similar system architecture for an
overlay network with one graded index fibre per subscriber for vi-
deoconferencing and videophone as a forerunning system generation
of B-ISDN (see Fig. 11).

Later on we expect the change from graded index fibre to singlemode fibre.

The use of singlemode fibre as subscriber line offers a very high
flexibility and modularity with regard to

- number of broadband channels (BBK per fibre) (extendability)
- subscriber line distances and
- capacity per broadband channel   (quality of services)

as depicted in Figure 12.

A broadband channel (BBK) integrates signals of videophone, TV, radio, ISDN and of a transparent PCM 30 channel as illustrated in
Figure 13.

Up to n broadband channels (BBK 1 ... n) can be transmitted over a singlemode fibre with subscriber line distances of more than 20 km using bandwidths from 140 Mbit/s to 2.26 Gbit/s. The capacity of this optical transmission system can be extended by wavelength multiplexing up to n = 8 wavelengths, without distance reduction, using "Integrated Optics" and "Coherent Transmission" (Figure 14).

3. Cost Efficiency

The modularity of the switching system and the transmission system enables us to realize a flexible and cost effective B-ISDN concept (Figure 15)
with the following conditions: Extensive use must be made at VLSI-technologies (micro electronics) to integrate the vast amount of transistors required per subscriber, using technologies like those shown in Figure 16.

The capacity of singlemode fibres must be used for multi channel, multi subscriber, long distance systems while for single channel, single subscriber, short distance systems low cost graded index fibres can be used.

The achievable cost reduction through use of a multi channel (multi subscriber) system is shown in Figure 17 in comparison with a single channel (single subscriber) graded index fibre system.

4. Network Evolution

The singlemode fibre enables us to serve large areas (> 20 km radius) with broadband services from one broadband ISDN exchange which, in the starting phase is extremely important. The fibre has to be routed through all of the existing telephone exchanges on the way to the first B-ISDN exchange so that later, when broadband services penetration is high enough, these exchanges can be extended to include broadband switching systems as well (Figure 18). The capability of the singlemode fibre systems without splicing reserve but with 6 dB system margin is shown in Figure 19.

The values are conservative compared with the top results achieved in the laboratories which are listed in Figure 21.

If we use the values in Figure 19, the whole Federal Republic of Germany can theoretically be served by ISDN with about 10 exchanges in the starting phase (Figure 20).

This is only possible, if no splicing reserves are required. All fibres pass the other exchanges on the way to the "starting phase B-ISDN exchange". Later on, when ISDN services have a higher penetration, the subscriber lines will be shortened by further ISDN exchange installations in the passed exchanges thus allowing splicing reserves to be provided.

5. Conclusion

The extensive exploitation of the microelectronic capabilities and the fibre optic (singlemode fibre) transmission system capacity will enable us to introduce B-ISDN services for everybody and offers a solution for the starting phase problems.

References

[1]   H. Ohnsorge: BIGFON und seine Nutzungsmöglichkeiten. "telematica", Stuttgart, 1984, Conference Proceedings. Vol. 2. June 18-20. pp 61-78.

[2]   D. Böttle: Switching of 140 Mbit/s Signals in Broadband Communication Systems. Electrical Communication. Vol. 58. No. 4. pp 450-452.

Konzept für Breitband-ISDN im Vergleich zu Schmalband-ISDN

Hans Bauer

1. Einleitung

Die Erweiterung des **Schmalband-ISDN** zum Breitband-ISDN, in dem
Schmalband-Dienste und Breitband-Dialogdienste zusammengefaßt werden
sollen, verlangt insbesondere Glasfaserkabel und optische Übertragungssysteme im Teilnehmer-Anschlußbereich und Breitband-Koppelnetze
in den Vermittlungen. Ohne auf Fragen der technischen Realisierung
dieser neuen Netzkomponenten einzugehen, wird im folgenden versucht,
in großen Linien ein vorläufiges Netzkonzept für **Breitband-ISDN**
darzustellen, das
- einerseits allgemeingültige Grundzüge für jedes Breitband-ISDN
  enthält,
- andererseits aber für unterschiedliche Einsatzsituationen geeignet
  ist und hinreichend Spielraum für die technische Realisierung
  aufweist.
Dabei wird von den bereits festliegenden Grundzügen und dem Netzkonzept des Schmalband-ISDN ausgegangen.

Nicht behandelt wird das **Breitband-Universalnetz** (IBFN), das auch
Breitband-Verteildienste einbezieht /1/. Der Übergang vom Breitband-ISDN zu einem Breitband-Universalnetz ist erforderlichenfalls
später möglich, ohne daß schon beim Breitband-ISDN Vorleistungen
notwendig sind.

2. Schmalband-ISDN

2.1   64-kbit/s-ISDN

Als eines der wesentlichen Kennzeichen eines Schmalband-ISDN gilt
die transparente 64-kbit/s-Verbindung zwischen zwei Teilnehmern
(Bild 1). Die 64-kbit/s-Verbindung führt von der Teilnehmer/Netz-
Schnittstelle des einen Teilnehmers über dessen Teilnehmer-
Anschluß, über das innere Netz zwischen den Teilnehmer-Vermittlungen
und über den Teilnehmer-Anschluß des anderen Teilnehmers zu dessen
Teilnehmer/Netz-Schnittstelle. Unter Teilnehmer-Anschluß soll hier
der Abschnitt zwischen Schnittstelle und Teilnehmer-Vermittlung
verstanden werden, der die Anschlußleitung und teilnehmerseitige
Teile der Vermittlung einschließt. Das innere Netz besteht aus
Verbindungsleitungen und Vermittlungen.

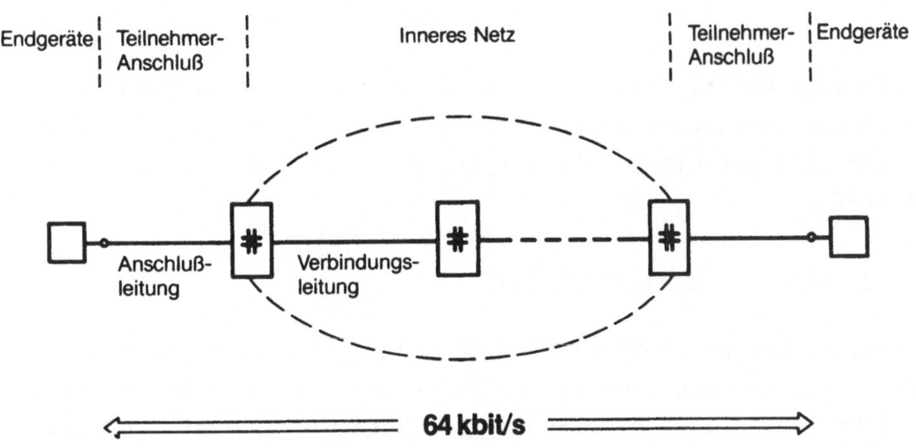

Bild 1.   64-kbit/s-ISDN

Schmalband-ISDN ist außerdem gekennzeichnet durch seine international standardisierten Schnittstellen (Bild 2):
- Die Teilnehmer/Netz-Schnittstelle S, die als Voraussetzung für
  universell einsetzbare ISDN-Endgeräte gilt.
- Die Schnittstelle A für das innere 64-kbit/s-Netz, die essentiell
  für den Übergang auf andere Netze (ISDN oder Nicht-ISDN) ist.
Die Standardisierung der Schnittstellen schließt die - an S und A
gleiche - Codierung des Nutzsignals ein. Für Fernsprechen ist z.B.
PCM nach CCITT-Empfehlung G.711 festgelegt.

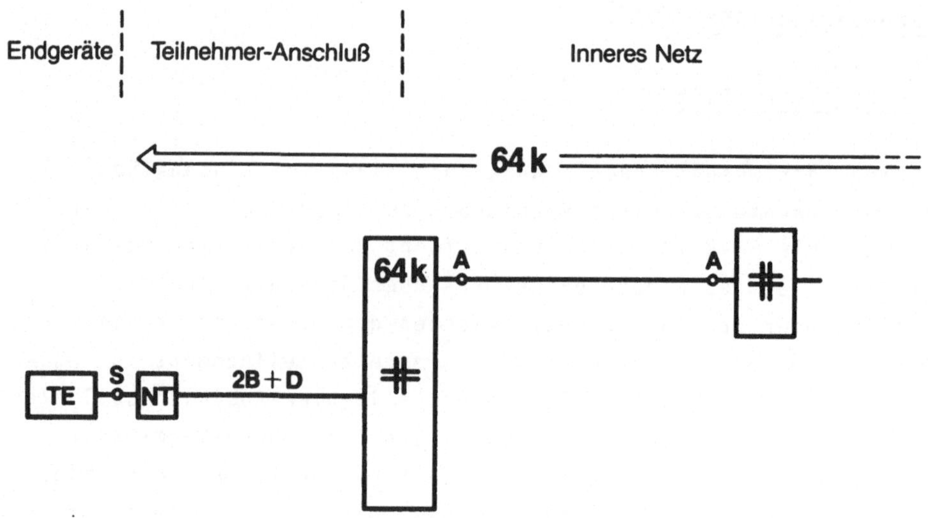

Bild 2.   64-kbit/s-ISDN

Die wichtige Rolle, die die Teilnehmer/Netz-Signalisierung im
D-Kanal des Teilnehmer-Anschlusses und die Signalisierung zwischen
den Vermittlungen mit dem System Nr. 7 im ISDN spielen, sei hier nur
kurz erwähnt.

2.2   Allgemeines Schmalband-ISDN

Mit dem beschriebenen 64-kbit/s-ISDN, das ausschließlich transparente 64-kbit/s-Verbindungen kennt, ist allerdings noch nicht alles
über Schmalband-ISDN in seiner allgemeinen Form gesagt. Auf dem
Teilnehmer-Anschluß müssen wegen der Dienste-Integration alle Nutzkanäle die maximale Bitrate des Schmalband-ISDN (64 kbit/s) haben.
Im inneren Netz darf es dagegen neben einem 64-kbit/s-Teilnetz für
transparente 64-kbit/s-Verbindungen weitere Teilnetze für Kanäle
mit 64/n kbit/s, - d.h. mit 32, 16 oder 8 kbit/s - geben (Bild 3).
Ein 8-kbit/s-Teilnetz ist ein bevorzugtes Beispiel für Datendienste
mit maximal 4,8 kbit/s.
Diese Dienste-Trennung im inneren Netz beeinträchtigt zwar die
Integration aller Dienste mit maximal 64 kbit/s im Schmalband-ISDN
nicht, sie bringt aber Komplikationen mit sich, wie z.B. dienstspezifische Bitratenreduktion und erschwerte Wegewahl ("routing").
Sie ist übrigens nur bei hohem Anteil an Nicht-Sprachdiensten und
bei sehr langen Verbindungsleitungen wirtschaftlich.

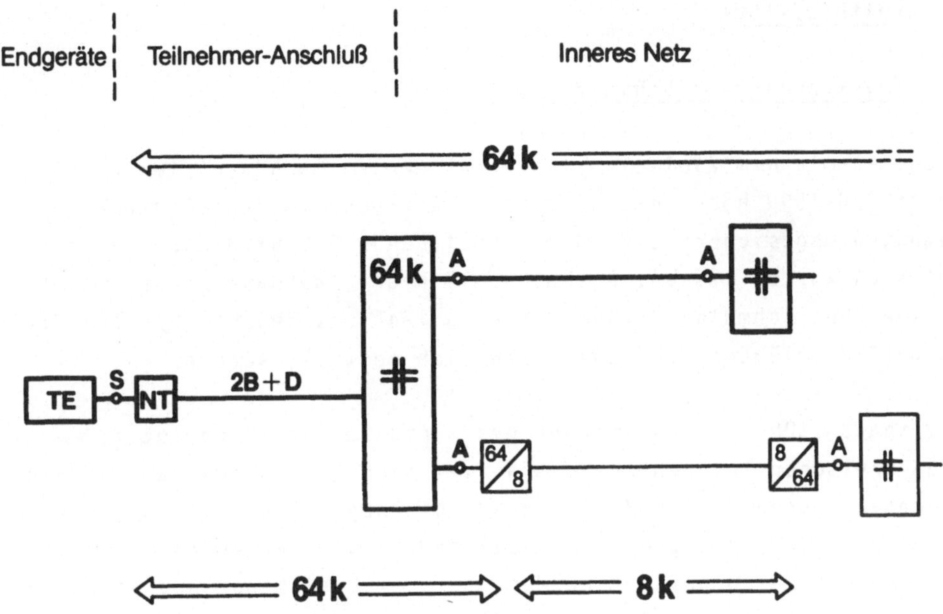

Bild 3.   Allgemeines Schmalband-ISDN. Beispiel

Beide Voraussetzungen für Dienste-Trennung sind im Netz der DBP
nicht gegeben: Fernsprechen mit 64 kbit/s überwiegt bezüglich
Häufigkeit bei weitem alle Dienste, die mittlere Fernleitungslänge
liegt bei wenigen 100 km. Die DBP hat sich deshalb mit gutem Grund
für ein reines 64-kbit/s-Netz entschieden /2/.

Zusammenfassend sollen einige wenige Grundzüge des Schmalband-ISDN-
Netzkonzepts genannt werden:
Kennzeichnend ist für den Teilnehmer-Anschluß vor allem die
Dienste-Integration und eine international standardisierte Teilneh-
mer-/Netz-Schnittstelle, für das innere Netz ein international stan-
dardisierter Netzübergang für 64-kbit/s-Verbindungen.
Freiheitsgrade für nationale Lösungen stellen die Übertragungstech-
nik des Teilnehmeranschlusses und die Möglichkeit zur Dienste-
Trennung im inneren Netz dar.

3. Breitband-ISDN

3.1 Erweiterung des Schmalband-ISDN

Arbeiten mit dem Ziel einer internationalen Standardisierung für Breitband-ISDN haben erst begonnen. Ein geschlossenes, durch Festlegungen abgesichertes Bild von Breitband-ISDN wird noch längere Zeit auf sich warten lassen. Deshalb soll hier - aufbauend auf den Kenntnissen über Schmalband-ISDN - ein vorläufiges Netzkonzept für Breitband-ISDN erläutert und zur Diskussion gestellt werden.

Breitband-ISDN als Erweiterung des Schmalband-ISDN bedeutet,
- daß zwischen Teilnehmern des Netzes nicht nur Schmalband-Verbindungen, sondern auch Breitband-Verbindungen möglich sind, und
- daß alle Verbindungen eines Teilnehmers über einen einzigen Teilnehmer-Anschluß geführt werden, auf dem Breitband- und Schmalband-Dienste integriert sind (Bild 4).

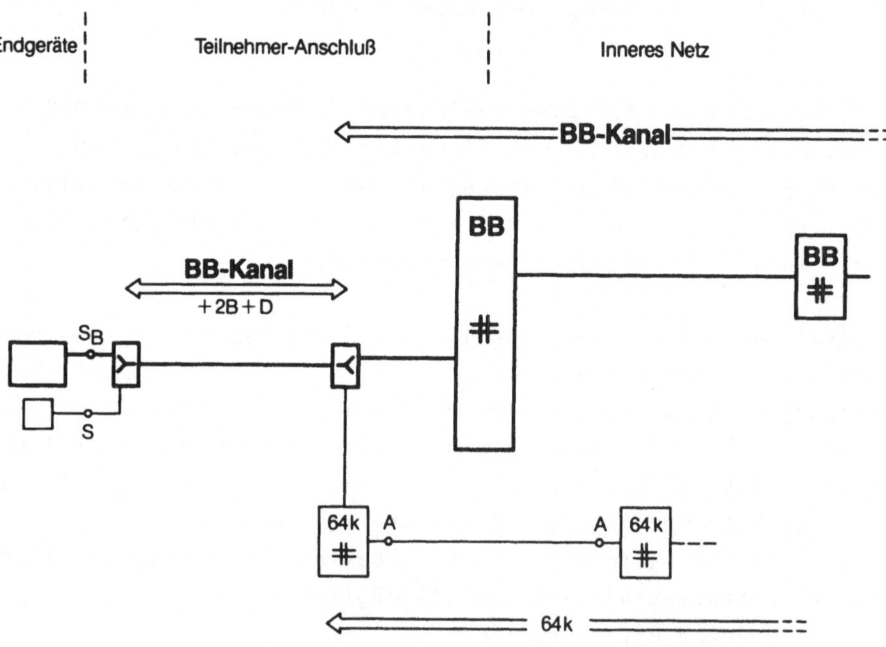

Bild 4.   Breitband-ISDN

Der Teilnehmer-Anschluß muß hierzu um einen Breitband-Kanal erweitert werden. Die **Teilnehmer/Netz-Signalisierung im D-Kanal,** die beim ISDN-Basisanschluß für die beiden B-Kanäle (64 kbit/s) des Anschlusses 2B + D gemeinsam ist, wird beim ISDN-Breitband-Anschluß für B-Kanäle und Breitband-Kanal gemeinsam sein. Dieser gemeinsame Signalisierungskanal stellt einen weit höheren Grad von Dienste-Integration dar als die gemeinsame Übertragung der Nutzkanäle auf der Anschlußleitung.

Der **Breitband-Kanal** enthält alle Informationen, die zwischen Breitband-Teilnehmern direkt übermittelt werden sollen. Für Bildfernsprechen ist das z.B. Bild + Ton + Hilfssignale.
Breitband-Endgerät und Schmalband-Endgeräte können über eine noch zu spezifizierende **Breitband-Schnittstelle S$_B$** bzw. über die bekannte Schnittstelle S zur gleichen Zeit angeschlossen sein.
Auf der Vermittlungs-Seite des Teilnehmer-Anschlusses werden Breitband-Kanal und 2B + D voneinander getrennt. Der Breitband-Kanal läuft ohne Signalisierung über ein Breitband-Koppelfeld in den Breitband-Teil des inneren Netzes, die Schmalband-Kanäle werden mit der gesamten Signalisierung - auch der des Breitband-Kanals - dem Schmalband-Teil der Teilnehmer-Vermittlung zugeführt.
Zwischen den Vermittlungen - Schmalband- und Breitbandvermittlungen - erfolgt die Signalisierung mit dem System Nr. 7.

3.2 ISDN mit transparenten Breitband-Verbindungen

Wenn man von ISDN mit transparenten 64-kbit/s-Verbindungen ausgeht, dann liegt für Breitband-ISDN der Gedanke an transparente Breitband-Verbindungen mit einer Einheits-Bitrate nahe. Diese Bitrate eines Breitband-Einheitskanals muß so gewählt werden, daß sie für alle Breitband-Dienste ausreicht.

Als Breitband-Dienste werden im Breitband-ISDN in erster Linie Bildfernsprechen einschließlich Videokonferenz und schnelle Daten mit Bitraten von weniger als 2 Mbit/s erwartet. Nach den vorliegenden Erfahrungen mit redundanzmindernden Bildcodierungen kann davon ausgegangen werden, daß - bei geeigneter Bildcodierung - für die meisten Anwendungsfälle von Bildfernsprechen eine Bitrate von etwa 2 Mbit/s genügt. Bildfernsprechen, bei dem Punktauflösung und Bewegungsauflösung gegenüber Fernsehen nicht eingeschränkt sind, erfordert aber

eine höhere Bitrate. Ein Breitband-ISDN, in dem es **nur transparente
2-Mbit/s-Verbindungen** gibt, scheidet deshalb als Möglichkeit aus.

Mit 140 Mbit/s könnten zwar alle, auch künftige Anwendungen, abgedeckt werden. Transparente 140-Mbit/s-Verbindungen wären aber als
internationale Verbindungen wegen der hohen Kosten mit Sicherheit
nicht durchsetzbar. Auch ein Breitband-ISDN, in dem es **nur transparente 140-Mbit/s-Verbindungen** gibt, ist daher nicht realisierbar.

3.3 Breitband-ISDN mit 140 und 2 Mbit/s

Da es für ein Breitband-ISDN mit ausschließlich transparenten Verbin-
dungen keine befriedigende Lösung gibt, bietet sich für Breitband-
ISDN ein Netzkonzept mit **Dienste-Trennung im inneren Netz** an
(Bild 5). Hier besteht ein grundlegender Unterschied zum Schmalband-
ISDN, bei dem - mindestens für das Netz der DBP - auf eine derartige
Dienste-Trennung ausdrücklich verzichtet wurde.

Die Bitrate des Breitband-Kanals auf der **Anschlußleitung** sollte
vorschlagsweise **140 Mbit/s** sein, um die Integration aller Dienste
auf dem Teilnehmer-Anschluß zu ermöglichen.

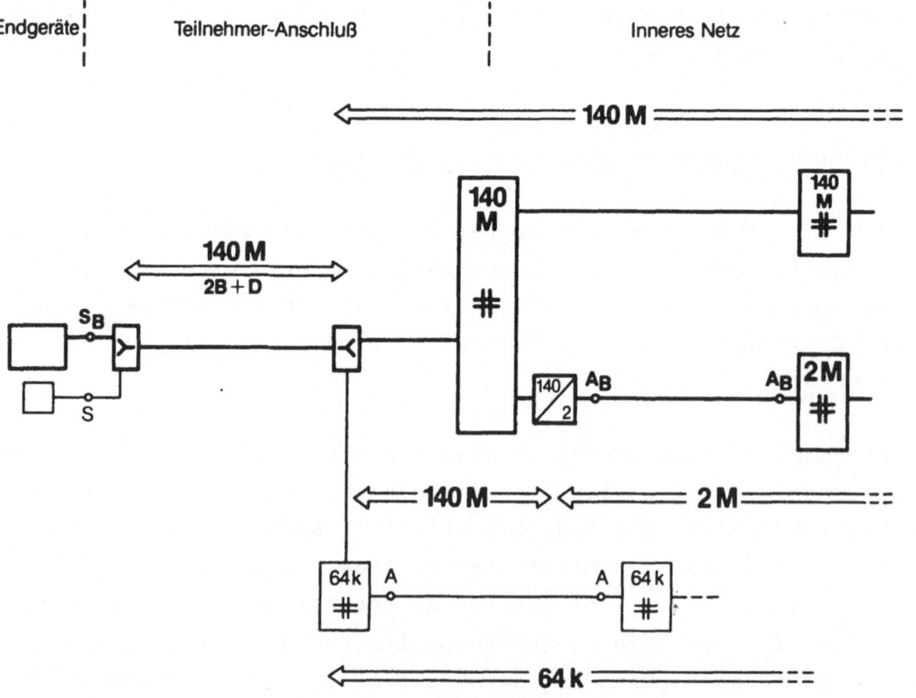

Bild 5.   Breitband-ISDN mit 140/2 Mbit/s

Nach der Trennung von Breitband- und Schmalband-Diensten auf dem
Teilnehmer-Anschluß und nach dem ersten Breitband-Koppelfeld sollte
der Breitband-Kanal transparent im inneren 140-Mbit/s-Teilnetz
weitergeführt werden, wenn die Qualitäts-Anforderungen dies notwendig
machen. In allen anderen Fällen sollte der Weg über eine Bitraten-
Reduktion ins innere 2-Mbit/s-Netz die bevorzugte Lösung sein. Für
Bildfernsprechen stellt die Bitraten-Reduktion u.a. ein Umcodieren
von Bild- und Tonsignal dar.

Wegen internationaler Verbindungen muß die **Schnittstelle A$_B$ für
2-Mbit/s-Netzübergänge** international standardisiert werden. Zu dieser
Standardisierung gehört auch die 2-Mbit/s-Bildfernsprech-Codierung,
mit Bildcodierung auf der Basis der CCITT-Empfehlung H.120 ("COST-
Codierung").

3.4 Vorteile des inneren 2-Mbit/s-Netzes

Der Weg über das innere 2-Mbit/s-Netz ist - wie Kostenvergleiche
ergeben haben - ab einer Mindest-Entfernung zwischen den Teilnehmer-
Vermittlungen, die bei weniger als 50 km liegt, billiger als der Weg
über das innere 140-Mbit/s-Netz.

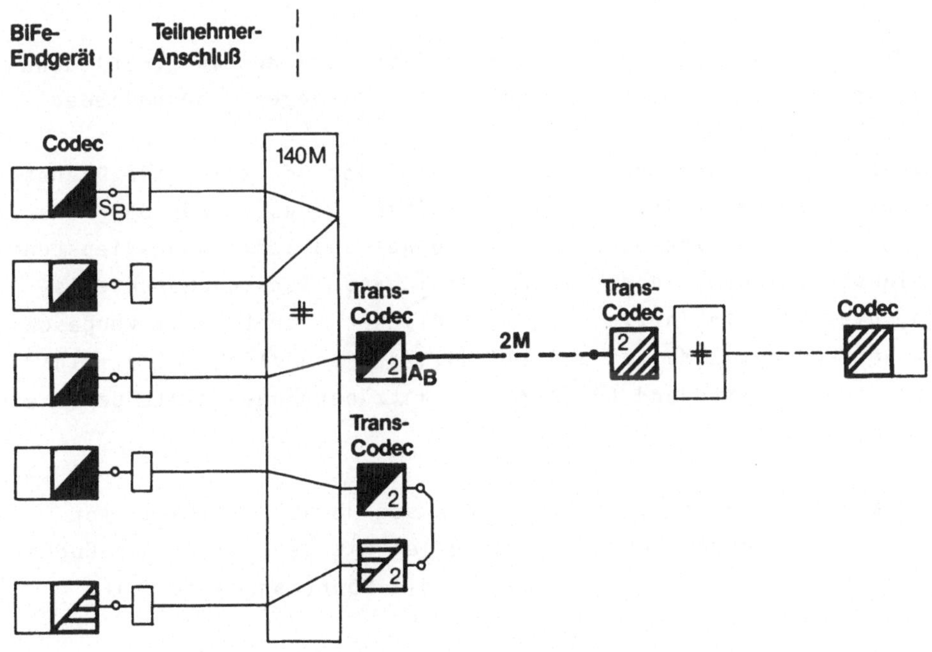

Bild 6.   Bildfernsprechen mit
unterschiedlicher Teilnehmer-Codierung

Bei kurzen Entfernungen und gleicher Codierung des Nutzsignals in den
Endgeräten sollten die Breitband-Teilnehmer deshalb über transparente
140-Mbit/s-Kanäle verbunden werden (Bild 6).

Die Bitratenreduktion, die beim Übergang ins innere 2-Mbit/s-Netz
notwendig ist und die für Bildfernsprechen ein Transcodieren von
Bild- und Ton-Signal darstellt, bewirkt eine vorteilhafte Entkopplung
des Teilnehmer-Anschlusses vom inneren Netz. Das bedeutet, daß über
einen 2-Mbit/s-Verbindungsabschnitt mit international standardisierter Bildfernsprech-Codierung Netze mit unterschiedlicher Teilnehmer-
Codierung zusammenarbeiten können.

In der Einführungsphase von Bildfernsprechen bringt die besagte
Entkopplung einen zusätzlichen Vorteil: Die Teilnehmer-Codierung kann
- z.B. im Zuge technischer Weiterentwicklung - geändert werden, ohne
daß bereits installierte Endgeräte und Teilnehmer-Anschlüsse geändert
werden müssen. Teilnehmer mit unterschiedlicher Codierung müssen dann
allerdings über Transcodecs und die standardisierte 2-Mbit/s-Schnitt-
stelle A_B geführt werden. Direkte 140-Mbit/s-Verbindungen sind in
diesem Falle nicht möglich.

3.5 Grundzüge eines Breitband-ISDN

Eine Zusammenstellung einiger weniger Grundzüge des vorgeschlagenen
Breitband-ISDN soll die Darstellung des Netzkonzepts beschließen.

Kennzeichnend für den Teilnehmer-Anschluß ist vor allem die Dienste-
Integration aller Breitband- und Schmalband-Dienste. Für das innere
Netz ist neben der Trennung von Breitband- und Schmalband-Diensten
die Dienste-Trennung innerhalb der Breitband-Dienste charakteris-
tisch, die durch Teilnetze unterschiedlicher Bitrate - im vorgeschlagenen Netzkonzept 2 Mbit/s und 140 Mbit/s - ermöglicht wird. Ein
internationaler Standard für 2-Mbit/s-Netzübergänge spielt dabei eine
bedeutende Rolle.

Freiheitsgrade gibt es im Teilnehmer-Anschluß bei Standards für
140-Mbit/s-Teilnehmer/Netz-Schnittstellen mit der Teilnehmer-Codierung und bei nationalen Standards für die Übertragungstechnik.

Schrifttum

/1/ Konzept der deutschen Bundespost zur Weiterentwicklung der
    Fernmeldeinfrastruktur, herausgegeben vom Bundesminister
    für das Post- und Fernmeldewesen, 1984.

/2/ Schön, H.:
    Die Deutsche Bundespost auf ihrem Weg zum ISDN.
    Zeitschrift für das Post- und Fernmeldewesen,
    Heft 6, 1984, S. 20 - 30.

Concept for Broadband ISDN Compared to Narrowband ISDN

Hans Bauer

A tentative concept for a broadband ISDN integrating also broadband
dialogue services besides narrow band services, is derived from
already defined characteristics, and from narrow-band ISDN concept.
Some principles of narrow-band ISDN can be applied or extended to
broadband ISDN. With regard to other features, extremely different
solutions are proposed for good reasons.

Integration of all services on the subscriber access has to be one
essential principle for broadband ISDN, too. Broadband and narrow-
band channels, combined with a common signalling channel, should be
transmitted up to the narrow-band subscriber exchange. Broadband and
narrow-band channels are transmitted in the interexchange network
separately.

Digital telephony, being the dominant service in the narrow-band
ISDN, requires 64 kbit/s channels. Therefore, narrow-band ISDN works
with transparent 64 kbit/s channels exclusively, at least in
medium-size networks. Very long circuits, only, e.g. satellite links
and submarine cables, take full advantage of bit rate reduction.

The situation is completely different in case of broadband ISDN:
A bit rate has to be chosen for the subscriber access being high
enough for all broadband services. 140 Mbit/s is supposed to be
sufficient for recent and future applications. As for the probably
most extended broadband services, i.e. videophone and high-speed
data, a bit rate of about 2 Mbit/s is adequate with a suitable
picture coding as precondition.

Videophone with TV quality, and possibly other future services need, however, a much higher bit rate. Since costs of a 140 Mbit/s interexchange network are exceeding costs of a 2 Mbit/s network even for relatively short connection lines, the proposed concept of a broadband ISDN makes use of service separation in the interexchange network. In addition to a 2 Mbit/s interexchange network, for which an interface should be internationally standardized, a network with the bit rate of subscriber access (140 Mbit/s, as proposed) is provided.

This separation of services in the interexchange network offers sufficient free play for the realization of terminals and subscriber access, especially advantageous in the introduction stage.

Bildkommunikation – eine neue Qualität
zwischenmenschlicher Kommunikation

Kurt Fischer

Nach über 100 Jahren Telefonie erschließt sich mit der Bildkommunikation eine neue Dimension zwischenmenschlicher Kommunikation, eine Dimension, die zur nachhaltigen Verbesserung zumindest unserer telekommunikativen Lebensqualität beitragen dürfte.

Die folgenden Betrachtungen und Deduktionen zum Phänomen Bildkommunikation gehen von der persönlichen Begegnung als der ursprünglichsten und natürlichsten Form der Verständigung aus. Bei dieser Analyse zwischenmenschlicher Kommunikation soll jedoch das komplexe Feld der Wahrnehmungsphysiologie, der Soziologie oder der Linguistik ausgeklammert bleiben und nur aus der Sicht des bloßen Teilnehmers eines künftigen Telekommunikationssystems heraus argumentiert werden.

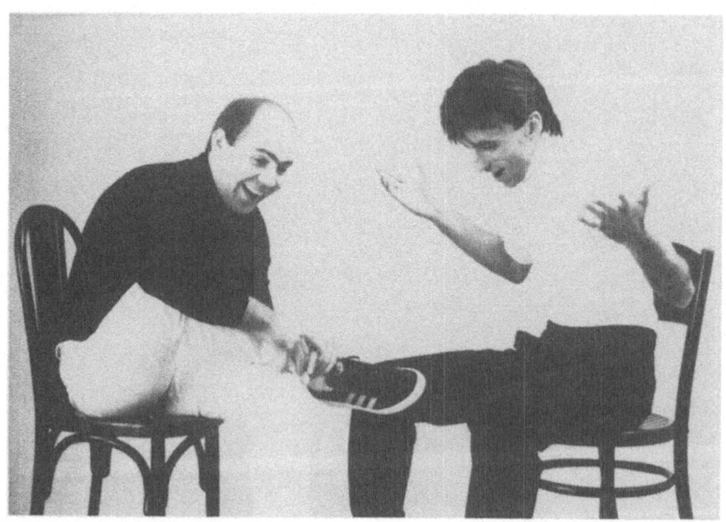

Für die zwischenmenschliche Kommunikation - im Sinne einer sozialen Interaktion - ist zunächst die Sprache eine der unabdingbaren Voraussetzungen, die überhaupt erst die Bildung sozialer Gruppierungen

erlaubt hat. Der Sprache mit ihrer nahezu unbegrenzten Darstellungs-
vielfalt von Sachverhalten und Emotionen fällt beim zwischenmenschlichen Kommunikationsprozeß zweifellos die dominierende Rolle zu.

Aber bei einem Gespräch werden bekanntlich neben den verbalen auch
nonverbale paralinguistische Signale ausgesendet, die eng verbunden
sind mit dem, was gerade gesagt wird. Verbale und nonverbale Äußerungen laufen stets gleichzeitig ab und bilden eine komplizierte Abhän-
gigkeitsfolge. Zu den nonverbalen Signalen zählen u. a. Hand- und
Distanzbewegungen, Kopfnicken, Blickkontakt, mimischer Ausdruck - ein
umfangreiches Repertoire an Botschaften, die in einem engen Wechselspiel mit den jeweiligen sprachlichen Äußerungen stehen: Botschaften,
die allerdings in einem bislang nur schwer zu entschlüsselnden Code
angeboten werden.

Welche Funktionen übernehmen die nonverbalen Kommunikationsanteile im
einzelnen? Es sind dies eine Vielfalt von Einzelwirkungen, die vor
allem dem optimalen Ablauf der zwischenmenschlichen Kommunikation
dienen. Vorrangig natürlich die Kontrolle oder Beeinflussung des
gesamten Frage- und Antwortspiels, eine Reaktionsbeobachtung durch den
Sprechenden, ein Sicherstellen der gegenseitigen Aufmerksamkeit, das
Illustrieren und Unterstreichen ebenso wie das Akzentuieren des Gesag-
ten, aber auch das alleinige Verwenden sogenannter Embleme, die vielfach an die Stelle von Worten treten. Manche Aussagen bedürfen über
das Wort hinaus einfach der großen Geste.

Über diese vielfältigen Funktionen hinaus trägt die nonverbale Kommunikation auch dazu bei, die hierarchische Stellung, den Status, aber
auch Arroganz, Bescheidenheit und Servilität zu demonstrieren. Letztlich bestimmen der verbale Ausdruck und das Aussehen zusammen die
soziale Identität der kommunizierenden Partner. Wir sprechen zwar nur
mit unseren Stimmorganen, kommunizieren aber mit unserem ganzen Körper.

Zum Austauschen der verbalen und nichtverbalen Signale bedienen wir
uns unserer Sinnesorgane, allen voran des Gesichtssinns, des Hörsinns,
des Tastsinns, wobei vorrangig der vokal-auditive wie auch der visuelle Kanal genutzt werden. Die überragende Rolle des Sehvermögens
leitet sich aus der perzeptiven Aufnahme- und Vorverarbeitungsfähig-
keit des Auges ab. Als das am höchsten entwickelte menschliche Sinnes-
organ liegt es in seiner Leistung um Größenordnungen über dem Gehör-
sinn.

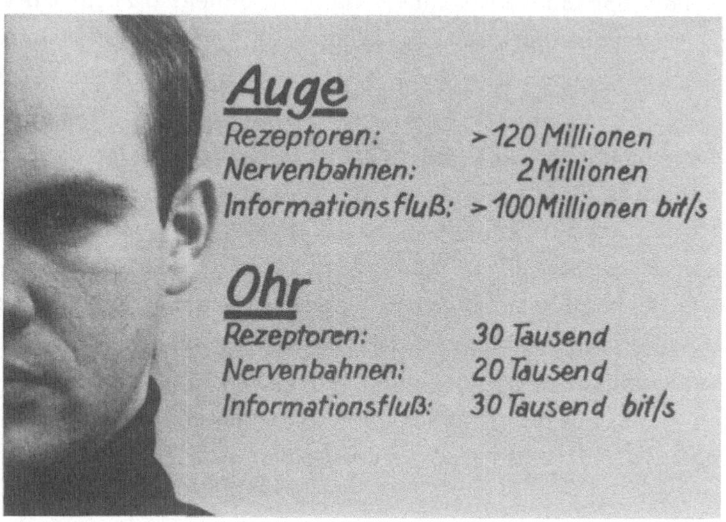

Das Sehvermögen ist für uns Menschen nicht nur ein Warnsystem zur Überlebenssicherung, sondern vor allem das Instrument, mit dem wir die uns umgebende Welt materiell und geistig erfassen, verstehen und kontrollieren. Diese Überlegenheit des Sehvermögens macht auch verständlich, warum der Volksmund dem Bild letztlich eine tausendmal größere Aussagekraft einräumt als dem Wort.

Die höhere Leistungsfähigkeit des visuellen Kanals verlangt natürlich auch entsprechend leistungsfähige technische Übertragungskanäle, wenn es gilt - wie im Fall der Telekommunikation - die natürliche Reichweite unserer Sinnesorgane zu überschreiten. So verlangt eine Echtzeitbildübertragung eine etwa 2000fach höhere Bitrate und damit auch eine ensprechende Bandbreite des Übertragungsmediums im Vergleich zur Telefonsprache. Bildkommunikation und Breitbandkommunikation werden damit zu Synonymen und Sie vermuten zu recht, daß eine Breitbandkommunikation entsprechender technologischer Anstrengungen bedarf, um zu ökonomischen Lösungen zu gelangen.

Werfen wir als nächstes einen Blick auf die quantitative Beanspruchung der Sinnesorgane während einer Informationsaufnahme. Wenngleich solchen Quantifizierungen große Unsicherheiten anhaften, so weisen sie doch wiederum dem Gesichtssinn eine überragende Sonderstellung zu. Als "Augentiere" nehmen wir Menschen die Fülle an Informationen überwiegend visuell oder in Kombinationsformen - visuell und auditiv - auf. Offensichtlich kommt die visuelle Wiedergabe mit ihrem hohen Maß an Anschaulichkeit - darüber hinaus mit der Möglichkeit, auch abstrakte

Zusammenhänge bildhaft zu verdeutlichen - dem menschlichen Wahrnehmungsprozeß optimal entgegen. Es ist einfach eine Tatsache, daß die überwiegende Anzahl von Lern- und Erfahrungsprozessen und die daraus resultierenden Entscheidungen letztlich durch den Sehvorgang bewirkt werden.

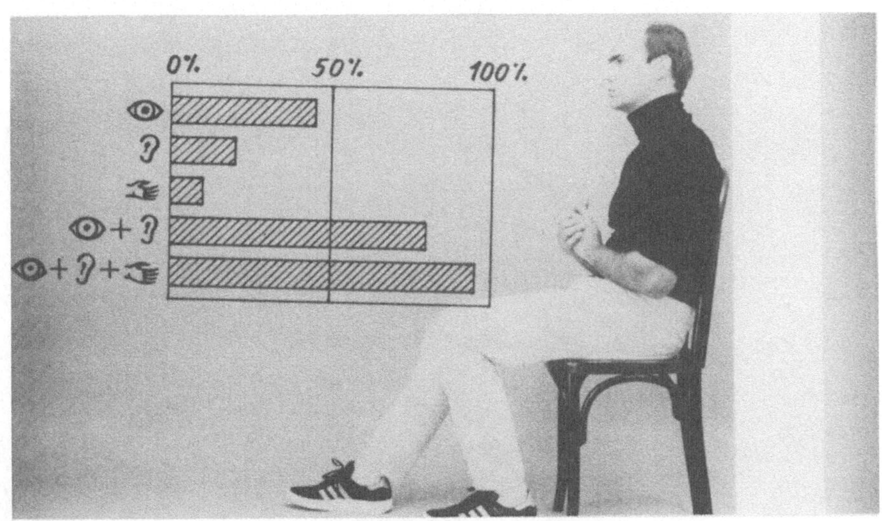

Die unmittelbare natürliche menschliche Kommunikation bedarf im allgemeinen keiner zusätzlichen technischen Hilfsmittel. Und doch wissen wir aus der täglichen Erfahrung mit unseren geschäftlichen Aktivitäten, daß die verbalen und nichtverbalen Mittel offensichtlich allein nicht ausreichen, bei schwierigen und komplexen Sachverhalten alle notwendigen Informationen vollständig, widerspruchslos und genügend schnell zwischen den Partnern auszutauschen. Der ursprüngliche spontane Informationsaustausch wird meist durch zusätzliche additive Informationen angereichert, die zum besseren Verständnis, zur Verdeutlichung und Ausprägung schwieriger Zusammenhänge beitragen sollen. Zu diesen additiven Informationen zählt z. B., daß man seinem Partner ein Problem auf einem Blatt Papier skizziert, ihm ein gegenständliches Modell erläutert oder ein Schriftstück über den Tisch hinweg zur Einsicht anbietet. Dies alles sind wesentliche, meist sogar entscheidende zusätzliche Informationsangebote, die wiederum fast ausschließlich über den Gesichtssinn aufgenommen werden.

Offensichtlich gewinnt die visuelle Informationsdarstellung und -übermittlung mit der wachsenden Komplexität ökonomischer, gesellschaftspolitischer und technologischer Zusammenhänge und Abhängigkeiten ganz generell an Bedeutung. Bebilderte Tageszeitungen und Journale, Prospekte, Flipcharts, Overhead-Folien, Dias und Bewegtbildszenen sind aus unseren geschäftlichen, privaten und schulischen Aktivitäten heute nicht mehr wegzudenken. Die Visualisierung von Informationsinhalten ist inzwischen ein wesentliches Kriterium des zwischenmenschlichen Dialogs, aber auch bei sonstigen informationsbeschaffenden Tätigkeiten geworden.

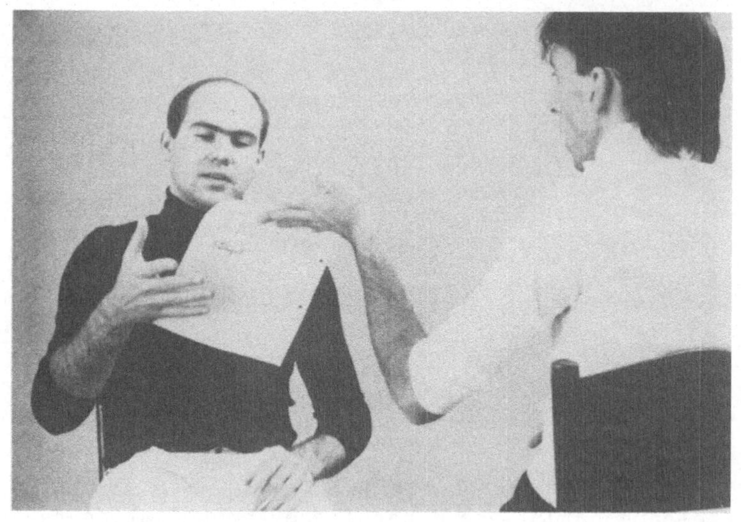

So haben wir es insbesondere bei der geschäftlichen Begegnung mit einem Paradebeispiel integrierter Kommunikation - dem Leitthema unseres Kongresses - zu tun, bei der sich die unterschiedlichen Informationskanäle jeweils optimal ergänzen und unterstützen: Der Begriff Integration geht in diesem Zusammenhang über die technischen Definitionen hinaus und zielt auf eine optimale ganzheitliche Informationspräsentation ab. Die hohe Effizienz des Informationsaustausches während einer persönlichen Begegnung ist sicher auch eine der Ursachen für die wachsende Tendenz zu Besprechungen und zu vermehrter Reisetätigkeit. Der Mensch scheint eben als "lebende Informationsbank" nicht ohne weiteres ersetzbar zu sein.

Erheben wir dieses - durch die persönliche Begegnung geprägte - integrierte Kommunikationsverhalten zur Norm, so sollte sich auch die Telekommunikationstechnik an den Merkmalen solch einer persönlichen Begegnung orientieren.

Und doch begnügten wir uns in den letzten 100 Jahren zwischenmenschlicher Kommunikation, wie sie letztlich durch das Telefon geprägt
wurde, mit dem eindimensionalen audio-vokalen Kanal. Daß wir beim
Telefonieren durch eine verminderte übertragungstechnische Dienstgüte
wesentliche Qualitätsverluste an Sachinhalten und Emotionen hinnehmen
müssen und natürlich auf alle visuell einbringbaren Informationen verzichten, wird uns bei der täglichen Nutzung dieses Mediums aber offensichtlich nicht bewußt. Wir kommunizieren letztendlich wie Blinde.
Trotz dieser Einschränkungen wird das Telefon seit seinen Anfängen
allseits ergonomisch, technisch und ökonomisch akzeptiert, was schließlich auch seinen Niederschlag in einem globalen Kommunikationsnetz mit
weit über 500 Millionen Sprechstellen fand. Diese Akzeptanz - trotz
des Entzugs des visuellen Reizes - erklärt sich wohl dadurch, daß es
bislang keine überzeugende, die direkte Begegnung quasi substitu-
ierende Alternative gegeben hat.

Diese Alternative - vom Fernsprechen zur Bildkommunikation - zeichnet
sich aber heute aufgrund eines neuen faszinierenden Technologieangebo-
tes deutlich ab. So käme man dem wünschenswerten Endziel zwischenmenschlicher Kommunikation doch schon recht nahe - jedermann an jedem
Ort zu jeder Zeit sprechen und sehen zu können. Eine Vision, wie sie
schon vor hundert Jahren von Robida vorweggenommen wurde. Und da es
eigentlich keinen ersichtlichen Grund gibt, seinen Kommunikationspartner nicht sehen zu wollen, wird damit jeder Fernsprechteilnehmer auch
zum potentiellen Bildfernsprechteilnehmer.

Das Erstellen eines audio-visuellen Kommunikationssystems ist zweifellos ein komplexer Entwicklungsprozeß. Trotzdem ist die Bildkommunikation keine "Terra incognita", die es zu betreten gilt. Unser Wissens-
stand ist auf diesem Gebiet aufgrund intensiver Entwicklungsarbeiten
und an Versuchsnetzen gewonnenen Erfahrungen heute so weit fortgeschritten, daß es vielmehr gilt, den geeigneten Einstieg in diese neue
Kommunikationsform zu finden.

Derselben Ansicht ist auch die Deutsche Bundespost; sie findet ihren
Niederschlag in den strategischen Plänen für die späten 80er Jahre.
Ihr erklärtes Ziel ist, zum frühestmöglichen Zeitpunkt zu einem Breit-
band-ISDN zu gelangen.

Die technischen Lösungsansätze und Einführungsstrategien für dia-
logfähige Breitband-ISDN-Kommunikationssysteme wurden in den vorangegangenen Vorträgen bereits ausführlich vorgestellt. Hier sollen
deshalb lediglich noch einige Bemerkungen zum Endgerät oder Terminal
gemacht werden. Diese Einstiegstelle oder auch Benutzeroberfläche
sollte natürlich möglichst benutzeradäquat sein, das heißt einer
optimalen Wechselwirkung zwischen Mensch und Kommunikationssystem ent-
gegenkommen.

Zunächst soll ein Bildterminal den Eindruck eines persönlichen Ge-
sprächs vermitteln, bei dem sich beide Partner in der sogenannten
persönlichen Distanz von ungefähr zwei Metern gegenüber sitzen. Neben
dieser Dialogdistanz werden bei einer zweiten Arbeitsposition Texte
gelesen, Bilder betrachtet, gezeichnet und geschrieben.

Dieses universelle multifunktionale Bildterminal ist vorrangig für geschäftliche Belange konzipiert; für die private, häusliche Anwendung wird man sich zunächst wohl auf das Fernsehgerät stützen, das durch eine zusätzliche Kamera allerdings erst dialogfähig gemacht werden muß.

Welche neuen Kommunikationsformen und -funktionen werden künftig durch ein breitbandiges Kommunikationsnetz ermöglicht? Wo zeichnen sich vorrangig die Einsatzgebiete ab? Darüber hinaus ist natürlich auch zu fragen nach möglichen wirtschaftlichen und gesellschaftlichen Wirkungen und nach der Gestaltbarkeit dieser neuen Kommunikationsformen.

So müßten zweifellos Zentren mit intensivem Informationsaustausch und großer Medienvielfalt - das scheint mir vor allem die Ebene des exekutiven Managements zu sein - vorrangig an den Angeboten der Bildkommunikation interessiert sein. Bekanntlich haben Manager eine ausgeprägte Neigung zur Nutzung verbaler und visueller Medien, eine Neigung, die sich aus den hohen Kommunikationsanteilen ihres Tagesablaufs erklärt. Für diese Managementebene, auf der nichtformalisierte Dialoge, persönliche Erfahrungen und individuelle Ermessens-, Entscheidungs- und Aktionsfreiheit dominieren, bedeutet die Bildkommunikation ein zusätzliches Mittel zur personenbezogenen, umfassenden und aktuellen Informationsbeschaffung. Dieser Zugewinn an Information müßte sich im allgemeinen dann auch in effizienteren sach- und personenbezogenen Entscheidungen niederschlagen.

Bildkommunikation bedeutet vorrangig ein "Face-to-Face-Bewegtbild", also die telekommunikative Wiedergabe einer persönlichen Begegnung. Zu diesem bilateralen Bewegtbild treten zusätzlich zwei Kategorien von Gruppengesprächen - im Sinne von Konferenzen -, bei denen jeweils mehr als zwei Personen beteiligt sind. Dies ist zunächst die Videokonferenz. Bei ihr wird in einem Studio mittels Fernsehgeräten oder Großbildprojektion eine Besprechungssituation nachgebildet. Die Wirtschaftlichkeit dieses Dienstes läßt sich im allgemeinen durch Aufrechnen eingesparter Reisekosten begründen. Meiner Ansicht nach sind es aber nicht diese Kosten allein, sondern die aktuelle personenbezogene Information - vor allem aber die Möglichkeit, innerhalb kurzer Zeitspannen an verschiedenen Orten quasi präsent sein zu können. Eine solche Mobilität ist selbst mit eigenem Lear Jet weder zeitlich noch räumlich zu bewältigen.

 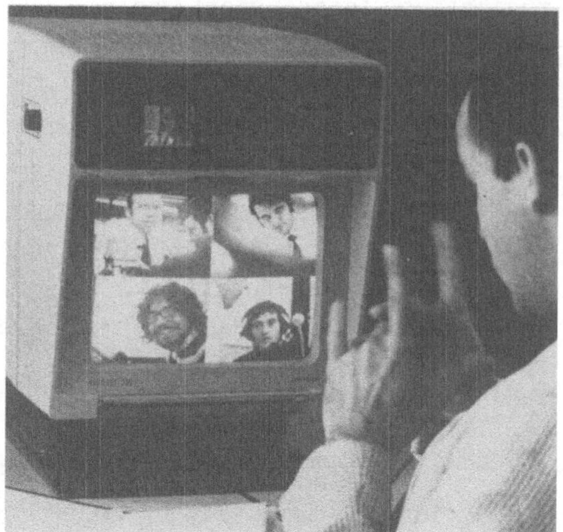

Bei der zweiten Kategorie von Gruppengesprächen der "Arbeitsplatzkonferenz", wird das individuelle Teilnehmergerät für die Konferenz benutzt. Durch Splitten des Bildschirms können bis zu vier Partner an verschiedenen Orten, beispielsweise Berlin, Stuttgart, Frankfurt und München, zu einer Konferenz zusammengeschaltet werden. Solch eine Arbeitsplatzkonferenz bietet natürlich ein hohes Maß an Effektivität, Flexibilität und Bequemlichkeit.

Unmißverständlich gilt es aber in diesem Zusammenhang doch einmal zu betonen, daß die Bewegtbildkommunikation nicht etwa den Anspruch erhebt, jemals das Flair und die Subtilität einer persönlichen Begegnung ersetzen zu wollen. Natürlich wird das Bildtelefon, wie schon das Telefon, in einzelnen Fällen die direkte Kommunikation entpersönlichen, dafür aber vielfältige neue visuelle Kontakte knüpfen.

Über die bi- und multilateralen Face-to-face-Kommunikationssituationen hinaus bietet ein Breitbandnetz zusätzlich eine Fülle attraktiver, visueller Informations- und Kommunikationsformen an, die noch vor kurzem nur schwer vorstellbar waren. So liegt es nahe, in das Endgerät die Funktionen eines Bildschirmterminals einzubringen und sich dadurch Zugang zu Text-, Daten- und Bildbanken zu verschaffen. Mit der deutlich verbesserten Bildwiedergabe - vor allem bei Originalen und codierten Bildern - gewinnen die seit Jahren prognostizierten Dienste, wie Ferneinkauf, Buchen von Reisen, Einholen medizinischer Auskünfte u.v.a.m., eine Qualität, die zumindest akzeptanzfördernd wirken wird. Neben diese Festbilddarstellungen tritt zusätzlich die unmittelbare zeitliche Komponente, wie beim handschriftlichen Redigieren eines Dokuments, Korrigieren eines Programmauszugs, Skizzieren von Lösungsgedanken oder beim Erläutern von Modellen. So können jetzt alle individuellen Ausprägungen im Schriftlichen, Zeichnerischen und Gestalterischen in den Informationsprozeß einbezogen und damit die Schwachstellen heutiger formalisierter und formatisierter Management-Informationssysteme abgebaut werden. Mit den Mitteln der Bildkommunikation läßt sich auch die heute bestehende Diskrepanz zwischen lokaler unmittelbarer und telekommunikativer Nutzung des Mediums Bild mindern. Selbstredend deckt eine Breitbandkommunikation alle auch extremen Anforderungen eines zukünftigen Datenverkehrs ab.

Es bedarf wohl keiner großen Fantasie, sich im schulischen und Weiterbildungsbereich sinnvolle Anwendungen vorzustellen. Natürlich wird auch der Abruf von Filmszenen und der Zugriff auf die öffentlichen Fernsehprogramme und Informationsdienste möglich gemacht.

Alles in allem bietet ein Terminal mit dynamischer und Festbildpräsentation eine große Palette von Möglichkeiten, sich zu informieren und zu kommunizieren. So wird ein künftiges breitbandiges, diensteintegrierendes Kommunikationsnetz mit Sicherheit unser bisheriges telekommunikatives Verhalten qualitativ und quantitativ nachhaltig verändern. Ein Breitband-ISDN ist dann eine der infrastrukturellen Voraussetzungen für den Einstieg in eine Informationsgesellschaft, was immer man sich darunter auch vorstellen mag!

Hier spätestens stellt sich auch die Frage nach der Technologiefolgeabschätzung, nach den Chancen und den Gefährdungspotentialen, denn zwischen Kommunikationseuphorie und Kommunikationsphobie lassen sich vielfältige positive wie auch negative Szenarien ausdenken. Mit diesem Komplex mögen sich jedoch Berufenere im einzelnen auseinandersetzen, die Aussagen höherer Trefferwahrscheinlichkeit erwarten lassen. An einem vordergründigen Beispiel unserer Bürowelt sollen aber doch die vielschichtigen Wirkungsketten einer modernen Kommunikationstechnik sichtbar gemacht werden.

Sie alle kennen das World Trade Center in Manhattan, das unübersehbare Symbol der Konzentration administrativer und geschäftlicher Aktivität. Dabei soll offen gelassen werden, ob diese Zusammenballung letztlich nur der Demonstration von wirtschaftlicher Macht und Größe, von Einfluß und Prestige dienen soll oder ob sie nicht doch Voraussetzung eines effizienten Bürobetriebs ist.

Wie auch immer es sei, konkret bedeutet dieses World Trade Center, daß täglich rund 40.000 Menschen nach meist mehrstündigen Anfahrten ihre Büros in diesen Zwillingstürmen aufsuchen, um abends wieder ihren Domizilen zuzustreben. Daß solch eine extreme Agglomeration von Menschen auch von Negativerscheinungen begleitet sein muß, ist evident. Dazu zählen das Gedränge in den Straßen, die unerfreulichen Zustände in den Subways, die Verkehrsdichte auf den Ausfallstraßen. Hinzu kommen die notwendigen Eingriffe, entsprechende Verkehrsinfrastrukturen zu schaffen, und schließlich auch eine permanente Umweltbelastung. Streß, Gereiztheit, Aggression, aber auch Apathie, Langeweile und Depressionen sind zumindest denkbare Folgen.

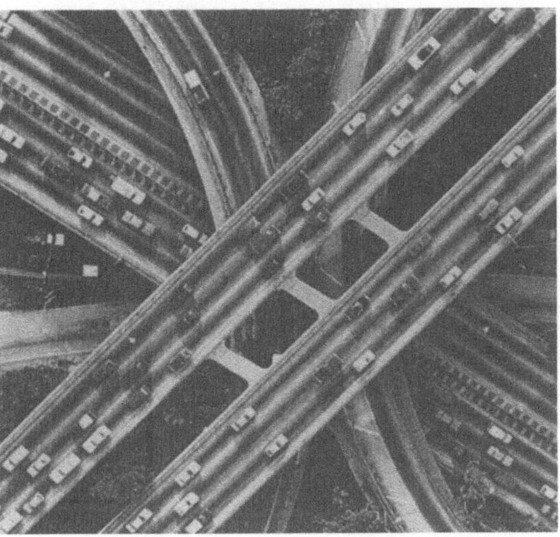

Dabei ist die physische Präsenz des überwiegenden Teils dieser Menschen aufgrund ihrer meist informationsorientierten dispositiven Tätigkeiten keine zwingende Voraussetzung. Dieser Trend zur Konzentration mutet - vor den sich abzeichnenden Möglichkeiten einer modernen Informations- und Kommunikationstechnik - schon fast wie ein Anachronismus an. Die Bildkommunikation ist es, die Wege zu einer Trendumkehr eröffnet, ohne Effektivitäts- und Effizienzeinbußen hinnehmen zu müssen.

Diese Wege zielen verstärkt auf dezentrale Organisationsstrukturen, in letzter Konsequenz bis hin zum individuellen Heimarbeitsplatz. Selbstredend gilt es dann, Kompromisse zu suchen und zu schließen zwischen einer ameisenhaften, anonymen Geschäftigkeit in einem Bürohochhaus und dem völlig vereinsamten, seine gewohnte kollegiale Einbindung missenden und nach Sozialkontakten heischenden Heimarbeiter einer künftigen Informationsgesellschaft. Ziel ist nicht die Rückkehr in eine Art Cottage-Industrie, aber doch ein grundsätzliches Überdenken heute festgeschriebener Organisationsformen.

Aus diesem extremen Beispiel erhellt, daß ein konsequenter Einsatz der Bildkommunikation langfristig doch zu tiefgreifenden Wirkungen auf Wirtschaft, Organisationsformen, verkehrstechnischen und Gesellschaftsstrukturen führen kann. Richtig angewandt ist sie zweifellos umweltfreundlich, energiesparend und gesellschaftlich verträglich, letztlich also menschengerecht - alles also Attribute, denen heute ein hoher Stellenwert einzuräumen ist.

Gerade diesen Humanaspekt gilt es, in einer Zeit stetiger herber Technikkritik besonders herauszustellen. So unterstützt die Bildkommunikation zweifelsfrei eine durch die moderne Industriegesellschaft verstärkt geforderte Mobilität, da sie jetzt erlaubt, über beliebige Distanzen hinweg familiäre soziale Bindungen aufrecht zu erhalten. Es ist doch human, wenn der geschäftlich abgeordnete Ehemann abends über den Bildfernsprecher zumindest bedingt am Familiengeschehen teilnehmen kann, der Student sich auf gleiche Weise bei seinen Eltern in Erinnerung bringt oder sich die Oma ad oculos von den zeichnerischen Fortschritten ihres Enkels überzeugen kann.

Eine Technik ist auch human, wenn sie ermöglicht, ältere Menschen, pflegebedürftige oder auch behinderte Personen länger oder ganz in ihrer vertrauten Umgebung zu belassen, da sich jetzt die betreuenden Personen über den unabdingbaren persönlichen Kontakt hinaus zusätzlich mehrmals am Tage per Bildkommunikation vom Wohlbefinden ihrer Schützlinge überzeugen können.

Bildkommunikation oder Video-Kommunikation ist heute nicht mehr im Sinne eines visionären Höhenflugs zu diskutieren, sondern als eine sich inhaltlich, ökonomisch und zeitlich konkret abzeichnende Kommunikationsform. Sie wird gleichermaßen im Geschäftlichen wie auch im Privaten unsere bisherigen Kommunikationsgewohnheiten nachhaltig verändern. Und sie wird auch mit großer Wahrscheinlichkeit unsere sozio-ökonomischen Strukturen langfristig beeinflussen. Wir stehen zweifellos vor einer neuen und besseren Qualität interpersoneller Kommunikation.

Visual Communication – a New Quality of Interpersonal Communication

Kurt Fischer

After more than 100 years of telephony, video telephony is opening the door to a new, improved dimension in person-to-person telecommunication. It is a path that leads back to the personal meeting, the original and most natural way for human beings to converse. During social contact of this type, speech, with its almost unlimited capacity for conveying information and emotions, is of course also supplemented by paralinguistic, non-verbal signals drawn from a large repertoire. The two communicating parties are identified both by their manner of talking and appearance. The actual information is exchanged almost exclusively over the vocal/auditory and visual channels, the visual channel having by far the greater performance capability.

The features characteristic of personal contact should, as far as possible, be retained in telecommunication. Telephony on its own - the predominant form of telecommunication to date - cannot satisfy this requirement as it is incapable of offering any visual stimulus and prevents the user from transferring visual information. As a result, today there is a marked discrepancy between direct and telecommunicative utilization of visual information. But with the technology now emerging the road leading to video communication is clearly marked out, the objective being to allow vocal and visual contact with anyone anywhere at any time.

The term "video communication" does not just cover the dynamic image presentation used in face-to-face conversation, remote drawing, text editing or when explaining something concrete, but also access to all available video/image, text and data banks. Video communication of this type, with its dynamic and static information offering, opens up a multitude of new options for communication in the business, domestic and educational spheres. Presumably application will initially focus on areas where great use is made of communications facilities and a wide range of media is available. In the face of growing complexity in the economic, technical and social sectors, visual presentation provides the perfect vehicle for conveying information in a way tailored to the human perceptive faculty.

The high performance capability of the visual channel calls for transmission- and switching-oriented auxiliary equipment which is added to the ISDN system on a modular principle. The video telephone itself has been designed as a multifunctional terminal primarily intended for bilateral dialogs, but also for multilateral workplace conferences, document mode and operation as a VDU for displaying information gathered by way of retrieval services.

An example taken from today's office environment will be used to illustrate the wide variety of effects modern communications systems may have on commerce, organizational forms, communications and social structures and interhuman relations. Video or broadband communication is thus one of the infrastructural prerequisites for moving into the informative society that is now emerging. When assessing the consequences of introducing this communication form, it is of course necessary to weigh up both its positive aspects and the potential dangers it may entail.

Video communication is now no longer just a visionary castle in the air, but a communication form that is beginning to take on concrete shape in terms of what it will offer, its economics and when it will be introduced. In both the business and private sectors it will bring with it a lasting change in our current communication habits and, in the long term, very probably also influence our socio-economic structures. Without doubt we are on the threshold of new and enhanced quality in person-to-person communication.

Dienste und Nutzen des Breitband-ISDN

Wolfgang Peters

1. Einleitung

Wenn wir nach den Diensten und dem Nutzen eines breitbandigen ISDN fragen, werden primär Aussagen zu Nutzenvorstellungen einzelner oder Gruppen von Anwendern erwartet. Diskussion von Nutzenerwartungen heißt aber auch, übergeordnete, volkswirtschaftliche Erwartungen aufzuzeigen. Ich halte es für wichtig, diese Nutzenaspekte den weiteren Ausführungen voranzustellen.

1.1 Das B-ISDN ist eine beschlossene Sache

Der Bundespostminister hat am 18. Juni 1984 auf der Telematica in Stuttgart das "Konzept der Deutschen Bundespost zur Weiterentwicklung der Fernmeldeinfrastruktur" vorgestellt /1/. Dieses Konzept, das sich in seiner Zielsetzung und strategischen Wirkung nahtlos in die von der Bundesregierung beschlossene Konzeption zur Förderung und Entwicklung der Mikroelektronik sowie der Kommunikations- und Informationstechniken einfügt, /2/ beschreibt u.a. den stufenweisen Ausbau unseres heutigen Fernsprechnetzes zu einem digitalen Fernsprechnetz, zu einem schmalbandigen ISDN, Erweiterung zu einem breitbandigen ISDN bis hin zu einem integrierten Universalnetz, in das in den 90er Jahren alle Kommunikations- und Verteildienste einmünden. Aus der Vorstellung dieses Konzeptes mit der Zielsetzung, von nun an verstärkt Ressourcen unseres Landes auf den verabredeten Terminrahmen zu konzentrieren, resultiert ein erster volkswirtschaftlicher Hauptnutzen. Das B-ISDN ist eine beschlossene Sache. Für viele Teilbereiche unserer Wirtschaft wird ein hohes Maß an langfristiger Planungssicherheit vermittelt.

1.2 Die Aufwärtskompatibilität des B-ISDN

Der zweite volkswirtschaftliche Hauptnutzen ist die Aufwärtskompatibilität des B-ISDN. Aufwärtskompatibel heißt:

o   Weltweit verabredete Standardisierungen für Signalisierung der Fernsprechnetze werden beibehalten und bilden zukünftig eine Untermenge der Zeichengabeverfahren sowohl des ISDN als auch des B-ISDN; dies gilt für die Teilnehmeranschlußleitung (D-Kanal-Signalisierung) als auch für die Signalisierung zwischen den Vermittlungsstellen (Zentraler Zeichenkanal).

o   Heutige Fernsprech-, Text-, Daten- und Bilddienste sowie die dazugehörigen und in
     Betrieb befindlichen Endeinrichtungen können in einem B-ISDN beibehalten werden, ein
     bedeutender Vorteil für die Anwender.

o   Die B-ISDN-Serientechnik entwickelt sich aus dem 64 kbit/s-ISDN und damit aus der
     digitalen Fernsprechvermittlungstechnik heraus, d.h. Aufsetzen auf bereits getätigten
     umfangreichen Systementwicklungen (siehe Bild 1).

o   Für den Netzbetreiber resultieren hieraus entscheidende Investitionsvorteile; die schmal-
     bandigen Vermittlungsstellen werden im wesentlichen nur um das breitbandige Koppelnetz
     und die Signalisierungszusätze ergänzt.

o   Die Aufwärtskompatibilität erhöht entscheidend die Exportmöglichkeit solcher Systeme
     und dazugehöriger Endeinrichtungen.

1.3 Verbesserung unserer High-Tech-Exportbilanz

Bei der Auswahl der digitalen Fernsprechvermittlungstechnik ist die DBP dem Grundsatz der
Weltmarktfähigkeit dieser Systeme gefolgt und hat die Forderung nach DBP-spezifischer
Technik aufgegeben. Ausgenommen sind hiervon die in jedem Lande unvermeidbaren landes-
spezifischen Adaptionen. Aus diesem Vorgehen leitet sich eine Verbesserung der Exportchancen für die entsprechenden Hochtechnologie-Produkte und -Systeme ab.

Bei der Spezifikation des ISDN hat sich die DBP darüber hinaus außerordentlich bemüht, zu
erwartende weltweit gültige Standards auch dort anzustreben, wo bis heute noch keine offiziellen Empfehlungen des CCITT vorliegen. Ein ähnliches Verhalten ist erkennbar bei den vor
uns liegenden Standardisierungen des B-ISDN. Hierzu zählen insbesondere das Zeichengabeverfahren auf der Teilnehmeranschlußleitung sowie die Erweiterung des Zentralen Zeichenka-
nals um den B-ISDN-User-Part. Diese intensiven Bemühungen der DBP sind als wesentlicher
Beitrag zur Exportfähigkeit des B-ISDN und damit zur Verbesserung der Exportchancen der an
der Konzeptfindung und Realisierung des B-ISDN beteiligten Unternehmen anzusehen. Die
DBP stärkt mit diesem Vorgehen nicht nur die Exportchancen der bei uns eingeführten bzw.
sich in Planung befindlichen digitalen integrierten Systeme, sondern gibt auch den Herstellern von Endeinrichtungen die Möglichkeit, sich gegenüber dem Weltmarkt einen Wettbe-
werbsvorsprung zu sichern, indem sie ihnen die wertvolle Ausgangsbasis "Inlandsmarkt" ver-
schafft.

1.4 Das Innovationspotential des B-ISDN

Der vierte volkswirtschaftliche Hauptnutzen breitbandiger Kommunikations- und Informations-
systeme auf der Basis der Glasfaser liegt in dem hohen Innovationspotential schlechthin.
Ähnlich einem bis an den Rand gefüllten Stausee zeichnet sich ein Energiereservoir beachtlichen Ausmaßes ab, wir sind dabei, gewichtige Potentialdifferenzen zu schaffen, nach den
Erkenntnissen der modernen Volkswirtschaft eine der besten Voraussetzungen für Wachstum

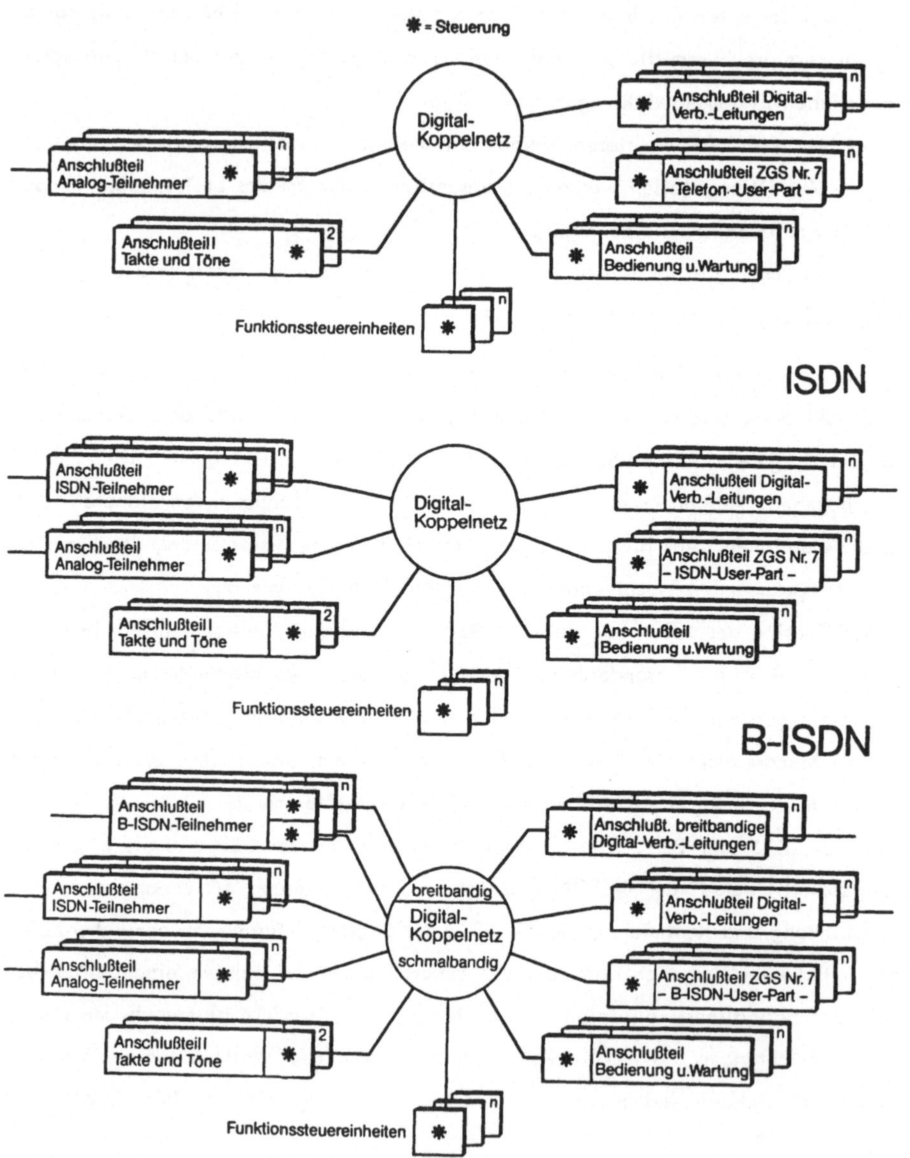

Die aufwärtskompatible Entwicklung des B-ISDN aus dem 64 kbit/s-ISDN und damit aus der digitalen Fernsprechvermittlungstechnik heraus

Bild 1

und steigende Beschäftigungszahlen /5/. Je gewichtiger die Differenz zwischen zwei Potentialen, d.h. zwischen dem Vorhandenen und Erreichbaren ist, umso dynamischere Kräfte entwickeln sich am Markt, um neben Bestehendem Neues zu schaffen. Die gewünschten Wachstums- und zusätzlichen Beschäftigungsaspekte sind dabei umso größer, je druckvoller diese Kräfte auf die Antriebsräder einer Volkswirtschaft gelenkt und ähnlich den im Lastverbund arbeitenden Kraftwerken die erzeugte Energie unmittelbar in das vermaschte Netzwerk eingespeist wird.

Gelingt es, alle gesellschaftlichen Kräfte für die Nutzung des B-ISDN-Innovationspotentials zu mobilisieren, hat Bruce Nussbaum – wie Konrad Seitz in seinen einleitenden Worten richtig feststellt – uns in der Tat zu früh abgeschrieben. Gingen wir dagegen den Weg, die Kräfte auf mehrere, nicht im Energieverbund vermaschte Kraftwerke zu lenken oder das Wasser gar versickern zu lassen, läge Bruce Nussbaum mit seinen Schlußfolgerungen gar nicht so falsch /6/.

Damit wollen wir die Diskussion allgemeiner Nutzenerwartungen verlassen und uns mit der Umsetzung dieses Innovationspotentials auf einzelne Nutzenerwartungen beschäftigen.

2. BEWEGTBILD-KOMMUNIKATION UND -INFORMATION

Die Bewegtbildkommunikation rangiert bei der Realisierung des B-ISDN nach wie vor auf Platz 1. Der Nutzen der breitbandigen Vermittlung ist hier am schnellsten einsehbar. So zeichnen sich Bildfernsprechen und Video-Konferenzen als konkrete Dienste bereits ab, wobei wir dem Sonderfall Semi-Bildfernsprechen in der Anfangsphase der Breitband-Individual-Kommunikation besondere Beachtung schenken sollten. Daneben ist ein Schwerpunkt bei schnellen Datendiensten erkennbar. Bei der DBP und anderen Verwaltungen befinden sich diese und andere Dienste gegenwärtig noch in der Definitionsphase, so daß wir uns auf die Basismerkmale und Nutzenerwartungen der heute erkennbaren Bedarfsentwicklung konzentrieren.

2.1 Nutzenvorteile von Video-Konferenzen

Die Einsparung von Reisezeit kristallisiert sich zunehmend als der am häufigsten genannte Vorteil heraus. Nutzloses Warten auf Flughäfen, die wenig effiziente Beschäftigung während des Fluges, der Bahn- oder PKW-Fahrt bis hin zum Warten auf den verspäteten letzten Besprechungsteilnehmer beinhalten ein großes Zeitvolumen, das Video-Konferenzteilnehmer wesentlich nutzbringender für das Unternehmen einsetzen können. Wir sollten deshalb ehrlich genug gegenüber uns selbst sein und die Vor- und Nachteile einer Video-Konferenz dem wirklichen Nutzen einer persönlichen Begegnung kritisch gegenüberstellen. Strategiesitzungen multilokaler Unternehmungen und Verwaltungseinheiten haben mit der Flugzeit von Düsenflugzeugen oft eines gemeinsam: Die reine Flugzeit bzw. Besprechungszeit verhält sich zur Flugvorbereitung wie etwa 1:100; dabei entfällt ein beachtlicher Teil auf reine Sicherheitsmaßnahmen, sprich back-up-charts, da der Flugkapitän mit Co-Pilot und Navigator fliegt und auf das erfahrene Bodenpersonal nicht zurückgreifen kann. Bei der Video-Konferenz dagegen kann der Experte kurzfristig und mit minimalem Kostenaufwand hinzugezogen werden. Nach heutigen Erfahrungswerten kann man davon ausgehen, daß mindestens 50 % der Besprechungen, die das Zusammentreffen von an getrennten Orten arbeitenden Menschen erfordern, sich durch Video-Konferenzen ersetzen lassen. Weiter gilt, daß der persönliche Kontakt auch in Zukunft seinen besonderen Wert behält. Insgesamt lassen sich folgende Vorteile anführen:

o   Einsparung von Reisezeit

o   breitere Basis der Entscheidungsfindung

o   kurzfristiges Hinzuziehen von Experten

o   zeitsparende und kürzere Konferenzen

o   öftere und flexiblere Einberufungsmöglichkeit

o   bessere und schnellere Entscheidungsfindung

o   Einsparung von Reisekosten

o   schneller Rückgriff und bildliche Darstellungsmöglichkeit von am Konferenzort verfügbaren Informationen

o   Minimierung der Arbeitszeitverluste am eigenen Schreibtisch

o   Möglichkeit der stärkeren aktiven, insbesondere aber passiven Beteiligung größerer Teile des Führungskreises zur Förderung der Corporate Identity

o   Verbesserung der Gesamteffizienz des Unternehmens

Neben der Nutzung privater Video-Studios wird die DBP in begrenztem Umfang auch öffentliche Studios einrichten, um Teilnehmern, die vorerst über keine eigenen Einrichtungen verfügen, Konferenzschaltungen zu ermöglichen. Eine ähnliche Entwicklung zeichnet sich bei den Flughafenverwaltungen und großen Hotelketten ab, die Video-Konferenzräume als zusätzlichen Service anbieten werden.

Video-Konferenzverbindungen, wie in Bild 2 dargestellt, werden somit schon bald zum Kommunikationsalltag zählen, vorausgesetzt, daß von den Fernmeldeverwaltungen, auf Deutschland bezogen der DBP, entsprechende breitbandige Verbindungen mit einer leistungsfähigen Vermittlungstechnik kostengünstig bereitgestellt werden. Der Durchbruch für Video-Konferenzen in der Bundesrepublik dürfte somit ab 1990 zu erwarten sein, wenn die B-ISDN Serientechnik zum Regeleinsatz kommt. Bis dahin werden wir mit der sogenannten Vorläufertechnik vorlieb nehmen müssen. Es handelt sich hier um eine nicht aufwärtskompatible Sondertechnik mit einem relativ hohen Kostenaufwand, sehr begrenzter Erweiterungsfähigkeit, sowie nicht standardisierter Signalisierung entsprechend internationalen CCITT-Empfehlungen.

An die Teilnehmer stellt dieses Overlay-Netz darüber hinaus hohe Disziplinanforderungen, da es sich hier um ein System mit zentralem Reservierungsplatz handelt nach dem Motto: "Wer zuerst kommt, konferiert zuerst".

Bild 2: Video-Konferenz

Mit der B-ISDN Serientechnik werden diese Nachteile beseitigt, da es sich hier um ein Wählsystem mit Eigenschaften handelt, wie wir sie vom heutigen analogen Fernsprechsystem gewohnt sind. Dennoch ist der Schritt der DBP für Zwischenlösungen zu begrüßen; 1. können Erfahrungen gesammelt werden, 2. kann der dringendste Marktbedarf befriedigt werden und 3. sind in der Praxis gewonnene Erfahrungswerte immer noch jeder Voraussage über das Verhalten der Anwender überlegen. So haben auf Antrag der Ford-Werke AG die Deutsche Bundespost und British Telecom im Juni dieses Jahres die erste internationale Video-Konferenzverbindung zwischen Köln und London in Betrieb genommen. In beiden Betriebsstätten der Ford-Werke in Köln und Dunton bei London sind etwa je 50 % der europäischen Entwicklungskapazität angesiedelt, so daß ein enger Gedankenaustausch zwischen Produktplanern, Designern und Ingenieuren unerläßlich ist. Um den Kommunikationsbedarf zwischen diesen beiden Werksteilen zu veranschaulichen, sei angemerkt, daß Ford hierfür eine hauseigene Fluglinie unterhält, die nach eigenen Angaben mit bis zu 60 Starts und Landungen pro Woche ausgelastet ist. Die Frage nach der möglichen Einsparung habe ich bewußt vermieden, da sie meines Erachtens zweitrangig ist und zum gegenwärtigen Zeitpunkt noch mit großen Unsicherheiten behaftet wäre. Für viel wichtiger halte ich die Bestätigung, daß während der Entwicklung eines neuen Automodells die beschleunigte Entscheidungsfindung in Detailfragen als der entscheidende Nutzen angesehen wird. An Beispielen konnte mir gegenüber eindrucksvoll dargestellt werden, daß der Einsatz der Video-Konferenz die Nutzenerwartungen bisher voll erfüllt hat.

2.2 Bildfernsprech-Konferenzdienst und Bildfernsprechen

Als Konferenzdienst stellt man sich heute vornehmlich die breitbandige Punkt-zu-Punkt Verbindung zwischen zwei Konferenzstudios vor. Konferenzräume werden deshalb vornehmlich in zentral gelegenen Gebäuden oder in der Nähe der Hauptanwender eingerichtet. Damit sind die Vorteile der Überwindung räumlicher Distanzen sowie unmittelbare Verfügbarkeit von am eigenen Arbeitsplatz vorhandenen Hilfsmitteln durch einen Teil der Konferenzteilnehmer nicht nutzbar. So zeichnet sich bereits heute ein Trend dahingehend ab, daß zukünftig nur scheinbar spezielle Video-Konferenzräume vorhanden sein werden. In Wirklichkeit verlassen die Konferenzteilnehmer ihren Arbeitsplatz nicht, sondern schalten sich elektronisch zu der gewünschten Konferenz zusammen. Auf dem eigenen Bildschirm ist dann die Möglichkeit gegeben, den jeweils sprechenden Teilnehmer oder z.B. 4 Konferenzteilnehmer zu zeigen. Diese Art des Teleconferencing wird die generelle Einführung des Bildfernsprechens beschleunigen. Wegen der pro Arbeitsplatz fest zugeordneten und zunächst auch höheren Kosten ist dieser Dienst jedoch zeitlich nach der Video-Konferenz einzuordnen.

Als Nutzungsformen des Bildfernsprechens sehe ich im geschäftlichen Alltag zwei weitere Anwendungsschwerpunkte:

2.3 Arbeitsplätze mit hohen bildlich-visuellen Nutzungsaktivitäten

Arbeitsplätze mit hohen bildlich-visuellen Nutzungsaktivitäten und gleichzeitig vorhandenem hohem Termindruck einzelner Arbeitsabläufe bilden ein großes Marktpotential für Bildfernsprechen im geschäftlichen Bereich. Diese Gegebenheiten treffen wir z.B. in modeabhängigen Branchen, insbesondere der Textil- und der Lederwarenbranche sowie in den großen Versandhäusern an. Während wir bei der Entwicklung und Fertigung von Investitionsgütern nach vereinbarten Regeln die Qualität des Produktes ermitteln können, gelten in den modeabhängigen Branchen andere Gesetze. Hier dominiert die visuelle Bewertung. Wir haben es hier entsprechend Bild 3 mit permanenten Abstimmungs- und Entscheidungsprozessen zu tun, beginnend mit ersten Skizzen, Entwürfen, der Materialauswahl, der Farbentscheidung bis hin zur Auswahl von Accessoires. Bildintensive und sich zeitlich in engen Grenzen bewegende Arbeitsabläufe finden wir auch bei der Herstellung eines Versandhauskataloges.

Das Großversandhaus Quelle hat im Rahmen des BIGFON-Feldversuches die ersten 4 Bife-Arbeitsplätze in Betrieb genommen, wobei der bei jedem Arbeitsplatz zusätzlich aufgestellten Objekt-Kamera besondere Bedeutung zukommt. Die Entfernung der vier Betriebsstätten, Fashionboard, textile Fertigung, Werbung und Verlag betragen zwischen zwei und sieben Kilometern. Auf der TELEMATICA in Stuttgart wurde von den ersten Nutzenerwartungen

Bild 3: Arbeitsplätze mit hohen bildlich-
visuellen Nutzungsaktivitäten

berichtet: Engere Kommunikation, schnellere Entscheidungsfindung, kurze Durchlaufzeiten.
Nicht unerwähnt bleiben und an die Adresse der Technikgegner gerichtet sind zwei weitere
Hinweise der betroffenen Mitarbeiter: Der Arbeitsplatz sei humaner geworden, man sieht,
mit wem man spricht, die Technik mache Spaß /7/. Diese Aussagen lassen sich auf eine
Vielzahl ähnlich strukturierter Arbeitsplätze übertragen, so daß wir in den genannten Bran-
chen auf ein interessantes Marktpotential stoßen werden.

2.4 High-Level-Bildfernsprechen

Eine andere Anwendung, für die ein zunehmender Bedarf zu beobachten ist, ist das Bife-
Gespräch zwischen Persönlichkeiten, die wiederholt wichtige Entscheidungen unter hohem
Zeitdruck zu treffen haben. Sie lassen das Bedürfnis erkennen, auch die Augen, die Gestik
und die Mimik des Partners sehen zu wollen. Ist eine persönliche Begegnung aus welchen
Gründen auch immer im Rahmen der verfügbaren Zeit nicht möglich, stellt der Bildkontakt
einen entscheidenden Zusatznutzen dar.

2.5 Bildfernsprechen im privaten Bereich

Im privaten Bereich ist das Bedürfnis nach Bildkommunikation heute mit Sicherheit nicht
kleiner als die Nachfrage nach privaten Telefonanschlüssen vor 100 Jahren. Ich persönlich
schätze diese Bife-Nachfrage sogar erheblich höher ein, da wir heute von einem ganz anderen Kommunikationsbewußtsein ausgehen können. Marktpotentiale lassen sich aufzeigen bei
Personengruppen, für die etwa folgende Voraussetzungen zutreffen:

o   Bereits heute vorhandene starke Kommunikationsbeziehungen

o   Bedürfnis nach intensivem, kurzem Informationsaustausch

o   Ersatz für gewünschte persönliche Begegnung (Oma-Enkel-Beziehung) o   Priorisierung non-verbaler Kommunikation

(stark ausgeprägtes visuelles Empfinden, Hörgeschädigte, Taubstumme, psychische Beratung)

o   Bedürfnis nach Neuem schlechthin

Einige Anmerkungen zu Bildfernsprechgesprächen bei Gehörgeschädigten: Einem Zufall ist es zu verdanken, daß wir mit soviel Nachdruck auf das Bedürfnis dieser Menschen aufmerksam gemacht wurden. Es war auf der IFA 1981 in Berlin. Die DBP hatte zwei Bife-Anschlüsse aufgebaut und gab Besuchern erstmals die Möglichkeit, ein Bildfernsprechgespräch zu führen. Es war ein großes Erlebnis, als plötzlich zu beobachten war, wie zwei Gehörlose gestikulierend ihr erstes Bildgespräch führten.

In Berlin sind gegenwärtig sechs Gehörlose mit Bildfernsprecheinrichtungen an die SEL-BIGFON-Vermittlungseinrichtung angeschlossen. Für ihren Kommunikationsalltag eines der schönsten Geschenke moderner Technik. Die Anzahl der Gehörlosen im Bundesgebiet liegt gegenwärtig bei etwa 300.000 Personen.

2.6 Semi-Bildfernsprechen

Bildfernsprechen im privaten Bereich auf breiter Basis durchzusetzen, dürfte vorerst noch an den relativ hohen zu erwartenden Kosten scheitern. Eine Zwischenlösung könnte in den ersten Jahren das sogenannte Semi-Bildfernsprechen sein. Beim Semi-Bildfernsprechen hat nur einer der beiden Teilnehmer einen Bildfernsprechanschluß und zwar derjenige, der durch s e i n Bild bei dem Partner einen erheblich größeren Nutzen hervorruft als umgekehrt. Ein solches Nutzengefälle besteht vornehmlich zwischen Personen, von denen die einen aus Schamgefühl oder aus Unsicherheit vorerst unerkannt bleiben möchten, die anderen, die helfenden und beratenden Personen einen umso stärkeren Einfluß ausüben, je schneller und glaubwürdiger sie das Vertrauen des Hilfesuchenden gewinnen. Typische Beispiele sind die Telefonseelsorge und die Beratung alkohol- und drogenabhängiger Menschen. Diskutieren wir kurz die Kommunikationsprobleme alkoholabhängiger, von denen es nach offiziellen Angaben zwischen 1,5 und 1,7 Millionen Menschen in der Bundesrepublik gibt. Hinzu kommt eine Dunkelziffer von einer weiteren Million. Nach vorsichtigen Schätzungen werden von diesen 2,5 Millionen alkoholgeschädigter Personen täglich zwischen 50.000 und 250.000 Telefongespräche mit offiziellen Beratungsstellen, insbesondere aber mit ca. 50.000 ehrenamtlichen Beratern der Anonymen Alkoholiker, der Guttempler und der Blaukreuzler geführt. Wenn auch das Telefongespräch nach wie vor die Erstehilfefunktion übernimmt, können - so der Kommentar eines Beraters - keine 10 Ferngespräche den visuellen Kontakt ersetzen. Menschen, die eine Vertrauensperson suchen, finden diese persönliche Beziehung wesentlich schneller durch den Blickkontakt. Noch so viele Worte können nicht bewirken, was die Augen, Gestik, das ausgedrückte Mitempfinden erreichen. Ich erinnere hier an den vor mir vor Jahren geprägten Begriff, daß die "Liebe auf den ersten Blick" eines der besten Beispiele für nonverbale Kommunikation ist. "Unser Erscheinen auf dem heimischen Fernseher könnte entscheidend dazu beitragen, die immer noch großen Zuwachsraten bei den Alkoholikern stärker abzubremsen". Eine Jungfrau wird nie glaubhaft beschreiben können, wie Wehen sind. Demgegenüber wird die Vertrauensbeziehung umso schneller geschaffen, je schneller das gegenseitige Verständnis glaubhaft ausgetauscht wird. Hierzu genügen oft nur wenige Worte, da der Hilfesuchende schnell erkennt, daß wir uns einmal in einer ähnlichen Situation befunden haben müssen. Hierauf beruht der weltweite Erfolg unserer Organisation."Das Bildfernsprechen würde deshalb unsere Arbeit ganz entscheidend unterstützen", so ein Berater dieser Organisationen. Es gibt noch eine Reihe anderer Beispiele, bei denen das Bild des anrufenden Teilnehmers nicht erwünscht, oder von untergeordneter Bedeutung ist, dafür das Bild des Angerufenen eine umso wichtigere Funktion einnimmt /8/.

2.7 Breitbandiger Bildschirmtextdienst

Neben den vielen Vorteilen hat der heutige Btx-Dienst zwei entscheidende Nachteile: Der Bildaufbau mit 1200 Bit/s ist zu langsam, die vom TV-Terminal gewohnte Bewegtbilddarstellung fehlt. Der schnellere Bildaufbau wird mit Verfügbarkeit des ISDN möglich, die Bewegtbildübertragung verzögert sich bis zum Vorhandensein des B-ISDN, eine Zeitspanne, die für verschiedene Märkte zu lang ist. Als Übergangslösung nutzen Versandhandel und Touristikunternehmen die Möglichkeiten moderner Bildspeicherplatten in Kombination mit Btx. Die Bewegtbilddarstellung von Mode oder Urlaubsort wird mit aktuellen Preis- und Terminangaben unterlegt. Diese Behelfslösung ist bereits realisiert und somit ein Indiz für ein weiteres Nutzungspotential des B-ISDN /9/.

3.0 Vermittelte TV- und Rundfunkprogramme sowie Film- und Bewegtbilddienste

Damit kommen wir automatisch zum B-ISDN als reinem Informationssystem. Im Gegensatz zum Koax-Verteilnetz, dessen Leistungsfähigkeit mit seiner Verteilfunktion weitgehend erschöpft ist, fällt im B-ISDN die Verteilkomponente als Untermenge ohne besondere Kosten ab. Für den Verteildienst TV-Programme ergibt sich bei isolierter Betrachtung für die Koax-Technik zwar gegenwärtig noch eine günstigere Wirtschaftlichkeit. Der Vorteil könnte sich jedoch bald zerschlagen, wenn die Erweiterung auf mehr Programme sich als kostenungünstiger erweist als derzeit angenommen, wir durch zusätzliche Verkehrsmengen und/oder Übergang auf HDTV an technologische Grenzen der BK-Netze stoßen - oder die Glasfaser für Fernmeldedienste im Regelausbau verlegt wird und die Übertragung der Verteildienste zu Grenzkosten abfällt. Ich persönlich sehe neben der starken Individualisierung der Verteildienste und dem daraus resultierenden Anwachsen der TV-Programme einen beachtlichen Markt für Film- und Bewegtdienste jeglicher Art, von aktuellen "Filmbeilagen" der Zeitungsverleger über Filmansagedienste für die Hausfrau bis hin zu der bildlichen Darstellung der vielen erklärungsbedürftigen Bedienungs- und Reparaturanleitungen, aus denen man oft auch nach dreimaligem Lesen nicht schlau wird. Viel einfacher geht es mit einem kurzen abgerufenen Film. Insofern müssen wir die Diskussion Koax/Glas permanent im Auge behalten.

4. SCHNELLE DATENDIENSTE

Wir wollen nun die Bewegtbildübertragung verlassen und Nutzenanwendungen im Bereich der schnellen Datenvermittlung diskutieren. Auf den ersten Blick ist die Auswertung vorhandener Unterlagen nicht sehr ermutigend /10/. Die in Kürze mögliche 64 kbit/s Datenvermittlung im ISDN enthält ein derartiges Innovationspotential - verglichen mit den heute vorhandenen Datendiensten - daß bis auf Jahre hinaus der erkennbare Marktbedarf an schnellen Datendiensten voll abgedeckt zu sein scheint. Dieses Bild täuscht jedoch, so daß ich die Aussage wage: Im Bereich der schnellen Datenvermittlung schlummern Steigerungsraten mehrerer Zehnerpotenzen gemessen an heute übertragenen Datenmengen. Elektronische Bild- bzw. Dokumentenerfassung, Bearbeitung, Weiterleitung, Ablage in zentralen Dateien, Verknüpfung lokaler Design-Center (CAD- und CAM-Anwendungen), Kopplung zentraler und lokaler Datenbanken sind Beispiele kräftiger Datenquellen und -senken. Dabei ist der Faktor Zeit die entscheidende Triebkraft, wie auch aus der Struktur der Datenverkehrszuwächse erkennbar ist. Während bei Batch-Anwendungen die Zuwachsraten jährlich um 20 % steigen, liegt die Erhöhung der Zuwachsrate bei Online-Anwendungen bei derzeit 50 % pro Jahr! Durch Verkürzung der Wochenarbeitszeit und der sich gleichzeitig verstärkender Forderung nach mehr "Sofortergebnissen" dürfte sich dieser positive Trend zugunsten des Online-Verkehrs fortsetzen. In Inhouse-Netzen sind derartige Anwendungen bereits heute die Basis moderner Büro-, Entwicklungs- und Fertigungsarbeitsplätze. Eine Ausdehnung des elektronischen Zugriffs auf mul-

tilokale Unternehmens- und Verwaltungseinheiten zeichnet sich ab. Wegen des Fehlens kostengünstiger breitbandiger öffentlicher Vermittlungsnetze sind Privatnetze insbesondere in den
USA sowie aber auch in Europa im Vormarsch. Sind breitbandige Verbindungen nicht möglich,
werden aufwendige Redundanzverfahren und intelligentere Endeinrichtungen entwickelt - oder
man findet sich zwangsläufig mit den stark eingeschränkten Nutzungsmöglichkeiten der schmalbandigen Übertragungsstrecken öffentlicher Netze ab. Um einen Eindruck von den zu übertragenden Bit-Mengen zu geben, sind im Bild 5 einige Beispiele zusammengestellt.

Bild 5: Beispiele für Bit-intensive Übertragungen

● Hochauflösende Faksimileübertragung	700 kbit – 16 Mbit
● Hochauflösende Computergraphik	20 Mbit
● Kartendarstellung auf Bildschirmen mit voller Farbnuancierung	100 Mbit
● Elektronischer Seitenumbruch	600 Mbit
● Größerer File-Transfer	mehrere 100 Mbit
● Video-Konferenz	2 Mbit/s – 140 Mbit/s
● Integrierter Kommunikationsbedarf zwischen größeren Unternehmenseinheiten	10 Gbit/s – 20 Gbit/s

Bit-intensive Potentiale dieser Art in öffentliche Netze zu ziehen, sollte gemeinsam angestrebt werden. Voraussetzung hierfür sind vertretbare Kosten und ihre Bekanntmachung zu
einem möglichst frühen Zeitpunkt, da auch die Entwicklung von Endeinrichtungen sowie Entscheidungen der Anwender, z.B. vorhandene Archive auf elektronische Dateien umzustellen,
Vorlaufzeiten von bis zu 5 Jahren beanspruchen. Wir befinden uns somit heute an einem
Scheideweg. Ich möchte behaupten, der kleinliche oder großzügige Umgang mit Datentransfer wird in wenigen Jahren ein entscheidendes Kriterium dafür sein, wie effektiv eine Volkswirtschaft den neuen Produktionsfaktor Information zu nutzen in der Lage ist und ob sie
dem zunehmenden Wettbewerb der Volkswirtschaften im Informationszeitalter gewachsen ist.
Der künftigen Gebührenstruktur kommt hierbei eine Schlüsselfunktion zu.

4.1 Die verkehrsabhängigen Gebühren des B-ISDN

Wie aus Bild 6 erkennbar, sind bei Übergang zu integrierten Netzen entscheidende Gebühren-
verbesserungen zu erwarten. Die Kostenvorteile der Digitaltechnik und die Integrierbarkeit
der Dienste wird sich in erheblich niedrigeren Gebühren für Datendienste niederschlagen. Wir
kommen in den Genuß des technologiebestimmten Gebührensprungs integrierter Netze. Die Absicht der Orientierung der 64 kbit/s-Datengebühren an den ISDN-Fern-
sprechgebühren /11/ ist deshalb keine Gebührenpolitik, sondern eine zwangsläufige
technologische Folge. Auf das B-ISDN könnte man diese technologieabhängige Gebühren-
orientierung in ähnlicher Weise übertragen. Da die Gebühr für Videokonferenzen bei natio-

Übertragungskosten pro Mbit in zukünftigen integrierten Netzen im Vergleich zu Gebühren bei heutigen digitalen Diensten

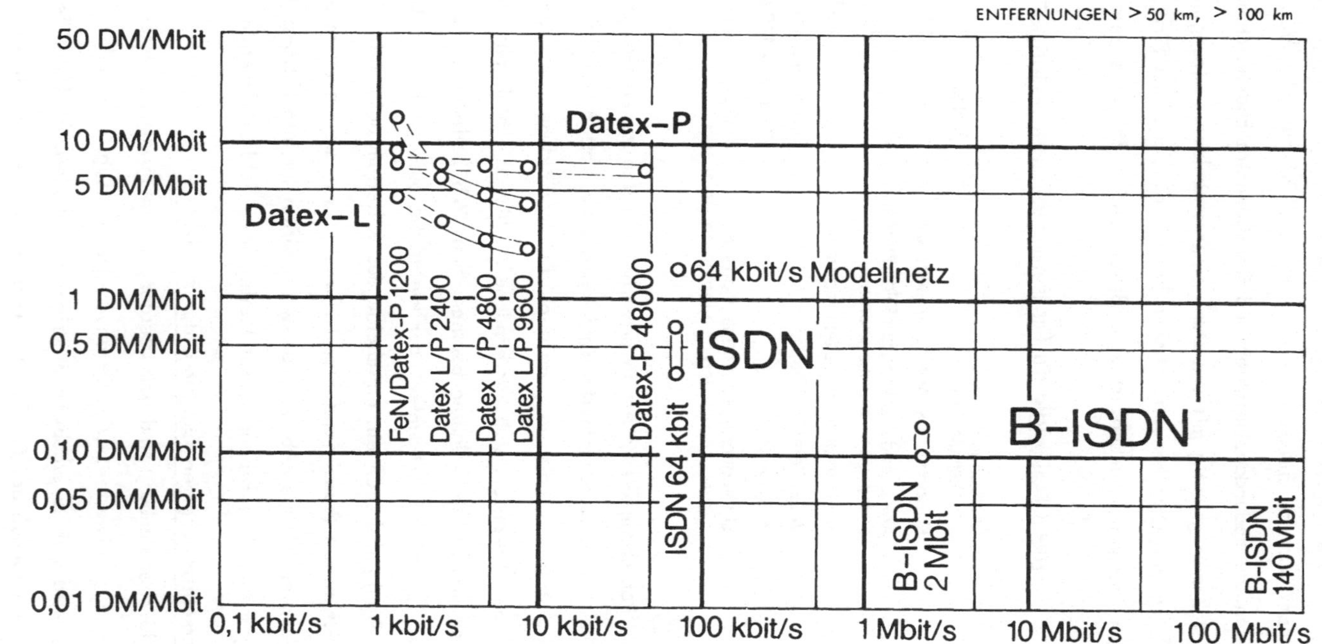

Bild 6

nalen Verbindungen zwischen 700 bis 1.000 DM pro Stunde betragen soll /12/, - Verbindungen zwischen London und New York kosten gegenwärtig etwa 4.000 DM /13/ - könnte sich für eine 2 Mbit/s-Datenverbindung als Teil eines breitbandigen ISDN-Teilnehmeranschlusses gegenüber dem 64 kbit/s-ISDN eine nochmalige Reduzierung der verkehrsabhängigen Gebühren um etwa Faktor 3 ergeben (siehe Bild 6). Eine beachtliche Ausgangsposition für innovative Anwendungen im Bereich der schnellen Datenübertragung! Unter diesen Voraussetzungen sehe ich schwerpunktmäßig folgende Nutzenanwendungen.

4.2 Ausnutzung des Produktionsfaktors Information

Der Produktionsfaktor Information hat in den letzten Jahren einen Stellenwert erhalten, der ihn nahezu gleichrangig neben Kapital und Arbeit erscheinen läßt. Wir sind jedoch noch weit davon entfernt, diesen neuen Produktionsfaktor auch nur annähernd auszunutzen. Dabei ist Information die wesentliche Voraussetzung, bei schneller werdenden Innovationszyklen mithalten und sich in technologieintensiven Märkten behaupten zu können. In diesem sich weltweit verschärfenden Konkurrenzkampf werden sich zukünftig umso erfolgreicher diejenigen durchsetzen, die mit minimalem Suchaufwand das vorhandene Informationspotential auf ihre Bedürfnisse sichten und die gesuchte oder zufällig gefundene Information mit einem schnellen Zugriffsverfahren auslesen können. Im Wunschkatalog der Bedürfnisse steht deshalb das B l ä t t e r n in sogenannten I n f o r m a t i o n s b a n k e n mit an erster Stelle. Die raschen Fortschritte in der Speichertechnologie, wie z.B. bei optischen Speicherplatten, lassen erwarten, daß vermehrt komplette Vorlagen elektronisch archiviert werden und dieser gewünschte sekundenschnelle Zugriff ermöglicht wird.

4.3 Image- und Dokumenten-Processing

Eine weitere Anwendung leitet sich ab aus leistungsfähigen Inhouse-Systemen für die Büroautomation. Dokumente werden zunehmend elektronisch bewegt, um sie zu bearbeiten, zu verteilen oder in zentralen Dateien abzulegen, wo sie in Sekundenschnelle wieder abrufbar sind. Während Mitarbeiter am Sitz der Hauptverwaltung von derartigen Verbesserungen profitieren und höhere Leistungen erbringen, vergrößert sich gleichzeitig das Gefälle zur Produktivität in abgesetzten Geschäftsstellen, denen der elektronische Zugriff auf die gleichen Dokumente verwehrt ist. Teilnahme am Dokumentenprocessing wie am Sitz der Hauptverwaltung ist deshalb eine bereits öfter zu hörende Forderung. Damit könnten auch vor Ort kürzere Durchlaufzeiten erzielt und die Position gegenüber dem Konkurrenzunternehmen verbessert werden.

4.4 Rechner-Rechner-Kopplung

Es dürfte kaum ein Großunternehmen im Bundesgebiet geben mit Konzentration aller Unternehmenseinheiten auf dem gleichen Grundstück. Die Regel ist die oft historisch bedingte

Aufteilung auf mehrere Standorte, daraus resultierend der Betrieb Standort-bezogener Rechner, Datenbanken und entsprechender Terminals. Diese werden über leistungsfähige Datenleitungen vermascht, soweit wirtschaftlich vertretbar. Als Nutzenerwartungen für schnellen File-Transfer werden von Anwendern genannt:

o schnellerer Abgleich von Datenbankinhalten, um im Entwicklungs-, Konstruktions-, Fertigungsbereich sowie im Finanzwesen auf gleiche Unterlagen zurückgreifen zu können.

o Lastverbund von Rechnern, um Spitzenbelastungen abzufangen.

o Fernladen von Betriebssystemen.

o Verfügbarkeitsverbund, um die Zuverlässigkeit eines Gesamtsystems zu steigern.

o Ausspeicherung von Datenbankinhalten aus Sicherheitsgründen.

Insbesondere der letzte Punkt scheint eine Schwachstelle heutiger Großrechenzentren zu sein. Auch der beleglose Datenaustausch zwischen Großbanken ist eine Aufgabe, die mit den Möglichkeiten des B-ISDN erheblich kostengünstiger gelöst werden könnte. Gegenwärtig besorgen eigene Fahrerstaffeln und Taxen den körperlichen Transport der Magnetbänder mit den gespeicherten Daten. Der beleglose Datenaustausch kann mit Datex-L und auch Datex-P (mit 48 kbit/s !) in der Regel nur an Wochenenden erfolgen, Übertragungszeiten von bis zu 15 Stunden sind keine Seltenheit.

Punkt-zu-Punkt-Datenverbindungen mit der Forderung nach noch höheren Bit-Raten sind im Druckerei- und Verlagswesen anzutreffen. Bei Produktionserweiterungen fehlen oft die zusätzlich erforderlichen Produktionsflächen, da die Redaktion aus guten Gründen immer im City-Bereich der Städte angesiedelt ist. Ideal wäre die Auslagerung der Druckerei auf die "grüne Wiese", sofern sich keine Nachteile für die Aktualität der Zeitung ergeben. Der Axel Springer-Verlag hat dieses Problem gelöst, indem die Redaktion in Hamburg mit der Druckerei in Ahrensburg durch eine 8 Mbit/s-Datenleitung verbunden wurde. Die 600 Mbit pro Seite werden somit in kürzester Zeit übertragen. Als Vorteile wurden vom Axel Springer-Verlag das Beibehalten der hohen Aktualität von Bildzeitung und Hamburger Abendblatt genannt – trotz der räumlichen Trennung von Redaktion und Druckerei – sowie entscheidende Kostenvorteile durch den Bau des gesamten Druckereikomplexes auf der grünen Wiese.

4.5 CAD-Dialog-Anwendungen

Eine weitere Anwendung für einen in der Summe hohen Datenfluß sehe ich im Bereich des Computer-Aided-Design (CAD) und des Computer-Aided-Manufacturing (CAM). Ohne Computer-unterstützte Verfahren sind bestimmte Problemlösungen im Bereich der Hochtechnologie nicht mehr denkbar. Unabhängig vom konkreten Anwendungsfall ist der Ablauf in Forschungs-, Entwicklungs- und Konstruktionsabteilungen sehr ähnlich: Über eine Datenleitung wird ein mehr oder weniger intelligentes Terminal mit dem zentralen Leitrechner verbunden. Mit Geschwindigkeiten von einigen kbit/s bis Mbit/s wird die gewünschte Graphik abgerufen und kann dann mit Hilfe eines Lichtgriffels oder anderer Hilfsmittel verändert werden. Die geänderten Daten werden dann an den zentralen Rechner zurückgegeben, dort verarbeitet und in Sekundenschnelle ist die geänderte Graphik wieder auf dem eigenen Bildschirm dargestellt. In vielen Fällen können CAD-Arbeitsplätze nicht in der Nähe des zentralen Rechners untergebracht werden, so daß häufig eine dezentrale Anordnung auf getrennten Grundstücken, in getrennten Stadtteilen oder sogar in verschiedenen Städten anzutreffen ist. Somit entsteht Bedarf an postalischen Verbindungen zur Abwicklung dieses Dialogverkehrs. Die auf den heutigen postalischen Leitungen möglichen Antwortzeiten sind unzureichend, so daß verschiedene Hersteller diesen Engpaß durch intelligentere Terminals zu beseitigen versuchen und dadurch weniger Bits zwischen Zentralrechner und Terminal übertragen. Wie wichtig schnelle Antwortzeiten sind, zeigt Bild 7. Während im Bereich unter einer Sekunde zwischen 300 und 400 Transaktionen durchgeführt werden können, kann die Leistung bei "längeren" Systemantwortzeiten, die bei Fernverbindungen durch die Übertragungsgeschwindigkeit auf der Anschlußleitung wesentlich bestimmt werden, schnell auf die Hälfte absinken. Zielsetzung ist deshalb die "subsecond response time", um unnötige "Frustsekunden", wie sie im technischen Sprachgebrauch bezeichnet werden, zu vermeiden. Weiter haben jüngste Untersuchungen ergeben, daß Antwortzeiten von etwa 0,5 Sekunden durchschnittlich begabte Mitarbeiter sehr viel schneller an Spitzenleistungen heranführen als es derzeit bei um Faktor 10 längere Wartezeiten der Fall ist /14/.

5. Ausblick

Die aufgezeigten Anwendungsbeispiele haben einen Eindruck von der Nutzenvielfalt des

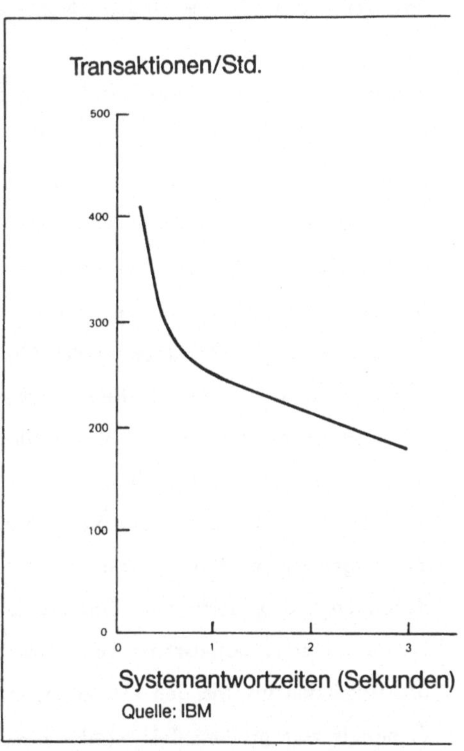

Bild 7: Leistung als Folge von Systemantwortzeit

B-ISDN vermittelt. Aus Zeitgründen kann eine solche Aufzählung nur beispielhaften Charakter haben und ist somit auf ähnlich gelagerte Aufgabenstellungen zu übertragen. Aber auch aus einem anderen Grund muß eine solche Aufzählung unvollständig bleiben. Unsere Phantasie hat - wie dies immer wieder im Nachhinein belegt wird - nie ausgereicht, das Anwendungsspektrum neuer Technologien zu einem relativ frühen Zeitpunkt voll erfassen zu können. Tatsache ist, daß die heute vorliegenden Daten den Start für den Einsatz der Glasfaser im Ortsnetz nicht mehr infragestellen können.

Der DBP liegen z.Zt. etwa 50 Absichtserklärungen für Video-Konferenzverbindungen vor. British Telecom kann allein in Richtung Bundesrepublik ca. 40 Anträge für Video-Konferenzverbindungen nachweisen. In den USA waren 1982 in 42 Städten Video-Konferenzverbindungen in Betrieb bzw. in Planung. Die DBP sowie die Fernmeldeverwaltungen von England, Frankreich, Italien und den Niederlanden bereiten sich europaweit in dem EVE-Projekt (European Video Experiment) auf diesen Marktbedarf vor. Ein Großteil der z.Zt. vorliegenden Absichtserklärungen beinhalten Verbindungen ins europäische Ausland sowie nach USA und Kanada. Zwischen den Intercontinental Hotels in London und New York gehören Video-Konferenzverbindungen bereits zum regelmäßigen Service. Weiter gibt es seitens der französischen Verwaltung zur Telecom Singapur erste Kontakte mit dem Ziel, den ostasiatischen Raum mit Europa zu verbinden. Knotenpunkt soll nach Vorstellungen der französischen Verwaltung Paris werden.

Die ersten Video-Konferenzverbindungen im Bereich der DBP sollen, bei Inkaufnahme einer Reihe von Einschränkungen, durch die sogenannte Vorläufertechnik realisiert werden. Bei steigender Nachfrage, verbunden mit der Forderung nach verbesserten Leistungsmerkmalen sowie einer erheblichen Absenkung der heute in Diskussion befindlichen Gebühren, ist die baldige Verfügbarkeit einer preisgünstigen B-ISDN Serientechnik unerläßlich. Nach Erhebungen in unserem Hause sind mit der sich aus dem schmalbandigen ISDN entwickelnden breitbandigen Serientechnik Gebühren in der Größenordnung des 2 - 3fachen der heutigen Fernsprechgebühren für den Dienst Bildfernsprechen machbar.

Daneben ist der aufgezeigte Bedarf für schnelle Datenvermittlung verstärkt in die Planungen für das B-ISDN einzubeziehen, wenngleich aus technischer Sicht noch einige Jahre auf breitbandige Datenvermittlung verzichtet werden könnte. Einige wenige Sonderfälle sind hierbei ausgenommen. Wie erwähnt kann man sich helfen durch verstärkte Anwendung von Redundanzreduktionsverfahren, Einschränkung in der Übertragungssicherheit, Inkaufnahme von Problemen beim Datenschutz oder Abstrichen in der Übertragungsqualität. Was wir an zu übertragenden Bit-Mengen einsparen, können wir am Empfangsort durch noch intelligentere Terminals zum größten Teil wieder hinzugenerieren. Technisch möglich ist auch der Anschluß von noch mehr Terminals an noch mehr einzelne Leitungen.

Gehen diese anwendungsspezifischen Rechnungen aber auch gesamtwirtschaftlich auf? Ist es nicht ein widersinniges Verhalten, wenn wir uns vorstellen, daß auf einer einzigen Glasfaser bereits heute mehrere Gbit/s übertragen werden können - und wir uns auch zukünftig mit um den Faktor 10^6 kleineren Bit-Mengen begnügen wollen?

Vielleicht liegt hierin die Ursache begründet, warum Prognosen über den zukünftigen Bedarf an breitbandigen Teilnehmeranschlüssen oft stark divergieren. Je nach dem, ob Hersteller intelligenter Terminals oder von Glasfaserkabeln angesprochen werden, könnten sich sehr unterschiedliche Antworten ergeben.

So ist nicht auszuschließen, daß Unternehmen, die hohe Umsatzerwartungen von noch leistungsfähigeren PC's eingeplant haben, nur geringes Interesse am Ausbau einer schnellen Datenvermittlung haben. Oder auch Banken müssen nicht unbedingt den zügigen Ausbau eines flächendeckenden B-ISDN fordern, wenn sie dadurch gezwungen sind, Gutschriften auf eine andere Bank zu beschleunigen und höhere Kosten für den 2 Mbit/s Datentransfer statt bisherigem Briefporto und gleichzeitig Zinsverluste von mehreren Tagen akzeptieren zu müssen. Je schneller deshalb verläßliche Daten über den Ausbau der breitbandigen Fernmeldeinfrastruktur vorliegen und je gesicherter die in integrierten Netzen zu erwartende Gebührenreduzierung schon bald in Kalkulationen innovativer Anwendungen einfließen kann, umso dynamischere Kräfte werden sich am Markt entfalten und neben Bestehendem Neues schaffen.

Die starke Zunahme des Online-Datenverkehrs ist ein deutliches Alarmzeichen für schnell wachsende neue Marktpotentiale. Die Arbeitszeitverkürzung wird diesen Trend zusätzlich verstärken.

Ich möchte deshalb abschließend nochmals auf das Statement verweisen, das ich bereits an anderer Stelle gemacht habe: Der kleinliche oder großzügige Umgang mit Informationstransfer wird in wenigen Jahren ein entscheidendes Kriterium dafür sein, wie effektiv eine Volkswirtschaft den neuen Produktionsfaktor I n f o r m a t i o n zu Nutzen in der Lage und somit dem zunehmenden internationalen Konkurrenzkampf im Informationszeitalter gewachsen ist.

QUELLENHINWEISE

/1/ Konzept der Deutschen Bundespost zur Weiterentwicklung der Fernmeldeinfrastruktur
Herausg. BPM, Bonn 1984

/2/ Konzeption der Bundesregierung zur Förderung der Entwicklung der Mikroelektronik, der Informations- und Kommunikationstechniken
Herausg. BMFT, Bonn 1984

/3/ Klaus Hoffmann: Digitale Fernsprechvermittlungstechnik bei der Deutschen Bundespost, Jahrbuch der DBP 1984

/4/ Karl-Heinz Rosenbrock: ISDN - Eine folgerichtige Weiterentwicklung des digitalen Fernsprechnetzes, Jahrbuch der DBP 1984

/5/ Hayek: Die Irrtümer des Lord Keynes, Wirtschaftswoche Nr. 14, 1984

/6/ Bruce Nussbaum: Das Ende unserer Zukunft, Kindler-Verlag 1984

/7/ Siegfried Regenberg: Entscheidungsbühne Fernsehschirm - Nutzungserfahrungen beim BIGFON-Praxiseinsatz, Telematica, Stuttgart 1984

/8/ Wolfgang Peters: Die vielversprechenden Möglichkeiten der Breitband-Individual-Kommunikation, ZPF, Nr. 8, 1981

/9/ Heinz Munter: Technik und Einsatzmöglichkeiten von optischen Speichern, MIKRODOK, Nr. 5/6, 1983

/10/ W. Knoben/J. Majus: Dienste und Leistungsmerkmale für die "Schnelle Datenübertragung", Darmstadt 1983

/11/ Helmut Schön: Die Deutsche Bundespost auf ihrem Weg zum ISDN, ZPF, Nr. 6, 1984

/12/ Friedrich-Heinz Wichards: Videokonferenz - Ein erster Schritt in die Breitband-Individualkommunikation, Telematica, Stuttgart 1984

/13/ Videokonferenz billiger, in: ntz Bd. 37 (1984) Heft 9

/14/ A.J. Thadhani: Factors affecting programmer productivity during application development, IBM Systems Journal, Vol. 23, No. 1, 1984

Services and Applications of the Broadband ISDN

Wolfgang Peters

When we are asking for new services and innovative applications of the broadband ISDN, we expect primarily statements about market demands and market trends usage. A discussion about the usage expectations also means taking into account the question of the economic impact of this high technology. As a preliminary, four of these economic aspects are:

o   Significance of the decision of the introduction of fibre optics in the subscriber network as a part of the conception of the DBP for the further development of the public network, dated 18.06.1984

o   The upward compatibility of the B-ISDN

o   Impact of the high innovation potential of the B-ISDN

o   Improvement of our export terms of trade

The general advantages resulting therefrom are longterm planning security, compatibility of the present networks and services with future serbices of the integrated broadband network, cost-minimising of the B-ISDN, improvement of export chances in high technology products and systems. Special attention is paid to the question of growth and employment impulses by the B-ISDN.

The statements in the main lecture concentrate on video-communication, broadband information systems and high speed data services. Video-conferencing still ranks the first place in the commercial field. Its usage advantages are analysed, thereby not the saving of travelling costs but much more the saving of travelling time can be seen as the main use. Further usage potentials will be discussed for the picture-phone, for personal workstations with high picture-visual usage activities as well as high-level communication.

In the private sphere an interesting market potential can be shown besides the picture-phone for the so-called semi-picture-phone.

The combination of the video disk with view-data in the mail-order trade and in the touristic industry can be taken as an indication, that there are already markets for the broadband view-data service.

The Coax-technique in the TV-sector can at present often show a more favourable economic factor. Through the reaching of the capacity limits as a result of higher traffic, boundering the technological limits, changeover to HDTV or more favourable costs of the B-ISDN than hitherto presumed, a change in the expansion strategy may occur however in the near future.

Besides video-connections there are interesting innovative applications in the field of high speed data transmission present. At first glance the implementation of the nationwide 64 kbit/s-ISDN can hardly show further market potentials. This picture however is misleading, so that the statement may be risked: In the field of high speed data transmission, extreme growth rates are slumbering, measured against the amount of presently transmitted data. Innovative applications are discussed for image and document processing, CAD- and CAM-processes, synchronization of dual data bases - or generally connecting geographically distributed private broadband integrated local area networks.

Special reference must be given to the key function of the charges for high speed data services and its influence on certain development tendencies in the field of the data terminal equipment expounded.

Optische Nachrichtentechnik und Integrierte Optik – Basistechnologien eines zukünftigen Breitband-ISDN

Clemens Baack

Die Basistechnologien zukünftiger Kommunikationssysteme sind

- die Mikroelektronik, durch die eine kostengünstige und außerordentlich vielseitige Verarbeitung digitaler Signale ermöglicht wird,

- die Optische Nachrichtentechnik, die die Übertragung großer Informationsmengen in digitaler Form gestattet,

- die Integrierte Optik, die langfristig in der Optischen Nachrichtentechnik eine kostengünstige Massenproduktion optoelektronischer Systeme gewährleisten soll.

Die Bedeutung der Mikroelektronik für zukünftige Kommunikationssysteme ist hinreichend bekannt und soll hier nicht näher erläutert werden. Diese Aussage gilt auch für die Optische Nachrichtentechnik. In diesem Beitrag soll demnach nicht die heutige, "konventionelle" Optische Nachrichtentechnik behandelt werden, vielmehr gilt es, Einsatzmöglichkeiten der nächsten Generation der Optischen Nachrichtentechnik, der sog. Kohärenten Optischen Nachrichtentechnik, in zukünftigen Kommunikationssystemen aufzuzeigen. Schließlich gilt es, den Begriff Integrierte Optik zu klären und die Bedeutung der Integrierten Optik in Verbindung mit der Kohärenten Optischen Nachrichtentechnik für die zukünftige Nachrichtentechnik darzustellen.

1. Kohärente Optische Nachrichtentechnik (KONT)

Statt der heute üblichen Optischen Nachrichtentechnik, die nach Bild 1a mit einem optischen Direktempfänger, bestehend aus einer Photodiode mit nachgeschaltetem Verstärker, arbeiten, wird man in der KONT optische Überlagerungsempfänger einsetzen (Bild 1b). Analog zum Überlagerungsprinzip in der Rundfunktechnik wird in einem opti-

schen Überlagerungsempfänger das Empfangssignal in einem Richtkoppler
mit dem Licht eines lokalen Lasers überlagert. Am Ausgang der Photodiode entsteht ein Mikrowellensignal mit einer Zwischenfrequenz,
die der Differenzfrequenz der beiden Lichtsignale entspricht. Der
optische Überlagerungsempfänger ist hoch selektiv und wesentlich
empfindlicher als der Direktempfänger. Es wird nun möglich, sehr
viele Lichtträger in sehr geringem Abstand (z.B. einige GHz) über
eine Faser zu übertragen. Empfangen wird nur die Information des
Trägers, der mit dem Licht des lokalen Lasers eine dem ZF-Verstärker
entsprechende Zwischenfrequenz bildet /1/.

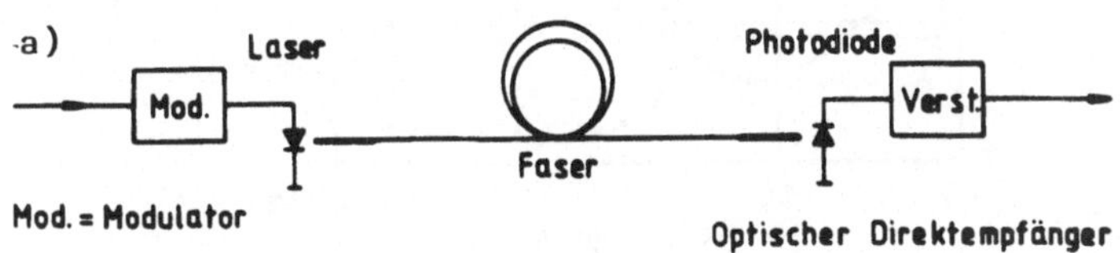

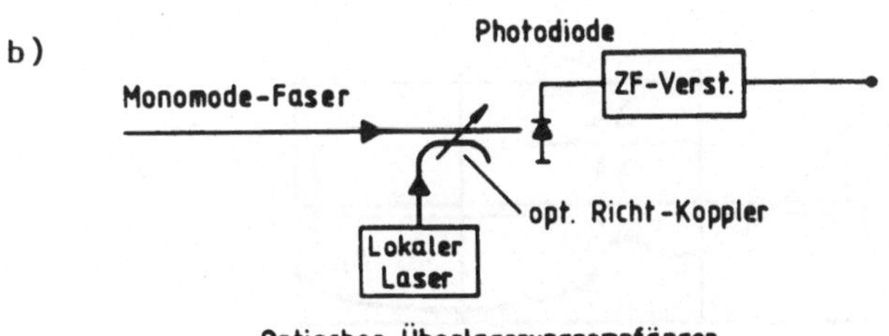

Bild 1: Optischer Direktempfang   (a)
        Optischer Überlagerungsempfang (b)

Zur Zeit ist man bestrebt, die Übertragungskapazität der Faser durch
die λ-Multiplextechnik besser auszunutzen, indem mehrere Lichtträger unterschiedlicher Wellenlänge gleichzeitig über die Faser übertragen und am Faserausgang durch optische Filter wieder getrennt werden.
Beim heutigen Stand der Filter- und Lasertechnik müssen die Lichtträger wenigstens einige zehn Nanometer auseinanderliegen, um eine

sichere Trennung zu ermöglichen. Wählt man einen Wellenlängenabstand
von z.B. Δλ = 20 nm (entsprechend etwa 10 THz), so lassen sich in
dem dämpfungsarmen Wellenlängenbereich von 0.7 µm bis 1.8 µm einer
modernen Monomodefaser etwa 40 Lichtträger unterbringen (Bild 2a).
Bei Verwendung eines optischen Überlagerungsempfängers läßt sich
ein Kanalabstand von z.B. 1 GHz realisieren (Bild 2b). Damit wird
prinzipiell der Übertragung von ca. 250.000 Lichtträgern über eine
Monomodefaser möglich; die praktischen Grenzen werden durch die
Nichtlinearitäten in der Faser bestimmt.

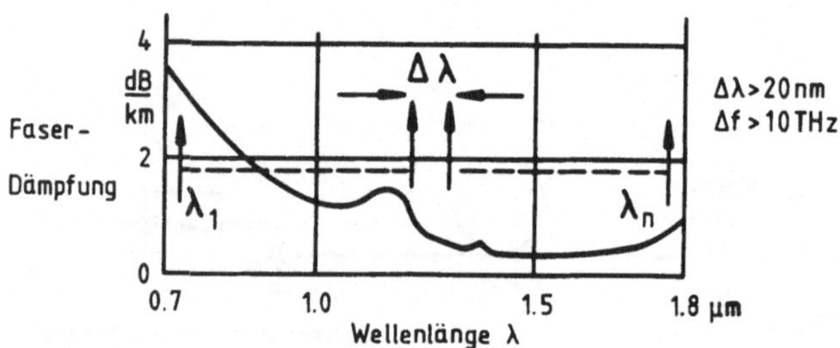

a) λ-Muliplex-Technik
Kanalabstand>10THz
ca. 40 Kanäle

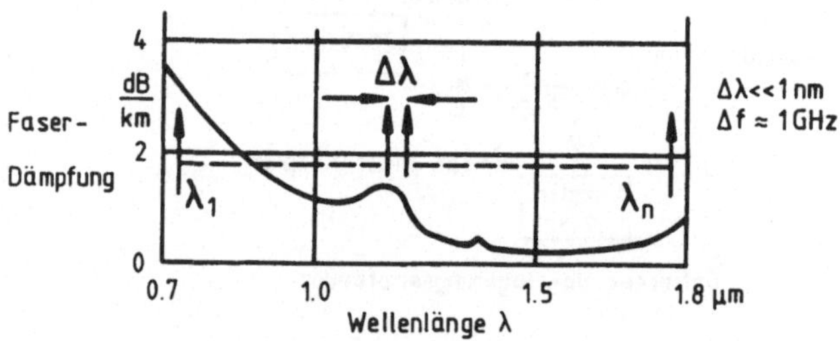

b) Kohärente Optische Nachrichtentechnik
Kanalabstand≈ 1GHz
ca. 250.000 Kanäle

Bild 2: Übertragung eines Lichtfrequenzvielfachs über
eine Monomodefaser mit λ-Multiplextechnik und
mit Kohärenter Optischer Nachrichtentechnik

2. Integrierte Optik (IO)

Die IO hat zum Ziel, optische aktive und passive sowie elektronische
Komponenten auf einem Substrat monolithisch zu integrieren. Optische
aktive Komponenten, wie Laser und Photodioden, dienen zur elektro-
nisch-optischen bzw. optisch-elektronischen Wandlung. Optische passive
Komponenten, wie z.B. Wellenleiter, Gitter, Linsen, Filter und
Koppler, dienen zur Führung, Beugung, Abbildung, spektralen Zerlegung
und zum Schalten des Lichts. Elektronische Komponenten schließlich,
wie z.B. Transistoren, Widerstände, Kondensatoren, dienen zur An-
steuerung optischer Komponenten und zur elektronischen Signalverarbeitung. Diese Opto Electronic Integrated Circuits (OEIC) werden
zur optoelektronischen Signalverarbeitung eingesetzt /2/.

Die IO hat Parallelen zur Mikroelektronik. In der Mikroelektronik
werden hochkomplexe elektronische Systeme auf einem kleinen, robusten,
zuverlässigen und kostengünstig in großer Stückzahl zu fertigendem
Silizium-Chip untergebracht. Die IO hat das Ziel, opto-elektronische
Systeme als kleine, robuste, zuverlässig und kostengünstig in großer
Stückzahl zu fertigende Halbleiterchips zu entwickeln. Im Aufbau
unterscheiden sich die Chips der Mikroelektronik (Electronic Integrated Circuits-EIC) wesentlich von den OEIC's der IO. Die einzelnen
Komponenten der EIC's haben μm-Abmessungen, rechtwinklige Konturen
und ein Längen-zu Breitenverhältnis von etwa 1:1. Infolgedessen
lassen sich sehr hohe Packungsdichten von einigen Hunderttausend
Komponenten je Chip erzielen. Die optischen Komponenten der OEIC's
haben i.a. krummlinige Konturen, und das Längen- zu Breitenverhältnis
kann einige Größenordnungen umfassen; ein optischer Richtkoppler
z.B. besteht aus zwei Wellenleitern, die einige μm breit sind und
die über einige Millimeter hinweg im Abstand von einigen μm parallel
geführt werden müssen. Daraus ergeben sich ganz unterschiedliche
Architekturen für EIC's und OEIC's und wesentlich geringere Packungsdichten für OEIC's. Trotz der vergleichsweise sehr geringen Kompo-
nentenzahl sind die OEIC's außerordentlich leistungsfähig. Beim
Vergleich von integrierten Schaltungen der Mikroelektronik und der
IO ist nicht die Anzahl der integrierten Komponenten maßgebend,
entscheidend sind die völlig unterschiedlchen physikalischen Funktionen der elektronischen und optischen Komponenten.

Als Halbleitermaterial für OEIC's kommt nicht das technologisch
gut beherrschte Silizium in Frage. Die indirekte Bandstruktur des

Siliziums verbietet die Herstellung von Lichtquellen, wie z.B. Laser. Für die Entwicklung von OEIC's kommen Verbindungshalbleiter
des III-V-Materialsystems zum Einsatz. OEIC's auf InP-Basis sind
auf den günstigsten Übertragungsbereich von Glasfasern (λ = 1.3...
1.6 µm) abgestimmt und sind somit für den Einsatz in allen Ebenen
öffentlicher Nachrichtennetze geeignet.

3. Kohärente Optische Nachrichtentechnik und Integrierte Optik
in zukünftigen Kommunikationssystemen

Nachfolgend werden Beispiele für den möglichen Einsatz von KONT
und IO in der Fern- und Teilnehmerebene zukünftiger öffentlicher
Nachrichtennetze sowie in zukünftigen lokalen Netzen genannt. KONT
und IO erfordern als Übertragungsmedium Monomodefasern. Der Einsatz
dieser Techniken führt somit zur Verlegung von Monomodefasern nicht
nur in der Fernebene, das gilt heute als selbstverständlich, sondern
langfristig auch in der Teilnehmerebene des öffentlichen Netzes
und sogar in lokalen Netzen.

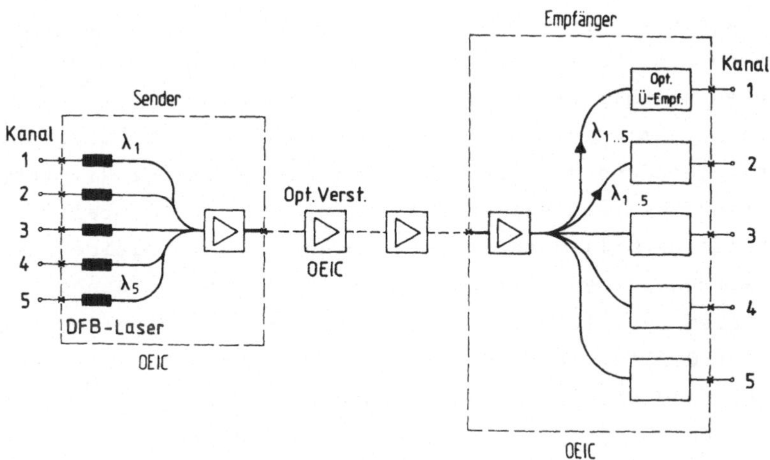

Bild 3: Ferntrasse mit optischen Verstärkern und optischen
Überlagerungsempfängern

3.1 Fernebene des öffentlichen Netzes

Zukünftige Breitband-Kommunikationsnetze werden den Dienst Bildtelefon mit hoher Bildqualität anbieten, was zu außerordentlich hohen Informationsströmen in den Fernebenen führen wird. Die Ferntrassen werden aus zahlreichen parallelen Monomodefasern bestehen, jede Faser wird durch λ-Multiplextechnik mehrfach genutzt werden und jeder Lichtträger wird einen hochratigen Informationsstrom übertragen. Die Vielzahl der Fasern, die λ-Multiplextechnik und die hochratige Übertragungstechnik werden zu sehr komplexen Repeaterstationen führen. Diese Probleme lassen sich durch den Einsatz von KONT in Verbindung IO drastisch reduzieren. Nach Bild 3 werden z.B. 5 Lichtträger über eine Monomodefaser übertragen, der Abstand zwischen den Trägern beträgt jedoch, im Gegensatz zur λ-Multiplextechnik, nur wenige GHz, so daß alle 5 Träger von einem optischen Verstärker verstärkt werden können. Die Repeaterstationen enthalten weder λ-Multiplexer/Demultiplexer noch optoelektronische bzw. elektrooptische Wandler. Die optischen Signale in der Faser werden durch die optischen Verstärker lediglich analog verstärkt, jedoch nicht, wie in einem Repeater, regeneriert. Die Gesamtübertragungsreichweite der Ferntrasse ist demnach nicht beliebig groß, jedoch für alle praktischen Fälle ausreichend, wie Voruntersuchungen zeigten. Am Ausgang der Ferntrasse werden die verschiedenen Träger durch optische Überlagerungsempfänger selektiert und detektiert.

Der Einsatz solcher Ferntrassen, die an Stelle der heute üblichen elektronischen Repeater mit optischen Verstärkern (Halbleiterlaser mit entspiegelten Endflächen) arbeiten, ist erst denkbar, wenn es gelingt, die Sendeeinheiten, die optischen Verstärker und die Empfangseinheiten als OEIC's zu realisieren.

3.2 Teilnehmerebene des öffentlichen Netzes

Wie eingangs erwähnt, wird bei Einsatz von KONT und IO im Teilnehmerbereich die Verlegung von Monomodefasern im Teilnehmerbereich erforderlich. Entscheidend ist hier die Frage nach der Spleiß- und Steckertechnik. Das Spleiß- und Steckerproblem für Monomodefasern darf in absehbarer Zeit als zufriedenstellend gelöst betrachtet werden, immerhin sind bereits heute die ersten automatischen Spleißgeräte sowie dämpfungsarme Stecker mit hoher Zuverlässigkeit käuflich.

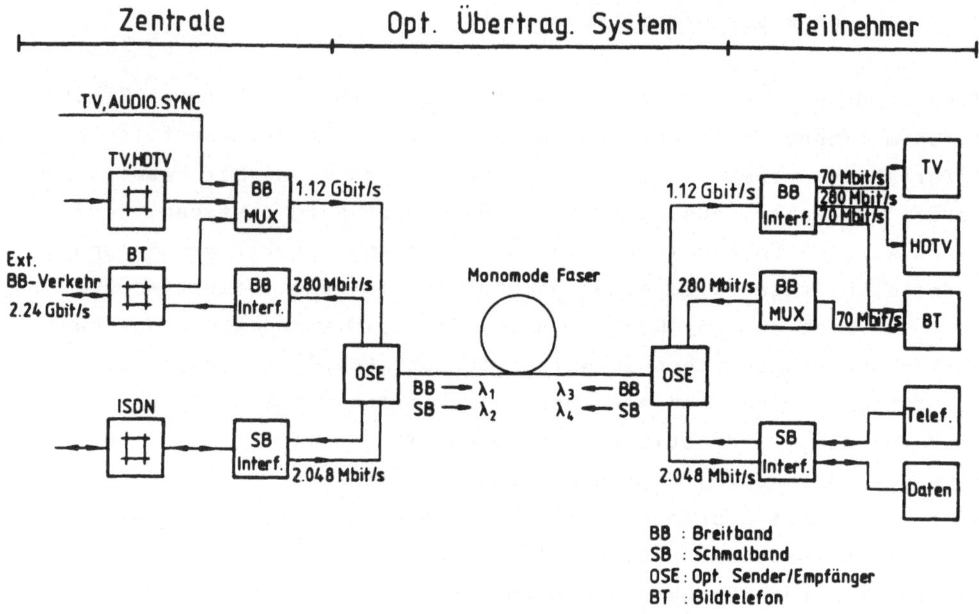

Bild 4: Experimentalsystem eines Teilnehmernetzes
mit Monomode-Fasern

Außerdem kann man im Teilnehmerbereich auf verfügbare Stecker zurückgreifen, die infolge einer Strahlaufweitung mit wesentlich geringeren Toleranzanforderungen arbeiten; die höheren Verluste dieser Stecker sind wegen der geringeren Entfernungen im Teilnehmerbereich tolerierbar.

Zur Zeit wird im HHI ein Experimentalsystem /3/ (Bild 4) entwickelt, das u.a. zur Klärung der Frage beitragen soll, ob von der Monomodefaser im Teilnehmerbereich unmittelbar Vorteile zu erwarten sind, also nicht erst durch den Einsatz von KONT und IO, beide Techniken werden erst langfristig verfügbar sein.

Die monomodale Teilnehmeranschlußleitung (Bild 4) erlaubt die Übertragung hoher Bitraten (1.12 Gbit/s) zum Teilnehmer und ermöglicht damit die gleichzeitige Übertragung von z.B 16 digitalen TV-Signalen im heutigen Standard (mit 70 Mbit/s je Signal) oder von mehreren TV-Signalen in einem zukünftigen High Definition Television (HDTV)-Standard (280 Mbit/s) /4/. Die hochratige Übertragung über Monomodefasern ist heute nicht mehr Thema der Forschung, hochratige Ferntras-

sen werden z.Z. von der Industrie entwickelt. Entscheidend für den
Einsatz hochratiger Teilnehmeranschlußleitungen ist die Elektronik.
Die sendeseitige und empfangsseitige hochratige Elektronik muß jeweils in einem Chip mit vertretbarer Verlustleistung realisierbar
sein. Der sendeseitige hochratige Baustein (BB-MUX, 280/1120 Mbit/s
in Bild 4) liegt inzwischen als kundenspezifischer Si-Schaltkreis
vor /5/. Der empfangsseitige hochratige Baustein (BB-Interf.) liegt
als Dickfilmschaltung (2" x 1"; 1,5 W) vor /6/, die monolithische
Integration steht bevor. Ein weiteres Ziel dieses Projekts ist es,
die Entwicklung hochratiger integrierter Schaltkreise für die Nachrichtentechnik zu forcieren.

Die Schmalbanddienste werden in diesem System über getrennte Wellenlängen mit 2 Mbit/s abgewickelt (Notstromversorgung des Telefons!).
Die Verbindung zur Fernebene erfolgt über eine 2.24 Gbit/s-Trasse.

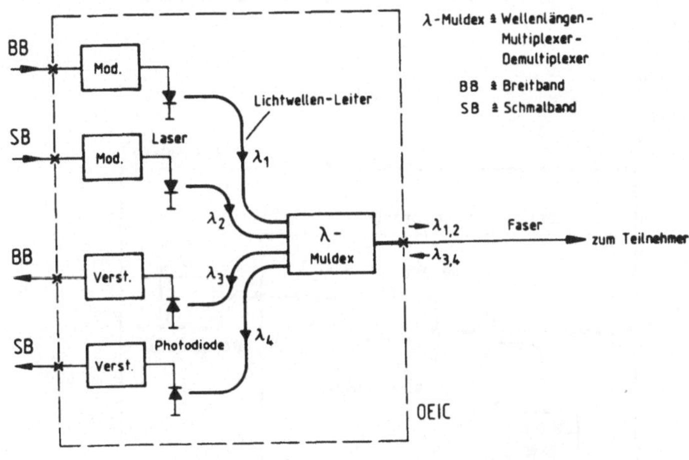

Bild 5: Optischer Sender / Empfänger

Der zentralseitige optische Sender/Empfänger (OSE, Bild 4) ist in
Bild 5 dargestellt. Derartige Sende/Empfänger sind heute aus einzelnen
Komponenten zusammengesetzt. Der optische Multiplexer/Demultiplexer
(λ-Muldex) ist ein mikro- oder faseroptischer und damit ein feinme-
chanisch anspruchsvoller Baustein, mit dem die Laser und Photodioden
über Fasern verbunden sind. Die Emissionswellenlängen der Laser sind
sorgfältig auf die Durchlaßbereiche der Multiplexer abzustimmen.

Schließlich sind die Laser mit den Modulatoren und die Photodioden
mit den Verstärkern zu verbinden.

Langfristig muß es gelingen, die optischen Sender/Empfänger, die
in heutiger diskreter Bautechnik keineswegs für eine kostengünstige
Massenproduktion geeignet sind, als OEIC zu realisieren; dies wird
eine der dringlichsten Aufgaben der IO sein.

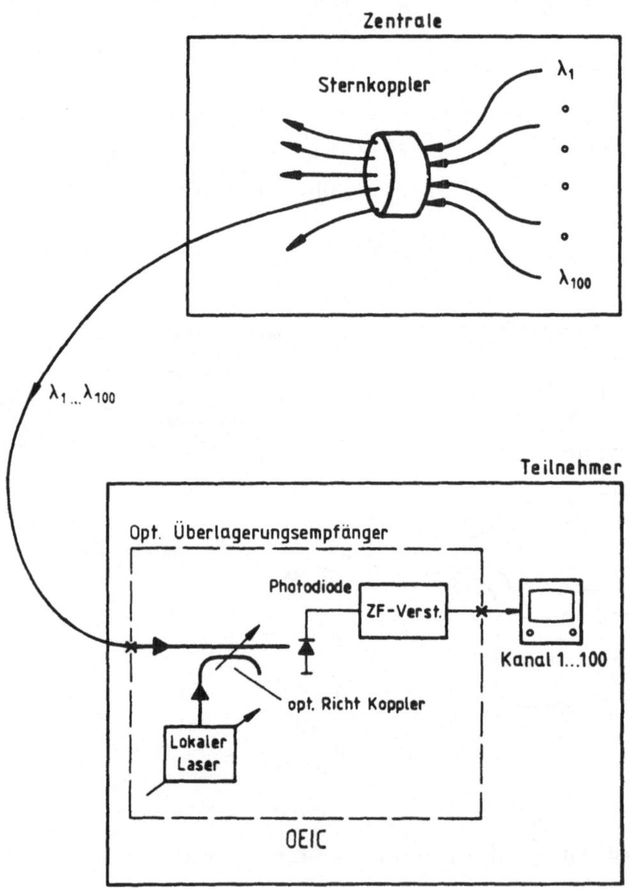

Bild 6: Breitband-Verteilnetz

Die KONT bietet attraktive Möglichkeiten zur Verteilung von Breitbanddiensten im Teilnehmerbereich. Will man allen Teilnehmern z.B. 100 TV-Programme anbieten, so ordnet man jedem Programm einen Lichtträger zu, alle 100 Träger ($\lambda_1 \ldots \lambda_{100}$ in Bild 6) werden über die Teilnehmeranschlußleitungen übertragen. Jeder Teilnehmer kann mit Hilfe eines durchstimmbaren optischen Überlagerungsempfängers das gewünschte Programm auswählen /1/. Diese interessante Lösung eines optischen Verteilnetzes ist erst denkbar, wenn es mit der IO gelingt, den durchstimmbaren optischen Überlagerungsempfänger als OEIC zu realisieren.

In einem Forschungsvorhaben, das im Auftrage der DBP im HHI durchgeführt wird, gelang inzwischen die Übertragung von zwei Lichtträgern im Abstand von ca. 2 GHz über eine Monomodefaser (Bild 7). Am Faserausgang werden beide Träger mit einem durchstimmbaren optischen Überlagerungsempfänger selektiert und detektiert /7/.

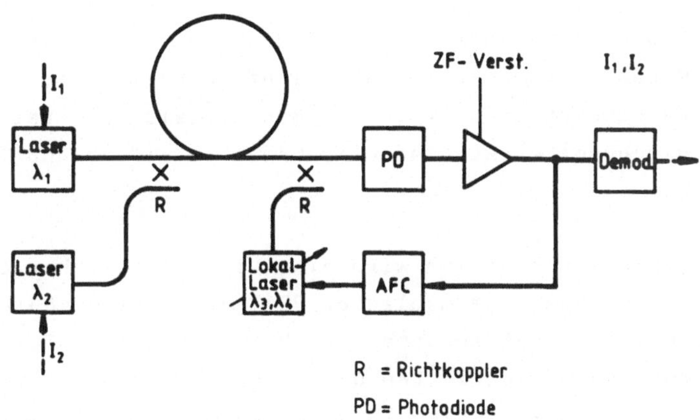

Bild 7: Übertragung zweier Lichtträger im
Abstand von ca. 2 GHz

Langfristig könnten die 100 dichtgepackten TV-Signale (Bild 6) z.B. über den λ_1-Multiplexkanal des Systems in Bild 4 verteilt werden. Die mittelfristig realistische Zeitmultiplextechnik, die in Bild 4 zur Verteilung von Breitbandsignalen eingesetzt wird, könnte in ferner Zukunft durch eine optische Frequenzmultiplextechnik ersetzt werden.

Die Monomodefaser in der Teilnehmerebene bietet somit folgende Vorteile:

- große Systemflexibilität bei der Verteilung von TV- und HDTV-Programmen durch hochratige Zeitmultiplextechnik

- Einsatz von integrierten optoelektronischen Komponenten, die kostengünstig in großer Stückzahl gefertigt werden können (langfristig)

- große Systemflexibilität bei der Verteilung von TV- und HDTV-Programmen durch optische Frequenzmultiplextechnik hoher Kanalzahl mit Hilfe der Kohärenten Optischen Nachrichtentechnik und der Integrierten Optik (langfristig)

- Einheitsfaser für alle Netzebenen

3.3 Lokale Netze

Lokale Netze werden in Zukunft für die Industrie- und Büroautomation sowie für den Rechnerverbund eine sehr wichtige Rolle spielen. Die Glasfaser ist das geeignete Übertragungsmedium, sie ist breitbandig, unempfindlich gegenüber elektromagnetischen Störfeldern und frei von Erdschleifen.

Besonders von japanischen Firmen wird eine Vielfalt solcher optischer Netze angeboten. Das Spektrum möglicher OEIC's in diesem Bereich ist unüberschaubar, und das in Japan vom MITI gesteuerte Opto-Projekt zur Förderung der Integrierten Optik hat die Aufgabe, OEIC's für den Einsatz in lokalen Netzen zu entwickeln. Die Teilnehmerzahl lokaler Netze ist im Vergleich zum öffentlichen Netz gering, so daß hier neben der optischen Nachrichtenübertragung auch die optische Nachrichtenvermittlung mit Hilfe der Integrierten Optik aussichtsreich erscheint.

Das in Bild 8 dargestellte Experimentalsystem hat u.a. das Ziel, Erfahrungen auf dem Gebiet der optischen Vermittlungstechnik zu sammeln /8/. Das System soll zur Übermittlung einer Vielzahl von ISDN-spezifischen Schmalbanddiensten, von LAN-spezifischen Mittelbanddiensten sowie zur Übermittlung und Verteilung von Breitband-

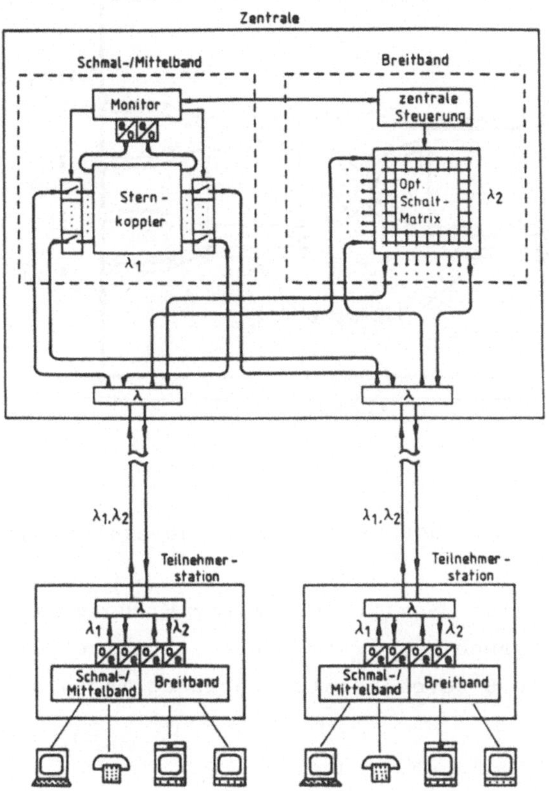

Bild 8: Lokales Breitbandnetz mit Optischer
Vermittlungstechnik

diensten (Bildtelefon, TV-Studiosignale heutigen Standards und eines
zukünftigen HDTV-Standards, Medizintechnik usw.) dienen. Die Übertragung der Schmal- und Mittelbanddienste wird über die Wellenlänge λ_1
(λ-Multiplextechnik) und die Übertragung der Breitbanddienste über
die Wellenlänge λ_2 erfolgen.

Der Sternkoppler (64 x 64) in Bild 8 dient zur dezentralen optischen Vermittlung der Schmal- und Mittelbanddienste. Die Basis-
elemente monomodaler Sternkoppler sind 3 dB-Richtkoppler /9/, die
zu 4 x 4- oder 8 x 8-Substernkopplern integriert werden, der gesamte
Koppler entsteht durch Kaskadierung dieser Substernkoppler. Bild 9
zeigt einen monomodalen 4 x 4 Substernkoppler auf $LiNbO_3$-Basis
/10/, die Erweiterung auf 8 x 8 ist in Vorbereitung. Die üblichen

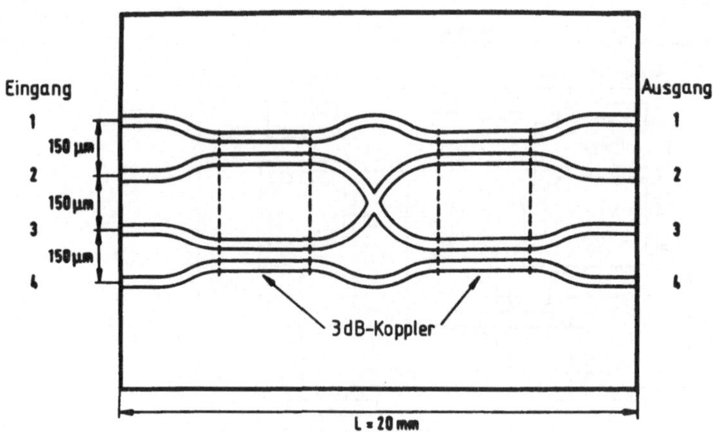

Bild 9: Integrierter monomodaler 4. x 4 Substernkoppler

Nachteile der dezentralen Vermittlung, wie z.B. unzureichende Ab-
hörsicherheit oder Störung des Netzes durch einzelne Teilnehmer
/11/, werden nach Bild 8 durch zusätzlich integrierte optische
Schalter vermieden.

Die optische Schaltmatrix (> 32 x 32) in Bild 8 dient zur zentralen Vermittlung der Breitbanddienste. Die Schaltmatrix entsteht
durch Kaskadierung von 4 x 4- und 3 x 5-Subschaltmatrizen. Bild 10
zeigt eine monomodale blockierungsfreie 4 x 4-Subschaltmatrix auf
$LiNbO_3$Basis, die aus sehr dicht gepackten optoelektrischen Schaltern
besteht /12/.

Die dezentralen und zentralen Vermittlungseinrichtungen in Bild
8 werden z.Z. auf $LiNbO_3$-Basis integriert, um Systemerfahrungen
für eine spätere Integration auf InP-Basis sammeln zu können. Wie
eingangs erwähnt, ist für den Einsatz integriertoptischer Komponenten
in lokalen Netzen die Monomodefaser als Übertragungsmedium unabdingbar.

In /1, Bild 5/ schließlich wird gezeigt, wie die Teilnehmer eines
lokalen Netzes mit Hilfe eines optischen Frequenzvielfachs hoher
Kanalzahl, also mit Hilfe der KONT in Verbindung mit IO, vermittelt
werden können.

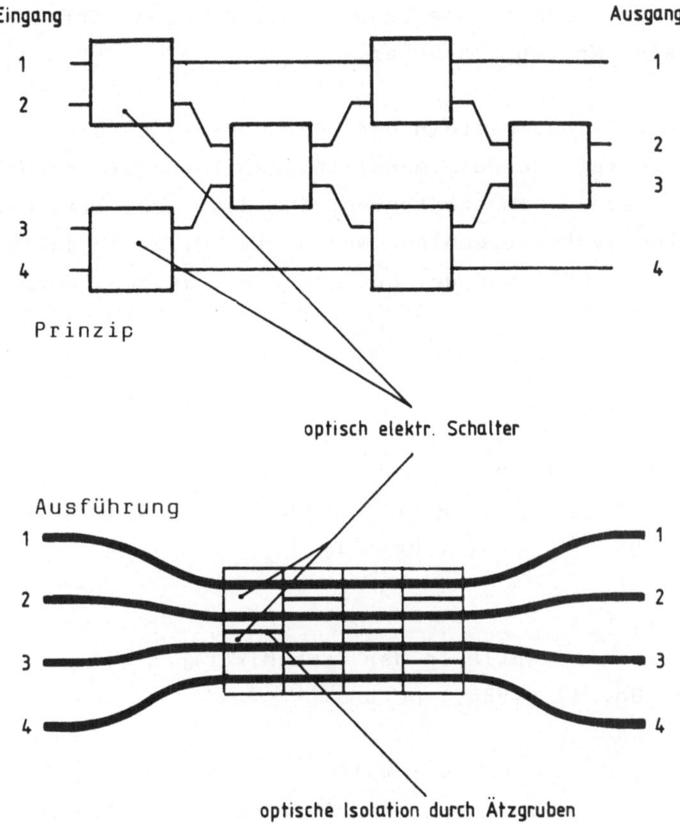

Bild 10: Integrierte monomodale 4 x 4 Subschaltmatrix

4. Schlußbemerkung

Der Beitrag versucht, an Hand von Systemvorschlägen die Bedeutung
der Integrierten Optik in Verbindung mit der Kohärenten Optischen
Nachrichtentechnik für die zukünftige Kommunikationstechnik darzustellen. Erst die Integrierte Optik wird eine kostengünstige Massenproduktion optoelektronischer Bausteine für den Einsatz in der
Optischen Nachrichtentechnik gestatten. Die Kohärente Optische
Nachrichtentechnik ermöglicht die Übertragung eines optischen Frequenzvielfachs mit sehr geringem Kanalabstand über eine Glasfaser,
die Selektion der einzelnen Kanäle erfolgt mit optischen Überlagerungsempfängern; diese Technik bietet ganz neuartige Systemkonzepte.
Durch Integrierte Optik und Kohärente Optische Nachrichtentechnik

wird ein Trend zur Monomodefaser in allen Ebenen öffentlicher Netze und in lokalen Netzen erkennbar.

Im HHI wird z.Z. aus Mitteln des BMFT und das Landes Berlin ein Bereich errichtet, der die monolithische Integration von optischen und elektronischen Komponenten auf InP-Basis zum Ziel hat. Die vorgestellten Systemvorschläge werden im HHI in Projekten, die aus Mitteln des BMFT und der DBP gefördert werden, untersucht.

Schrifttum

/ 1 /   Baack, C.; Bachus, E.-J.; Strebel, B.:
         Zukünftige Lichtträgerfrequenztechnik in Glasfasernetzen,
         ntz, Bd. 35 (1982), Heft 11

/ 2 /   Baack, C.:
         Integrierte Optik in der Kommunikationstechnik,
         ntz, Bd. 37 (1984), Heft 6

/ 3 /   Heydt, G.; Teich, G.; Walf, G.:
         1.12 Gbit/s Optical Subscriber Loop for Transmission
         of High Definition Television Signals,
         ISSLS 84, Oct. 1984

/ 4 /   Kummerow, Th.:
         Gesichtspunkte zu einem volldigitalen HDTV-System,
         Frequenz, Bd. 37, Nr. 11-12 (Nov./Dez. 83), S. 278-285

/ 5 /   Rein, H.-M.; Daniel, D.; Derksen, R.H.; Langmann, U.:
         A Time Division Multiplexer IC for Bit Rates Up to
         About 2 gbit/s,
         IEEE Journal of solid-State Circuits, sc-19, No.3,
         June 1984

/ 6 /   Teich, G.:
         A channel selection module for gigabit line access,
         ntz Archiv, Bd. 6 (1984), H. 5

/ 7 /   Bachus, H.-J.; Braun, R.P.; Böhnke, F.; Eutin, W.;
         Foisel, H.; Heimes, K.; Strebel, B.:
         Two channel heterodyne type fibre optic transmission
         Experiments,
         ECOC '84, 3.-6.9.84, Stuttgart

/ 8 /   Hermes, Th.; Saniter, J.; Schmidt, F.; Werner, W.:
         Locnet - An experimental broadband LAN with optical
         switching,
         ECOC '84, 3.-6.9.84, Stuttgart

/ 9 /   Hermes, Th.; Saniter, J.; Schmidt, F.:
         Der Aufbau großer monomodaler Sternkoppler,
         ntz,Bd. 37 (1984), Heft 10

/ 10 /   Heidrich, H.; Hoffmann, D.; Döldissen, W.; Klug, M.:
         Integrated-Optical 4 x 4 Star Coupler on $LiNbO_3$,
         erscheint in Electronics Letters 1984

/ 11 /   Hermes, Th.:
         Dezentrale Vermittlung,
         erscheint in ntz, 1984

/ 12 /   Heidrich, H.; Hoffmann, D.:
         Wellenleiter-Schaltmatrix,
         Patentanmeldung P 33 44 490.0 vom 6.12.1983

Optical Communications and Integrated Optics –
Basic Technologies of the Future Broadband ISDN

Clemens Baack

The contribution describes the expressions Coherent Optical Communications (COC) (Fig. 1, 2) and Integrated Optics (IO) (development of Opto Electronic Integrated Circuits - OEICs). Besides
microelectronics COC and IO will be the basic technologies of
future communication systems.

The importance of COC and IO is explained with the help of different system proposals for public networks and local networks.
Fig. 3 depicts an optical transmission link which provides an
economical multichannel transmission in the long distance trunks
of the public network by the application of COC and IO. For
subscriber lines of public networks a large number of optical
transmitters/receivers (Fig. 5) are expected. The low-cost mass
production of these moduls is a decesive goal of the IO. COC
in connection with IO finally offers an attractive posibility
of broad band distribution networks in the subscriber area (Fig.
6). The selection of the individual TV-programs is achieved
by means of a tunable optical heterodyne receiver. Fig. 7 shows
the performance of a system transmitting two channels with a
frequency spacing of approximately 2 GHz. In the future optical
local networks will be of importance for office communications
and factory automation. The number of subscribers in local networks
is low compared to public networks and here besides the optical
transmission of the information the optical switching becomes
useful. Fig. 8 shows a local network with optical switching.
While the switching of narrow- and medium-band services is per-
formed decentralized by means of a star coupler (subdevice Fig.
9), the broadband services are switched using a centralized
optical switching matrix (subdevice Fig.10). In a first step
the switching components are realized in $LiNbO_3$ technique later
the integration on InP material is planned.

COC and IO are single mode techniques and with this the trend
single mode fibers in all parts of a future public network
as well as in local networks can be observed.

Lokale Netze im ISDN-Umfeld

Paul Kühn, Joachim Swoboda

Einführung

Lokale Netze (LANs) wurden für den Datenverkehr zwischen Rechnern,
Terminalstationen, Datenbanken, Druckern und anderen Datenendeinrichtungen entwickelt. Die Steuerung industrieller Anlagen und die zukünftige Bürokommunikation bauen ebenfalls auf solche Rechnernetze auf.
Für die Kommunikation erwies es sich als zweckmäßig, die Daten paket-
weite zu übermitteln, wobei zwischen unabhängigen Paketen (connection-
less packet switching) und Paketen innerhalb einer virtuellen Verbindung (connection-oriented) unterschieden wird. Der Netzzugang ist multiplexfähig, d.h. es können gleichzeitig viele virtuelle Verbindungen
je Anschlußleitung bestehen.

In dem primär für den Fernsprechdienst entwickelten ISDN werden dagegen
Verbindungen als transparente Kanäle durchgeschaltet (circuit
switching). Dabei wird die Durchschaltung der Kanäle von einem getrennten Signalisierkanal gesteuert. Eine durch diesen Signalisierkanal gestützte Multiplexfähigkeit läßt sich nur durch schnellen Abbau einer
bestehenden und Aufbau einer neuen Verbindung erreichen. Dieses Prinzip der Kanaldurchschaltung bzw. Durchschaltevermittlung ist sowohl
für das Schmalband- als auch das Breitband-ISDN vorgesehen.

Bei der Verkopplung lokaler Netze mit dem ISDN müssen dann unterschiedliche Verbindungsprinzipien und Signalisierungsformen überbrückt
werden. In den Abschnitten 1 und 2 dieses Beitrags wird die Verbindbarkeit von LAN und ISDN aus der Sicht der Kommunikationsarchitektur dargestellt. Neben den Standards werden auch Konzepte und Denkansätze für
die Dienste von LAN und ISDN und für ein beide Netze überspannendes
Internetzprotokoll diskutiert. Dabei werden von den Anwendungen auch
Fernsprechen und Bildübertragung einbezogen.

Die Abschnitte 3 und 4 befassen sich mit technischen Lösungskonzepten.
Bei den paketvermittelnden Lokalnetzen werden die inzwischen genormten

Verfahren des CSMA/CD, Token-Ring und Token-Bus, bei den durchschalte-
vermittelnden Lokalnetzen die digitalen Nebenstellenanlagen (PBX) diskutiert. Digitale Nebenstellenanlagen besitzen prinzipiell die gleiche
Struktur wie Vermittlungssysteme für öffentliche Netze und lassen sich
deshalb einfacher in das ISDN-Umfeld einfügen. Lokale Rechnernetze
sind dagegen besser für den Anschluß an öffentliche Paketvermittlungs-
netze geeignet. Endgeräte, welche nicht ISDN-kompatibel sind, müssen
über sog. Terminal-Adaptoren an das ISDN angeschlossen werden. Paketorientierte Endeinrichtungen benutzen entweder den D-Kanal (im Paket-
mode) oder einen B-Kanal als Zugang zu öffentlichen Paketvermittlungs-
netzen bzw. als durchgeschaltete Verbindung zwischen den Terminal-
Adaptoren.

Die auf Paketvermittlung bzw. Durchschaltevermittlung aufbauenden lokalen Netze haben spezifische Vorteile für bestimmte Dienstformen wie
längerer Interaktivbetrieb, Massendatentransfer, Sprachkommunikation,
Fest- und Bewegtbildkommunikation, denen durch spezifische Netze wie
LAN, PBX, ISDN, Datex-P und Übergängen zwischen diesen Netzen entsprochen wird. Daneben existieren Ansätze zur "echten" Integration der
unterschiedlichen Dienste in einem einzigen Netz, welches diese Vorteile in sich vereinigt. Abschließend wird ein Vorschlag für ein derartiges lokales Netz mit integrierter Durchschalte- und Paketvermittlung vorgestellt.

1. LAN-Anwendungen und Verbindungskonzepte

Die als "Local Area Network" (LAN) bekannt gewordenen lokalen Netze
arbeiten intern mit einem Daten-Bus oder -Ring, an den alle Netzsta-
tionen in dezentraler Weise angeschlossen sind. Die Einbettung solcher
lokaler Netze in das ISDN-Umfeld hängt technisch jedoch primär nicht
von der internen Realisierung sondern eher von den Schnittstellen ab,
welche von den LANs einerseits und dem ISDN andererseits bereitgestellt werden. Diese Schnittstellen sind durch die Verbindungstypen
dieser Netze sowie die Signalisierung zur Verbindungssteuerung gekennzeichnet.

Die Verbindungstypen haben sich anwendungsbezogen für die Datendienste
einerseits und für den Fernsprechdienst andererseits unterschiedlich
entwickelt. Die Fragestellung der Einbettung der LANs in das ISDN-Umfeld zielt im Kern auf die Frage der Einbettung des Datenverkehrs in
das primär auf die Belange des Fernsprechdienstes ausgerichteten ISDN.

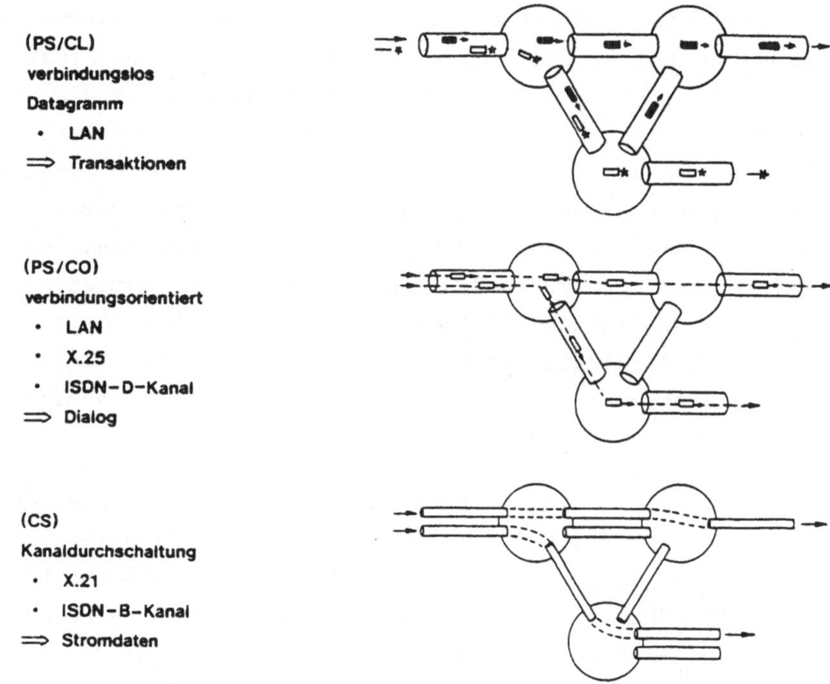

Bild 1   Verbindungstypen

Die Datenkommunikation in Rechnernetzen folgt meist dem Prinzip der
Datenpaketvermittlung (PS, Packet Switching), bei dem die Datenpakete
in den Vermittlungsknoten zwischengespeichert werden und entsprechend
ihrem Adreßkopf weitergeleitet werden. Existiert für eine Folge von
Datenpaketen ein vorher aufgebauter Leitweg, dann wird die Datenübermittlung als verbindungsorientiert (CO, Connection Oriented) bezeichnet; andernfalls diffundieren die einzelnen Pakete auf unterschiedlichen Wegen durch das Netz, was als verbindungslos (CL, Connection
Less) bezeichnet wird /1/, (Bild 1). Der PS/CL-Verbindungstyp findet
sich z.B. in LANs, und er ist an die Übermittlung einzelner Transaktionen vorzugsweise mit einem Paket je Transaktion angepaßt. Der PS/CO-
Verbindungstyp wird ebenfalls in LANs, im Datex-P-Netz (X.25) der
Deutschen Bundespost sowie im ISDN-D-Kanal benutzt. Dieser Verbindungs-
typ ist an längerwährende Verkehrsbeziehungen angepaßt, bei denen im
Rahmen eines Dialogs wechselweise Datenpakete übermittelt werden. Ein
Arbeitsplatzterminal ist ein typisches Beispiel für ein Gerät mit
Dialogverkehr.

Die Verbindung bei einer Datenpaketvermittlung besteht nur logisch
bzw. virtuell in Form von Routing-Listen und unterscheidet sich von
den Verbindungen mit Kanaldurchschaltung (CS, Circuit Switching), wie

sie z.B. für Fernsprechverbindungen benutzt werden. Nach dem Prinzip der Kanaldurchschaltung arbeitet der ISDN-B-Kanal sowie das Datex-L-Netz (X.21) der Deutschen Bundespost, und dieses Prinzip ist an die Übertragung längerwährender gleichmäßiger Datenströme angepaßt.

Eine Verbindung mit Kanaldurchschaltung verbindet zwei Kommunikations-partner. Wenn ein Partner gleichzeitig mehrere Verkehrsbeziehungen zu unterschiedlichen Partnern unterhält, dann ist je Verbindung je ein durchgeschalteter Kanal erforderlich, - auch wenn diese Kanäle nicht gleichzeitig für Übertragungen genutzt werden. D.h. ein durchgeschalte-ter Kanal ist für Übertragungen zu unterschiedlichen Kommunikations-partnern nicht multiplexfähig. Diese Multiplexfähigkeit ist für den Anschluß insbesondere von sog. Dialogzentralen sehr zweckmäßig. Bei-spiele von Dialogzentralen sind ein Teilnehmerrechensystem, eine zen-trale Datenbank bzw. ein sog. File-Server, die quasi gleichzeitig viele Teilnehmer bedienen. Daneben ist aber auch für eine Arbeitsplatzstation, z.B. für das zwischenzeitliche Suchen von Dokumenten in einem File-Server, eine gewisse Multiplexfähigkeit wünschenswert.

Das Prinzip der Paketvermittlung erlaubt für einen einzigen Anschluß viele gleichzeitige Verbindungen, indem Pakete mit den entsprechenden Zieladressen bzw. Verbindungskennungen über diesen einen Anschluß aus-gesendet oder empfangen werden. Die Multiplexfähigkeit ist ein gewich-tiger Grund, weshalb das Paketvermittlungsprinzip für die Datenkommu-nikation häufig bevorzugt wird.

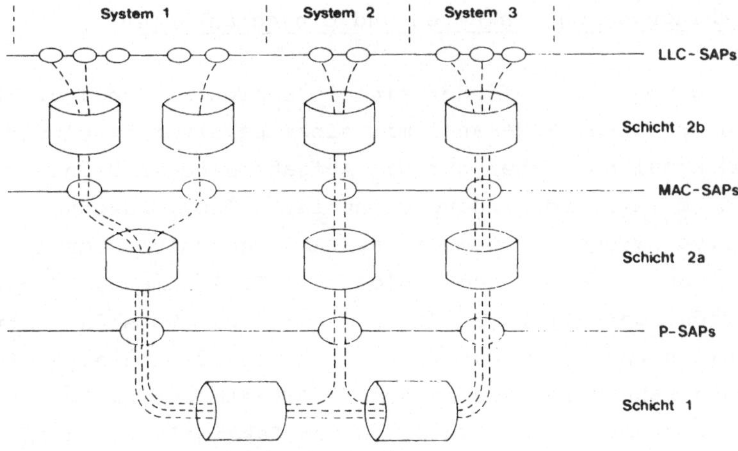

Bild 2   LAN-Architekturmodell
          Multiplexfähigkeit von virtuellen Verbindungen

Lokale Netze (LANs) sind multiplexfähig und erlauben viele virtuelle Verbindungen je Station. Bild 2 zweigt das LAN-Architekturmodell, das entsprechend dem ISO-Referenzmodell /2/ in Schichten unterteilt ist. Die als gestrichelte Linien eingezeichneten Verbindungen enden an den Dienstzugangspunkten (SAP, Service Access Point) der Schicht 2b (LLC, Logical Link Control), welche diese virtuellen Verbindungen organisiert. Darunter liegen die Schichten 2a für die Steuerung des Zugriffs auf das Übertragungsmedium (MAC, Media Access Control) und die Schicht 1 (P, Physical Layer) für die Bitübertragungstechnik. Die Adressierung der LLC-Dienstzugangspunkte erfolgt durch eine MAC- und eine LLC-Adresse. Ein System ist eine im allgemeinen physisch getrennte Station innerhalb des lokalen Netzes.

Das LAN stellt an den LLC-Dienstzugangspunkten für den Benutzer in der darüberliegenden Schicht 3 Dienste bzw. Verbindungen des beschriebenen Typs zur Verfügung. Diese Dienste entscheiden auch die Frage der Verbindbarkeit mit dem ISDN. Schichtenstruktur und Dienste des ISDN werden in anderen Beiträgen dieser Tagung ausführlich behandelt.

2. Kopplung von LANs an das ISDN

Bei der LAN-ISDN-Kopplung interessiert die Frage, über welche Kanäle die Kopplung erfolgen kann und welche Kommunikationsanwendungen über die Kopplung ermöglicht oder eingeschränkt werden. Darüberhinaus interessiert das Architekturmodell dieser Kopplung, das Aufschluß über benötigte Protokolle und Protokollumsetzungen gibt.

2.1 LAN-ISDN Verbindungsmöglichkeiten und Einschränkungen

In der Aufstellung von Bild 3 findet sich im oberen Bildteil die Kopplung eines LAN über einen ISDN-Kanal mit einem paketvermittelnden Netz (X.25). Der ISDN-Kanal hat dabei nur die Aufgabe eines Zubringers, und der multiplexfähige (Mx), verbindungsorientierte (CO), paketvermittelte (PS) Verbindungstyp zwischen einem an das LAN angeschlossenen Teilnehmer mit einem an das X.25-Netz angeschlossenen Teilnehmer wird durch das X.25-Netz ermöglicht. Im Falle des D-Kanals erlaubt seine Bitrate von brutto 16 Kbit/s uneingeschränkt den Text- und Datendialog. Im Falle des B-Kanals kann durch dessen höhere Bitrate zusätzlich (+) ein Fax-Dialog, d.h. ein Abruf oder Austausch von Faksimile-Vorlagen, abgewickelt werden. Dabei wird eine redundanzarme Codierung der Faksimilevorlagen unterstellt, so daß die Zahl der Datenpakete je Vorlage für das X.25-Netz in einem erträglichen Rahmen bleibt.

von	Verbindung über	nach	Verbindungs-Typ	Anwendung
LAN	ISDN -D	X.25	PS / CO / Mx	Text-, Daten – Dialog
	-B			+ Fax – Dialog
	-B	TE 1	PS (MS) → LAN (CS) → LAN (Mx) → ISDN	+ (Sprache) → LAN
	-BB			(Dialog-Zentrale) → ISDN
				+ (Bewegtbild) → LAN

TE 1   Terminal Equipment, ISDN   MS   Message Switched
PS   Packet Switched   CS   Circuit Switched
CO   Connection Oriented   ( ) → Einschränkung durch
Mx   Multiplexed

Bild 3   Verbindungsmöglichkeiten LAN-ISDN und Einschränkungen

Im unteren Teil von Bild 3 wird das LAN über einen ISDN-B-Kanal direkt
mit dem Terminal (TE1) eines anderen Teilnehmers verbunden; statt des
einfachen B-Kanals kann auch ein ISDN-Breitbandkanal (BB) zur Verbindung dienen. Aufgrund des Durchschalteprinzips im ISDN ist die Multiplexfähigkeit (Mx) wegen des ISDN eingeschränkt: Bei einer an das LAN
angeschlossenen Dialogzentrale wäre für jede Verbindung zu einer an
das ISDN angeschlossenen Arbeitsplatzstation (TE1) ein eigener B-Kanal
notwendig, und bei einer an einen ISDN-B-Kanal angeschlossenen Dialogzentrale können mehrere gleichzeitige Verbindungen nur durch das LAN
für an das LAN angeschlossene Arbeitsplatzstationen ermöglicht werden.
Jedoch sind auch Einschränkungen durch Eigenschaften des LAN bedingt:
LANs erlauben üblicherweise keine Kanaldurchschaltung (CS) und die
Übermittlung längerer Botschaften (MS, Message Switching) würde das
von allen LAN-Stationen gemeinsam benutzte Übertragungsmedium zu lange
belegen. Dadurch ist von der Anwendung die Übertragung von Sprache
aber auch die Übertragung hochaufgelöster Bilder eingeschränkt. Die
Übertragung hochaufgelöster Bewegtbildern würde die gesamte Übertragungskapazität üblicher LANs überfordern und schließt sich deshalb aus.
(Sogenannte Broadband LANs können gleichzeitig im Frequenzmultiplex
mehrere analoge TV-Kanäle übermitteln. Diese analogen Kanäle sind aber
nicht mit den digitalen ISDN-BB-Kanälen kompatibel. Ferner unterscheiden sich die Verbindungstypen von Broadband LANs von denen der gewöhn-
lichen LANs. Deshalb sollen Broadband LANs in den Betrachtungen hier
ausgeschlossen bleiben.)

Bei einer Kopplung von LANs mit dem ISDN wäre es wünschenswert, die in

Bild 3 aufgezeigten Einschränkungen aufheben oder wenigstens mildern zu können. Dazu wäre es von Seiten des ISDN nötig, eine gewisse Multiplexfähigkeit eines Teilnehmeranschlusses einzuführen, und von Seiten des LAN wäre es nötig, Verbindungen vom Typ der Kanaldurchschaltung zu ermöglichen.

Ein neuer Verbindungstyp mit gleichzeitig vielen virtuellen Verbindungen aber aktuell nur einer durchgeschalteten Verbindung je Anschluß ließe sich im ISDN einrichten, indem die virtuellen Verbindungen in den Routing-Tabellen der Vermittlungen längerwährend gespeichert bleiben und mittels einer verkürzten Signalisierung durchgeschaltet werden können. Zumindest innerhalb einer Nebenstellenanlage ließe sich dieser Verbindungstyp problemlos realisieren, und er erscheint insbesondere für Breitbandkanäle interessant. Aus der Sicht der Anwendung hat eine Verbindung mit Kanaldurchschaltung für die Übertragung von z.B. hochaufgelösten Einzelbildern den Vorteil, daß die Bilddaten einer Vorlage nicht in beispielsweise 1000 Pakete aufgelöst werden müssen und daß außerdem die verminderten Anforderungen an die fehlerfreie Übertragung dieser Anwendung angepaßt werden können.

Dem Wunsche, auch von Seiten des LAN Verbindungen mit Kanaldurchschaltung einzurichten, kann entsprochen werden. Neben der Möglichkeit, auf die paketweise Übertragung innerhalb des LAN eine nach außen hin erscheinende Kanaldurchschaltung aufzusetzen, kann die Kanaldurchschaltung auch integriert innerhalb eines LAN realisiert werden /3, 4/. Im Abschnitt 4 über Realisierungsformen lokaler Netze wird ein LAN mit kombinierter Durchschalte- und Paketvermittlung vorgeschlagen. Zunächst wird jedoch auf die Architektur einer LAN-ISDN Kopplung eingegangen.

2.2 Architekturmodell der LAN-ISDN Kopplung

Für die Kopplung von Netzen wurden Internetzprotokolle entwickelt. Internetzprotokolle arbeiten mit Datenpaketen, die verbindungslos oder im Rahmen virtueller Verbindungen übermittelt werden /5, 6, 7/. Jüngere Überlegungen /8, 9/ beziehen auch Teilnetze mit Kanaldurchschaltung ein.

In Bild 4 ist in Anlehnung an /9/ das Architekturmodell einer LAN-ISDN Kopplung mit einer globalen paketvermittelnden Verbindung dargestellt. Die Verbindung führt von einem LAN-Terminal über eine LAN-ISDN Anpassung (Gateway) und über eine ISDN-Nebenstellenanlage (PBX) mit ISDN-S-Schnittstellen zu einem ISDN-Terminal. Als Verbindungstyp ist hier paketvermittelt/verbindungsorientiert (PS/CO) unterstellt. Das Gateway besteht aus einer LAN-Säule und einer ISDN-Doppelsäule für den B-Kanal

und den D-Kanal. Entsprechend sind die ISDN-PBX und das ISDN-Terminal
in Doppelsäulen gegliedert.

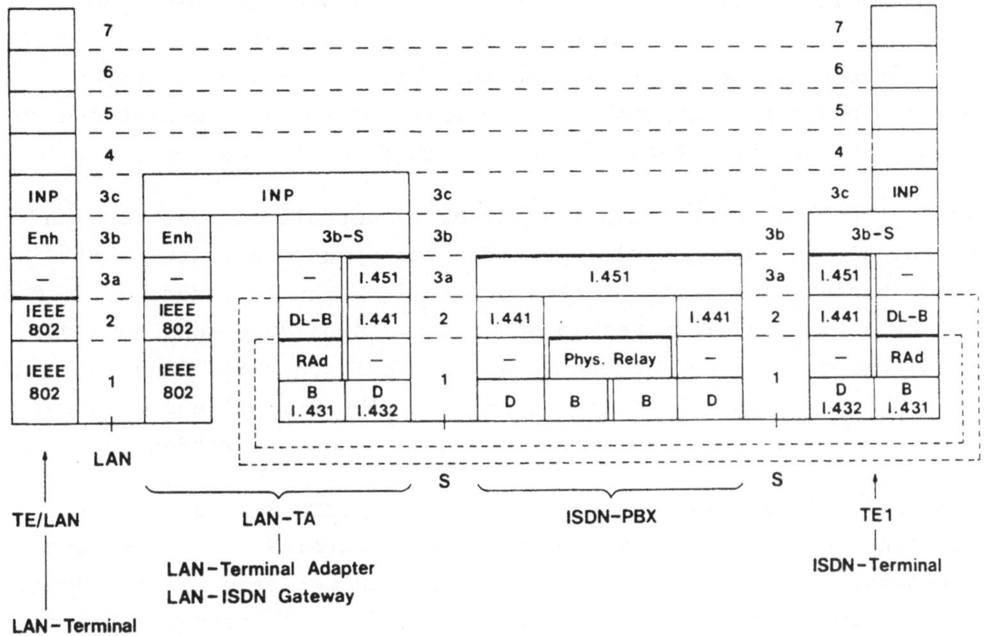

Bild 4   Architekturmodell für LAN-ISDN Kopplung

Bezüglich der Schichten reicht das LAN-Protokoll bis zur Schicht 2
(vergl. Bild 2). Das ISDN-Protokoll umfaßt für den B-Kanal die Schicht
1, die eine Anpassung der Bitrate enthält (RAd, Rate Adaption), und das
D-Kanal-Protokoll umfaßt die Schichten 1 bis 3a. In die Schichten sind
die entsprechenden IEEE- bzw. CCITT-Standards eingetragen. Die darüberliegenden Unterschichten 3b und 3c dienen der Netzkopplung. Die Unter-
teilung der Vermittlungsschicht (3) in die Unterschichten entspricht
nach ISO- bzw. ECMA-Standard /10/ den Funktionen des netzspezifischen
Netzzuganges (3a), (bei ISDN das D-Kanal/Ebene 3 Protokoll), einer
netzspezifischen Erweiterung und Anpassung (3b), (Enh, Enhancement)
und der eigentlichen Netzkopplung (3c), (INP, Inter Netz Protokoll).

In dem Internetzprotokoll wird die globale Adressierung und das netz-
übergreifende Routing geregelt. Das Erweiterungsprotokoll 3b-S empfängt
von der darüberliegenden INP-Unterschicht Datenpakete und Pakete für
die Verbindungssteuerung. Bei Aufbau einer virtuellen Verbindung über
das gesamte Netz setzt die Protokollinstanz 3b-S das Paket für die Verbindungssteuerung in eine Folge von Befehlen (Primitive) an die Instanz
I.451 des D-Kanals um, so daß über die ISDN-Vermittlung(en) ein B-
Kanal zu dem adressierten ISDN-Terminal durchgeschaltet wird. Nachfol-

gende Datenpakete innerhalb der netzweiten virtuellen Verbindung werden von der Instanz 3b-S an die Instanz DL-B zur Übertragung auf dem B-Kanal weitergereicht. Das Protokoll DL-B (Date Link B-channel) dient der Sicherung der Datenpakete über den gesamten B-Kanal. Soll eine weitere virtuelle Verbindung aufgebaut werden, dann muß, ausgehend von dem LAN-ISDN-Gateway ein weiterer B-Kanal benutzt und zu dem neu adressierten ISDN-Terminal durchgeschaltet werden.

Die Protokollhierarchie des LAN ist einfacher als die des ISDN und besteht nur aus einer Säule, weil die Datenpakete und die Pakete für die Verbindungssteuerung über einen einzigen Kanal laufen. Würde man in einem LAN auch einen Verbindungstyp mit Kanaldurchschaltung vorsehen, wie dies in dem Abschnitt 4 vorgeschlagen wird, dann müßte dafür auch ein eigener Signalisierkanal je LAN-Terminal und entsprechend eine Protokollhierarchie mit zwei Säulen eingeführt werden.

Protokolle für die Kopplung von LANs an das ISDN werden am Institut für Nachrichtenübermittlungstechnik der Universität - GH - Siegen untersucht. Dazu werden die von LAN und ISDN bereitgestellten Schnittstellen sowie die darübergelegten Anpassungs- und Internetzprotokolle formal beschrieben. Als Ziel der Untersuchung soll das Zusammenwirken der beteiligten Protokollinstanzen bzgl. Funktion und Leistung beurteilt werden.

3. Realisierungsformen lokaler Netze

Nach den vorausgegangenen Überlegungen zu Verbindungskonzepten und Protokoll-Architektur sollen in diesem Abschnitt die technischen Lösungskonzepte von lokalen Netzen diskutiert werden.

3.1 Netzstrukturen

Weitverkehrsnetze sind durch die Kombination von Stern- und Maschennetzformen gekennzeichnet, welche einen hierarchischen Netzaufbau und eine Flächenversorgung ermöglichen. Lokale Netze erstrecken sich nur über einen begrenzten Bereich von wenigen Kilometern, so daß aus übertragungstechnischen Gründen auch Netzformen wie Bus- und Ringstrukturen von Bedeutung sind. Bild 5 zeigt die grundsätzlichen Netzstrukturformen Bus, Ring und Stern für den lokalen Bereich. Zur Überdeckung größerer Versorgungsbereiche können diese Strukturelemente in hierarchischer und maschenförmiger Weise angeordnet werden.

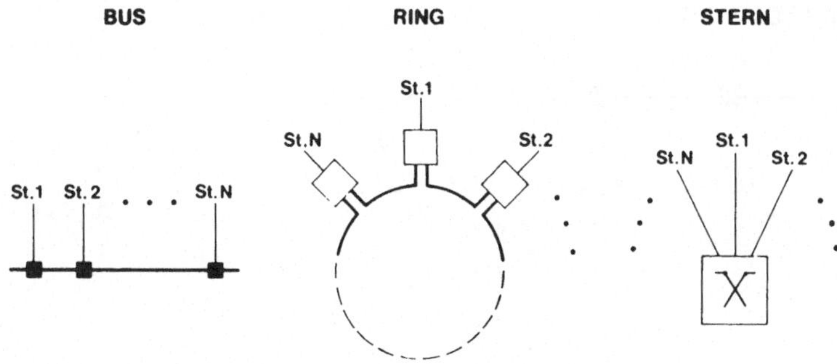

Bild 5   Realisierungsformen lokaler Netze
          - Netzstrukturen

3.2 Zugriffsverfahren für lokale Rechnernetze (LANs)

Die klassische sternförmige Anbindung von Peripheriegeräten an zentralisierte Rechner wird zunehmend durch die Kopplung über LANs abgelöst.
Die bisher zentralisierten Multiplex- und Verteilfunktionen der Front/
End-Prozessoren werden dabei durch verteilte Vermittlungsfunktionen ersetzt. Der verteilten Systemen innewohnende Konflikt der Vergabe des
gemeinsamen Übertragungsmediums wird in den Zugriffsprotokollen der
Schichten 1 und 2a (P, MAC) gelöst. Für die paketvermittelnden LANs
haben sich dabei drei Grundverfahren herausgebildet, welche auch im
Rahmen des IEEE Project 802 und der ECMA standardisiert wurden:

- Carrier Sense Multi Access/Collision Detect (CSMA/CD)
  für Bussysteme nach IEEE 802.3 bzw. ECMA TC 24, 80-82

- Token-Passing für Bussysteme
  nach IEEE 802.4 bzw. ECMA TC 24, 90

- Token-Passing für Ringsysteme
  nach IEEE 802.5 bzw. ECMA TC 24, 89.

In Bild 6 sind die prinzipiellen Arbeitsweisen des CSMA/CD- und des
Token-Verfahrens veranschaulicht.

Beim CSMA/CD-Bus überwacht jede Station den Aktivitätszustand des
Kanals. Sendebereite Stationen übertragen nur nach Freiwerden des
Kanals. Infolge der endlichen Laufzeiten können bei mehreren anstehen-
den Übertragungsanforderungen Kollisionen entstehen, welche nach ihrer
Erkennung (Collision Detect) zum Abbruch des Sendevorgangs, einer
Synchronisation aller Stationen durch ein charakteristisches Jam-Signal

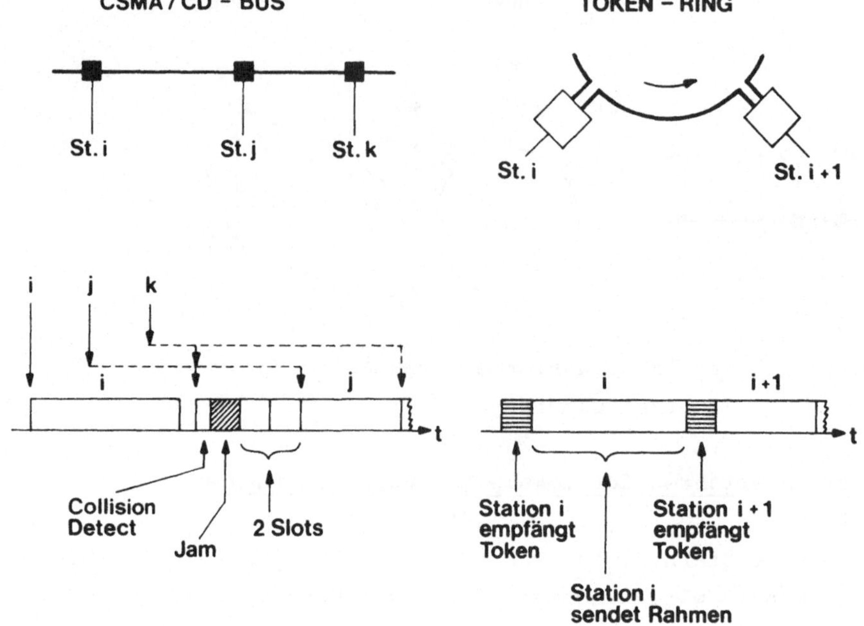

Bild 6   Realisierungsformen lokaler Netze
           - Zugriffsverfahren für LANs

und zur Einleitung eines Kollisionsauflöseverfahrens führen. Abhängig
von der Anzahl k-1 vorausgegangener Kollisionen wählt eine sendebereite
Station eine zufällige Anzahl aus 2^k Slots als Verzögerung; es erhält
damit diejenige Station mit der minimalen Anzahl von Slots das Sende-
recht. Bei einer Folgekollision wird k um 1 inkrementiert und das Verfahren wiederholt (binary exponential back-off algorithm). Ab k = 10
wird noch eine bestimmte Anzahl von Wiederholungen ausgeführt bis ein
Abbruch erfolgt. Es gelingt in der Regel, den Kollisionsfall nach
wenigen Versuchen aufzulösen. Allerdings wird die Übertragungskapazität
durch das Auflöseverfahren bei zunehmender Last eingeschränkt; bestim-
mender Faktor ist hierbei die Slotdauer, welche mit der maximalen Laufzeit im LAN zusammenhängt.

Beim Token-Ring erfolgt die Vergabe des Senderechtes durch eine Kon-
trollnachricht (Token), welche zyklisch von Station zu Station weitergereicht wird. Es darf nur diejenige Station senden, welche das Token
zuvor empfangen hat. Nach beendigter Übertragung reicht die sendende
Station das Token an ihre benachbarte Station weiter.

Das Token-Verfahren läßt sich auch bei Busstrukturen anwenden. In diesem Falle muß das Token eine Zieladresse tragen. Die durch diese Adreßverkettung zusammenhängenden Stationen bilden einen logischen Ring.

Die verteilte Vermittlungsfunktion erfolgt bei allen Verfahren in Form eines Adreßvergleichs zwischen der vorbeilaufenden Nachricht und der eigenen Stationsadresse. Bei Übereinstimmung wird die Nachricht über den Empfangsteil übernommen. Je nach Ausführung kann eine unmittelbare Quittierung erfolgen oder die Quittierung wird durch Protokollmechanismen höherer Schichten zu einem späteren Zeitpunkt vorgenommen.

Lokale Rechnernetze arbeiten auf der untersten Ebene mit Übertragungsraten zwischen 1 und 100 Mbit/s; sie sind deshalb für den büschelförmigen Rechnerverkehr und die Unterhaltung vieler Multiplex-Verbindungen sehr gut geeignet. Die Wirtschaftlichkeit wird durch die Entwicklung von hochintegrierten Bausteinen für die Funktionen der Schichten 1 und 2 sowie für die darauf aufbauenden Software-Pakete zur Abwicklung der Funktionen der höheren Protokollschichten unterstützt.

3.3 Diensteintegrierte Nebenstellenanlagen (ISDN-PBX)

Die Sprachkommunikation stellt nach wie vor den überaus größten Anteil der innerbetrieblichen Kommunikation. Sie ist gekennzeichnet durch Punkt-zu-Punkt Verbindungen, stromförmige Daten und Kanaldurchschaltung. Eine Reihe von Text- und Datendiensten weist ähnliche Merkmale auf, so daß die Integration dieser Dienste in ein Netz, das diensteintegrierte Digitalnetz ISDN, wirtschaftlich ist. Im Bereich der Nebenstellenanlagen entsteht eine neue Generation, welche durch digitale Übertragung bis zum Endgerät, digitale Vermittlung, Rechnersteuerung und Diensteintegration ausgezeichnet ist, vergl. Bild 7. Zur ausführlicheren Diskussion dieser Technik sei auf den Beitrag /11/ im gleichen Tagungsband verwiesen.

Der Anschluß ISDN-kompatibler Endeinrichtungen (TE1) erfolgt teilnehmerseitig über ein Bussystem. Es werden 2 Basiskanäle (B) mit jeweils 64 kbit/s sowie ein Steuerkanal (D) mit 16 kbit/s bereitgestellt. Für die Signalisierung über den D-Kanal gelten die neu geschaffenen Standards CCITT I.100 - I.600. ISDN-inkompatible Endeinrichtungen (TE2), wie z.B. paketorientierte Endeinrichtungen nach CCITT X.25, können über einen Terminal Adapter (TA) angeschlossen werden. Die paketierten Daten werden entweder über den D-Kanal im Multiplex mit den Steuerpaketen der Signalisierung oder einen der B-Kanäle übertragen. Die entsprechende Protokoll-Anpassung sowie der ggf. notwendige Verbindungsaufbau sind Funktionen des TA.

Außer dem Anschluß einzelner Endeinrichtungen können mittels eines LAN gekoppelte Endsysteme (verteilte Endsysteme) über eine Netzübergangsstation (Gateway GY) an die ISDN-PBX angeschlossen werden. Die erforderlichen Protokollfunktionen dieses Gateways wurden im Abschnitt 2.2 dieses Beitrages diskutiert.

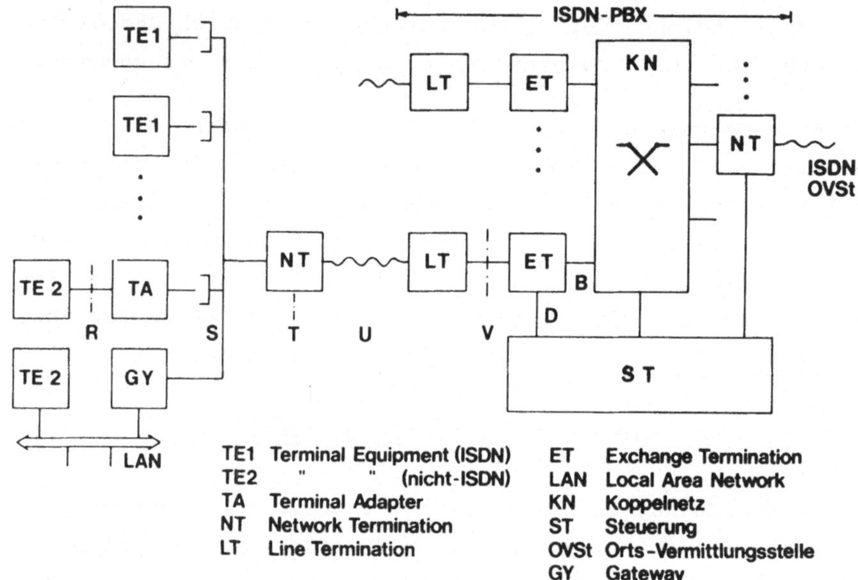

Bild 7   Realisierungsformen lokaler Netze
          - Diensteintegrierte Nebenstellenanlagen (ISDN-PBX)

Das geschilderte Systemkonzept geht von einer Koexistenz beider Lösungen (LAN und ISDN-PBX) aus, welche ihre spezifischen Vorteile für die jeweiligen Anwendungen besitzen. Gateway- und TA-Kopplungen ermöglichen den prinzipiellen Netzübergang. Wegen der unterschiedlichen Bedingungen ist dabei eine Degradierung der jeweiligen Dienstgüte zu erwarten. Im letzten Teil dieses Beitrags soll daher ein Systemkonzept vorgestellt werden, welches den unterschiedlichen Bedingungen der Sprach- und Datenkommunikation durch eine Integration von Kanaldurchschaltung und Paketvermittlung in ein Netz besser gerecht wird.

4. Integration von Sprache und Daten

4.1 Systemkonzept

Voraussetzung dieses Konzeptes ist die Vorstellung, daß in örtlich abgegrenzten Bereichen (Abteilung, Institut) höherwertige Tätigkeiten

durch multifunktionale Geräte (Workstations) sowie zentralisierte Einrichtungen (Rechner, Datenbanken, Bildabtaster, Ausgabeeinrichtungen
u.ä.m.) unterstützt werden. Die parallele Sprach-, Daten- und Graphik-
kommunikation erfordert ein Kommunikationssystem, welches sowohl Paketvermittlung für Transaktions- und Dialog-orientierte Anwendungen als
auch Durchschaltevermittlung mit wählbarer Bitrate für Sprache und
Massendatentransfer ermöglicht.

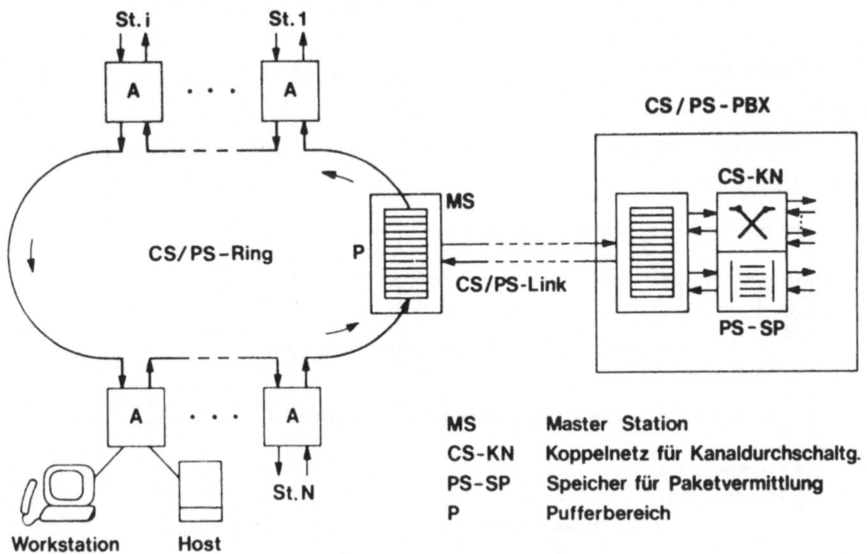

Bild 8   Integration von Sprache und Daten
            - Systemkonzept

Das Systemkonzept nach Bild 8 sieht hierfür kleine LANs auf Ring- oder
Busbasis vor (CS/PS-Ring in Bild 8). Zur Überbrückung größerer Entfernungen im innerbetrieblichen Bereich werden breitbandige Verbindungsleitungen (CS/PS-Link) sowie zentralisierte Vermittlungsknoten (CS/PS-
PBX) vorgesehen. An diese Knoten sind auch die "normalen" ISDN-Terminals über die bestehenden Zweidrahtleitungen sternförmig angeschlossen.
Das in Bild 8 skizzierte Konzept weist eine Reihe von Vorteilen auf
wie etwa

  - Beschränkung der verteilten Funktionen (CS/PS-Ring) auf kleine
    Bereiche

  - Abwicklung von Massenverkehr und Betriebsfunktionen in zentrali-
    sierten Knoten

  - Erhaltung des dienstespezifischen Vermittlungsprinzips

- Einhaltung der spezifischen Dienstgüte-Kriterien bei Übermittlung über größere Entfernungen des innerbetrieblichen Bereiches

- Zusammenfassung und Konzentration des Verkehrs zu öffentlichen Weitverkehrsnetzen (Datex-P, ISDN).

- Reduzierung von Protokoll-Umsetzungsvorgängen

- Einbettung in das bestehende Leitungsnetz.

4.2 Kombinierte Kanaldurchschaltung/Paketvermittlung

Zur Realisierung des in 4.1 skizzierten Systemkonzeptes werden sowohl die Ringleitung des verteilten Systems, die Linkleitung sowie die zentralisierten Knoten für kombinierte Kanaldurchschaltung und Paketvermittlung betrieben.

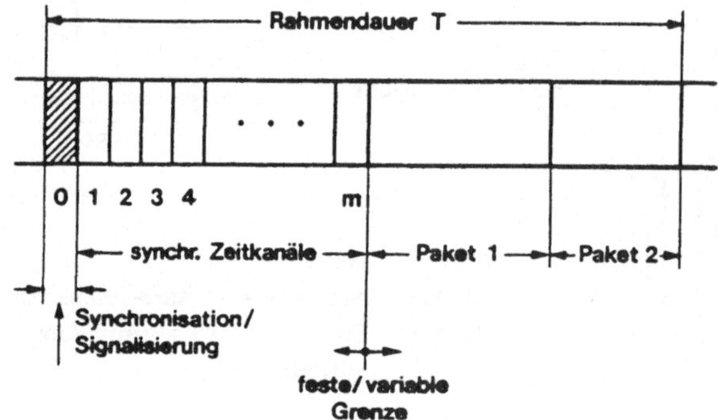

Bild 9   Integration von Sprache und Daten
          - Kombiniertes CS/PS

Bild 9 zeigt das Organisationsprinzip für Ring-/Linkleitungen. Die Kanaldurchschaltung erfordert einen synchronen Rahmen, welcher von einer Master-Station erzeugt wird. Der Rahmen enthält prinzipiell 3 Teile: Einen Synchronisationskanal sowie (optional) einen zentralen Zeichengabekanal zur Signalisierung, $\leq$ m synchrone Zeitkanäle sowie einen aus der restlichen Übertragungskapazität gebildeten Paketkanal. Die Signalisierung zwischen den dezentralen Stationen und der Master-Station kann entweder über einen zentralisierten Zeichengabekanal oder im Paketkanal erfolgen. Die synchronen Zeitkanäle sind durch die Sprachkommunikation bestimmt und für 64 oder 32 kbit/s ausgelegt.

Die Vergabe der durchgeschalteten Kanäle erfolgt über ein Signalisierungsspiel mit der Master-Station. Einer durchgeschalteten Verbindung werden - der angeforderten Bitrate entsprechend - ein oder mehrere Zeitkanäle für die Dauer der Verbindung zugeteilt. Die Vergabe des

Paketkanals erfolgt dezentral durch ein Token-Verfahren. Die Grenze zwischen dem CS- und dem PS-Teil kann fest oder variabel gestaltet werden; im letzteren Falle wird die von den CS-Verbindungen ungenutzte Bandbreite dem Paketkanal zugeschlagen.

Die Master-Station enthält als wesentlichen Teil einen Durchlauf-Pufferbereich zur Erzeugung und Speicherung eines Rahmens, zum Laufzeitausgleich sowie zur Einkopplung/Auskopplung des kommenden/gehenden Verkehrs über das CS/PS-Link.

Innerhalb des zentralisierten CS/PS-PBX-Knotens sind als wesentliche Teile ein CS-Koppelnetz sowie ein PS-Speicher vorgesehen. Über die Pufferspeicher der angeschlossenen CS/PS-Linkleitungen werden die CS- und PS-Verkehre selektiert und dem Koppelnetz bzw. dem PS-Speicher zur Vermittlung auf CS/PS-Linkleitungen zu anderen Knoten oder Ringsystemen, auf ISDN-Schmalbandleitungen oder auf Gateways zum Übergang in öffentliche Weitverkehrsnetze zugeführt.

Das vorstehend kurz skizzierte Systemkonzept wird im Rahmen eines Forschungsprojektes am Institut für Nachrichtenvermittlung und Datenverarbeitung der Universität Stuttgart entwickelt. Hierzu gehören u.a. die Spezifikation der Signalisierungsprozeduren, die Entwicklung der Protokollmodule, die verkehrstheoretische Modellierung und Leistungsanalyse, der Vergleich unterschiedlicher Integrationsprinzipien sowie der experimentelle Aufbau und Betrieb.

Zusammenfassung

Multifunktionale Arbeitsplatzstationen erfordern einen Anschluß, der wahlweise multiplexfähige Paket- oder Durchschaltevermittlung (PS/CS) zuläßt. Eine solche Anschlußschnittstelle deckt die Anforderungen der Sprach-, Text-, Festbild- und Datenkommunikation ab.

Im Interesse einer nicht einschränkenden LAN-ISDN-Kopplung werden technische Lösungskonzepte vorgeschlagen, die sowohl für LANs als auch für digitale Nebenstellenanlagen beide Vermittlungsprinzipien vorsehen. LANs werden zweckmäßigerweise je einer Abteilung zugeordnet und mittels einer Überleitstation mit einer zentralen durchschalte- und paketvermittelnden Nebenstellenanlage (CS/PS-PBX) verbunden. LANs im PBX-Vorfeld bieten den technischen Vorteil, daß die allen LAN-Teilnehmern gemeinschaftlichen Übertragungs- und Anschlußwege in einer flexiblen Zeit- und Bitratenaufteilung in gegenseitiger Aushilfe genutzt werden können. Für Breitbandkommunikation mit Datenströmen sehr hoher Bitrate werden zweckmäßigerweise je Strom getrennte Übermittlungswege benutzt, so daß sich dafür das LAN-Prinzip nicht eignet.

<u>Schrifttum</u>

/1/ Chapin, A.,L., Connections and Connectionless Data Transmission. Proc. IEEE, Vol. 71 (1983), No. 12, p. 1365.

/2/ Zimmermann, H., Day, J.,D., The OSI Reference Model. Proc. IEEE, Vol. 71 (1983), No. 12, p. 1334.

/3/ Eberspächer, J., Optisches lokales Netz für Sprache und Daten. telematica, 1984, Teil 3: Telematik, S. 224.

/4/ Schröck, W., Swoboda, J., Entwurfsskizze für ein lokales Netz vom Schleifen-Typ. AEG-TELEFUNKEN, Forschungsinstitut Ulm, Techn. Bericht 025/83.

/5/ Callon, R., Internetwork Protocol. Proc. IEEE, Vol. 71 (1983), No. 12, p. 1388.

/6/ ECMA, OSI Sub-Network Inter-connection Scenarios Permitted within the Framework of the ISO-OSI Reference Model. European Computer Manufacturers Association, ECMA, TR/XX, First Draft, March 1983.

/7/ ECMA, Connectionless Internetwork Protocol. Standard ECMA-92, March 1984.

/8/ Spaniol, O., Lokale Netze – Anwendungen und Trends. ONLINE '83, Beitrag 1Q, Düsseldorf 1983.

/9/ Kirk, P., R., Architecture and Protocols für PABX and LAN Access. ECMA/TC24/83/167.

/10/ ECMA, Network Layer Principles. TR/13, Sept. 1982.

/11/ Plank, K.-L., Diensteintegration in Nebenstellen. Beitrag im gleichen Tagungsband.

Local Area Networks in the ISDN Environment

Paul Kühn, Joachim Swoboda

Abstract

Local Area Networks (LANs) have been designed for data communication
among computers, terminals, databases, printers and similar terminal
equipments. Industrial plants' control and future office communication
are based on such computer networks. Packetized data communication
turned out to be suitable for such applications. Two versions of
packet switching are discussed, an individual packet exchange
(connection-less) or packet exchange within an established virtual
connection (connection-oriented),(Fig. 1). The network access has
multiplexing capability, i.e. multiple virtual connections for every
access line may exist at a time (Fig. 2).

In the ISDN, primarily developed for telephone service, connections
are switched by transparent circuits. Switching is controlled by
separate signalling channels. Based on this signalling channel, a
multiplexing capability can only be achieved by fast take-down of an
existing and set-up of a new connection. This circuit switching
principle will be applied both to narrow band and broad band ISDN.

Connecting LANs to ISDN, different principles of connection and
signalling have to be bridged. In section 1 and 2 of this paper,
connectability of LANs and ISDN is represented from a communication
architecture's viewpoint (Fig. 4). Besides standards, also concepts
and suggestions of LAN and ISDN services and of internet protocols
are discussed. Doing this, also telephone and graphic applications
will be included (Fig. 3).

Section 3 and 4 deal with technical solution concepts. For packet
switched local networks, the standardized methods of CSMA/CD, Token-
Ring and Token-Bus and for circuit switched local networks digital
private branch exchanges (PBX) are addressed (Fig. 5, 6, 7). Digital
PBXes are basically of the same structure as circuit switching systems

for public networks; therefore, they are easier to introduce in an ISDN environment. On the other hand, local computer networks are better suited for access to public packet networks. Non-ISDN terminal equipment may either use the D-channel (in packet mode) or a B-channel as access to public packet networks or as through-connection between two Terminal Adaptors, respectively.

Packet switched and circuit switched local networks reveal specific advantages for particular services as long interactive dialogs, file transfer, voice, graphic or video communications which are achieved through specific networks as LAN, PBX, ISDN or Datex-P and gateways for internetting. Besides this there are approaches for "true" integration of various services within a single network combining all the advantages. Finally, a proposal for such a local network with integrated circuit and packet switching will be discussed (Fig. 8, 9).

Integration schmal- und breitbandiger Dienste für die Bürokommunikation in lokalen Netzen

Gerhard Jaskulke, Reiner Drullmann

1. Einleitung

Seit Jahrzehnten werden zur innerbetrieblichen Sprachkommunikation
Fernsprechnebenstellenanlagen eingesetzt, welche die Sprachsignale
in analoger, neuerdings auch digitaler Weise durchschalten. Mit der
wachsenden Nutzung des Telexdienstes und der kürzlichen Einführung
des Teletexdienstes kamen dienstspezifische Textnebenstellenanlagen
dazu. Mit der zunehmenden Verbreitung von Text-, Daten- und Bildver-
arbeitungssystemen, die den Bedarf an innerbetrieblichen Kommunikationsmöglichkeiten laufend erhöhten, entstanden im vergangenen Jahrzehnt sogenannte Local Area Networks (LAN). Ihre Architektur weicht
von der Sternform der Leitungsnetze traditioneller Nebenstellenanlagen ab und baut auf Bus- bzw. Ringstrukturen auf. Die Bandbreite des
gemeinsamen Übertragungsmediums des LAN liegt im Megabit-pro-Sekunde-
Bereich. Die angeschlossenen Einrichtungen können auf das Übertragungsmedium weitgehend individuell gesteuert zugreifen und für eine
begrenzte Zeitdauer die volle Bandbreite nutzen. In diesem Sinne gehören LAN in die Klasse der paketvermittelnden Netze.

Einerseits führten die unterschiedlichen Anforderungen an Sprach-,
Text- und Datenkommunikation zur Schaffung separater lokaler Netze.
Andererseits zwingen wirtschaftliche Gründe sowie der Bedarf an neuen
Kommunikationsdiensten zu Überlegungen, möglichst alle Dienste in
einem gemeinsamen Netz zu integrieren.

Dieser Beitrag gibt in Abschnitt 2 einen Überblick über die Funktionen der integrierten Bürokommunikation. In Abschnitt 3 werden die
grundsätzlichen Strukturen und Merkmale der gegenwärtigen Nebenstel-
lenanlagen- und LAN-Konzepte kurz diskutiert. In den Abschnitten 4
und 5 werden zwei verschiedene Entwürfe erläutert, die die Integration schmal- und breitbandiger Dienste unterstützen. Dabei basiert
das erste Konzept (Abschnitt 4) auf einer fortentwickelten Nebenstel-

lenanlagen-Architektur, während das zweite (Abschnitt 5) auf LAN-
Prinzipien aufbaut. Beide Konzepte ermöglichen sowohl paket- als
auch durchschaltevermittelte Verbindungen. Abschließend wird in Abschnitt 6 die Breitbandfähigkeit beider Entwürfe diskutiert.

2. Funktionen der integrierten Bürokommunikation

Die gemeinsame Nutzung der Möglichkeiten der modernen Text-, Daten-
und Bildverarbeitung sowie der Telekommunikation wird als integrierte
Bürokommunikation bezeichnet (Bild 1). Sie unterstützt alle betrieblichen Basisaufgaben, die üblicherweise in
- Unterstützungsaufgaben
- Sachbearbeitungsaufgaben
- Fachaufgaben
- Führungsaufgaben
aufgeteilt werden (vgl. /1/). Typische Benutzer der Bürokommunikation
sind dementsprechend Sekretärinnen, Sachbearbeiter, Spezialisten
(z.B. Entwicklungsingenieure) und Manager. Sie bedienen sich bei

Bild 1: Veranschaulichung des Begriffs "Bürokommunikation"

der Erledigung ihrer Aufgaben der Informationsformen Sprache, Text,
Daten und Bild, die sie mittels elektronischer Einrichtungen ein-
bzw. ausgeben, verarbeiten und/oder speichern können. Die Kommunikation erlaubt schließlich den Abruf, Austausch oder die Verteilung der
Informationen.

Die in Bild 1 angegebenen Basisfunktionen sind lediglich eine grobe
Klassifizierung einer Vielzahl von Einzelfunktionen wie automatische
Spracherkennung, Textübersetzung, Bildumwandlung etc. In Bild 2 wird
daher versucht, die einzelnen Funktionen der Bürokommunikation den
zugehörigen Informationsarten und Basisfunktionen zuzuordnen (vgl.

	Sprache	Daten	Text	Bild
Ein-/Ausgabe	Sprachcodierung/ -decodierung Sprachdigitalisierung Sprachausgabe (Ansagen Bedienerführung) Freisprechen/Lauthören	Datenerfassung Datenverschlüsselung Datendarstellung (auf Bildschirm/Drucker) Information Tracking	Texterfassung Textdarstellung (auf Bildschirm/Drucker)	Bildeingabe Bildabtastung Bildcodierung/-decodierung Bilddarstellung (auf Bildschirm/Plotter/ Drucker)
Be-/Verarbeitung	Spracherkennung Sprechererkennung Geräuschunterdrückung Sprachentzerrung Sprachübersetzung	Datenverarbeitung	Textbe-/verarbeitung (Korrigieren, Textbausteine) Textanalyse Schrifterkennung Textübersetzung	Bildbe-/verarbeitung Bildumwandlung Spreadsheet CAD Mustererkennung
Speicherung	„Voice Annotation" „Voice Mail"	Datenspeicherung (Datenbank)	Textspeicherung Elektronische Dokumenten- ablage und -verwaltung „Electronic Mail"	Bildspeicherung (Bildplatte)
Kommunikation	Fernsprechen Funkfernsprechen Fernsprechkonferenz Rufen Rundsprechen	Leitungs-/paketvermittelte Datenkommunikation (Daten- fernverarbeitung) Datenverteilung Fernwirken Fernsteuern Rechnerdialog	Fernschreiben Bürofernschreiben Bildschirmtext Rundsenden Videotext Ferndrucken	Fernkopieren (inkl. TextFax) Fernzeichnen Bildabruf („Blättern") Bildverteilung Videoüberwachung Bildfernsprechen

Bild 2: Zuordnung von Bürokommunikationsfunktionen zu Informationsarten und Basisfunktionen

auch /1/). Funktionen wie Bildschirmtext, die sich mehr als einer In-
formationsart bedienen, werden der dominierenden zugeteilt.

In der Bürokommunikation ist der Begriff des Dienstes nicht eindeutig definiert. Für diesen Beitrag wird daher festgelegt, daß die in
Bild 2 aufgelisteten Funktionen die Dienste der Bürokommunikation
sind. Entsprechend dieser Bedeutung wird unter dem Titel des vorliegenden Beitrages die übertragungs- und vermittlungstechnische Integration der Kommunikationsfunktionen/-dienste in lokalen Netzen verstanden.

3. Gegenwärtige Nebenstellenanlagen- und LAN-Konzepte

3.1 Anforderungen an lokale Netze

Leistungsfähige lokale Netze bilden das Rückgrat der modernen Bürokommunikation (s. Bild 3). Sie müssen im wesentlichen folgenden Anforderungen gerecht werden (vgl. auch /3/ und /4/):

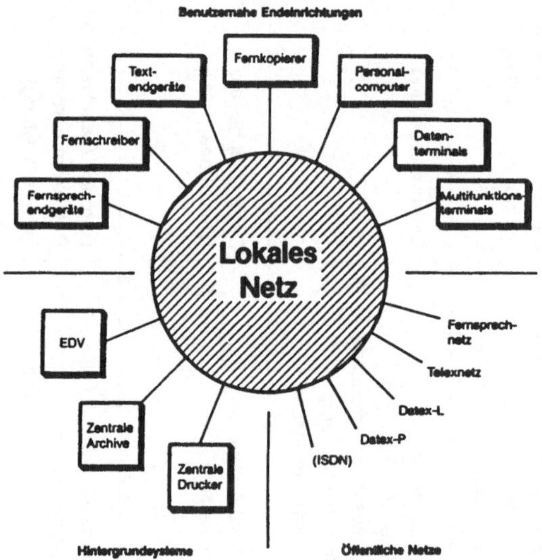

Bild 3: Anschlußmöglichkeiten an ein lokales Netz

o Anschlußmöglichkeiten für Endeinrichtungen aller Informationsformen
  mit unterschiedlichen Schnittstellen (z.B. V.24, X.21)
o Anschlußmöglichkeiten für zentrale Hintergrundsysteme (Resourcen)
  wie Datenverarbeitungsanlagen, Datenbanken und Text-/Bildarchive
o Anschlußmöglichkeiten an alle bestehenden öffentlichen Netze (Fernsprechnetz, Datex-L, Datex-P) und an das zukünftige Schmalband- und
  Breitband-ISDN (Integrated Services Digital Network, Näheres s. /6/)

o Parallele Vermittlung von Fernsprech-, Text-, Daten- und Bildkommunikation mit unterschiedlichen Verkehrscharakteristiken (durch-
  schalte- und paketvermittelte Verbindungen) und Übertragungsraten
o Durchführung von Geschwindigkeits-, Code- und Protokollumsetzungen
  - zur Unterstützung von dienstübergreifendem Verkehr
  - zum Übergang auf andere lokale Netze (z.B. Datennetze)
o Einrichtbarkeit von elektronischen Mitteilungssystemen (Mail Boxes)
  für asynchrone Kommunikationsmöglichkeiten (vgl. /5/)
o Erweiterbarkeit bezüglich Anschlußkapazität und neuen Diensten
o Sicherung der Verfügbarkeit durch Wartungs- und Kontrolleinrichtungen
o Wirtschaftlichkeit des Gesamtkonzeptes.

Gegenwärtig bieten sich, wie bereits erwähnt, zwei unterschiedliche
Konzepte zur Realisierung von lokalen Netzen an, nämlich Nebenstellenanlagen oder Local Area Networks (LAN). Beide werden im folgenden
auf ihre Eignung bezüglich der genannten Anforderungen diskutiert.

3.2 Struktur und Merkmale von Nebenstellenanlagen

Nebenstellenanlagen sind zentrale Vermittlungseinrichtungen, die ursprünglich für Sprachkommunikationszwecke optimiert wurden und durchschaltevermittelte Verbindungen aufbauen. Die Fernsprechapparate sind
sternförmig über individuelle Leitungen mit der zentralen Einrichtung
verbunden. Durch den Anschluß mehrerer Amtsleitungen wird der Übergang zum öffentlichen Fernsprechnetz unterstützt.

Entsprechend ihrer zeitlichen Entwicklung werden Nebenstellenanlagen
in vier Generationen eingeteilt (Näheres s. /1/ und /3/). Gemessen an
den genannten Anforderungen an lokale Netze und deren Marktverfügbar-
keit eignen sich aber nur digitale Nebenstellenanlagen der dritten
Generation für die integrierte Bürokommunikation. Die anderen Generationen werden deshalb hier nicht weiter untersucht.

Nebenstellenanlagen der dritten Generation arbeiten mikrocomputerge-
steuert und schalten alle Nachrichtensignale digital auf Basis der
PCM-Übertragungsrate von 64 kbit/s durch. Ein weiteres Kennzeichen
wird die Digitalisierung analoger Signale in den Teilnehmereinrichtungen sein, so daß die heute noch übliche Anschaltung analog arbei-
tender Fernsprechapparate, deren Signale in der Anlage digitalisiert
werden müssen, nur einen Zwischenschritt darstellt. Bild 4 zeigt eine
typische Struktur digitaler Nebenstellenanlagen. Auffällig ist die

Beschränkung des internen Verbindungskonzeptes zwischen den einzelnen Systemeinheiten auf lediglich 2 Bustypen, nämlich
- den (Multi-)Mikroprozessorbus der zentralen Steuereinheit und
- mehrere 2 Mbit/s-Busse.

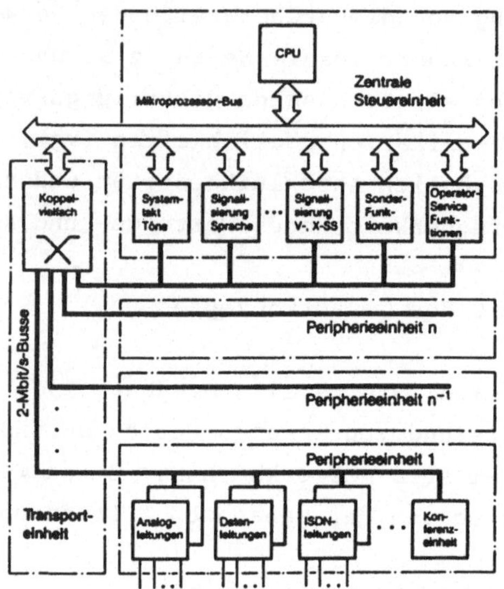

Bild 4: Typische Struktur digitaler Nebenstellenanlagen
        der dritten Generation

Die 2 Mbit/s-Busse verbinden
- die direkt an sie angeschlossenen Kommunikationskanäle der Endeinrichtungen
oder mit Hilfe des digitalen Koppelvielfaches
- die verschiedenen Peripherieeinheiten untereinander (inklusive
  der Anschlußkanäle an die öffentlichen Netze)
- die zentralen Hintergrundsysteme wie Datenbanken, elektronische
  Archiv- und Mitteilungssysteme, Konferenzeinrichtungen, Protokoll-
  umsetzer etc. mit den anderen Peripherieeinheiten
- und schließlich über spezielle Signalisierungskanäle alle Peripherieeinheiten mit der zentralen Steuerung.
Weiterhin bieten die 2 Mbit/s-Busse die Basis für
- ein übersichtliches Verbindungskonzept von Mehrschranksystemen
  bzw. internen Netzwerken sowie für
- den Anschluß der Nebenstellenanlagen an das öffentliche Netz über
  Bündelschnittstellen (z.B. beim ISDN).

Ein weiteres Charakteristikum der dritten Anlagengeneration ist die
verteilte Intelligenz. D.h. alle in Bild 4 dargestellten Funktions-

einheiten arbeiten mikroprozessorgesteuert, so daß die gesamte Nebenstellenanlage weitgehend den in Abschnitt 3.1 genannten Anforderungen
gerecht werden kann.

Die digitalen Nebenstellenanlagen sind insbesondere für die Zusammenarbeit mit dem zukünftigen ISDN geeignet und werden dessen Sprach-,
Daten-, Text- und Festbilddienste voll nutzen können. Diese Aussage beschränkt sich nicht nur auf die Nutzung von 64 kbit/s-Kanälen, sondern
kann prinzipiell auch auf Dienste erweitert werden, die eine Bandbreite
von ganzzahligen Vielfachen von 64 kbit/s bis 2 Mbit/s erfordern.

3.3 Struktur und Merkmale von Local Area Networks (LAN)

Im Gegensatz zu Nebenstellenanlagen wurden LAN für Datenkommunikations-
zwecke optimiert. Ein gemeinsames Übertragungsmedium in Bus- oder Ringstruktur (s. Bild 5) wird von allen angeschlossenen Einrichtungen benutzt, auf das sie dezentral gesteuert zugreifen können. Dabei kann
eine Einrichtung für eine bestimmte Zeitdauer die volle Bandbreite des
Übertragungsmediums nutzen. Die Bandbreiten heute eingeführter LAN liegen zwischen ca. 0,1 Mbit/s und 50 Mbit/s (Näheres s. /1/ und /2/). Somit gehören die LAN zur Klasse der paketvermittelnden Netze und sind im
allgemeinen nicht für Sprachkommunikation geeignet.

Typische Anwendungsbereiche sind
- die gemeinsame Nutzung teuerer Hintergrundsysteme (Resourcen) wie
  zentrale Rechner, Archive, Hochleistungsdrucker und Gateways
- der Zugriff einzelner Endeinrichtungen zu mehreren Hintergrundsyste-
  men und die verteilte Datenverarbeitung in Mehrrechnersystemen.
Zunehmende Bedeutung gewinnen die LAN außerdem in der rechnergesteuer-
ten Fertigungsautomation.

Kennzeichnend für die gegenwärtige Situation ist die große Typenvielfalt von weltweit mehr als hundert eingeführten bzw. in Entwicklung
befindlichen LAN. Die Typenvielfalt erklärt sich aus den Unterschieden bezüglich
- der Topologie (Bus-, Ringstruktur)
- des Übertragungsmediums (Kupferleitungen, Koaxialkabel, Glasfaser)
- des Zugriffsverfahrens (CSMA/CD, Token etc.) und
- der Datenrate (0,1 bis 50 Mbit/s).
In den letzten Jahren bemühten sich IEEE und ECMA die LAN-Vielfalt
durch Standardisierung der Architekturmodelle für lokale Rechnernetze
zu beschränken. Nähere Einzelheiten sind in /2/ und /4/ zu finden.

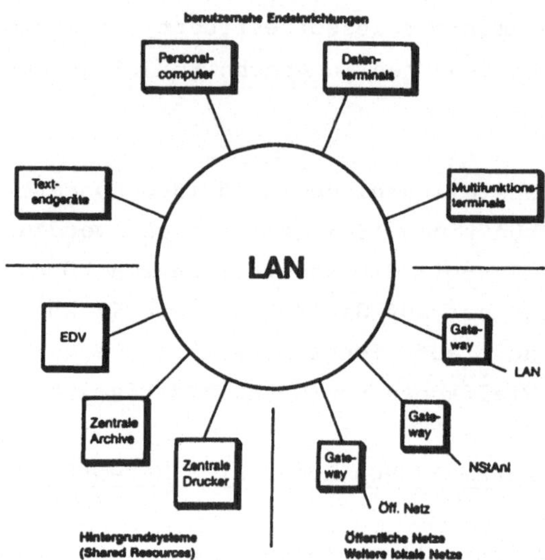

Bild 5: Typische Endeinrichtungen und Systeme an einem LAN

Aus der Sicht des Benutzers können zwei Klassen unterschieden werden,
nämlich systemorientierte und infrastrukturorientierte LAN. Bei den
systemorientierten (bzw. anwendungsorientierten) LAN handelt es sich
um herstellerspezifische Lösungen, um ein komplettes System von
Terminals, Computern, Servern und dem Übertragungsmedium anbieten zu
können. Die Zugriffseinheiten werden in die anzuschließenden Einrichtungen integriert, so daß es sich um geschlossene Architekturen handelt. Dagegen sind die infrastrukturorientierten LAN als offene Netzwerke konzipiert, die über mehrere separate Zugriffseinheiten den
herstellerunabhängigen Anschluß unterschiedlicher Geräte z.B. über
V.24-Schnittstellen gestatten. Ergänzend werden Kommunikationsdienste
wie die Vermittlung von Verbindungen, Filetransfer und Netzüberwa-
chungsfunktionen angeboten. Gemessen an den in Abschnitt 3.1 genannten Anforderungen sind nur die infrastrukturorientierten LAN für die
integrierte Bürokommunikation geeignet.

3.4 Gegenüberstellung beider Konzepte

Aufgrund der erwähnten Typenvielfalt bei LAN ist ein quantitativer
Vergleich mit digitalen Nebenstellenanlagen der dritten Generation
nur im Hinblick auf spezielle Anwendungen möglich. Global betrachtet
liegen die Vorteile digitaler Nebenstellenanlagen bei
- der Durchführung von kontinuierlichem Dialogverkehr
- der kontinuierlichen Übermittlung von Massendaten
- dem problemlosen Anschluß an öffentliche durchschaltevermittelnde
  Netze inkl. ISDN sowie der Nutzung ihrer Dienste

- der flexiblen Erweiterbarkeit
- der Nutzung des vorhandenen Fernsprechleitungsnetzes und
- den geringeren Kosten pro Anschluß.

Dagegen liegen die Vorteile von LAN bei
- der Durchführung von büschelförmig strukturiertem Verkehr wie z.B.
  beim Rechnerdialog
- den kurzen Übertragungszeiten durch Nutzung der höheren Kanalband-
  breite
- der problemlosen Realisierung von Mehrpunktverbindungen (z.B. beim
  Rundsenden)
- der zur Zeit höheren Verfügbarkeit auf dem Markt.

Bezüglich der Unterstützung von dienstübergreifendem Verkehr durch
Umsetzeinrichtungen, der Erweiterung um elektronische Mitteilungssysteme sowie der Betriebssicherheit sind beide Konzepte weitgehend
gleichwertig.

Nun liegt es nahe, die Vorteile beider Konzepte durch das Zusammen-
schalten von Nebenstellenanlagen und LAN über Gateways zu ermöglichen
(vgl. /4/). Es gibt jedoch triftige Gründe, beide Konzepte durch ein
diensteintegrierendes lokales Netz zusammenzufassen, nämlich:
- die einheitliche Kabelinfrastruktur und die damit verbundenen reduzierten Verkabelungs- und Wartungskosten
- die kostengünstige Nutzung multifunktionaler Endgeräte
- die Erweiterbarkeit bezüglich Anschlußkapazität und neuer Dienste
  ohne wesentliche Änderung der Kabelinfrastruktur und
- die Sicherung der Verfügbarkeit des gesamten Netzes durch zentrale
  Wartungs- und Kontrolleinrichtungen.

An diensteintegrierenden Netzen dieser Art wird zur Zeit in verschiedenen Forschungslaboratorien gearbeitet (vgl. /7/ und /8/). Die folgenden Abschnitte stellen zwei Konzepte vor, die in den Philips Forschungslaboratorien verfolgt werden.

4. Konzept einer diensteintegrierenden Nebenstellenanlage

Dieses Konzept basiert auf einer fortentwickelten Nebenstellenanla-
gen-Architektur (s. /9/). Die zentrale Vermittlungseinrichtung ist so
organisiert, daß leitungs- und paketvermittelte Verbindungen geschaltet werden können. Um das zu erreichen, wird das PCM-Koppelvielfach
der digitalen Nebenstellenanlagen (vgl. Bild 4) durch einen in Bild 6
skizzierten unidirektionalen Vermittlungsbus ersetzt, dessen Zeit-

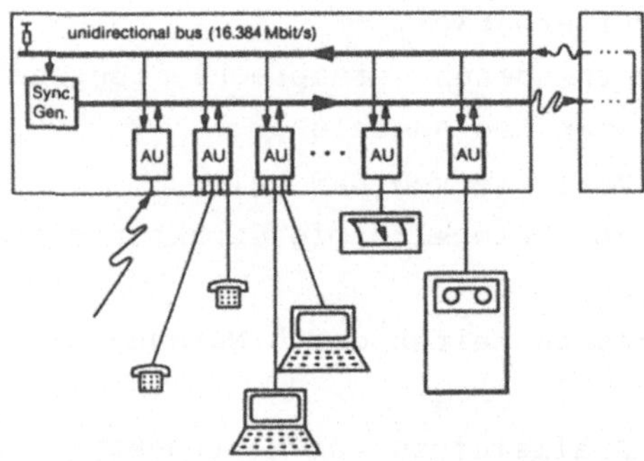

Bild 6: Struktur der diensteintegrierenden Nebenstellenanlage
mit unidirektionalem Vermittlungsbus (aus /9/)
AU   Zugriffseinheit (Access Unit)

vielfach frei organisiert werden kann. Der Zugriff zu diesem Bus wird
von den beteiligten Zugriffseinheiten (AU) gesteuert, die die
Schnittstellen der benutzernahen Endeinrichtungen oder die Anschlüsse
der Hintergrundsysteme und der öffentlichen Netze an das System anpassen. Der Synchronisierungsgenerator sorgt auf dem unidirektionalen
Vermittlungsbus für die konstante Übertragungsrate von 16,384 Mbit/s,
was dem achtfachen Wert der Rate eines PCM 30/32-Busses entspricht.
Sende- und Empfangsleitung des Vermittlungsbusses werden entweder in
einem Schrank geschlossen oder bei größeren Netzen zur Verbindung der
einzelnen Systeme benutzt.

Bild 7 zeigt die Struktur der Zugriffseinheit für schmalbandige Endeinrichtungen, deren Verkehr über durchschaltevermittelte Verbindungen abgewickelt werden soll. Wie in digitalen Nebenstellenanlagen
wird dieser Verkehr zunächst mittels Peripheriesteuerungen (PC) einem
systeminternen 2 Mbit/s-Bus angepaßt, der aber dann über einen Bus

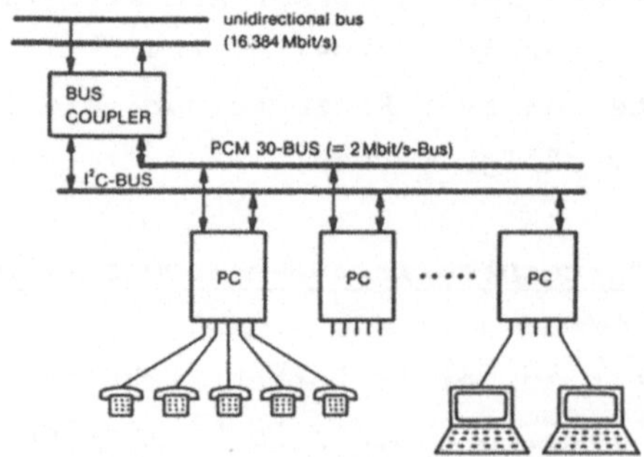

Bild 7: Struktur der Zugriffseinheiten für
Schmalband-Endeinrichtungen (aus /9/)
PC Peripheriesteuerung (Peripheral Controller)

Coupler mit dem unidirektionalen Vermittlungsbus verbunden wird. Bus
Coupler und Peripheriesteuerungen (PC) enthalten Mikrocomputer, die
z.B. über den skizzierten I^2C-Bus Signalisierungsinformationen austauschen.

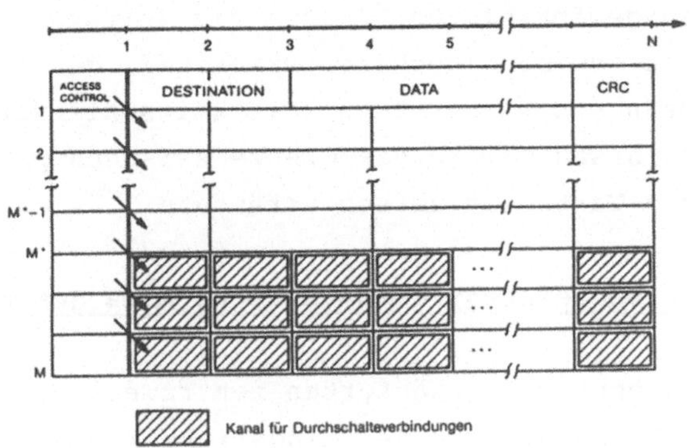

Bild 8: Organisation des Zeitmultiplex-Rahmens auf dem
Vermittlungsbus (aus /9/)

In Bild 8 ist die Organisation des Zeitmultiplex-Rahmens auf dem Vermittlungsbus dargestellt, der vom bereits erwähnten Synchronisierungsgenerator erzeugt wird. Der Rahmen wird in N Reihen und M Spalten aufgeteilt, die M . N Zeitschlitze definieren. Jeder Zeitschlitz
entspricht einer Übertragungskapazität von 64 kbit/s (so daß hier
M . N = 256 ist). Der obere Teil des Rahmens ist für paketvermittelten, der untere für durchschaltevermittelten Verkehr reserviert. Der
erste Zeitschlitz jeder Reihe dient der Steuerung des Buszugriffs
(Access Conrol), die restlichen bilden ein Wort. Die Pfeile in Bild 8
deuten an, daß mittels dieses Schlitzes die Vergabe des Wortes der
jeweils nächsten Reihe vorbereitet wird.

Der paketvermittelte Verkehr wird wortweise abgewickelt. Um ein Wort
zu erhalten, muß ein Teilnehmer seinen Access Code über seine Zugriffseinheit in einen Access-Control-Schlitz schreiben. Erhält er
auf dem Vermittlungsbus seinen unverfälschten Code zurück, so kann er
das zugehörige Wort beschreiben. Ist er gestört, so kann er den Zugriff nach einer statistisch ermittelten Zeitpause wiederholen. Dieses Verfahren wird als ein synchrones "contention-on-control-field
(CCF) scheme" bezeichnet. Näheres über Zugriffsverfahren, Wortorgani-
sation und Verkehrsverhalten kann dem Beitrag /9/ entnommen werden.

Einer durchschaltevermittelten Verbindung werden feste Zeitschlitze
mit je 64 kbit/s im unteren Teil des Zeitrahmens zugeordnet.

Zum Aufbau der Verbindung sendet ein Teilnehmer über seine Zugriffseinheit ein (paketvermitteltes) Wort an eine Zeitschlitzsteuerung.
Diese übergibt ihm auf gleiche Weise die seiner Verbindung zugeteil-
ten Zeitschlitze und belegt die zugehörigen Worte des Zeitmultiplex-
rahmens. Um das zu gewährleisten, bildet die Zeitschlitzsteuerung die
Zugriffseinheit mit dem Code höchster Priorität, der von den anderen
Einheiten nicht geändert werden kann. Die Zeitschlitzsteuerung kann
somit je nach Verkehrsaufkommen die Grenze zwischen paket- und durchschaltevermittelten Worten dynamisch verändern.

5. Konzept eines diensteintegrierenden Local Area Networks

Entgegen dem in Abschnitt 4 erläuterten zentralen System baut das in
Bild 9 skizzierte Konzept auf einer Ringstruktur mit räumlich verteilten Ringzugriffseinheiten auf (s. /10/).

Zusätzlich zu den heute verfügbaren LAN bietet dieses Konzept auch
durchschaltevermittelte Kanäle an. Um das zu erreichen, erzeugt der
zentrale Monitor (MON) einen synchronen Zeitmultiplex-Rahmen von
125 µs Länge. Der Monitor paßt außerdem die Ringlaufzeit auf ganz-

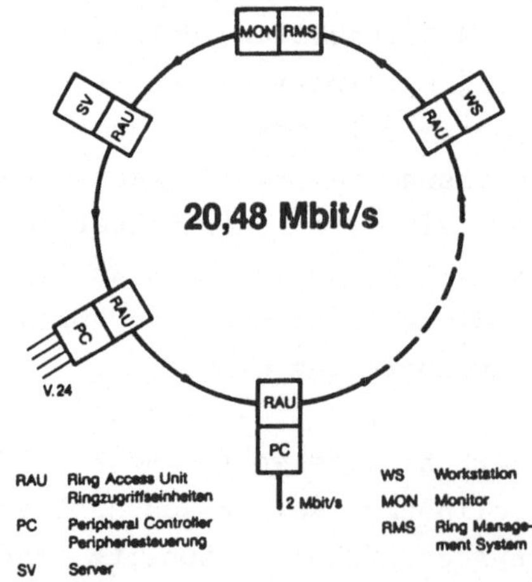

Bild 9: Dienstintegrierendes LAN in Ringstruktur

zahlige Vielfache dieser Rahmenlänge an. Die Übertragungsrate beträgt
20,48 Mbit/s, was dem zehnfachen Wert der Rate eines PCM 30/32-Bus-
ses entspricht. Die Ringzugriffseinheiten (RAU) passen zusammen mit
den Peripheriesteuerungen die Schnittstellen der Endeinrichtungen,
Hintergrundsysteme und öffentlichen Netze an den Ring an und bauen
die gewünschten Verbindungen auf. Die Ringzugriffseinheiten können

auch, wie in Bild 9 skizziert, direkt in die angeschlossenen Geräte
wie Workstations (WS) oder Server (SV) integriert werden. Das Ring
Management System (RMS) verwaltet dynamisch abhängig vom Verkehrsaufkommen die Aufteilung des Zeitmultiplex-Rahmens in Kanäle variabler
Breite (s. Bild 10). Die Präambel dient zur Rückgewinnung des Rahmen-
taktes in jeder Ringstation.

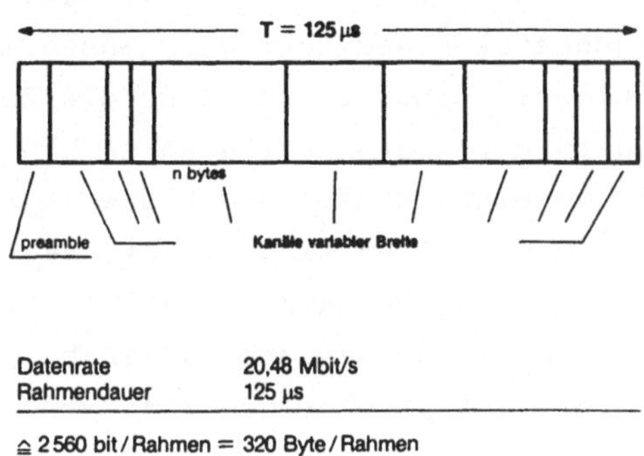

Bild 10: Beispiel für einen Zeitmultiplex-Rahmen
auf dem Ring (aus /10/)

Zur Organisation der Kommunikation wurden drei verschiedene Kanaltypen eingeführt. Der erste Typ arbeitet als "Insertion-Ring" und
dient den Zugriffseinheiten zum Austausch von Verbindungsdaten sowie
zur Fehler- und Flußkontrolle bei paketvermittelten Nachrichten. Der
zweite Typ ist als Umlaufspeicher organisiert, dessen Daten den Netz-
zustand wie z.B. die Kanalbelegung angeben. Letztlich besteht der
dritte Teil aus transparenten Nutzkanälen mit Bitraten zwischen
64 kbit/s und 4 Mbit/s. Er umfaßt ca. 90% des gesamten Rahmens.

Zum Aufbau einer durchschaltevermittelten Verbindung sendet die rufende Zugriffseinheit der gerufenen über den Insertion-Ring eine
Nachricht mit dem Verbindungswunsch. Ist die gerufene Einheit frei,
teilt sie der rufenden diesen Zustand auf gleiche Weise mit. Die gerufene Zugriffseinheit belegt nun auf dem erwähnten Umlaufspeicher
einen freien Nutzkanal und teilt dessen Nummer der gerufenen Einheit
mit. Die Verbindung ist nun aufgebaut und bleibt solange bestehen,
bis sie in umgekehrter Weise abgebaut wird.

Für paketvermittelte Nachrichten wird zunächst in gleicher Weise eine
Verbindung aufgebaut, die aber nur für die Übertragung eines Paketes
bestehen bleibt. Die rufende Zugriffseinheit teilt vor Beginn der
Sendung der gerufenen die Länge des Nachrichtenpaketes mit. Die Ver-

bindung für das nächste Paket kann erst dann aufgebaut werden, wenn
die gerufene Einheit den vollständigen und fehlerfreien Empfang des
ersten Paketes über den Insertion-Ring bestätigt hat.

6. Zur Frage der Integration breitbandiger Dienste

Bei den beiden in den Abschnitten 4 und 5 vorgestellten Konzepten
wurden die Übertragungsraten der zentralen Busse mit ca. 16 bzw.
20 Mbit/s relativ niedrig gehalten, um auch die Zugriffseinheiten mit
marktüblichen Standardkomponenten aufbauen zu können. Trotzdem können, wie in Bild 11 gezeigt, Kanäle von 2 bzw. 4 Mbit/s zur Verfügung
gestellt werden. Die Bandbreiten sind für die heutigen Bürokommunika-
tionsdienste bis hin zur Festbildkommunikation (z.B. dem "Blättern"
in Archiven) ausreichend. Auch Bewegtbilddienste wie z.B. das Bildfernsprechen können mit akzeptabler Qualität bereits ab ca. 2 Mbit/s
realisiert werden.

256 bit	2,048 Mbit/s *)
256 bit = 32 x 8 bit	32 x 64 kbit/s
256 bit = 8 x 32 bit	8 x 256 kbit/s
768 bit = 3 x 256 bit	3 x 2,048 Mbit/s
1 024 bit = 2 x 512 bit	2 x 4,096 Mbit/s
Σ = 2 560 bit	20,480 Mbit/s

*) reserviert für Rahmen-/Ring-Management

Bild 11: Beispiel für die Einteilung eines Zeitmultiplex-
Rahmens gem. Bild 10

Werden höhere Bitraten pro Kanal bzw. mehr Breitbandkanäle gefordert,
so müssen die Übertragungsraten auf den zentralen Bussen erhöht werden. Die Prinzipien der Kanalaufteilung wurden in den beiden vorgestellten Konzepten so gewählt, daß sie unabhängig von der Höhe der
Übertragungsraten auf den Bussen funktionieren, so daß diese dem aktuellen Stand der Technologie angepaßt werden können.

* * * * *

Die Autoren bedanken sich bei ihren Kollegen der Philips Forschungslaboratorien Hamburg und Eindhoven-Geldrop für die Überlassung der
in den Abschnitten 4 und 5 beschriebenen Prinzipien diensteintegrie-
render Netzkonzepte.

7. Schrifttum

/1/ Höring, K.; Bahr, K.; Struif, B.; Tiedemann, Ch.: Interne
Netzwerke für die Bürokommunikation. R.v.Decker's Verlag,
G. Schenck, Heidelberg (1983).

/2/ Kauffels, F.-J.: Lokale Netze. Rudolf Müller Verlag, Köln (1984).

/3/ The Yankee Group: The Report on Local Communications.
Third Update June 1983.

/4/ Kühn, P.J.: Netze für den innerbetrieblichen Nachrichten- und
Datenverkehr. TELEMATICA, Stuttgart (1984), S. 195-212.

/5/ Karcher, H.B.: Büro der Zukunft - Mikrocomputer und Telekommunikation: Eine Gesamtschau zu Technik, Organisation und Marketing.
Fachverlag für Büro- und Organisationstechnik GmbH, Baden-Baden
(1984).

/6/ Schön, H.: Die Deutsche Bundespost auf ihren Weg zum ISDN. Zeitschrift für das Post- und Fernmeldewesen (1984), H.6.

/7/ Acampora, A.S.; Hluchyj, M.G.: A New Local Area Network
Architecture Using a Centralized Bus. IEEE Communications
Magazine 22 (1984), No.8, pp. 12 - 21.

/8/ Eberspächer, J.: Optisches lokales Netz für Sprache und Daten.
TELEMATICA, Stuttgart (1984), S. 224-233.

/9/ Behr, J.-P.; Fink, B.; Killat, U.; Stecher, R.; Architecture and
Performance Evaluation of a Service-Integrated Office
Communication System. ISS, Florence (1984), pp. 24 A.4.1-7.

/10/ Brandsma, J.R.; Bruekers, A.A.M.L.; Kessels, J.L.W.; Snijders,
W.A.M.: An Original Fiber-Optic Ring for Voice and Data -
Preceded by Views on Local Area Networks. For Publication in IEEE
Communications Magazine, 22 pp.

Integration of Narrow and Broadband Services for Office Communications in Local Networks

Gerhard Jaskulke, Reiner Drullmann

Local networks for office communication can be divided into two
major types namely in Private Automatic Branch Exchanges (PABX)
and Local Area Networks (LAN). These network types support either
pure voice or data/text/image communications. But in principle
both network types can provide the basic architecture for a future
service integrated network concept.

The paper presents a short survey about the functions of
integrated office communications and describes the current PABX
and LAN concepts in their basic architectures and features. Due
to different requirements for voice and data traffic the trends
in network architectures for PABX and LAN are contrary. A PABX
is a central device optimized for voice communication purposes
providing circuit switched connections. The telephone sets are
connected by individual wires to the central system.
On the other hand the transmission medium of a LAN is shared by
all stations which have distributed access to the medium. After
having received the permission to transmit a single station can
use the full bandwidth for a certain period of time. In this way
a LAN is an inherent packet switching network optimized for data,
text and image communications.

There are serious reasons for combining the existing dedicated
networks into services integrated networks: E.g. a preferably
single cable infrastructur means reduced amount of wiring and less
maintenance effort. Another driving force is the availability of
multifunctional terminals in the near future. The interconnection
of these terminals asks for an integrated network. Finally
integrated networks are future proof because they are the basis
for the implementation of new applications in the same system and
permit capacity extensions in the existing wiring.

As examples of integrated local networks two different approaches are
described supporting the integration of narrowband and broadband
services for office communication. One network is based on an advanced
PABX architecture. The centralized switching medium is organized in
such a way that circuit switched and packet switched connections can
be offered. In contrast to this a second network concept based on LAN
principles is presented. In addition to current LAN architectures this
network concept also provides circuit switched channels. The principle
of distributed controlled access is maintained both for packet and
circuit switched channels.

The objectives set out for these new approaches can be described in
terms of the following services:
- provision of multiples of 64 kbit/s-channels
- provision of means to identify, to get, to use and to release these
  channels
- provision of send und receive primitives for packet switched data
  frames
- provision of means to configure dynamically the circuit switched
  and packet switched parts of the total transmission capacity
- provision of interfaces to the future ISDN.

Dienstintegration in Nebenstellenanlagen

Karl-Ludwig Plank

1.Einleitung

Mit dem ISDN wird ein neues Mittel des Nachrichtentransports entstehen, das gegenüber den bisher bekannten Verfahren des immateriellen Nachrichtentransports den Vorteil bietet, nicht ursprünglich für die Übermittlung einer bestimmten Nachrichtenform dimensioniert, sondern von Anfang an für eine bestimmte Übermittlungskapazität ausgelegt zu sein, die

- einerseits im Verlaufe der Fortentwicklung des Transportsystems bedarfsgerecht gestuft bereitgestellt wird,

- andererseits für die Übermittlung unterschiedlicher Nachrichtenformen allein durch Variation im Endgerätebereich gestaltet ist.

Mit der Idee des ISDN entsteht keine technisch revolutionäre Neuerung, vielmehr werden eine Vielzahl von Komponenten, die im Laufe der Zeit in den bestehenden Fernmeldenetzen des In- und Auslandes eingesetzt wurden, in einer neuen Kombination verwendet und führen damit zu einem Übermittlungssystem mit neuen Eigenschaften. Technologischer Fortschritt - vor allem in der Halbleitertechnik - erlaubt in diesem Rahmen den teilnehmerindividuellen Einsatz von Verfahren, die bisher nur im teil- oder hochzentralen Bereich der Fernmeldenetze wirtschaftlich eingesetzt werden konnten - beispielhaft hierfür sind die Nutzung digitaler Nutzsignalformen und der Einsatz protokollgesteuerter Zeichengabeverfahren im gesamten Transportbereich.

Kennzeichnende Konsequenzen dieser Evolution sind die Trennung der Erscheinungsform der Nachricht von der Übermittlungsform der Nutzsignale und eine extrem mächtige Form der Zeichengabe, letztere sowohl im Hinblick auf den Umfang als auch der zeitlichen Zuordnung zum Nutzsignaltransport. Diese beiden Charakteristika bilden auch die Voraussetzung, daß das ISDN dienstunabhängig gestaltet werden kann. Die Dienstunabhängigkeit des Transportsystems von der Art der Erscheinungsform der Nachricht erlaubt auch die Trennung des Endstellenbereichs von der Transportfunktion - also die seit langem erstrebte Trennung von Endgerät und Netz - wie sie in vielen wirtschaftspolitisch motivierten Arbeiten gefordert wird.

Es ist naheliegend, daß ein solches Fernmeldenetz vor allem in einem Bereich von Interesse ist, der die Nachrichtenübermittlung als betriebliches Mittel nutzt -also im gewerblichen Bereich. Hier aber ist in der Regel in den Verbindungsweg zumindest an einem Ende eine Nebenstellenanlage eingebunden - ISDN ist damit essentiell mit der Nebenstellentechnik verbunden.

2. Rechtliche und funktionale Zuordnung der Nebenstellenanlage.

Die Nebenstellenanlage ist in der klassischen Betrachtungsweise genau wie die Endstelleneinrichtung als Teil des Fernmeldenetzes definiert und demgemäß der Fernmeldehoheit uneingeschränkt unterworfen, wenn sie auch eigentumsrechtlich nicht dem öffentlichen Fernmeldenetz zugeordnet ist. Zur Nebenstellenanlage gehören nicht nur die Vermittlungseinrichtung selbst, sondern gleichermaßen auch das Nebenanschlußleitungsnetz und die daran angeschalteten Endstelleneinrichtungen. Erst die Kombination dieser Elemente rechtfertigt auch den Begriff der Nebenstellenanlage im Unterschied zu den öffentlichen Vollvermittlungsstellen, die erst mit der Zufügung von Hauptanschlußleitungen und Endgeräten zu einer Anlage - dem Ortsnetz werden.

Im Unterschied zur eigentumsrechtlichen Betrachtungsweise muß die Nebenstellenvermittlung gemeinsam mit der Nebenanschlußleitung funktional als Teil des Transportsystems gesehen werden. Damit ergeben sich unterschiedliche Bewertungen für einen Teil der bestehenden - und ganz besonders der zukünftigen - Fernmeldenetze, je nachdem ob man den Nebenstellenteil eigentumsrechtlich oder funktional anspricht. Diese unterschiedliche Bewertung führt häufig zu Mißverständnissen. In den folgenden Betrachtungen sind allein auf funktionale Aspekte beschränkt, selbst wenn dadurch fernmelderechtlichen Aspekten unzureichend Beachtung geschenkt wird.

3. Entwicklung der Nebenstellentechnik

Die klassische Nebenstellenvermittlung zeichnet sich innerhalb der Gruppe der Teilnehmervermittlungen - also derjenigen Vermittlungseinrichtungen, an die Teilnehmer unmittelbar angeschaltet sind - dadurch aus, daß sie im Gegensatz zu öffentlichen Teilnehmervermittlungen ein anderes und wesentlich flexibleres Spektrum an Bedienungsmerkmalen bieten kann und dies nach den Ausstattungswünschen des Betreibers auch tut, soweit die gewünschten Eigenschaften keine betrieblichen Probleme im öffentlichen Bereich der Fernmeldenetze erzeugen. Diese Flexibilität hinsichtlich der Bedienungsmerkmale (sog. Leistungsmerkmale) hat auch dazu geführt, daß in der Nebenstellenanlagentechnik viel früher als in den öffentlichen Netzen zentral gesteuerte Vermittlungstypen eingesetzt wurden - dies sowohl in Übersee als auch in

Deutschland.

In vergleichbarer Weise erlaubten die größeren Freiheitsgrade der Nebenstellentechnik im Vergleich zur öffentlichen Vermittlungstechnik die Nutzung der durch sie gesteuerten Netzteile mit zusätzlichen Fernmeldediensten. Im hausinternen Verbindungsverkehr konnte nach dem Prinzip des Value-Adding schon relativ frühzeitig die Übermittlung weiterer Nachrichtenformen über die zunächst dedizierte Nachrichtenform hinaus erprobt und eingesetzt werden. Lediglich die Zulassungspraxis der jeweils nationalen Fernmeldeverwaltungen bestimmte, inwieweit für solche Dienste auch die öffentlichen Netzteile in der Form einer Transportfunktion mit genutzt werden durften, wenn ein solcher "neuer Dienst" von einem Unternehmen auch zwischen seinen Filialen betrieben werden sollte. Hier haben vor allem die USA traditionell sehr liberal gehandelt, während die Deutsche Bundespost erst in der jüngeren Zeit vergleichbare Maßstäbe anlegt.

In den USA entstanden auf diesem Wege die sog. Nebenstellenvermittlungen der 3. Generation, die in der Bundesrepublik unter dem Begriff der K-Nebenstellenanlage eingeordnet werden können (Bild 1). Unbeschadet der Frage, ob das Koppelnetz derartiger Nebenstellenvermittlungen nun für analoge oder digitale Nutzsignale dimensioniert ist, gehen derartige Vermittlungen davon aus, daß die Nutzsignale unterschiedliche Bedeutungsgehalte in der Nachrichtenebene haben können. Im Bild wird beispielhaft dargestellt, daß eine derartige Vermittlung mit den Endstelleneinrichtungen und sowohl text- als auch datenverarbeitenden Einrichtungen kombiniert werden kann und unter diesen Umständen unterschiedliche Nachrichtenformen zwischen Verbindungsquellen und -senken ausgetauscht werden können. Dieses - inzwischen nicht mehr allzu häufig benutzte - Bild aus unserem Archiv stammt aus 1978 und zeigt darüber hinaus beispielhaft auch, wie Local-Area-Networks - damals als "Subscriber Loop" bezeichnet - in das Gesamtkonzept eingebettet werden können, ein Aspekt, der zwischenzeitlich eher an Aktualität gewonnen hat.

Es sei an dieser Stelle auch gestattet, darauf hinzuweisen, daß bereits zu dieser Zeit das ISDN als eine zukünftige Möglichkeit angesehen wurde, wie im Bereich der Netzzugänge durch entsprechende Erwähnung deutlich gemacht wird. Als weitere Eigenschaft eines derartigen Nachrichtennetzes sei auch darauf hingewiesen, daß über die daten- und die textverarbeitenden Geräte weitere Zugänge zu paketvermittelnden Fernmeldenetzen vorgesehen waren, so daß auf diese Weise die private Nachrichtenübermittlungsanlage auch die prinzipielle Möglichkeit der sog. Dienstübergänge bereits signalisierte, auf die im vorletzten Abschnitt eingegangen werden wird.

Sie sehen damit, daß der Gedanke der Dienstintegration nicht zwangsläufig an die Entwicklung eines öffentlichen dienstintegrierenden Fernmeldenetzes gebunden ist und daß die Frage des Anfangs der Dienstintegration nicht in einem behördlichen Beschluß oder in der Definition des ISDN durch eine internationale Organisation begründet sein muß. Es muß aber erkannt werden, daß Dienstintegration möglichst nahe beim Benutzer ansetzen muß - im weiteren Verlauf des Transportsystems können dienstintegrierte Netzabschnitte sehr wohl in unterschiedliche - auf den jeweiligen Anwendungsfall hin optimierte Fernmeldenetze einmünden. Diese Feststellung ist vor allem auch im Hinblick auf die spätere Einführung breitbandiger Ergänzungen zum ISDN von Bedeutung, denn gerade bei derartigen Netzen können aus der Trennung zwischen Teilnehmeranschlußbereich - der voll dienstintegriert sein sollte - und dem Transportbereich durch dedizierte Auslegung des Transportbereichs erhebliche wirtschaftliche Vorteile entstehen. So könnte es zum Beispiel in diesem Zusammenhang sinnvoll sein, für die breitbandigen Individual- und Abrufdienste andere Transportwege vorzusehen als für solche breitbandige Verteildienste, die im Programmode übermittelt werden, also in der Form, die wir vom Rundfunk her gewöhnt sind.

Daß derartige Überlegungen auch zu greifbaren Ergebnissen geführt und insoweit die Dienstintegration in der Nebenstellentechnik sehr frühzeitig vollzogen worden ist, sei auch am Beispiel der Vermittlungseinrichtungen deutlich gemacht, die bereits heute sowohl Dienste im privaten Netzbereich abwickeln, die im öffentlichen Netzbereich im Fernsprechnetz geführt werden, als auch solche, die im öffentlichen Netzbereich im IDN abgewickelt werden (Bild 2). Die in diesem Bild dargestellte Vermittlung wird auch in der Bundesrepublik Deutschland sowohl für die Vermittlung von Fernsprechen, Btx und Faksimile als auch für die Vermittlung von Teletex betrieben.

Auch in anderen Nationen werden derzeit in steigendem Umfange Vermittlungen realisiert, die Zugänge zu unterschiedlichen Fernmeldenetzen erlauben und darüber hinaus auch die Funktionen lokaler Teilnetze realisieren. Sie werden von den Fernmeldeberatern als Vermittlungen der vierten Generation bezeichnet, bieten aber bei näherem Hinsehen meist keine effektiven neuen Möglichkeiten, sondern nur neue Applikationen des Gedankens der Dienstintegration.

4. Die technischen Gegebenheiten diensteintegrierender Nebenstellennetze

Wichtiges Element des ISDN ist die technische Gestaltung des Teilnehmeranschlußbereichs. Hier liegt die effektive Innovation des ISDN. Gerade die Weiterführung der Trennung von Zeichengabe- und Nutzsignalkanälen und die Weiterführung digitaler Nutzsignale bis zum Teilnehmer vereinfacht die Konzepte der Dienstintegration im Vergleich zu ihren früheren Vorbildern. Im Teilnehmeranschlußbereich bestimmt aber die wirtschaftliche Nutzung der vorhandenen Strompfade und ihre Zuordnung zu den Teilnehmervermittlungen die jeweilige Dimensionierung der notwendigen Einrichtungen. In öffentlichen Fernmeldenetzen der Bundesrepublik Deutschland ist die mittlere Anschlußleitungslänge wesentlich höher als in der Nebenstellentechnik - überraschenderweise anscheinend auch höher als in Japan und Amerika. Es ist nicht Gegenstand meines Vortrages, diese Zusammenhänge im öffentlichen Netzbereich international zu vergleichen, aber es muß darauf verwiesen werden, daß im Nebenstellenbereich in der Bundesrepublik die Verteilung der mittleren Anschlußleitungslänge im internationalen Vergleich den Leitungslängen anderer Länder näher kommt als die entsprechende Verteilung im deutschen öffentlichen Netz (Bild 3). Bei diesen deutlichen Unterschieden in der Anschlußleitungslänge kann und darf es nicht verwundern, wenn die Betreiber der privaten Netzabschnitte - ähnlich wie einige nationale Fernmeldenetzbetreiber - versuchen, besonders wirtschaftliche Lösungen für die Anschaltung der Teilnehmerendstelleneinrichtungen bei voller Erfüllung aller Anschaltebedingungen im Bereich der S-Schnittstelle zu finden.

Hierfür bieten sich vor allem zwei Lösungsansätze, die auch beide international beschritten werden (Bild 4):

a)   Ersatz des Echokompensationsverfahrens (UE, Bild 4, Fall a) durch andere Übertragungsverfahren (UP, Bild 4, Fälle d und e), teilweise mit gleichzeitigem Verzicht auf die Bereitstellung von zwei Nutzkanälen über eine Doppelader (z.B. in USA und Japan werden auch Lösungen mit einer Übertragungsbitrate von ca. 80 kBit/s diskutiert);

b)   Verzicht bzw. Vereinfachung der Prozeduren an der S-Schnittstelle, sei es durch Umgehen der Busfähigkeit dieser Schnittstelle, sei es durch vollständigen Verzicht auf das Ausbilden der S-Schnittstelle und Anschaltung der Endstelleneinrichtung über die U-Schnittstelle (Bild 4, Fälle d und e).

Daß durchaus für derartige Anwendungen sinnvolle Lösungen gefunden werden können, sei an einigen Beispielen dargestellt. Für die Nebenstellentechnik bietet sich als Übertragungsmittel anstelle des Echokompensationsverfahren mit seinen hochkomplexen Nachbildungsalgorithmen das Zeitgetrenntlage-Verfahren als technisch einfachere Lösung an, wobei bei den in diesem Anschaltebereich üblichen Anschlußleitungslängen sogar die volle Kanalkapazität von zwei B- und einem D-Kanal realisierbar ist. Neben einer beachtlichen Verringerung der halbleitertechnologischen Anforderungen kann bei dieser Lösung darüber hinaus die erforderliche Speiseenergie im Ruhefalle im Vergleich zum Echokompensationsverfahren deutlich verringert werden, ein Aspekt, der bisher vielerorts noch recht stiefmütterlich behandelt wird. Aber auch die Halbleiterschaltungen für das Echokompensationsverfahren können im Falle der Nebenstellentechnik einfacher gestaltet sein als in der öffentlichen Technik.

Es bleibt abzuwarten, ob nicht im Laufe der Zeit auch im Bereich des öffentlichen Anschlußbereichs auf der Basis solcher Lösungen differenziertere Lösungen Eingang finden werden, da auch hier bei entsprechender Liniennetzplanung erhebliche Anteile der Anschlußleitungslängen in einem Bereich liegen, die entsprechende Anschaltetechniken durchaus ermöglichen.

Der Verzicht auf die Herausführung der S-Schnittstelle in den Fällen, in denen nur ein dediziertes Endgerät an die U-Anschlußstelle geschaltet ist, scheint auf den ersten Blick ein Verzicht auf die Möglichkeiten eines ISDN, da damit scheinbar nur an einem Dienst partizipiert werden kann. Es muß aber berücksichtigt werden, daß auch in der Zukunft sehr häufig nur der Fernsprechdienst in Anspruch genommen wird - also tatsächlich dann die Dienstintegration zweitrangig zu bewerten ist. Dennoch bietet - wie wir alle wissen, ein digitales Fernsprechnetz Möglichkeiten für übertragungstechnische Verbesserungen, die nicht durch die analoge Anschaltung reiner Fernsprechteilnehmer voreilig vergeben werden sollten. Bedenkt man beispielsweise die Unabhängigkeit der Lautstärke eines Telefongesprächs von der Dämpfung der Anschlußleitung und die Rückhörverhältnisse in einem quasi-vierdrähtigen Fernmeldenetz, so wird deutlich, daß beispielsweise ein Freisprechapparat in einem digitalen Fernmeldenetz nur über eine digital betriebene Anschlußleitung angeschaltet werden sollte. Fügt man einem solchen Fernsprechapparat zusätzlich (Bild 4, Fall e) auch noch die üblichen Schnittstellen der Datentechnik zu - also z.B. V.24, IEC-488 oder X.21 - so wäre auch eine sehr nützliche kombinierte Daten-Sprechstation vorstellbar. Eine solche Endgerätekonfiguration könnte zwar nicht uneingeschränkt an öffentlich definierten Fernmeldediensten partizipieren, wäre aber sehr wohl im Stande, Transportdienste und Fernsprechen abzuwickeln, sogar an den bereits bestehenden "neuen Diensten" Bildschirmtext und Teletex teilzunehmen.

Die Reihe von Beispielen nützlicher Kombinationen ließe sich beliebig erweitern, es dürfte aber in diesem Rahmen genügen, einige Anregungen gegeben zu haben. Die Realisierung derartiger Strukturen im Anschlußbereich einer Nebenstellenanlage wird auch fernmelderechtlich kaum zu beanstanden sein, wenn der Träger der Fernmeldehoheit - wie mehrfach angedeutet - die Nebenstellentechnik netztechnisch dem Endgerätebereich zuordnet und damit auf eine detaillierte Beschreibung der Ausstattung von Nebenstellenanlagen verzichtet. Da andererseits die Nebenstellenanlage funktional eine Teilnehmervermittlung ist und insoweit funktional einer Vollvermittlungsstelle im öffentlichen Netz gleicht, wird auch deutlich, daß viele der in der Nebenstellentechnik realisierbaren Lösungen für ergänzende Fernmeldedienste gleichermaßen im Hauptanschlußbereich technisch realisierbar sind, ohne internationale Vorschriften zu verletzen. Die Überlegungen machen deutlich, daß mit dem Kommen einer dienstintegrierenden Digitaltechnik die Entscheidungsfreiheiten der Fernmeldebehörden erheblich größer werden, soweit sie die Gestaltung nationaler oder gar privater

Netzteile betreffen, ohne daß dadurch die internationale Kompatibilität und die durch CCITT zu treffenden Festlegungen in Frage gestellt werden.

Hinsichtlich der Anschaltung der Nebenstellenanlagen an den öffentlichen Teil des ISDN Fernmeldenetzes ist vorgesehen, den sog. Basic-Access - also die nach CCITT definierte S-Schnittstelle als Regelanschaltung zu nutzen (Bild 5). Dies ist auch berechtigt, da damit vor allem die Vielzahl der kleineren Anlagen mit wenigen Amtsleitungen wirtschaftlich Zugang zum öffentlichen Netz erhalten und alle Vorteile des ISDN genau so nutzen können wie bei einem Hauptanschluß, und sie darüber hinaus in den Genuß der nebenstellentypischen Merkmale kommen können. Da im ISDN ein Hauptanschluß zwei Nutzkanäle bietet, besteht auch die Möglichkeit, mit weniger Amtsleitungen auszukommen als bisher, da ja beide Nutzpfade gleichzeitig auch für Sprachübermittlung genutzt werden können.

Schließlich ist für sehr große Nebenstellenanlagen vorgesehen, sie über eine Verbindung der Kanalkapazität von 2,048 MBit/s an das öffentliche ISDN anzuschalten, so daß in diesem Falle dreißig 64 kBit/s-Nutzwege und ein 64 kBit/s-Zeichengabekanal je Richtung bereitstehen. Dabei ist zu beachten, daß in diesem Anschaltefalle auf dem 64 kBit/s-Zeichengabekanal die Zeichengabe nach dem Verfahren der Zentralkanalzeichengabe Nr.7 abgewickelt werden soll, d.h. die Nebenstellenanlage völlig in das Signalisierungsnetz des öffentlichen ISDN eingebunden wird. Gerade diese Anschaltetechnik zeigt deutlich, daß die funktionale Gleichheit der Nebenstellentechnik mit der öffentlichen Ortsvermittlungstechnik im Zeitalter des ISDN noch stärker betont wird, als dies in der Vergangenheit der Fall gewesen ist.

5.Dienste in ISDN-Nebenstellenanlagen

Gegenwärtig ist nur das Fernsprechen im ISDN als Fernmeldedienst definiert. Hinsichtlich der nichtsprachlichen Dienste werden lediglich die bereits in den analogen Fernmeldenetzen und im IDN definierten Nachrichtenformen - also vor allem Teletex, Bildschirmtext und Faksimile - in das ISDN überführt und über Terminal-Adapter, die der S-Schnittstelle nachgeschaltet sind, angeboten. Mit diesen Diensten aber wird die wesentlich höhere Nutzleistung des ISDN nicht ausgeschöpft. Es scheint die Absicht der Fernmeldeverwaltungen, die Verbreitung dieser - meist nach dem Value-Adding-Prinzip in die bestehenden Fernmeldenetze eingebrachten Dienste - nicht durch Neudefinitionen vergleichbarer aber sehr viel leistungsfähigerer Dienste zu behindern, während das ISDN noch gar nicht verfügbar ist. Dieses Vorgehen eröffnet aber auch die Chance, für ISDN Dienste zu definieren, die noch besser auf die Anwendung hin optimiert sind.

Im engeren Sinne verstehen wir Fernmeldetechniker unter einem "Dienstintegrierenden

Fernmeldenetz" lediglich ein Transportsystem, das es erlaubt, möglichst viele unterschiedliche Dienste in einem einzigen Netz mit gleichen Nutzsignalen zu transportieren, ohne zunächst auf die optimale Gestaltung der zugehörigen Endstelleneinrichtungen allzu großes Gewicht zu legen. In der klassischen Fernmeldetechnik war es darüber hinaus sehr wichtig, die knappe und teure Übertragungskapazität optimal zu nutzen. Demgemäß wurden die Definitionen für die Umwandlung der jeweiligen Nachrichtenform in übertragbare Nutzsignale vornehmlich unter dem Aspekt der sparsamen Inanspruchnahme der Übermittlungszeit getroffen. Es ist unter diesen Umständen einleuchtend, daß die verschiedenen visuellen Fernmeldedienste nicht daraufhin optimiert wurden, daß in der sog. Präsentationsebene eine Harmonisierung auf einfache Weise möglich sein sollte, sie vielmehr optimal an die verfügbaren Übermittlungssysteme angepaßt sind (Bild 6).

Ein weiterer Aspekt bei den bestehenden Diensten ist die Tatsache, daß der klassische Begriff des Dienstes auch zugleich die Dienstgüte einschließt, d.h. in der Praxis die Garantie für eine bestimmte Qualität der Wiedergabe, die ja bekanntlich ein Element der Dienstgüte ist. Aus dieser Betrachtung ist abzuleiten, daß Endgeräte für Dienste in klassischen Fernmeldenetzen stets technisch derartig ausgestattet sein müssen, daß diese Wiedergabequalität auch tatsächlich erreicht wird. Daß dies in der Vergangenheit zu sehr umfassenden Definitionen nicht nur der Dienste, sondern auch der zu ihrer Abwicklung benötigten Endgeräte geführt hat, ist allgemein bekannt. Nicht zuletzt diese umfassende Definition der Endgeräte und die daraus resultierenden Kosten für die Endgeräte haben eine weite Verbreitung der im Value-Adding-Verfahren eingeführten Dienste - wie beispielsweise Teletex und Faksimile - behindert, wenn auch nicht verkannt werden darf, daß für die schleppende Akzeptanz durchaus weitere Parameter gleichermaßen mitverantwortlich sind.

Im Rahmen der gewerblichen Nutzung der Fernmeldesysteme ist aber gerade deren Mitbenutzung für die Übermittlung bildhafter und charakterorientierter Nachrichten - also der visuellen Nachrichtenformen - von besonderer Bedeutung. Wenn dabei schon für die unterschiedlichen Nachrichtenformen ein diensteintegrierendes Transportsystem bereitgestellt wird, ist es für den Benutzer schwer einzusehen, daß er für Dienste, die ihn über das Auge erreichen unterschiedliche Endgeräte einsetzen soll zumal wenn er bestimmte Dienste nur gelegentlich nutzen will. Es sind daher bei der Definition von ISDN-spezifischen Fernmeldediensten neue - den Experten bisher wenig geläufige - Aspekte zu berücksichtigen, um einen Kompromiß zwischen optimaler Nutzung der Übertragungskapazitäten einerseits und wirtschaftlicher Wiedergabe andererseits - unter Umständen unter bewußter Inkaufnahme einer reduzierten Wiedergabequalität - zu erreichen.

Da die gewerbliche Nutzung von der Nebenstellentechnik ausgeht, besteht im Bereich der Nebenstellentechnik die besondere Chance, auf diesem Gebiet Pionierarbeit zu leisten. So kann eine Lösung im Bereich der klassischen Nebenstellenanlage davon ausgehen, daß sog. Dienstrümpfe (Bild 7) im Verbindungsbereich zwischen Nebenstellenanlage und öffentlichem Netz zum öffentlichen Netz hin alle Leistungsmerkmale öffentlich definierter Fernmeldedienste erfüllen, in den internen Bereich der Nebenstellenanlage hinein aber nur mit einer reduzierten Teilmenge weitergeleitet werden, um auf diese Weise im privaten Netzbereich zu kostengünstigeren Lösungen für die Terminale zu gelangen. In diesem Falle könnten beispielsweise Personal Commputer im Nebenstellenbereich die aufwendigen Endgeräte der öffentlichen Fernmeldedienste substituieren, wobei diese PC nicht nur als Endgeräte für den Kommunikationsprozeß nutzbar sind, sondern darüber hinaus auch als Arbeitsplatzgeräte im off-line-Betrieb genutzt werden können. Der Nebenstellenbereich eines Fernmeldenetzes entwickelt sich auf diese Weise zu einem Local-Area-Network, bei dem die dargestellten "Dienstrümpfe" sowohl die Gateway-Funktionen eines LAN als auch die Dolmetscherfunktion zwischen den wirtschaftlichen innerbetrieblichen Kommunikationsmitteln und den durch die Dienstgüte geprägten Fernmeldediensten wahrnehmen.

Im ISDN besteht auch die Möglichkeit (Bild 8), im Bereich der Nebenstellenanlagen Umsetzer anzuordnen, die in der sechsten Ebene des ISO-Schichtenmodells eine Umwandlung des kompletten Leistungsspektrums der unterschiedlichen visuellen Fernmeldedienste zu einer einheitlichen - wahrscheinlich bildpunktorientierten - Zwischenform durchführen. Diese Entwicklungsrichtung geht davon aus, daß solche teilzentralisierte Wandler durch wesentliche Fortschritte der Halbleitertechnik derart kostengünstig werden, daß durch ihren Einsatz im privaten Transportbereich die Kostendifferenzen durch geringfügig unwirtschaftlichere Nutzung der verfügbaren Kanalkapazitäten dennoch höher sind als die einmalige Investition. Wenn diesen Verfahren gegenwärtig nur temporäre Bedeutung zugemessen werden kann, dann nicht deshalb, weil an den Fortschritten der Halbleitertechnologie zu zweifeln wäre, sondern deshalb, weil auch Übermittlungskapazität durch technologischen Fortschritt immer billiger wird. Dies bedeutet, daß bei dieser Lösung die Rationalisierungsmöglichkeiten in der Übermittlungstechnik in Konkurrenz zu den Rationalisierungsmöglichkeiten der Halbleitertechnik stehen.

Schließlich ist eine dritte prinzipielle Möglichkeit (Bild 9) dadurch gegeben, daß von vornherein die Verbilligung der Übermittlungskapazität als Folge technologischen Fortschritts angenommen wird und daher die gesamte visuelle Nachrichtenübermittlung darauf ausgerichtet wird, daß in der Präsentationsebene alle visuellen Nachrichtenformen als Folge von Bildpunkten wiedergegeben werden. Bei diesem Ansatz der Dienstedefinition werden auch die charakterorientierten Diensteformen wie Bildschirmtext und Teletex in der 64-kBit/s-Version darauf ausgerichtet, daß ihre Wiedergabe auf dem gleichen Bildschirm erfolgen soll, der eine bestimmte Bildwechselfrequenz und Zeilenzahl habe. Daraus ergibt sich nämlich unter Berücksichtigung der Grenzfrequenz des Monitors eine bestimmte Bildpunktzahl je Zeile, die wiederum unter Berücksichtigung einer hinreichend feinen Rasterung der Einzelschrift- und Einzelgraphikzeichen zu einer konkreten Anzahl von Zeichen je Zeile führt und damit die Präsentation charakterorientierter Zeichen erlauben. Es lassen sich auf diesem Wege einfache Algorithmen definieren, die eine computergerechte Bildaufbereitung bei vorgebbarer Dienstgüte sowohl für bildpunktorientierte als auch für charakterorientierte Fernmeldedienste ermöglichen. Einschlägige Untersuchungen deuten darauf hin, daß vor allem eine Zeilenauflösung von 240 Zeilen/inch eine gute Ausgangsbasis bilden könnte.

Bewertet man diese drei Alternativen bei der Integration visueller Fernmeldedienste in ein funktionsintegriertes Gesamtkonzept, so ist festzustellen, daß aus der Sicht der Nebenstellentechnik alle drei Lösungen sinnvoll sind. Auch ihre wirtschaftliche Realisierung ist - je nach Zahl der zu bedienenden Endgeräte - sichergestellt, wobei die Umformung von Nachrichtenformen auf der Präsentationsebene - also Fall zwei - regelmäßig nur bei größeren Anlagen wirtschaftlich vertretbar sein dürfte, dafür aber die volle Dienstgüte bis zum Terminal ermöglichen kann. Die Variante unter Einbeziehen von Dienstrümpfen dagegen erlaubt vor allen Dingen den kleineren Anwendern und Nutzern des ISDN Lösungen, an mehreren Diensten zu vertretbaren Konditionen teilzunehmen. Dafür muß vom Betreiber in Kauf genommen werden, daß nicht alle Dienstmerkmale auf den nachgeschalteten Endgeräten dargeboten werden können.

Die dritte Alternative, nämlich die Harmonisierung der verschiedenen Erscheinungsformen visueller Nachrichten, ist den anderen Alternativen vorzuziehen, weil mit ihr nicht nur diejenigen Teilnehmer an der Funktionsintegration partizipieren können, die über eine Nebenstellenanlage an das Transportsystem gelangen, sondern auch die Teilnehmer am Kommunikationsprozeß, die nur über einen Hauptanschluß verfügen. Nur durch die Harmonisierung der unterschiedlichen Fernmeldedienste für visuellen Nachrichtenverkehr wird das Ziel einer echten Integration erreicht, die dann auch dem Benutzer verständlich gemacht werden kann. Ein ISDN, das allein dem Netzbetreiber Vorteile bringt, weil er nun alle Dienste über ein Fernmeldenetz abwickeln kann, wird vom Kunden her nicht um seiner selbst willen akzeptiert werden. Das Argument, daß die nichtsprachlichen Dienste ohnehin nur gewerblich genutzt würden, muß mit großer Zurückhaltung aufgenommen werden, denn bei rund fünfzig Prozent aller Verbindungen, die gegenwärtig in allen Fernmeldenetzen hergestellt werden, ist zumindest ein Partner ein Hauptanschluß, auch wenn an über siebzig Prozent aller Verbindungen ein Nebenanschluß beteiligt ist. Das hierzu verfügbare statistische Material ist äußerst widersprüchlich und teilweise durch besondere Interessenlagen der Auftraggeber geprägt.

Die Betrachtung zu Diensten in und über Nebenstellenanlagen kann sich aber nicht darin erschöpfen, Harmonisierungsüberlegungen anzustellen. Sicher ist - gerade wegen der hohen Zahl von Verbindungen, an denen Nebenstellenanlagen beteiligt sind - die Dienstedefinition nur in Verbindung mit der öffentlichen Technik sinnvoll und insoweit nicht nebenstellenspezifisch. Wenn dennoch in einer Arbeit zur Nebenstellentechnik im ISDN hierzu Stellung genommen wird, so vor allem deshalb, weil auch die über Hauptanschlüsse laufenden Nachrichtenverbindungen ohne die Nebenstellentechnik als Gegenpunkt keine nennenswerte wirtschaftliche Bedeutung erlangen können.

Innerhalb des schmalbandigen - also durch eine Nutzbitrate von 64 kBit/s gekennzeichneten - ISDN werden neben der akustischen Übermittlung von Nachrichten auch Mittel zur visuellen Übermittlung zwingend benötigt. Dabei muß zwischen der bildpunktorientierten Übermittlung, die sich vom einfachen Faksimile bis zur farbigen Bewegtbildübermittlung erstreckt und der charakterorientierten Übermittlung, die sich von der Textübermittlung über den Bildschirmtext bis zu hochauflösender Graphik erstreckt, unterschieden werden. Es scheint bei der absehbaren technologischen Entwicklung sinnvoll, zunächst für Textübermittlung, einfache Faksimile-Übermittlung und für farbige Standbildübermittlung aufeinander abgestimmte Dienstparameter zu definieren, die die besonderen Möglichkeiten des ISDN berücksichtigen. Darüber hinaus sollte auf der Basis der einfachen Faksimile-Übermittlung eine Möglichkeit des Realzeit-Fernzeichnens gute Akzeptanzchancen haben. In dem durch diese Dienste charakterisierten Tätigkeitsfeld müssen die Standardisierungsbemühungen für ISDN-Dienste ihren Ausgangspunkt haben. Dabei ist zu beachten, daß alle Standards derart definiert werden, daß ein Dienst jeweils umfassend beschrieben wird, aber auch jene Teilmenge aus dieser Beschreibungsmenge festgelegt wird, die zur Zulassung von Endgeräten für den jeweiligen Dienst zwingend, d.h. minimal erforderlich ist.

6. Zusammenfassung

Einleitend wird die Bedeutung der gewerblichen Anwendung der nichtsprachlichen Fernmeldedienste hergeleitet und damit die Wichtigkeit der Nebenstellentechnik für eine effektive Nutzung des ISDN dargelegt. Gerade die Trennung der Erscheinungsform von der Form der physikalischen Übermittlung der resultierenden Nutzsignale und die Mächtigkeit der verwendeten Zeichengabe sind Grundlagen der Dienstunabhängigkeit des ISDN. Sie muß aus dem Transportbereich in den Nebenstellenbereich hinein fortgeführt werden, wenn die gewerbliche Nutzung möglich sein und dort die wünschenswerte Dienstevielfalt ermöglicht werden soll.

Sehr kurz werden nachfolgend die rechtlichen und funktionalen Zuordnungsmöglichkeiten der Nebenstellenanlage innerhalb des Transportsystems und zum Endstellenbereich hin dargelegt. Anhand der bisherigen Anwendungen bestimmter Nebenstellenanlagen für die Nutzung in Verbindung mit mehreren öffentlichen Fernmeldenetzen wird gezeigt, daß der Gedanke der Dienstintegration in der Nebenstellentechnik bereits realisiert ist - und dies weit umfassender, als es durch Value-Adding in bestehenden öffentlichen Fernmeldenetzen der Fall ist. Es wird aber im Zusammenhang mit den aus solchen Anlagen bereits gewonnenen ersten Erfahrungen gezeigt, daß das Einbeziehen nichtsprachlicher Fernmeldedienste bei höherer Übertragungsgeschwindigkeit (z.B. bei 64 kBit/s) zu erheblichen Veränderungen hinsichtlich der Steuerungsbelastung derartiger Vermittlungen im Verhältnis zum Verkehrsvolumen führt, als dies Dimensionierungsgrundlage bei den dienstspezifischen Vermittlungen war und heute noch ist.

Es wird danach gezeigt, daß unterschiedliche Liniennetzbedingungen - vor allem wesentlich geringere mittlere Leitungslängen zu Anschalteverfahren führen werden, die sich in der Nebenstellentechnik unabhängig von der Technik in den öffentlichen Teilen der Fernmeldenetze entwickeln. Sie werden im Anschlußbereich der Nebenstellenanlagen sowohl bei der Einzelanschaltung als auch bei der busförmigen Anschaltung im Vergleich zu den geplanten Techniken im öffentlichen Netzbereich zu wirtschaftlicheren Lösungen führen. In diesem Zusammenhang wird sowohl auf den Leitungsbetrieb nach dem Zeitgetrenntlage-Verfahren als auch auf Lösungen eingegangen, die die direkte Anschaltung von Endstelleneinrichtungen an die Leitungsschnittstelle ermöglichen. Es wird gezeigt, daß hieraus nebenstellenspezifische Techniken der Nachrichtenübermittlung entstehen können, die dem Betreiber vergleichsweise wirtschaftlichere Betriebsweisen erlauben können, als dies in der klassischen dienstspezifischen Nebenstellentechnik erreichbar war.

Ein letzter Abschnitt diskutiert schließlich Möglichkeiten, Dienste, die in den öffentlichen Netzen sehr umfassend definiert sind, innerhalb der Nebenstellenanlage bei gleichzeitiger Anpassung an die Anwenderbedürfnisse mit einer Teilmenge der im öffentlichen Bereich geforderten Spezifikationen zu betreiben und dadurch den Einsatz dieser Dienste auf eine breitere Basis zu stellen. Zugleich wird versucht, deutlich zu machen, daß es von Bedeutung ist, die Kommunikationsfähigkeit der unternehmensinternen Dienste über die Unternehmensgrenzen kompatibel zu gestalten, also auch bei der Definition sog. Transportdienste im Grundsatz auf die Dienstspezifikationen der öffentlich abwickelbaren Dienste abzustellen. Es wird gezeigt, daß aller Voraussicht nach gerade dieser Effekt die Bestrebungen schnell begrenzen wird, auf der Basis der technisch möglichen Transportdienste eine Vielfalt völlig neuer Übermittlungsverfahren für Nachrichtenformen zu entwickeln. Andererseits können die Institutionen, die neue Dienste definieren, durch geeignete Art der Definitionen in erheblichem Umfange dazu beitragen, daß öffentlich definierte Dienste derart spezifiziert werden, daß sie möglichst umfassend eingesetzt werden können. Dies ist vor allem dadurch erreichbar, daß Diensteklassen geschaffen werden, die den Betrieb mit unterschiedlicher Dienstqualität ermöglichen und dem Benutzer mehr Möglichkeiten eröffnen, nach Maßgabe der Wirtschaftlichkeit aus einem größeren Angebot auszuwählen, auch wenn dadurch der Gedanke der Dienstgüte anders zu interpretieren ist.

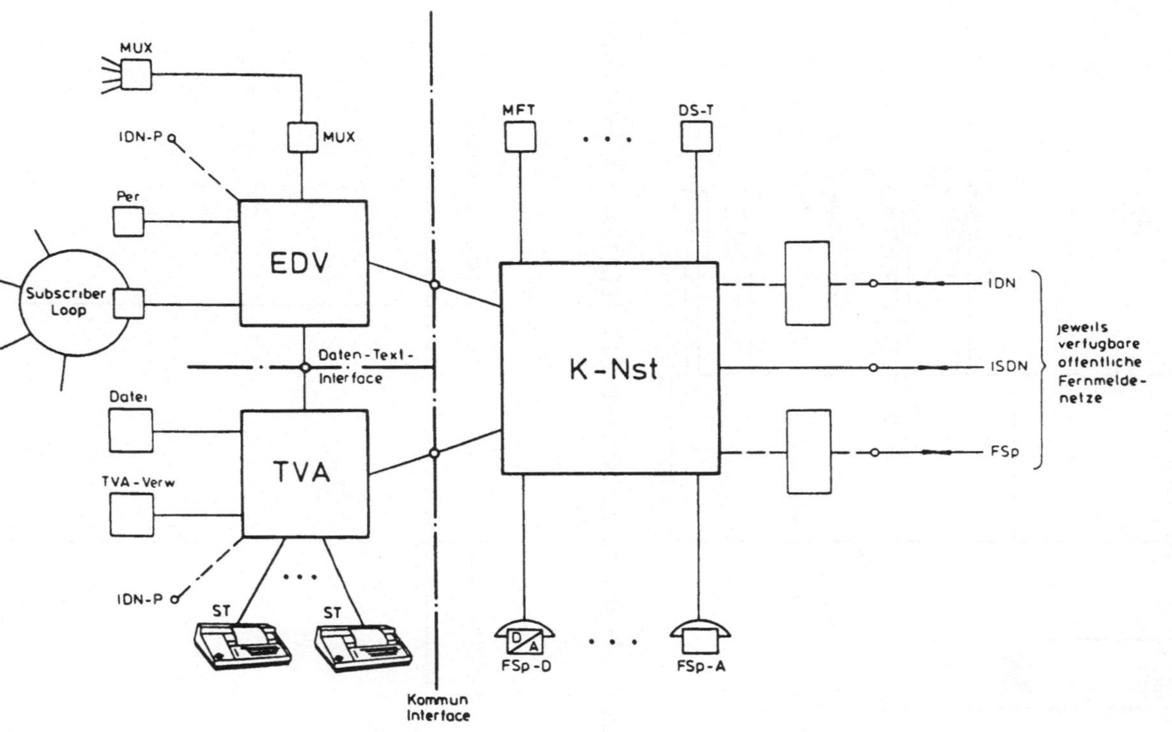

BILD 1 : KONZEPT INFORMATIONSTECHNIK, SCHNITTSTELLEN UND BETRIEBSMÖGLICHKEITEN FÜR GROSSANWENDER

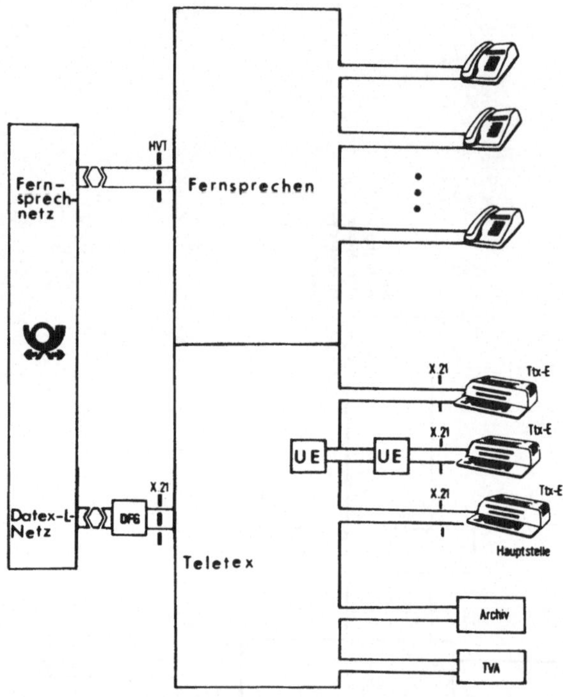

BILD 2: 4030 – NEBENSTELLENANLAGE MIT TELETEX – ERWEITERUNG

LÄNGE DER ANSCHLUSSLEITUNG IN KM	ÖFFENTLICHE TECHNIK	NEBENSTELLENTECHNIK
< 0,05		52 %
< 0,1		73 %
< 0,2		88 %
< 0,4		94 %
< 1	32 %	97 %
< 2	70 %	
< 3	84 %	
< 4	90 %	
< 5	95 %	

BILD 3: LÄNGE DER ANSCHLUSSLEITUNG IN DER ÖFFENTLICHEN TECHNIK UND NEBENSTELLENTECHNIK IN DER BRD

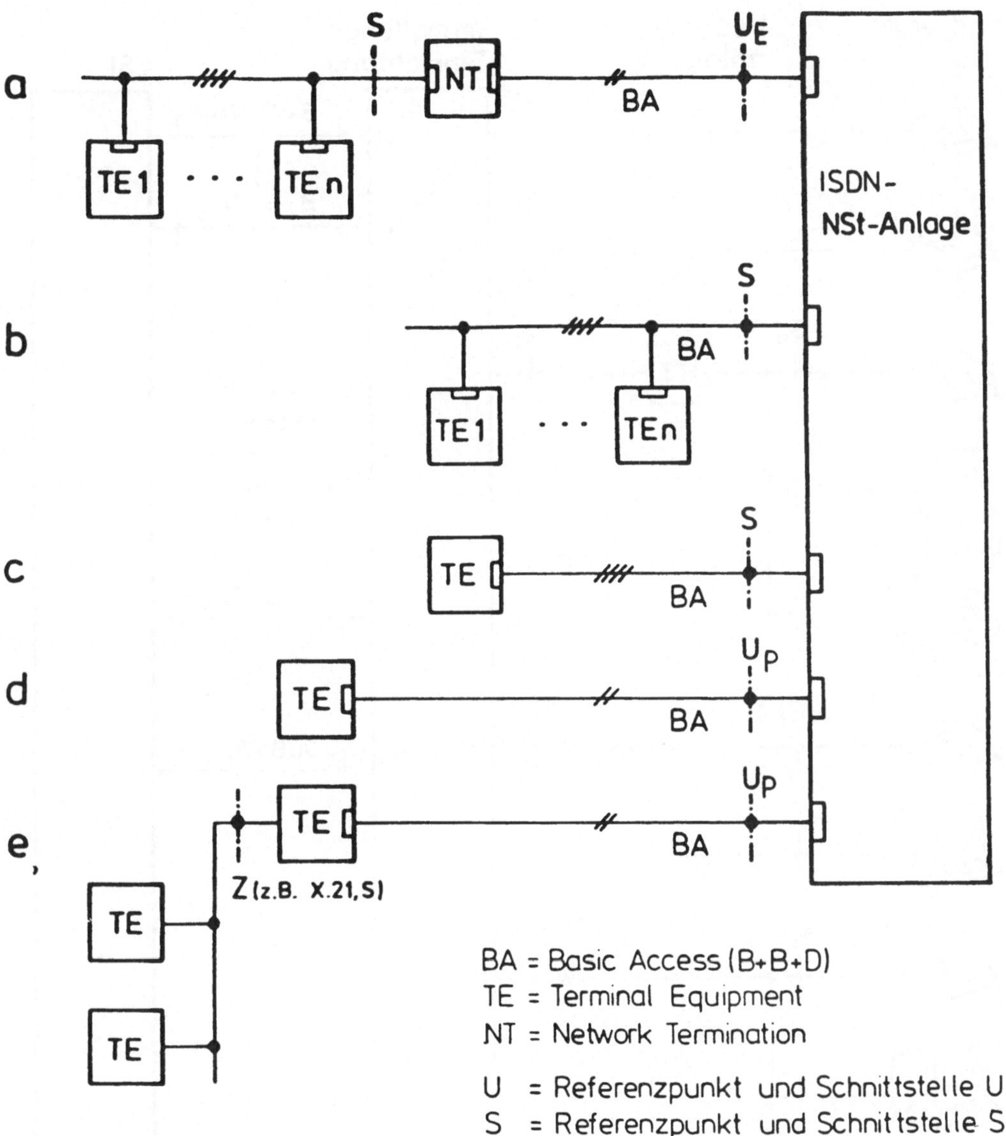

BILD 4 :   ANSCHLUSSKUNFIGURATION IN DER NEBENSTELLENTECHNIK

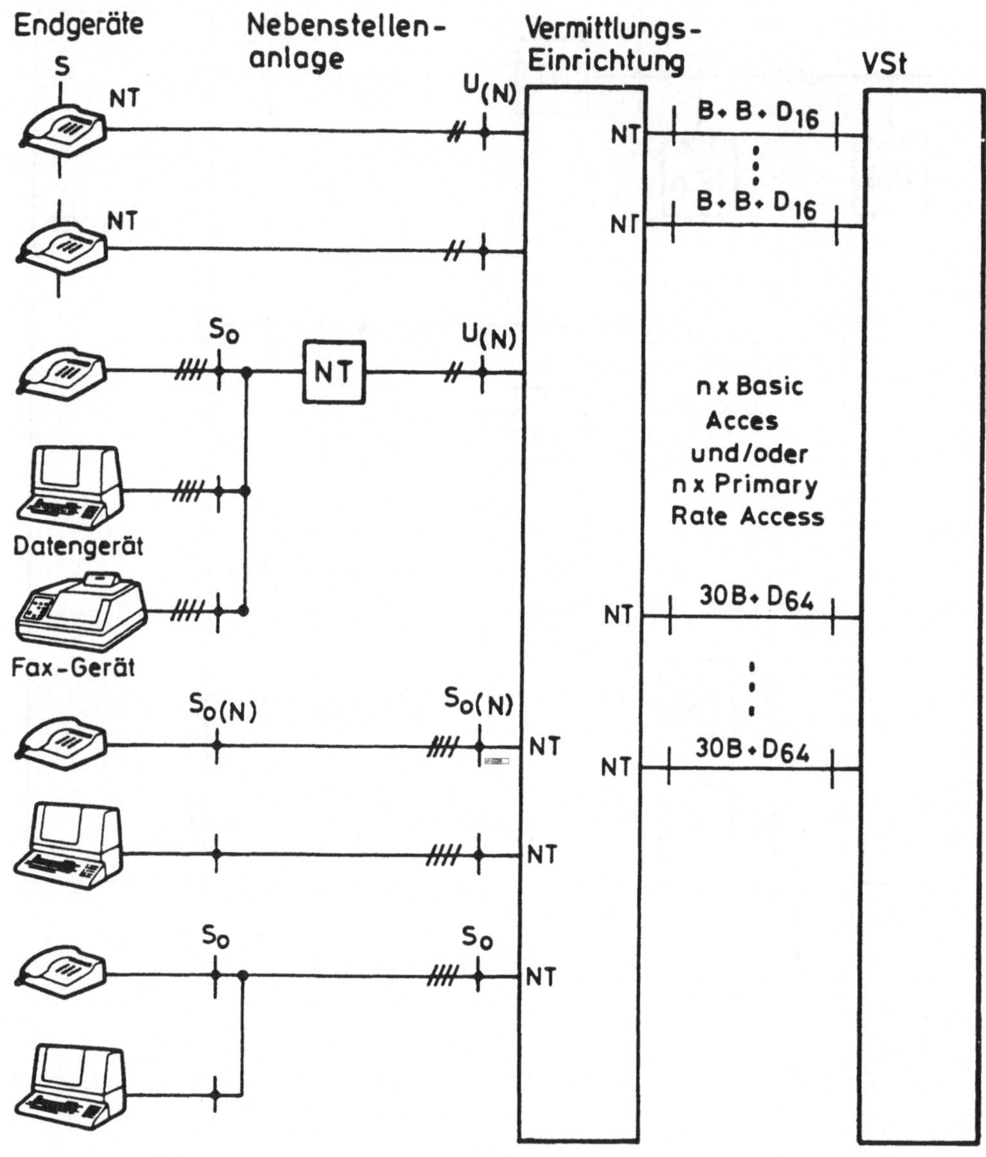

Bild 5: ISDN - Nebenstellenanlagen - Konfiguration

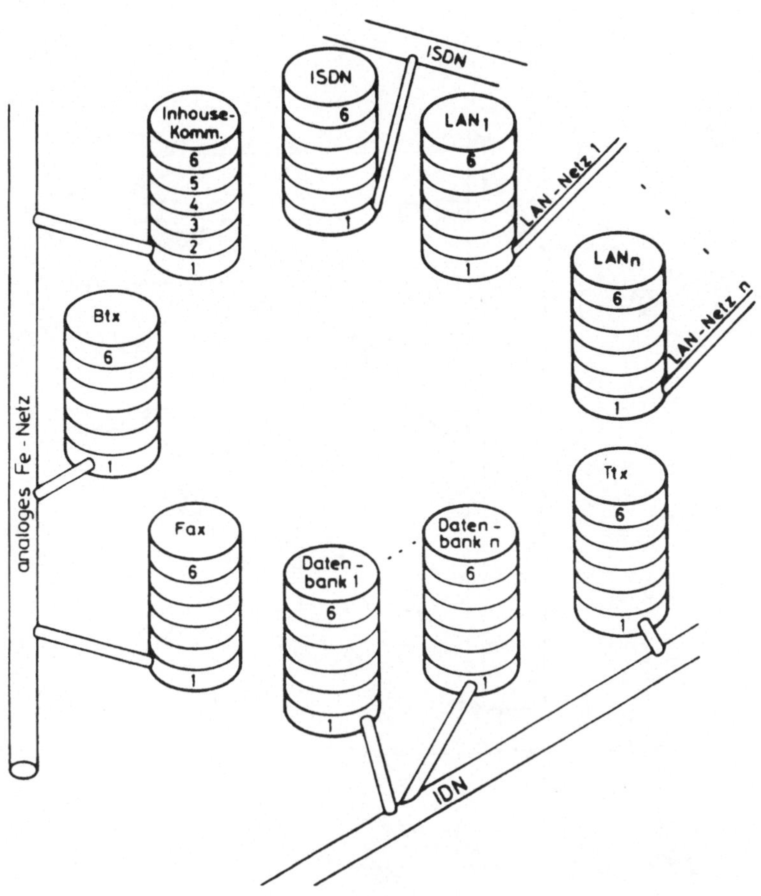

Bild 6 : Anbindung unterschiedlicher Protokollstandards
(entsprechend ISO - Referenzmodell)
an Fernmeldenetze
- derzeitiger Zustand -

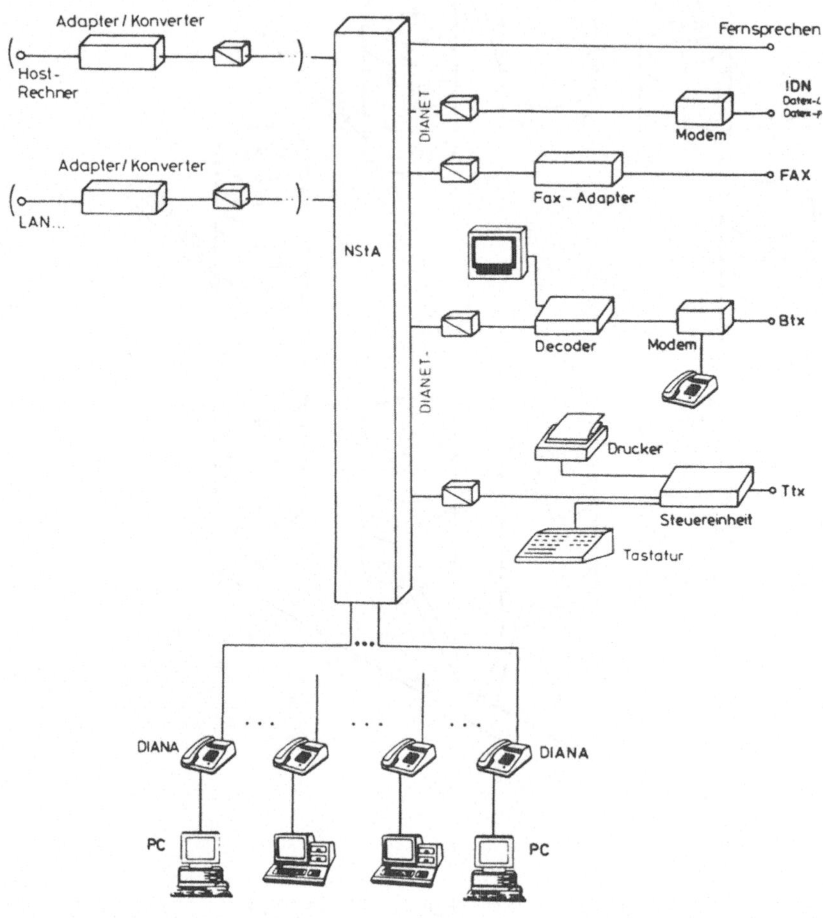

BILD 7: KOMMUNIKATION ZWISCHEN VERSCHIEDENARTIGEN TEILNEHMERN
– NUTZUNG VON DIENSTRÜMPFEN

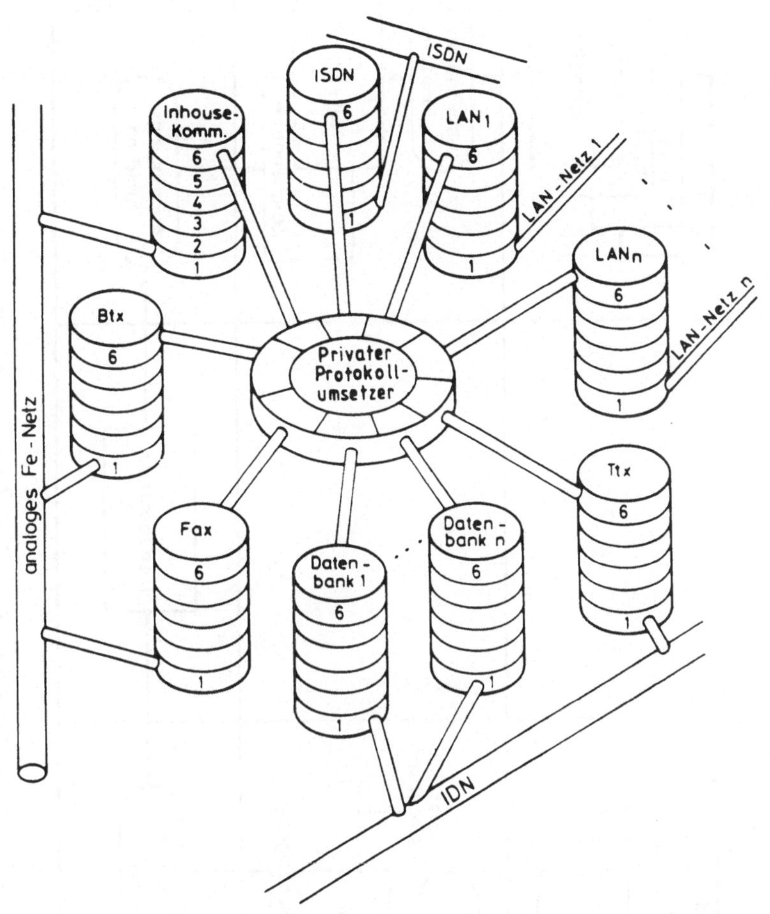

BILD 8 : KOPPLUNG UNTERSCHIEDLICHER PROTOKOLLSTANDARDS
(ENTSPRECHEND ISO - REFERENZMODELL) ÜBER MEHRERE
FERNMELDENETZE
- ANZUSTREBENDER ZUSTAND -

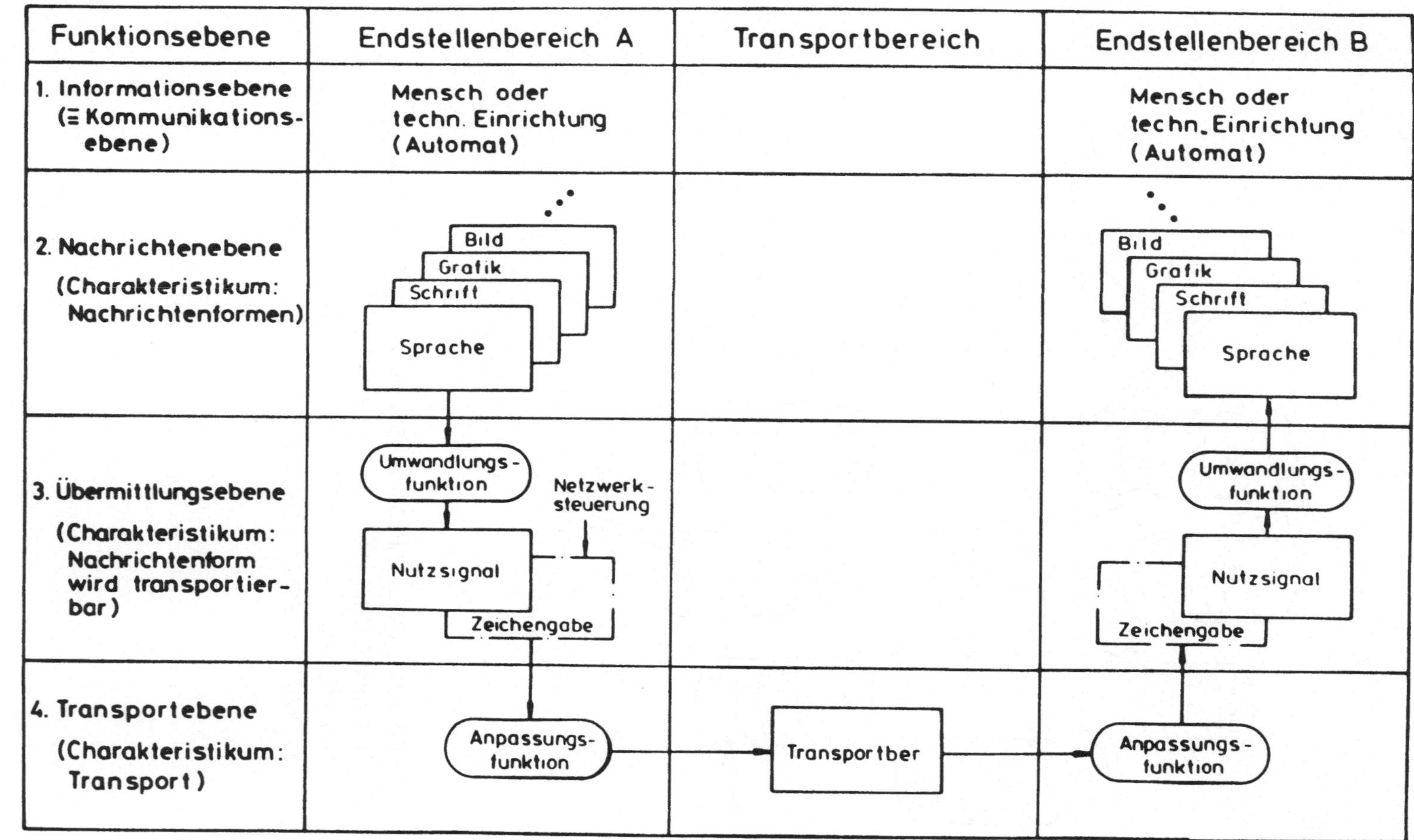

BILD 9 : UNIVERSELLES SCHICHTENMODELL FÜR KOMMUNIKATIONSABLÄUFE MIT TECHNISCHEN NACHRICHTENSYSTEMEN

Service Integration in PABXs

Karl-Ludwig Plank

The introduction considers the importance of nonvoice-communication services and derives from this point of view the importance of PABXs for an effective use of the ISDN. Especially the possibility of separating the type of message from the physical transmission of useful signals and the power of the applied signaling system are the basis of the service-independent ISDN. In order to provide the desirable variety of services these ISDN characteristics must be conveyed from the public transportation network of the ISDN to the PABX and further to the connected extension lines.

The administrative and functional relations between the public and private sections of a telecommunication network and of the whole transportation system and the terminal-connecting lines are very briefly considered. It will be demonstrated that in certain cases even classical PABXs have been used in connection with different public dedicated networks, e.g. networks for voice and teletex. Thus the service integration has already been in use in privately owned networks - and this in a more extended way, than it has meanwhile been achieved in public networks by means of value adding. Additionally, it will be demonstrated by experience that nonvoice-communication services using higher transmission speed (e.g. 64 kBit/s) create considerable changes in the relation of traffic handling capability in the coupling network versus the load of the control concerning the exchanges.

The next chapter discusses the differences in the subscriber loop area of public networks and PABX networks. The main difference consists in the length of those loops. As far as public extension lines are concerned, the length which must be taken into consideration is of about 7 miles, for PABXs the relevant extension line length will not exceed one mile in more than 99.9 % of all cases. This relation allows for other means of operating a private extension loop in comparison with

public loops which permits more economical technical solutions in the
field of PABX to be implemented. Possible technical equipment is
described.

Finally, another chapter deals with some possible solutions in the
field of different services which can be handled in the PABX area in a
more economical way than in the public area. Mainly characteroriented
services - for example, telewriting - can be considered a subquantity
of the public teletex service and can be operated on the relevant
trunk lines to the public network under all the conditions of the
teletex definitions while in the PABX a subquantity is in operation.
Very similar ideas can be applied to other classes of services, e.g.
Videotex or Btx in the German vocabulary. By establishing "classes of
services" and defining minimum requirements for each of those classes,
it seems additionally possible to define terminals which either serve
different services, or handle a single service for a relatively low
price if not all the characteristics of the complete service definition are provided. In those cases, the full quality of service made
available by the complete spectrum of definitions can be maintained in
the public network, but basic characteristics can also be achieved in
the private area. Under these circumstances it can become possible for
the customers to decide which quality of service he wants to get from
his PABX depending on the amount of money he is willing to pay.

Verteil-, Abruf- und Dialogdienste über Kabelrundfunkanlagen und Breitband-ISDN

Heinrich Armbrüster

Durch den verstärkten Ausbau von Kabelrundfunkanlagen in einigen Ländern und durch die sich abzeichnende Entwicklung des Fernsprechnetzes
zu einem diensteintegrierenden digitalen Nachrichtennetz auf der Basis
von Lichtwellenleitern (Breitband-ISDN*) wächst die Bedeutung von
Breitbandnetzen im Teilnehmeranschlußbereich /1/.

1. Dienste für den Heim- und Bürobereich

Das Spektrum der Kommunikationsdienste wird immer vielfältiger
(Bild 1). Zwischen den Verteildiensten, die gleichzeitig Programme und
Informationen an viele Teilnehmer verteilen (Beispiel: Fernsehen), und
den Dialogdiensten, mit denen am Dienst beteiligte Kommunikationspartner über Verbindungen Nachrichten austauschen, deren Inhalt sie selbst
gestalten (Beispiel: Fernsprechen), gibt es inzwischen eine weitere
Gruppe von Diensten. Bei diesen Zugriff- bzw. Abrufdiensten kann sich
der Teilnehmer Informationen aus einer Informationszentrale beschaffen
(Beispiel: Bildschirmtext).

Künftige Netze ermöglichen die Verbesserung bestehender Dienste oder
bieten völlig neue Dienste, darunter weitere Breitbanddienste (Beispiel: Bildfernsprechen).

Breitbanddienste sind durch die schnelle Übertragung von Bildern (Be-
wegtbilder, Folgen von Festbildern, Bilder und Dokumente mit höherer
Auflösung) oder von äquivalenten Daten gekennzeichnet und kommen wegen
ihrer Anforderungen an die Übertragungskapazität nicht mit den vorhandenen Teilnehmeranschlußleitungen des Fernsprechnetzes aus /2/.

---

* ISDN Integrated Services Digital Network.

Verteilen	Hörfunk	Allgemeiner Hörfunk
	Fernsehen	Allgemeines Fernsehen Pay - TV Hochauflösendes Fernsehen (HDTV) Fernsehüberwachung (Industriefernsehen) "Fernsehtext für alle" Faksimilezeitung (Telezeitung)
Zugriff	Fernsehtext	"Videotext"
	Kabeltext	Vollkanal - Fernsehtext Kabelbild
Abruf	Bild-/Filmabruf	"Copying - on - Demand" (Filmabruf) Breitband - Bildschirmtext Dokumentabruf (DIN A4)
	Bildschirmtext	Konventioneller Bildschirmtext Foto - Bildschirmtext "Intelligenter" Bildschirmtext
Dialog*	Datenkommunikation	Transparenter Datenverkehr Fernwirken Funkruf
	Textverkehr	Fernschreiben (Telex) Bürofernschreiben (Teletex) Computer - Konferenz Text - Mail
	Dokumentverkehr	Fernkopieren (Telefax) Übertragung von Fotos/Druckseiten Fax - Mail Textfax Textfax - Mail Fernzeichnen
	Fernsprechen	Einzel - Fernsprechen Fernsprechkonferenz Voice - Mail
	Bildfernsprechen	Einzel - Bildfernsprechen Arbeitsplatzkonferenz Studiokonferenz (Videokonferenz) Picture - Mail

* Einschließlich einseitig gerichtetem Verkehr (auch über Speicher).

HDTV High Definition Television.

Bild 1

Heutige und künftige Kommunikationsdienste für Heim, Büro und unterwegs

Bei den <u>Verteildiensten</u> sind die wichtigsten Tendenzen:

- Erweitertes Programm- und Informationsangebot durch Kabelrundfunkanlagen und Rundfunksatelliten.

- Pay-TV, das sind Programme und Informationen gegen gesonderte Bezahlung: Fernsehprogramme im Abonnement (Pay-per-Channel) oder gegen Einzelentgelt (Pay-per-View), Teleprogramme, Textinformationen, Faksimilezeitungen.

- Verbesserte Bildqualität beim Fernsehen durch kompatible Weiterentwicklungen heutiger Normen und durch die Digitalisierung (einschließlich Bildspeicher) im Endgerät, durch das B-MAC- oder C-MAC-Verfahren * oder durch hochauflösendes Fernsehen nach dem HDTV-Konzept ** /3/.

Bei den <u>Zugriff- und Abrufdiensten</u> werden voraussichtlich neben Fernsehtext und Bildschirmtext noch Kabeltext bzw. Kabelbild sowie Bild-/

---

*   MAC   Multiplexed Analogue Components.
** HDTV High Definition Television.

Filmabruf Bedeutung erlangen /4/. Kabeltext und Kabelbild nutzen einen
vollständigen Fernsehkanal für die Übertragung eines umfangreichen An-
gebots von Text- und Grafikseiten oder Teleprogrammen ("Vollkanal-Fern-
sehtext") bzw. später auch von Fernsehbildern. Bild-/Filmabruf ermöglicht Text- und Grafikinformationen im Abrufdialog und bezieht darüber
hinaus Ton, Bild und Film ein. Eine Form der Realisierung ist "Breit-
band-Bildschirmtext", weitere Formen der Abruf von DIN-A4-Dokumenten
im Bürobereich oder von Bildern mit höherer Auflösung.

Bei den Dialogdiensten verspricht vor allem Bildfernsprechen eine attraktive Anwendungsvielfalt in Heim und Büro. Im Gegensatz zu Verteil-
und Abrufdiensten, die eher lokalen und regionalen Charakter haben,
wird das künftige Fernnetz stark durch den Bildfernsprechverkehr geprägt, da ein Bildferngespräch gegenüber einem Ferngespräch je nach
Codierung einen um den Faktor 500 - 2000 größeren Kapazitätsbedarf
aufweist.

Die Bildkonferenz in den Formen Arbeitsplatzkonferenz und Studiokonferenz (Videokonferenz) hat eine wichtige Wegbereiterfunktion für den
Einstieg in die Breitband-Dialogkommunikation. Bei der Arbeitsplatzkonferenz handelt es sich um die Zusammenschaltung von mehr als zwei
Bildfernsprechern an unterschiedlichen Aufstellungsorten zu einer Konferenz. Die Studiokonferenz verbindet Konferenzräume miteinander.

Für die Datenkommunikation und den Dokumentverkehr im geschäftlichen
Bereich kann man neben einer höheren Übertragungsgeschwindigkeit eine
verbesserte Qualität erwarten. Einige dieser Breitband-Dialogdienste
benötigen transparente Übertragung von Teilnehmer zu Teilnehmer.

Der Bedarf an neuen Kommunikationsdiensten im privaten Bereich wird
durch die zusätzliche Nutzenerwartung, die Kosten für die notwendigen
Investitionen und die Nutzung (darunter vor allem die Gebühren), den
verfügbaren Kaufkraftspielraum und den zeitlichen Nutzungsspielraum
geprägt. Bildfernsprechen und Bild-/Filmabruf in der Form von Breit-
band-Bildschirmtext dürften für die Anschlußentscheidung an ein Universalnetz im bildorientierten privaten Bereich eine wesentliche Rolle
spielen, Fernsehen nur dann, wenn der Anschluß Kostenvorteile bringt,
oder wenn damit ein erweitertes Programmangebot bzw. eine deutlich höhere Bildqualität verbunden ist (Bild 2).

Für den Bedarf an neuen Kommunikationsdiensten im geschäftlichen Bereich steht vor allem die Wirtschaftlichkeit gegenüber konventionel-

len Alternativen im Vordergrund. In die Betrachtungen fließen nicht
nur die unmittelbar quantifizierbaren Kosten bzw. Kosteneinsparungen
ein, sondern zudem mittelbare Verbesserungen. Für den Anschluß an ein
Universalnetz werden im geschäftlichen Bereich Bildfernsprechen und
Bildkonferenz, der Abruf von Dokumenten sowie unterschiedliche Spezial-
anwendungen der Datenkommunikation und des Dokumentverkehrs maßgebend
sein (vergleiche Bild 2).

Dienste		Bandbreite bzw. Bitrate		Bedeutung und Bedarf	
		"schmal"	"breit"	Heim	Büro
Verteilen	Hörfunk	X		groß	
	Fernsehen		X	groß	
Zugriff	Fernsehtext	X		mittel	
	Kabeltext	X	X	mittel	
Abruf	Bild-/ Filmabruf		X	mittel	mittel
	Bildschirm-text	X		groß	groß
Dialog	Datenkom-munikation	X	X		groß
	Textverkehr	X			groß
	Dokument-verkehr	X	X	mittel	groß
	Fern-sprechen	X		groß	groß
	Bildfern-sprechen		X	groß	groß

Bild 2
Bedeutung und Bedarf von Diensten
in Heim und Büro (längerfristig)

Die Teilnehmerentwicklung bei neuen Diensten wird einerseits vom Bedarf bestimmt, andererseits auch von der Finanzierbarkeit der technischen Einrichtungen durch die Betreiber bei Netz und Informationszentralen, d.h. vom verfügbaren Kapital und von der erwarteten Verzinsung.

2. Breitbandnetze und ihre Vorteile

Kabelrundfunkanlagen bieten gegenüber Groß-Gemeinschaftsantennenanlagen die Voraussetzungen für ein Angebot, das über die ortsüblich oder
ortsmöglich empfangbaren Rundfunkprogramme hinausgeht. Kabelrundfunkanlagen werden heute im allgemeinen mit Kupfer-Koaxialkabeln in Baumstruktur oder in Baum-/Sternstruktur (Mini-Sterne) aufgebaut. Der bei
Kabelrundfunkanlagen geringe Kabelverbrauch pro Teilnehmer und die einfache Abzweigtechnik resultieren in vergleichsweise niedrigen Kosten,
solange es sich um reine Verteilanlagen handelt.

Diese Kabelrundfunkanlagen eignen sich zunächst besonders für das un-
eingeschränkte Verteilen von Hörfunk-, Fernsehprogrammen und weiteren
Informationen (darunter Kabeltext). Um die Bezahlung gebührenpflichti-
ger Programme und Informationen sicherzustellen (Pay-TV), sind Zusatzeinrichtungen notwendig, die die Inhalte für die nicht berechtigten
Teilnehmer sperren (Filter), bzw. "verschlüsselte" Inhalte nur für die
berechtigten Teilnehmer entschlüsseln (Descrambler) oder die Signale
jeweils für die berechtigten Teilnehmer auf Anforderung durchschalten
(Konverter, Verteilvermittlungen). Descrambler kann man bei einigen
Ausführungsformen über Datenkanäle von der Zentrale adressieren, um
die Berechtigungen auf einfache Weise zu ändern. Konverter lassen sich
entweder adressieren oder - bei Datenkanälen in beiden Richtungen -
auch durch die Zentrale steuern. Wichtig ist anzumerken, daß in allen
Fällen die Datenübertragung ausschließlich dem betrieblich bedingten
Informationsaustausch mit diesen Zusatzeinrichtungen dient. Es gibt
keine durchgehenden Datenkanäle zwischen Teilnehmer und Zentrale, die
der Teilnehmer für die Datenkommunikation oder andere Dienste unmittelbar nutzen kann.

Individuelle Anwendungen, die über Pay-per-Channel oder Pay-per-View
hinausgehen, sind trotz einiger Probleme technisch möglich, erfordern
aber in Verbindung mit durchgehenden Echtzeit-Datenübertragungskanälen
zwischen Teilnehmern und Zentrale anspruchsvolle Zusatzeinrichtungen:
steuerbare Konverter, zentrale oder dezentrale Vermittlungen. Die leistungsfähigen Datenkanäle lassen sich entweder innerhalb des Kabelrund-
funknetzes realisieren oder - wahrscheinlich kostengünstiger - unter
Mitverwendung des Fernsprechnetzes oder von Text- und Datennetzen. Die
Anlagen sind in den Investitionen erheblich aufwendiger als einfache
Verteilnetze.

Bei der Diskussion der Frage, ob Kabelrundfunkanlagen für die Übertragung von Abruf- oder ausgewählten Dialogdiensten ausgestattet werden
sollen (Bild 3), sind heute keine wirtschaftlichen, technischen oder
betrieblichen Vorteile gegenüber vermittelnden Dialognetzen zu erkennen, von Problemen wie Datenschutz ganz abgesehen. Das Einbeziehen von
individuellen Diensten ist am ehesten in Ländern vorstellbar, in denen
verschiedene Betreiber für Kabelrundfunknetze und Dialognetze zuständig
sind. Mit den erweiterten Kabelrundfunkanlagen können dort die heutigen
Teilnehmeranschlußnetze für die Datenkommunikation umgangen werden,
ein Problem, das zur Zeit die Telefongesellschaften in USA beunruhigt.
Das Problem würde weiter verschärft, wenn es den in vielen Fällen

nur lokal operierenden Kabelbetreibern gelingt, durch Zusammenarbeit
untereinander und mit Betreibern regionaler und überregionaler Verbindungen (einschließlich Satelliten) den "Fleckerlteppich" zu einer lan-
desweiten Infrastruktur zusammenzufügen.

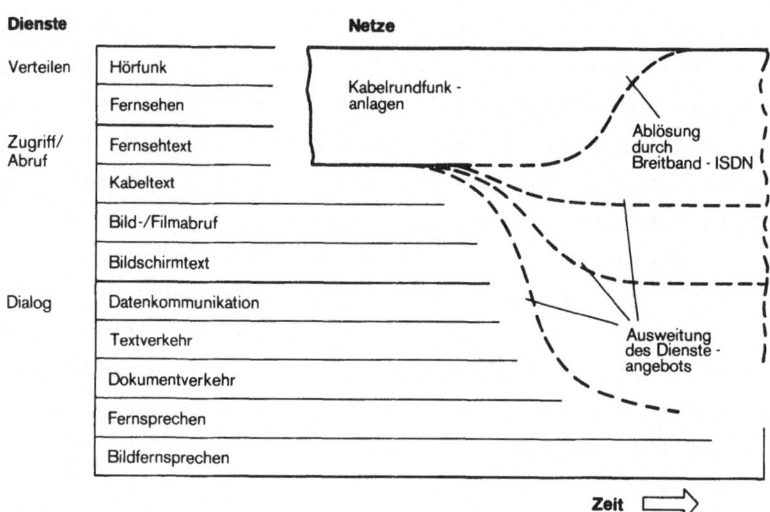

Bild 3   Dienste bei Kabelrundfunkanlagen (denkbare Alternativen
         für die zeitliche Entwicklung)

Breitband-ISDN, das vermittelnde Netz auf Lichtwellenleiter-Basis,
zeichnet sich als längerfristige Lösung für alle Kommunikationsdienste
ab /5, 6, 7, 8/; darunter befinden sich insbesondere neue Breitband-
dienste (Bild 4). Während andere Dienste auch mit alternativen Netzen
realisierbar sind, läßt sich der absehbare Wunsch nach hochauflösendem
Fernsehen und nach Bild-/Filmabruf einfacher und der Wunsch nach Bildfernsprechen nur mit Breitband-ISDN wirtschaftlich erfüllen. Die ausschließlich digitale Übertragung schafft die Grundlage für das Ergänzen
künftiger Anwendungen oder für die denkbare Umstellung des Fernsehens
auf den - noch nicht festgelegten - HDTV-Standard (eine vielverspre-
chende Attraktion des Breitband-ISDN für den Heimbereich), ohne daß
dazu in das verlegte Lichtwellenleiternetz eingegriffen werden muß.

Das geschlossene Breitband-ISDN-Konzept erstreckt sich auf das öffentliche Netz sowie auf Breitband-ISDN-Nebenstellenanlagen, die eine wichtige Rolle bei der Breitband-ISDN-Einführung spielen können. Beim
Breitband-ISDN stehen dem Teilnehmer alle Dienste über eine einzige
Rufnummer an einheitlichen Kommunikationssteckdosen zur Verfügung, an

die interne Netze und verschiedenartigste Endgeräte im geschäftlichen
und privaten Bereich angeschlossen sind.

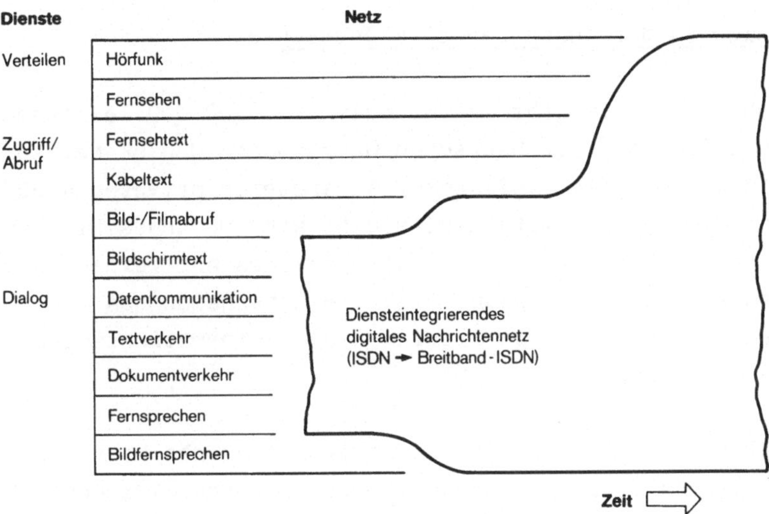

Bild 4 Dienste beim ISDN bzw. Breitband-ISDN (zeitliche Entwicklung)

Im Gegensatz zu der Technik von Kabelrundfunkanlagen mit ihrem eher
lokalen Charakter muß die Technik des Breitband-ISDN mit Hinblick auf
die weltweite Kommunikation international kompatibel sein. Das erfordert die Standardisierung der wesentlichen Grundparameter, die wegen
der zeitlich festliegenden Studienperioden bei CCITT * 1988 zu erwarten
ist. Ein international standardisiertes Breitband-ISDN verspricht für
die absehbare Zukunft gegenüber einer Vielzahl von Spezialnetzen eine
verbesserte Wirtschaftlichkeit - und damit günstigere Gebühren - durch
höhere Fertigungsstückzahlen bei den Komponenten, durch eine insgesamt
einfachere Betriebsabwicklung sowie durch Inanspruchnahme weiterer
Dienste und durch Anschalten zusätzlicher Endgeräte.

<u>Fernmeldesatelliten</u> stellen eine infrastrukturelle Ergänzung zu beste-
henden Kabel- und Richtfunkverbindungen des Fernnetzes für Fernsprech-,
Text-, Daten- und Bildverkehr dar. Sie können dabei neben anderen Diensten auch Kabelrundfunkanlagen bzw. künftig das Breitband-ISDN mit
Hörfunk- und Fernsehprogrammen oder Kabeltextangeboten versorgen. Demgegenüber dienen <u>Rundfunksatelliten</u>, die wegen ihrer relativ hohen
Sendeleistungen den Direktempfang mit Antennen von 60 - 90 cm Durchmesser gestatten, darüber hinaus der Versorgung oder Restversorgung

---

* CCITT Comité Consultatif International Télégraphique et Téléphonique.

von Haushalten, die keinen Kabelanschluß haben bzw. haben werden. Satelliten sind keine Konkurrenz zum Kabel, sondern in vielen Fällen eine zweckmäßige Ergänzung.

3. Situation in der Bundesrepublik Deutschland

In der Bundesrepublik gibt es zur Zeit etwa 900.000 Teilnehmer an den Kabelrundfunkanlagen der Deutschen Bundespost, den BK-Netzen *, und zusätzlich knapp 2 Mio. Teilnehmer an größeren privaten Groß-Gemeinschaftsantennenanlagen mit jeweils mehr als 300 angeschlossenen Teilnehmern. Heute übertragen die meisten Anlagen nur vergleichsweise wenige Hörfunk- und Fernsehprogramme. Die Entscheidungen für eine flächendeckende Vermehrung von Programm- und Informationsangeboten sind praktisch gefallen.

Die schmalbandigen Dialog- und Abrufdienste werden heute in der Bundesrepublik über das Fernsprechnetz mit etwa 24 Mio. Teilnehmer-Hauptanschlüssen (im wesentlichen für Fernsprechen mit rund 36 Mio. Sprechstellen) und über das Integrierte Text- und Datennetz (IDN) mit knapp 300.000 Anschlüssen abgewickelt. Für den Ausbau dieser Netze bis hin zum Breitband-ISDN hat die Deutsche Bundespost klare Zeitvorstellungen entwickelt /5/. Auf der Basis des Fernsprechnetzes entsteht im Anschluß an den 1986 beginnenden Pilotbetrieb ab 1988 das "Diensteintegrierende digitale Nachrichtennetz" (ISDN). Das ISDN sieht den Teilnehmerzugang zu allen schmalbandigen Dialogdiensten und zu Bildschirmtext vor und wird diese Dienste in Bezug auf Übertragungsgeschwindigkeit und Leistungsmerkmale erheblich verbessern. Ab 1990 soll das ISDN mit standardisierter Serientechnik zum Breitband-ISDN erweitert werden, das dann zusätzlich Breitband-Dialogdienste und -Abrufdienste ermöglicht. Ab 1992 können noch Hörfunk und Fernsehen einbezogen werden.

Für hochauflösendes Fernsehen (HDTV) kommt in der Bundesrepublik vor allem das Breitband-ISDN in Frage, da bei terrestrischen Rundfunksendern und bei Rundfunksatelliten entweder bestehende Frequenzzuteilungen geändert oder höhere Frequenzbereiche technisch erschlossen werden müßten, und da bei Kabelrundfunkanlagen ebenfalls eine Neuordnung der Frequenzen notwendig wäre.

Eine wichtige Orientierungshilfe für die langfristige Entwicklung des Breitband-ISDN ist das Benutzerpotential, das eine obere Grenze dar-

---

* BK   Breitbandkommunikation.

stellt, der sich - unter günstigen Bedingungen - der tatsächliche Bedarf einmal in der Phase der Sättigung nähern wird. Insgesamt kann man
in der Bundesrepublik das Benutzerpotential mit 30 Mio. Breitband-ISDN-
Hauptanschlüssen angeben, davon entfallen grob 25 Mio. auf die private
und 5 Mio. auf die geschäftliche Nutzung (mit 15 Mio. Breitband-ISDN-
"Sprechstellen"). Der private Bereich bietet von der Zahl der Hauptanschlüsse damit das deutlich größere Benutzerpotential. Es ist allerdings anzunehmen, daß dieser Bereich erst dann als Nachfrager nach
Breitband-ISDN-Anschlüssen in Erscheinung tritt, wenn sich die Gebühren
für das Bildfernsprechen auf etwa die zweifachen Fernsprechgebühren be-
laufen (Bild 5).

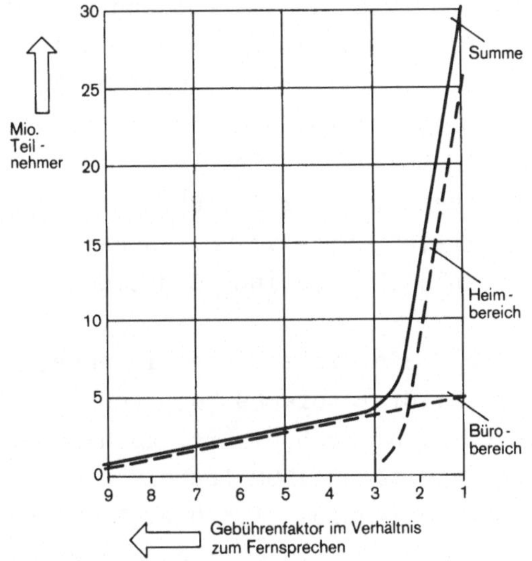

Bild 5
Bedarf für Breitband-ISDN-Haupt-
anschlüsse in der Bundesrepublik
Deutschland (vereinfacht)

Sowohl bei den Diensten als auch bei Teilnehmeranschlüssen, Investiti-
onsmitteln und Gebühren kann es zu gegenseitigen Beeinflussungen von
Kabelrundfunkanlagen und Breitband-ISDN kommen, obwohl die Installation der Netze im Schwerpunkt zeitlich auseinander liegt.

Mögliche Überschneidungen bei den Diensten (vergleiche Bilder 3 und 4)
werden einerseits davon abhängen, ob Kabelrundfunkanlagen auf das Verteilen von Hörfunk-, Fernsehprogrammen und Kabeltext, für das sie prä-
destiniert sind, begrenzt bleiben, und andererseits davon, ab wann die
Verteildienste in das künftige Breitband-ISDN einbezogen werden.

Mögliche Überschneidungen bei Teilnehmeranschlüssen, Investitionsmit-
teln und Gebühren resultieren daraus, daß nicht nur die Investitions-

ausgaben für beide Netze aus demselben Topf kommen, sondern auch daraus, daß die zur Refinanzierung der Investitionen in irgendeiner Form
von den Teilnehmern erhobenen Gebühren aus demselben Portemonnaie stam-
men. Ab Anfang der 90er Jahre wird die Entwicklung davon abhängen, wie-
weit Breitband-ISDN durch Ausbau und akzeptable Gebühren rasch in die
Wohngebiete gelangt.

4. Vergleich mit dem Ausland

Kabelrundfunk ist heute - im Gegensatz zur Bundesrepublik Deutschland -
in Nordamerika und einigen westeuropäischen Ländern schon ziemlich
verbreitet /9/. In industrialisierten Ländern mit vergleichsweise wenigen Teilnehmern an Kabelrundfunkanlagen wird die Verkabelung zur Zeit
merklich forciert, so in Großbritannien und Frankreich. Die Anzahl der
empfangbaren Programme liegt in den fortgeschritten verkabelten Ländern im Schwerpunkt deutlich unter zwanzig, reicht aber in Einzelfällen
bereits darüber hinaus. Pay-TV findet in USA großes Interesse, hat in
anderen Ländern bereits begonnen oder steht vor der Einführung (Japan,
Kanada, Großbritannien, Finnland, Frankreich, Schweiz und andere). Kabelrundfunkanlagen mit Rückkanälen haben bisher geringe Bedeutung.

Versuche und Erprobungen mit Hinblick auf ein diensteintegrierendes
vermittelndes Breitbandnetz werden mit Bildfernsprechen und anderen
Diensten zur Zeit in allen wichtigen Ländern durchgeführt, auch wenn
dabei naturgemäß noch keine endgültige Breitband-ISDN-Technik eingesetzt ist. Dienste für schnelle Datenkommunikation (1,5 bzw. 2 Mbit/s
oder mehr) und für Bildkonferenzen befinden sich in Erprobung oder bereits im Betrieb. Zu Bild-/Filmabruf gibt es Versuche oder innerbe-
triebliche Anwendungen. Japan und - mit Einschränkungen - USA bereiten
hochauflösendes Fernsehen vor (Bild 6).

In Ländern mit unterschiedlichen Betreibern bei Kabelrundfunkanlagen
und vermittelnden Dialognetzen kann man nicht ausschließen, daß sich
beide Netzformen auf lange Zeit etablieren. Dabei werden voraussichtlich die Betreiber versuchen, ihren "Marktanteil" durch den weiteren
Ausbau ihrer Netze für zusätzliche Dienste auf Kosten der anderen Betreiber auszudehnen. In Ländern mit nur einem Betreiber für die öffentlichen Netze gibt es die Problematik der miteinander konkurrierenden
Netze zunächst nicht. Im Gegenteil: Diese Länder besitzen günstige
Voraussetzungen für eine konvergierende Entwicklung von den heutigen
Netzen zum Universalnetz Breitband-ISDN.

Land	Kabelrundfunkanlagen		Rundfunksatelliten		Diensteintegrierendes digitales Nachrichtennetz (ISDN)		
	angeschlossene Fernsehhaus- halte in % (Ende 1983)*	Pay - TV	derzeitige Fernseh- norm	HDTV	nur Schmal- band- dienste	zusätzlich Breitband- Dialog- und -Abrufdienste	zusätzlich Verteil- dienste
Bundesrepublik Deutschland	10 %	demnächst	1986		1988	1990	1992
Japan	3 %	demnächst	1984	1989	1986 (INS)	1990 - 2000 (INS)	Ende 90er (INS)
USA	40 %	X	1984	geplant	Mitte 80er (AT & T/Bell)	Ende 80er (AT & T/Bell)	
Großbritannien	10 %	X	1987		1987		
Frankreich	2 %	demnächst	1986		1988 (RITD)	1995 - 2005 (RNIS)	

* Anlagen mit mehr als 300 angeschlossenen Teilnehmern bzw. mit zusätzlichem Programm- und Informationsangebot.

AT & T American Telephone & Telegraph Company; HDTV High Definition Television; INS Information Network System; RITD Réseau Intégrant Téléphonie et Données; RNIS Réseau Numérique avec Intégration des Services.

Bild 6 **Weltweite Situation bei heutigen und künftigen Breitbandnetzen (Serientechnik, ohne Versuche/Erprobungen)**

Japan plant - als herausragendes Vorhaben - den Aufbau des "Information Network System" (INS /10/). 1984 geht zunächst das INS-Modellnetz im Raum Tokio in Betrieb. Das INS-Modellnetz bietet neben Schmalbanddiensten unter anderem Bildfernsprechen, Bildkonferenz und schnellen Dokumentverkehr sowie Bild-/Filmabruf und Fernsehen mit unterschiedlichen Netzen. Ein INS als wirkliches Breitband-ISDN mit Integration aller Dienste und kombinierter Nutzungsmöglichkeit sieht Japan nicht vor Ende der 90er Jahre. Das schließt den verbreitet früheren Teilnehmeranschluß mit Lichtwellenleitern im Heimbereich und im Bürobereich aber keineswegs aus.

USA und zum Teil auch Kanada haben durch zahlreiche Betreiber bei Kabelrundfunkanlagen und bei Fernsprech-, Text- und Datennetzen sehr heterogene Techniken und Diensteangebote. Die Deregulierung ermöglicht den Kabel-Betreibergesellschaften, bei Datenkommunikation und anderen Diensten in Konkurrenz zu den örtlichen Telefongesellschaften zu treten /11/. Die Tendenzen zu einem Breitband-ISDN scheinen in USA wegen der Vielzahl der Betreiber weniger ausgeprägt zu sein als in anderen Ländern, sind aber vorhanden.

Großbritannien strebt an, durch ein geeignetes Ausbaukonzept die jetzt entstehenden Kabelrundfunknetze später auf die Anforderungen eines künftigen Netzes umstellen zu können /12/. Die zunächst für Rundfunkprogrammverteilung und weitere Dienste vorgesehenen - und darüber finanzierten - lokalen Netze sollen in kleinen wirtschaftlich angepaßten Schritten zu für Breitband-ISDN verwendbaren Teilnehmeranschlußinseln ausgebaut und danach zu einem nationalen Netz verknüpft werden.

Frankreich hat nach wie vor ehrgeizige Regierungspläne für die frühzeitige Verbreitung von Lichtwellenleiter-Netzen im Teilnehmeranschlußbereich /13/. Der Einstieg erfolgt über Hörfunk- und Fernsehprogramme sowie interaktive Dienste, die - neben den vermittelnden Schmalbandnetzen - über ein eigenes Stern-/Sternnetz bzw. Baum-/Sternnetz (vorwiegend mit Lichtwellenleitern) angeboten werden. Ähnlich wie in Großbritannien begünstigen die größtenteils bis zum Teilnehmer vorhandenen Kabelkanäle die Verkabelung.

5. Überlegungen zum problemarmen Ausbau bei Diensten und Netzen

Kabelrundfunkanlagen lassen sich nur eingeschränkt mit Breitband-ISDN vergleichen, da sich die Investitions- und Anschlußentscheidungen für Breitband-ISDN im wesentlichen auf Breitband-Dialogdienste abstützen, Dienste, die mit Kabelrundfunkanlagen nicht möglich sind.

Dadurch, daß sich die öffentlichen Netze in der Bundesrepublik "in einer Hand" befinden, kann durch eine übergreifende Planung der Ausbau der Breitbandnetze unter Berücksichtigung der skizzierten gegenseitigen Beeinflussungen bei Diensten, Teilnehmeranschlüssen, Investitionen und Gebühren möglichst harmonisch gestaltet werden. So läßt sich nicht nur der vorhandene und erkennbare Bedarf an zusätzlichen Programm- und Informationsangeboten bereits heute oder in Kürze über Kabelrundfunkanlagen und über Rundfunksatelliten befriedigen, sondern auch später nach einer Phase der Koexistenz beider Netze der Ausbau des Breitband-ISDN zum einheitlichen flächendeckenden Universalnetz für alle Dienste vornehmen. Hier muß auf der einen Seite sichergestellt werden, daß sich die installierten Kabelrundfunkanlagen betriebswirtschaftlich rechnen, und auf der anderen Seite, daß die Einführung und der weitere Ausbau des Breitband-ISDN günstige Voraussetzungen vorfinden.

Besonderes Augenmerk erfordert die in Bezug auf Zeitpunkt und Ort konkurrenzarme Verkabelung. Das gilt vor allem für die Wohnregionen, da

der Versorgungsgrad der Geschäftsregionen durch Kabelrundfunknetze auch
in Zukunft gering bleiben dürfte. Ein wichtiger Aspekt ist außerdem
das konkurrenzarme Abgrenzen des Diensteangebots (Bild 7). Die Bundesrepublik Deutschland verfügt heute und künftig über leistungsfähige
vermittelnde Netze (ausgehend vom Fernsprechnetz bis hin zum Breitband-ISDN), mit denen sich herkömmliche und neue Dialog- und Abrufdienste - unter Nutzung der flächendeckenden Verbreitung dieser Netze - für
den Büro- und Heimbereich wirtschaftlich realisieren lassen. Es besteht
daher in der Bundesrepublik keine Notwendigkeit, die für Verteildienste
besonders geeigneten Kabelrundfunkanlagen für Abruf- oder Dialogdienste
auszubauen.

| Dienste | | | Kabelrundfunkanlagen | | | Breitband-ISDN |
			reines Verteilnetz	mit Filtern/ Descramblern/ Konvertern	mit "Rückkanälen"*	
Verteilen	Hörfunk Fernsehen	Einheitliches Angebot für alle Teilnehmer	X	X	X	X
Zugriff	Fernsehtext Kabeltext	Gestaffeltes Angebot		X	X	X
		Pay - per - Channel		X	X	X
		Pay - per - View		X	X	X
Abruf	Bild-/Filmabruf				(X)	X
	Bildschirmtext					X
Dialog	Datenkommunikation					X
	Textverkehr					X
	Dokumentverkehr					X
	Fernsprechen					X
	Bildfernsprechen					X

* Realisierung im Kabelrundfunknetz oder besser unter Mitverwendung von vermittelnden Dialognetzen.

Bild 7   Zweckmäßige Dienste-Realisierung mit unterschiedlich ausge-
statteten Kabelrundfunkanlagen und Breitband-ISDN

Das Universalnetz Breitband-ISDN verspricht mit seinen vielfältigen
und komfortablen Nutzungsmöglichkeiten das Kommunikationsnetz der Zukunft zu werden (Bild 8). Es gibt eine Reihe flankierender Maßnahmen,
die diesem Breitband-ISDN den Weg ebnen können, darunter insbesondere
der vorgezogene Einsatz von Lichtwellenleitern überall dort, wo es
wirtschaftlich oder wirtschaftlich vertretbar ist: für die Programmzu-
führung und die oberen Netzebenen bei Kabelrundfunkanlagen, für den Anschluß von großen und mittleren ISDN-Nebenstellenanlagen und geeigneten
ISDN-Teilnehmern, für das Ortsverbindungsnetz und das Fernnetz mit Hinblick auf zukünftige Breitbanddienste und ihre neue Größenordnung des
Kapazitätsbedarfs. Hierzu sind allerdings noch Planungs- und Entwicklungsarbeiten notwendig.

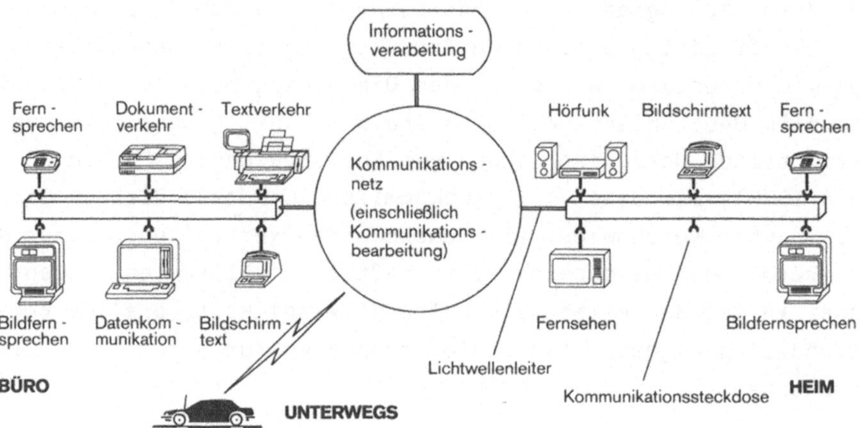

Bild 8   Kommunikationsnetz der Zukunft: Breitband-ISDN
         für alle Dienste (Universalnetz)

Schrifttum

/1/   Frensch, K.J.: Weiterentwicklung der öffentlichen Kommunikations-
      netze in der Bundesrepublik Deutschland. Telcom Report 7 (1984)
      Heft 1, Seiten 2 - 8.

/2/   Fischer, K.: Bildkommunikation - eine neue Qualität zwischen-
      menschlicher Kommunikation. Gemeinsamer Kongreß von Münchner
      Kreis und NTG "Integrierte Telekommunikation", München,
      5. - 7. November 1984.

/3/   Messerschmid, U.: Technische Möglichkeiten zur Verbesserung von
      Bild und Ton. Technische Mitteilungen PTT (1983) Heft 12,
      Seiten 448 - 450.

/4/   Armbrüster, H.: Information Retrieval over Wideband Networks.
      Telcom Report 7 (1984) Heft 2, englische Ausgabe, Seiten 54 - 61.

/5/   Konzept der Deutschen Bundespost zur Weiterentwicklung der Fern-
      meldeinfrastruktur. Herausgeber: Der Bundesminister für das Post-
      und Fernmeldewesen, Stab 202, Bonn, 1984.

/6/   Baur, H.: ISDN - das Telekommunikationsnetz der Zukunft. Siemens-
      Zeitschrift 57 (1983) Heft 6, Seiten 10 - 14.

/7/   Schön, H.: Die Deutsche Bundespost auf ihrem Weg zum ISDN.
      Zeitschrift für das Post- und Fernmeldewesen (1984) Heft 6,
      Seiten 20 - 30.

/8/   Kanzow, J.: The Introduction of Broadband Communications in the
      Federal Republic of Germany. Proceedings IEEE International
      Conference on Communications, Amsterdam, 14 - 17 May 1984,
      Seiten 1420 - 1424.

/9/   Whitten, P.: Kabelkommunikation in West-Europa 1984. Media Per-
      spektiven (1984) Heft 5, Seiten 361 - 371.

/10/ Fukutomi, R.: Telecommunication Networks and Switching Systems
     for INS. Proceedings XI International Switching Symposium,
     Keynotes, Florence, 7 - 11 May 1984, Seiten 28 - 34.

/11/ Stahlman, M.D.: Bypass Technologies for Metropolitan Area Net-
     works. Proceedings IEEE International Conference on Communica-
     tions, Amsterdam, 14 - 17 May 1984, Seiten 404 - 409.

/12/ Holloway, E.B.: Wideband Services and Network Evolution for
     Business and Domestic Customers. IEEE International Conference
     on Communications, Late Paper, Amsterdam, 14 - 17 May 1984,
     Seiten 1 - 5.

/13/ Seguin, H.: Installation of a Broadband Network in France.
     Proceedings IEEE International Conference on Communications,
     Amsterdam, 14 - 17 May 1984, Seiten 1397 - 1399.

Distribution, Retrieval and Dialog Services in Cable TV Systems and Broadband ISDN

Heinrich Armbrüster

The range of communications services is becoming more varied and will in future include new broadband services such as high-definition TV, video retrieval, high-speed data communication and document transmission, as well as video telephony and video teleconferencing (Fig. 1). Growth in the number of subscribers to these services will be determined on the one hand by the demand in the private and business sectors (and thus also depend on charges etc.), and on the other by what networks and information centers can be financed (Fig. 2).

Cable TV systems can be set up economically today on the basis of copper coaxial cables and are best suited for unrestricted distribution of radio/TV programs and text services such as cabletext (Fig. 3). To ensure that chargeable programs and information are paid for when the pay TV service is used, auxiliary equipment is called for: filters, descramblers or converters and, if required, simple data channels which are employed solely for exchanging operational data with the center.

There is some discussion today about whether cable TV systems should also be equipped to accommodate retrieval or dialog services with the aid of fairly costly "backward channels", which can either be implemented within the cable network or, more appropriately, by utilizing the existing dialog networks. Incorporating these services in cable TV networks brings no noticeable economic or operational advantages over dialog networks.

The broadband Integrated Services Digital Network (ISDN) built up using optical fibers is emerging as the long-term approach suitable for all communications services from the late 80s on (Fig. 4). The broadband ISDN will be able to offer dialog, retrieval and, at a later date, distribution services via a uniform communications socket. Whilst other services could also be handled by way of alternative networks, the perceptible wish for video communication can only be satisfied with this universal network.

In contrast to the cable TV networks, which tend to be local in their application, the broadband ISDN must be internationally standardized with a view to allowing worldwide communication, and it promises better profitability for the operator and lower charges for the user than comparable special networks.

The situation in the Federal Republic of Germany is marked by a relatively low number of subscribers to cable TV systems, a drive to cable up more subscribers and the clear concepts the Deutsche Bundespost (German Post Office) has regarding the time scale for expanding its current switched networks so that they can converge to form the broadband ISDN. Forecasts indicate that there will be broadband ISDN terminations starting predominantly in the office sector. In the longer term, though, a considerably greater user potential is to be found in the domestic area (Fig. 5).

Joint planning for the two networks is essential, for this is the only way to assure that the existing demand for additional program and information offerings can be met through cable TV systems, the investments being kept in line with operating economics, whilst at the same time guaranteeing favorable technical, organizational and financial conditions for introducing and expanding the broadband ISDN (Fig. 6). To ensure that the two networks complement each other in an optimum manner during the presumably lengthy period when they will exist side by side, both the areas to be cabled up (particularly residential areas) and the service offering should be coordinated (Fig. 7). Advance use of optical fiber systems wherever this is economical or economically justifiable can provide a subsidiary boost to development of the broadband ISDN, the "network of the future" (Fig. 8).

Breitband-Glasfasernetze in Frankreich

Helga Seguin

<u>1. Der französische Kabelplan</u>

Die französische Regierung hat Ende 1982 einen sogenannten "Kabelplan" (Plan de
Câble) beschlossen, der die Einführung von Breitbandnetzen auf breiter Basis
vorsieht. Dieser Plan ist hauptsächlich im Zusammenhang mit einer Gesetzesänderung
auf dem Gebiet der Fernseh- und Rundfunkverteilung zu sehen, die im Jahre 1982
erfolgte und die eine Liberalisierung der Programmverteilung ermöglicht.

Mehrere Ziele werden mit diesem Kabelplan angestrebt :
- die Einführung von Breitbanddiensten, sowohl für berufliche als auch private
Anwendungen
- die Entwicklung neuer Technologien, Produkte und Systeme
- die Förderung lokaler und nationaler Programmproduktion und Programmgestaltung.

Die Ausführung des Kabelplans wird von zwei verschiedenen Partnern übernommen. Die
französische Fernmeldeverwaltung (Direction Générale des Télécommunications : DGT)
ist für die Einrichtung, Betreibung und Wartung der Netze zuständig, während die
Programmierung, und in grossem Ausmass auch die Dienstegestaltung, im Verantwor-
tungsbereich von lokalen und regionalen Instanzen liegt. Diese Aufgabenverteilung
ermöglicht es, auf nationaler Ebene homogene und miteinander kompatible Netze
einzurichten und auf lokaler Ebene vielseitige Anregungen auf dem Gebiet der
Programmgestaltung zu sammeln.

Seit dem Beschluss des Kabelplans haben beide Partner ihren jeweiligen Aufgabenbereich in Angriff genommen. Die DGT hat die Einrichtung der ersten Netze in Auftrag gegeben und die ersten Kandidaten für die Verkablung ihrer Städte sind dabei Markt-, Programm- und Finanzstudien zu machen. Die ersten Netze werden voraussichtlich Ende 1985 bis Anfang 1986 in Betrieb genommen werden können.

2. Richtlinien für die Netzkonzeption

Die Einführung von Breitbandnetzen wird von der französichen Fernmeldeverwaltung im Zusammenhang mit ihrer allgemeinen Netz- und Diensteplanung betrachtet. Die finanzielle Rentabilisierung dieser neuen Netze wird, zumindest in den ersten Jahren, in grossem Ausmasse davon abhängen, ob schon existierende Infrastrukturen mitbenützt werden können, ob vielseitige Dienste, sowohl auf professioneller als auch privater Seite, eingeführt werden können und ob die Betriebs- und Wartungskosten mit anderen Netzen geteilt werden können. Die Ausnützung einer möglichen Synergie zwischen bestehenden und neuen Netzen ist deshalb ein nicht zu vernachlässigender Faktor.

Die Richtlinien und Spezifikationen einer ersten Generation von Breitbandnetzen wurden mit diesem Grundsatz einer gewissen Gesamtplanung der Netze Anfang 1983 von der französischen Fernmeldeverwaltung festgelegt. Diese Richtlinien betreffen hauptsächlich folgende Aspekte :

Netzarchitektur : Als Grundlage wurde die in Figur 1 dargestellte Netzarchitektur gewählt. Die Kombination von Stern- und Baumstrukturen scheint ein guter und realistischer Kompromiss für die Einführung von Breitbandnetzen und Breitbanddiensten in den nächsten Jahren zu sein. Sollte sich eine starke Nachfrage nach Diensten entwickeln, die individuelle und bilaterale Breitbandverbindungen benötigen (z.B. Bildfernsprechen, Bildbanken), dann kann diese Architektur durch einfache Erweiterung in eine reine Sternstruktur übergehen.

Technologie : Da die Netze, die heute eingerichtet werden, bis über das Jahr 2000 bestehen sollen, ist es absolut notwendig möglichst neue Technologien zu verwenden, wenn dies technisch und finanziell möglich ist. Dieser Entschluss für eine neue Generation von Netzen ist dadurch erleichtert, dass bisher nur wenige klassische Koaxialkabelnetze in Frankreich existieren.

Flexibilität und Evolution : Wenige Informationen liegen heute über die zukünftigen Breitbanddienste vor, weder über ihre Form, noch über ihre Nachfrage und noch weniger über ihren möglichen Einfluss auf die zukünftigen Breitbandnetze. Es ist deshalb wichtig, dass die ersten Netze genügend flexibel sind um sich der zukünftigen Dienstnachfrage ohne Schwierigkeiten anpassen zu können.

Kompatibilität : Eine gewisse funktionelle Kompatibilität zwischen Breitbandortsnetzen wird von Anfang an angestrebt. Dies vereinfacht ihre industrielle Produktion, ihren Betrieb und ihre Wartung und ermöglicht es, sie später über Breitbandfernnetze miteinander zu verbinden.

Gateways zwischen bestehenden Netzen und Breitbandnetzen sind ebenfalls vorgesehen.

Betrieb und Wartung : Die im Fernmeldenetz entwickelten und erprobten Prinzipien
und Systeme für den Betrieb und die Wartung ermöglichen es, deren Personalkosten
niedrig zu halten, selbst bei hoher Dienstqualität.

Dienste : Auf einem normalen privaten Teilnahmeranschluss können bei Einführung
des Netzes folgende Dienste angeboten werden :
- Wahl eines oder zwei verschiedener Fernsehkanäle von insgesamt 15 Kanälen in
einer ersten Phase (ausbaufähig bis 30 Kanäle).
- Wahl eines Hi-Fi-kanals von insgesamt 15 Kanälen (ausbaufähig bis 30 Kanäle).
- Verschiedene Dienste, die über einen bilateralen Datenkanal von 4 800 bit/s
angeboten werden können (Bildschirmtext, Telealarm, ...)
- Dienste, die über einen bilateralen, digitalen Kanal von 64 kbit/s angeboten
werden können (Telefon, professionelle Dienste).

Für professionelle Anwendungen können besondere Anschlüsse angeboten werden, z.B.
bilaterale digitale ($\geqslant$ 2 Mbit/s) oder bilaterale Breitbandanschlüsse.

3. Funktionelle Beschreibung der verschiedenen Netzteile

Das Breitbandnetz setzt sich aus folgenden Einheiten zusammen (Figur 2) :

- Zentrale Betriebsstelle

- Hauptkabelnetz

- Verteilstellen

- Verteilkabelnetz

- Teilnehmereinrichtungen.

Die Zentrale Betriebsstelle ist mit der allgemeinen Betriebskontrolle des Netzes und mit seiner technischen Steuerung und Überwachung beauftragt. In dieser Eigenschaft sammelt, überwacht und verarbeitet sie alle Informationen bezüglich der Gebührenerfassung, der Verkehrsstatistiken, des Netzbetriebs und der Netzwartung. Sie ist ebenfalls die Schnittstelle zwischen dem lokalen Breitbandnetz und der Kopfstelle (Programmeinspeisestelle), sowie den anderen bestehenden Fernmeldenetzen. Eine zentrale Betriebsstelle ist für bis zu 100 000 Wohnungsanschlüsse zuständig.

Das Hauptkabelnetz verbindet die Verteilstellen mit der zentralen Betriebsstelle. Es setzt sich aus zwei übereinanderliegenden Netzen zusammen : ein Breitbandnetz in Baumstruktur, das die Fernseh - und Hi-Fi-kanäle von der zentralen Betriebsstelle zu den Verteilstellen überträgt, und ein digitales Netz in Sternstruktur das jede Verteilstelle mit der zentralen Betriebsstelle durch eine bilaterale 2 Mbit/s Leitung verbindet. Auf diesem mit Glasfaserkabeln aufgebauten 2 Mbit/s Sternnetz werden Betriebs- und Wartungssignale übertragen, sowie Schmalbanddienste und eventuell Breitbandrückkanäle. Es kann später erweitert werden, wenn sich die Nachfrage nach interaktiven Breitbanddiensten erhöht.

Die maximale Entfernung zwischen zentraler Betriebsstelle und Verteilstellen wurde auf 10 km begrenzt.

In den Verteilstellen befinden sich die Kanalwähler für die Breitbanddienste, sowie Vermittlungs - und Multiplexeinrichtungen für die Schmalbanddienste. Eine Kontroll- und Steuereinheit ist sowohl mit dem Teilnehmerdialog als auch mit dem Informationsaustausch mit der zentralen Betriebsstelle beauftragt. Einer Verteilstelle sind bis zu 1000 Wohnungen angeschlossen.

Das Verteilkabelnetz ist ein mit Galsfaserkabeln aufgebautes Sternnetz, das die Wohnungsanschlüsse direkt mit ihrer zugehörigen Verteilstelle verbindet. Über jede Anschlussleitung können alle Signale simultan übertragen werden, die für die im Paragraph 2 erwähnten Dienste notwendig sind. Die maximale Länge einer Anschlussleitung wurde auf 1100 m beschränkt.

Die Teilnehmereinrichtung umfasst einen Anschlusskasten, die Verkabelung der Wohnung und Adaptationseinheiten für den Anschluss an die Endgeräte. Der Anschlusskasten ist die Schnittstelle zwischen dem optischen öffentlichen Netz und der Verkabelung der Wohnung mit einem Koaxialkabel in Busstruktur. Jedem Endgerät wird eine Adaptationseinheit vorgeschaltet um die auf dem Netz übertragenen Signale und den Dialog den vorhandenen Endgeräten anzupassen.

4. Mögliche weitere Entwicklung der Netze und Dienste

Diese erste Generation von Breitbandnetzen ermöglicht es, eine grosse Anzahl von Breitbanddiensten und kombinierten Breitband - und Schmalbanddiensten (z.B. Video-, Audiothek) einzuführen. Sie ermöglicht es ebenfalls, die Nachfrage professioneller Teilnehmer auf schnelle und preisgünstige Weise zu befriedigen. Es ist jedoch nicht vorgesehen, dass auf diesen ersten Netzen in den nächsten Jahren Bildfernsprechen auf breiter Basis eingeführt werden wird. Dies schliesst nicht aus, dass dieser Dienst hauptsächlich auf professioneller Ebene relativ kurzfristig in den ersten Breitbandnetzen angeboten werden kann.

Sollte für Bildfernsprechen jedoch eine grössere Nachfrage bestehen, die auch den privaten Teilnehmerkreis umfasst, dann ist, aufbauend auf dem vorhandenen Kabelnetz, eine weitgehende Anpassung und Erweiterung der verschiedenen Netzeinrichtungen notwendig.

Es ist deshalb vorzusehen, dass eine zweite Generation von Breitbandnetzen im Laufe des nächsten Jahrzehnts entwickelt werden wird, die wahrscheinlich, im Vergleich zur ersten Generation, mehr auf digitale Lösungen zurückgreifen wird.

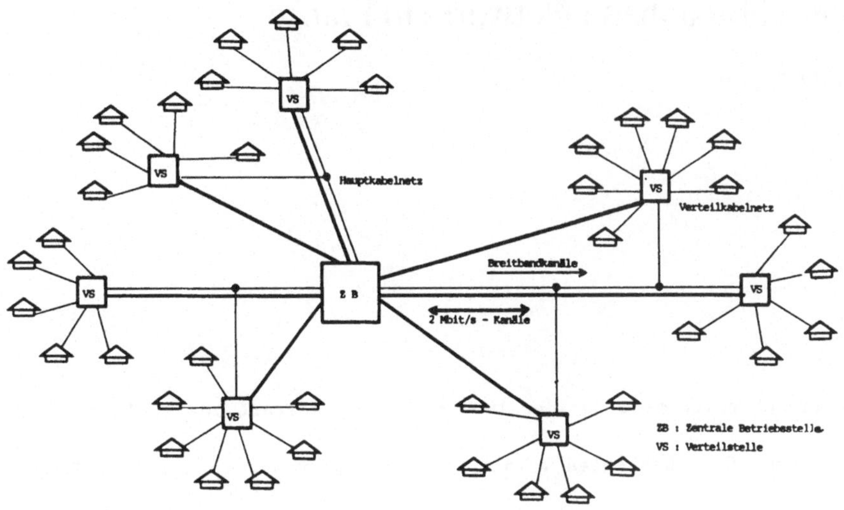

FIGUR 1 : NETZSTRUKTUR EINES BREITBANDORTSNETZES

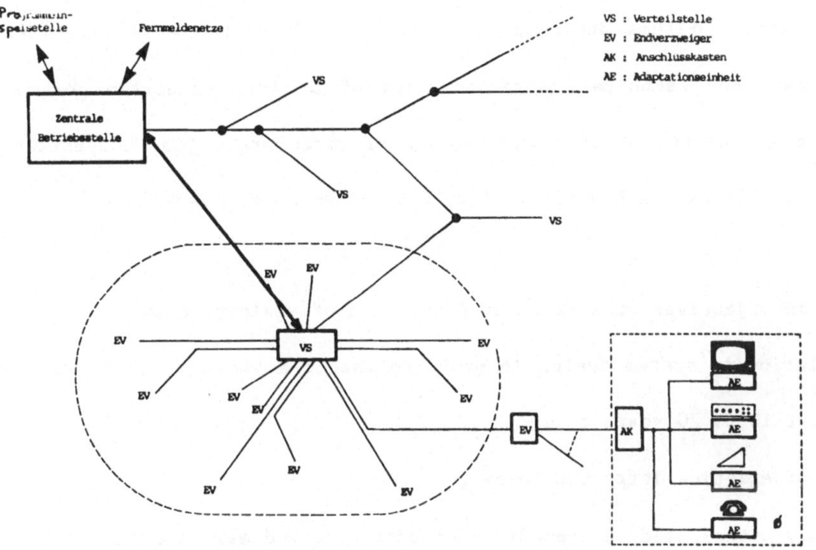

FIGUR 2 : NETZEINHEITEN EINES BREITBANDORTSNETZES

Optical Broadband Networks in France

Helga Seguin

The French government decided two years ago to start the cabling of France in the framework of a "Cableplan". This cableplan provides that the national Administration of Telecommunications will be responsible for the installation, operation and maintenance of the network-part whereas local and regional authorities will be in charge of the programme and service providing.

With respect to this decision, the French Administration defined last year the functional and technical characteristics of a first generation of networks and ordered at the end of 1983 the cabling of three areas (in Montpellier, Paris XV and Paris XII/XX) with a total of 80 000 connectable households.

The main objectives of this first generation of equipments are :

. Evolutionary system design in order to enable a whole range of new services in the next 10 to 20 years ;

. Use of existing infrastructures ;

. Widely automatized and computerized operating and maintenance.

From these objectives some basic rules are automatically given for the technical realization of such networks :

. Star-structure, at least for the nekwork-part near the subscriber ;

. Introduction of optical fibres, at least in the star network ;

. Centralized selecting and switching ;

. Centrally monitored control-and operation-tools.

It is foreseen that the first subscribers will be connected to these new broad-band networks at the end of 1985.

Glasfaserkabel für das Ortsnetz

Hans Schüßler

Nachdem Mitte der 70er Jahre erkennbar wurde, daß zukünftig mit
der Glasfaser ein leistungsfähiges und wirtschaftliches Breitband-
übertragungsmedium zur Verfügung stehen wird, war von vornherein
klar, daß die ersten Anwendungen in Fernnetzen erfolgen würden.
Das hat die bisherige Entwicklung auch bestätigt. Da aber der
Kabelbedarf in Schmalbandnetzen für die Fernübertragung sehr
begrenzt ist und weniger als 10 % des Bedarfes im Ortsnetz aus-
macht, war es eine reizvolle Aufgabenstellung für strategische
Überlegungen des Ausbaues von Fernmeldenetzen, auch den Einsatz
der Glasfaser im Ortsnetz zu untersuchen.
Bereits 1978 ist mit dem als Bild 1 gezeigten Diapositiv auf der
FITCE-Tagung führender europäischer Fernmeldeexperten der Vorschlag eines Glasfaserteilnehmeranschlusses gemacht worden.Dieser
Vorschlag zeigt schon die typische Struktur des Netzes, wie sie
auch bei den BIGFON-Versuchen realisiert worden ist.
Wir stellten uns damals die Aufgabe, ein Lichtwellenleiter-
Ortskabelkonzept zu entwerfen. Für die Planung wurden die Rand-
bedingungen zugrunde gelegt, wie sie bei dem existierenden Fernsprechnetz vorliegen. Deshalb ist in Bild 2 der typische Aufbau
eines solchen Fernsprechortsnetzes mit symmetrischen Kupfer-

kabeln (Kabel mit Doppeladern DA) gezeigt. Von der Ortsvermittlungsstelle OVSt verläuft das Hauptkabel Hk bis zum Kabelverzweiger KVz, teilt sich dort auf in die Verzweigungskabel
VZk, die den Endverzweiger EVz mit dem Kabelverzweiger verbinden. Von dort werden die Leitungen in die Häuser bzw.
Wohnungen geführt. Man erkennt deutlich drei Bereiche für die
einzusetzenden Kabel. In Bild 2 ist zu den beiden wesentlichen
Kabeltypen jeweils die mittlere Länge und die mittlere Bündelstärke - beim Hauptkabel z.B. 1,5 km für die mittlere Länge
und 400 DA für die Bündelstärke - angegeben. Das Verzweigungskabel ist im Mittel kürzer (250 m) und hat im Mittel auch nur
38 DA. Dabei muß aber mit bedacht werden, daß eine große
Streubreite der Bündelstärken und der Anschlußlängen gewährleistet werden muß, weil nach den örtlichen Gegebenheiten
starke Abweichungen von diesen Mittelwerten auftreten. So gibt
es z.B. Hauptkabel zwischen 100 und 2000 DA und Verzweigungskabel zwischen 5 und 100 DA.
Warum können nun die eingeführten Kabelkonzepte für Kupferkabel nicht einfach für Glasfaserkabel übernommen werden?
Bild 3 zeigt vergleichsweise die Doppeladerleitung, wie
sie bei Kupferortskabeln üblicherweise eingesetzt wird und
zehnfach vergrößert dagegen den Lichtwellenleiter. Nach diesem
Bild könnte man davon ausgehen, daß keine Schwierigkeit besteht, den Lichtwellenleiter so in die Kabel einzubringen,
daß er nicht mehr Volumen benötigt als die Doppelader. Für
Kupferkabel bewirkt die Verseilung und der Kabelmantel die

notwendige Handhabbarkeit und einen Schutz. Allerdings sind
Kupferadern so robust, daß Zug auf die Adern oder eine gewisse
Verformung keine nachteiligen Folgen für die Kabeleigenschaf-
ten haben. Anders ist das bei Lichtwellenleitern, die spannungsfrei durch das Kabel verpackt werden müssen und zu keiner Zeit
während der Kabelherstellung, der Kabelverlegung und Montage
oder des Betriebes eine Dehnung erfahren sollten, die über
0,5 % liegt. In elektrischen Kabeln werden eine Reihe von Funktionen, wie z.B. Nebensprechen durch die Verkabelung erfüllt
(Bild 4). Lichtwellenleiterkabel entsprechen wie die Digitaltechnik
dem Trend zur Vereinfachung in der Technik, weil die wesentlichsten Funktionsmerkmale in einem Element, der Faser, zusammengefaßt sind.

Aufgrund der Anforderungen im Ortsnetz und der besonderen
Belange der Verpackung von Lichtwellenleitern ist eine Bündel-
aderkonstruktion entwickelt worden, die bis zu 10 Fasern in
einem Schlauch spannungsfrei unterbringt. Das Kabel selbst
wird dann aus einer Mehrzahl solcher Bündeladern aufgebaut.
Als Beispiel für nach dieser Methode entwickelte Kabel sind
im folgenden Bild 5 einige der entwickelten Kabeltypen als
Stufenmuster dargestellt. Man sieht die Bündeladern, lagenver-
seilt zum Kabelaufbau, wobei als Kabelmantel ein üblicher
Kunststoffmantel eingesetzt wurde. Für die eingangs erwähnte
Typenreihe von Kabeln ist nun ein Konstruktionsplan entworfen
worden, der in Bild 6 dargestellt ist. Nach diesem Konstruktionsplan mit der bereits beschriebenen Bündelader gelingt es,

die Glasfaserkabel für Ortsnetzanwendungen etwa durchmesser-
gleich wie bestehende Kupferortskabel in symmetrischer Technik
mit Doppeladern 0,4 mm Durchmesser aufzubauen. Der Vorteil des
Glasfaserkabels liegt dabei in seinem wesentlich geringeren
Gewicht (Faktor 10) und Übertragungseigenschaften, die um
vieles günstiger liegen als bei Doppeladerkabeln und auch
noch besser sind als bei hochwertigen Koaxialkabeln.

Für den Aufbau von Ortskabelanlagen bedarf es wegen der Vielzahl der durchgeführten Baumaßnahmen einer Standardisierung
des Planungsverfahrens, der Anlagenauslegung und der Bau-
durchführung. Für Kupferkabel ist hier eine Vorschrift eingeführt worden, die alle Einzelheiten dieses Bauvorhabens regelt.
Mit der zukünftigen Einführung von Glasfaserkabeln wird es
notwendig, einen Teil dieser Vorschriften zu modifizieren.

Als Beispiel haben wir in Anlehnung an die existierende Vorschrift für Kupferkabel eine Hauptkabelanlage geplant, wie sie
in Bild 7 dargestellt ist. Die erste Strecke vom Hauptver-
teiler HVt muß natürlich nicht mit 3 Kabeln unterschiedlicher
Bündelstärke durchgeführt werden, die jeweils zu den Verteil-
punkten C, D und E gehen, sondern es könnte auch ein einziges
Kabel mit 2000 Glasfasern bis zu einer Muffe geführt werden,
wo sich dann die Wege nach D, E und C trennen. Das Bild gibt
von 5 möglichen Varianten sofort die Lösung an, die, wie in
Bild 8 erkennbar, die technisch-wirtschaftlich optimale ist.

Bei den 5 möglichen verschiedenen Lösungsvarianten ist die ausgewählte und dargestellte Variante 3 bezüglich der benötigten Glasfaserkilometer gleich mit allen anderen Lösungen, bezüglich der Kabelkilometer und dem Bedarf an Kabelkanalkilometern ist sie etwas ungünstiger als andere Lösungen. Sie hat aber, was die Zahl der Muffen und der Spleiße und was die Vielfalt der benötigten Kabeltypen angeht so eindeutige Vorteile, daß sie in diesem Anwendungsfall als optimal anzusprechen ist.

Das entworfene Kabelkonzept bedurfte der Erprobung. Es war notwendig festzustellen, ob die notwendigen Kabeltypen mit einer Standardmaschinentechnik hergestellt werden könnten oder ob eine verbesserte Verseiltechnik notwendig sein würde. Zum anderen war die Frage zu klären, wie die Verlegung, die Messung und die Montage vor Ort durchgeführt werden könnten.

Wir haben deswegen aus der Hauptkabelfamilie die wesentlichsten Typen entwickelt und in Versuchslängen hergestellt. Zur Erprobung wurde auch eine 2000-faserige Versuchslänge von 300 m Länge in unserem Versuchsfeld in eine Standardkabelanlage eingebaut. Auf Bild 9 ist sowohl das Einziehen des Kabels als auch der Verlauf der Kabelanlage dargestellt. In Bild 10 sind die bei der Auslegung gemessenen Dämpfungswerte des Kabels in ihrer Verteilung aufgetragen. Man erkennt deutlich, daß die Fasern,verkabelt auf der Spule, eine Zusatzdämpfung haben, die nach dem Auslegen und Einziehen weitgehend

verschwunden ist. Diese Zusatzdämpfung wird hervorgerufen
durch Spannungen an Fasern in dem aufgewickelten Zustand
des Kabels auf der Spule und beruht darauf, daß wir für die
ersten Versuchskabel eine reine Lagenverseilung der Bündeladern gewählt haben. Bei späteren Versuchsanlagen haben wir
eine Verseilung gewählt, wie sie in Bild 6 für die Typen-
familie bereits aufskizziert worden ist. Mit Kabeln dieser
Art sind keine Verseilungs- und Verlegeeffekte zu beobachten.
Die durchgeführten Untersuchungen zeigen, daß das vorgeschla-
gene Konzept für die Einführung der Glasfaserkabel im Ortsnetz technisch geeignet ist und daß alle notwendigen Verfahren
für die Herstellung der Kabel sowie für die Verlegung und
Montage zur Verfügung gestellt werden können.

2. Breitbandversuchsnetze und Betriebsnetze

Aufgrund der Erprobungsergebnisse lag es nahe, nunmehr über eine
Einführungsstrategie der Glasfasertechnik im Ortsnetz nachzudenken.
Diese Einführungsstrategie setzt allerdings eine genaue Kenntnis
des Dienstebedarfes voraus und war deswegen nicht geradlinig durch-
zuziehen. Vielmehr sind eine Reihe von Versuchsbauvorhaben durchgeführt worden, die einmal der technischen Erprobung der Glasfasertechnik dienten, die zum anderen aber auch der Demonstration neuer Diensteformen dienen sollten.
So sind bereits 1980/81 Glasfaserteilnehmeranschlüsse in Berlin
realisiert worden, wobei von drei Firmen Schmalbandteilnehmer-
anschlüsse für Fernsprechen realisiert worden sind, während

AEG-TELEFUNKEN einen Breitbandanschluß für interaktive Dienste mit Breitbandverteilung realisiert hat. Dieses System mit 30 Teilnehmern ist erstmals mit Kabeln nach dem entworfenen Ortsnetzkonzept ausgerüstet worden.

Ferner sind 1982/83 für die BIGFON-Projekte und eine Reihe von anderen Bauvorhaben im Ortsnetz Erfahrungen über die Kosten bei der Verkabelung mit Glasfasern im Ortsnetz gewonnen worden. In Bild 11 sind vergleichsweise Kosten für einen konventionellen Fernsprechanschluß, für einen KTV-Anschluß mit drei Haushalten an einem Übergabepunkt und für einen BIGFON-Anschluß dargestellt worden, wie er in Zusammenarbeit von AEG-TELEFUNKEN NACHRICHTENTECHNIK (jetzt ANT), AEG-KABEL und T + N realisiert worden ist. Im Rahmen dieser Studie ist auch eine Zukunftsprojektion über zu erwartende Kosten beim Großeinsatz dieser neuen Technik im Ortsnetz bis Mitte der 90er Jahre gegeben worden. Man erkennt, daß für den Aufbau von einfachen Telefonanschlüssen das Glasfaserkonzept zu teuer ist, wobei aber deutlich wird, daß nicht die Kosten für die Glasfaserkabel das entscheidende sind, sondern die Kosten für die elektro-optische Wandlung und die zusätzlich notwendigen elektronischen Schaltungen bei weitem den größeren Anteil zu den um den Faktor 2 bis 4 höheren Kosten beitragen. Die Rückführung des Aufwandes auf einen reinen Schmalbandanschluß mit Glasfasern ergibt ein günstigeres Bild. Bei einem ISDN-Anschluß wird dann die Glasfaserlösung günstiger sein, wenn keine brauchbare Kupferteilnehmeranschlußleitung besteht oder eine kurze Anschlußleitung benötigt wird.

Aussichtslos ist der Versuch, eine reine Fernsehverteilanlage
mit Glasfasern realisieren zu wollen. Wegen der bei einem reinen
Verteilnetz ohne Kommunikationsmöglichkeiten realisierbaren Baumstruktur sind die Kosten für den Ausbau pro Teilnehmer gering. Da
die Glasfaser nicht in dieser Baumstruktur eingesetzt werden kann,
ist eine direkte Substitution ohne Systemänderung nicht möglich.
Der BIGFON-Anschluß wird nach dieser Darstellung nur dann wirtschaftlich, wenn er für mehrere Arten von Teilnehmeranschlüssen,
insbesondere auch bei Breitbandanschlüssen, gleichzeitig genutzt
wird. Es wurde deswegen die Frage aufgegriffen, welche Einführungsstrategie für die Glasfasertechnik im Ortsnetz zweckmäßig
wäre und für welche Dienste die Glasfaser unbedingt benötigt
wird.

3. Einführungsstrategie Overlay-Netz

In Bild 12 sind mögliche Einführungsstrategien kurz angedeutet
und die Kriterien aufgezeigt, nach denen diese Einführungsstrategien bewertet werden müssen:

Objektbezogene Auswahl

Mögliche Baumaßnahmen für Teilnehmer werden im Rahmen von Projekten zusammengefaßt. Diese Methode ist mindestens von der
geographischen Situation her willkürlich, sehr aufwendig und
in der Praxis nicht durchführbar.

Inselbildung

Bei der Inselbildung werden Schwerpunkte gebildet; in diesen
Inseln wird mit hohem Durchdringungsgrad schnell aufgebaut.

Da es sich um flächendeckende Dienste handelt, müssen sofort und an vielen Stellen Inseln gebildet und miteinander verbunden werden. Das führt leicht zu einer Überlastung der ökonomischen Ressourcen.

Überlagertes Netz

Die Methode des überlagerten Netzes (Overlay-Netz), eine flächendeckende Baumaßnahme, die spinnenförmig das bestehende Netz zunächst mit geringer Dichte überlagert, erlaubt sehr schnell die Versorgung von weit verstreut liegenden Teilnehmern. Das überlagernde Spinnennetz wird mit der Zeit verstärkt und nimmt im Laufe des Ausbaues dann die bestehenden Netze in sich auf. Dabei sind mehrere Phasen zu unterscheiden:

1. Phase: Overlay-Netz für neuen Dienst

2. Phase: Integration anderer Dienste in das Overlay-Netz

3. Phase: Verstärkung des Overlay-Netzes, Übernahme der
            Dienste aus den bestehenden Netzen.

Für das Bildfernsprechen zum Beispiel wird die Anbindung an das Fernnetz eine wesentliche Rolle spielen; die ersten Teilnehmer werden deswegen möglichst nahe den Fernnetzknoten etabliert, den sogenannten Zentralvermittlungsstellen. Später wird man das Overlay-Netz zu den fernnetzknotenentfernten Regionen vorschieben, und zwar über die Haupt- und Knotenvermittlungsstellen in die Ortsvermittlungsstellen (Top-Down-Strategie).

Einführung über Ersatz und Erweiterung

Die Strategie der Einführung über Ersatz und Erweiterung in bestehenden Netzen eignet sich nicht als generelle Strategie und kommt erst in der zweiten und dritten Phase zum Tragen.

Prüft man die vier Einführungskonzepte vor dem Hintergrund der
Einführung eines Breitbanddienstes für in wesentlichen geschäftliche Teilnehmer (Video-Konferenz, Bildtelefon und schnelle
Datenübertragung), dann bleibt im Augenblick nur das Konzept
des Overlay-Netzes mit der Möglichkeit, später auch andere
Kriterien für den Netzaufbau, wie bereits aufgezeigt, einzu-
schließen. Dabei muß man allerdings, wie in Bild 13 dargestellt,
Nachteile in Kauf nehmen. Weil sich Overlay-Netze dadurch aus-
zeichnen, daß sie sehr lange Teilnehmeranschlußleitungen benötigen, wegen der notwendigen Erstellung von Infrastruktur im Fernnetz und bei den Vermittlungsstellen entstehen erheblich höhere
Kosten als bei einem flächendeckenden dichten Aufbau.
Die in Bild 13 angegebenen Werte beruhen auf Schätzungen und
müssen sicherlich noch genauer überprüft werden.
Da es sich hierbei um ein gewisses "Henne-Ei-Problem" handelt,
ist vor allen Dingen auch die Mengenabhängigkeit der Herstel-
lungskosten für die Einrichtungen zu beachten. Der deutsche
Marktanteil von 5 % am Weltmarkt der Telekommunikation ist für
eine Großtechnologie zu gering, um damit im Weltmaßstab zukünftige Technik voranzubringen. Es bedarf deswegen Anstrengungen, durch frühzeitige Einführung neuer Techniken in Anwendungsfeldern, die in anderen Ländern noch nicht erkannt
sind, einen Vorsprung und dadurch wirtschaftliche Vorteile
zu erringen. Die heutige Situation ist in dieser Hinsicht

unbefriedigend. Es bedarf des dringenden Beginns in der Verkabelung im Ortsnetz mit Glasfaserkabeln, um ein entsprechen-
des Volumen abzusichern. Eine strategische Entscheidung zu
Beginn ist notwendig, da die reinen Marktkräfte bei solch
langfristig anzulegenden Programmen mit 30 Jahren Laufzeit
in der Anfangsphase nicht ausreichend wirken. Das von der
Regierung vorgelegte Programm "Informationstechnik" zeigt
wichtige Ansätze, verlangt aber auch nach der Ausführung der
vorgeschlagenen Konzepte.

4. Fasereigenschaften

Parallel mit der Einführung der Glasfaser in Overlay-Netzen
muß aber auch der technischen Spezifizierung der Übertragungseigenschaften der Fasern besondere Aufmerksamkeit gewidmet werden, da für Overlay-Netze anders als für kurze Teilnehmeranschlußleitungen eine stärkere Ausnutzung der Über-
tragungsmöglichkeiten der Glasfasern eingerechnet werden muß.

In Bild 14 ist der spektrale Dämpfungsverlauf aufgezeichnet.
Das Bild zeigt die im Laufe der Jahre erreichten Verbesserungen. Man erkennt die drei zur Übertragung benutzten Fenster:
850 nm, 1300 nm und 1550 nm. Man sieht auch, daß es immer besser
gelingt, die bei 1390 nm liegende Absorption infolge von OH-
Verunreinigungen erheblich abzusenken. Aus diesen Kurven ist
aber auch deutlich sichtbar, daß im zweiten und dritten

Fenster geringere Dämpfungen erreicht werden. So hat sich ganz
allgemein für Hochleistungssysteme der Übergang zur Nutzung des
zweiten Fensters bereits vollzogen.

Um einen Eindruck über die Auslegung einer solchen Orskabelanlage
zu geben, werden in den Bildern 15 und 16 Angaben zur Dämpfungsbilanz der Kabelanlage und zur Bandbreite von Kabelanlagen
gemacht. Die einzuhaltenden Dämpfungswerte der Kabelanlage
werden im wesentlichen durch die elektro-optischen Wandler auf
der Sende- und Empfangsseite bestimmt.
In Bild 15 sind die für die Dämpfungsbilanz wesentlichen
Größen aufgelistet. Man erkennt bereits eine längenunabhängige
Grunddämpfung von 11 dB. Dem längenunabhängigen Dämpfungswert
addiert sich nun noch der längenabhängige Dämpfungswert, zu dem
die Faser ihrerseits wieder nur einen kleineren Teil beisteuert
und die wesentlichen Anteile aus Planungswerten und den Spleiß-
dämpfungen bestehen.

Wenn wir bisher nicht über Probleme mit der Bandbreite im Ortsnetz gesprochen haben, dann liegt das daran, daß bei kurzen
Teilnehmeranschlußleitungen die üblich eingesetzten
Gradientenfasern auch mit Bitraten bis 280 Mbit/s bzw.
565 Mbit/s betrieben werden können. Geht man aber davon aus,
daß man im Overlay-Netz Teilnehmeranschlußleitungslängen von
bis zu 22 km zu realisieren hat, dann muß den Bandbreitewerten

auch erhebliche Bedeutung beigemessen werden. Man sieht in
Bild 16, daß die Bandbreite nicht hyperbolisch mit der Länge
der Strecke abnimmt, sondern schwächer, wobei dieser Parameter in der Praxis noch schwer zu beherrschen ist. Geht man
von einem hyperbolischen Abfall aus, dann benötigt man z.B.
für die Übertragung eines 140 Mbit/s Signales über 22 km
einen Bandbreitewert für die Gradientenfaser von 2,6 GHz·km,
ein Wert, der mit Gradientenfasern nur sehr schwer erreicht
bzw. eingehalten werden kann und für Ortsnetzanwendungen
außerhalb der technischen Realisierbarkeit liegt. Es ist deswegen nach Festlegung auf das Overlay-Netz-Konzept sofort
die Frage aufgekommen, ob es nicht günstiger wäre, Monomodefasern auch für Anwendung im Ortsnetz zu verlegen, so wie ja
bereits der Übergang von Gradientenfasern auf Monomodefasern
für die Fernnetze geplant bzw. teilweise auch schon vollzogen
ist.

5. Technologische Entwicklungen für Ortsnetzanwendung

Es ist deswegen das Anforderungsprofil an die Teilnehmeranschlußleitung daraufhin zu durchleuchten, wie die Kabelanlage in der
Anfangsphase bei der Einführung von Overlay-Netzen auszulegen
ist und welche Anpassungen z.B. bei einer flächendeckenden Einführung für alle Dienste dann im Laufe der Lebensdauer dieser
Kabel vorzunehmen wären:

- Zu Beginn des Overlay-Netzes wird dieses Netz für Bewegtbildübertragung benutzt mit einer Bitrate von 140 Mbit/s
  und mit langen Teilnehmeranschlußleitungen.

- Bei einem flächendeckenden Netzeinsatz erfolgt dann ein
  Umbau auf kurze Teilnehmeranschlußleitungen mit Mittelwert
  von 2 km und erhöhter Bitrate. Die Teilnehmeranschlußleitungen werden in dieser zweiten Phase zum Teil neben der Übertragung von Bewegtbildkommunikation im Duplexbetrieb auch die Verteilkommunikation von mehreren Programmen und Schmalbanddiensten übernehmen müssen, was insgesamt zu einer höheren Übertragungsbitrate von der Zentrale zum Teilnehmer führen wird.
  Ein größerer Teil der im Overlay-Netz aufgebauten Teilnehmeranschlußleitungen wird zu sogenannten Ortsverbindungsleitungen
  umfunktioniert.

Von wirtschaftlicher Bedeutung ist, daß Teilnehmer mit Schmalbanddiensten und nahe bei den Vermittlungsstellen liegende Breitband-
teilnehmer mit einer einfachen und aufwandarmen Technik angeschlossen werden können. Da eine größere Anschlußzahl mit dieser Anforderung erwartet wird, geht man heute davon aus, daß man bei der
Verlegung von Gradientenfasern die meisten Teilnehmer mit der
wirtschaftlich günstigeren Lumineszenzdiode anschließen kann und
nur für weiter entfernte Breitbandteilnehmer Laser gebraucht
werden, die einen erheblichen Kostenfaktor darstellen.

In der dynamischen Entwicklung muß dieser technologische Augen-
blickszustand infrage gestellt werden, weil einmal sowohl für
die Fasern als auch für die elektro-optischen Wandler erhebliche
Verbesserungen, insbesondere auch Kostensenkungen, zu erwarten

sind. Als Beispiel für eine mögliche Entwicklung werden in Bild 17 Meßergebnisse, die mit einer für das Ortsnetz konzipierten Monomodefaser erzielt wurden, vorgestellt. Es sind hier Werte angegeben über die Möglichkeit der Einkoppelung von Energie aus einer Lumineszenzdiode in eine Ortsnetz-Monomodefaser.

Wir halten diese Entwicklungsrichtung für eine ernstzunehmende Alternative für den Einsatz von Gradientenfasern im Ortsnetz, die allerdings in einer Massenproduktion erst Ende dieses Jahrzehnts zur Verfügung stehen wird.

Es ist deswegen zweckmäßig, für einen jetzt notwendigen Ausbau eines Overlay-Netzes mit der Gradientenfaser zu beginnen. Verlegte Gradientenfaserstrecken können langfristig genutzt werden. Lediglich bei Vorleistungen im Verzweigungsnetz ist Vorsicht geboten, weil die dort verlegten Kabel unter Umständen bei einer generellen Umstellung auf Ortsnetzmonomodefasern nicht mehr weiter benutzt werden können.

6. Glasfaserkabel für das Ortsnetz

Bei den im vorherigen Abschnitt diskutierten Alternativen ist davon ausgegangen worden, daß die Diensteintegration auf dem Teilnehmeranschluß die wirtschaftlichste Lösung sei. Dieses wird heute noch von vielen Fernmeldeverwaltungen infrage gestellt, insbesondere von solchen Verwaltungen, die sich in ihrem Service nur auf Fernsprechen und ähnliche Dienste beschränken müssen.

Bild 18 zeigt die fördernden und hemmenden Einflüsse für die
Einführung der Glasfaser im Ortsnetz durch die augenblicklich
diskutierten neuen Dienste.

Die deutsche Industrie betreibt mit Zuversicht die Weiterentwicklung der Breitbandtechnik. Das soll unterstrichen werden
durch einen Hinweis auf die Investitionen, die AEG-KABEL in
den letzten Jahren auf dem Gebiet der Herstellungstechnik für
Lichtwellenleiter und Lichtwellenleiterkabel getätigt hat.
(Bilder 19 und 20).

Wir gehen davon aus, daß diese neue Technik sich durchsetzen
wird und daß sie die Möglichkeit erschließen wird, in breitem
Maße kostengünstig Breitbanddienste einzuführen.

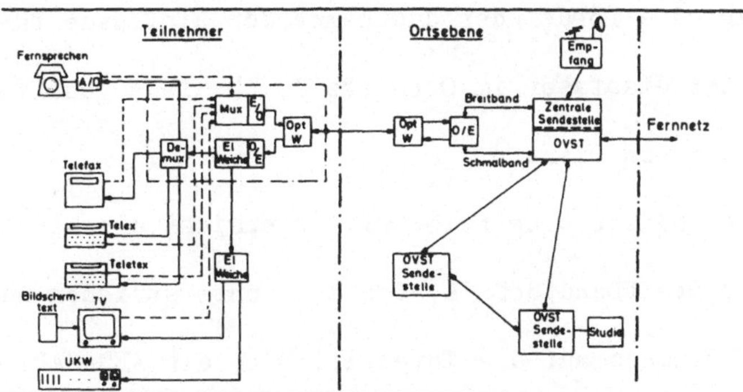

Bild 1

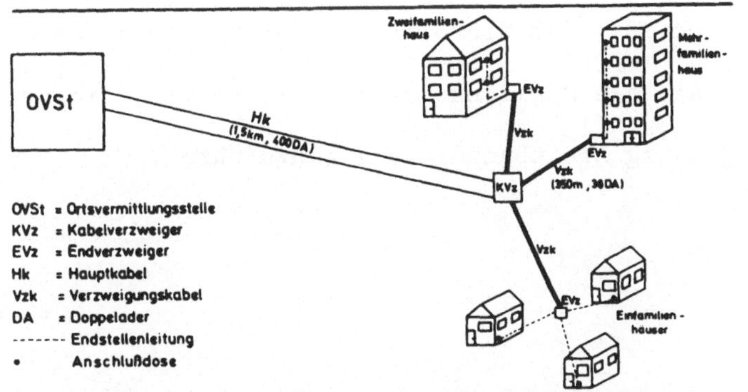

Bild 2

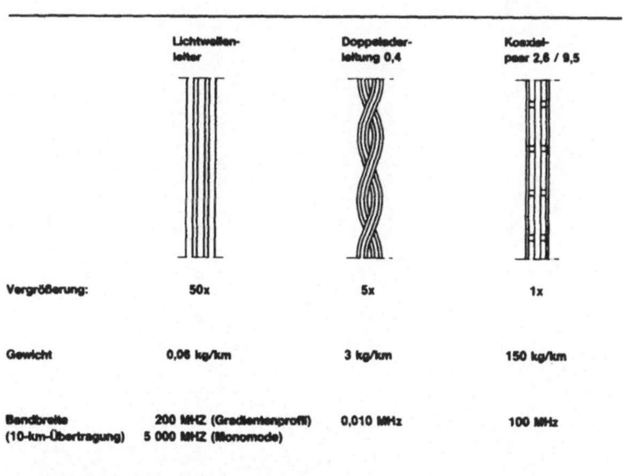

Bild 3

Übertragung / Eigenschaft	Elektrisch	Optisch
Dämpfung	Adereigenschaft Pupinisierung	Fasereigenschaft
Bandbreite	Adereigenschaft Entzerrung	Fasereigenschaft
Nebensprechen	Adereigenschaft Verseilung Ausgleich	entfällt
Beeinflussung	Adereigenschaft Verseilung Schirmung aktiver Schutz	entfällt
Fernspeisung	Adereigenschaft Kabelisolation	entfällt

	Vergleich von Funktionen	

Bild 4

Bild 5

Faser-zahl	Konstruktion	Verseil-faktor	Durchmesser unter Mantel mm
50	HB$_{50}$	2,7	11,0
100	HB$_{100}$	4,2	16,2
150	HB$_{50}$	5,8	21,8
200	4 HB$_{50}$	6,5	24,3
250	5 HB$_{50}$	7,3	27,1
300	6 HB$_{50}$	8,1	29,9
500	5 HB$_{100}$	11,3	41,1
1000	Kern + (7 + 13) HB$_{50}$	13,9	50,2
1500	(4 + 10 + 16) HB$_{50}$	16,5	59,3
2000	(7 + 13 + 20) HB$_{50}$	19,9	71,2

Bild 6

Variante Parameter	1	2	3	4	5
LWL-km	840	840	840	840	840
Kabel-km	1,25	1,975	1,626	1,525	1,325
Kabelkanal-km	1,25	1,625	1,40	1,40	1,25
Muffen	3	2	1	1	2
Spleiße	3500	500	500	1000	2500
Kabelvielfalt	5	4	4	4	5

Varianten für die Realisierung einer Hauptkabelanlage

Bild 7

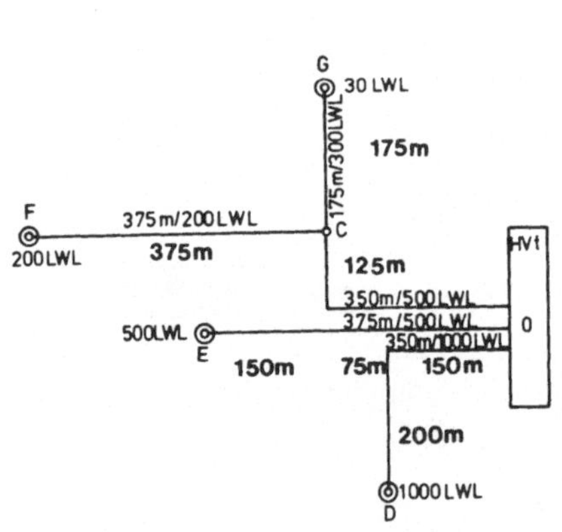

Variante 3 für die Realisierung einer Hauptkabe
anlage

Bild 8

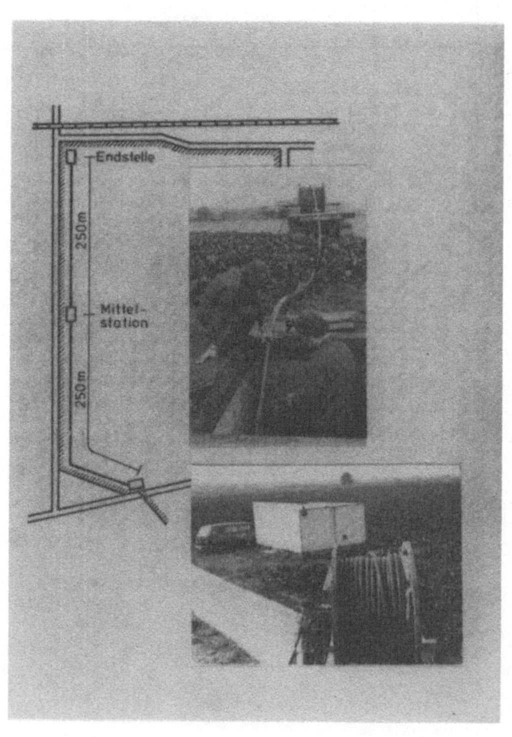

Bild 9

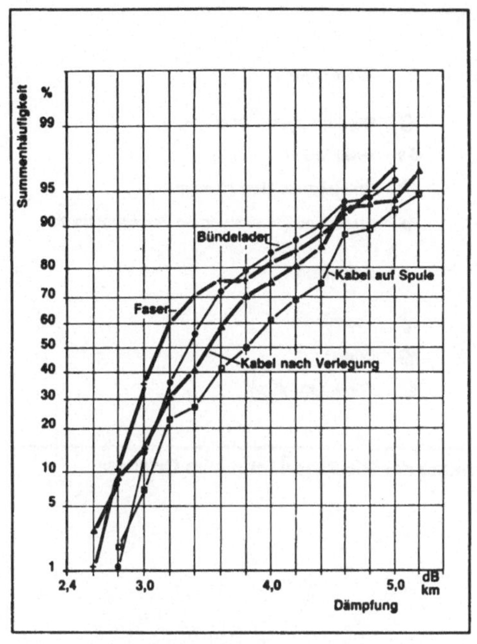

Statistische Verteilung der Dämpfung (850nm) eines Kabels K2000 nach verschiedenen Fertigungsschritten.

Bild 10

	Fernsprechnetz DA-Kabel	Breitbandverteilungsnetz Koax-Kabel	BIGFON-Prognose Glasfaser-Kabel
Anteilige Kosten des Gesamtnetzes pro Teilnehmer bzw. Haushalt	5.000,-- DM	8 7 5,-- DM (3 Haushalte / Übergabepunkt)	10.000,... -20.000,...DM
darin enthalten: Kosten der Ortskabel- anlage	2000,...DM (40%)	800,...DM (92%)	2 200,...DM (11-22%)
davon: Kabelkosten	180,...DM	60,...DM	4 50,...DM
Kabelmenge	2,5 DA·km	20 Tuben·m	1,8 F km
jährliches Einbau- volumen	7'DA·km	0'03 Tuben·km	4' F·km

Aufwand in Telekommunikationsnetzen
bezogen auf einen Teilnehmer bzw. Haushalt

Bild 11

Strategien

❶ Objektbezogene Auswahl

❷ Inselbildung

❸ Überlagertes Netz (Overlay-Netz)

❹ Ersatz und Erweiterung im Fernsprechnetz

Kriterien

❶ Technik

❷ Bedarf

❸ Wirtschaftlichkeit

Einführung der Glasfasertechnik im Ortsnetz

Bild 12

Overlay-Netz

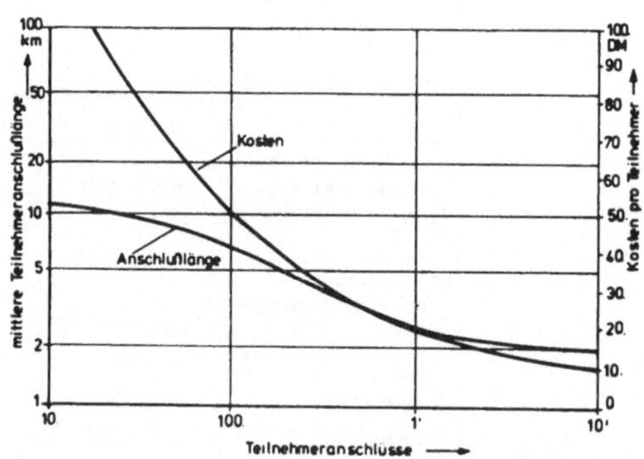

Geschätzte Entwicklung von Teilnehmeranschlußlängen
und Anschlußkosten bei Verdichtung des
Overlaynetzes

Bild 13

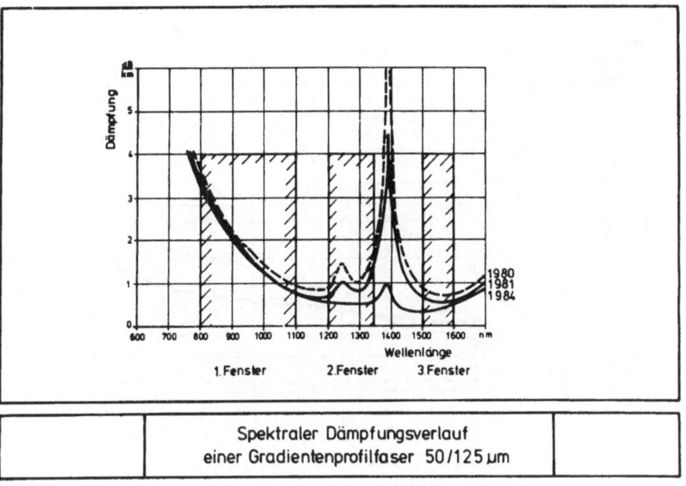

	Spektraler Dämpfungsverlauf einer Gradientenprofilfaser 50/125 µm	

Bild 14

Längenunabhängige Verluste in dB

Ursache	Einzel-dämpfung	Gesamt-dämpfung
2 Stecker an Leitungsendger.	1,5	3,0
1 Stecker im Trennverteiler	1,5	1,5
2 Duplexer	1,0	2,0
2 Spleiße im KVz	0,3	0,6
Systemreserve		4,0
Summe		11,1

Längenabhängige Verluste in dB/km

Ursache	Wellenlänge in nm		
	850	1100	1300
Faserdämpfung	2,7	1,2	1,0
Spleißdämpfung	0,9	0,9	0,9
Umwegdämpfung	0,6	0,6	0,6
Summe	4,2	2,7	2,5

Dämpfungswerte für das Glasfaserübertragungssystem

Bild 15

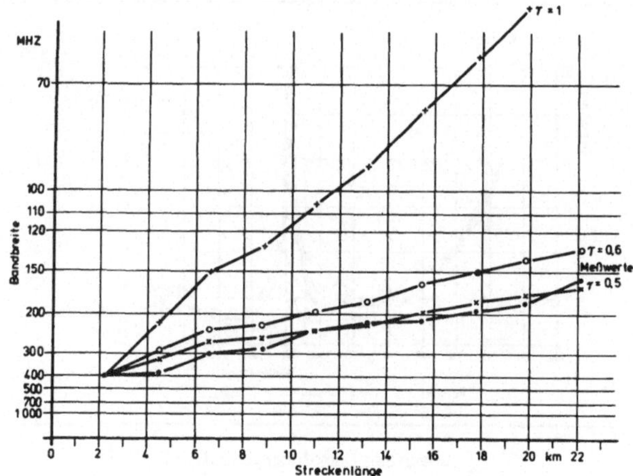

Bild 16

Vergleich des Bandbreitenverkettungsfaktors τ zwischen
Rechen-und Meßwerten an einer 22km -Gradientenfaser-
strecke mit perfektem Profil bei 1300nm

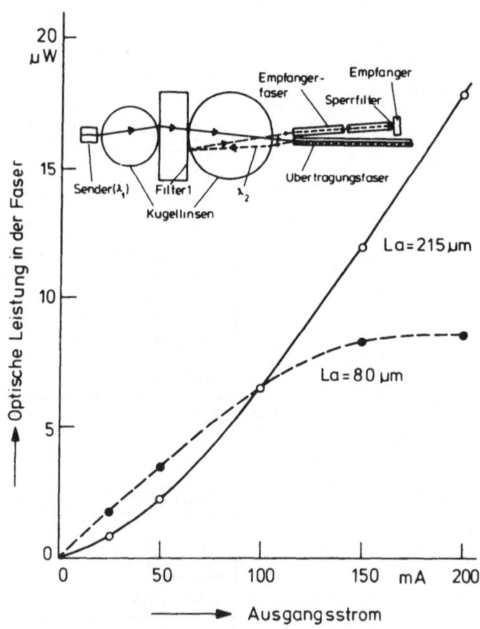

LED - mit Monomode - Faser

Bild 17

Dienste, Netze	Tendenzen	
	fördernd	hemmend
I S D N	Glas bei Neubau?	Bestehendes Anschluß-netz in CU
KTV-Verteilung	k e i n e	Koax-Netz in CU
KTV-Interaktiv	CU-Technik aufwendig	Noch keine wirtschaft-liche Lösung in Glas
Bildfernsprechen	Overlay-Netz in Glas	Akzeptanz, Kosten
Breitband-ISDN	Nur mit Glas möglich	Bestehende Netze

Bild 18

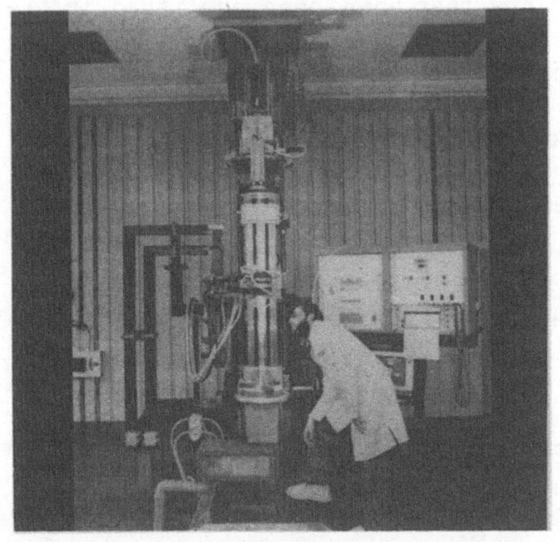

Bild 19

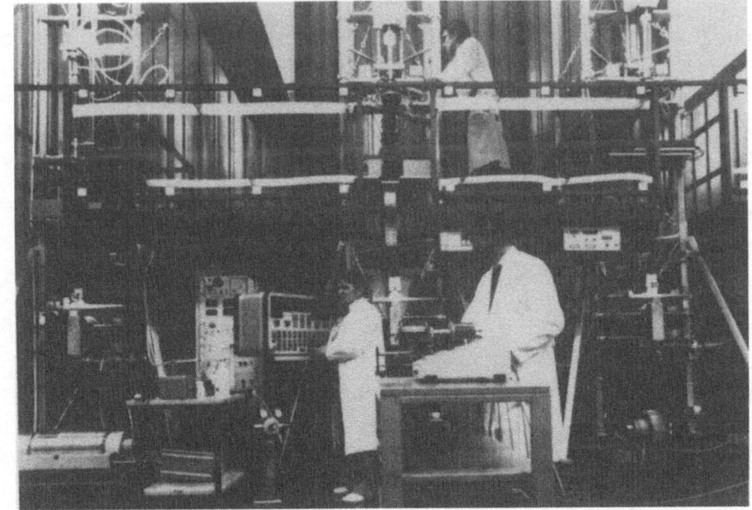

Bild 20

Optical Fibre Cables for the Local Network

Hans Schüßler

1. Studies on Local Cables for Broadband-ISDN

As a result of reflections concerning optical subscriber
connections that have been published in the end of the
seventies it has been drafted a conception for a local
network with optical cables and the chance to realise it
has been examined (Figure 1).

With reference to the existing architectural infrastructure
in the local network (Figure 2) it has been one of the most
important requirements to achieve the diameter of optical
fibre cables being equivalent to symmetrical cables for local
networks with pairs having a conductor diameter of 0,4 mm
(Figure 3 + 4). Now that the duplex-transmission on one optical
fibre more and more ist being used for subscriber connections
we can take into condideration the substitution of one copper
pair by one optical fibre.

It has been developed a multiple fibre bundle unit with 5 - 20
fibres. For distribution cables and main cables cable designs
have been constructed and examined (Figure 5 + 6). The most

important types have been produced as samples. A cable of

300 m length with 2000 optical fibres has been tested in our

test area for three years. We could not observe any alterations

concerning the transmission specifications. With regard to

installation, jointing, maintenance technique and measuring we

could gain experience (Figure 7 + 8).

The tests that have been carried out show that the proposed

conception for the introduction of optical fibres in the local

network is technically qualified (Figure 9 + 10).

2. Broadband Test- and Transmission Networks

Besides the now prevailing employment of optical fibres in trunk

networks even some construction projects have been carried out

in local networks (Broadband subscriber connections in Berlin

1980, BIGFON Düsseldorf and Hannover 1983, local connection cables

in Berlin 1984). These tests show that subscriber connections for

telephone with optical fibres are at the moment not economical

(Figure 11). Therefore for the next few years further employment

will be reduced to optical fibre technique in local networks for

broadband services.

3. Strategy for the introduction of an Overlay-Network

The necessity to build up short-datedly a surface-covering
network for broadband services requires and absolutely new
way of proceeding concerning the construction of local network
(Figure 12 + 13). From some models taken as an example we learn
the special conditions which must be required for optical fibres
and cables and which solutions are available.

4. Technological Development for the Employment in a Local Network

Long-datedly a decision must be prepared whether all services
can be integrated in a joint network. Technical improvements
concerning the components are a supposition for it, so that the
capacity of the systems can be elevated and the production costs
are considerably lower.

The high investments that have to be carried out with a total
alteration of the network require a careful choose of the optical
fibre type. From today's sight a multimode graded index fibre with
low attenuation and high bandwidths has been chosen (Figure 14-16).
New results of the production and the employment of monomode-
fibres together with a special strategy for the introduction of
broadband services (overlay-network) which will lead to very

long subscriber connection cables are an argument for the
discussion whether long-datedly a solution with monomode fibres
is the most favourable. Some arguments from this discussion and
proposals for a special monomode fibre for local network will
be represented and developments for a monomode subscriber
connection system will be demonstrated (Figure 17).

5. Conclusion

Many administrative authorities do not decide at the moment
whether long-datedly all servies will be brought into a broadband-ISDN because in the future many technological steps of
development are to be expected. As a result of the examinations
that have been carried out it can be said that for the construction of a broadband universal network interesting technical
solutions can be expected for the next few years so that we can
reckon with the general introduction of this principle for
telecommunication networks. (Figure 18, 19, 20).

Integrierte Telekommunikation und Dezentralisierung in der Wirtschaft

Arnold Picot

EINFÜHRUNG

Trotz vielfältiger wissenschaftlicher und öffentlicher Diskussionen
steht die Analyse des Zusammenspiels zwischen neuen kommunikationstechnischen Potentialen einerseits und den menschlichen Verhaltenswei-
sen in Wirtschaft, Verwaltung und Privatsphäre andererseits noch am
Anfang. Dementsprechend unsicher müssen Prognosen ausfallen.

Dies gilt in besonderem Maße für die Dezentralisierungswirkungen neuer
integrierter Kommunikationstechnik, die im Mittelpunkt meines Referates stehen. Hierzu möchte ich einige grundsätzliche Orientierungen
vortragen.

- DEZENTRALISIERUNGSBEGRIFF

Dezentralisierung bedeutet: Bewegung weg von einem Mittelpunkt.

Drei Formen lassen sich für den vorliegenden Zusammenhang unterscheiden:

(1) Dezentralisierung kann zunächst bedeuten, daß Rechte oder Kompe-
tenzen, die bislang gebündelt von wenigen wahrgenommen wurden, sich im
Gefolge der integrierten Telekommunikation auf eine größere Anzahl von
Personen oder Wirtschaftseinheiten verteilen können, vor allem Ent-
scheidungsrechte, Mitspracherechte und Informationsrechte. Dies ist
der Problemkreis der **organisatorischen Dezentralisierung**. Hierauf
gehe ich im ersten Teil meines Referates ein.

(2) Daneben kann Dezentralisierung bedeuten, daß Tätigkeiten, die bisher an einem oder mehreren **räumlichen** Zentren erledigt wurden,
durch integrierte Telekommunikation nun auf eine größere Zahl räumlicher Standorte verteilt werden können. Das wirtschaftliche Ballungszentrum oder das Bürohochhaus einer Verwaltung könnte sich also teilweise oder ganz auflösen oder verlagern zugunsten anderer räumlicher Standorte. Dies ist der Problemkreis der **räumlichen Dezentralisierung von Produktions- oder Verwaltungsstandorten.** Hierauf gehe ich im zweiten Teil meines Referates ein.

(3) Schließlich kann Dezentralisierung bedeuten, daß sich die geschäftlichen Aktivitäten (Kundenkontakte, Lieferantenkontakte) einer Unternehmung mit Hilfe integrierter Telekommunikation von einem Zentrum weg hin zu einem großflächigen Raum bewegen. Dies ist der Problemkreis der **Dezentralisierung der Geschäftstätigkeit.** Er wird in einem dritten Punkt kurz erörtert.

Die drei genannten Dezentralisierungsformen sind (in Grenzen) voneinander unabhängig.

- INTEGRIERTE TELEKOMMUNIKATION

Bevor ich mich diesen Punkten näher zuwende, noch ein Wort zu dem integrativen Charakter neuer Telekommunikation, die ja den Anlaß für die Erörterung abgibt. Angesichts der Fachkundigkeit dieses Kongresses können wenige Bemerkungen ausreichen:

Integrationseffekte der Telekommunikation zeigen sich unter zwei Blickwinkeln:
* Zum einen eröffnet sie die Zusammenfassung von bisher getrennten Darstellungs- und Übermittlungsformen von Informationen z.B. Text, Bild, Daten, Sprache **(horizontale Integration).**
* Zum anderen erlaubt sie ein Zusammenwachsen der Kommunikation mit anderen Stufen und Phasen der Informationsverarbeitung z.B. Speicherung, Bearbeitung, Wiederauffinden **(vertikale Integration).**

– ALLGEMEINES DEZENTRALISIERUNGSPOTENTIAL

Diese umfassende Integration eröffnet für die stets arbeitsteilige Erfüllung wirtschaftlicher Aufgaben ein neuartiges Potential:
Wo in der Kommunikation bisher die persönliche Nähe der Aufgabenträger
gefordert war (z.B. Erläuterungen von Unterlagen), könnte nun grundsätzlich auch räumliche Distanz bei der Abstimmung zwischen Arbeits-
partnern bestehen (z.B. sprachkommentierte Übertragung von Dokumen-
teninhalten im ISDN).
Wo bisher andere Unterstützungs- und Hilfskräfte in den Prozeß der Informationsversorgung, -verarbeitung und -übertragung eingeschaltet
werden mußten, also tendenziell Abhängigkeit bestand (z.B. Suche, Vorbereitung und Ablage von Unterlagen durch Assistenzkräfte), könnte nun
stärker autonomes, unabhängiges und ganzheitliches, also dezentrales
Handeln entstehen (z.B. direkter Zugriff auf elektronische Archive,
technisch gestützte Informationsselektion).

Es erscheint also berechtigt, den Zusammenhängen zwischen integrierter
Telekommunikation und Dezentralisierungspotential näher nachzugehen.

– ANNAHMEN

Der Einfachheit halber sind die Überlegungen zur organisatorischen,
räumlichen und geschäftlichen Dezentralisierungswirkung in 10 ausführ-
lichen Thesen zusammengefaßt, die jeweils nur kurz erläutert werden.
Diese Thesen gehen von den folgenden Annahmen aus:

(1) Es besteht ein allseits verfügbares flächendeckendes Netz für in-
    tegrierte Telekommunikation mit entsprechenden privaten und öf-
    fentlichen Diensten und Endgeräten.

(2) Es gibt keine wesentlichen wirtschaftlichen Hemmschwellen zur
    Nutzung dieser kommunikationstechnischen Infrastruktur.

(3) Die Überlegungen richten sich in erster Linie auf die geschäft-
    liche Individualkommunikation (Bürokommunikation), nicht auf die
    Sphäre der privaten Haushalte oder die Massenkommunikation und
    auch nicht auf die reine Datenkommunikation.

1. Organisatorische Dezentralisierungswirkungen

THESE 1 (Optionscharakter der Technik):

> Nicht die Technik als solche verursacht eine Veränderung
> des Dezentralisierungsgrades von Kompetenzen in Organisa-
> tionen; vielmehr hängt es von der Situation ab, in der
> sich eine Unternehmung befindet, ob sie das informations-
> und kommunikationspolitische Potential integrierter Tech-
> nik in Richtung von mehr oder von weniger Zentralisierung
> nützt.

Man kann also - dies ist eine andere Formulierung von These 1 - integrierte Telekommunikation sowohl zum Entzug von Informations- und Ent-
scheidungsrechten und zur Verschärfung von Leistungskontrollen, als
auch zur Steigerung der Delegation, Partizipation und dezentralen Informationsversorgung in Unternehmungen und Verwaltungen nützen. Die
Technik selbst ist wertneutral.

THESE 2 (Organisatorischer Dezentralisierungsbedarf
in der Wirtschaft):

> Die Situation, in der sich die große Mehrzahl der Unter-
> nehmungen und Verwaltungen heute befindet, verlangt eine
> Zunahme der Delegation von Entscheidungsrechten sowie
> eine Vermehrung von Informations- und Mitspracherechten.

Dies ergibt sich aus dem andauernden und beschleunigten Aufgaben- und
Wertewandel, der ständige und rasche Anpassungen an sich ändernde
Marktlagen, technische Lösungen und organisatorische Entwicklungen erfordert. Hierzu ist organisatorische Dezentralisierung unerläßlich,
weil die Zentralen sonst permanent mit Anforderungen überlastet würden.

**THESE 3 (Organisatorisches Dezentralisierungspotential
integrierter Telekommunikation):**

Integrierte Telekommunikation kann die organisatorischen
Dezentralisierungsmöglichkeiten in Form von vermehrter
Delegation, Partizipation und Informationsversorgung er-
folgsbringend steigern, weil sie

(a) auch **komplexe Informationen rasch** an den Ent-
    scheider "vor Ort" gelangen läßt, so daß dieser
    - entsprechende Qualifikation vorausgesetzt -
    rascher und umfänglicher entscheiden kann als zuvor;

(b) die **Rückkoppelungsmöglichkeiten** mit neben- und
    vorgeordneten Stellen verbessert und beschleunigt, so
    daß das allgemeine **Delegationsrisiko gemindert** wird;

(c) die flexible Einbeziehung von Kenntnissen und Meinun-
    gen Dritter verbessert und damit die **Entscheidungs-
    qualität** hebt (vor allem kommen auch solche Meinun-
    gen und Kenntnisse zum Tragen, die in Face to face-
    Sitzungen dem Dominanzstreben einzelner Gruppenmit-
    glieder zum Opfer fallen);

(d) die Möglichkeiten **asynchroner** und dennoch rascher
    sowie leistungsfähiger Kommunikation steigert und da-
    durch Dispositionsspielräume vergrößert;

(e) tendenziell **einen Teil der mittleren Management-
    positionen**, die als Informationsrelais dienen,
    ersetzt, damit die Hierarchie abflacht und mehr
    Entscheidungsmacht an die Basis bringt;

(f) die Bildung ganzheitlicher **Aufgabenkomplexe fördert**,
    die nur durch Zuordnung umfassenderer Kompetenzen
    sinnvoll zu erfüllen sind.

Allerdings kann diese organisatorische Dezentralisierungschance nicht
risikofrei ausgeschöpft werden:

**THESE 4 (Grenzen organisatorischer Dezentralisierung
durch integrierte Telekommunikation):**

Die organisatorische Dezentralisierung durch integrierte
Telekommunikation beinhaltet **auf Grund der Zunahme un-
persönlicher Kommunikation** die Gefahr, daß
- die gleichsam zufällige Versorgung mit Hintergrund-
und Randinformationen, die vor allem in Face to face-
Kontakten anfallen, abnimmt, also **Informationsverluste**
auftreten;
- Aufgabenträger vermehrt soziale Isolierung und soziale
Desintegration empfinden und somit **Motivationsverluste**
auftreten.

Die Erkenntisse, die bei Gesprächen in Kantinen, auf Fluren, in Aufzü-
gen oder am Rande von Sitzungen entstehen, haben häufig erhebliches
Gewicht für die richtige sachliche und soziale Einordnung der eigenen
Arbeit. Sie sind in Telekommunikationssystemen nicht geplant abzuhan-
deln. Und der persönliche Austausch und Zuspruch, der aus Face to
face-Treffen mit Kollegen, Vorgesetzten und Untergebenen resultiert,
stärkt das Gefühl der Einbindung und des Rückhalts, also auch die Lei-
stungsbereitschaft.

Die Gefahr, daß bei Anwendung der integrierten Telekommunikation derartige informationelle und motivationsbezogene Einbindungen verloren
gehen, muß von vornherein gesehen werden. Sie läßt sich durch **aktive
Belebung der persönlichen Zusammentreffen** (Konferenzen, informelle
Meetings usw.) beherrschen. Nur so sind die organisatorischen Dezentralisierungsvorteile der integrierten Telekommunikation in Unternehmungen langfristig ohne Nachteile zu verwirklichen. Organisatoren und
Führungskräfte müssen dies berücksichtigen.

2. Räumliche Dezentralisierungswirkungen

Die Frage nach der räumlichen Dezentralisierungswirkung neuer integrierter Telekommunikation ist Gegenstand zahlreicher Spekulationen,
Modelle und Untersuchungen. Eine jüngst an meinem Lehrstuhl fertigge-
stellte Diplomarbeit identifizierte ca. 140 Quellen, die sich mit

diesem Thema beschäftigen, alle recht jungen Datums. So zahlreich die Beiträge, so weit streuend sind die inhaltlichen Aussagen zu diesem Problemkreis. Sie reichen im Extrem - und dies gar nicht selten - bis zur Prognose einer völligen Auflösung räumlich zentralisierter Organisationen, Verwaltungen und wirtschaftlicher Ballungszentren als Folge der Einführung breitflächiger integrierter Telekommunikationsinfrastrukturen.

Eine Annäherung an die Problematik verlangt eine wichtige Vorüberlegung:

THESE 5 (Face to face-Kommunikation als Angelpunkt):

> Entscheidend für die räumliche Dezentralisierung von Arbeitsplatz- oder Unternehmungsstandorten durch Telekommunikation ist die Beurteilung der Bedeutung, die die Face to face-Kommunikation für die Aufgabenerfüllung in Unternehmungen bzw. zwischen Unternehmungen und ihrer Umwelt hat.

Nur wenn wir über eine tragfähige Theorie der Bedingungen für die Notwendigkeit von Face to face-Kommunikation verfügen, können wir das räumliche Dezentralisierungspotential vernünftig abschätzen. Denn integrierte Telekommunikation heißt stets: Kommunikation, auch komplexerer Inhalte, über die Ferne, d.h. ohne Face to face-Kontakt. Diese Möglichkeit bildet ja kommunikationsseitig die Grundlage der räumlichen Dezentralisierung.

Face to face-Kommuniktion zeichnet sich aus durch
* **Ganzheitlichkeit**; die physische Präsenz der Kommunikationspartner und die Kommunikationsumgebung werden in all ihren vielfältigen, bewußten und unbewußten Aspekten Bestandteil der Kommunikationssituation
* **Leistungsvielfalt**; in der Face to face-Kommunikation können sich alle Kommunikationsformen in vielfältiger Kombination entfalten: verbal-digitalisierte und non-verbale analoge Kommunikation, mündliche und schriftliche Kommunikation, einseitige und zweiseitige, analytische und assoziative Kommunikation, Monolog, Dialog und Gruppengespräch.

Demgegenüber ist jede Telekommunikation, auch die breitbandig integrierte, eine eingeengte, reduzierte Form zwischenmenschlichen Aus-
tauschs. Wann bedarf man der Face to face-Kommunikation, wann kann man
auf sie verzichten, d.h. räumlich dezentralisieren?

**THESE 6a (Bedingungen der Notwendigkeit von Face to face-
Kommunikation)**

Face to face-Kommunikation ist um so notwendiger,

(a) je stärker es bei einem Kontakt um Aufbau, Überprüfung oder Weiterentwicklung von **sozialen
Beziehungen** geht (Vertrauensbildung, Einschät-
zen von Persönlichkeitsmerkmalen und Qualifikationen, Zuverlässigkeit, menschliches Verstehen);
hier ist der ganzheitliche Eindruck, den die Face
to face-Situation eröffnet (Körpersprache, symbo-
lische Kommunikation usw.) unerläßlich (typisch:
Mitarbeiterführung);

(b) je **schwieriger die Sachprobleme** sind, die arbeitsteilig bewältigt werden müssen; hier sind
die Dialogkapazität, die Assoziation im ganzheitlichen Gesprächskontakt und das Kreativitätspo-
tential von Mehr-Personen-Zusammenkünften

(c) gefordert (typisch: Projektarbeit); je **unschärfer
der Informationsbedarf** ist, den ein Aufgabenträger für seine Problemlösung benötigt; hier ist
das zufällige Entdecken und dialogische Bewerten
von wichtigen, bislang unbekannten Informationen
nötig, das vorwiegend in zahlreichen Gesprächs-
kontakten z.B. in Ballungszentren gelingt
(typisch: Analyse und Bewertung von Risiken und
Chancen der Unternehmens politik).

Aus dieser These folgt im Umkehrschluß:

**THESE 6b (Bedingungen für räumliche Dezentralisierung
durch Telekommunikation):**

Integrierte Telekommunikation kann dann standortver-
lagernd wirken, wenn

(a) die **sozialen Beziehungen** zwischen dem zu verla-
gernden Bereich und seinen Arbeitsoder Geschäfts-
partnern relativ **unproblematisch** oder von untergeordneter Bedeutung sind, z.B. im Faller nur
kurzfristiger Kooperation mit geringem wirtschaftlichen Gewicht;

(b) die arbeitsteilig zu lösenden **Aufgaben einfach**
sind, z.B. Standardsachbearbeitung;

(c) die Befriedigung des **Informationsbedarfs** für die
Aufgabenerfüllung **gut planbar** ist, z.B. Daten-
bankabruf.

In dem Maße, in dem unter solchen Bedingungen die steigende Leistungsfähigkeit der integrierten Telekommunikation hilft, die informationellen Verknüpfungen mit anderen Bereichen auch über größere Entfernungen, d.h. unter Inkaufnahme von selteneren Face to face-Kontakten abzuwickeln, können die Vorteile entlegenerer Standorte genutzt werden,
also z.B. Kostenvorteile, Vorteile bei der Mobilisierung qualifizier-
ter Arbeitskraftreserven oder Abbau von Wege- oder Transportkosten in
der Produktion. Die Grenzen der räumlichen Dezentralisierung liegen
dann dort, wo zusätzliche Koordinations- und Transportkosten die erwähnten Dezentralisierungsvorteile aufwiegen.

Die Bedeutung dieses Zwischenergebnisses läßt sich auf drei Ebenen der
Standortentscheidung diskutieren:

Auf der **Makroebene** (Verlagerung ganzer Betriebe und Unternehmungen)
bedeuten die vorherigen Überlegungen, daß nur solche Unternehmungen im
Gefolge der integrierten Telekommunikation neue Standorte suchen, deren externe Informationsbeziehungen eine wohl definierte Schnittstelle
mit der Umwelt aufweisen (z.B. Errichtung "verlängerter Werkbänke" in

Randgebieten, Standortverlagerungen von Druckereien usw.) und die an
anderen Standorten Kostenvorteile wahrnehmen wollen. Unternehmungen
mit komplexen Beschaffungs- und Absatzmarktbeziehungen (z.B. im High
Technology-Bereich) sind auf enge Interaktionen mit Abnehmern, Lieferanten und diversen Informanten nach wie vor angewiesen, d.h. auf
Standortballung.

Auf der **Mesoebene** (Verlagerungen von Abteilungen und Arbeitsgruppen)
bedeuten die vorangegangenen Überlegungen: Abteilungen mit hohem Ge-
schlossenheitsgrad und gut strukturierter Informationsschnittstelle zu
den anderen Bereichen der Unternehmung eignen sich für eine Verlagerung weg von dem Unternehmungszentrum (z.B. Rechenzentren, Abrech-
nungsstellen, Vertriebsbüro). Sobald häufige Aufgabenwechsel, Probleme
bei der Aufgabeninterpretation u.ä. ins Spiel kommen (etwa im Bereich
der Forschung und Entwickung, des Marketing, der strategischen Planung, der Finanzierung, des Personalbereichs) wird die räumliche Nähe
mit dem Zentrum unumgänglich.

Auf der **Mikroebene** (Verlagerung einzelner Arbeitsplätze bis hin zur
Teleheimarbeit) bedeuten die vorangestellten Überlegungen: Solche In-
formationsarbeiten, die besonders einfach zu definieren, zu kontrollieren sowie zu honorieren sind, eignen sich im Gefolge neuer integrierter Telekommunikation für die Standortverlagerung (typisch
Schreibarbeit, Programmierung). Voraussetzung ist, daß der für die
Aufgabenabwicklung notwendige Bestand an Vertrauen und Wertkonsens
zwischen Auftraggeber und Auftragnehmer auch über die Entfernung Bestand hat. Andere sehr wichtige Fragen der "neuen Heimarbeit" (Arb-
eitsrecht, Wohnungsgestaltung, Familie, soziale Rolle der Heimarbei-
tenden) möchte ich wegen des Grundlagencharakters der vorliegenden
Ausführungen hier nicht weiter ansprechen.

Aus den vorangegangenen Erörterungen folgt eine zusammenfassende
These:

THESE 7 (Räumliche Dezentralisierung und "Preisbildung"):

Neue Freiheitsgrade bei der Standortentscheidung entstehen im Gefolge neuer integrierter Telekommunikation
immer dann, wenn bereits bisher **dem Prinzip nach** die

Möglichkeit bestand, mit dem auszulagernden Bereich auf
der Basis von relativ leicht ermittelbaren **leistungs-
orientierten Marktpreisen** oder Verrechungspreisen zu ko-
operieren. Die Leistungsfähigkeit der integrierten Telekommunikation eröffnet in diesen Fällen neue räumliche
Flexibilitätspotentiale.

Da die meisten Arbeitsplätze, Abteilungen, Gruppen und Unternehmungen
neben den erwähnten gut formalisierbaren Informationsschnittstellen
auch zahlreiche weniger gut beschreibbare Verflechtungen mit ihren
jeweiligen Umgebungen bewältigen müssen, ist es in der gegenwärtigen
Unternehmungspraxis nicht einfach, die Bedingungen für räumliche Dezentralisierung wirtschaftlicher Aktivitäten auszumachen. Vielfach
bedarf es dazu einer Reorganisation. Aber selbst dann ist das Volumen
für die erwähnten Dezentralisierungstendenzen nicht groß:

**THESE 8 (Begrenztes Volumen räumlicher Dezentralisierung
durch integrierte Telekommunikation):**

Die neue integrierte Telekommunikation unterstützt die
räumliche Dezentralisierung solcher wirtschaftlicher
Aktivitäten, die schon die Tendenz einer **marktorientier-
ten Fliehkraft** in sich tragen, die jedoch dieser Kraft
bislang wegen unzureichender Möglichkeiten der raumüber-
windenden informationellen Verknüpfung mit anderen Aktivitäten (v.a. hinsichtlich Geschwindigkeit und Volumen
des Informationsaustauschs) nicht im Sinne einer räumlichen Verlagerung nachgeben konnten. Nach vorliegenden
Erfahrungen und auf der Grundlage theoretischer Überlegungen betrifft dies nur einen sehr kleinen Teil der
wirtschaftlichen Betätigung auf allen drei Ebenen der
Standortentscheidung. Integrierte Telekommunikation wird
deshalb die räumliche Verteilung der diversen Standorte
in Maßen evolutorisch, nicht jedoch abrupt oder gar re-
volutionär beeinflussen.

Insofern ergeben sich auch recht enge Grenzen für eine Einsparung von
Transportleistungen z.B. im Berufsverkehr und eine Entzerrung aktuel-
ler Verdichtungsräume als Folgen der integrierten Telekommunikation.

Freilich können zahlreiche Teilaufgaben mit größerer räumlicher Flexibilität erledigt werden als bisher (z.B. Bearbeitung geschäftlicher Korrespondenz am häuslichen Terminal). Dies schlägt sich jedoch kaum im Volumen des Personenverkehrs nieder.

3. Dezentralisierungswirkung bei der Geschäftstätigkeit

Integrierte, flächendeckend oder gar weltweit verfügbare Telekommunikation ermöglicht es, andere rascher und umfassender als bisher anzusprechen und zu informieren bzw. aus zahlreicheren Quellen Anfragen entgegenzunehmen. Dadurch wird die Anbahnung von Geschäften absatz oder beschaffungsseitig erleichtert und auch in entlegeneren Räumen möglich. Ähnliches gilt für den Daten- und Mitteilungsaustausch über größere Entfernungen während der Abwickung von längerfristigen Geschäften.

Hieraus folgt:

THESE 9 (Ausdehnung der Geschäftstätigkeit):

> Integrierte Telekommunikation führt zu einer räumlichen
> Dekonzentration der Geschäftstätigkeit, d.h. zu einer
> Überregionalisierung und Internationalisierung geschäft-
> licher Beziehungen.

Die Welt wird kleiner, der Kontakt mit räumlich entfernteren potentiellen Interessenten wird weniger aufwendig und bleibt nicht nur einzelnen Spezialisten vorbehalten.
Allerdings hat diese Entwicklung eine zweite Seite: Zur Überprüfung, zur Entscheidung neuer Geschäftsbeziehungen sowie zur Klärung schwieriger Fragen ist auch auf Märkten in der Regel der Face to face-Kontakt erforderlich. Die weltweite integrierte Telekommunikation führt also nicht nur zu einer räumlichen Ausweitung und Vergrößerung des Geschäftsvolumens, sondern auch zu einer Zunahme des Personentransports im Gefolge erweiterter geschäftlicher Beziehungen.

THESE 10 (Erhöhter Transport- und Energiebedarf):

Information und Kommunikation gehen einem jeden physischen Transport von Gütern oder Menschen voran; sie organisieren Transport. Eine Verbesserung der kommunikationstechnischen Infrastruktur in der Welt führt zu einer Erhöhung und räumlichen Ausdehnung des wirtschaftlichen Aktivitätsniveaus und damit auch zu einer Vermehrung der Transportleistungen. Der dadurch ausgelöste zusätzliche Energiebedarf dürfte die durch die Telekommunikation erzeugten Einsparungen im Bereich des Berufsverkehrs und der klassischen Geschäftsreisen weit übersteigen.

SCHLUSSBEMERKUNG

Integrierte Telekommunikation wird, wie wir gesehen haben, die Dezentralisierung in organisatorischer, räumlicher und geschäftlicher Hinsicht fördern. Sie erweist sich als **Trendverstärker** überall dort, wo bereits immanente Dezentralisierungstendenzen für wirtschaftliche Aktivitäten bestehen, also der Drang zur Entfernung von Zentren, d.h. zu mehr Unabhängigkeit und Entfaltungsspielraum. Hierin ist eine Chance für zusätzliche Freiheit und größere wirtschaftliche Leistungsfähigkeit durch neue Technik zu erblicken. Diese Chance kann unter sorgfältiger Berücksichtigung der menschlichen Anforderungen an die geschäftliche Kommunikation schrittweise erschlossen werden. Sie verwirklicht sich jedoch weder automatisch noch in großen Umwälzungen.

SCHRIFTTUM

Anders, W.: Kommunikationstechnik und Organisation. Perspektiven für
die Entwicklung der organisatorischen Kommunikation. Forschungs-
projekt Bürokommunikation, Band 3. Hrsg. von Picot, A., Reichwald,
R. München, 1983.

Ballerstedt, E. u.a.: Studie über Auswahl, Eignung und Auswirkungen
von informationstechnisch ausgestalteten Heimarbeitsplätzen. BMFT-
Forschungsbericht, DV 1982-002, Karlsruhe 1982.

Brandt, St.: Aufgaben-Dezentralisierung durch moderne Kommunikationsmittel - Konsequenzen für die räumliche Struktur von Bürotätigkeiten. München 1984.

Giesecke, M.: Kommunikationstechniken und räumliche Dezentralisierung
wirtschaftlicher Aktivität - Darstellung und Analyse des Diskus-
sionsstandes. Diplomarbeit Universität Hannover (FB Wirtschafts-
wissenschaften) 1984.

Goddard, J.: Office location in urban and regional development. London
usw. 1975.

Goddard, J., Pye, R.: Telecommunications and office location.
In: Regional Studies, Vol. 11, 1977, S. 19ff.

Henckel, D., Nopper, E., Rauch, N.: Informationstechnologie und Stadt-
entwicklung. Stuttgart usw. 1984.

Johansen, R., Vallee, J., Spangler, K.: Electronic Meetings: Technical
Alternatives and Social Choices. Reading, Mass. 1979.

Picot, A.: Transaktionskostenansatz in der Organisationstheorie -
Stand der Diskussion und Aussagewert. In: Die Betriebswirtschaft,
42. Jg., 1982, S. 267ff.

Picot, A.: Organisation. In: Vahlens Kompendium der Betriebswirt-
schaftslehre, Band 2. München 1984, S. 95ff.

Picot, A., Brandt, St.: Neuere Entwicklungen im Bereich der Bürokommunikation. In: Potthoff, E. (Hrsg.): RKW-Handbuch. Führungstechnik
und Organisation. Berlin und Bielefeld 1984, Kz 2452, S. 1ff.

Picot, A., Reichwald, R.: Bürokommunikation. Leitsätze für den Anwender. München 1984

Picot, A., Rogers, E.M.: The impact of new Communication Technologies.
In: Rogers, E.M., Balle, F. (Hrsg.): The New Media in America and
Western Europe. Norwood 1984.

Pye, R.: Office location: The role of communications and technology.
In: Daniels, P. (Hrsg): Spatial patterns of office growths and
location. Chichester usw. 1979, S. 239ff.

Short, J., Williams, E., Christie, B.: The social psychology of Telecommunications. London usw. 1976.

Thorngren, B.: How do contact systems effect regional development? In:
Environment and Planning, Vol. 2, 1977, S. 409ff.

Watzlawick, P., Beavin, J., Jackson, D.: Menschliche Kommunikation.
Bern usw. 1969.

Witte, E.: Organisatorische Wirkungen neuer Kommunikationssyteme -
Eine Problemanalyse. In: Zeitschrift für Organisation, 46. Jg.,
1977, S. 361ff.

Integrated Telecommunications and Decentralization of Economic Activity

Arnold Picot

Recent developments of new information- and communication-technology
reveals two different trends for integration:
* horizontal integration; formerly separate channels of communication
  (text, data, picture, speech) will merge; so do the forms for depic-
  ting informational contents.
* vertical integration of information processing (integrated carrying
  out of procurement, processing, transmission and/or storage of information).

This development opens up a so far unknown potential for organizational design. Telecommunications heavily increased effectiveness (in
terms of speed and integration) enables the creation of more autonomous organizational subunits who carry out organizational tasks; many
forms of interindividual interactive information processing tend to be
done by one more autonomous individual supported by powerful informa-
tion- and communication technology. Furthermore, the transmission of
complex information from one individual to another can be handled to a
larger extent by telecommunications whereas before personal presence
was usually required in order to provide that information (e.g. oral
explanation accompanying written documents). Thus, chances for organizational and regional decentralization come up with integrated telecommunications.

Organizational decentralization leads to a higher degree of decision
autonomy in organizations and markets (esp. increasing independence
from other information suppliers). This means, that delegation of decision rights can be more applied than before and that, on the other
hand, more participation in decisions of other organizational units
can take place due to increased information transmission capabilities.
All these trends could lead to a flattening of the organization s
hierarchy (shrinking of middle management).

A deeper analysis of these chances for organizational decentralization shows that it is not the new technology as such that produces these consequences but the management s philosophy, the business strategy and the pressures of the environment in the background of an adopter s organization. Therefore one can also name contingencies under which centralization is more likely to occur as a consequence of new integrated telecommunications. The new technology offers options for organizational decentralizations but no necessary consequences of that sort.

More often than the organizational decentralization in the narrow sense of the foregoing section the **regional (locational) effects** of new telecommunications are debated. This discussion addresses three different levels of location decisions:
* macro level (location of whole businesses and branches)
* meso level (location of departments, plants and other parts of a
  business organization)
* micro level (location of workplaces, working at home).

For all three levels there excists a variety of very far-reaching effects predicted by various researchers (dissolving of business locations and urban areas, "electronic cottage", tele work at home).

It is my contention that - though there is a real potential for regional decentralization - integrated telecommunications effects in this direction will be much less spectacular than supposed by most discussants. The reasons for the rather modest assessment of telecommunications decentralization effects are the following:
* character of interindividual communication in business organizations
* communication problems prevailing in organizations
* requirements for information supply in business decisions.

In the paper these aspects are explored in more detail. All comes down to the question: "What role does face to face communication play in office communication?" It is shown, that only for very simple tasks with few and well defined informational interfaces to other units and with well functioning social relations to the relevant environment regional decentralization on the above mentioned levels will take place. This is not a big proportion of so far locally integrated business activities, as can be shown by organization theory.

Mainly those tasks, functions or businesses are concerned whose cooperation with other internal or external partners is (or could be) carried out in a principally market oriented way (i.e. by market or
transfer prices). To the extent that such units had to be centrally
located due to slow and ineffective information transfer capabilities,
integrated telecommunications will cause their regional decentralization so that they can grasp economic advantages elsewhere that were
precluded to them until now.

Finally it is shown, that integrated telecommunications - once it is
widely spread - will lead to a remarkable increase of interregional
and international business activities (demand and supply). Consequently, demand for material and personal transportation will grow as well,
as information and communication are organizers for transportation of
men and material goods.

Integrierte Telekommunikation und Aufgabenintegration

Ralf Reichwald

1. Integrationstendenzen in der Kommunikationstechnik und ihre Auswirkungen auf kommunikative Aufgaben

1.1 Zwei Funktionen der menschlichen Kommunikation

Menschliche Kommunikation und somit auch geschäftliche Kommunikation
hat immer zwei Funktionen, eine inhaltliche Funktion und eine soziale
Funktion. Die soziale Funktion steht in Kommunikationsprozessen häufig
im Vordergrund, auch wenn es anscheinend nur um die Vermittlung sachlicher Inhalte geht. Es macht einen Unterschied, ob ein gutes Ge-
schäftsergebnis, eine Gratulation, eine schlechte Nachricht über ein
Datenterminal übermittelt oder mit entsprechender Mine überbracht
wird. Inhaltliche Aspekte des Kommunikationsaustausches können durch
verbale Kommunikation übermittelt werden. Für die soziale Komponente
der zwischenmenschlichen Beziehungen braucht man primär non-verbale
Kommunikationsformen, d.h. die Mimik, die Stimmlage, den Körperaus-
druck - Dinge, die nur bedingt technisch vermittelt werden können. Im
persönlichen Zusammentreffen, im Gespräch, in der Konferenz, beim Vortrag sind jeweils <u>alle</u> Elemente zwischenmenschlicher Beziehungen auf
der inhaltlichen wie auf der sozialen Ebene <u>vollständig</u> vertreten. In
der Konferenz wird geschrieben, Bilder werden ausgetauscht, Mimik und
Gestik der Kommunikationspartner geben zusätzliche Informationen über
Stimmung und Haltung, aber auch über das Verständnis des Partners.

Persönliche Kommunikation ist deshalb <u>ganzheitliche</u> Kommunikation.
Jede Form der technischen Kommunikation ist dagegen <u>zerstückelte</u>
Kommunikation.

Mit dem Telefon können wir nur Sprache übertragen, mit dem Brief nur
Schrift, auch mit Bildschirmtext sind wir auf Schrift und Graphik reduziert. In der Betrachtung der Möglichkeiten von digitaler und analoger Kommunikation, inhaltlicher und sozialer Kommunikation sehen wir
die Grenzen, die bei jeder Form technischer Kommunikation für die ge-

genseitige Verständigung gegeben sind.

1.2 Aufgabenadäquanz von geschäftlichen Kommunikationsformen

In der Geschäftswelt ist es daher wichtig zu wissen, welche Eignungs-
schwerpunkte die heute zur Verfügung stehenden Kommunikationswege besitzen und was für die Verständigung mit einem Kommunikationspartner
bei der Lösung einer Aufgabe besonders wichtig ist. So erklärt es
sich, daß wir in der heutigen Bürokommunikation je nach Aufgabe die
bestehenden Kommunikationswege (Brief, Telefon, persönliche Zusam-
kunft) unterschiedlich nutzen. Wenn wir schwierige Aufgaben zu lösen
haben, bei denen es im Kommunikationsprozeß auf die Vermittlung komplexer Inhalte und die Verständigung ankommt, die nur in Diskussionen
und Rückkopplungen erreicht werden, dann wählen wir das persönliche
Gespräch, die face-to-face-Kommunikation. Geht es dagegen um eine
direkte, schnelle Übermittlung der Informationen, so greift man zum
Telefon. Die schriftliche Kommunikationsform wird immer dann gewählt,
wenn die Übermittlung des genauen Wortlauts dokumentiert und weiter-
verarbeitet werden soll.

Bei durchschnittlich 80 - 100 Kommunikationskontakten pro Tag in der
Sachbearbeitung und im mittleren Management entfallen durchschnittlich
etwa:
- 40% auf die persönlichen Kontakte,
- 40% auf das Telefon und
- 20% auf schriftliche Kommunikationsformen (Brief, Telex, Teletex, Fax).

Während die persönliche Begegnung, die face-to-face-Kommunikation,
einen ganzheitlichen Charakter für die Informationsübertragung besitzt, reduziert sich die Informationsvermittlung in der Telekommunikation dagegen mehr oder weniger auf die eine oder andere Form. In
der Geschäftswelt muß deshalb immer entschieden werden, inwieweit die
jeweiligen Restriktionen für die organisatorische Aufgabenerfüllung
von Belang sind. Der Zusammenhang zwischen Aufgabenstellung und Wahl
der Kommunikationskanäle wurde in der betrieblichen Praxis und in der
Organisationsforschung in seiner Bedeutung lange Zeit verkannt. Angesichts der Einführung neuer Kommunikationsdienste wie Telefax oder
Teletex hat man sich denn auch gründlich verschätzt, was die Substitu-
tionsmöglichkeiten herkömmlicher Kommunikationswege durch die neuen
Dienste betrifft. Beispielsweise sind Geschäftsbriefe aufgrund organi-

satorischer und inhaltlicher Restriktionen im heutigen Büro nur etwa
zur Hälfte auf den Teletexdienst umleitbar. Käme dagegen eine Integration von Teletex und Telefax <u>in einem Gerät</u> in Frage, so erhöht sich
das Substitutionsmaß schon auf 65%. Käme die Sprachkomponente hinzu,
so würden bereits mehr als die Hälfte aller kommunikationsbezogenen
Aufgaben über ein und denselben technischen Kanal abgewickelt.

1.3 Verbesserte Akzeptanzchancen der Telemedien durch die Zusammen-
führung von Text, Bild und Sprache

Die Akzeptanzchancen für die neuen Kommunikationsmedien steigen in
der Zukunft bei einer Zusammenführung von Text, Bild und Sprache. Dennoch sind exakte Prognosen über Substitutionswirkungen der neuen Kommunikationsformen aus heutiger Sicht nur für bestimmte Telemedien möglich.

Für die textorientierten Kommunikationsmedien läßt sich das Substitu-
tionspotential aus dem Briefaufkommen ableiten. Zu bestimmten An-
teilen wird auch die telefonische Kommunikation betroffen, da mit dem
Geschwindigkeitsvorzug des Telefons die Dokumentierbarkeit der ausge-
tauschten Informationen als weiterer Vorzug hinzukommt.

Weit schwieriger ist die Prognose, wenn es um Voraussagen geht, ob
Telekonferenzsysteme die face-to-face-Kommunikation ersetzen werden.
Wo die soziale Komponente der Kommunikation im Geschäftsleben eine
Rolle spielt, wo Klima und Sympathie oder das Vertrautwerden mit dem
Geschäftspartner von Bedeutung sind, wo Privatheit und persönliche
Nähe in Verhandlung und Entscheidung unabdingbar sind, dort wird die
technische Kommunikation - auch wenn breitbandige Dienste zur Verfü-
gung stehen - die Dienstreise nicht oder nur bedingt ersetzen können.
Erwartet wird diese bedingte Substitution zumindest für die Abwicklung
von Problemen, die besonders zeitkritisch sind und bei denen die
Kommunikationspartner große Entfernungen zu überwinden haben, besonders dann, wenn sich die Kommunikationspartner bereits kennen.

Angesichts der Integrationstendenzen für die technische Bürokommunikation kann heute als gesichert gelten: Durch das Zusammenwachsen
der technischen Kommunikationsformen auf der Ebene von Netzen, Diensten und Geräten wird den Bedürfnissen des Menschen, in der Geschäftswelt <u>ganzheitlich</u> zu kommunizieren, mehr und mehr entsprochen.
Die Akzeptanz der technischen Bürokommunikation wird erheblich zuneh-

men, denn kommunikationsbezogene Aufgaben werden nicht mehr zerstük-
kelt (nach den jeweiligen Eignungen der Kanäle) sondern können zunehmend ganzheitlich abgewickelt werden.

2. Technikintegration durch Kommunikationstechnik

2.1 Zusammenwachsen von Informationstechniken

Ein weiterreichender Faktor für den Situationswandel in der Arbeitswelt ist die Integration der Kommunikationstechnik mit benachbarter
Informationstechnik. Textverarbeitung und Datenverarbeitung, elektronische Archivierung und Informationsverteilung werden durch die Kommunikationstechnik zu einer vernetzten informationstechnischen Infrastruktur zusammenwachsen. Diese technische Integration hat Folgen für
die Arbeitsstrukturen, für die Ökonomie der Arbeitsabläufe und die
Arbeitsteilung im Büro.

Galt noch bis in die jüngere Vergangenheit die Arbeitsentmischung und
Spezialisierung als Strategie produktivitätsorientierter Technik-
nutzung im Büro, so wird die Aufgabenzusammenführung, die ganzheitliche Aufgabenabwicklung als organisatorische Folge der Technikintegration ökonomisch nahegelegt.

Im Zuge der Einführung der Datenverarbeitung und der Textverarbeitung
wurden noch die Aufgaben entmischt, technisierbare Tätigkeiten ausge-
gliedert und gepoolt (zentraler Schreibdienst, zentrale Datenverarbeitung, Rechenzentrum). Nunmehr wird schon bei der Einführung einer relativ einfachen Telekommunikationsform wie Teletex erkennbar, daß die
organisatorische Trennung von Schriftguterstellung, Schriftgutversen-
dung und auch -ablage zu erheblichen Nutzungsbarrieren für die Telekommunikation führt.

Das Zusammenwachsen auf der technischen Seite wird auf der Aufga-
benseite arbeitsplatzübergreifende Integrationsfolgen haben. Es drän-
gen sich Fragen auf, wie sich Büroarbeit und Büroorganisation unter
diesen Integrationseinflüssen entwickeln werden:

- Folgen für die Arbeitsteilung (vertikale und/oder horizontale Aufgabenintegration),
- Folgen für den Arbeitsablauf (ablaufstandardisierende versus ablauf-
  individualisierende Effekte),

- Folgen für den Arbeitskräftebedarf,
- Folgen für die Qualifikation und Berufsbilder im Büro,
- Folgen für die Produktivität im Büro.

Die aufgezählten Fragen hängen eng zusammen. Daher soll zunächst auf den Zusammenhang zwischen Arbeitsteilung und Technikintegration näher eingegangen werden, um auf dieser Grundlage Thesen für die Arbeitsbedingungen im Büro der Zukunft abzuleiten.

2.2 Gestörte Kommunikation in der arbeitsteiligen Bürowelt

Der informationsverarbeitende Sektor unserer Wirtschaft ist in hohem Maße arbeitsteilig organisiert. Innerhalb der Unternehmung, zwischen den Büroorganisationen in Behörden und Industrieverwaltungen haben sich spezialisierte Aufgabenbereiche herausgebildet, die auf gegenseitigen Leistungsaustausch angewiesen sind. Ihren wirtschaftlichen Wert können die einzelnen Teilbereiche nur entfalten, wenn sie in sachlicher, zeitlicher und personeller Hinsicht abgestimmt, d.h. koordiniert werden. In den organisatorischen Bedingungen <u>für diese Abstimmungs- und Kooperationsprozesse</u> liegen heute die meisten Hemmfaktoren und Defizite für die Arbeitsabwicklung im Büro. Diese These wird durch zahlreiche empirische Untersuchungen belegt. Die Wünsche der Aufgabenträger nach Beseitigung der Hemmfaktoren und Defizite richten sich <u>vorwiegend auf Verbesserungen kommunikativer Möglichkeiten</u>. Die Engpässe konzentrieren sich auf:

- Medienbrüche,
- Informationsabkopplung bei Abwesenheiten vom Arbeitsplatz,
- Nichterreichbarkeit von Kommunikationspartnern,
- Mangelhafte Aktualität von Ablagen, Verzeichnissen und Datenbeständen bei dezentraler Organisation, sowie
- das Problem der eiligen Vorgänge, die grundsätzlich jede Art von geplanter Arbeit durchkreuzen.

Mit wachsender Arbeitsteilung im Büro, d.h. größerwerdenden Kooperationsketten, steigt die Bedeutung dieser Schwachstellen für die Produktivität und Leistungsfähigkeit einer Arbeitsorganisation.

2.3 Kommunikationstechnik schafft neue Lösungsmuster der Kooperation im Büro

Die Technikintegration im Büro wird das Kooperationsmuster, die Arbeitsbeziehungen, die Teamstrukturen und heute bestehende Abläufe erheblich verändern und effektiver machen. Galt bisher die schlechtstrukturierte Büroarbeit im Führungs- und Sachbearbeiterbereich als nicht oder nur schwer technisch unterstützbar, so wird dies künftig anders sein. Verbesserte Bedingungen der integrierten Infrastruktur führen die Kommunikationspartner zusammen, sie ermöglichen es, auch größere Kooperationsgruppen zu bilden, mehr Informationen einzuholen und zu verteilen, sich besser abzustimmen und auch innerhalb größerer Gruppen eine partizipative Entscheidungsfindung und Entscheidungsumsetzung zu praktizieren.

Aus der Sicht der Arbeitswelt ist diese Entwicklung positiv zu werten. Der integrative Effekt der Kommunikationstechnik kann zu neuen Aufgabenstrukturen in der Büroarbeit führen, die gekennzeichnet sind durch

- eine Erweiterung und inhaltliche Bereicherung der Aufgaben, vor allem auf der Assistenzebene,
- Intensivierung der inhaltlichen Einbeziehung in Kooperations- und Abstimmungsprozesse,
- Ausdehnung der Möglichkeiten für die individuelle Aufgabenerfüllung,
- erhöhte Autonomie und Handlungskompetenz der Aufgabenträger (eine wesentliche Voraussetzung für die organisatorische Dezentralisierung),
- ganzheitliche Aufgabenabwicklung im Sinne einer Zusammenführung von Mensch und Arbeit.

Aus ökonomischer Sicht kann der Technikeinfluß in zwei Richtungen wirkungsvoll genutzt werden: Bei bestehenden Aufgaben- und Ablaufstrukturen können die technischen Möglichkeiten zu einer Verbesserung der Informationsversorgung, der Erreichbarkeit, der Erstellung und Weiterverarbeitung von Informationen genutzt werden und damit im wesentlichen die heute beklagten Schwachstellen der Büroarbeit beheben. Ein derartiges Nutzungskonzept würde bei weitgehend gleichbleibender Arbeitsteilung die Organisationsleistung in quantitativer und in qualitativer Hinsicht steigern.

Der Integrationseffekt der Technik kann aber auch dazu führen, <u>völlig</u>
<u>neuartige Lösungen in der Aufgabenabwicklung zu generieren</u>, wobei die
Aufgabenintegration in vertikaler und horizontaler Richtung möglich
ist und bei gewissen wirtschaftlichen Bedingungen auch zweckmäßig erscheint.

2.4 Zwei Modelle der Aufgabenintegration: Das Kooperationsmodell und das Autarkiemodell

Für die künftige Zusammenführung von Aufgabenkomplexen im Büro kommen
insbesondere zwei Organisationsmodelle in Betracht: Das Autarkiemodell
und das Kooperationsmodell.

In der Organisationspraxis wird vorwiegend das Autarkiemodell propa-
giert, d.h. der Einsatz von Technik soll Aufgabenträger autonom machen. Im Autarkiemodell wirkt der Integrationseffekt der Technik primär in vertikaler Richtung. Dadurch soll erreicht werden, daß ein
Aufgabenträger, mit multifunktionaler Technik am Arbeitsplatz ausgestattet, z.B. von jeder Assistenzleistung oder von den Vorleistungen
in einer Kooperationskette (weitgehend) unabhängig gemacht wird.
Führungskräfte und Sachbearbeiter sollen ihre Texterstellung, Graphik
und Bildbearbeitung selbst durchführen. Bisherige Unterstützung durch
menschliche Arbeitsleistung soll technisch substituiert werden. Dies
<u>kann</u> ökonomisch durchaus sinnvoll, es kann aber auch sehr unökono-
misch sein.

Das Kooperationsmodell geht hingegen von der Beibehaltung des arbeits-
teiligen Prinzips aus. Die Aufgabenzusammenführung wirkt vorwiegend
in horizontaler Richtung. So können z.B. im Assistenzbereich Vorgänge
der Informationsbeschaffung, Informationserstellung sowie Vorgänge der
Informationsspeicherung und -gewinnung zusammengeführt werden. Durch
Technikeinsatz werden so die Bedingungen für alle Beteiligten eines
Kooperationsverbundes verbessert. Auf diese Weise kann das Arbeitser-
gebnis qualitativ verbessert werden, und es können Kapazitäten für
zusätzliche Aufgaben aufgebaut werden. Freilich verlangt das Kooperationsmodell in allen Aufgabenbereichen erhöhte Qualifikationen. In
der Sachbearbeitung und im Führungsbereich müssen mehr Entscheidungs-
kompetenz und Handlungsautonomie eingeräumt werden.

Autarkiemodell und Kooperationsmodell können als zwei unterschiedliche Strategien bei arbeitsplatzübergreifender Neugestaltung der Büro-

arbeit betrachtet werden. Während das Autarkiemodell eine input-
orientierte Strategie darstellt, die darauf hinausläuft, menschliche
Arbeitskraft, wo immer dies möglich ist, durch Technik zu ersetzen
und vor allem die Kosten des Arbeitseinsatzes zu senken, ist das
Kooperationsmodell eine leistungsorientierte Strategie. Im Kooperationsmodell wird die Zusammenarbeit für alle Beteiligten effizien-
ter. Durch Beseitigung von Engpässen und Schwachstellen in Koopera-
tions- und Abstimmungsprozessen wird bei Beibehaltung des arbeits-
teiligen Prinzips und des Expertentums die Effizienzseite der Organisation zum Zielkriterium der Neugestaltung. Dem Wesen der Kommunikationstechnik dürfte die leistungsorientierte Strategie des
Kooperationsmodells mehr entsprechen als die inputorientierte Strategie des Autarkiemodells.

Die Auswirkungen der Technikintegration auf die Büroarbeitswelt im
Zuge der Einführung neuer Kommunikationsmedien können in sieben
Thesen zusammengefaßt werden:

3. Sieben Thesen zur Wirkung der integrierten Telekommunikation auf
   die Büroarbeit

1. Die integrierte Telekommunikation führt zur ganzheitlichen Abwicklung kommunikativer Aufgaben auf der Arbeitsplatzebene. Die Kommunikation im Büro ist heute zerstückelte Kommunikation. Sie
   zwingt den Aufgabenträger, Sachverhalte auseinanderzureißen. Durch
   die Integration der Telekommunikationsdienste und -formen wird
   dem menschlichen Bedürfnis nach ganzheitlicher Kommunikation mehr
   und mehr entsprochen. Damit erhöhen sich die Akzeptanzchancen von
   Telemedien, mit der Akzeptanz die Ausbreitungsdichte und mit der
   Ausbreitungsdichte der Nutzen (Vernetzungsaspekt).

2. Die ökonomischen Schwachstellen im Büro liegen in den Bedingungen
   für Kooperation und Abstimmungsprozesse. Die Bedürfnisse der Aufgabenträger nach technischer Unterstützung richten sich primär
   auf eine Verbesserung kommunikativer Möglichkeiten und der Informationsversorgung.

3. Weitgehende Wirkungen für die Arbeitsorganisation ergeben sich
   durch die Integration der Kommunikationstechnik mit angrenzenden
   Techniken der Informationsverarbeitung. Diese Integration hat

weitreichende Folgen für die Arbeitsstrukturen, die Ökonomie der
Arbeitsabläufe und die Arbeitsteilung im Büro- und Verwaltungsbereich, aber auch für Qualifikation und Handlungsautonomie.

4. Verbesserte Bedingungen der Kommunikation und der Informationsversorgung schaffen Möglichkeiten für die Generierung neuer Lösungen
durch ganzheitliche Arbeitsstrukturierung (Aufgabenintegration) im
Büro.

5. Für die Aufgabenintegration können zwei Organisationsmodelle gegen-
übergestellt werden: Das Autarkiemodell als input-orientierte und
das Kooperationsmodell als output-orientierte, leistungsorientierte Strategie der Organisationsgestaltung. Vom Organisations-
modell hängen jeweils die Folgen für die Arbeitsteilung, den Arbeitskräftebedarf und die Arbeitsqualität ab.

6. Dem Wesen der Kommunikationstechnik dürfte die outputorientierte
Strategie des Kooperationsmodells mehr entsprechen als die input-
orientierte Strategie des Autarkiemodells.

7. Welche Strategie sich letztlich durchsetzen wird, hängt auch davon
ab, inwieweit wir in der Lage sind, die wirtschaftliche Nutzung
der Kommunikationstechnik nicht nur von der Kosten- und Einspa-
rungsseite her zu beurteilen, sondern die Frage des Nutzens und
der Leistung einer Arbeitsorganisation stärker in die ökonomische
Betrachtung einzubeziehen.

4. Schrifttum

Beckurts, K.H./Reichwald, R.: Kooperation im Management mit integrierter Bürotechnik - Anwendererfahrungen, München 1984

Bundesminister für Forschung und Technologie (Hrsg.): Informations-
technologie und Beschäftigung, eine Übersicht über internationale
Studien, Schriftenreihe Technologie und Beschäftigung, Bd. 3,
Düsseldorf und Wien 1980

Danzin, A.: Die gesellschaftlichen Auswirkungen der Informationstech-
nologien, München und Wien 1978

Gaugler, E. et al.: Rationalisierung und Humanisierung von Büroarbei-
    ten, hrsg. vom Bayer. Staatsministerium für Arbeit und Sozial-
    ordnung, München 1979

Kieser, A./Kubicek, H.: Organisation, Berlin und New York 1977

Nora, S./Minc, A.: Die Informatisierung der Gesellschaft, Frankfurt
    und New York 1979

Picot, A.: Organisation, in: Vahlens Kompendium der Betriebswirt-
    schaftslehre, München 1984

Picot, A./Reichwald, R.: Bürokommunikation - Leitsätze für den Anwen-
    der, München 1984

Reichwald, R.: Technologische Entwicklungen und Wirtschaftlichkeits-
    beschränkungen für eine humane Arbeitsgestaltung im Verwaltungs-
    bereich, in: Humanisierung der Arbeitswelt - vergessene Ver-
    pflichtung?, hrsg. von v. Rosenstiel, L./Weinkamm, M.; Stuttgart
    1980, S. 203 ff.

Reichwald, R. (Hrsg.): Neue Systeme der Bürotechnik - Beiträge zur
    Büroarbeitsgestaltung aus Anwendersicht, Berlin und Bielefeld
    1982

Reichwald, R.: Produktivitätsbeziehungen in der Untertnehmensverwal-
    tung- Grundüberlegungen zur Modellierung und Gestaltung der
    Büroarbeit unter dem Einfluß neuer Informationstechnologie, in:
    Börner, D./Pack, L. (Hrsg.): Betriebswirtschaftliche Entschei-
    dungen bei stagnierender Wirtschaftsentwicklung, Wiesbaden 1984,
    S. 197 ff.

Reichwald, R./Sorg S.: Kooperationsbeziehungen im Büro - Möglichkei-
    ten einer Effektivierung der Managementarbeit durch Kommunika-
    tionstechnik, in: Schäkel, U./Scholz, J. (Hrsg.): Leistungsre-
    serven aktivieren - Kommunikationssysteme und ihre Auswirkungen
    in Unternehmen, Essen 1983, S. 72 ff.

Turoff, M./Hiltz, S.: Structuring communication for the Office of the
    Future, Newark, N.J. 1979

Ulich, E./Groskurth, P./Bruggemann, A.: Neue Formen der Arbeitsge-
staltung, Frankfurt/M. 1973

Witte, E.: Die organisatorische Verknüpfung von Informations- und
Kommunikationssystemen, in: Zeitschrift für Organisation 1980,
S. 430 ff.

Weltz, F./Lullies, V.: Innovation im Büro - Das Beispiel Textverarbeitung, Frankfurt und New York 1983

Integrated Telecommunications and Reintegration
of Work

Ralf Reichwald

With regard to integrated office communications technology, development of work structure is mainly influenced by two factors: functional
integration provided by the technology and qualification of the personal. A notable characteristic of the new office technologies is in
their potential for integrating functions that had previously to be
carried out separately. Media of text communications e.g. offer an integration of several information processing activities that are often
handled by separate jobholders: text editing and text processing,
text communication, text storage (filing, retrieval, administration),
data processing. Future developments will integrate graphics, picture
and voice extending even further this integration process. Full use of
such multi-function and integrated telecommunication systems demands
an adaptation of qualification in two directions: understanding and
handling the new functionally complex systems, and comprehensive understanding of organizational tasks so that a fit between the system's
functional integration and the integrative nature of office work can
result.

It is apparent that new integrated office technology will affect
managers' work as well as the work of positions supporting the manager
(e.g. administrative assistants, secretaries, typists, clerks). Thus
the question of changing work structure is adressed mainly to the interface between managerial work and its supporting functions. The
overall task of an organisation or of a subunit comes into play, not
just insolated jobs or specialized functions. The need for a holistic
approach derives from the network-character of communications technology and from its potential for integrating work upstream and down-
stream of the local flow of information processing.

There are two strategies for transforming the new technologies' potential into new working structures:

1. Create the self-sufficient manager

With this strategy the new integrated office systems can integrate
much of the work of the manager's typist, secretary and assistant
thereby replacing those jobs to a very large degree. Higher productivity and increased independence of managers would result.

2. Redesign support function tasks (co-operation model)

This strategy consists in an upgrading and enrichment of supporting
jobs according to the requirements of task and technology. This strategy will in any case be unavoidable if the necessary conditions for
successful implementation of strategy 1) are not given, and it is evident that this will be the case for the majority of lower and middle
managers.

The applicability of strategy 1) is narrowly restricted to jobs that
deal with highly standardized processes and with low demand for support. While this is typical for many office workers it is not the typical structure for most managerial jobs. Empirical research results
underline the practical importance of strategy 2) though most suppliers of new communications technology favour strategy 1) which mainly promisses savings in manpower.

In the long run integrated office technologies will lead to enriched
job structures and new forms of co-operation in the office world rather than to self-sufficient managers acting from a kind of "high-
tech cockpit".

Integrierte Telekommunikation – Perspektiven für eine bürgernahe Verwaltung

Gerhard W. Wittkämper

<u>1. Die Begriffe</u>

Lassen Sie mich, obwohl dies sicherlich auf diesem Kongreß schon vielfach geschehen ist, kurz definieren, was ich für meine Ausführungen unter Integrierter Telekommunikation und Bürgernahe Verwaltung verstehe.

Zunächst zur <u>Integrierten Telekommunikation</u>:
Mit Recht hat die Expertengruppe "Förderung neuer Kommunikationstechniken" im
Auftrag der Landesregierung von Baden-Württemberg in ihrem Bericht (S. 50 ff)
aus dem Jahre 1982 darauf hingewiesen, daß in den letzten Jahren immer mehr
Kommunikationsterminals direkt an den Arbeitsplätzen eingesetzt worden sind.
Neben die Sprachkommunikation sind Textkommunikation, Festbildkommunikation,
Bewegtbildkommunikation und Datenkommunikation, soweit dies über die heutigen
Telekommunikationsnetze möglich ist, entweder in die tatsächliche Nutzung oder
in die Nutzungsnähe gerückt. Durch diese Entwicklung ist der Verbund der bisher getrennten Kommunikationsmittel notwendig geworden, und die Planungen der
zukünftigen Telekommunikationsnetze mit ihren im wesentlichen bekannten
Charakteristika legen es nahe, davon auszugehen, daß die Integration der
genannten Kommunikationsformen, die heute im Büro begonnen hat, in den kommenden Jahren kräftig zunehmen wird. In Lokalnetzen ist die betriebsinterne Verbundkommunikation von Text, Daten und Festbild auch in der öffentlichen Verwaltung heute bereits im Einsatz. Zusammenfassend verstehe ich also unter Verbundkommunikation die sich gegenseitig unterstützende Anwendung zweier oder mehrerer
Kommunikationsformen.

Nun zum <u>Begriff Bürgernähe</u>:
Die KGSt hat in ihrem Bericht Nr. 4/1979, S. 5 ff, betont, daß der Begriff Bürgernähe im Fluß sei und es wegen seiner Situationsabhängigkeit auch bleiben
werde. Es bestehe die Gefahr, daß Bürgernähe inhaltlich überfrachtet werde, daß
man trotz des berechtigten Anliegens Bürgernähe letztlich mit einem überfrach-
teten Begriff nicht mehr arbeiten könne. Demgemäß bedeutet Bürgernähe nicht,
neue oder inhaltlich verbesserte Aufgaben zu schaffen, auch nicht, die Öffentlichkeitsarbeit der öffentlichen Verwaltung isoliert zu verstärken, auch nicht,

isoliert Bürgerbeteiligungsverfahren einzurichten, und ebenfalls auch nicht,
lediglich auf der Ebene der Rechtsvereinfachung die staatlichen Vorgaben für
Verwaltungshandeln zu vereinfachen.

Vielmehr bezeichnet "Bürgernähe" eine Qualität der Beziehung zwischen der Verwaltung und dem Bürger und insbesondere eine Qualität der den Bürger betreffenden Entscheidungen. Sie ergibt sich aus einer Vielzahl von Bedingungen:
- Die Verwaltung muß in ihrer Aufbau- und Ablauforganisation transparent sein,
  d. h. die internen Zuständigkeiten und die Arbeitsweise der Verwaltung müssen für den Bürger durchschaubar sein (Transparenz).
- Die Verwaltung muß dem Bürger für seine Bedürfnisse zur rechten Zeit und an
  einem erreichbaren Ort zur Verfügung stehen (Verfügbarkeit).
- Sie muß - soweit der rechtliche Rahmen dies erlaubt - eine Lösung der indivi-
  duellen Probleme erreichen können (Flexibilität).
- Der Verkehr mit der Verwaltung muß unkompliziert und frei von vermeidbaren
  Kommunikationsbarrieren sein, d. h. nicht der Bürger soll sich der Verwal-
  tung anpassen, sondern die Verwaltung dem Bürger (Abbau von Zugangsbarrieren).
- Die Privatsphäre des Bürgers soll gewahrt werden (Datenschutz).
- Die Verwaltung muß die ihr übertragenen Aufgaben mit einem angemessenen Auf-
  wand bewältigen (Effizienz).
- Es müssen faktisch nutzbare Rechtsschutzmöglichkeiten gegeben sein, insbe-
  sondere gegenüber standardisierten Entscheidungen (Rechtsschutz.)"
(Zwischenbericht der Enquête-Kommission "Neue Informations- und Kommunikationstechniken", BT - Drucks. 9/2442 vom 28.03.1983, S. 65).

2. Die kommunikative Verwaltung in einer kommunikativen Demokratie - Das Leitbild des Grundgesetzes.

Meinen nächsten Abschnitt habe ich überschrieben: Die kommunikative Verwaltung in
einer kommunikativen Demokratie, das Leitbild des Grundgesetzes. Sie sehen aus
dieser Formulierung, daß es in diesem Abschnitt um die praktische und theoretische
Relevanz der integrierten Telekommunikation für eine bürgernahe Verwaltung geht.
Diese Relevanzprüfung möchte ich mit einem Blick auf unsere Verfassung eröffnen:

Wenn man das Grundgesetz für die Bundesrepublik Deutschland in seinem Grund-
rechtsteil, insbesondere im Hinblick auf Artikel 5 über die Meinungsfreiheit,
Artikel 8 über die Versammlungsfreiheit, Artikel 9 über die Vereinigungsfreiheit
oder Artikel 19 mit den Rechtsweggarantien gegen ein Handeln der öffentlichen
Verwaltung liest, oder wenn man den Abschnitt VIII über die Ausführung der Bun-
desgesetze und die Bundesverwaltung studiert, dann ist das Leitbild des Grund-

gesetzes letztlich eine kommunikative Verwaltung, in einer kommunikativen Demokratie. Dieses Leitbild wird durch das Menschenwürdegebot,das Brief-, Post- und
Fernmeldgeheimnis oder die Garantie der Unverletztlichkeit der Wohnung, um nur
diese zu nennen,abgesichert und über Systeme des Persönlichkeitsschutzes, insbesondere des Datenschutzes und des Rechtsschutzes so abgesichert, daß ein Abglei-
ten in einen Kollektivismus nicht möglich ist.

Letztlich sind aber die im Grundgesetz verankerten Transparenzgebote,
Verfügbarkeitsgebote,
Flexibilitätsgebote und der erkennbare Will des Grundgesetzes, Zugangsbarrieren
zwischen Bürger und Verwaltung abzubauen und eine effiziente Verwaltung zu haben,
Ausdruck der Willens des Grundgesetzes, daß es eine kommunikative Verwaltung in
einer kommunikativen Demokratie geben muß.

Die praktische Bedeutung der Verwirklichung des Postulats: Kommunikative Verwaltung in einer kommunikativen Demokratie kann ich nur mit wenigen Stichworten
skizzieren:
In der öffentlichen Verwaltung im engeren Sinne, d. h. ohne Bundeswehr, Betriebs-
verwaltung, Bildungswesen und Krankenhäuser, also in der Verwaltung, in der es um
Bürgernähe im täglichen Aufgabenvollzug geht, sind rund 2 Millionen Beschäftigte
bei Bund, Ländern und Gemeinden tätig. Sie stehen in zunehmender Aufgabenerweiterung, Aufgabenauffächerung, die Nutzungsdichte und die Anwendungsdichte des öffentlichen Sektors, bezogen auf Bürokommunikation und andere Formen der Verbundkommunikation, ist aber noch relativ gering. Ihr Einsatz konzentriert sich auf
Entscheidungstätigkeiten in Bereichen der routinemäßigen Leistungs- und Abgaben-
verwaltung. Große Reserven sieht der Zwischenbericht der Enquête-Kommission Neue
Informations- und Kommunikationstechniken im Bereich folgender Arbeitsvorgänge:

"Dokumentation und Bereitstellung von Informationen;
Kommunikation mit Adressaten von Verwaltungsentscheidungen, Mitarbeitern der
eigenen oder anderer Behörden usw.;
Entscheidungstätigkeit ...;
Erstellung von Bescheiden und ähnlichen Entscheidungen."

Erlauben Sie mir nun wenige Worte zur theoretischen Relevanz meines Themas:
Der besten Tradition der griechischen und römischen Staatsdenker folgend hat
Seymour Martin Lipset in seinem erstmals 1959 erschienenen Buch: Political man,
die sozialen Grundlagen der Politik, auf grundlegende anthropologische und soziale Voraussetzungen der Demokratie hingewiesen. Karl W. Deutsch hat 1963 in
seinem Buch: Die Nerven der Regierung, Regierungs- und Verwaltungssysteme als

vermaschte Kommunikationsregelkreise, als permanent lernende Systeme interpretiert und auf die Bedeutung des Informationsaspektes, der Lernkapazität und die Gefahren pathologischen Lernens hingewiesen. Ähnliche Aussagen finden wir gegen Ende der 60er Jahre bei <u>Forrester, Luhmann und Etzioni.</u> In den Werken der genannten Kollegen sind die verschiedenen theoretischen Dimensionen der Herausforderungen umschrieben, die eine kommunikative Demokratie für Regierung und Verwaltung mit sich bringt.

Ich habe die Gesamtheit dieser theoretischen Arbeiten in folgender Deutung zusammengefaßt: Wir stehen vor der Aufgabe, eine <u>neue interne Stabilität</u> der öffentlichen Verwaltung unter grundlegend veränderten kommunikativen Rahmenbedingungen zu definieren, bestehend aus Veränderungen der Aufbauorganisation, der Ablauforganisation und der Humanorganisation. Wir stehen ferner vor der Herausforderung, eine <u>neue externe Stabilität</u> der öffentlichen Verwaltung zu formulieren, d. h. Transparanz, Verfügbarkeit, Flexibilität, Abbau von Zugangsbarrieren, Effizienz einerseits sowie Datenschutz und Rechtsschutz andererseits im Hinblick auf den je und je verschiedenen Bürger, seine verschiedenen Bedürfnisse und seine verschiedenen Rollen neu zu definieren. Wir dürfen uns nicht darüber hinwegtäuschen, daß wir hier erst am Beginn des Beginns einer Entwicklung stehen.

3. Integrierte Telekommunikation - Die verwaltungsinterne Motivation

Alle, die hier in diesem Raum Erfahrungen mit dem Einsatz von Bürokommunikation oder Verbundkommunikation in der öffentlichen Verwaltung haben, wissen,daß es häufig schon an der verwaltungsinternen Motivation für integrierte Telekommunikation fehlt. Ich möchte deshalb einige wenige Gedanken der Frage widmen, welches die Hauptgesichtspunkte der verwaltungsinternen Motivation für den Einsatz von Bürokommunikation und anderen Formen der Verbundkommunikation sein können:

Die öffentliche Verwaltung war seit <u>Taylor,</u> ähnlich wie andere Bereiche der überwiegenden Bürotätigkeit, durch Aufgabenzergliederung und Funktionsteilung gekennzeichnet. Das hatte zwei Wirkungen. Nach innen die Wirkung einer Entreicherung der Arbeitswelt der Mitarbeiter. Nach außen die Wirkung, daß die Bürger für ein einheitliches Anliegen mehrere Behörden oder Ämter aufsuchen mußten, ohne dies verstehen zu können. Mit der zunehmenden Aufgabenerweiterung und Aufgabenauffächerung haben die Bürger auch zunehmend mit Unverständnis oder Kritik reagiert, die sich auch in der Forderung nach Entbürokratisierung niederschlug.

Integrierte Telekommunikation, wie vorhin verstanden, bietet zwei Chancen zur Umkehr: Die eine Chance heißt <u>Reintegration</u> von einheitlichen Aufgabenerledi-

gungen, an einem Arbeitsplatz. Die andere Chance heißt <u>Tätigkeitsanreicherung</u>
an den Arbeitsplätzen der öffentlichen Verwaltung. Diese internen Chancen sollten zur Motivation ausreichen, vor allem dann, wenn damit einhergeht ein Abbau
der Konfliktpotentiale und der Mißverständnispotentiale im Verhältnis zum Bürger.

4. <u>Notwendige Bedingungen für die Planung des Einsatzes integrierter Telekommuni-</u>
   <u>kation im Hinblick auf bürgernahe Verwaltung.</u>

Es gibt viele Leute, welche annehmen, daß der Einsatz integrierter Telekommunikation in der öffentlichen Verwaltung letztlich solche mehr graduellen oder margi-
nalen Veränderungen bewirken wird, wie die Ablösung der Schreibstuben durch die
Schreibmaschine. Dem ist die These entgegenzuhalten, daß kommunikative Verwaltung
unter den Bedingungen einer integrierten Telekommunikation, wenn sie bürgernah
sein will, <u>notwendige Bedingungen der Planung</u> erfüllen muß, die ich für die Bundesrepublik Deutschland noch nicht erfüllt sehe, ja, noch nicht einmal umfassend
in Angriff genommen sehe:

Lassen Sie mich diese These kurz begründen:
4.1 Sie alle wissen, die Stichworte sind Deutsches Forschungsnetz oder das von
    mir in die Diskussion gebrachte Deutsche Bildungsnetz, wie schwierig es ist,
    ein auf die Bedürfnisse der Industrienation Bundesrepublik Deutschland ausge-
    richtetes System von technisch-wissenschaftlichen Informationssystemen zu pla-
    nen und zu installieren, ggf. erweitert um entsprechende Beratungssysteme, etwa
    Bereich der Erfinderberatung und des Patentwesens.

    Was ich damit für unseren Fall sagen wollte, ist folgendes: Eine kommunikative
    Verwaltung in einer kommunikativen Demokratie bedarf einer Infrastruktur von Fach-
    informationssystemen, die auch eine Informations- und Beratungsdimension, gewisser-
    maßen ein Fenster zum Bürger hin haben. Das verlangt völlig neue Denkansätze, die
    ich als Forderung in dem Stichwort zusammenfasse: DVN - übersetzt mit <u>Deutsches</u>
    <u>Verwaltungsnetz,</u> welches bewußt und gewollt in zwei Dimensionen geplant wird, ein-
    mal in einer verwaltungsinternen Dimension der Information und Dokumentation und
    zum anderen in einer auf den Bürger und Verwaltungsadressaten bezogenen Dimension.

4.2 Wir müssen damit rechnen, daß die <u>Verwaltungsfunktionen</u> im Hinblick auf den
    Bürger, nämlich die Problemverarbeitungsfunktion, die Ordnungsfunktion, die
    infrastrukturelle Leistungsfunktion, die personenbezogene Leistungsfunktion,
    die Planungsfunktion, die Rechtsetzungsfunktion, die Selbstdarstellungsfunktion
    und schließlich die Organisations- und Ressourcenfunktion <u>ein neues Gesicht</u> er-
    halten. Lassen Sie uns also damit beginnen, systematisch unter den Bedingungen

integrierter Telekommunikation im Hinblick auf das Postulat einer kommunikativen
Verwaltung entlang dieser Funktionen und Funktionskreise zu denken. Um nicht miß-
verstanden zu werden: Es gibt viele wertvolle punktuelle Ansätze auch hier im Raum
anwesender Kollegen, nicht nur aus der Bundesrepublik, sondern aus dem Bereich der
gesamten westlichen Industrienationen und auch Japans, die GMD hat viele dieser
Ansätze verfügbar gemacht, aber wir müssen sie <u>in einem Denken um die Verwaltungs-
funktionen herum bündeln.</u>

4.3 Mit Recht hat die KGSt im Bericht B 4/79, S. 8 ff, darauf hingewiesen, daß man
Bürgernähe und Einsatz von Technik in der Verwaltung vor einem <u>differenzierten
Spektrum von Betroffenen</u> sehen muß, welches aus <u>drei Teilnetzen</u> besteht, die in
sich selbst sehr inhomogen sind:

<u>Teilnetz 1</u> ist die <u>Sicht der Bürger</u> im Hinblick auf die Verwaltung, wobei ein
einheitliches Verhältnis des Bürgers zur Verwaltung nicht besteht. Der Bürger tritt
der Verwaltung vielmehr in unterschiedlichen Rollen gegenüber, z. B. als Steuer-
zahler, Leistungsempfänger, Gewerbetreibender, Betroffener, ebenso wie es also kein
einheitliches Verhältnis Bürger - Verwaltung gibt, so hat auch der Bürger in
der Regel kein einheitliches Bild und Forderungsspektrum von der bzw. an die
Verwaltung.

<u>Teilnetz 2</u> ist die <u>Sicht der Verwaltung in ihrem kollektiven Selbstverständnis</u>
und, z. B. auf der Gemeindeebene, des Rates. Damit ist deutlich gemacht, und
dies gilt auch für die Landesverwaltung und die Bundesverwaltung, daß es nicht
nur darum geht, ein kollektives Selbstverständnis der Verwaltung als Körper zu
entwickeln, sondern daß sich diesem Selbstverständnis auch die politischen Einrichtungen, etwa auf der Gemeindeebene der Rat und auf der Landesebene und Bun-
desebene die Parlamente des Bundes und der Länder anschließen müssen.

Das letzte, in sich sehr unterschiedliche <u>Teilnetz</u> ist die <u>Sicht der einzelnen
Mitarbeiter,</u> die mit dem Bürger in je und je verschiedenen unmittelbaren Kontakten stehen. Auch diese Sicht ist nicht einheitlich. Der Mitarbeiter steht vor
je und je verschiedenen Vorhaben normativer und nicht normativer Art, vor unterschiedlicher Berücksichtigung des Publikumskontaktes im Karriere- und Besoldungs-
system, vor unterschiedlichen Anerkennungen durch den Bürger, vor unterschiedlichen räumlichen Bedingungen, zeitlichen Bedingungen und Ausstattungsbedingungen.

Damit ist deutlich geworden,daß es nicht um die einheitliche Dimension Bürger -
Verwaltung bei der Implementation integrierter Telekommunikation geht, sondern
um <u>sehr differenzierte Teilnetze.</u> So hat Ralf Reichwald in seinen verschiedenen

Arbeiten, um nur diesen Gesichtspunkt aus seinen Arbeiten zu nennen, die unterschiedlichen Sachbearbeitungsfunktionen der öffentlichen Verwaltung prototypisch mit ihren verschiedenen Faktorbeziehungen definiert, was es uns ermöglicht, die Sicht der Verwaltungsmitarbeiter sehr viel besser zu diskutieren als bisher.

4.4 Eng mit dem Vorgesagten verbunden, ist eine weitere Planungsdimension, nämlich das Denken in Kommunikationszwecken oder Kommunikationsanlässen, denn nur wenn man nach den Kommuniktionszwecken oder -anlässen fragt, wird man letztlich die kritischen Zonen bei der Implementation integrierter Telekommunikation, die Felder notwendiger empirischer Untersuchungen und den Aus- und Weiterbildungsbedarf definieren können.

So teilt etwa die KGSt unter dem Gesichtspunkt des Kommunikationszwecks die Bürgerkontakte der öffentlichen Verwaltung in vier Bereiche ein:
a) Kommunikation im Vorfeld von Verwaltungsentscheidungen, z. B. Auskünfte, Beratung, Entgegennahme von Beschwerden und Anregungen.
b) Klassisches hoheitliches Verwaltungshandeln, wobei die Initiative vom Bürger ausgehen kann, aber auch von der Verwaltung.
c) Soziale Dienstleistungen, etwa materielle Hilfe oder Rat, um Notlagen von Bürgern zu beheben, zu mindern, zu überbrücken oder das Entstehen von Notlagen zu verhindern, etwa im Bereich der Hilfe zum Lebensunterhalt, der Altenhilfe, des schulpsychologischen Dienstes.
d) Öffentliche Einrichtungen,mit denen die Verwaltung Sach- und Dienstleistungen anbietet, wobei die öffentlichen Einrichtungen entweder zur freiwilligen Inanspruchnahme wie bei öffentlichen Bibliotheken, Volkshochschulen und Freibädern, oder unter dem Zwang zur Inanspruchnahme zu sehen sind,wie bei der Müllentsorgung, den Schulen, der Wasserversorgung.
e) Hat man sich in dieser Weise einmal mit den Kommunikationszwecken oder Kommunikationsanlässen beschäftigt, so sollte man auch, bevor man zu allgemeinen Urteilen wie denjenigen greift, die man etwa auf S. 65 des Zwischenberichtes der Enquête-Kommission Neue Informations- und Kommunikationstechniken findet, zunächst einmal prüfen, auf welchen Kommunikationswegen der Bürger sich heute an die öffentliche Verwaltung wendet, und wie sich diese Kommunikationswege verändern, wenn integrierte Telekommunikation eingesetzt wird. So unterscheidet etwa die KGSt
(B 4/79, S. 14) 14 Kontaktwege:
Bürger schreibt an die Verwaltung;
Bürger ruft die Verwaltung an;
Bürger besucht das Verwaltungsgebäude;
Verwaltung schreibt an den Bürger;
Verwaltung ruft den Bürger an;
Verwaltung besucht den Bürger.

Wir müssen uns also bei der Planung die Frage stellen, was sich in Kommunikationswegen verändert, wenn wir integrierte Telekommunikation implementieren.

Ich hoffe, daß damit die wesentlichen Planungsdimensionen für die Praxis deutlich geworden sind, deren Berücksichtigung notwendige Bedingung der Möglichkeit der Verwirklichung einer bürgernahen Verwaltung über integrierte Telekommunikation sind.

5. Der kritische Engpaß: Die Innovationskraft der öffentlichen Verwaltung.
Ich hoffe deutlich gemacht zu haben, daß kommunikative Verwaltung in einer kommunikativen Demokratie ein Verfassungspostulat ist, welches, wie ich skizzieren durfte, praktisch wie theoretisch vielfältig bestätigt wird.

Deutlich gemacht zu haben hoffe ich aber auch, daß wir vor erheblichen Investitionen in Sach- und Humankapital stehen, und vor einer erheblichen innovativen Herausforderung.

Die innovative Herausforderung be steht darin, daß wir in einer Reihe von Bereichen Produktinnovation betreiben müssen, d. h. das Produkt: Leistung der öffentlichen Verwaltung, unter den Bedingungen der Bürgernähe neu durchdenken müssen.

Innovation bedeutet ferner, daß wir Prozeßinnovation in der Weise leisten müssen, daß sich die verwaltungsinternen und verwaltungsexternen Verfahren grundlegend verändern werden.

Damit verbindet sich ein grundlegender Wandel der Arbeitsplatzanforderungen und Arbeitskraftmerkmale von Mitarbeitern der öffentlichen Verwaltung. Aber das ist nicht alles: Die genannten Innovationen addieren sich unter dem Postulat der Bürgernähe zu einer großen sozialen Innovation, was auch niemand überrascht, der, wie schon in den 20er Jahren dieses Jahrhunderts theoretisch dargelegt, die folgenden Dimensionen von Technologie immer im Auge behält: Technische Technologie, Interlektuelle Technologie und Soziale Technologie.

Wenn man einen Denker sucht, der die Herausforderung auf einen Nenner gebracht hat, so muß man in die Jahre 1791 und 1795 zurückgehen, in denen Friedrich Schiller seine philosophischen Schriften, u. a. über die ästhethische Erziehung des Menschen schrieb. Im sechsten Brief über die ästhethische Erziehung des Menschen sah Schiller eine Entwicklung des Staates voraus, vor der er nachdrücklich warnt, und diese Warnung ist in unserem Zusammenhang sehr aktuell:

"... ewig bleibt der Staat seinen Bürgern fremd, weil ihn das Gefühl nirgends
findet. Genötigt, sich die Mannigfaltigkeit seiner Bürger durch Klassifizierung zu erleichtern und die Menschheit nie anders als durch Repräsentation
aus der zweiten Hand zu empfangen, verliert der regierende Teil sie zuletzt
ganz und gar aus den Augen, in dem er sie mit einem bloßen Machwerk des Ver-
standes vermengt; und der Regierte kann nicht anders als mit Kaltsinn die Gesetze empfangen, die an ihn selbst so wenig gerichtet sind. Endlich überdrüssig,
ein Band zu unterhalten, das ihr vom Staate so wenig erleichtert wird, fällt
die positive Gesellschaft ... in einen moralischen Naturzustand auseinander,
wo die öffentliche Macht nur eine Partei mehr ist, gehaßt und hintergangen
von dem, der sie nötig macht, und nur von dem, der sie entbehren kann, geach-
tet."

Lassen Sie uns, meine verehrten Zuhörer, integrierte Telekommunikation für
eine bürgernahe Verwaltung so sorgfältig planen, daß diese Vision niemals
Wirklichkeit wird.

Schrifttum

Im Auftrage der European Foundation for the Improvement of Living and Working
Conditions, Dublin (einer Stiftung der EG) haben meine wissenschaftlichen Mitarbeiter Ludger Wolfgart, Katja Polinski und Sabine Staeck-Freytag für das Wissenschaftliche Institut öffentlicher Dienst e. V. (WIÖD), Bonn, am 30. September 1984 eine Literaturstudie über: Technologische Entwicklung und öffentlicher
Dienst, abgeliefert, die seine erschöpfende Darstellung aller auf das heutige
Thema bezogenen Publikationen enthält, die seit dem 1. Januar 1979 französisch-,
englisch- oder deutschsprachig in westeuropäischen Staaten, Nordamerika oder
Japan erschienen sind. Diese weit über 100 Seiten umfassende Literaturstudie
mit einem analytischen Auswertungsbericht dürfte in Kürze von der European
Foundation veröffentlicht werden, dem Leser, der die Literaturstudie vorab be-
nötigt, wird empfohlen, sich direkt an die European Foundation, Dublin, z. H.
Herrn Köhler, zu wenden.

Integrated Telecommunications – Perspectives for a Common-man Administration

Gerhard W. Wittkämper

Since Frederic W. Taylor, public administration has been going
through a process of disintegration and seperation of functions
and of task accomplishment, like other fields of office functions.
The more so under the argument of seperation of powers. This
development caused two effects: In the interior of public administration, jobs and working life became poorer and poorer. The
common man – this is the exterior effect – never found one administration for one life event. He or she always had to see several
administrations to get one life event administered.

Integrated telecommunication, i.e. integration of short and
long distance network technology and communications of all kinds,
offers two chances of innovation: One chance is reintegration of
formerly seperated functions, i.e. one officer is competent for
one life event. The other chance is job enrichment and job enlarge-
ment in public administration.

It would be wrong to assume, integrated telecommunications
would automatically mean common-man administration. It offers
a chance, not more. It is very uncertain that public administration uses the chance of innovation, offered by technology.
There are legal obstacles, e.g. data protection and data security. There are financial obstacles, are the personalities responsible for public finance willing and in a position to proceed
with the necessary investment, human capital included? A common-
man administration must speak the common-man-language, will
public administration proceed with the efforts to clean the
bureaucratic language? As such, integrated telecommunications
means a necessary, but not a sufficient condition for a common-man
administration.

Integrated Telecommunications and Work Efficiency

Rolf T. Wigand

1. Introduction

It is fairly recent that organizations have begun to view office automation efforts in a comprehensive context instead of in terms of individual technologies. Several authors claim (e. g., Vernon, 1984) that organizations have hardly tapped five percent of the possibilities utilizing integrated information technologies in office settings. At stake for organizations is an opportunity to speed up communications, reduce paper flow and achieve productivity gains throughout the entire organization. Consequently, the integrated automated office is fast becoming a reality. It is quite obvious that only by integrating various office automation technologies into one coordinated system--an orchestrated system--will today's office be truly efficient and effective.

A well-planned, integrated office automation system demonstrates five characteristics:

1. It incorporates executives, managers, and support staff.
2. It transmits fully integrated electronic documents-- text, data, voice, as well as pictures--and stores them electronically.
3. It is a host-based system designed around a central com- puter and a common architecture. As a consequence, end- users can gain easy access to common data bases, edit documents and transfer them between similar and dissim- ilar devices, including equipment from different manu- facturers.
4. It is a real-time management information system, giving its users access to all information in the organization and enables them to transmit information to their col- leagues, wherever they may be.
5. It has flexible configurations, transparent connectivi- ty, compatibility and, when appropriate, desktop func-

tionality.

Within just the last two years, a number of technologies have become available on the market that <u>in</u> <u>toto</u> seem to make the integrated office come true. They range from voice mail systems via local area networks to integrated communication satellite services. It seems that the growing sophistication of networks is currently the most important element that will make the integrated office a reality. Without such networks few of the real benefits of the integrated office can be realized.

Much of the needed technology exists today, although refinements are necessary to tie the individual elements of the automated system together. An integrated office system is more than just the sum of its parts and it is specifically the applications that matter most, not the devices. Planners and users alike must learn to understand that they are not a single-cell unit, but that they are part of an interdependent community. In this sense then an integrated office system is not defined by its hardware, but by its software. This software in turn should allow dissimilar devices to communicate among each other and make the system easy to use. In accordance with this line of thinking, there appears to be a growing recognition that the management of information and effective communication are as important, if not more so, to organizational success as are products and services.

2. <u>The</u> <u>Work</u> <u>Environment</u> <u>Surrounding</u> <u>Integrated</u> <u>Office</u> <u>Systems</u>

One can identify three classifications of office workers as prospective users of an integrated office system: (1) those making limited transactions account for 33 percent of the workforce, (2) full-function professionals amount to 27 percent, and (3) specialized professionals constitute five percent of the workforce. The remaining 35 percent are white-collar workers who are not potential system users due to the specialized nature of their organizational activities (Vernon, 1984, p. 28). In 1983 there were 53 million white-collar workers in the United States and 35 million were potential users of integrated offices systems, but less than five million had only desktop devices available to them (Vernon, 1984, p. 28). Even today truly integrated desktop systems have enjoyed very little penetration in most organizations, a shortcoming that is likely to change rather drastically with the massive advent of personal computers on workers' desktops. One must consider, however, that while striving towards automated integration, such desktop devices must be linked at least via a local area network and ideally linked with a central mainframe computer in larger organizational settings. Within this environment office systems are moving toward the integration of any function that can be carried out by a number of technologies.

The market for telecommunications equipment and services in the United States is certainly a most promising one. It is expected to reach $150 billion annually by 1987, a 50 percent increase over current spending ("Memo," 1984, p. 22). Such market potential is also reflected in the various activities which typically can benefit from the use of telecommunications equipment. For example, Xerox reports that in 1981 a total of 850 billion pages of business documents were produced in the United States compared to an anticipated 1.4 trillion pages in 1985 ("Surviving the Paper Tide," no date). This latter figure is expected to be produced and handled by centralized in-house and contract printing (38 %), by centralized data processing centers (34 %), by office machines (15 %) and by distributed forms of data processing (13%). Over twenty-one trillion pages of paper are now stored in the United States based on studies by Frost & Sullivan (Pomerantz, 1983, p. 53). The same report claims that for each of the eighteen million U. S. office workers, there are four file drawers with 4,500 documents a piece. Furthermore, office workers are creating new documents at the rate of one million per minute. This translates to the annual creation of 4,000 new documents per office worker. At the same time this individual files ten pieces of paper each day, amounting to a daily total of 180 million pages. Within the time span of a year, this makes up 46 billion, 800 million pages. There is no doubt that paper is still the number one information-carrying medium in the world despite recent dramatic inroads of office automation systems.

When analyzing how managers tend to spend their available time gives additional understanding about the potential of integrated office automation systems. Managers in over 30 studies--too numerous to detail here--spent when averaged 38.29 percent (SD = 17.45) of their time in face-to-face settings, 10.50 percent (SD = 8.00) of their time is spent on the phone, 14.58 percent (SD = 7.73) reading and 14.57 percent (SD = 5.95) of their time is occupied by writing. Similar studies report that 46 percent of the manager's time is spent in meetings or with telephone calls, 25 percent is spent with administrative tasks, 13 percent with document creation activities and the remaining 16 percent fall into the analysis and other category. Others have reported that only seven percent of the manager's time is spent with primary functions (decision-making) and that 78 percent of available time is spent with various communication activities such as receiving, storing, filing, retrieving or transmitting information

(Cf., e. g., Horwitt, 1984, p. 40). Professionals spend about 20 to 30 percent of their day just searching for information (Welson, 1979, p. 78). Secretaries spend 25 percent of their time away from their desks and about 18 percent waiting for work, i. e. they are either unavailable to those they support or just idle (Welson, 1979, p. 78). Others claim that only 20 percent of a secretary's day is spent typing. Secretaries are interrupted approximately 45 times a day (Welson, 1979, p. 79). Such data should be seen in light of the fact that the cost of dictating and transcribing the "average" letter amounts now to $8.10, a 6.6 percent increase over the 1983 cost of $7.60, according to the annual survey of the Dartnell Institute of Business Research ("High Cost of Communicating," 1984). It is still quite common that the majority of office tasks are not analyzed and proceduralized and, many times, when procedures exist they are either ignored or out of date. Quite frequently, people in the office perform tasks which are clearly marked for lower paid personnel as can be observed when a manager or professional stands in line waiting for the photocopying machine.

From the results of a recent study on the contents of telephone messages conducted by AT&T (Cited in Rosenberg, 1984, p. 36) we know that less than ten percent of the messages are "complete." Except for the category of "no message" calls, these phone calls will trigger at least one more call, even though it is highly probable that a complete message would have enjoyed higher productivity results. This AT&T study found that in terms of message content 46 percent left name and number, 26 percent left name, number and purpose, ten percent left their name only, nine percent left a complete message and nine percent left no message. It should be noted, however, that 82 percent of these telephone messages constitute really no more than a "call report" due to the interpersonal barriers of third-party message taking. Similar results have been reported by Hirschberg et al. (1982).

It is most surprising, however, that investments in office workers have not been considerably higher. It is generally estimated that $30,000 in start-up equipment, services, and training are required to support just one knowledge worker (Kearns, 1984, p. 69), the term frequently used to denote managers, administrators and professionals as a group.

Technology has been advancing manufacturing productivity for centuries, but relatively little has been accomplished for the information and services sectors of U. S. industry. These sectors constitute over 50 percent of all four labor sectors and the 'information business' accounts for 60 percent of the nation's economy (Cf., e. g., OECD, 1982; Porat, 1977). With the information and services sectors being the largest ones, it is here where labor saving methods will pay off the most. Numerous productivity-enhancing office automation technologies have already or will produce large advances in productivity. One estimates that information flows are increasing at an annual rate of ten percent and since over half of the U. S. work force is now processing information, it makes eminently sense to automate increasingly information processing and transmission functions. Otherwise, we are likely to choke on information overload as the above statistics may suggest.

3. **Work Efficiency Due To Office Automation Efforts**

A wide variety of office automation technologies are available to be used for various organizational activities. They could be classified into four phases of product preparation, i. e. input (conversion of ideas or thoughts into verbal or written communications, production (processing or manipulating ideas or thoughts created and/or stored during the input phase), output (the generation of an electronic, optical, or hard copy document) and distribution (transmission or movement of output documents or data). These technologies include the following:

    Communication satellites
    Computer conferencing technology
    Computers (including personal computers, desktop workstations and
        terminals
    Electronic mail
    Facsimile
    Networks
    Optical character recognition
    PBXs (telephones, including cellular and mobile telephones)
    Records management technology
    Teleconferencing technology
    Teletex
    Video disks
    Videotext
    Voice messaging, voice recognition and voice activated technology

The limited space here would not allow to address all known positive and negative effects for each of these technologies. In order to overcome this difficulty an effort is being made to summarize these findings for office automation settings, especially integrated office automation, as much as possible. Rice and Bair (1984, p. 189) present a broad summary of key productivity findings and benefits of office automation and grouped them into five areas:

1.   <u>Control</u>: requiring less information to perform a task, better planning, providing a more effective response.
2.   <u>Timing</u>: reduced waiting time for a meeting to commence or for another department to respond to an inquiry; reduced time spent in decision-making, initiating action, or responding to the environment; increase flexibility of work schedule. Uhlig et al. (1979, chapter 3) elaborate on the role of these components of a cybernetic communication system in improving productivity. The other three areas involve the form, transformation, and by-products of communication activities.
3.   <u>Automation</u>: the replacement or elimination of manual processes, such as constant revision of mailing lists, that do not contribute to increased effectiveness. ...
4.   <u>Media transformations</u>: time, energy, and errors in transferring information from one medium to another may be reduced. For example, a company memo may pass through many media--oral, tape, typewritten, handwritten, revision, typewritten final, photocopies, and mail--before the content is entered into someone's calendar.
5.   <u>Shadow functions</u>: unforseen, unpredictable, time-consuming activities that are associated with accomplishing any task, but do not contribute to productivity, including telephone tag and unsuccessful attempts to retrieve information from a personal file. ...

These class categories are, undoubtedly, useful. On the other hand, they are at such a high level of abstraction that they are of little direct utility for the practitioner. An attempt is made to summarize key work efficiency findings for office automation settings. They are presented in Table 1.

Table 1: Work Efficiency Impacts of Office Automation Settings

---

Research Reference	Work Efficiency Impact

Research Reference	Work Efficiency Impact
Bair (1974)	Changes in communication patterns: decreased face-to-face contact and increased vertical communication
Bair (1980)	Reduction of telephone shadow costs
Bamford (1978, 1979)	Decreased document turnaround time and increased document output
Bullen et al. (1982)	Improved work flow with time saved
Canning (1978)	Increased volume of communications
Conrath & Bair (1974)	Reduction in telephone and face-to-face communication; increased upward communication flow
Cramer & Fast (1982)	Considerable secretarial time saved
Crawford (1982)	Decline in menial, clerical tasks
Curley & Pyburn (1982)	Greater organizational productivity when seen as more than a way to increase secretarial output
Dahl (1981)	Annual cost savings and 8% increase in knowledge worker time
Dunlop et al. (1980)	Striking productivity gains from 50-100+ percent in document preparation
Edwards (1978)	Change in working based on ability to work at home
EIU Informatics (1982)	
Rank Xerox	Large reductions in telephone use, 1 hour/day labor saved for attorneys
German Computer Services	Joint information sharing and editing
British Dept. of Education & Science	50-100 % productivity gains in word processing after 6 months
England-various organizations	Many sites did not reach cost-justifying word processing productivity levels
British travel agents	Word processing output rose 150 %
Scotland	Word processing output rose 150 %
Engel et al. (1979)	5-25 % knowledge worker and 15-35 % secretarial time saved
Gardner (1981)	Decreased turnaround time in document preparation and scheduling
Gutek (1982)	More creative, challenging, complex, organized work
Helmreich & Wimmer (1982)	High User Acceptance
Johansen et al. (1979)	It takes longer to transmit the same amount of information in electronic print form than transmitting it verbally
Kalthoff & Lee (1981)	Use of micrographics system resulted in minimum of 30 % saving of annual operating costs; reduction of 90 % or more in space requirements; more rapid information retrieval (25 % to several hundred percent faster); increased file security and document integrity; substantially decreased duplication and distribution costs
Kaplan (1980)	Use of dictation equipment resulted in 6.25 to 12 % time savings per day
Kerr & Hiltz (1982)	Agreement on the group's decision tends to be

(continued)

Table 1--Continued

Research Reference	Work Efficiency Impact

----

	lower in computer conferencing groups. When groups have longer periods, the level of agreement seems to improve in such groups.
Leduc (1979)	Changes in communication patterns: ability to work at home and increased vertical communication
Lippitt et al. (1980) Miller & Nichols (1981)	Reduction in memos and phone calls
Melton (1981)	Improved communication and decreased information float
Mertes (1981)	Cost and time savings via central library
National Archives and Records (1981)	Concept, scope, and potential of office automation ill-defined in government
case processing	Reduced backlogs, more timely and accurate reports
electronic messaging	Too few terminals--no benefits identified
optical character scanning	More cost-beneficial than word processing
National Bureau of Standards (1980)	Use of stand-alone display text editors resulted in an average of 75 % to 133 % productivity improvement if used for original and revision typing; average 104 % to 181 % if used for revision only
	Use of word processing impact printer (letter quality) was 148 % to 533 % faster than electric typewriters' capacity
	Use of data processing printer (matrix) was 1,184 % to 3,554 % faster than electric typewriter for a matrix, 40-120 cps printer; 4,813% to 6,417 % faster than electric typewriter for a 150 to 2,000 lines per minute (line) data processing printer.
	Use of micrographics enjoyed a 25 % savings in retrieval/access time
	Use of facsimile (fax)--the transmission of an 8 1/2" by 11" page took 30 sec. to 6 min.; when 6 min. compared to 2 days for mail to arrive, fax was 480 times faster
Panko & Panko (1981)	Many perceived benefits--more for managers and professionals using system directly than for secretaries; highest benefit for long-distance communications
Picot & Reichwald (1984), Picot et al. (1982)	A tension exists between a favorable attitude toward technological innovations in offices and skeptical view of the specific personal consequences to be faced when technological change in offices occurs. On the one hand, a large majority (80 %) articulates a positive opinion on new office technology; on the other hand, wide-spread fear (60 %(of unfavorable consequences for own work situation exists. Substitutability and choice of communication channels were studied

(<u>continued</u>)

Table 1--Continued

Research Reference   **Work Efficiency Impact**

Rice & Case (1982)   Reduction in paper and telephone traffic; in-
                           creased work quantity and quality; but depends
                           on "media style"

Rice et al. (1984, p.   For electronic messaging, benefits: permanent,
  192)   searchable record; fewer meetings are needed;
                           control of time to respond; independent of time
                           zones and geography; quick delivery; easy to
                           distribute widely; speedy response; upward com-
                           munication is encouraged; can serve as channel
                           substitute; potential for reduction in travel;
                           medium for creation, transmission and receipt
                           of message are the same; fewer nonverbal con-
                           straints; - drawbacks: potential for informa-
                           tion overload, misunderstandings can occur,
                           people may be inhibited by machine, much use-
                           less information can be distributed due to
                           ease of use

Rice et al. (1984,   As compared to computer conferencing, it takes
  pp. 137-140)   less time to arrive at a decision in face-to-
                           face groups. When the studies had time limits,
                           this fact also takes the form of less consensus
                           because the computer conferencing groups have
                           had less effective time in which to consider
                           the problem.

Steinfield (1983)   More timely and accurate information, increased
                           coordination

Steward (1983)   13 % daily time saving; 35 % increased document
                           output

Talbot et al. (1982)   Less time in communication activities

Tapscott (1982)   Changes in communication patterns: decreased
                           telephone usage and meetings

Tucker (1982)   Implementation failure primarily due to short-
                           ened initial analyses phase

Uhlig et al. (1979)   Reduction of telephone shadow costs

Witte (1980, 1977)   By means of new communication technologies, de-
                           centralized autonomous groups could pursue
                           their work effectively without risking organi-
                           zational disintegration

Witte (1976),   New structural configurations for innovative
  Szyperski (1979)   organizational decision-making could emerge

Yankee Group (1978)   Use of electronic mail resulted in a 40 % re-
                           duction in dissemination time

Zouks (Cited in "Com-   Use of personal (professional) terminal result-
  puters Rescue," 1980)   ed in 50 % productivity rise

Note: Some of the above references and impacts were first compiled by
Rice and Bair (1984, pp. 211-213). Due to space limitations only the
newly added research references are cited in the reference section.

These and other studies have investigated the impact of information
technology upon organizational settings. Space limitations do not
permit additional elaborations on those specific results. Of
particular concern to those interested in integrated office automation
systems are various structural changes and changes that can occur with

organizational power that are due to the introduction of newer information technologies.

4. <u>Structural</u> <u>Changes</u> <u>Due</u> <u>To</u> <u>Information</u> <u>Technology</u>

Several authors have argued that new structural configurations could emerge within organizations employing newer information technologies (Wynne & Otway, 1983; Witte, 1980, 1977; Szyperski, 1979). Most organizations enjoyed a relatively rapid growth since World War II and with such growth, middle management grew even faster. Typically middle management was to take policy decisions received from top management and translate them into profitable revenues. Staff-level middle management was expected to advise their superiors on marketing, strategic planning, manufacturing and engineering issues. At an increasing pace middle managers became the collectors of information that they in turn analyzed, interpreted and then moved along to top executives. From these type of activities the middle manager came to dominate line operations. During the last few years, however, it appears that the function of middle management has changed and that much of this change is due to recently introduced information technology ("Communications Is Dealing," 1983; "Computer Shock," 1983; "A New Era," 1983; "Office Automation Restructures," 1984; Walton & Vittori, 1983). This technology is rapidly reorganizing the kind of work people do and, at the same time, reorganizing our organizations as well. New patterns of communication and interaction become possible and, as a consequence, our established communication networks within organizations change (cf., e. g., Picot et al., 1982). The newer information technologies make it possible that a greater amount of information is made available to more and more people in an increasingly timely manner. Such changes, no doubt, can influence decision-making patterns and can result in organizational power plays.

Rather recently, at least since 1982, the middle manager's role was turned upside down. The vast in-roads made by the newer information technologies appear to have restructured the average organization's middle ranks and, as a consequence, they have shrunk drastically. Maybe the first results of this radical phenomenon could be observed after the most recent recession in that many laid-off middle managers--until recently a rather stable and secure position within the organizational hierarchy, earning anywhere between $25,000 to $80,000--were not rehired. As more and more top executives recognize that much of the information previously collected by middle managers can be secured quicker, cheaper and more thoroughly by computer-based devices, they have started to view much of the middle management layer as redundant. Many now view these information gathering, analyzing and interpreting tasks traditionally carried out by middle managers as considerable cost centers, high in overhead and making relatively small, directly-attributable contributions to profits. They are realizing in accordance with their Japanese competitors that less means more. Jennings (cited in "A New Era," 1983) claims that one-third of the 100 largest industrial companies are reducing management and that there are clear signs that other corporations will follow. Analogously, during the first quarter of 1983 the U. S. Bureau of Labor Statistics reported that unemployment among managers and administrators in non-farm industries was the highest since World War II. The latter report did not even include those managers who took advantage of early retirement programs and similar incentives. Even old-line companies have made cuts in their middle-management staffs: Firestone and Crown Zellerbach, e. g., cut their middle-management staff 20 percent, Chrysler did the same with 40 percent ("A New Era," 1983, p. 52).

Together with economic necessity and technological forces it appears that middle management is affected by such developments in a number of ways. The corporate structure tends to be changing in that broader information gathering can be accommodated and that data can flow to top executives and managers directly without the editing, monitoring, interpreting carried out by middle managers. Such a redesigned organization is likely to pull together and merge under just one organizational umbrella department such units as office automation, management information systems (MIS), data processing, word processing and telecommunications. These efforts may result in the creation of a new group of information managers. They, in turn, would be responsible for the use and protection of valuable data and, in a sense, they would become the custodian of organizational information. Information centers, as such newly created organizations are called, are growing at a rapid rate. Of 160 large North American corporations questioned in mid-1984 by the Diebold Group Inc., 80 percent stated that they had set up information centers this year (up from 67 percent in 1983) ("Office Automation," 1984, p. 124). Numerous industry experts predict that end-user computing is going to be the dominating means of providing information support and will result gradually in a major organizational change.

Organizational pyramids are flattened with fewer levels and, as a consequence, employees make more lateral moves and their expectations tend to be lowered since fewer organizational layers means fewer chances for promotion. These trends may suggest that middle management postions become less secure and more competitive.

Furthermore, organizational structures will experience a gradual shift from the typical pyramid to a shape resembling a diamond. The clerical function is likely to be distributed organization-wide.

5. A New Organizational Power

The effect of automation on organizational power can be observed in a number of ways (Wynne & Otway, 1983). As more and more timely information becomes available to a larger number of people, this increased availability of information can result in changes in the decision-making patterns and power bases of organizations. Organizational power can be defined as the ability to exert influence and bring about desired outcomes, including (1) the ability to resolve uncertainty and solve problems, (2) the power of expertise and (3) diminishing job specialization (Cf., e. g., Collier, 1984, p. 34; Steers, 1984, pp. 306-328; Pfeffer, 1981, pp. 2-3). With the newer information technologies available in organizations, political power associated with the control of information becomes more and more distributed in most organizations. Some, however, experience the opposite for certain technologies, i. e. control can become more centralized. Access to information via these new technologies makes greater centralization of power and control in organizations possible, since top management is enabled to make decisions quicker and by themselves that would otherwise have to be delegated.

Routine activities can also be related to decision-making power (Collier, 1984). Task routinization reduces uncertainty in a job and, in turn, provides an avenue to reduce uncertainty for someone carrying out this task. Furthermore, task routinization makes possible the reduction of unknown entities, reduces the complexity of the task at hand, requires fewer skills and makes those executing the task more replaceable. It follows then that those who carry out routinized tasks have less power with limited or no decision-making authority in their work environment. These are usually also the reasons why employees may resist office automation efforts. In part depending on the structure of the task and the degree of required specialization, a secretary may, e. g., resist a change to word processing when this individual was accustomed to performing variable tasks.

On the other hand, the newer information technology can strengthen the power of individuals or entire organizational units. In part depending on how the equipment is utilized, individuals or units could be perceived as being irreplaceable which always was viewed as an important source of power. Some individuals or units may be able to use information technologies while others are not or have not yet received such technology. Until the technology becomes widely available as a resource, the parties involved can enjoy a certain degree of leverage or power due to the access to and control of the technology.

Such information technology makes it possible for individuals or units to carry out many more tasks. As a result, the degree of specialization is reduced in many organizations and individuals or units can take on additional responsibilities which may imply a loss or possibly an increase of organization power. Furthermore, such developments are likely to make organizational units more interdependent with others which can be accommodated more easily and can make increased information exchange and sharing possible due to the available information technology. Overall, as specialization is reduced, this should have positive results on various organizational conflict situations and power struggles since information is now largely distributed as opposed to being available to only certain individuals or units. It will be more and more difficult to control absolute, i. e. undistributed, information when on-line information systems and joint databases are used.

6. <u>Conclusion</u>

As organization charts are redesigned, as chains of command are simplified and as the new structures are implemented, the balance of power is changing and shifting in our organizations largely as a result to information technology. Rigid, hierarchical structures are redesigned resulting in leaner, more flexible and responsive organizations with fewer management levels and more direct information exchange between the top and bottom layer of the organization. Organizations are creating environments in which performance determines compensation and a relative high degree of freedom to improve performance becomes the psychological reward.

This trend can be seen as an evolutionary step toward more flexible, decentralized and less defined structures, resulting in a fluid organizational structure whose design is based on the changing needs of the organization. IBM, e. g., is one organization that has long had this type of organization in place. As organizational structures change, the distribution of power will change as well. Deal and Kennedy (1982) predict the arrival of the "atomized organization," meaning that telecommunication networks and common culture, i. e. <u>not</u> the organization chart, will link the "atoms." It seems that ways must be found that improve the flow of information to the right people

and to produce true entrepreneurial opportunities for managers wo want
such opportunities within their organizational framework. This
implies that integrated information technology must be applied
creatively to change the way organizations carry out their activities
and use this technology to their own competitive advantage. Before we
can address the issue of integrated office systems, however, we must
come to realize that an integrated system requires integrated
management. An organization must first evaluate its structure, for
the lack of integrated management will continue to affect the success
of an integrated system after its installation. Integrated
information technology systems applied in such a way are likely to
turn out to be the single most important opportunity for private and
public sector organizations until 1990.

References

Collier, S. D. The effect of office automation on organizational
     power. The Office, 1984, 99(2), 34, 36, 44.
Communications is dealing business a potent new hand. Business Week,
     October 24, 1983, pp. 131-132.
Computers rescue for travel agents. Business Week, April 7, 1980, pp.
     81-82.
Computer shock hits the office. Business Week, August 8, 1983, pp.
     46-49, 52-53.
Deal, T. E., & Kennedy, A. A. Corporate Cultures. Reading, MA:
     Addison-Wesley, 1982.
High cost of communicating is getting higher. Modern Office
     Technology, October, 1984, p. 22.
Hirschberg, L.; Bossaller, B.; Kerns, P.; Dugan, D.; Sargent, L.;
     Feltman, C.; Wiseman, S. & Dutton, W. The Notice Market: A
     Comparative Analysis of Electronic Message Systems. Los Angeles:
     University of Southern California, Annenberg School of
     Communications, 1982.
Horwitt, E. Confronting the communications quandry. Business
     Computer Systems, 1984, 3(9), 38-41, 44, 45.
Johansen, R. Teleconferencing and beyond: Communications in the
     office of the future. New York: McGraw-Hill, 1984.
Kaplan, H. M. Words, June-July, 1980, pp. 40-43. Cited in National
     Bureau of Standards, U. S. Department of Commerce, Computer
     science and technology: Guidance on requirements analysis for
     office automation systems. (NBS Special Publication 500-72. (C #
     80-600179). Washington, DC: Superintendant of Documents, U. S.
     Government Printing Office, 1980, p. E5.
Kearns, D. T. Computers won't make a bad business good. Management
     Technology, 1984, 1(12), 69-70.
Memo--A news digest for managers. Office Administration and
     Automation, 1984, 45(7), 22.
National Bureau of Standards. U. S. Department of Commerce. Computer
     science and technology: Guidance on requirements analysis for
     office automation systems. (NBS Special Publication 500-72. C #
     80-600179.) Washington, DC: Superintendent of Documents, U. S.
     Government Printing Office, 1980.
A new era for management. Business Week, April 25, 1983, pp. 50-56,60-
     61, 64, 68-70, 74-76, 80.
OECD (Organisation for Economic Cooperation and Development).
     Information activities, electronics and telecommunications

technologies: Impact on employment, growth and trade, p. 29.
    Cited in The Futurist, December, 1982, p. 37.
Office automation restructures business. Business Week, October 8,
    1984, pp. 118-121, 124-126, 130, 134, 138, 142.
Pfeffer, J. Power in organizations. Marshfield, MA: Pitman, 1981,
    pp. 2-4.
Picot, A., Klingenberg, H., & Kränzle, H.-P. Office technology: A
    report on attitudes and channel selection from field studies in
    Germany. In M. Burgoon (ed.), Communication Yearbook 6. Beverly
    Hills, CA: SAGE, 1982, pp. 674-692.
Picot, A. & Reichwald, R. Office communication by new text media.
    Manuscript submitted for publication, 1984.
Pomerantz, D. Managing information in the eighties. Today's Office,
    1983, 17(9), 53-56.
Porat, M. U. The information economy: Definition and measurement.
    Washington, DC: U. S. Department of Commerce, OT Special
    Publication, 77-12 (1), May, 1977.
Rice, R. E. & associates (Eds.). The new media: Communication,
    research,   and technology. Beverly Hills, CA: SAGE, 1984.
Rice, R. E. & Bair, J. H. New organizational media and productivity.
    In R. E. Rice and associates (Eds.), The new media:
    Communication, research, and technology. Beverly Hills, CA:
    SAGE, 1984, pp. 185-215.
Rosenberg, A. M. Telemessaging answers the phone. Communication Age,
    1984, 1(7), 30-33, 36-37.
Steers, R. M. Introduction to organizational behavior. Glenview, IL:
    Scott, Foresman, 1984.
Surviving the paper tide: Xerox integrates information management. A
    study conducted by Xerox Corporation. El Segundo, CA: Xerox, no
    date, but circulated in 1984.
Szyperski, N. Computer-conferencing--Einsatzformen und organisatori-
    sche Auswirkungen. In O. Grün & J. Rössl (Eds.), Computer-
    gestüzte Textverarbeitung. Munich: R. Oldenbourg, 1979.
Uhlig, R., Farber, D. & Bair, J. The office of the future:
    Communications and computers. New York: North-Holland, 1979.
Valle, J. Computer message systems. New York: McGraw-Hill, 1984.
Vernon, R. E. The ideal integrated office. Today's Office, 1984,
    19(2), 27-28.
Walton, R. E. & Vittori, W. New information technology:
    Organizational problem or opportunity? Office: Technology and
    people, 1983, 1, 249-273.
Welson, L. F. An evolutionary move to the office of the future.
    Infosystems, 1979, 6, 78-80.
Witte, E. Die Bedeutung neuer Kommunikationssysteme für die
    Willensbildung im Unternehmen. In A. Alback & D. Sadowski
    (Eds.), Die Bedeutung gesellschaftlicher Veränderungen für
    Willensbildung in Unternehmen. Schriften des Vereins für
    Sozialpolitik, Neue Folge, Bd. 88. Berlin: Duncker & Humblot,
    1976.
Witte, E. Kommunikationstechnologie. In E. Grochla (Ed.),
    Handwörterbuch der Organisation. Stuttgart: C. E. Poeschel,
    1980.
Witte, E. Organisatorische Wirkungen neuer Kommunikationssysteme.
    Zeitschrift für Organisation, 1977, 46, 361-367.
Wynne, B. & Otway, H. J. Information technology, power and managers.
    Office: Technology and people, 1983, 2, 43-56.
The Yankee Group. Report on electronic mail. Boston, MA: The Yankee
    Group, 1978.

Integrierte Telekommunikation und Arbeitseffizienz

Rolf T. Wigand

Erst in den letzten Jahren bemüht man sich, von einem umfassenden Zusammenhang innerhalb der automatisierten Bürokommunikation auszugehen, und betrachtet nicht mehr nur alleinstehende, individuelle Geräte. Bisher wurden im Bürobereich höchstens fünf Prozent der Möglichkeiten der integrierten Kommunikationstechnologien genutzt. Integrierte und automatisierte Bürokommunikation ist im Begriff, Realität zu werden. Die sich daraus ergebenden Vorteile sind eine schnellere Abwicklung der Kommunikationsprozesse, eine Verringerung der Papierflut und letztlich Produktivitätssteigerungen. Es ist offensichtlich, daß nur durch die Integration verschiedener Kommunikationsendgeräte in ein ganzes, koordiniertes System - ein "orchestriertes" System - das heutige Büro wirklich effizient und auch effektiv organisiert werden kann.

Ein gut geplantes, integriertes und automatisiertes Bürokommunikationssystem weist fünf prinzipielle Eigenschaften auf:

1. Führungskräfte, Manager und Sachbearbeiter werden in ein gemeinsames Kommunikationsnetz eingebunden.

2. Voll integrierte elektronische Dokumente - Texte, Daten, Sprache und Bilder - werden übertragen und elektronisch gespeichert.

3. Es handelt sich um ein rechnerunterstütztes System mit einem Zentralrechner und einer einheitlichen Rechnerarchitektur. Der Benutzer hat daher einen einfachen Zugang zu gemeinsamen Datenbanken, kann Dokumente editieren und sie zwischen gleichen oder verschiedenartigen, im Bürokommunikationssystem angeschlossenen Maschinen übertragen, wobei die Geräte auch von verschiedenen Herstellern sein können.

4. Es stellt ein Echtzeit-Management-Informationssystem dar, das jedem Benutzer Zugang zu allen Informationen innerhalb der Firma gibt und ihm ermöglicht, Informationen an Mitarbeiter zu senden, wo immer diese sich auch befinden.

5. Es besitzt eine flexible Konfiguration, eine transparente Kommunikationsfähigkeit, Systemverträglichkeit (Kompatibilität) und erlaubt
   eine funktionsgerechte Anordnung der Geräte am Arbeitsplatz.

Erst innerhalb der vergangenen zwei Jahre sind eine Reihe von Produkten auf dem Markt erschienen, die gemeinsam das integrierte Büro Wirklichkeit werden lassen: lokale Netze (local area networks), Arbeits-
platzrechner, digitale Nebenstellenanlagen, Sprachspeichersysteme (voice
mail), hochentwickelte Textverarbeitungsmaschinen, digitale Faksimilegeräte und kommunikationsfähige Rechner. Hinzu kommt der weitere Ausbau privater und öffentlicher Kommunikationsnetze.

Die wachsende Weiterentwicklung von Kommunikationsnetzen scheint gegenwärtig das wichtigste Element zu sein, um das integrierte Büro zu verwirklichen. Solche Kommunikationsnetze sind inzwischen zu einer Schlüs-
selkomponente geworden, ohne die nur wenige der echten Vorteile des integrierten Büros realisiert werden können.

Die benötigte Technologie existiert bereits, obwohl Verbesserungen in
Bereichen wie Spracherkennung oder Entwicklung von Strategien zur Verknüpfung einzelner Systemelemente noch erforderlich sind. Ein integriertes Bürosystem ist mehr als nur die Summe seiner Teile. Es kommt bei
dieser Entwicklung vor allem auf die Anwendungen an und nicht auf die
Geräte. Ein integriertes Bürosystem wird somit nicht von der Hardware,
sondern von der Software bestimmt. Diese Software ermöglicht es, daß
verschiedenartige Maschinen miteinander kommunizieren können und das
ganze System einfach zu benutzen ist. Es scheint sich in zunehmendem
Maße die Erkenntnis durchzusetzen, daß das Informationsmanagement und
die effektive Kommunikation für den betrieblichen Erfolg ebenso wichtig, wenn nicht sogar wichtiger sind als Produkte und Dienstleistungen.

Die ausführlichere englischsprachige Fassung gibt einen Überblick über
die Arbeitsumgebung integrierter Bürosysteme. Sie stellt die bekannten
Auswirkungen der automatisierten Bürotechnologien dar und beschreibt
ihren Einfluß auf die Arbeitseffizienz im Bürobereich. Diese Wirkungen
werden in bezug auf ihren Einfluß auf Kommunikationsnetze, Arbeitsabläufe und Arbeitsfluß sowie die organisatorische Struktur und Leistungsfähigkeit untersucht. Besonders hervorgehoben werden dabei die struk-
turellen Veränderungen infolge der Einführung neuer Informationstechniken in den Betrieben. In den letzten Jahren konnte man beobachten, daß
sich die Funktion des mittleren Managements gewandelt und die Technik
eine zügige Umorganisation der menschlichen Arbeit bewirkt hat. Durch
neue Informationstechniken wurden die mittleren Schichten eines Durch-

schnittsunternehmens umstrukturiert und als Folge davon auch drastisch verringert. Die Organisationspyramiden haben sich auf weniger Ebenen reduziert, da die Führungskräfte erkannt haben, daß sie durch die neuen Techniken schneller und unmittelbar zu der benötigten Information kommen und sich nicht auf die Manager der mittleren Ebene verlassen müssen.

Die Einführung dieser Techniken ist immer mit Machtverschiebungen verbunden und führt zur Entstehung einer neuen Form betrieblicher Leistung. - Diese Wirkungen und Tendenzen können als ein Entwicklungsschritt in Richtung auf flexiblere, dezentralisierte und weniger festgelegte Unternehmensstrukturen betrachtet werden, was dann schließlich zu einer gleitenden Unternehmensstruktur führt, deren Ausgestaltung auf den wechselnden Anforderungen des Unternehmens beruht.

Liste der Autoren / Index of Authors

Armbrüster, Heinrich, Dr.-Ing.; Siemens AG, N ZL PK 2, Hofmannstr. 51
8000 München 70

Baack, Clemens, Prof. Dr.-Ing.; Heinrich-Hertz-Institut für Nachrichtentechnik Berlin GmbH, Einsteinufer 37, 1000 Berlin 10

Bauer, Hans, Dipl.-Phys.; Philips Kommunikations Industrie AG, TEKADE
Fernmeldeanlagen, Thurn-und-Taxis-Str.14,
8500 Nürnberg 10

Becker, Dietrich, Dr.-Ing.; Standard Elektrik Lorenz AG, Hellmuth-
Hirth-Str. 42, 7000 Stuttgart 40

Bocker, Peter, Dr.rer.nat.; Siemens AG, N ZL P, Hofmannstr. 51,
8000 München 70

Browne, T.E.; Bell Communications Research, Inc., 290 West Mt.
Pleasant Avenue, Livingstone, New Jersey 07039, USA

Drullmann, Reiner, Dipl.-Ing.; Philips Kommunikations Industrie AG,
TEKADE Fernmeldeanlagen, Thurn-und-Taxis-Str. 14,
8500 Nürnberg 10

Fischer, Kurt, Prof. Dr.-Ing.; Siemens AG, Hofmannstr. 51,
8000 München 70

Hara, Elmer H.; Government of Canada, Department of Communications,
300 Slater Street,Ottawa, Ontario, Canada, K1A OC8

Harashima, Susumu; Nippon Telegraph and Telephone Public Corporation,
1-1-6 Uchisaiwai-cho, Chiyoda-Ku, Tokyo 100, Japan

Irmer, Theodor, Dipl.-Ing.; Fernmeldetechnisches Zentralamt der Deutschen Bundespost, Am Kavalleriesand 3, 6100 Darmstadt
Seit 1.1.1985 Direktor des CCITT, Genf

Jaskulke, Gerhard, Dr.-Ing.; Philips Kommunikations Industrie AG, TEKADE
Fernmeldeanlagen, Thurn- und Taxis-Str. 14,
8500 Nürnberg 10

Kahl, Peter, Dipl.-Ing.; Fernmeldetechnisches Zentralamt der Deutschen
        Bundespost, Am Kavalleriesand 3, 6100 Darmstadt

Kaiser, Wolfgang, Prof. Dr.-Ing.; Institut für Nachrichtenübertragung,
        Universität Stuttgart, Breitscheidstr. 2, 7000 Stuttgart 1

Kleinke, Gerhard, Dipl.-Ing.; Siemens AG, KE ST 2, Hofmannstr. 51,
        8000 München 70

Kühn, Paul, Prof. Dr.-Ing.; Institut für Nachrichtenvermittlung und
        Datenverarbeitung, Universität Stuttgart, Seidenstr. 36,
        7000 Stuttgart 1

Ohnsorge, Horst, Dr.-Ing.; Forschungszentrum der Standard Elektrik
        Lorenz AG, Holderäckerstr. 35, 7000 Stuttgart 31

Peters, Wolfgang, Dr.-Ing.; Standard Elektrik Lorenz AG,
        Lorenzstr. 10, 7000 Stuttgart 40

Picot, Arnold, Prof. Dr.; Lehrstuhl für Allgemeine und Industrielle
        Betriebswirtschaftslehre, Technische Universität München,
        Arcisstr. 21, 8000 München 2

Plank, Karl-Ludwig, Prof. Dr.-Ing.; Mitglied der Geschäftsleitung der
        Telefonbau und Normalzeit GmbH, Mainzer Landstr. 128-146,
        6000 Frankfurt am Main 1

Price, C.D.E.; British Telecom, Procter House, 100-110 High Holborn,
        London WC1V 6LD, Great Britain

Reichwald, Ralf, Prof. Dr.; Hochschule der Bundeswehr,
        Werner-Heisenberg-Weg 39, 8014 Neubiberg

Rosenbrock, Karl Heinz, Dipl.-Ing.; Bundesministerium für das Post-
        und Fernmeldewesen, Adenauerallee 81, 5300 Bonn 1

Rüsche, Tonis, Dipl.-Ing.; Philips Kommunikations Industrie AG,
        Weidenauer Str. 211-213, 5900 Siegen 21

Ruge, Ingolf, Prof. Dr.-Ing.; Fraunhofer-Institut für Festkörpertechno-
        logie, Paul-Gerhardt-Allee 42, 8000 München 60

Schaffer, Bernhard, Dipl.-Ing.; Siemens AG, N ZL SV, Hofmannstr. 51,
        8000 München 70

Schenkel, Klaus Dieter, Dr.-Ing.; ANT Nachrichtentechnik GmbH,
        Gerberstr. 33, 7150 Backnang

Schön, Helmut, Dipl.-Ing., Ministerialdirektor; Bundesministerium für
        das Post- und Fernmeldewesen, Adenauerallee 81,
        5300 Bonn 1

Schüßler, Hans, Dr.-Ing.; AEG-Telefunken Kabelwerke AG Rheydt,
        Bonnenbroicher Str. 2-14, 4050 Mönchengladbach 2

Schwarz-Schilling, Christian, Dr.phil.; Bundesminister für das Post-
        und Fernmeldewesen, Adenauerallee 81, 5300 Bonn 1

Seguin, Helga, Dipl.-Ing.; Centre National d'Etudes des Telecommunica-
        tions, 38-40 Rue de Général Leclerc, 92131 Issy-les-
        Moulineaux, Frankreich

Stoiber, Edmund, Dr., Staatssekretär; Leiter der Bayerischen Staats-
        kanzlei, Prinzregentenstr. 7, 8000 München 22

Swoboda, Joachim, Prof. Dr.techn.; Universität Siegen, Fachgruppe
        Nachrichtentechnik, Postfach 21 02 09, 5900 Siegen 21

Tasto, Manfred, Dr.-Ing.; Philips Kommunikations Industrie AG,
        Thurn-und-Taxis-Str. 14, 8500 Nürnberg 10

Thomas, Uwe, Dipl.-Phys.; Bundesministerium für Forschung und Techno-
        logie, Postfach 20 07 06, 5300 Bonn 2

Welzenbach, Manfred, Dr.-Ing.; ANT Nachrichtentechnik GmbH,
        Gerberstr. 33, 7150 Backnang

Wigand, Rolf T., Prof. Dr.; Center for Public Affairs, Arizona State
        University, Tempe, Arizona 85287, USA

Wittkämper, Gerhard W., Prof. Dr.; Institut für Politikwissenschaft
        der Westfälischen Wilhelms-Universität, Bispinghof 3,
        4400 Münster

Sitzungsleiter / Session Chairmen

Cramer, Bernhard, Prof. Dr.-Ing.; Institut für Elektromechanische
Konstruktionen, Technische Hochschule Darmstadt,
Merckstr. 25, 6100 Darmstadt

Fuchs, Walter, Dipl.-Ing.; DeTeWe Deutsche Telephonwerke und Kabel-
industrie AG, Wrangelstr. 100, 1000 Berlin 36

Kahl, Peter, Dipl.-Ing.; Fernmeldetechnisches Zentralamt der Deutschen
Bundespost, Am Kavalleriesand 3, 6100 Darmstadt

Kaiser, Wolfgang, Prof. Dr.-Ing.; Institut für Nachrichtenübertragung,
Universität Stuttgart, Breitscheidstr. 2, 7000 Stuttgart 1

Pfeiffer, Theodor, Dr.-Ing.; Geschäftsführender Direktor der ANT
Nachrichtentechnik GmbH, Gerberstr. 33, 7150 Backnang

Schips, Kurt, Dipl.-Ing.; Geschäftsführer der Robert Bosch GmbH,
Gerlingen-Schillerhöhe, Robert-Bosch-Platz 1,
Postfach 50, 7000 Stuttgart 1

Schön, Helmut, Dipl.-Ing.; Ministerialdirektor im
Bundesministerium für das Post- und Fernmeldewesen,
Adenauerallee 81, 5300 Bonn 1

Trachsel, Rudolf, Dipl.-Ing.; Generaldirektor der schweizerischen
Post-, Telefon-und Telegrafenbetriebe, Viktoriastr. 21,
CH 3000 Bern 33

Witte, Eberhard, Prof. Dr. Dres. h.c.; Institut für Organisation,
Universität München, Ludwigstr. 28, 8000 München 22

Teilnehmer an der Podiumsdiskussion / Participants in the Panel Discussion

Witte, Eberhard, Prof. Dr. Dres. h.c.; Institut für Organisation,
        Universität München, Ludwigstr. 28, 8000 München 22
        Vorsitzender des MÜNCHNER KREISES und Leiter der
        Podiumsdiskussion

Kaiser, Wolfgang, Prof. Dr.-Ing.; Institut für Nachrichtenübertragung,
        Universität Stuttgart, Breitscheidstr. 2, 7000 Stuttgart 1
        Vorsitzender der Nachrichtentechnischen Gesellschaft

Lorenz, Gert, Dr.; Vorsitzender des Vorstands der Philips Kommunika-
        tions Industrie AG, Thurn-und-Taxis-Str.14, 8500 Nürnberg 10

Reichwald, Ralf, Prof. Dr.; Hochschule der Bundeswehr
        Werner-Heisenberg-Weg 39, 8014 Neubiberg

v.Sanden, Dieter, Dr.; Mitglied des Vorstands der Siemens AG,
        Hofmannstr. 51, 8000 München 70

Wigand, Rolf T., Prof. Dr.; Center for Public Affairs, Arizona State
        University, Tempe, Arizona 85287, USA

Zeidler, Gerhard, Dr.-Ing.; Mitglied des Vorstands der Standard
        Elektrik Lorenz AG, Hellmuth-Hirth-Str. 42
        7000 Stuttgart 40

Programmausschuß / Program Committee

Kaiser, Wolfgang, Prof. Dr.-Ing.; Institut für Nachrichtenübertragung,
Universität Stuttgart, Breitscheidstr. 2, 7000 Stuttgart 1
Vorsitzender des Programmausschusses

Bocker, Peter, Dr.rer.nat.; Siemens AG, N ZL P, Hofmannstr. 51
8000 München 70

Cramer, Bernhard, Prof. Dr.-Ing.; Institut für Elektromechanische
Konstruktionen, Technische Hochschule Darmstadt,
Merckstr. 25, 6100 Darmstadt

Fischer, Kurt, Prof. Dr.-Ing.; Siemens AG, Hofmannstr. 51,
8000 München 70

Forner, Helmut, Dr.-Ing.; IBM Deutschland GmbH, LD-SV, Pascalstr. 100,
7000 Stuttgart 80

Hagmeyer, Hanns Thilo, Dr.-Ing.; Institut für Nachrichtenübertragung,
Universität Stuttgart, Breitscheidstr. 2, 7000 Stuttgart 1

Irmer, Theodor, Dipl.-Ing.; Fernmeldetechnisches Zentralamt der
Deutschen Bundespost, Am Kavalleriesand 3, 6100 Darmstadt
Seit 1.1.1985 Direktor des CCITT, Genf

Krahmer, Horst, Dipl.-Ing.; Philips Kommunikations Industrie AG,
TEKADE Fernmeldeanlagen, Thurn-und-Taxis-Str. 14,
8500 Nürnberg 10

Marko, Hans, Prof. Dr.-Ing.; Institut für Nachrichtentechnik, Technische Universität München, Arcisstr. 21, 8000 München 2

Pfeiffer, Theodor, Dr.-Ing.; Geschäftsführender Direktor der ANT
Nachrichtentechnik GmbH, Gerberstr. 33, 7150 Backnang

Reichwald, Ralf, Prof. Dr.rer.pol.; Hochschule der Bundeswehr,
        Werner-Heisenberg-Weg 39, 8014 Neubiberg

Wegner, Jürgen, Dipl.-Ing.; Abteilungspräsident im Fernmeldetechni-
        schen Zentralamt der Deutschen Bundespost, Am Kavallerie-
        sand 3, 6100 Darmstadt

Zeidler, Gerhard, Dr.-Ing.; Mitglied des Vorstands der Standard
        Elektrik Lorenz AG, Hellmuth-Hirth-Str. 42, 7000 Stuttgart 40